职业教育·机械类专业教材

Jixie Zhizao
机械制造

项峻松　主编
贾相武　主审

人民交通出版社

内 容 提 要

全书共分为十四章,内容包括:绪论;工程材料基础;铸造成型;塑性成型;焊接成型;非金属材料成型;快速成型技术;机械零件材料与毛坯的选择;机械切削加工基础;机械加工工艺基础;典型零件加工;机械加工质量及表面处理;机械装配工艺;特种加工与机械制造技术展望等。

本书可作为职业教育机械类专业教材,也可供职工技术培训及有关工程技术人员学习参考。

图书在版编目(CIP)数据

机械制造/项峻松主编.— 北京:人民交通出版社,2014.1
ISBN 978-7-114-11112-9

Ⅰ.①机… Ⅱ.①项… Ⅲ.①机械制造—高等职业教育—教材 Ⅳ.①TH16

中国版本图书馆 CIP 数据核字(2014)第 001425 号

职业教育·机械类专业教材

书　　名:	机械制造
著 作 者:	项峻松
责任编辑:	周　凯　富砚博
出版发行:	人民交通出版社
地　　址:	(100011)北京市朝阳区安定门外外馆斜街3号
网　　址:	http://www.ccpress.com.cn
销售电话:	(010)59757973
总 经 销:	人民交通出版社发行部
经　　销:	各地新华书店
印　　刷:	北京虎彩文化传播有限公司
开　　本:	787×1092　1/16
印　　张:	25.25
字　　数:	640 千
版　　次:	2014 年 1 月　第 1 版
印　　次:	2021 年 8 月　第 2 次印刷
书　　号:	ISBN 978-7-114-11112-9
定　　价:	65.00 元

(有印刷、装订质量问题的图书由本社负责调换)

机电设备维修与管理(港口机械)专业建设委员会

主 任 委 员　　王怡民
副主任委员　　金仲秋　李锦伟
编　　　委　　柴勤芳　屠群锋　兰杏芳　朱小平
　　　　　　　胡启祥　田文奇　杨成军(企业)
　　　　　　　任小波(企业)　章正伟　项峻松
　　　　　　　张振兴(企业)　徐态福(企业)
　　　　　　　钟满祥(企业)　郑　淳(企业)

前　言 Preface

　　为更好地服务于浙江海洋经济发展示范区规划、浙江舟山群岛新区建设这两大国家级发展战略和浙江港航强省战略，为区域港航物流业提供人才支撑，浙江交通职业技术学院选择机电设备维修与管理(港口机械)专业建设作为中央财政支持提升专业服务产业发展能力建设项目。在2011年至2013年建设期间，通过项目推进，加快紧缺型高端技能人才培养，取得了可喜成绩。本教材为该项目建设成果之一。

　　《机械制造》是一门讲述机械产品制造过程的综合性基础课程，是专业必修课程，该课程的主要任务是培养学生懂得现代材料学和制造技术的知识，具备选材、零件制造的能力。本教材的编写符合培养计划的要求，针对性强，难度适中，便于学生掌握。

　　现代科学技术的发展，不断更新机械制造的技术手段和管理模式，在当前细化分工合作的生产模式下，学生的未来职业环境决定了知识重在应用，争取一岗多能，因此本书减缩了传统理论知识的介绍，扩大了知识面，以实际工作环境和产品为导向，将材料、工艺方法等知识放到现代机械制造这个系统中去，让学生体验产品从最初原材料直到成品的过程，从中认识和学习机械制造所必须的基础知识，使其更快地应用到实际工作中去。

　　现代机械制造技术紧密结合了当前新技术的发展，参与人员不仅要掌握传统工艺技术，更要掌握一定的新颖制造技术，所以本书对数字快速成型、特种加工技术也做了一定的介绍，使得读者能够贴近现代制造技术的发展方向。

　　本书以培养应用型技术人才为目标，以行业实践为基础，注重培养学生的机械工程制造职业技能，着重培养学生的创新思维和实际应用能力。全书共分为十四章，内容包括：绪论；工程材料基础；铸造成型；塑性成型；焊接成型；非金属材料成型；快速成型技术；机械零件材料与毛坯的选择；机械切削加工基础；机械加工工艺基础；典型零件加工；机械加工质量及表面处理；机械装配工艺；特种加工与机械制造技术展望等。本书可作为高等职业教育教材，也可供职工技术培训及有关工程技术人员学习参考。

　　本书由浙江交通职业技术学院项峻松主编，贾相武主审，舟山港股份有限公司李贤松参编机械装配工艺部分。编写过程中参考了大量文献资料，在此，特向提供资料和研究成果的学者，在理论上、经验上给予指导的专家同行致以诚挚的谢意！

　　由于编者经验所限，书中难免有不足之处，衷心希望广大读者、各位专家学者提出宝贵意见，以便进一步修改完善。

编者
2013年9月

目 录 Contents

第一章　绪论	1
第一节　制造业的概念和发展	1
第二节　机械制造业的发展、重要性和目标	3
第三节　关于本课程	4
第二章　工程材料基础	6
第一节　材料的分类和性能	6
第二节　金属材料的性能	7
第三节　非金属材料的基本知识	17
第四节　金属的晶体结构与结晶	23
第五节　铁碳合金	32
第六节　材料的改性处理	37
第七节　常用金属材料	57
第八节　非金属材料和复合材料	78
第三章　铸造成型	92
第一节　铸造成型概论	92
第二节　砂型铸造	100
第三节　特种铸造	106
第四节　铸造工艺设计	112
第五节　砂型铸造铸件结构设计	116
第六节　铸造新技术及发展趋势	121
第四章　塑性成型	123
第一节　塑性成型理论基础	123
第二节　塑性成型方法	128
第三节　其他塑性成型工艺及发展趋势	147
第五章　焊接成型	152
第一节　焊接成型理论基础	152
第二节　常用焊接方法	156
第三节　焊接结构工艺设计	165
第四节　焊接技术的新发展	169
第六章　非金属材料成型	173
第一节　工程塑料成型	173
第二节　工业橡胶成型	184
第三节　陶瓷成型	185

第四节　复合材料成型 …………………………………………………… 187
　　第五节　非金属材料成型新技术 …………………………………………… 191
第七章　快速成型技术 …………………………………………………………… 193
　　第一节　快速成型技术概念与分类 ………………………………………… 193
　　第二节　快速成型技术的工艺过程 ………………………………………… 195
　　第三节　几种常用快速成型技术的原理 …………………………………… 197
　　第四节　快速成型技术的广泛应用 ………………………………………… 201
第八章　机械零件材料与毛坯的选择 …………………………………………… 203
　　第一节　零部件的失效 ……………………………………………………… 203
　　第二节　选择材料的原则 …………………………………………………… 205
　　第三节　典型零件的选材 …………………………………………………… 208
　　第四节　毛坯成型方法的选用 ……………………………………………… 212
　　第五节　常见机械零件的毛坯成型方法 …………………………………… 215
第九章　机械切削加工基础 ……………………………………………………… 217
　　第一节　零件切削加工的基本概念 ………………………………………… 217
　　第二节　切削加工机床和装备 ……………………………………………… 220
　　第三节　车削加工及装备 …………………………………………………… 223
　　第四节　铣削加工与铣床 …………………………………………………… 228
　　第五节　刨削、插削与拉削加工 …………………………………………… 233
　　第六节　钻削、铰削、镗削加工 …………………………………………… 237
　　第七节　磨削加工 …………………………………………………………… 240
　　第八节　齿轮加工 …………………………………………………………… 244
　　第九节　电加工 ……………………………………………………………… 251
　　第十节　切削刀具基础 ……………………………………………………… 254
　　第十一节　常见表面加工 …………………………………………………… 259
第十章　机械加工工艺基础 ……………………………………………………… 271
　　第一节　机械加工工艺规程概述 …………………………………………… 271
　　第二节　零件的结构工艺性 ………………………………………………… 274
　　第三节　工件的定位与夹具基础 …………………………………………… 277
　　第四节　零件加工工艺路线 ………………………………………………… 285
　　第五节　加工余量与工序尺寸的确定 ……………………………………… 290
　　第六节　工艺过程的经济性 ………………………………………………… 299
　　第七节　机械加工工艺规程制定 …………………………………………… 302
第十一章　典型零件加工 ………………………………………………………… 307
　　第一节　轴类零件加工 ……………………………………………………… 307
　　第二节　盘套类零件加工 …………………………………………………… 316
　　第三节　箱体类零件加工 …………………………………………………… 323
第十二章　机械加工质量及表面处理 …………………………………………… 334
　　第一节　机械加工精度 ……………………………………………………… 334
　　第二节　机械加工表面质量 ………………………………………………… 341

第三节　影响表面质量的工艺因素 ·· 343
　　第四节　控制表面质量的工艺途径 ·· 345
　　第五节　机械加工振动对表面质量的影响及其控制 ··· 347
　　第六节　零件的表面处理 ·· 350
第十三章　机械装配工艺 370
　　第一节　机械装配工艺概述 ·· 370
　　第二节　机械装配方法 ··· 372
　　第三节　装配工艺规程的制定 ··· 376
第十四章　特种加工与机械制造技术展望 381
　　第一节　特种加工概述 ··· 381
　　第二节　特种加工介绍 ··· 383
　　第三节　机械制造技术的发展与展望 ·· 389
参考文献 ·· 393

第一章 绪 论

第一节 制造业的概念和发展

一、制造和制造业的概念

在国民经济产业结构中,通常有三大产业:第一产业为农业;第二产业为工业;第三产业为服务业。在工业中,又分制造业、建筑业、采掘业及能源和水资源的生产供应业等。目前,我国的工业在国民经济中所占比例过半,其中制造业产值接近工业总产值的一半。制造业是国民经济的基础,它的发展对一个国家的经济、社会乃至文化的影响是十分巨大和深刻的。

1. 制造的概念

制造(Manufacturing)是把原材料变换成所希望的有用产品,它是人类所有经济活动的基石,是人类历史发展和文明进步的动力。

制造有广义和狭义之分。国际生产工程学会给"制造"下的定义是:制造是涉及制造工业中的产品设计、物料选择、生产计划、生产过程、质量保证、经营管理、市场销售和服务等一系列相关活动和工作的总称。这是指广义的制造,而狭义的制造是指具体产品或零部件的加工制造。本书涉及的范畴是基于狭义的制造范畴,并重点讲述了其中有关机械类的产品制造,涉及材料及处理、成型加工、装配等内容。

2. 制造业的概念

制造业是指将制造资源,包括物料、设备、工具、资金、技术、信息和人力等,通过制造过程转化为可供人们使用和消费的产品的。制造业涉及国民经济的许多部门,包括机械、电子、化工、轻工、食品、航天、军工等。作为国民经济的基础,制造业肩负着为国民经济各部门和国防建设提供技术设备,为人民的物质生活提供生活资料和财富的重任。

二、制造业的发展历程、展望

1. 制造业的发展历程

制造技术是由社会、政治、经济等多方面因素决定的。纵观近 200 年制造业的发展历程(图 1-1),影响其发展的主要因素是技术的推动及市场的牵引。人类科学技术的每次革命,必然引起制造技术的不断发展,也推动了制造业的发展。随着人类的需求不断产生变化,也从另一方面推动了制造业的不断发展,促进了制造技术的不断进步。

如图 1-1 所示,近 200 年来在市场需求不断变化的驱动下,制造业的生产规模沿着"小批量、少品种大批量,向着多品种小批量"的方向发展;在科技高速发展的推动下,制造业的资源配置沿着"劳动密集—设备密集—信息密集—知识密集"的方向发展;与之相适应,制造技术的生产方式沿着"手工—机械化—单机自动化—刚性流水自动化—柔性自动化—智能自动化"的方向发展。

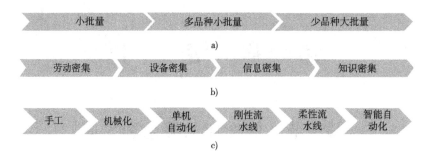

图1-1 近200年的制造业发展历程
a)生产规模的变化；b)资源配置的变化；c)生产方式的变化

20世纪末,以微电子、信息、新材料、系统科学等为代表的新一代工程科学与技术的迅猛发展,以及其在控制领域中的广泛渗透、应用和衍生,极大地拓展了制造活动的深度和广度,急剧地改变了现代制造业的设计方法、产品结构、生产方式、生产工艺和设备以及生产组织结构,产生了一大批新的制造技术和制造模式。

现代制造业已成为发展速度快、技术创新能力强、技术密集甚至是知识密集的部门。许多产品的技术含量和附加值增大,从而进入了高技术产品的行列。制造技术给制造业带来了重大变革,其主要特点是:常规制造工艺的优化;新型加工方法的发展;专业、学科间的界限逐渐淡化;工艺设计由经验走向定量分析;信息技术、管理技术与工艺技术紧密结合。

2. 制造业的发展展望

步入21世纪后,社会与政治环境、市场需求、技术创新的变革,预示着制造业将发生巨大变化。因此制造业必须应对这些变化,制定新的目标,进行改革,以提高市场的竞争能力。

(1) 制造全球化

随着世界自由贸易体制的进一步完善及全球通信网络的建立,国际经济技术合作交往日趋紧密,全球产业界进入了结构大调整的重要时期,世界正在形成一个统一的大市场,在全球范围内基于柔性、临时合作模式的格局正在逐步形成,企业必须适应这种模式,使制造业走向全球化。

(2) 生产环保化

随着人口的增长以及技术的不断开发,全球生态系统将受到严重的威胁。可持续发展是把生产废弃物及产品对环境的影响减少到"接近于零"。开发不影响环境的、成本低且有竞争力的产品和工艺,尽可能利用回收材料做原料,在能源、材料和人才资源各方面不造成大的浪费。

(3) 创新常态化

技术创新是企业发展的原动力和核心竞争力,企业是技术创新的主体和直接获益者。技术创新包括产品创新、过程创新、市场创新和管理创新。技术创新应该成为可学习和可管理的过程。培养员工的创新精神,营造有利于创新的文化和环境,制定符合企业发展要求的创新策略,建立鼓励创新的管理机制和创新能力评价体系是提高企业创新能力的关键。

第二节 机械制造业的发展、重要性和目标

一、机械制造业的发展

人类文明的发展与机械制造业的进步密切相关。早在石器时代,人类就开始利用天然石料制作工具,到了青铜器和铁器时代,人们开始采矿、冶金、铸锻工具,并开始制作纺织机械、水利机械、运输车辆等,以满足以农业为主的自然经济的需要。

在古代中国,机械制造具有悠久的历史。公元前16世纪至公元前11世纪的商代,中国已出现可转动的琢玉工具。公元260年左右,创造了木制齿轮,并应用轮系原理,成功地研制出以水为动力的机械装置用于加工谷物。公元750年,我国出现了车削加工和车床的雏形,早于欧洲近千年,但因种种原因,至中华人民共和国成立前夕,中国的机械制造业几乎为零。

公元18世纪70年代,以瓦特发明蒸汽机为代表引发了第一次工业革命,产生了近代工业化的生产方式,机器生产方式逐步取代手工劳动方式,机械制造业逐渐形成规模。19世纪中叶,电磁场理论的建立为发电机和电动机的产生奠定了基础,从而迎来了电气化时代。以电力作为动力源,使机械结构发生了重大变化,机械制造业进入快速发展时期。

20世纪初,内燃机的发明,使汽车开始进入欧美家庭,引发了机械制造业的又一次革命。生产流水线的出现和管理理论的产生,标志着机械制造业进入"大批量生产"的时代。以汽车工业为代表的大批量自动化的生产方式使得生产率获得极大提高,机械制造业有了更迅速的发展,并开始成为国民经济的支柱产业。

第二次世界大战后,集成电路和计算机的出现,以及运筹学、现代控制论、系统工程等软科学的产生和发展,使机械制造业产生了一次新飞跃,紧接着数控机床的出现,使得中、小批量生产的自动化成为可能,验证了科学技术的发展成果,促进了生产力的提高。

20世纪80年代以来,信息产业的崛起和通信技术的发展加速了市场的全球化进程,市场竞争呈现新的方式,而且更加激烈。为了适应新形势,在机械制造领域提出了许多新的制造理念和生产模式,如计算机集成制造(CIM)、精益生产(LP)、快速原型制造(RPM)、并行工程(CE)、敏捷制造(AM)等。

20世纪90年代,随着因特网的出现和应用,使得不同地区的单位之间实现了快速大信息量的传输交流,使机械制造业可以将不同地区的工厂、设计单位和研究所通过因特网组合在一起,分工协作,发挥各单位特长,共同开发、研制并生产大型新产品,产生了敏捷制造的模式,达到快速、优质、低成本地进行生产或研制新产品的目的。

进入21世纪,机械制造业正向自动化、柔性化、集成化、智能化和清洁化的方向发展。现代机械制造技术发展的总趋势是机械制造技术与材料科学、电子科学、信息科学、生命科学、环保科学、管理科学等交叉融合,形成绿色制造,朝着能源与原材料消耗最小,废弃物最少并尽可能回收利用,在产品的整个生命周期中对环境无害等方面发展。

二、机械制造业的重要性和目标

制造业是工业的主体,是提供生产工具、生活资料、科技手段、国防装备等的手段及其进步的依托,是现代化的动力源,是现代文明的支柱,也是一个国家的立国之本。

制造业在国民经济中的地位可以参考发达国家的数据:美国68%的财富来源于制造业;日本国民经济总产值中约49%由制造业提供。在先进的工业化国家中,约有1/4人口从事于制造业,在非制造业部门中,又有约半数人员的工作性质与制造业密切相关。

在整个制造业中,机械制造业占有特别重要的地位。因为机械制造业是国民经济的装备部,它以各种机器设备供应和装备着国民经济的各个部门,并使其不断发展。国民经济各部门的生产水平和经济效益在很大程度上取决于机械制造业所提供的装备的技术性能、质量和可靠性。国民经济的发展速度,在很大程度上取决于机械制造工业技术水平的高低和发展速度。总体上讲,机械制造业是国民经济中的一个重要组成部分。

新中国成立以来的六十多年间,我国机械制造业有了很大发展,拥有了自己独立的、门类齐全的轻重工业,取得了举世瞩目的成就。近年来,我国机械制造业充分利用国内外两方面的资金和技术,开始进行较大规模的技术改造。制造技术、产品质量和水平及经济效益有了很大提高,为推动国民经济发展起了重要作用。现在的中国是一个制造大国,中国的制造业规模已经达到世界第二位,仅次于美国。但是,中国的制造业大而不强,而且是一个制造水平很低的国家。主要表现在产品质量和技术水平不高;自主知识产权的产品少且制造技术落后;基础元器件和基础工艺不过关;产品技术创新能力落后。由于产品结构和生产技术相对落后,致使我国许多高精尖设备和成套设备仍需要大量进口,我国机械制造业人均产值仅为发达国家的几十分之一。

随着我国改革的不断深入,对外开放扩大,为我国机械制造业的振兴和发展提供了前所未有的良好条件。我们应该正视现实,面对挑战,抓住机遇,励精图治,奋发图强,振兴和发展中国的机械制造业,提高中国机械工业企业的"核心竞争力",使企业在市场上长期保持竞争优势,使我国的机械制造业在不太长的时间内,达到世界先进水平。

第三节　关于本课程

在机械行业中,无论其工作性质侧重哪一方面,都要面对工程材料以及成型加工方法的应用等问题。《机械制造》课程是机械类专业必修的一门主干技术基础课,能够使大学生建立材料及成型方法即机械制造生产过程的基本知识,了解新材料,掌握现代的制造技术及工艺方法,培养大学生的工程实践能力和创新思维方法。

一、本课程的要求

本课程的基本要求如下:
(1)建立工程材料和材料成型工艺与现代机械制造的完整概念,培养良好的工程意识。
(2)掌握金属材料的概念及强化金属材料的基本途径,熟悉常用工程材料的性质、特点、用途和选用原则。
(3)掌握各种成型方法的基本原理、工艺特点和应用场合。
(4)掌握毛坯的结构工艺性,会合理选择材料和毛坯成型方法。
(5)掌握机械零件的切削加工方法,合理选择工艺过程。
(6)掌握机械零件的加工质量控制和表面处理技术。
(7)掌握机械装配的初步概念。
(8)了解与本课程有关的新技术、新工艺以及机械制造的发展趋势。

二、本课程学习方法

本课程集多种工艺方法为一体,信息量大,实践性强,叙述性内容较多,建议在学生完成金工实习后再开始本课程的学习。在实际教学中,应以课堂教学为主,采用多媒体课件、实物与模型、课堂讨论等多种教学手段及形式,以增强学生的感性认识,加深其对教学内容的理解;拟开设适量的相应实践课,并应注意理论联系实际,使学生在掌握理论知识的同时,提高分析问题和解决问题的工程实践能力;建议完成一定的作业及复习思考题,以巩固所学的课程内容。

第二章 工程材料基础

第一节 材料的分类和性能

一、工程材料的分类

当今材料科学、新能源、信息以及生物技术已成为一个国家经济建设的支柱产业,其中材料占有十分突出的地位。20世纪40~50年代,材料的开发应用主要围绕着机械制造业,因此,发展了以一般力学性能为主的金属材料。20世纪90年代以后,随着科学技术的发展,材料工艺不断进步,从而全面推动了新材料的开发和应用,极大地提高了材料的性能和质量。现代材料种类繁多,据粗略统计,目前世界上的材料已有40余万种,并且还在以每年约5%的速度增加。可以说,没有新材料就没有科技发展的物质基础。

工程材料是指在机械、船舶、化工、建筑、车辆、仪表、航空航天等工程领域中用于制造工程构件和机械零件的材料。按材料的组成和结合键的特点,可将工程材料分为金属材料、陶瓷材料、高分子材料和复合材料。工程材料分类,如图2-1所示。

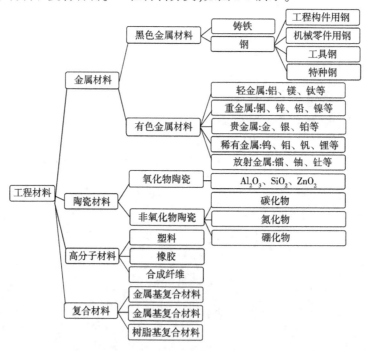

图 2-1 工程材料分类

(1)金属材料。金属材料具有较高的强度、良好的导电性、导热性、塑性,是目前用量最大、应用最广泛的工程材料。金属材料分为黑色金属和有色金属两类,铁及铁基合金称为黑色金属,除黑色金属以外的金属及复合金称为有色金属。

(2)陶瓷材料。陶瓷材料的性能特点是熔点高、硬度高、耐蚀性好、脆性大。陶瓷材料分为普通陶瓷、特种陶瓷和金属陶瓷。

(3)高分子材料。高分子材料具有塑性、耐蚀性、电绝缘性、减振性好及密度小等特点。工程上使用的高分子材料主要包括塑料、橡胶及合成纤维等。

(4)复合材料。复合材料是把两种或两种以上不同性质或不同结构的材料以微观或宏观的形式组合在一起而形成的材料,通过这种组合可达到进一步提高材料性能的目的。复合材料分为金属基复合材料、陶瓷基复合材料、石墨基复合材料和聚合物基复合材料。

由现代科技的发展诞生出来的新型材料有:

(1)纳米材料。纳米级结构材料简称为纳米材料(nanometer material),是指其结构单元的尺寸介于 1~100nm 之间。由于它的尺寸已经接近电子的相干长度,它的性质因为强相干所带来的自组织使得性质发生很大变化。而且其尺寸已接近光的波长,加上其具有大表面的特殊效应,因此其所表现的特性,例如熔点、磁性、光学、导热、导电特性等,往往不同于该物质在整体状态时所表现的性质。

(2)气凝胶材料。气凝胶(aerogel)是一种世界上密度最小的固体,目前最轻的硅气凝胶仅有 $1mg/cm^3$,低于空气密度,所以也被叫做"固体烟"。气凝胶的空间网状结构中充满的介质是气体,外表呈固体状,由于气凝胶中 99.8% 以上是空隙,所以有非常好的隔热效果和填充性能,气凝胶在航空航天,太空探测上有多种用途。

二、工程材料的性能

材料的选择与使用,其主要依据就是材料的使用性能与工艺性能。所谓使用性能是指材料在使用过程中表现出来的性能,包括力学性能、物理性能和化学性能。

材料的力学性能是指材料在外力作用下表现出来的抵抗能力。常用的力学性能有强度、塑性、硬度、韧性和抗疲劳性等。材料的力学性能主要取决于材料的化学成分、组织结构、冶金质量、表面和内部的缺陷等内在因素,一些外在因素如载荷性质、应力状态、温度、环境介质等也会对材料的力学性能产生较大的影响。不同的载荷,将有不同的力学性能判据。力学性能不仅是零件设计和选择材料的重要依据,而且也是验收、鉴定材料性能的重要依据。

材料受到自然界中,光、重力、温度、电场和磁场等作用所表现出来的性能称为物理性能,它包括材料的电学性能、磁学性能、光学性能、密度和熔点等。

材料的化学性能是指材料抵抗各种化学作用的能力。

材料的工艺性能是指材料在各种加工过程中所表现出来的性能,包括铸造性能、锻造性能、焊接性能、热处理性能和可加工性能等。

第二节 金属材料的性能

一、金属材料的力学性能

(一)强度和塑性

金属材料的强度和塑性是在静载荷作用下测定的。静载荷是指大小不变或变化缓慢的载荷。

1. 强度

材料在载荷作用下抵抗塑性变形和破坏的能力称为强度。因材料的受载方式和变形形式不同,可将强度分为抗拉强度、抗压强度和剪切强度等。不同材料的抵抗载荷作用和变形方式是不同的,因此,可以有不同的强度指标,并且不同材料的强度差别也很大。

(1) 材料的静载拉伸试验

材料在载荷作用下的形状和尺寸变化称为变形。材料受载荷作用一般会经历弹性变形、塑性变形和断裂三个阶段。在载荷的作用下,材料内部产生应力。

试验时,采用万能材料试验机,给拉伸试样缓慢施以拉力,测出拉力与变形的关系。

为了使金属材料的力学性能指标在测试时能排除因试样形状、尺寸不同而造成的影响,并便于分析比较,试验时先将被测材料制成标准试样。按国家标准,试样的截面可以为圆形、矩形、多边形、环形等,其中圆形拉伸试样如图2-2所示。当 $l_0 = 10d_0$ 时,称为长试样;当 $l_0 = 5d_0$ 时,称为短试样。将试样装夹在拉伸试验机上,慢慢增加拉伸力,试样标距的长度将逐渐增大,直到被拉断。

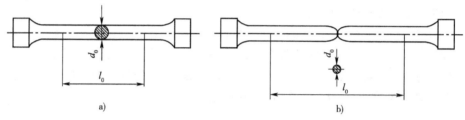

图2-2 圆形拉伸试样
a) 拉伸前; b) 拉伸后

如图2-3所示为低碳钢试样的力—伸长曲线,曲线分为四个阶段:

① 弹性变形阶段。Oab 为弹性变形阶段,Oa 为直线。当载荷不超过 P_p (a 点载荷) 时,拉伸曲线为一条直线,即载荷与伸长量成正比,此时试样只产生弹性变形。外力去掉后,试样恢复原状。

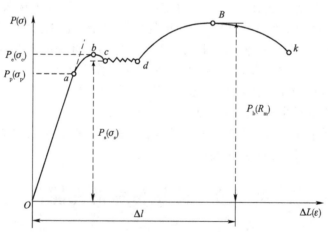

图2-3 低碳钢试样的力—伸长曲线

当载荷超过 P_p 而不大于 P_e (b 点载荷) 时,拉伸曲线稍偏离直线,试样发生微量塑性变形 (0.001% ~ 0.005%),其仍属于弹性变形阶段。

② 屈服变形阶段。bcd 为屈服变形阶段,屈服载荷为 P_s (c 点载荷),c 点为屈服点。

③均匀变形阶段。dB 为均匀塑性变形阶段，P_b（B 点载荷）为材料所能承受的最大载荷。

④缩颈阶段。Bk 为局部集中塑性变形，即缩颈阶段。试样在某个部位发生局部收缩，称为缩颈现象，最后在缩颈处断裂。

(2) 比例极限与弹性极限

①比例极限。比例极限是金属弹性变形时应变与应力严格成正比关系的上限应力。即在拉伸曲线上开始偏离直线时的应力 σ_p，单位为 N/mm^2 或 MPa。

$$\sigma_p = \frac{P_p}{S_0} \tag{2-1}$$

式中：S_0——试样原始横截面面积，mm^2。

②弹性极限。在弹性变形阶段，b 点为弹性变形的最大值，所对应的应力称为弹性极限，用 σ_e 表示，单位为 N/mm^2 或 MPa。

$$\sigma_e = \frac{P_e}{S_0} \tag{2-2}$$

若应力超过弹性极限，金属便开始发生塑性变形。工程上通常规定，以产生 0.005%、0.01%、0.05% 的残留变形时的应力作为条件弹性极限，分别表示为 $\sigma_{0.005}$、$\sigma_{0.01}$、$\sigma_{0.05}$。

弹性极限与比例极限都是表征材料对弹性变形的抗力。弹性零件在使用过程中，其工作应力不允许大于其弹性极限，否则将导致零件的失效和损坏，所以弹性极限是弹性零件（如弹簧）设计和选材的主要依据。

(3) 屈服强度 σ_s 和条件屈服强度 $\sigma_{0.2}$

在力—伸长曲线上屈服点所对应的应力，即材料刚开始产生塑性变形时的最小应力称为屈服强度，用 σ_s 表示。它表示材料抵抗微量塑性变形的能力，是设计和选材的主要依据之一。σ_s 越大，其抵抗塑性变形的能力越强，越不容易发生塑性变形。

对于脆性材料，在拉伸试验时没有明显的屈服现象，难以测算其屈服点，工程上通常将试样产生 0.2% 残留变形时的应力作为条件屈服极限，用 $\sigma_{0.2}$ 表示。

(4) 抗拉强度

材料在常温和载荷作用下发生断裂前的最大应力称为抗拉强度，用 R_m 表示，单位为 N/mm^2 或 MPa。

$$R_m = \frac{P_b}{S_0} \tag{2-3}$$

式中：R_m——材料抵抗断裂的能力。R_m 越大，材料抵抗断裂的能力越强。对于脆性材料，如灰口铸铁，$R_m = \sigma_s$。

2. 塑性

塑性是指材料在断裂前产生塑性变形而不被破坏的能力。材料塑性的好坏可通过拉伸试验来测定。材料的塑性通常采用断后伸长率 A 和断面收缩率 Z 两个指标来评定。

(1) 断后伸长率

试样拉断后标距的伸长量与原始标距的百分比，称为断后伸长率 A。

$$A = \frac{\Delta l}{l_0} = \frac{l_u - l_0}{l_0} \times 100\% \tag{2-4}$$

式中：l_u——试样断裂后的标距，mm；

l_0——试样的原始标距,mm。

长试样与短试样的伸长率分别以 $A_{11.3}$ 和 A 表示,同种材料的 $A > A_{11.3}$。

(2)断面收缩率

试样拉断后,断口处(缩颈处)横截面面积的最大缩减量与原始横截面面积的百分比,称为断面收缩率 Z。

$$Z = \frac{\Delta S}{S_0} = \frac{S_0 - S_U}{S_0} \times 100\% \tag{2-5}$$

式中:S_U——试样断裂处的最小横截面面积,mm^2;

S_0——试样的原始横截面面积,mm^2。

Z 值不受试样尺寸的影响,能可靠地反映材料的塑性。A 和 Z 的值越大,则表示材料的塑性越好。塑性好的材料,如铝、铜、低碳钢等,容易进行压力加工;而塑性差的材料,如铸铁等,只能用铸造方法成型。大多数零件除要求具有较高的强度外,还必须有一定的塑性,这样才能提高安全系数。

(3)形变硬化

在外载荷的作用下,材料进入塑性变形阶段,要使塑性变形持续进行,就需要不断提高载荷,使力—伸长曲线继续呈上升的趋势,此时材料因塑性变形而强化的现象称为形变硬化或加工硬化。

金属的加工硬化能力对冷加工成型工艺是很重要的,如果没有金属的加工硬化能力,任何冷加工成型的工艺都是无法进行的。深冲薄板的材料采用低碳钢,就是因为低碳钢有较高的加工硬化能力。

工作中的零件材料也要有一定的加工硬化能力,以防止在偶然过载的情况下产生过量的塑性变形,甚至局部的不均匀变形或断裂。因此材料的加工硬化能力是零件安全使用的可靠保证。

(二)硬度

硬度是衡量材料软硬程度的指标,其物理含义与试验方法有关。压入法的硬度值表示材料抵抗比它更硬的物体压入其表面产生局部变形的能力;刻划法硬度值表示材料抵抗表面局部破裂的能力;而回跳法硬度用来表示材料弹性变形功的大小。因此,硬度值实际上是一种工程量或技术量,而不是物理量。一般认为,硬度是指材料表面抵抗局部塑性变形和破坏的能力。

压入法硬度试验包括布氏硬度试验、洛氏硬度试验和维氏硬度试验三种。

1.布氏硬度及布氏硬度试验

布氏硬度的测定在布氏硬度试验机上进行,其试验原理如图2-4所示。

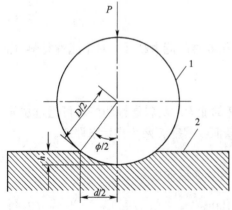

图 2-4 布氏硬度的试验原理
1-压头;2-试样

用直径为 D 的淬火球或硬质合金球为压头,在试验载荷 P 的作用下压入被测金属的表面,保持规定时间后卸除试验力,金属表面留下压痕,求出压痕表面积,则球面压痕单位表面积上所承受的平均压力即为布氏硬度值,用符号 HBS(淬火钢球压头)或 HBW(硬质合金球压头)表示。

$$HBS(HBW) = 0.102 \frac{2P}{\pi D(D - \sqrt{D^2 - d^2})} \tag{2-6}$$

式中：P——试验载荷，N；
　　　D——淬火球直径，mm；
　　　d——压痕平均直径，mm。

在 P 和 D 一定时，硬度值的高低取决于 h 的大小，二者成反比。h 值越大，说明金属形变抗力越低，故硬度值越小；反之，则硬度值越大。

在进行布氏硬度试验时，首先应选择压头，当材料的布氏硬度值在 450 以下（如灰铸铁、非铁金属及经退火、正火和调质处理的钢材等）时，应选用淬火钢球作压头；当材料的布氏硬度值在 450~650 之间时，则应选用硬质合金球作压头。同时应根据被测材料的种类和试样厚度，按照布氏硬度试验规范正确地选择压头直径 D、试验载荷 P 和保持时间 t，见表 2-1。

布氏硬度试验规范　　　　表 2-1

材　料	硬度范围	压头直径 D(mm)	P/D^2	保持时间 t(s)
钢、铸铁	<140	10、5、2.5	10	10~15
	≥140	10、5、2.5	30	10
非铁金属	<35	10、5、2.5	2.5	60
	35~130	10、5、2.5	10	30
	≥130	10、5、2.5	30	30

布氏硬度值采用"硬度值 + 硬度符号（HBS 或 HBW）+ 球体直径/载荷大小/载荷保持时间"的形式来标记。如 280HBS10/3000/30，表示压头直径为 10mm 的球体在 29.4kN（3000kgf）试验力作用下，保持 30s 测得的布氏硬度值为 280。

布氏硬度试验压痕面积较大，会损伤零件表面，试验过程比较烦琐，但试验结果较为准确。因此布氏硬度试验只适于测试原材料、半成品、铸铁、有色金属，以及退火、正火、调质钢件，不适于检测成品件、太薄太小件和过硬件。

2. 洛氏硬度及洛氏硬度试验

洛氏硬度也是一种压痕测定硬度的方法，相对布氏硬度有一定的改进。洛氏硬度的压头分硬质和软质两种。硬质的压头由顶角为 120° 的金刚石圆锥体制成，适于测定淬火钢材等较硬的金属材料；软质的压头为直径 $D = 1.5875$mm 或 $D = 3.175$mm 的钢球，适于退火钢、有色金属等较软材料硬度值的测定。

洛氏硬度在洛氏硬度机上测定，其试验原理如图 2-5 所示。

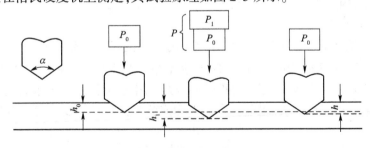

图 2-5　洛氏硬度试验原理

试验时，首先加一初始载荷 P_0，在材料表面得到初始压痕深度 h_0，随后再加上主载荷 P_1，压头压入深度的增量为 h_1。在这样的主载荷作用下，金属表面产生的总变形包括弹性变形部分和塑性变形部分。保持一段时间后,卸去主载荷,总变形中的弹性变形部分得到恢复,压头将回升一段距离,金属表面总变形中残留下来的塑性变形部分即为压痕深度 h。根据 h 的大小计算洛氏硬度值,定义每 0.002mm 相当于一个硬度单位。为适应习惯上数值越大硬度越高的概念,采用常数 K 减去 h/0.002 的值来表示洛氏硬度值的大小,用符号 HR 表示,即

$$HR = K - \frac{h}{0.002} \tag{2-7}$$

式中:K——常数,金刚石压头的 K 为 100;淬火钢球压头的 K 为 130。

为了测定不同硬度的材料,需用不同的压头和试验力组成不同的硬度标尺,并用字母在 HR 后面加以注明。常用的洛氏硬度标尺有 A、B、C 三种,即 HRA、HRB 和 HRC。洛氏硬度标注时,硬度值写在硬度符号前面,如 50HRC。

洛氏硬度试验操作简便,可直接从表盘上读出硬度值。其压痕小,可直接测量成品和较薄零件的硬度,但测得的数据不太准确和稳定,需在不同部位测定三点取其算术平均值。

3. 维氏硬度

维氏硬度的测定原理和布氏硬度相同,不同的是维氏硬度采用锥面夹角为 136°的四方角锥体,由金刚石制成。采用四方角锥体,当载荷改变时压入角不变,载荷可以任意选择,这是维氏硬度试验最主要的特点。维氏硬度的试验原理如图 2-6 所示。

已知载荷 P,测定出压痕两对角线长度后取平均值 d,用下式可计算维氏硬度,其符号用 HV 表示,即

$$HV = \frac{\frac{2P}{g}\sin\frac{136°}{2}}{d^2} = 0.189\frac{P}{d^2} \tag{2-8}$$

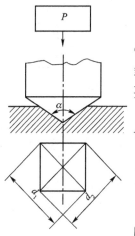

图 2-6 维氏硬度的试验原理

维氏硬度值采用"硬度值 + HV + 试验所用的载荷/载荷持续时间"的形式标记。如 640HV49/20。

测定维氏硬度的压力一般可选 49N、98N、196N、294N、490N、980N、1176N 等,小于 98N 的压力可以测定显微组织硬度。

硬度实际上是强度的局部反映(抵抗局部塑性变形的能力),强度高,其硬度必然高。而硬度试验相对于拉伸试验来说,更为简便迅速,经济实用,且可直接用于零件的测试而无须专制试样,故在生产科研中取得了广泛的应用。同时,对于磨损失效而言,钢的耐磨性随其硬度提高而增加,因此常把硬度作为技术要求写在零件图上。

(三) 韧性与疲劳

强度、塑性、硬度等都是在静试验力作用下的力学性能。在实际工作中,许多零件常受到冲击载荷或交变载荷的作用,如锤杆、冲头、齿轮、弹簧、连杆和主轴等。实践表明,冲击力比静试验力的破坏能力大得多,因此对承受冲击力作用的零件,不仅要求有高的强度和一定的硬度,还必须具有足够的抗冲击能力。韧性和疲劳就是在动载荷作用下测定的金属力学性能。

1. 韧性

金属材料抵抗冲击载荷破坏的能力称为冲击韧性,简称为韧性,用冲击吸收功 A_K 表示。

冲击吸收功的测定在摆锤式冲击试验机上进行。试验时,将带有缺口(V 形缺口或 U 形

缺口)的标准试样安放在试验机的机架上,使试样的缺口位于两支座中间,并背向摆锤的冲击方向,如图 2-7 所示。用摆锤一次冲断试样所消耗的能量,即冲击吸收功 A_K 的大小来表示金属材料韧性的优劣,A_K 越大,表明材料韧性越好。

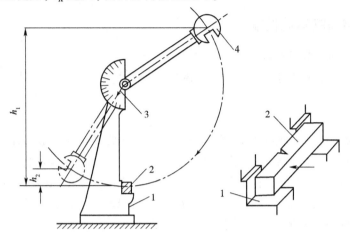

图 2-7　冲击试验原理图
1-支座;2-试样;3-指针;4-摆锤

在实际使用中,零件经过一次冲击即发生断裂的情况极少,许多零件在工作时往往承受小能量的多次冲击后才断裂。实践表明,抵抗这种小能量多次冲击破坏的能力主要取决于材料的强度,因此,可通过改变热处理方法(降低回火温度)来提高强度,从而达到提高零件使用寿命的目的。韧性实际上是材料强度和塑性的综合反映。

韧性与脆性是对立的,且能互相转化。因为冲击吸收功与试验时的温度有关,其随试验温度的下降而降低,如图 2-8 所示。有些材料在低于某一温度时,冲击吸收功显著下降呈脆性,导致发生断裂。这一转变温度称为韧脆转变温度。韧脆转变温度低,表示其低温冲击韧度好,否则不宜在高寒地区使用,以免在冬季低寒气温条件下金属构件发生脆断现象。

2. 疲劳

疲劳是指零件在循环应力作用下,过早发生破坏的现象。疲劳破坏事先没有明显的塑性变形,因此具有很大的突发性和危险性,往往会造成严重事故。

材料在循环应力作用下,经受无数次循环而不断裂的最大应力值称为材料的疲劳极限。材料疲劳极限的测量通常是在旋转对称弯曲疲劳试验机上进行的。材料承受的循环应力 σ 与断裂循环次数 N 之间的关系用 σ-N 曲线来描述,如图 2-9 所示。

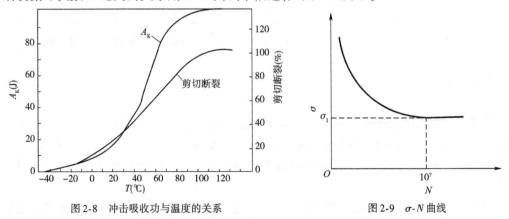

图 2-8　冲击吸收功与温度的关系　　　　　图 2-9　σ-N 曲线

从曲线上可以看出,应力值 σ 愈低,断裂前的循环次数愈多。当应力降低到某一定值后,$\sigma\text{-}N$ 曲线与横坐标轴平行,当应力低于此值时,材料可经受无数次应力循环而不断裂,此时的应力值即为疲劳极限。

二、金属材料的其他性能

(一)金属材料的物理性能

金属的物理性能包括电性能、热性能、磁性能、密度、熔点等,是材料固有的属性。

1. 电性能

(1) 导电性

导电性是金属传导电流的能力,金属导电性的好坏常用电阻率 ρ 表示,也常用电导率 σ 表示,电导率是电阻率的倒数。电阻率是单位长度、单位截面积的电阻值,其单位为 $\Omega \cdot m$。电阻率越小,电导率越大,导电性能越好。金属材料的导电性随温度升高而降低。金属中银的导电性最好,铜与铝次之。通常金属的纯度越高,其导电性越好,合金的导电性比纯金属差,高分子材料和陶瓷一般都是绝缘体。

根据电阻率或电导率数值的大小,可将材料分成超导体、导体、半导体和绝缘体等。其电阻率分布如下:超导体 $\rho = 0$;导体 ρ 为 $10^{-8} \sim 10^{-5} \Omega \cdot m$;半导体 ρ 为 $10^{-5} \sim 10^{7} \Omega \cdot m$;绝缘体 ρ 为 $10^{7} \sim 10^{22} \Omega \cdot m$。

电阻率是选用导电材料和绝缘材料的主要依据。导电器材常选用导电性良好的材料,以减少损耗;而加热元件、电阻丝则选用导电性差的材料制作,以提高功率。

(2) 介电能力

电介质或介电体在电场内,虽然没有电荷或电流的传输,但仍对电场表现出某些相应特性,可用材料的介电性能来描述。介电性能用介电常数 K 来表示,介电常数是电介质储存电荷的相对能力。介电常数与材料成分、温度和电场频率等因素有关。在强电场中,当电场强度超过某一临界值(称为介电强度)时,电介质就会丧失其绝缘性能,这种现象称为电击穿。

电绝缘体必须是介电体,要具有高电阻率、高的介电强度和较小的介电常数。

(3) 超导现象

温度下降到某一值时,导体的电阻会突然消失,这种现象叫做超导现象。电阻突然变为零时的温度称之为临界温度。具有超导性的物质称之为超导体。超导体在超导状态下电阻为零,可输送大电流而不发热、不损耗,具有高载流能力,并可长时间无损耗地储存大量的电能,产生极强的磁场。

目前,发现具有超导电性的金属元素有钛、钒、锆、铌、钼、钽、钨、铼等。非过渡族元素有铋、铝、锡、镉等。但由于实现超导的温度太低,获得低温所消耗的电能远远超过超导所节省的电能,因而阻碍了超导技术的推广。

2. 热性能

(1) 导热性

导热性是材料受热作用而反映出来的性能,用热导率 λ 表示。热导率的含义是在单位温度梯度下,单位时间内从单位垂直断面通过的热量,单位为 $W/(m \cdot ℃)$ 或 $W/(m \cdot K)$。热导率越大,导热性越好。一般纯金属具有良好的导热性,合金的成分越复杂,其导热性越差。

导热性是传热设备和元件应考虑的主要性能,如散热器等传热元件应采用导热性好的材料制造;保温器材应采用导热性差的材料制造。金属的热加工工艺与导热性有密切关系,在热处理、铸造、锻造、焊接过程中,若材料的导热性差,则会使工件内外产生大的温差而出现较大的内应力,导致工件变形或开裂。常用金属的热导率见表2-2。

常用金属的热导率　　　　　　　　表2-2

材　料	银	铜	铝	铁	灰铸铁	碳钢
热导率$\lambda[W/(m\cdot K)]$	419	393	222	75	63	67(100℃)

(2)热膨胀性

金属随温度的升高而出现体积增大的现象称为热膨胀性,用线膨胀系数α或体膨胀系数β来表示。

线膨胀系数α是温度上升1℃时单位长度的伸长量,单位为1/℃。线膨胀系数不是一个固定不变的数值,它随温度的升高而增大。体膨胀系数约为线膨胀系数的3倍。

由热膨胀系数大的材料制造的零部件或结构,在温度变化时,尺寸和形状变化较大。装配、热加工和热处理时应考虑材料热膨胀的影响。异种材料组成的复合结构还要考虑热膨胀系数的匹配问题。

3.磁性

金属材料在磁场中被磁化而呈现磁性强弱的性能称为磁性。金属材料中只有三种金属(铁、钴、镍)及其合金具有显著的磁性。磁性只存在于一定温度内,在高于一定温度时,其磁性就会消失。如铁在770℃以上就没有磁性,这一温度称为居里点。

常用的磁性材料有如下几种。

(1)铁磁性材料

具有铁磁性的材料有铁、镍、钴及其合金,以及某些稀土元素的合金。

(2)亚铁磁性材料

亚铁磁性材料是指具有亚铁磁性的材料,如各种铁氧体。亚铁磁材料主要用于变压铁芯、电感器和存储器件等。

(3)永磁材料

材料经磁化后,当外磁场去除后仍保留磁性,并具有高的剩磁和矫顽力。

(4)软磁材料

软磁材料是指容易磁化和退磁的材料。

4.密度

密度是指在一定温度下单位体积金属的质量,用ρ表示。密度的大小很大程度上决定了工件的质量。

$$\rho = \frac{m}{V} \qquad (2-9)$$

式中:ρ——金属的密度,kg/m^3;

m——金属的质量,kg;

V——金属的体积,m^3。

在机械制造中,一般将密度小于$5\times10^3 kg/m^3$的金属称为轻金属;密度大于$5\times10^3 kg/m^3$的金属称为重金属。某些机械零件选材时,必须考虑金属的密度,如发动机活塞,根据使用要求常选用密度小的铝合金制成。

常用金属材料的密度(20℃)见表2-3。

常用金属材料的密度(20℃)　　　　　　　　表2-3

材料	铅	铜	铁	钛	铝	锡	钨
密度(kg/m³)	11.3×10^3	8.9×10^3	7.8×10^3	4.5×10^3	2.7×10^3	7.28×10^3	19.3×10^3

5. 熔点

金属等晶体材料一般具有固定的熔点。熔点是金属由固态转变为液态的温度。按熔点的高低金属分为低熔点(低于700℃)金属和难熔金属两大类。锡、铅、铋、锌等属于低熔点金属,钨、钼、铬、钒等属于难熔金属。

不同熔点的金属具有不同的应用场合:难熔金属可用于制造耐高温的零件(如火箭、导弹、燃汽轮机零件,电火花加工、焊接电极等);低熔点金属可用于制造熔丝、焊接钎料等。

金属的熔点是热加工的重要工艺参数。常用金属材料的熔点见表2-4。

常用金属材料的熔点　　　　　　　　表2-4

材料	钨	钼	钛	铁	铜	铝	铅	铋	锡	铸铁	碳钢	铅合金
熔点(℃)	3380	2630	1677	1538	1083	660	327	271	231	1148~1279	1450~1500	447~575

(二)金属的化学性能

金属材料抵抗各种化学作用的能力称为化学性能,主要包括耐腐蚀性和抗氧化性。

1. 耐腐蚀性

金属材料在常温下抵抗氧、水及其他化学物质腐蚀的能力称为耐腐蚀性。

金属材料的腐蚀形式主要有两种:一种是化学腐蚀;另一种是电化学腐蚀。化学腐蚀是金属直接与周围介质发生纯化学作用,如钢的氧化反应。电化学腐蚀是金属在酸、碱、盐等电介质溶液中由于原电池的作用而引起的腐蚀。金属的腐蚀既造成表面光泽的缺失和材料的损失,也能造成一些隐蔽性和突发性的事故。金属材料中铬镍不锈钢可以抵抗含氧酸的腐蚀;耐候钢、铜及铜合金、铝及铝合金能抵抗大气的腐蚀。

提高材料耐腐蚀性的方法很多,如均匀化处理、表面处理等都可以提高材料的耐腐蚀性。

2. 抗氧化性

金属在高温下抵抗氧化的能力称为抗氧化性。

在高温下金属材料易与氧结合,形成氧化皮,造成金属的损耗和浪费,因此高温下使用的工件,要求其材料具有抗氧化性。如各种加热炉、锅炉等,应选用抗氧化性良好的材料。耐热钢、高温合金、钛合金等都具有好的抗氧化性。

提高抗氧化性的措施是使材料表面迅速氧化后形成一层连续而致密并与母体结合牢靠的膜,从而阻止其进一步氧化。

(三)金属的工艺性能

1. 铸造性能

铸造性能是指金属用铸造方法获得优质铸件的性能。衡量金属材料铸造性能的指标有流动性和收缩率两种。流动性好的材料,容易充满铸模获得完整而致密的铸件。收缩率小的材料,铸造冷却后,铸件缩孔小,表面无空洞,也不会因收缩不均匀而引起开裂,尺寸比较稳定。

金属材料中铸铁、青铜有较好的铸造性能,可以用来铸造一些形状复杂的铸件。

2. 塑性加工性能

塑性加工性能是指金属通过塑性加工(锻造、冲压、挤压、轧制等)将原材料(如各型材)加工成优质零件(毛坯或成品)的性能。它取决于材料本身塑性高低和变形抗力(抵抗变形能力)的大小,也与材料的成分和加工条件有很大关系。如铜、铝、低碳钢具有较好的塑性和较小的变形抗力,因此容易塑性加工成型;而铸铁、硬质合金不能进行塑性加工成型。

3. 焊接性能

焊接性能是指两种相同或不同的材料,通过加热、加压或二者并用将其连接在一起所表现出来的性能。焊接性能好的金属能获得没有裂纹、气孔等缺陷的焊缝,并且焊接接头具有一定的力学性能。

影响焊接性能的因素很多,导热性过高或过低、热膨胀系数大、塑性低或焊接时容易氧化的材料,焊接性能较差。导热性好、热膨胀系数小的金属材料焊接性能都比较好,如低碳钢具有良好的焊接性,高碳钢、不锈钢、铸铁的焊接性较差。

4. 切削加工性能

金属材料的切削加工性能是指金属切削加工的难易程度。切削加工性能好的金属,在切削加工时,刀具磨损量小,切削用量大,加工表面也比较光洁。

切削加工性能好坏与金属材料的硬度、导热性、金属内部结构、加工硬化等因素有关。尤其与硬度关系较大,材料硬度在 170~230HBS 时最容易切削加工。从材料种类而言,铸铁、铜合金、铝合金及一般碳素钢都具有较好的切削加工性,而高合金钢的切削加工性能较差。

5. 热处理性能

热处理性能主要指钢接受淬火的能力(即淬透性),它是用淬硬层深度来表示的。不同的钢种,接受淬火的能力不同。合金钢的淬透性能比碳钢好,而合金钢的淬硬深度厚,也说明较大零件采用合金钢制造后可以获得均匀的淬火组织和均匀的力学性能。

第三节 非金属材料的基本知识

通常将金属材料以外的其他材料称为非金属材料。非金属材料的原料来源广泛,成型工艺简单,往往具有金属材料不具备的某些特殊性能。还可与其他材料组成复合材料,使其兼有两种材料的性能,从而获得更加广泛的应用。

一、高分子材料

高分子材料是以高分子化合物为主要成分的材料,可分为天然高分子化合物和合成高分子化合物两类。蛋白质、天然橡胶、蚕丝、皮革、木材等属于天然高分子化合物。而塑料、合成橡胶、黏结剂等属于合成高分子化合物。机械工业主要应用合成高分子化合物。

1. 塑料

塑料是以合成树脂为主要成分,加入某些添加剂制成的高分子材料。在加热、加压的条件下可塑制成型,生产效率高,产品在使用中可保持固定的形状。

(1)塑料的分类

常用的塑料按用途可分为通用塑料、工程塑料和高温塑料三类。

通用塑料用来制作生活用品、包装材料及一般的零件,如聚氯乙烯、聚乙烯、聚丙烯、氨基酚醛塑料等。

工程塑料具有较好的力学性能,且在各种环境下仍能保持良好的性能。常用于制作工程结构、机器零件和各种设备,如尼龙、聚甲醛、ABS、聚碳酸酯等。

高温塑料可以在150℃以上温度环境下工作。根据树脂的受热特性可将其分为热塑性塑料和热固性塑料两类。热塑性塑料在特定温度范围内可反复加热软化、冷却硬化,如聚四氟乙烯、聚氯乙烯、聚乙烯、聚丙烯、有机玻璃、尼龙等；热固性塑料加热时软化并有部分熔融，塑制成型固化后不再软化，不能重复塑制，如酚醛塑料、氨基塑料、环氧树脂塑料等。热固性塑料可在较高温度下使用，强度不高，脆性较大。

（2）塑料的性能

①化学性能。塑料具有良好的耐腐蚀性能。塑料大多耐酸、耐碱，聚四氟乙烯能耐"王水"的侵蚀，所以塑料制品不要保护层，不仅广泛用于化工设备中，还可用作钢铁材料的覆层，从而起到防止腐蚀的作用。

②物理性能。塑料密度小，不加填料的塑料密度为 $0.85\sim2.2\mathrm{g/cm^3}$，泡沫塑料密度只有 $0.02\sim0.2\mathrm{g/cm^3}$，使用塑料可大大减轻设备的自重。塑料的主要成分——树脂具有良好的电绝缘性，当塑料的成分发生变化时，电绝缘性也随之发生变化，如塑料的填充剂、增塑剂都使其电绝缘性降低。塑料的导热性差，是良好的绝热材料，但其热膨胀系数一般为钢的3～10倍，因此塑料零件的尺寸精度不稳定，受环境温度的影响大。塑料遇热易老化、分解，大多数塑料只能在100℃以下环境中使用。

③力学性能。一般塑料的强度、韧性较差，其强度仅为30～150MPa，其受温度的影响较大，温度稍有变化，其强度和塑性就产生很大的变化。塑料具有优良的耐磨和减磨性能、较好的减振性和消声性，常被用作隔音材料。

④工艺性能。塑料成型工艺简单，可用挤压、注塑、胶粘等方法成型，表面光滑，也可以用普通的机械加工法进行加工。

常用塑料的性能、特点及应用见表2-5。

2. 橡胶

（1）橡胶的分类

橡胶分为天然橡胶和合成橡胶两类，还可根据应用的范围分为通用橡胶与特种橡胶。

天然橡胶的主要成分为天然的聚异戊二烯，是从橡胶树或橡胶草的浆汁中去除杂质、分离水分等加工提取的，其具有良好的弹性和力学性能，不耐高温，易被汽油、苯等有机溶剂溶解而腐蚀。经硫化处理可使其性能发生改变。天然橡胶是一种通用橡胶，多用于制造一般的工业橡胶制品，如轮胎，电线、电缆的绝缘包皮和护套等。

合成橡胶是以石油、天然气、煤和农副产品等为原料，通过化学合成的方法制成单体，经聚合或缩聚制成的一类弹性很高的高分子材料。所用的原料不同，生产工艺不同，制成的橡胶在性能上也有较大的差异。

（2）橡胶的性能

橡胶具有高的弹性，在较小力的作用下就能产生较大的变形，取消外力后又能恢复原来的形状。具有良好的吸振能力，常被用于减振、防振的设备中。经过适当的处理以后，橡胶具有一定的耐蚀性，如耐油橡胶、耐酸橡胶等。另外，橡胶具有良好的耐磨性能和电绝缘性、足够的强度和积储能量的能力，具有较好的黏结性，能很好地与金属、纺织品、石棉等材料相连接，制成复合材料。

常用橡胶的性能、特点和应用见表2-6。

二、陶瓷材料

陶瓷是一类无机非金属材料，现代陶瓷材料主要是一些金属或非金属的氧化物、氮化物、碳化物及硼化物等。陶瓷材料的性能取决于晶体结构、晶界性质和显微组织。

常用塑料的性能、特点及应用　　　　　　　表 2-5

类别	名　称	性能特点	应用举例
热固性塑料	酚醛塑料(PF)(电木)	由酚醛树脂加入填充剂、增塑剂、润滑剂压制而成。力学性能高,刚性大,冷流动性小,耐热性高(100℃以上),具有良好的电绝缘性和耐腐蚀性,摩擦系数小,廉价,较脆,不耐强氧化酸的腐蚀	电话机外壳,各种开关、插头,农用水泵密封件、轴承、轴瓦、皮带轮、齿轮,各种容器的储槽等
	氨基塑料	由尿醛树脂或密胺树脂与石棉配制而成。有良好的自熄性、耐电弧性、耐热性,易着色	电器零件,餐具,日用品,防爆电器,熔断器的灭弧装置
	有机硅塑料	由有机硅树脂与石棉、玻璃纤维等配制而成。具有优异的电绝缘性,耐高低温、防潮、防盐雾,具有抗黏防污、耐辐射等性能	电动机、变压器的绝缘材料,电子元器件的涂料
	环氧树脂塑料(EP)	由环氧树脂与玻璃纤维或其制品配制而成。强度高,韧性好,有良好的电绝缘性;防水、防霉,耐热、耐寒,化学稳定性好	电器、电子元件及线圈的涂覆,包封,塑料模具,精密量具,机械仪表、电器结构零件
热塑性塑料	聚乙烯(PE)	乙烯聚合物。按制造方法分为低压、中压、高压三种。低压聚乙烯质地坚硬,有良好的耐磨性、耐蚀性和电绝缘性能;高压聚乙烯最轻,化学稳定性好,具有良好的高频绝缘性、柔软性、耐冲击性和透明性	低压聚乙烯用于电缆的包皮,耐腐蚀性管道,阀、泵的结构件,喷涂于金属表面,以耐磨、减磨、防腐蚀;高压聚乙烯吹塑成薄膜、软管、塑料瓶等包装材料
	聚氯乙烯(PVC)	在聚氯乙烯树脂中加入不同的增塑剂和稳定剂,制成硬质及软质制品。硬质聚氯乙烯机械强度高,电性能优良,耐酸碱能力强;软质聚氯乙烯机械强度较低,但伸长率较大,具有良好的电绝缘性能和耐寒能力	硬质聚氯乙烯用作化工设备衬里,耐腐蚀结构件,制作日用品,电气绝缘材料;软质聚氯乙烯用作电线电缆的包皮,制作农用薄膜、日用品
	聚丙烯(PP)	丙烯聚合物。质轻,具有高刚性和耐热性、优良的耐蚀性和高频绝缘性	用于制作法兰、叶轮、齿轮等一般零件,受热电器的绝缘材料,也吹制成薄膜作为包装材料
	聚四氟乙烯料(F-4)	俗称塑料王,具有优异的化学稳定性及电绝缘性,优良的耐高低温性,不吸水,良好的自润滑性	用于制作耐化学腐蚀、耐高温的密封元件,也可用于制作输送蚀介质的高温管道的耐蚀衬里,机械润滑材料
	聚酰胺(PA)(尼龙)	由二元胺与二元酸反应而成。具有优良的机械强度和耐磨性、自润滑性,以及良好的消声性和耐油性	常用的有尼龙6、尼龙66、尼龙610等。用于制作要求耐磨、耐蚀的齿轮、轴承、高压密封圈等,因其无毒,特别适用于食品机械
	聚酚氧	具有良好的力学性能,高刚性、硬度和韧性,优良的抗蠕变性能,尺寸稳定	用于制作精密、形状复杂的耐磨、受力的传动零件,如仪表、计算机零件等

1. 陶瓷的种类

按所用原料和用途将陶瓷分为普通陶瓷和特种陶瓷两大类。

普通陶瓷又称为传统陶瓷,按性能和用途又可分为日用陶瓷、建筑陶瓷、电绝缘陶瓷、化工陶瓷、多孔陶瓷等。它是以黏土、长石、石英等天然材料为原料,经加工、成型、高温烧结而成。

常用橡胶的性能、特点和应用　　　　　　　　表2-6

类型	名　称	性　能　特　点	应　用　举　例
通用橡胶	天然橡胶（NR）	高的强度和弹性,伸长率为650%～900%,使用温度为-50～120℃	轮胎、胶管、胶带,各种日用品
	丁苯橡胶（SBR）	苯乙烯与丁二烯形成的共聚物,性能接近于天然橡胶,耐老化、耐热性优于天然橡胶,使用温度为-50～140℃	轮胎、胶布、胶板等通用橡胶件
	顺丁橡胶（BR）	具有优异的弹性、耐磨性和耐寒性,使用温理不超过120℃	V形胶带、轮胎、耐寒运输带等
	丁腈橡胶（NBR）	丁二烯和丙烯腈的共聚物。耐油性、气密性好,具有较好的耐热性,使用温度为-35～175℃,耐臭氧性、耐寒性较差	输油管、耐油垫圈、胶辊、皮碗、密封圈等
特种橡胶	硅橡胶	一种缩聚物,主链由硅、氧原子组成,侧链是碳氢化合物。耐高低温、耐辐射、耐臭氧老化,具有优异的电绝缘性能,机械强度较低,无毒、无味。使用温度为-70～275℃	高温使用的垫圈、密封件,食品及医疗用制品,绝缘制品
	氟橡胶（FPM）	由含氟的单体共聚而成。耐高温,使用温度可达300℃,耐油、耐腐蚀介质	耐蚀件、高级密封件、高真空橡胶制品、特种电缆护套等
	聚氨酯橡胶（UR）	氨基甲酸酯的聚合物,具有高弹性、耐磨性和强度	胶辊、实心轮胎、同步齿形带、特种垫圈、模具缓冲等

特种陶瓷具有特殊的物理、化学、力学性能,可满足多种工程结构和工具材料的要求。特种陶瓷是以人工化合物(如 Al_2O_3、Si_3N_4、BN、SiC 等)为原料,经成型、高温烧结而成的。它主要用于化工、电子、冶金、机械等行业及一些新技术中。按原材料的成分可将特种陶瓷分为氧化物陶瓷、氮化物陶瓷、碳化物陶瓷和金属陶瓷等;按特种陶瓷的用途又可分为高温陶瓷、压缩陶瓷、光学陶瓷和磁性陶瓷等。

2. 陶瓷的性能

(1) 物理性能

多数陶瓷的热膨胀系数较小,导热性较差,同时陶瓷中的气孔对传热不利,所以陶瓷是良好的绝热材料。陶瓷的导电性能变化范围较大,多数具有良好的绝缘性能,但有些陶瓷具有一定的导电性。

(2) 化学性能

陶瓷的结构非常稳定,介质中的氧很难与其发生反应,对酸、碱、盐等的腐蚀有较强的抵抗能力,也能抵抗熔融的有色金属的侵蚀。但在有些情况下结构不稳定,如高温熔盐和氧化渣会使某些陶瓷材料受到腐蚀破坏。

(3) 力学性能

陶瓷的硬度很高,远高于金属和高聚物。各种陶瓷的硬度多为1000～5000HV,淬火钢的硬度为500～800HV。陶瓷内部杂质多,成分、组织都不纯,存在各种缺陷,且有大量气孔,致密度小,使其实际的抗拉强度比它本身的理论强度低得多。大多陶瓷具有优于金属的高温强度,且具有很高的抗氧化能力,适宜做高温材料。陶瓷在室温时一般没有塑性,但在高温慢速加载条件下,特别是组织中存在玻璃相时,陶瓷能表现出一定的塑性。

常用陶瓷的性能特点及应用见表2-7。

常用陶瓷的性能、特点及应用 表2-7

类　　别	性能特点	应用举例
普通陶瓷	以黏土、长石、石英为原料制成。质地坚硬,耐腐蚀,耐磨损,不导电,加工成型性好;强度低,耐高温性能较差,一般只承受1200℃高温。这类陶瓷的品种多,产量大	广泛用于电气、化工、建筑等行业,如各种建筑陶瓷,供电系统中的电瓷等
氧化铝陶瓷	以 Al_2O_3 和 SiO_2 为主要成分。一般所说的氧化铝陶瓷,Al_2O_3 含量在95%以上,根据其 Al_2O_3 的含量分为75瓷、95瓷、99瓷等。具有高的强度和硬度,耐高温、耐磨、耐蚀,具有良好的抗氧化性、电绝缘性、真空气密性,脆性大,不能承受冲击载荷。99瓷能在1600℃的高温下长期使用,蠕变很小,也不会氧化	高温器皿,电绝缘及电真空器件,耐磨零件,农用、石油、化工用泵的密封环,刀具材料
氮化硅陶瓷（Si_3N_4）	具有良好的耐高温性能、耐磨性和化学稳定性,能抵抗各种酸、碱和熔融金属的侵蚀,硬度高,具有良好的电绝缘性和耐热疲劳性、较好的抗高温蠕变性和抗振能力,可在1650℃以上工作	高温轴承,热电偶套管,泵和阀的密封环,难切削加工材料的刀具
碳化硅陶瓷	高温强度大,有很高的热传导能力以及良好的热稳定性、耐磨性、耐腐蚀性和抗高温蠕变性,在1400℃高温仍能保持相当高的抗弯强度	火箭尾管的喷嘴,热电偶套管,燃汽轮机的叶片、轴承等
氮化硼陶瓷（BN）	具有良好的电绝缘性,耐热性、导热性和优异的化学稳定性、自润滑性。六方氮化硼硬度低,可进行切削加工。可抵抗多种熔融金属和玻璃熔体的侵蚀,由六方氮化硼转变成的立方氮化硼有很高的硬度,是优良的耐磨材料	热电偶套管,半导体散热绝缘零件、坩埚等。立方氮化硼用于磨料和金属切削刀具

三、复合材料

经人工组合使两种或两种以上不同性质或不同组织的材料形成的多相固体材料,称为复合材料。复合材料可以是非金属与金属的复合,也可以是非金属与非金属的复合或金属与金属的复合。复合材料能充分发挥组成材料的特点,克服或改善单一材料的性能缺点,使其成为具有特殊性能的工程材料。

复合材料的种类较多,根据结构的不同将其分为纤维增强复合材料、层叠复合材料、细粒增强复合材料和骨架复合材料四种。

1. 纤维增强复合材料

纤维增强复合材料是目前应用最广泛、消耗量最大的一类复合材料,这类材料以纤维增强的树脂为主。

（1）玻璃纤维—树脂复合材料

玻璃纤维—树脂复合材料通常称为玻璃钢。根据树脂的性质可分为热塑性玻璃钢和热固性玻璃钢。

热塑性玻璃钢是由20%～40%的玻璃纤维和80%～60%的基体材料组成的,具有高强度和高冲击韧性、良好的低温性能和低的热膨胀系数。热固性玻璃钢是由60%～70%的玻璃纤维和40%～30%的基体材料组成的,其强度高。密度小,耐磨性、绝缘性和绝热性好,吸水性低,易于加工成型。

(2)碳纤维—树脂复合材料

常用的碳纤维—树脂复合材料由碳纤维与聚酯、酚醛、环氧和聚四氯乙烯等树脂组成。其性能优于玻璃钢,密度小、强度高,具有优良的抗疲劳、耐冲击性能和良好的自润滑性、减振性、耐磨性以及良好的耐腐蚀性和耐热性。

(3)碳化硅纤维—树脂复合材料

碳化硅纤维—树脂复合材料是由碳化硅与环氧树脂组成的复合材料。强度极高,高温化学稳定性好,使用温度可达1370℃。

(4)芳纶纤维—树脂复合材料

芳纶纤维—树脂复合材料由芳纶有机纤维与环氧、聚乙烯、聚碳酸酯、聚酯等树脂组成。其特点是抗拉强度较高,与碳纤维—树脂复合材料类似,具有耐冲击性和良好的疲劳抗力。

2. 层叠复合材料

层叠复合材料可使材料强度、刚度、耐磨、耐蚀、绝热、隔音、密度等性能得到改善。

层叠复合材料由两层或多层不同材料层叠复合而成。典型的双金属复合材料是以碳钢为层、不锈钢为覆层的不锈复合钢板,基层的碳钢有良好的力学性能,覆层的不锈钢有良好的耐蚀性。广泛用于制作化工设备,也可以用塑料作为覆层代替不锈钢制成复合钢板,从而使设备的造价大大降低。如在两层玻璃间夹一层聚乙烯醇缩丁醛,则可制成安全玻璃。用钢作为基体,塑料作为覆层,在中间夹入青铜则可制成高强度、高耐磨性的耐磨材料,用于制作无油或少油润滑的轴承、垫片、球头座等磨损件。

3. 细粒增强复合材料

在基体材料中均匀分布一种或多种大小适宜的增强粒子所获得的高强度材料称为细粒增强复合材料。细粒增强复合材料的基体可以是金属,也可以是非金属;增强粒子可以是金属粒子,也可以是非金属粒子。增强的效果与增强粒子的尺寸有关。一般来说,粒子的尺寸越小,增强的效果越明显。粒子直径在 $0.01 \sim 0.1 \mu m$ 之间的复合材料称为弥散强化材料,粒子直径在 $1 \sim 50 \mu m$ 之间的复合材料称为颗粒增强材料。

将陶瓷微粉散于金属基体中制得的金属陶瓷具有强度高、耐磨损、耐腐蚀、耐高温的特性,克服了一般金属材料在高温条件下强度低的弱点,是优良的工具材料。如氧化铝金属陶瓷,用作高速切削刀具材料和高温耐磨材料;钴基碳化钨金属陶瓷即硬质合金,用作刀具材料、拉丝模、阀门件等。

将石墨粉散于铝合金液体中浇铸而成的复合材料、铅粉加在氟塑料中制成的复合材料都具有密度小、减磨性好和减振性好的特性,是新型的轴瓦材料。

4. 骨架复合材料

骨架复合材料有多孔浸渍材料和夹层结构材料两类。

以多孔材料为骨架,浸渍树脂或氟塑料制成的骨架复合材料可用于制作轴承。

夹层结构材料是由两层薄而强的面板,其间夹一层轻而弱的芯子构成的,芯子连接两层面板并保持两板间的距离。面板的材料可以是纸、木材、金属、塑料等,芯子的材料可以是纸、棉布、石棉布、金属箔等。面板与芯子一般用胶粘剂黏结。夹层结构材料具有质轻、比强度和比刚度高、表面光滑等特点。如用泡沫塑料做芯子材料,还具有良好的绝热、隔音等性能;如用石棉蜂窝结构的芯子,则具有耐高温、防火等性能。所以夹层结构材料主要用于制作运输容器、发动机罩、防火隔板、隔音板等。

第四节 金属的晶体结构与结晶

一切物质都是由原子组成的,固态物质按其原子排列的特性,可分为晶体和非晶体两类。在自然界中除了少数一些物质以外,包括金属在内的绝大多数固体都是晶体。晶体是指其原子呈周期性规则排列的固态物体。晶体具有周期性规则的原子排列,主要是各原子之间的相互吸引力与排斥力相平衡的结果。晶体还具有固定的熔点和各向异性的特征。非晶体则原子排列无规则,没有固定的熔点,而且各向同性。

一、金属的晶体结构

晶体结构就是晶体内部原子排列的方式及特性,只有研究金属的晶体结构,才能从本质上说明金属性能的差异和变化的原理。

(一)常见的晶格类型

为了便于分析各种晶体中的原子排列规律,通常将每一个原子抽象为一个点,再把这些点用一些假想线条连接起来,形成一个空间格子,这种表示晶体中原子排列形式的空间几何图形称为晶格,如图 2-10a)所示。组成晶格的最小的几何单元称为晶胞,如图 2-10b)所示。

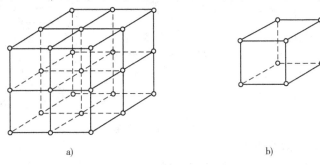

图 2-10 晶格和晶胞
a)晶格;b)晶胞

1.体心立方晶格

如图 2-11 所示,体心立方晶格的晶胞是一个长、宽、高都相等的立方体,在立方体的八个顶角和中心各有一个原子。属于体心立方晶格的金属有铁、铬(Cr)、钼(Mo)、钨(W)、钒(V)等。

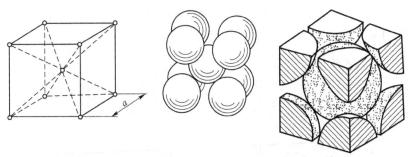

图 2-11 体心立方晶格的晶胞示意图

2.面心立方晶格

如图 2-12 所示,面心立方晶格的晶胞也是一个长、宽、高都相等的立方体,在立方体的八个顶角和六个面的中心上各有一个原子。属于面心立方晶格的原子有 γ-Fe、铝(Al)、铜

（Cu）、镍（Ni）、铅（Pb）等。

3. 密排六方晶格

如图 2-13 所示,密排六方晶格的晶胞是一个正六方柱体,在六方柱体的十二个顶角和上下两个正六边形的中心各有一个原子,另外,在晶胞内部还有三个原子。属于密排六方晶格的金属有镁（Mg）、锌（Zn）、铍（Be）、镉（Cd）等。

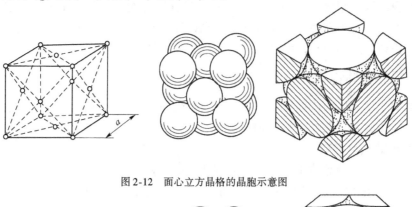

图 2-12　面心立方晶格的晶胞示意图

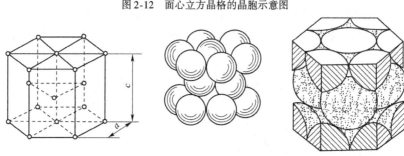

图 2-13　密排六方晶格的晶胞示意图

(二) 金属的实际晶体结构

如果一块晶体内部的晶格位向即原子排列的方向完全一致,这块晶体就称为单晶体,如图 2-14 所示。在单晶体中,由于各个方向上的原子密度不同,因此各个方向上所呈现的物理、化学和力学性能也就各不相同,这种现象称为晶体的"有向性"或"各向异性"。在工业生产中,只有通过特殊制作才能获得单晶体。

工程实际中,使用的金属大部分是采用熔炼、自然凝固等传统制取方法得到的多晶体结构,如图 2-15 所示。它是由许多外形不规则的微小单晶体构成的,这些单晶体称为晶粒。各晶粒之间以界面分开,这个界面称为晶界。晶界处的原子为了适应两晶粒不同晶格位向的过渡,总是不规则排列的。晶粒内部晶格位向基本上是一致的,但各个晶粒彼此间的位向却不同。

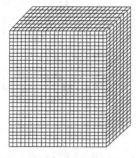

图 2-14　单晶体结构示意图

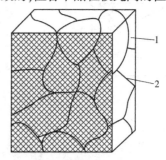

图 2-15　多晶体结构示意图
1-晶粒;2-晶界

多晶体中各个晶粒的位向不同,它们互相交错咬合、补充或抵消,再加上晶界的作用,掩盖了单个晶粒的各向异性。因此,多晶体金属的性能在整体上并不呈现各向异性。如在多晶体的工业纯铁(α-Fe)中,各方向上的弹性模量 E 值均为210GPa。但在某些条件下,当外在因素使各晶粒的晶格位向趋于一致时,则多晶体金属也会显示各向异性。

(三) 金属的晶体缺陷

由于原子的热运动、杂质原子的渗入以及其他外界因素的影响,原子排列并非完整无缺,而是存在着各种各样的晶体缺陷。所谓晶体缺陷是指由于结晶条件或加工条件诸方面的影响,晶体内部的原子排列受到干扰而出现不规则的区域。金属晶体缺陷的存在对金属性能和组织结构转变均会产生很大影响。根据晶体缺陷的几何特征,一般将其分为以下三类。

1. 点缺陷

当晶格中某些原子由于某种原因(如热振动的偶然偏差等)脱离其晶格结点而转移到晶格间隙,使晶格不能保持正常排列状态时便会造成点缺陷。点缺陷是在所有方向上的尺寸都很小的晶体缺陷,最常见的点缺陷是晶格空位和间隙原子,如图2-16所示。当晶格中的某些应被原子所占有的结点未被原子占有时,这种空着的位置称为晶格空位;当在个别晶格空隙处出现了多余的原子时,这种不占有正常结点位置,而是处在晶格空隙中的原子称为间隙原子。

由于晶格空位和间隙原子的存在,使周围原子间的平衡关系遭到破坏,致使原子间的距离减小或增大,晶格局部发生扭曲,引起晶格畸变。晶格畸变将使晶体性能发生改变,强度、硬度和电阻增加,塑性降低。在实践中,常常利用点缺陷来提高金属的强度。

2. 线缺陷

线缺陷是指在晶体的某一平面上,沿着某一方向伸展的呈线状分布的缺陷。这种缺陷主要是指各种类型的位错。所谓位错就是在晶体中某处有一列或若干列原子发生了某种有规律的错排现象。位错的类型很多,主要有刃型位错和螺旋位错两种基本形式,其中比较简单的是刃型位错,如图2-17所示。

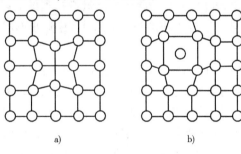 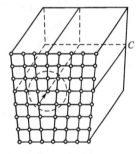

图2-16 晶体的点缺陷 　　　　　2-17 晶体的刃型位错示意图
a)晶格空位;b)间隙原子

由于位错线周围会产生晶格畸变,因此只需很小的力,位错线就会从一个位置滑移到相邻的另一位置,在滑移时位错线会相互缠结或合并,因而位错极大地影响着金属的力学性能。

3. 面缺陷

多晶体中,当从一个晶粒过渡到另一个晶粒时,晶界处必然会出现一个原子排列不规则的过渡层,如图2-18a)所示。在实际金属晶体的内部,原子不是完全理想的规则排列,而是存在许多尺寸更小、位相差更小的小晶块,它们相互镶嵌成一个晶粒,这些小晶块称为亚晶粒,亚晶粒的交界面称为亚晶界,如图2-18b)所示。

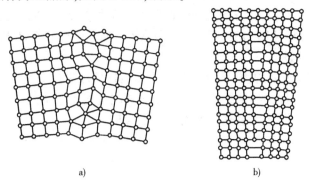

图2-18 晶体的面缺陷示意图
a)晶界缺陷;b)亚晶界缺陷

面缺陷是指在三维空间中一个方向上尺寸很小,另外两个方向上尺寸较大,呈界面状分布的缺陷。面缺陷主要由晶界和亚晶界引起。

由于晶界、亚晶界处的原子排列较杂乱,因此相对于晶粒内部的原子而言有更强的活动能力。当置于腐蚀性介质中时,晶界、亚晶界最容易被腐蚀,而且加热时也首先熔化。同时,晶界、亚晶界处也是位错和低熔点夹杂物聚集的地方,对金属的塑性变形起到阻碍作用,有着较高的强度和硬度。

二、金属的结晶

纯金属具有良好的导电性、导热性和塑性,但价格较贵,同时强度和硬度也较低,种类有限,多数不能满足工业生产中对金属材料多品种、高性能的要求。工业上使用的绝大多数金属材料都是根据需要配置成的各种不同成分的合金。纯金属与合金的结晶过程基本上遵循同样的规律。

金属的结晶是指金属由液态转变为固态的过程,也就是原子由不规则排列的非晶体状态过渡到原子做规则排列的晶体状态的过程。金属的晶体结构是在结晶过程中逐步形成的。

(一)纯金属的结晶

纯金属有一个固定的熔点(或结晶温度),因此纯金属的结晶是在一定的温度下进行的。常用热分析方法来找出液态金属的温度随时间的延长而下降的规律,可以得到如图2-19所示的冷却曲线。从曲线上可以看出,液态金属随着冷却时间的增加,它的热量向外散失,温度将不断降低。当冷却到某一温度时,冷却时间虽然增长,但温度并不下降,在曲线上出现了一个平台,这个平台所对应的温度就是纯金属的结晶温度。曲线出现平台的原因是金属结晶过程中释放出的结晶潜热补偿了散失在空气中的热量,使温度不随冷却时间的增长而下降。直到金属结晶结束后,由于不再有潜热补偿向外散失,温度又重新下降。

纯金属液体在无限缓慢的冷却条件下(即平衡条件下)结晶的温度,称为理论结晶温度,用 T 表示。在实际生产中,金属由液态结晶为固态时,都有较快的冷却速度,金属总是在理论结晶温度以下的某温度时才开始结晶。此时的结晶温度称为实际结晶温度,用 T_1 表示。实际结晶温度低于理论结晶温度的现象,称为过冷现象。理论结晶温度与实际结晶温度的差值,称为过冷度,用 ΔT 表示,即 $\Delta T = T_0 - T_1$,如图2-20所示。

金属结晶时的过冷度不是一个恒定值。液体金属的冷却速度越快,实际结晶温度越低,即过冷度越大。实践证明,金属总是在一定的过冷度下结晶的,所以过冷是金属结晶的必要条件。

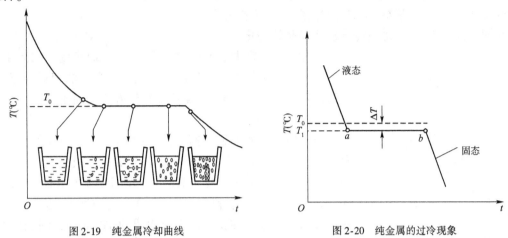

图 2-19　纯金属冷却曲线　　　　图 2-20　纯金属的过冷现象

1. 纯金属的结晶过程

纯金属的结晶过程是在冷却曲线上平台所对应的时间内发生的,实质上是金属原子由不规则排列过渡到规则排列而形成晶体的过程,是一个不断形成晶核和晶核不断长大的过程。

(1) 形核

当液态金属的温度下降到接近 T_1 时,液体的局部会有一些原子规则地排列起来,形成极细小的晶体,这些小晶体很不稳定,遇到热流和振动就会消失,时聚时散,此起彼伏。当低于理论结晶温度时,稍大一点的细小晶体有了较好的稳定性,就有可能进一步长大成为结晶核心,称为晶核。

晶核的形成有两种方式:一种为自发形核,即如前所述的,液态金属在过冷条件下,由其原子自己规则排列而形成晶核;一种为非自发形核,即依靠液态金属中某些现成的固态质点作为结晶核,并进行结晶的方式。非自发形核在金属结晶过程中起着非常重要的作用。

(2) 长大

晶核形成之后,会吸附其周围液态中的原子不断长大,在晶核长大的同时,液体中又会产生新的晶核并长大,直到液态金属全部消失,晶体彼此接触为止。

由于不同方位形成的小晶体与其周围的晶体相互接触,使得小晶体的外形几乎都呈不规则的颗粒状。一般纯金属是由许多晶核长成的外形不规则的晶粒和晶界所组成的多晶体。由于晶界处比晶粒内部凝固的晚,因此金属中的低熔点杂质往往聚集在晶界上,从而使晶界处的性能不同于晶粒内部。

2. 金属结晶后的晶粒大小

晶粒大小是金属组织的重要标志之一。金属晶粒大小可用单位体积内的晶粒数目来表示,数目越多,晶粒越细小。但为了测量方便,常以单位截面上晶粒数目或晶粒的平均直径来表示。金属的晶粒大小对金属的力学性能有重要影响。一般来说,细晶粒金属比粗晶粒金属具有较高的强度、硬度、塑性和韧性。

金属晶粒越细小,晶界越多、越曲折,晶粒与晶粒之间相互咬合的机会就越多,彼此间的结合力就越强,越不利于裂纹的传播和扩散,从而使金属组织强度、硬度提高,塑性、韧性也越好。因此,生产中总是希望获得细晶组织。为了能够获得细晶组织,实际生产中常采用增

大过冷度 ΔT、变质处理、附加振动和降低浇注速度等方法。

(1) 增加过冷度

液态金属结晶时的形核率 N、长大速率 G 与过冷度 ΔT 之间的关系如图 2-21 所示。如图中实线部分所示,形核率和长大速率 G 都随过冷度 ΔT 的增大而增加,但是 N 的增加比 G 的增加要快。因此,增加过冷度总能使晶粒细化。

增加过冷度需要提高金属凝固时的冷却速度。实际生产中常采用金属型铸造来提高冷却速度。这种方法只适用于中、小型铸件,对于大型铸件则需要用其他方法来细化晶粒。

(2) 变质处理

对于液态金属来说,特别是对于数量多、体积大的液态金属来说,获得大的过冷度是不容易办到的。在液态金属结晶前加入一些细小的被称为变质剂的某种物质,以增加形核率或降低长大速率,从而细化晶粒的方法,称为变质处理,也称为孕育处理。如往铝液中加钛、硼,由于生成的 TiB_2 和 $TiAl$ 化合物在结构和尺寸上与铝相近,因而有效地起到外来核心的作用。从而细化了铝的晶粒。有些加入到液体金属中的高熔点杂质,不是充当人工核心,而是使晶体生长速度变慢。如在 Al-Si 合金中加入钠盐,同样可以达到细化晶粒的目的。

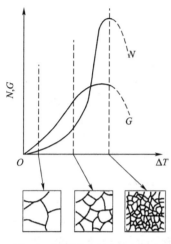

图 2-21 形核率和长大速率与过冷度的关系

(3) 附加振动

金属结晶时,对金属液附加机械振动、超声波振动、电磁振动等措施,可以增加形核率,也可使生长中的枝晶破碎,而破碎的枝晶尖端又可起晶核作用,从而细化晶粒。

(4) 降低浇注速度

在慢速浇注时,液态金属不是在静止状态下进行结晶,先形成的晶粒可能被流动的金属液冲击碎化而成为新的晶核,增加了形核率,因此,降低浇注速度也可达到细化晶粒的目的。

(二) 合金的结晶

1. 合金的基本概念

合金是指由两种或两种以上的金属元素或非金属元素组成的具有金属特性的物质。

组成合金的最基本的独立单元称为组元。组元可以是金属,也可以是非金属,经熔炼、烧结或其他方法组合而成。给定组元可以按不同比例配制一系列不同成分的合金,构成一个合金系。合金系可以根据构成它的组元命名,如铁碳合金;也可以根据其组元的个数命名,如两个组元组成的合金系称为二元合金。

合金系中具有相同的化学成分、相同的晶体结构、相同的物理和化学性能,并与该系统的其他部分以界面分开的组成部分称为相。液体合金通常为一个相,而纯金属在结晶时具有固态和液态并存的两个相。相与相之间的转变称为相变。

2. 合金的相结构

由于组元间相互作用不同,固态合金的相结构可以分为固溶体和金属化合物。

(1) 固溶体

固溶体是指组成合金的组元在液态和固态下均能相互溶解,形成均匀一致的且晶体结构与组元之一相同的固态合金。在各组元中,晶格类型与固溶体相同的组元称为溶剂,其他组元称为溶质。如铁碳合金中的铁素体相是固溶体,由碳原子溶入 α-Fe 形成,其溶剂为

α-Fe、保持体心立方晶格碳原子溶入到 Fe 晶格之中,其原有的晶格消失。

(2) 金属化合物

由合金组元之间相互化合形成的具有金属特性的一种新相称为金属化合物。其晶体类型和特性完全不同于原来任何一个组元。金属化合物一般用分子式表示。如在铁碳合金中,碳的含量超过铁的溶解能力时,多余的碳与铁相互作用形成金属化合物 Fe_3C。Fe_3C 的晶格类型不同于铁的晶格,也不同于碳的晶格,是复杂的斜方晶格,如图 2-22 所示。

3. 合金相图的建立

为了便于研究合金的结晶过程的特点和组织变化规律,需要应用合金相图这一重要工具。合金相图是通过实验方法建立的。先在极缓慢冷却的条件下,作出该合金系中一系列不同成分合金的冷却曲线,确定冷却曲线上的结晶转变温度(临界点),然后把这些临界点在温度—成分坐标系中标出,最后把坐标图上的各相应点连接起来,就可得出该合金系的相图。

以铜、镍合金为例,用热分析法建立相图的步骤如下:

(1) 配置一系列不同成分的 Cu-Ni 合金,见表 2-8。

Cu-Ni 合金的成分和临界点　　　　　　　　　表 2-8

合金编号	合金化学成分		合金的临界点	
	$W_{Cu}(\%)$	$W_{Ni}(\%)$	开始结晶温度 $T(℃)$	结晶终了温度 $T(℃)$
1	100	0	1083	1083
2	80	20	1175	1130
3	60	40	1260	1195
4	40	60	1340	1270
5	20	80	1410	1360
6	0	100	1455	1455

(2) 用热分析法测出上述各不同成分合金的冷却曲线,如图 2-23a) 所示,找出冷却曲线上的临界点。

(3) 将各临界点描绘在温度—成分坐标系中,然后连接各相同意义的临界点,所得的线称为相界线。得到的 Cu-Ni 合金相图如图 2-23b) 所示。

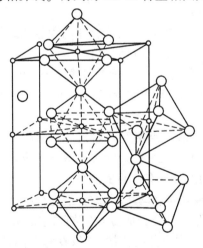

图 2-22　Fe_3C 的晶体结构

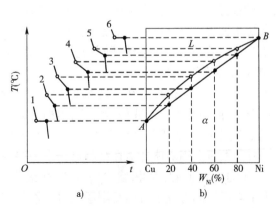

图 2-23　热分析法测定 Cu-Ni 合金相图
a) 冷却曲线;b) 相图

相图上的每个点、线、区均有一定的物理意义。相图中的 A、B 点分别为铜和镍的熔点。连接起来的曲线将相图分为三个区。开始结晶温度点的连线为液相线,该线以上为液相区,用符号 L 表示,Cu-Ni 合金均处于液态。结晶终了温度点连线为固相线,该线以下为固相区,用符号 α 表示,Cu-Ni 合金均处于固态。两曲线之间为液、固两相共存的两相区,用符号 L+α 表示,两相区的存在说明 Cu-Ni 合金的结晶是在一个温度范围内进行的。

4. 二元合金的结晶过程

合金的结晶过程也是在过冷条件下通过形成晶核和晶核长大来完成的。但由于合金成分中包含有两个以上的组元,使其结晶过程和组织比纯金属要复杂得多:一是纯金属的结晶过程是在恒温下进行的,而合金的结晶却不一定在恒温下进行;二是纯金属在结晶过程中只有一个液相和一个固相,而合金在结晶过程中,在不同的温度范围内会存在不同数量的相,且各相的成分有时也会变化;三是同一合金系成分不同,其组织也不同。即便是同一成分的合金,其组织也会随温度的不同而发生变化。

二元合金相图的基本类型有匀晶相图、共晶相图、包晶相图和共析相图等。下面分别利用匀晶相图和共晶相图分析合金的结晶过程。

(1) 匀晶相图

当两组元在液态和固态均能无限互溶时,所形成的合金称为二元匀晶合金,所构成的相图称为二元匀晶相图。如图 2-24 所示为 Cu-Ni 匀晶相图。

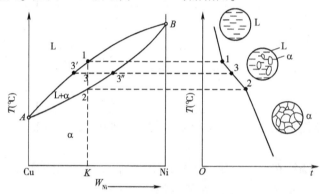

图 2-24 Cu-Ni 匀晶相图

① 相图分析。图中液相线之上为液相区,固相线之下为固相区,液相线与固相线之间是液、固两相共存区。A 点是铜的熔点(1083℃),B 点是镍的熔点(1455℃)。

② 结晶过程分析。以图中 K 点成分合金为例进行分析:合金温度缓慢降至 1 点温度时,开始从 L 相中结晶出 α 固溶体;随着温度的下降,α 相增多,L 相减少;至 2 点时,结晶过程结束,L 相全部转变为 α 相。

匀晶合金的结晶过程是在一定温度范围内进行的(从 1 点温度开始到 2 点温度结束)。结晶过程中,液相的成分沿液相线变化,固相的成分沿固相线变化。如 K 点成分的合金温度缓慢降至 3 点时,其液相部分具有 3′点的成分,而固相部分具有 3″点的成分。

③ 枝晶偏析。固溶体合金在结晶过程中,只有在极其缓慢的冷却、原子能充分扩散的条件下,固相的成分才能沿固相线均匀地变化,最终获得与原合金成分相同的均匀的 α 固溶体。由于实际结晶过程不可能无限缓慢,因此原子得不到充分的扩散,结果在每个晶粒内,先结晶的固溶体含高熔点组元(如 Cu-Ni 合金中的 Ni)较多,后结晶的固溶体内含低熔点组元(如 Cu-Ni 合金中的 Cu)较多。这种在一个晶粒内部化学成分不均匀的现象称为枝晶

偏析。

枝晶偏析严重影响合金的力学性能和耐蚀性,要设法消除。生产上一般将铸件加热到固相线以下 100~200℃ 的温度,保温较长时间,然后缓慢冷却,使原子充分扩散,从而达到成分均匀的目的。这种处理方法称为均匀化退火。

(2) 共晶相图

两组元在液态无限互溶,当冷却到某一温度时,同时结晶两种成分不同的固相。把液相在恒温下同时结晶出两个固相的转变称为共晶转变,具有共晶转变的合金称为共晶合金。发生共晶转变的二元合金相图称为二元共晶相图。Pb-Sn、Pb-Sb、Cu-Ag 等合金系的相图均属于共晶相图。如图 2-25 所示为 Pb-Sn 共晶相图。

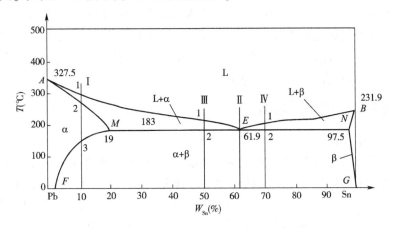

图 2-25 Pb-Sn 共晶相图

① 相图分析。图 2-25 中,A 点为铅的熔点 (327.5℃),B 点为锡的熔点 (231.9℃)。液相线 AEB 以上为液相区,固相线 AMENB 以下为 α、β 固相区。L、α、β 是 Pb-Sn 合金系的三个基本相,其中 α 相是锡溶于铅中形成的有限固溶体,MF 线为锡在铅中的溶解度曲线;β 是铅溶于锡中形成的有限固溶体,NG 线是铅在锡中的溶解度曲线。相图中的三个两相区是 L+α、L+β、α+β。MEN 线为三相平衡线,又称为共晶线。共晶温度为 183℃,在该温度下,E 点成分的液相同时结晶出两种不同的固相。

E 点称为共晶点,温度为 183℃,锡的含量为 61.9%。成分在 E 点的合金称为共晶合金,E 点对应的温度称为共晶温度。成分在 ME 之间的合金称为亚共晶合金,成分在 EN 之间的合金称为过共晶合金。

② 结晶过程分析。共晶成分的合金在冷却过程中,经过 E 点时发生共晶反应,生成共晶体 α+β。

亚共晶成分的合金如图中合金Ⅲ,在冷却过程中经Ⅰ点时结晶出 α 固溶体,温度在 1~2 点之间,随温度的不断降低,α 固溶体的量不断增多,其成分不断沿 ME 线变化,剩余液相的量不断减少,其成分不断沿 AE 线变化。温度降到 2 点时,剩余液相的成分达到共晶点成分,在共晶温度 (183℃) 下发生共晶转变,同时结晶 α+β 共晶体,直到液相全部消失为止,此时,合金的组织由先结晶来的 α 固溶体(称为先共晶相或初晶)和共晶体 α+β 组成。继续冷却到 2 点温度以下时,随着温度的降低,α、β 的溶解度减小,分别从 α、β 中析出 $α_Ⅱ$、$β_Ⅱ$ 两种次生相。$α_Ⅱ$、$β_Ⅱ$ 都相应地同共晶 α、β 连在一起,且数量较少,不影响共晶组织的基本形貌,室温组织仍可视为 α+β。

过共晶成分的合金如图中合金Ⅳ,过共晶合金的平衡结晶过程及组织与共晶成分的合金相类似,不同的是先结晶出来的固相是β固溶体。

无共晶反应的合金如图中合金Ⅰ,合金在冷却过程中不会发生共晶反应。在冷却过程中经1点时结晶;α固溶体,温度在1~2点之间,随温度的不断降低,α固溶体的量不断增多,到达2点全部转变为α相,温度继续降低,经3点时析出β相。

第五节　铁碳合金

钢铁材料是现代机械制造工业中应用最广泛的金属材料,它们是由铁和碳为主构成的铁碳合金。为了合理地选用这些材料,必须掌握铁碳合金的成分、组织结构与性能之间的关系。铁碳合金相图是研究铁碳合金最基本的工具。熟悉铁碳合金相图,对于研究碳钢和铸铁的成分、组织及性能之间的关系,钢铁材料的使用,各种热加工工艺的制定及工艺废品产生原因的分析等,都具有重要的指导意义。

一、铁碳合金中的组元和相

1. 纯铁的同素异构转变

纯铁熔点为1538℃,温度变化时会发生同素异构转变。所谓同素异构转变是指在固态下晶格结构随温度变化而发生变化的现象。具体是纯铁在结晶后继续冷却至室温的过程中,将发生两次晶格转变,其转变过程如图2-26所示。从图中可以看出,液态纯铁在1538℃开始结晶形成具有体心立方晶格的δ-Fe。继续冷却到1394℃发生同素异构转变,形成具有面心立方晶格的γ-Fe。再继续冷却到912℃时又发生同素异构转变,形成具有体心立方晶格α-Fe。

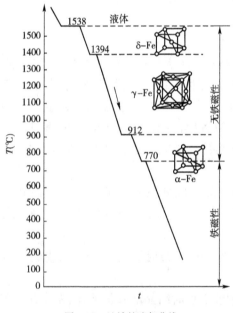

图2-26　纯铁的冷却曲线

2. 铁的固溶体

碳溶于α-Fe或δ-Fe中形成的固溶体称为铁素体,用F表示。碳在铁素体中的最大含量为0.0218%。室温时,碳的质量分数约为0.0008%。

碳溶于γ-Fe中形成的固溶体称为奥氏体,用A表示。碳在奥氏体中的最大含量为2.11%。

3. 渗碳体

渗碳体具有复杂的斜方结构,无同素异构转变。硬度很高,几乎没有塑性,是脆硬相。其在钢和铸铁内呈片状、球状、网状和板状,是碳钢中的主要强化相。渗碳体的量和形状、分布对钢的性能影响较大。

二、铁碳合金相图

铁碳合金相图是研究钢铁材料的理论基础,对钢铁材料的结构分析、物理化学性能分析,以及热处理都是理论指导依据。铁碳合金相图是由实验方法获得的。含碳量大于6.69%的铁碳合金在工业上没有实用意义。当含碳量为6.69%时,铁和碳形成较稳定的渗碳体,可作为合金的一个组元。铁碳合金相图就是以纯铁 Fe 为一组元、渗碳体(Fe$_3$C)为另一组元组成的,故又称为 Fe-Fe$_3$C 相图。它描述了铁碳合金在平衡状态下成分、温度与组织之间的关系。简化的铁碳合金相图如图 2-27 所示。

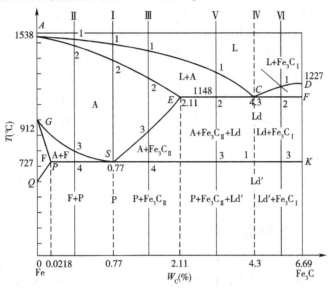

图 2-27 简化的 Fe-Fe$_3$C 相图

1. 特性点的分析

铁碳合金相图中的各点的温度、碳含量及含义见表 2-9。

铁碳合金相图的特性点含义 表 2-9

特 性 点	温度(℃)	W_C(%)	含 义
A	1538	0	纯铁的熔点
C	1148	4.3	共晶点
D	1227	6.69	渗碳体的熔点
E	1148	2.11	碳在 γ-Fe 中的最大含量
G	912	0	α-Fe、γ-Fe 同素异构转变点
P	727	0.0218	碳在 α-Fe 中的最大含量
S	727	0.77	共析点
Q	600	≈0.0057	600℃时碳在 α-Fe 中的最大含量

2. 特性线的分析

ACD 线为液相线。液相线以上所有铁碳合金都处于液相。铁碳合金冷却到此线时开始结晶,在 *AC* 线以下从液相中结晶出奥氏体,在 *CD* 线以下从液相中结晶出渗碳体,称为一次渗碳体,用 Fe$_3$C$_I$ 表示。

AECF 线为固相线。液体合金冷却到固相线全部结晶为固体。

ECF 水平线为共晶线。具有共晶成分(含碳量>2.11%)的液相在共晶温度1148℃时,要同时结晶出奥氏体与渗碳体的共晶体,称为莱氏体,用 Ld 表示。

PSK 水平线为共析线,通常称为 A_1 线。含碳量大于0.0218%的铁碳合金在 *PSK* 线上都

— 33 —

发生共析反应,同时析出铁素体与渗碳体的机械混合物,称为珠光体,用 P 表示。

ES 线为碳在奥氏体中的固溶线,通常称为 A_{cm} 线。从该线可以看出,奥氏体的最大溶碳量在 1148℃时为 2.11%,随着温度的降低,奥氏体的溶碳量逐渐减小,温度 727℃时仅为 0.77%。因此凡含碳量大于 0.77% 的铁碳合金从 1148℃冷却到 727℃时,就有渗碳体从奥氏体中析出,称为二次渗碳体析出,二次渗碳体用 Fe_3C_{II} 表示。

GS 线为冷却时由奥氏体析出铁素体的开始线,通常称为 A_3 线。

PQ 线为碳在铁素体中的固溶线。从该线可看出,铁素体的最大溶碳量在 727℃时为 0.0218%,而在室温下仅为 0.0008% 几乎不溶碳。因此,铁碳合金从 727℃冷却到室温时均会从铁素体中析出渗碳体,称为三次渗碳体析出,三次渗碳体用 Fe_3C_{III} 表示。因其数量很少,所以一般不考虑。

3. 铁碳合金相图中的相区

ACD 以上为液相区 L,AESG 为奥氏体区 A,GPQ 为铁素体区 F,AEC 为 L+A 区,CDF 为 L+Fe_3C_I 区,GSP 为 A+F 区。

三、典型铁碳合金的结晶过程

在铁碳合金相图上,含碳量为 0.0218% ~ 2.11% 的合金称为碳钢。其中含碳量为 0.77% 的合金为共析钢,含碳量为 0.0218% ~ 0.77% 的合金是亚共析钢,含碳量为 0.77% ~ 2.11% 的合金是过共析钢。含碳量为 2.11% ~ 6.69% 的合金称为白口铁。其中含碳量为 4.3% 的合金是共晶白口铁,含碳量为 2.11% ~ 4.3% 的合金是亚共晶白口铁,含碳量为 4.3% ~ 6.69% 的合金是过共晶白口铁。

1. 共析钢

在图 2-27 中合金 I 为共析钢,它在 1 点温度以上为液相,缓慢冷却到 1 点时开始从液相中结晶出奥氏体,奥氏体的数量随温度的下降而增多。冷却到 2 点时液相全部结晶成为奥氏体。2~S 点之间奥氏体没有成分变化,继续缓慢冷到 S 点,奥氏体发生共析反应,全部转变成为珠光体。727℃以下时,珠光体基本不发生变化,所以共析钢冷却到室温的最终组织为珠光体。共析钢的结晶过程如图 2-28 所示。

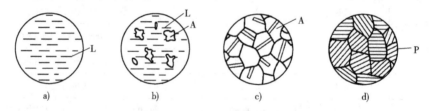

图 2-28 共析钢结晶过程示意图
a) 1 点以上;b) 1~2 点;c) 2~S 点;d) S 点以下

2. 亚共析钢

在图 2-27 中的合金 II 为亚共析钢。合金 II 冷却到 3 点前的结晶过程与合金 I 相似。冷却到 3 点(GS 线)时,从奥氏体中开始析出铁素体,随着温度继续下降,析出的铁素体量逐渐增多,剩余奥氏体量逐渐减少。由于从奥氏体中析出了含碳量极低的铁素体,使未转变的奥氏体的含碳量沿着 CS 线升高。当缓慢冷却到 4 点时,剩余奥氏体含碳量为 0.77%,将发生共析反应,转变为珠光体,此时先析出的铁素体不变,所以合金 II 冷却到室温时的组织为铁素体和珠光体。亚共析钢的结晶过程如图 2-29 所示。

所有亚共析钢在室温下的组织都是铁素体和珠光体,不同的是含碳量越高,珠光体的量越多,铁素体的量越少。

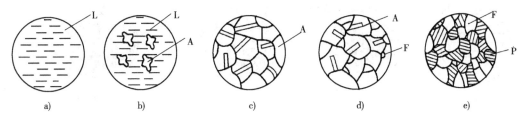

图 2-29 亚共析钢结晶过程示意图
a)1 点以上;b)1~2 点;c)2~3 点;d)3~4 点;e)4 点以下

3. 过共析钢

在图 2-27 中合金Ⅲ为过共析钢。合金Ⅲ冷却到 3 点前的结晶过程变化与合金Ⅰ、Ⅱ相同。当冷却到 3 点(ES 线)时,奥氏体中开始从晶界处析出渗碳体。随着温度继续降低,二次渗碳体不断地析出,奥氏体中的含碳量沿着 ES 线不断下降。当缓慢冷却到 4 点时,剩余奥氏体含碳量为 0.77%,将发生共析反应,转变为珠光体,所以合金Ⅲ冷却到室温时的组织为二次渗碳体和珠光体,二次渗碳体分布在珠光体的晶界上。过共析钢的结晶过程,图 2-30 所示。

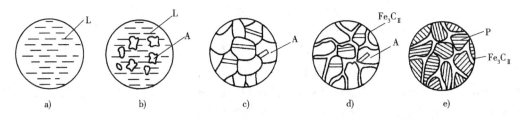

图 2-30 过共析钢结晶过程示意图
a)1 点以上;b)1~2 点;c)2~3 点;d)3~4 点;e)4 点以下

4. 共晶白口铁

在图 2-27 中的合金Ⅳ为共晶白口铁。C 点温度以上为液相,当缓慢冷却到 C 点时,发生共晶转变,形成高温莱氏体,用符号 Ld 表示。继续缓慢冷却,高温莱氏体中的奥氏体的含碳量沿 ES 线减少,不断析出二次渗碳体。C~1 点之间的组织为高温莱氏体,由奥氏体、二次渗碳体和共晶渗碳体组成。当缓慢冷却到 1 点时,剩余奥氏体的含碳量为 0.77%,将发生共析反应,转变为珠光体。高温莱氏体转变为低温莱氏体,用符号 Ld′表示。其组织由珠光体、二次渗碳体和共晶渗碳体组成,所以合金Ⅳ冷却到室温的组织为低温莱氏体。共晶白口铁的结晶过程如图 2-31 所示。

5. 亚共晶白口铁

在图 2-27 中合金Ⅴ表示亚共晶白口铁。合金在 1 点温度以上为液相,缓冷至 1 点温度时,开始从液相中结晶出奥氏体。继续缓冷,结晶出的奥氏体量不断增多,而液相量不断减少,奥氏体的含碳量不断沿 AE 线变化,液体的碳浓度沿 AC 线变化。温度缓冷至 2 点时,奥氏体的含碳量为 E 点的成分,液体的碳浓度为 C 点的浓度,液体将发生共晶转变。在 2~3 点温度区间,随着温度的不断下降,奥氏体的含碳量沿 ES 线变化,并不断析出二次渗碳体,因此 2~3 点温度区间内的组织为奥氏体、二次渗碳体和高温莱氏体。缓冷至 3 点时,含碳量 0.77%的奥氏体发生共析转变,转变为珠光体。最后室温组织为珠光体二次渗碳体和低

— 35 —

温莱氏体。亚共晶白口铁的结晶过程如图 2-32 所示。

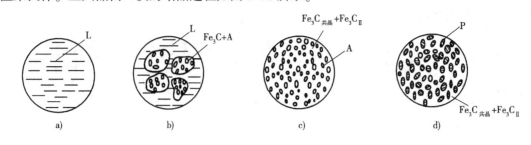

图 2-31 共晶白口铁结晶过程示意图
a) C 点以上；b) C 点时；c) $C\sim 1$ 点；d) 1 点以下

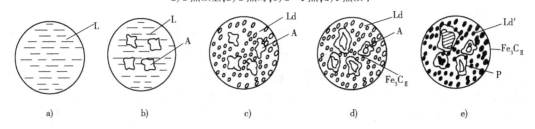

图 2-32 亚共晶白口铁结晶过程示意图
a) 1 点以上；b) 1~2 点；c) 2 点时；d) 2~3 点；e) 3 点以下

6. 过共晶白口铁

在图 2-27 中合金Ⅵ为过共晶白口铁。1 点温度以上为液相，当缓慢冷却到 1 点时，开始从液相结晶出一次渗碳体，缓慢冷却到 2 点时，组织为液相和一次渗碳体。继续冷却，一次渗碳体不发生成分和结构的变化，液相与共晶白口铁的转变过程一样。合金Ⅵ冷却到室温的组织为一次渗碳体和低温莱氏体，其结晶过程如图 2-33 所示。

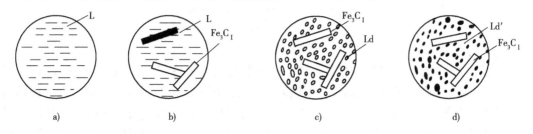

图 2-33 过共晶白口铁结晶过程示意图
a) 1 点以上；b) 1~2 点；c) 2~3 点；d) 3 点以下

四、铁碳合金的性能随成分变化的分析

1. 铁碳合金的室温组织变化

不同成分的铁碳合金在室温时的组织都由铁素体和渗碳体两个基本相组成。但随着碳的质量分数的增加，铁素体的量减少，渗碳体的量增加，且渗碳体的形态和分布也发生变化。在珠光体中的渗碳体以层片状分布，继而以网状分布在珠光体晶界上最后形成莱氏体时，渗碳体以针状分布。这就说明不同成分的铁碳合金具有不同的组织，也决定了其具有不同的性能。

2. 含碳量对铁碳合金力学性能的影响

渗碳体的硬度高，一般认为渗碳体是一种强化相。当渗碳体存在于以铁素体为基体的珠光体中时，可提高其强度和硬度，因此铁碳合金中含珠光体越多，强度和硬度越高，塑性与韧性越低。但在过共析钢中,渗碳体以网状分布在晶界上,以及在白口铁中,渗碳体以基体形式存在时,都使铁碳合金的塑性与韧性大大降低,导致过共析钢和白口铁脆性很高。所以,不同成分的铁碳合金具有不同的室温组织和性能。

随着碳的质量分数的增加,硬度直线上升,塑性和韧性不断下降。当碳的质量分数小于0.9%时,随着碳的质量分数的增加,强度基本呈直线上升;当碳的质量分数大于0.9%时,随着碳的质量分数的增加,强度急剧下降。为了保证工业上使用的碳钢具有一定的塑性和韧性,碳钢的质量分数不能超过1.3%。含碳量超过2.11%的白口铁,其性能硬而脆,难以加工,工业上很少使用。

3. 含碳量对工艺性能的影响

含碳量在4.3%左右的合金称为铸铁,铸铁的流动性比钢好,易于铸造,特别是靠近共晶成分的铸铁,其结晶温度低,流动性好,铸造性最好。从相图上看,结晶温度越高,结晶温度区间越大,越容易形成分散缩孔和偏析,铸造性就越差。

低碳钢比高碳钢可锻性好。由于钢加热到呈单相奥氏体状态时,塑性好、强度低,便于塑性变形,所以一般锻造都在奥氏体状态下进行。

含碳量越低,钢的焊接性越好,因此,低碳钢比高碳钢更容易焊接。

含碳量过高或过低,都会降低钢的切削加工性能。一般认为中碳钢的塑性适中,硬度为160~230HBW时,切削加工性最好。

第六节 材料的改性处理

一、钢的热处理

热处理即金属材料通过不同的加热、保温和冷却的方式,使其内部的组织结构发生变化,从而获得所需性能的一种工艺方法。

(一)钢在加热时的组织转变

Fe-Fe$_3$C 相图中,PSK、GS、ES 三条线是钢的固态平衡临界温度线,分别以 A_1、A_3、A_{cm} 表示,但在实际加热时,相变临界温度都会有所提高。为区别于平衡临界温度,分别以 Ac_1、Ac_3、Ac_{cm} 来表示。实际冷却时,相变临界温度又都比平衡时的临界温度有所降低,分别以 Ar_1、Ar_3、Ar_{cm} 表示。这些临界值线在 Fe-Fe$_3$C 相图上的位置如图2-34所示。上述的实际临界温度并不是固定的,它们受到碳的质量分数、合金元素的质量分数、奥氏体化温度、加热和冷却速度等因素的影响而变化。

1. 奥氏体化过程

以共析碳钢为例,常温组织为珠光体,当温度升高到 Ac_1 以上时,必将发生奥氏体转变,其转变也是由形核和核长大两个基本过程完成的。此时珠光体很不稳定,铁素体和渗碳体的界面在成分和结构上处于有利

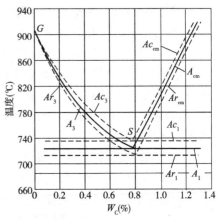

图2-34 碳钢加热和冷却的相变点在Fe-Fe$_3$C 相图上的位置

于转变的条件,首先在这里形成奥氏体晶核,随即建立奥氏体与铁素体以及奥氏体与渗碳体

之间的平衡,依靠铁、碳原子的扩散,使邻近的铁素体晶格转变为面心立方晶格的奥氏体。同时,邻近的渗碳体不断溶入奥氏体,一直进行到铁素体全部转变为奥氏体,这样各个奥氏体的晶核均得以长大,直到各个位向不同的奥氏体晶粒相互接触为止。

由于渗碳体的晶体结构和碳的质量分数都与奥氏体的差别很大,故铁素体向奥氏体的转变速度要比渗碳体向奥氏体的溶解快得多。渗碳体完全溶解后,奥氏体中碳浓度的分布是不均匀的,原来是渗碳体的地方碳浓度较高,原先是铁素体的地方碳浓度较低,必须继续保温,通过碳的扩散获得均匀的奥氏体。

上述奥氏体化过程可以看成由奥氏体形核、晶核的长大、残留渗碳体的溶解和奥氏体的均匀化四个阶段组成,转变的整个过程如图 2-35 所示。

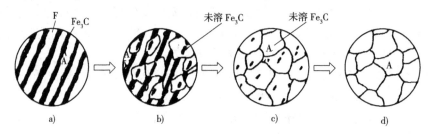

图 2-35 珠光体向奥氏体转变
a) A 形核; b) A 长大; c) 残余 Fe_3C 溶解; d) A 均匀化

亚共析钢和过共析钢的完全奥氏体化过程与共析钢基本相似。亚共析钢加热到 Ac_1 以上时,组织中的珠光体先转变为奥氏体,而组织中的铁素体只有在加热到 Ac_3 以上时才能全部转变为奥氏体。同样,过共析钢只有加热到 Ac_{cm} 以上时才能得到均匀的单相奥氏体组织。

2. 奥氏体晶粒大小及影响因素

钢的奥氏体晶粒的大小直接影响到冷却后所得的组织和性能。奥氏体的晶粒越细,冷却后的组织也越细,其强度越高,塑性和韧性好。因此在用材和热处理工艺上,尽量获得细的奥氏体晶粒,对工件最终的性能和质量具有重要意义。

(1) 奥氏体晶粒度

晶粒度是表示晶粒大小的一种指标,奥氏体晶粒度有以下三种不同的概念:

①起始晶粒度,指珠光体刚刚全部转变成奥氏体时其晶粒的大小。

②实际晶粒度,指钢在某个具体热处理或热加工条件下所获得的奥氏体晶粒的大小。

③本质晶粒度,表示钢在规定条件下奥氏体晶粒的长大倾向。

根据奥氏体晶粒在加热时长大的倾向性不同,将钢分为两类:一类是晶粒长大倾向小的钢,称为本质细晶粒钢;另一类是晶粒长大倾向大的,称为本质粗晶粒钢。原冶金部标准规定,本质晶粒度是将钢加热到 (930 ± 10) ℃保温 3~8h 冷却后,在显微镜下放大 100 倍测定的奥氏体晶粒的大小。

本质细晶粒钢在加热到临界点 Ac_1 以上直到 930℃时,晶粒并无明显长大,超过此温度后,由于阻止晶粒长大的氧化铝等不熔质点消失,晶粒随即迅速长大。由于没有氧化物等阻止晶粒长大的因素,加热到临界点 Ac_1 以上时,本质粗晶粒钢的晶粒开始不断长大。

在工业生产中:一般经铝脱氧的钢大多是本质细晶粒钢,而只用锰硅脱氧的钢为本质粗晶粒钢;沸腾钢一般都为本质粗晶粒钢,而镇静钢一般为本质细晶粒钢。需经热处理的工件一般都采用本质细晶粒钢。

(2) 影响奥氏体晶粒度的因素

①加热温度和保温时间

随着奥氏体晶粒长大,晶界总面积减小而系统的能量降低。所以在高温下奥氏体晶粒长大是一个自发过程。奥氏体化温度越高,晶粒长大越明显。在一定温度下,保温时间越长越有利于晶界总面积减小而导致晶粒粗化。

②钢的成分

奥氏体中碳的质量分数增加时,奥氏体晶粒的长大倾向也增大,碳是一个促使钢的奥氏体晶粒长大的元素。如果碳以未溶碳化物的形式存在,则具有阻碍晶粒长大的作用。

钢中加入能形成稳定碳化物的元素(如 Ti、V、Nb、Zr 等),能生成氧化物和氮化物的元素(如 Al),因所形成的化合物弥散分布在晶界上,所以会不同程度地阻碍奥氏体晶粒长大。

Mn 和 P 是促进奥氏体晶粒长大的元素,在热处理加热温度的选择和温度控制中需小心谨慎,以免晶粒长大而导致工件性能下降。

(二)钢在冷却时的组织转变

钢加热奥氏体化后,再进行冷却,奥氏体将发生变化。因为冷却条件不同,转变产物的组织结构也不同,性能也会有明显的差异。所以,冷却过程是热处理的关键工序,决定着钢在热处理后的组织和性能。

热处理的冷却方式有两种:一种是将奥氏体迅速冷至 Ar_1 以下某个温度,等温一段时间,再继续冷却,通常称为"等温冷却",如图 2-36 中曲线 1 所示;另一种是将奥氏体以一定的速度冷却,如水冷、油冷、空冷、炉冷等,称为"连续冷却",如图 2-36 中曲线 2 所示。

钢在高温时形成的奥氏体,过冷至 Ar_1 以下,成为热力学上不稳定状态的过冷奥氏体。现以共析钢为例,讨论过冷奥氏体在不同冷却条件下的转变形式及其转变产物的组织和性能。

1. 过冷奥氏体等温转变曲线(C 曲线)

(1)过冷奥氏体等温转变曲线(TTT 图)的建立

共析碳钢的等温转变曲线通常采用金相法配合测量硬度的方法建立,有时需用磁性法和膨胀法给予补充和校核。

如图 2-37 所示,将一系列共析碳钢薄片试样加热到奥氏体化后,分别迅速投入 Ac_1 以下不同温度的等温槽中,使之在等温条件下进行转变,每隔一定时间取

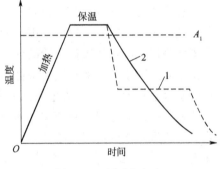

图 2-36 两种冷却方式
1—等温冷却;2—连续冷却

出一块,立即在水中冷却,对各试样进行金相观察,并测定硬度,由此得出在不同温度、不同恒温时间下奥氏体的转变量。同时,分别测定出过冷奥氏体的转变开始和转变终了时间,将所得结果标注在温度与时间的坐标系中,再将意义相同的点连接起来,即可得 TTT 图。因曲线形状如字母"C",故称为 C 曲线。图 2-38 所示为完整的共析钢 C 曲线,图中标出了过冷奥氏体在各温度范围等温所得组织及硬度。应注意的是图中的时间坐标采用了对数坐标分度。

(2)过冷奥氏体等温转变产物的组织和性能

C 曲线上方的一条水平线为 A_1 线,在 A_1 线以上区域奥氏体能稳定存在。在 C 曲线中,左边一条曲线为转变开始线,在 A_1 线以下和转变开始线以左为过冷奥氏体区。由纵坐标轴到转变开始线之间的水平距离表示过冷奥氏体等温转变前所经历的时间,称为孕育期,由 C 曲线形状可知,过冷奥氏体等温转变的孕育期随着等温温度而变化,C 曲线鼻尖处的孕育期

最短,过冷奥氏体最不稳定,提高或降低等温温度,都会使孕育期延长,使过冷奥氏体稳定性增强。C 曲线中右边一条线为转变终了线,其右边的区域为转变产物区,两条曲线之间的区域为转变过渡区,即转变产物与过冷奥氏体共存区。C 曲线下方的两条水平线中,Ms（230℃）为马氏体转变的开始线,Mf（-50℃）为马氏体转变的终了线。

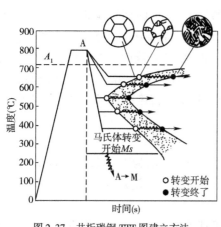

图 2-37　共析碳钢 TTT 图建立方法

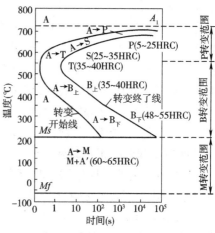

图 2-38　共析碳钢 C 曲线及转变产物

由 C 曲线图可知,奥氏体在不同的过冷度有不同的等温转变过程及相应的转变产物。以共析钢为例,根据转变产物的不同特点,可划分为三个转变区。

① 珠光体类型组织转变

过冷温度在 A_1 至 550℃ 之间的转变产物为珠光体类型组织。如图 2-39 所示,首先在奥氏体晶界或缺陷密集处形成渗碳体晶核,而后依靠周围奥氏体不断供给碳原子而长大,同时渗碳体晶核周围的奥氏体中碳的质量分数逐渐减小,于是 γ-Fe 晶格转变为 α-Fe 晶格而成为铁素体。铁素体的溶碳能力很低,在长大过程中将过剩的碳扩散到相邻的奥氏体中,使其碳的质量分数增大,这又为生成新的渗碳体晶核创造条件。如此反复,奥氏体就逐渐转变成渗碳体和铁素体片层相间的珠光体组织。随着转变温度的下降,渗碳体形核和长大加快,因此形成的珠光体变得越来越细。为了便于区别,根据片层间距的大小,将珠光体类组织分为珠光体 P、索氏体 S、托氏体 T,其形成温度范围、组织和性能如表 2-10 所示。

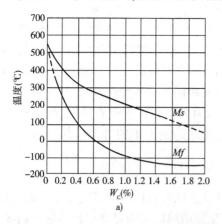
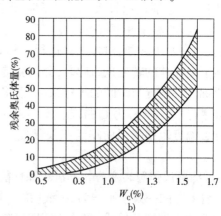

图 2-39　奥氏体中碳的质量分数的影响

a) 碳的质量分数对马氏体转变温度的影响；b) 碳的质量分数对残余奥氏体量的影响

共析钢的三种珠光体类型组织与性能　　　　　　　　　　　　　表2-10

组织名称及符号	珠 光 体 P	索 氏 体 S	托 氏 体 T
形成温度范围	$A_1 \sim 650℃$	$650 \sim 600℃$	$600 \sim 550℃$
片层间距(μm)	>0.4	$0.4 \sim 0.2$	<0.2
硬度(HBC)	$5 \sim 25$	$25 \sim 35$	$35 \sim 40$
R_m(MPa)	550	870	1100

总体上讲，珠光体组织中层片间距愈小，相界面愈多，其塑性变形的抗力愈大，强度、硬度愈高。同时由于渗碳体片变薄，其塑性和韧性有所改善。

从上面的分析也可看出，奥氏体向珠光体的转变是一种扩散型相变，它是通过铁、碳原子的扩散和晶格的转变来实现的。

② 贝氏体转变

过冷温度在550℃至M_s之间，转变产物为贝氏体B。贝氏体是铁素体及其中分布着的弥散碳化物所形成的亚稳组织。奥氏体向贝氏体的转变属于半扩散型转变，铁原子基本不扩散而碳原子尚有一定扩散能力。当转变温度在$550 \sim 350℃$范围内，先在奥氏体晶界上碳含量较低的地方生成铁素体晶核，然后向晶粒内沿一定方向成排长大成一束大致平行的含碳微过饱和的板条状铁素体。在此温度下碳仍具有一定的扩散能力，铁素体长大时它能扩散到铁素体外围，并在板条的边界上分布着沿板条长轴方向排列的碳化物短棒或小片，形成羽毛状的组织，称为上贝氏体$B_上$。

当温度降到350℃至M_s之间时，铁素体晶核首先在奥氏体晶界或晶内某些缺陷较多的地方形成，然后沿奥氏体的一定晶向呈片状长大。因温度较低，碳原子的扩散能力更小，只能在铁素体内沿一定的晶面以细碳化物柱子的形式析出，并与铁素体叶片的长轴呈55°~60°。这种组织称下贝氏体$B_下$，在光学显微镜下呈暗黑色针叶状。

贝氏体的力学性能完全取决于显微组织结构和形态。上贝氏体中铁素体较宽，塑性变形抗力较低。同时渗碳体分布在铁素体之间，容易引起脆断，在工业生产上的应用价值较低。下贝氏体组织中的片状铁素体细小，碳的过饱和度大，位错密度高。而且碳化物沉淀在铁素体内弥散分布，因此硬度高、韧性好，具有较好的综合力学性能。共析钢下贝氏体硬度为$45 \sim 55$HRC，生产中常采用等温淬火的方法获得下贝氏体组织。

③ 马氏体转变

钢从奥氏体状态快速冷却到M_s温度以下，则发生马氏体转变。由于温度很低，碳来不及扩散，全都保留在α-Fe中，形成碳在α-Fe中过饱和固溶体，即马氏体M。此转变属非扩散型转变。

M_s、M_f分别为马氏体转变的开始点和终了点。过冷奥氏体快速冷却至M_s(230℃)时开始发生马氏体转变，直至M_f(-50℃)转变结束。如仅冷却到室温，则仍有一部分奥氏体未转变而被保留下来。通常将奥氏体在冷却过程中发生相变后，在环境温度下残存的奥氏体称为残余奥氏体，因此马氏体转变量主要取决于M_f。奥氏体中碳的质量分数越高，M_f越低，转变后的残余奥氏体量也就越多，如图2-39所示。

马氏体的显微组织形态有板条状和片状两种类型，这主要与钢中碳的质量分数有关。$W_C < 0.2\%$时，马氏体呈板条状，如图2-40所示。$W_C > 1.0\%$时，马氏体呈片状或针叶状，如图2-41所示，$W_C = 0.2\% \sim 1.0\%$的马氏体，则由板条状马氏体和片状马氏体混合组成，且随着奥氏体中碳的质量分数增加,板条状马氏体不断减少,而片状马氏体逐渐增多。

马氏体的硬度主要与其碳的质量分数有密切关系,如图2-42所示。随着碳的质量分数增加,马氏体的硬度增加,尤其是在碳的质量分数较小的情况下,硬度增加较明显,但当碳的质量分数超过0.6%时硬度不再继续增高,这一现象是由奥氏体中碳的质量分数增加,使淬火后的残余奥氏体质量增加而总的硬度下降而导致的。

图2-40 板条状马氏体的形态　　　　图2-41 片状马氏体的形态

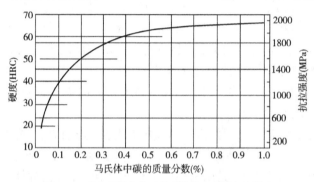

图2-42 碳的质量分数对马氏体强度和硬度的影响

马氏体的塑性和韧性也与碳的质量分数有关。因高碳马氏体晶格的畸变增大,淬火应力也较大,往往存在许多内部显微裂纹,所以塑性和韧性都很差。低碳板条状马氏体中碳的过饱和度较小,淬火内应力较低,一般不存在显微裂纹,同时板条状马氏体中的高密度位错是不均匀分布的,存在低密度区,为位错运动提供了活动余地,所以板条状马氏体具有较好的塑性和韧性。在生产上利用低碳马氏体的优点,常采用低碳钢淬火和低温回火工艺来获得性能优良的回火马氏体,这样不仅能降低成本,而且可得到良好的综合力学性能。

(3)影响C曲线的因素

①碳的质量分数的影响

碳的质量分数对C曲线的形状和位置有很大的影响,随着奥氏体中碳的质量分数的增加,其过冷奥氏体稳定性增加,C曲线的位置右移。在通常的热处理加热条件下,对于亚共析钢,碳的增加将使C曲线右移;对于过共析钢,碳的增加将使C曲线左移;而共析钢的过冷奥氏体最稳定,C曲线最靠右边。

②合金元素的影响

除了Co以外,所有的合金元素溶入奥氏体后,都会增大其稳定性,使C曲线右移。碳化物形成元素(如Cr、Mo、V、W、Ti)质量分数较大时,C曲线的形状也将发生变化,C曲线可出现两个鼻尖。但是,当合金元素如未完全溶入奥氏体,而以化合物形式存在时,在奥氏体转变过程中将起晶核作用,使过冷奥氏体稳定性下降,C曲线左移。

除 Co、Al 之外,溶入奥氏体中的合金元素均会不同程度地降低马氏体转变开始温度 M_s 与马氏体转变的终了温度 Mf,使钢淬火后冷却到室温时的残余奥氏体的量增加。

③加热温度和保温时间的影响

随着加热温度的提高和保温时间的延长,奥氏体的成分更加均匀,作为奥氏体转变的晶核数减少,同时奥氏体晶粒长大,晶界面积减小,这些都不利于过冷奥氏体的转变,从而增强了过冷奥氏体的稳定性,使 C 曲线右移。

2. 过冷奥氏体连续转变曲线

在生产实践中,奥氏体大多是在连续冷却中转变的,这就需要测定和利用过冷奥氏体连续转变曲线图(CCT 图)。

(1) CCT 图的特点

图 2-43 中实线为共析碳钢的 CCT 图。图中 P_s 线和 P_f 线分别表示过冷奥氏体向珠光体转变的开始线和终了线。K 线表示过冷奥氏体向珠光体转变的中止线。凡连续冷却曲线碰到 K 线,过冷奥氏体就不再继续发生珠光体转变,而一直保持到 Ms 以下后,转变为马氏体。

由图 2-43 可见,连续冷却转变曲线位于等温转变曲线右下方。这两种转变的不同处在于:在连续冷却转变曲线中,珠光体转变所需的孕育期要比相应过冷度下的等温转变略长,而且是在一定温度范围内发生的;共析钢和过共析钢连续冷却时一般不会得到贝氏体组织。

(2) 临界冷却速度

连续冷却转变时,过冷奥氏体的转变过程和转变产物取决于冷却速度(图 2-43),与 CCT 曲线相切的冷却曲线 v_k 称为淬火临界冷却速度,它表示钢在淬火时过冷奥氏体全部发生马氏体转变所需的最小冷却速度。v_k 愈小,钢在淬火时愈容易获得马氏体组织,即钢接受淬火的能力愈大。v'_k 称为 TTT 图的上临界冷却速度。相比之下,$v'_k > v_k$,可以推断,在连续冷却时用 v'_k 作为临界冷却速度去研究钢的接受淬火能力大小是不合适的。

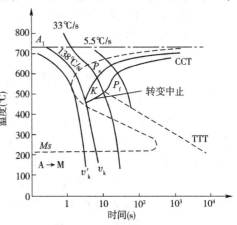

图 2-43 共析钢 CCT 与 TTT 曲线比较

图 2-43 表明,以不同冷却速度连续冷却,过冷奥氏体转变成不同的产物,珠光体、珠光体和少量马氏体、马氏体和残余奥氏体。

(三) 钢的普通热处理

钢的热处理(heat treatment),是将钢在固态下进行加热、保温和冷却,改变其内部组织,从而获得所需要性能的一种金属加工工艺。

热处理能有效地改善钢的组织,提高其力学性能并延长其使用寿命,是钢铁材料重要的强化手段。机械工业中的钢铁制品,几乎都要进行不同形式的热处理才能保证其使用性能。所有的量具、模具、刃具和轴承,70%~80%的汽车零件和拖拉机零件,60%~70%的机床零件,都必须进行热处理,才能合理地加工和使用。

钢的普通热处理包括退火(annealing)、正火(normalizing)、淬火(quench hardening)、回火(tempering)。这里主要介绍普通热处理各工艺的特点、操作及应用。

1. 退火和正火

退火与正火主要用于各种铸件、锻件、热轧型材及焊接构件,由于处理时冷却速度较慢,故对钢的强化作用较小,在许多情况下不能满足使用要求。除少数性能要求不高的零件外,其一般不作为获得最终使用性能的热处理,而主要用来改善其工艺性能,故称为预备热处理(conditioning treatment)。

退火与正火的目的是:消除残余内应力,防止工件变形、开裂;改善组织,细化晶粒;调整硬度,改善切削性能,为最终热处理(淬火、回火)作好组织准备。

(1) 退火

退火是将钢加热至适当温度,保温一定时间,然后缓慢冷却的热处理工艺。根据目的和要求的不同,工业上常用的退火工艺有完全退火、等温退火、球化退火、去应力退火和均匀化退火。

① 完全退火

完全退火是将亚共析钢加热至 Ac_3 以上 30~50℃,保温后随炉冷却(或埋在砂中、石灰中冷却)至 500℃ 以下再在空气中冷却,以获得接近平衡组织的热处理工艺。

② 等温退火

等温退火是将钢加热至 Ac_3 以上 30~50℃,保温后较快地冷却到 Ar_1 以下某一温度等温,使奥氏体在恒温下转变成铁素体和珠光体,然后出炉空冷的热处理工艺。由于转变在恒温下进行,所以组织均匀,并可缩短退火时间。

完全退火和等温退火主要用于亚共析成分的各种碳钢和合金钢的铸件、锻件及热轧型材,有时也用于焊接结构。

③ 球化退火

球化退火是将过共析钢加热至 Ac_1 以上 20~40℃,保温适当时间后缓慢冷却,以获得在铁素体基体上均匀地分布着球粒状渗碳体组织的热处理工艺。

过共析钢经热轧、锻造空冷后,组织为片层状珠光体和网状二次渗碳体。这种组织硬度高,塑性、韧性差,脆性大,不仅切削性能差,而且淬火时易产生变形和开裂。因此,必须进行球化退火,使网状二次渗碳体和珠光体中的片状渗碳体球粒化,降低钢的硬度,改善其切削性能。此工艺常用于过共析钢和合金工具钢。共析钢以及接近共析成分的亚共析钢也可采用球化退火工艺来获得最佳的塑性和较低的硬度,有利于冷成型(冷挤、冷拉、冷冲等)。

④ 去应力退火和再结晶退火

去应力退火是将工件加热至 Ac_1 以下 100~200℃,保温后缓冷的热处理工艺。其目的主要是消除构件(如铸件、锻件、焊件、热轧件、冷拉件等)中的残余内应力。

再结晶退火主要用于经冷变形的钢,可以软化因冷变形引起的材料硬化现象。

⑤ 均匀化退火(扩散退火)

为减少钢锭、铸件或锻坯的化学成分的偏析和组织的不均匀性,将其加热到 Ac_3 以上 150~200℃,长时间(10~15h)保温后缓冷的热处理工艺,称为均匀化退火或扩散退火。均匀化退火的目的是实现化学成分和组织的均匀化。均匀化退火后钢的晶粒粗大,因此一般还要进行完全退火或正火。

(2) 正火

正火是将工件加热至 Ac_3(或 Ac_{cm})以上 30~50℃,保温后出炉空冷的热处理工艺。正火主要应用于以下几方面:对于力学性能要求不高的零件,正火可作为最终热处理;低碳钢退火后硬度偏低,切削加工后表面粗糙度高,正火后可获得合适的硬度,改善切削性能;过共析钢球化退火前进行一次正火,可消除网状二次渗碳体,以保证球化退火时渗碳体全部球粒化。

正火与退火的主要区别是正火的冷却速度稍快,所得组织比退火细,硬度和强度有所提高。正火的生产周期比退火短,节约能源,且操作简便。生产中常优先采用正火工艺。常用退火和正火工艺规范如图2-44所示。

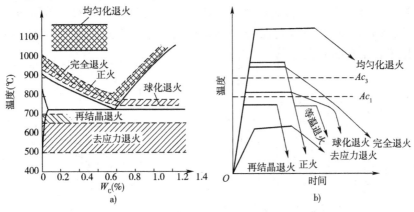

图2-44 碳钢退火和正火的工艺规范示意图
a) 加热温度范围; b) 工艺曲线

2. 淬火

淬火是将钢件加热至Ac_3或Ac_1以上某一温度,保温后以适当速度冷却,获得马氏体和(或)下贝氏体组织的热处理工艺。淬火的目的是提高钢的硬度和耐磨性。淬火是强化钢件最重要的热处理方法。

(1) 钢的淬火工艺

① 淬火温度的选择

碳钢的淬火温度根据Fe-Fe$_3$C相图选择,如图2-45所示。为了防止奥氏体晶粒粗化,一般淬火温度不宜太高,仅允许超出临界点30~50℃。

对于亚共析碳钢,适宜的淬火温度一般为Ac_3以上30~50℃,这样可获得均匀细小的马氏体组织。如果淬火温度过高,则将获得粗大马氏体组织,同时引起钢件较严重的变形。如果淬火温度过低,则在淬火组织中将出现铁素体,造成钢的硬度、强度不高。

对于过共析碳钢,适宜的淬火温度一般为Ac_1以上30~50℃,这样可获得均匀细小马氏体和粒状渗碳体的混合组织。如果淬火温度过高,则将获得粗片状马氏体组织,同时引起较严重变形,使淬火开裂倾向增大;由于渗碳体溶解过多,淬火后钢中残余奥氏体量增多,还将降低钢的硬度和耐磨性。如果淬火温度过低,则可能得到非马氏体组织,使钢的硬度达不到要求。

对于合金钢,因为大多数合金元素(Mn、P除外)都会阻碍奥氏体晶粒长大,所以淬火温度允许比碳钢稍微提高一些,这样可使合金元素充分溶解和均匀化,从而取得较好淬火效果。

② 淬火冷却介质

淬火时为了得到马氏体组织,冷却速度必须大于淬火临界冷却速度v_k。但快冷又不可避免地会造成很大的内应力,引起工件变形与开裂。因此,理想的淬火冷却介质应具有图2-46所示的冷却曲线,即只在C曲线鼻部附近快速冷却,而在淬火温度至650℃之间以及Ms以下以较慢的速度冷却。

但实际生产中还没有找到一种淬火介质能符合这一理想淬火冷却速度。常用的淬火冷却介质是水、盐水、油。水的冷却能力很强,NaCl的质量分数为5%~10%的盐水,其冷却能力更强。尤其在650~550℃的范围内冷却速度非常快,大于600℃/s。在300~200℃的温度范围里,水的冷却能力仍很强,这将导致工件变形,甚至开裂。因而,水冷主要用于淬透性较小的碳钢零件。淬火油几乎都是矿物油。其优点是在300~200℃的范围内冷却能力低,有利于减小变形和开裂,其缺点是在650~550℃范围冷却能力远低于水,所以不宜用于碳钢,通常只用于合金钢的淬火介质。

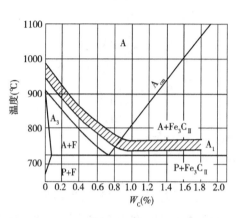

图2-45 碳钢的淬火加热温度范围　　图2-46 理想淬火冷却速度

为减小工模具淬火时的变形,工业上常用熔融盐浴或碱浴作为冷却介质来进行分级淬火或等温淬火。

③常用淬火方法

为保证淬火时既能得到马氏体组织,又能减小变形,避免开裂,一方面可选用合适的淬火介质,另一方面可通过采用不同的淬火方法加以解决。工业上常用的淬火方法有以下几种。

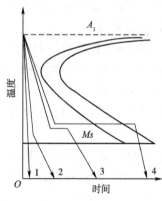

图2-47 不同淬火方法的冷却曲线
1-单介质淬火;2-双介质淬火;3-马氏体分级淬火;4-贝氏体等温淬火

a. 介质淬火法。它是将加热的工件放入一种淬火介质中连续冷却至室温的操作方法,其冷却曲线如图2-47中曲线1所示,如碳钢件的水冷淬火、合金钢件的油冷淬火等。这种方法操作简单,容易实现机械化自动化。但在连续冷却至室温的过程中,水淬容易产生变形和裂纹,油淬容易产生硬度不足或不均匀等现象。

b. 双介质淬火法。对于形状复杂的碳钢件,为了防止在低温范围内马氏体相变时发生裂纹,可在水中淬冷至接近Ms温度时从水中取出立即转到油中冷却,其冷却曲线如图2-47中曲线2所示,这就是双介质淬火法,也常称为水淬油冷法。采用这种淬火方法时如能恰当地掌握好在水中的停留时间,即可有效地防止裂纹的产生。

c. 分级淬火法。将钢件加热保温后,迅速放入温度稍高于Ms的恒温盐浴或碱浴中,保温一定时间,待钢件表面与心部温度均匀一致后取出空冷,以获得马氏体组织的淬火工艺,其冷却曲线如图2-47中曲线3所示。采用这种淬火方法能有效地减小变形和开裂倾向。但由于盐浴或碱浴的冷却能力较弱,故该方法只适用于尺寸较小、淬透性较好的工件。

d. 等温淬火法。钢件加热保温后,迅速放入温度稍高于Ms的盐浴或碱浴中,保温足够时间,使奥氏体转变成下贝氏体后取出空冷,其冷却曲线如图 2-47 中曲线 4 所示。等温淬火可大大降低钢件的内应力,下贝氏体具有较高的强度、硬度和良好的塑性、韧性,综合性能优于马氏体。该方法适用于尺寸较小、形状复杂,要求变形小,且强度、韧度都较高的工件,如弹簧、工模具等。等温淬火后一般不必回火。

e. 局部淬火法。有些工件按其工作条件如果只是局部要求高硬度,则可进行局部加热淬火,以避免工件其他部分产生变形和裂纹。

f. 冷处理。为了尽量减少钢中残余奥氏体以获得最大量的马氏体,可进行冷处理,即把淬冷至室温的钢继续冷却到 $-70 \sim -80$℃ 或更低,保持一段时间,使残余奥氏体在继续冷却过程中转变为马氏体。这样可提高钢的硬度和耐磨性,并稳定钢件的尺寸。

(2) 钢的淬透性和硬性

① 淬透性

在规定条件下,决定钢材淬硬层深度和硬度分布的特性称为淬透性。一般规定,钢的表面至内部马氏体组织占 50% 处的距离称为淬硬层深度。淬硬层越深,淬透性就越好。如果淬硬层深度达到心部,则表明该工件全部淬透。

钢的淬透性主要取决于钢的临界冷却速度 v_k。临界冷却速度越小,过冷奥氏体越稳定,钢的淬透性也就越好。

合金元素是影响淬透性的主要因素。除 Co 和质量分数大于 2.5% 的 Al 以外,大多数合金元素溶入奥氏体都使 C 曲线右移,临界冷却速度降低,因而使钢的淬透性显著提高。

此外,提高奥氏体化温度,将使奥氏体晶粒长大,成分均匀,奥氏体稳定,因而使钢的临界冷却速度减小,淬透性得到改善。

在实际生产中,工件淬火后的淬硬层深度除取决于淬透性外,还与零件尺寸及冷却介质有关。

② 淬硬性

钢在理想条件下进行淬火硬化所能达到的最高硬度的能力称为淬硬性。它主要取决于马氏体中的含碳量,合金元素对淬硬性影响不大。

(3) 钢的淬火变形与开裂

① 热应力与相变应力

工件淬火后出现变形与开裂是由内应力引起的。内应力分为热应力与相变应力。

工件在加热或冷却时,由于不同部位存在着温度差而导致热胀或冷缩不一致所引起的应力称为热应力。

淬火工件在加热时,铁素体和渗碳体转变为奥氏体,冷却时又由奥氏体转变为马氏体。由于不同组织的比容不同,故加热冷却过程中必然要发生体积变化。热处理过程中由于工件表面与心部的温差使各部位组织转变不同时进行而产生的应力称为相变应力。

淬火冷却时,工件中的内应力超过材料的屈服点,就可能产生塑性变形,如内应力大于材料的抗拉强度,工件将发生开裂。

② 减小淬火变形、开裂的措施

对于形状复杂的零件,应选用淬透性好的合金钢,以便能在缓和的淬火介质中冷却;工件的几何形状应尽量做到厚薄均匀,截面对称,使工件淬火时各部分能均匀冷却;高合金钢锻造时尽可能改善碳化物分布,高碳及高碳合金钢采用球化退火有利于减小淬火变形;适当降低淬火温度、采用分级淬火或等温淬火都能有效地减小淬火变形。

3. 回火

将淬火后的钢件加热至 Ac_1 以下某一温度,保温一定时间,然后冷至室温的热处理工艺称为回火。

钢件淬火后必须进行回火,其主要目的是:减小或消除淬火应力,减小变形,防止开裂;通过采用不同温度的回火来调整硬度,减小脆性,获得所需的塑性和韧性;稳定工件的组织和尺寸,避免其在使用过程中发生变化。

(1) 淬火钢回火时的组织转变

淬火钢随回火温度的升高,其组织发生以下几个阶段的变化:

① 马氏体的分解

在 100~200℃ 回火时,马氏体开始分解。马氏体中的碳化物析出,使过饱和程度略有减小,这种组织称为回火马氏体($M_回$)。因碳化物极细小,且与母体保持共格,故硬度略有下降。

② 残余奥氏体的转变

在 200~300℃ 回火时,马氏体继续分解,同时残余奥氏体也向下贝氏体转变。此阶段的组织大部分仍然是回火马氏体,硬度有所下降。

③ 回火托氏体的形成

在 300~400℃ 回火时,马氏体分解结束,过饱和固溶体转变为铁素体。同时非稳定的碳化物也逐渐转变为稳定的渗碳体,从而形成在铁素体的基体上分布着细颗粒状渗碳体的混合物,这种组织称为回火托氏体($T_回$),此阶段硬度继续下降。

④ 渗碳体的聚集长大

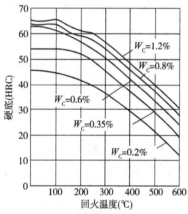

图 2-48 钢的硬度与回火温度的关系

在 400℃ 以上回火时,渗碳体逐渐聚集长大,形成较大的粒状渗碳体,这种组织称为回火索氏体($S_回$),与回火托氏体相比,其渗碳体颗粒较粗大。随回火温度进一步升高,渗碳体迅速长大,而且铁素体开始发生再结晶,由针状形态变成等轴多边形。钢的硬度与回火温度的关系如图 2-48 所示。

(2) 回火的种类及应用

根据零件对性能的不同要求,按其回火温度范围,可将回火分为以下几类。

① 低温回火

低温(150~250℃)回火后的组织为回火马氏体,基本上保持了淬火后的高硬度(一般为 58~64HRC)和高耐磨性,主要目的是为了降低淬火应力。一般用于有耐磨性要求的零件,如刃具、工模具、滚动轴承、渗碳零件等。

② 中温回火

中温(350~500℃)回火后,组织为回火托氏体,其硬度一般为 35~45HRC,具有较高的弹性和屈服强度,因而主要用于有较高弹性、韧性要求的零件,如各种弹簧。

③ 高温回火

高温(500~650℃)回火后的组织为回火索氏体,这种组织既有较高的强度,又具有一定的塑性、韧性,其综合力学性能优良。工业上通常将淬火与高温回火相结合的热处理称为调质处理,它广泛应用于各种重要的结构零件,特别是在交变负荷下工作的连杆、螺栓、齿轮及轴类等。也可用于量具、模具等精密零件的预备热处理。高温回火所得组织的硬度一般为 200~350HBW。

除了以上三种常用的回火方法外,某些高合金钢还在 640~680℃进行软化回火。某些量具等精密工件,为了保持淬火后的高硬度及尺寸稳定性,有时需在 100~150℃进行长时间(10~50h)的加热,这种低温长时间的回火称为尺寸稳定处理或时效处理。

从以上各温度范围中可看出,没有在 250~350℃进行的回火,因为这是较易产生低温回火脆性的温度范围。

(四) 钢的表面热处理

在冲击、交变和摩擦等动载荷条件下工作的机械零件,如齿轮、曲轴、凸轮轴、活塞销等汽车、拖拉机和机床零件,要求表面具有高的强度、硬度、耐磨性和疲劳强度,而心部则要有足够的塑性和韧性。如果仅通过选材和普通热处理工艺来满足以上要求是很困难的,而表面热处理则是能满足要求的合理选择。

1. 钢的表面淬火

表面淬火是一种不改变表层化学成分,只改变表层组织的局部热处理方法。表面淬火是通过快速加热,使钢件表层奥氏体化,然后迅速冷却,使表层形成一定深度的淬硬组织(马氏体),而心部仍保持原来塑性、韧性较好的组织(退火、正火或调质处理组织)的热处理工艺。

根据加热方法的不同,表面淬火可分为感应加热、火焰加热、接触电阻加热、电解液加热、激光加热和电子束加热等。下面主要介绍感应加热表面淬火、火焰加热表面淬火和激光加热表面淬火。

(1) 感应加热表面淬火

感应加热表面淬火(图 2-49)是利用电磁感应、集肤效应、涡流和电阻热等电磁原理,使工件表层快速加热,并快速冷却的热处理工艺。

感应加热表面淬火时,将工件放在铜管制成的感应器内,当一定频率的交流电通过感应器时,处于交变磁场中的工件产生感应电流,由于集肤效应和涡流的作用,工件表层的高密度交流电产生的电阻热,迅速加热工件表层,很快达到淬火温度,随即喷水冷却,工件表层被淬硬。

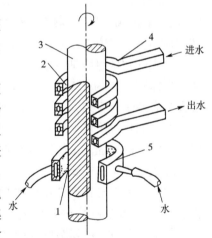

图 2-49 感应加热表面淬火
1-加热淬硬层;2-间隙;3-工件;4-感应线圈;5-淬火水套

感应加热时,工件截面上感应电流的分布状态与电流频率有关。电流频率愈高,集肤效应愈强,感应电流集中的表层就愈薄,这样加热层深度与淬硬层深度也就愈薄。因此,可通过调节电流频率来获得不同的淬硬层深度。常用感应加热种类及应用如表 2-11 所示。感应加热速度极快,只需几秒或十几秒。淬火层马氏体组织细小,力学性能好。工件表面不易氧化脱碳,变形也小,而且淬硬层深度易控制,质量稳定,操作简单,特别适合大批量生产。常用于中碳钢或中碳低合金钢工件,例如 45、40Cr、40MnB 钢等。也可用于高碳工具钢或铸铁件,一般零件淬硬层深度约为半径的 1/10 时,即可得到强度、耐疲劳性和韧度配合良好的处理效果。感应加热表面淬火不宜用于形状复杂的工件,因感应器制作困难。为了保证心部具有良好的力学性能,表面淬火前应进行调质或正火处理。表面淬火后应进行低温回火,以减小淬火应力,降低脆性。

感应加热种类及应用范围　　　　　　　　　　表2-11

感应加热类型	常用频率	淬硬层深度(mm)	应用范围
高频感应加热	200～1000kHz	0.5～2.5	中小模数齿轮及中小尺寸的轴类零件
中频感应加热	2500～8000Hz	2～10	较大尺寸的轴和大中模数齿轮
工频感应加热	50Hz	10～20	较大直径零件穿透加热,大直径零件,如轧辊、火车车轮的表面淬火
超音频感应加热	30～36kHz	淬硬层沿工件轮廓分布	中小模数齿轮

(2) 火焰加热表面热处理

火焰加热表面淬火是应用氧-乙炔(或其他可燃气)焰,对零件表面进行加热,随之淬火冷却的工艺。这种方法和其他表面加热淬火法比较,其优点是设备简单、成本低,但生产率低,质量较难控制。火焰加热表面淬火淬硬层深度一般为2～6mm,通常用来对中碳钢、中碳合金钢和铸铁的大型零件进行单件、小批生产或局部修复加工。例如,大型齿轮、轴、轧辊等零件就常进行表面淬火。

(3) 激光加热表面淬火

激光加热表面淬火是一种新型的表面强化方法。它利用激光来扫描工件表面,使工件表面迅速加热至钢的临界点以上,当激光束离开工件表面时,由工件自身大量吸热使表面迅速冷却而淬火,因此不需要冷却介质。

在激光淬火工艺中对淬火表面必须预先施加吸光涂层,该涂层由金属氧化物、暗色的化学膜(如磷酸盐)或黑色材料(如炭黑)组成。通过控制散光入射功率密度(10^3～10^5W/cm^2)、照射时间及照射方式,即可达到不同淬硬层深度、硬度、组织及其他性能要求。

激光硬化区组织基本上为细马氏体。铸铁的激光硬化区组织为细马氏体加未熔石墨。淬硬层深度一般为0.3～0.5mm,硬度比常规淬火的相同含碳量的钢材硬度高10%左右。表面具有残余压应力,耐磨性、耐疲劳性一般均优于常规热处理。

激光加热表面淬火后零件变形极小,表面质量很高,特别适用于拐角、沟槽、盲孔底部及深孔内壁的热处理。工件经激光表面淬火后,一般不再进行其他加工就可以直接使用。

2. 钢的化学热处理

化学热处理是将钢件置于活性介质中加热并保温,使介质分解析出的活性原子渗入工件表层,改变表层的化学成分、组织和性能的热处理工艺。化学热处理的目的是提高工件表面的硬度、疲劳强度、耐磨性、耐热性、耐蚀性和抗氧化性能等。常用的化学热处理有渗碳、渗氮、碳氮共渗和渗金属等。

(1) 渗碳

渗碳是将工件置于渗碳介质中加热并保温,使介质分解析出活性碳原子渗入工件表层的化学热处理工艺。渗碳适用于承受冲击载荷和强烈摩擦的低碳钢或低碳合金钢工件,如汽车和拖拉机的齿轮、凸轮、活塞销、摩擦片等零件。渗碳层深度一般为0.5～2mm,渗碳层中碳的质量分数可达到0.8%～1.1%。渗碳后应进行淬火和回火处理,才能有效地发挥渗碳的作用。

按渗碳所用的渗碳剂不同,可分为气体渗碳、固体渗碳和液体渗碳三类。生产中常用的渗碳方法主要为气体渗碳,是将工件置于密闭的加热炉中,通入煤气、天气等渗碳气体介质,加热到900~950℃的温度后保温,工件在高温渗碳气体中进行渗碳的热处理工艺。

气体渗碳的渗层厚度与渗碳时间有关,在温度900~950℃下每保温1h,渗入厚度增加0.2~0.3mm。低碳钢渗碳缓冷后的显微组织表层为珠光体和二次渗碳体,心部为原始的亚共析钢组织,中间为过渡组织。一般规定,从表面到过渡层的1/2处称为渗碳层厚度。

气体渗碳的渗碳层质量好,渗碳过程易控制,生产率高,劳动条件较好,易于实现机械化和自动化。但设备成本高,维护调试要求较高,故不适宜单件、小批量生产。

(2) 渗氮

渗氮又称化,是将工件置于含氮介质中加热至500~560℃,使介质中分解析出的活性氮原子渗入工件表层的化学热处理工艺。渗氮层厚度一般为0.6~0.7mm。渗氮广泛用于承受冲击、交变载荷和强烈摩擦的中碳合金结构钢重要精密零件,如精密机床丝杠、镗床主轴、高速柴油机曲轴、汽轮机的阀门和阀杆等。

为了有利于渗氮过程中在工件表面形成颗粒细小、分布均匀、硬度极高且非常稳定的氮化物,渗氮用钢通常是含有Al、Cr、Mo等元素的合金钢,最典型的渗氮钢是38CrMoAl,渗氮硬度可达1000HV以上。工件渗氮后,表面即具有很高的硬度及耐磨性,不必再进行热处理。但由于渗氮层很薄,且较脆,因此要求心部具有良好的综合力学性能,故渗氮前应进行调质处理,以获得回火索氏体组织。

①气体渗氮

将工件置于井式炉中加热至550~570℃,并通入氨气,氨气受热分解生成活性氮原子渗入工件表面。渗氮保温时间一般为20~50h,渗氮层厚度为0.2~0.6mm。

②离子渗氮

将工件置于离子氮化炉内,抽出炉内空气,待真空度达1.33Pa后通入氨气,炉压升至70Pa时接通电源,在阴极(工件)和阳极间施加400~700V的直流电压,使炉内气体放电,迫使电离后的氮离子高速轰击工件表面,并渗入工件表层形成氮化层。其最大优点是渗氮时间短,仅为气体渗氮的1/3左右,且渗层质量好。

(3) 碳氮共渗

碳氮共渗是在奥氏体状态下将碳和氮原子都渗入工件表层,并以渗碳为主的化学热处理工艺。碳氮共渗的方法有液体碳氮共渗、气体碳氮共渗和离子碳氮共渗。目前主要使用的是气体碳氮共渗。气体碳氮共渗又分为高温(820~880℃)气体碳氮共渗和低温(560~580℃)气体碳氮共渗两类。常用的共渗介质是尿素、甲酰胺和三乙醇胺。

气体碳氮共渗的共渗层比渗碳层硬度高,耐磨性、耐蚀性和疲劳强度更好;比渗氮层深度大,表面脆性小而抗压强度高;共渗速度快,生产率高,变形开裂倾向小。这种工艺广泛应用于自行车、缝纫机、仪表零件、齿轮、轴类等机床、汽车的小型零件,以及模具、量具和刃具的表面处理。

(五) 热处理新技术简介

随着工业及科学技术的发展,热处理工艺在不断改进,近年来发展了一些新的热处理工艺,计算机技术也已越来越多地应用于热处理工艺控制。

1. 可控气氛热处理

在炉气成分可控制在预定范围内的热处理炉中进行的热处理称为可控气氛热处理。其目的是为了有效地控制渗碳、碳氮共渗等化学热处理时表面碳浓度,或防止工件在加热时氧化和脱碳,还可用于实现低碳钢的光亮退火及中、高碳钢的光亮淬火。可控气氛按炉气可分为渗碳性、还原性和中性气氛等。目前我国常用的可控气氛有吸热式气氛、放热式气氛、放热—吸热式气氛和有机液滴注式气氛等,其中以放热式气氛的制备成本最低。

2. 真空热处理

在真空中进行的热处理称为真空热处理,包括真空淬火、真空退火、真空回火和真空化学热处理(如真空渗碳、渗铬等)。真空热处理是在 1.33~0.0133Pa 真空度的真空介质中加热工件。

真空热处理可以减小工件变形,使钢脱氧、脱氢和净化工件表面,使工件表面无氧化、不脱碳、表面光洁,可显著提高其耐磨性和疲劳强度。真空热处理的工艺操作条件好,有利于实现机械化和自动化,而且节约能源,减少污染,因而真空热处理目前发展较快。

3. 形变热处理

形变热处理是将塑性变形同热处理有机结合在一起,获得形变强化和相变强化综合效果的工艺方法。这种工艺方法不仅可提高钢的强韧性,还可以大大简化金属材料或工件的生产流程。

形变热处理的方法很多,有低温形变热处理、高温形变热处理、等温形变淬火、形变时效和形变化学热处理等。

(1) 高温形变热处理

高温形变热处理是将钢加热到稳定的奥氏体区内,在该状态下进行塑性变形,随即进行淬火、回火的综合热处理工艺,又称为高温形变淬火。与普通热处理相比,某些钢材经高温形变淬火能提高抗拉强度 10%~30%,提高塑性 40%~50%。一般非合金钢、低合金钢均可采用这种热处理。

(2) 低温形变热处理

低温形变热处理是将钢加热到奥氏体状态后,快速冷却到 Ar_1 以下,进行大量(70%~50%)的变形,随即淬火、回火的工艺,又称为亚稳奥氏体的形变淬火。与普通热处理相比,低温形变热处理在保持塑性不变的情况下,抗拉强度可提高 30~70MPa,有时甚至提高 100MPa。这种工艺适用于某些珠光体与贝氏体之间有较长孕育期的合金钢。

形变热处理主要受设备和工艺条件限制,应用还不普遍,对形状比较复杂的工件进行形变热处理尚有困难,形变热处理对工件的切削加工和焊接也有一定影响。这些问题有待进一步研究解决。

4. 化学热处理新技术

(1) 电解热处理

电解热处理是将工件和加热容器分别接在电源的负极和正极上,容器中装有渗剂,利用电化学反应使欲渗元素的原子渗入工件表层的工艺。电解热处理可以用于电解渗碳、电解渗硼和电解渗氮等。

(2) 离子化学热处理

离子化学热处理是在真空炉中通入少量与热处理目的相适应的气体,在高压直流电场作用下,稀薄的气体放电、启辉加热工件,与此同时,欲渗元素从通入的气体中离解出来,渗入工件表层的工艺。离子化学热处理比一般化学热处理速度块,在渗层较薄的情况下尤为显著。离子化学热处理可进行离子渗氮、离子渗碳、离子碳氮共渗、离子渗硫和渗金属等。

5. 电子束表面淬火

电子束淬火是利用电子枪发射成束电子,轰击工件表面,使之急速加热,而后自冷淬火。其能量利用率大大高于激光热处理,可达80%。这种表面热处理工艺不受钢材种类限制,淬火质量高,基体性能不变,是很有发展前途的新工艺。

二、钢的表面强化处理

1. 钢的表面形变强化

钢的表面形变强化主要用于提高钢的表面性能,已成为提高钢的疲劳强度、延长使用寿命的重要工艺措施,目前常用的有喷丸、滚压和内孔挤压等表面形变强化工艺。

(1) 喷丸

喷丸是利用高速弹丸流喷射工件表面,从而产生表面形变强化的工艺。弹丸流使工件表面层产生强烈的冷塑性变形,形成极高密度的位错,使亚晶粒极大地细化,并形成较高的宏观残余压应力,因而能提高工件的抗疲劳性能和耐应力腐蚀性能。例如,将1Cr13不锈钢采用喷丸强化处理后,将试样加载产生420MPa的拉应力,并放入150℃的饱和水蒸气中做应力腐蚀试验。结果未喷丸的在1周内断裂,而喷丸后的试样到8周后才断裂。

常用的喷丸有铸铁弹丸($W_C = 2.75\% \sim 3.60\%$,硬度为58~65HRC,经退火后韧度提高,硬度降低为30~57HRC,直径为0.2~1.5mm)、弹簧钢或不锈钢弹丸($W_C = 0.7\%$,硬皮为45~50HRC,直径为0.4~1.2mm)和玻璃弹丸(硬度为46~50HRC,直径为0.05~0.4mm)。喷丸设备可采用机械离心式喷丸机或气动式喷丸机。

(2) 滚压

滚压强化适用于外圆柱面、锥面、平面、齿面、螺纹、圆角、沟槽及其他特殊形状的表面,滚压加工属于少无切削加工,能较容易地压平工件表面的粗糙度凸峰,使表面粗糙度 R_a 达到0.4~0.1μm,同时不切断金属纤维,增加滚压层的位错密度,形成有利的残余压应力,提高工件的耐磨性和疲劳强度。例如,滚压螺纹比车削螺纹提高生产率10~30倍,抗拉强度提高20%~30%,疲劳强度提高50%。

2. 钢的表面覆层强化

表面覆层强化是在金属表面涂一层其他金属或非金属,以提高其耐磨性、耐蚀性、耐热性或进行表面装饰等。常用的方法有金属喷涂强化、金属碳化物覆层强化和离子注入覆层强化等。

(1) 金属喷涂强化

金属喷涂是将金属粉末熔化,并喷涂在工件表面形成覆盖层的方法。常用氧-乙炔焰喷涂或等离子喷涂。等离子喷涂是将金属粉末送入含有氩、氖、氢、氮等气体的等离子枪内,加热微熔并喷射到工件表面形成覆层。其优点是等离子喷射火焰温度高(50000K),喷射速度快,又有惰性气体保护,故覆层与基材黏附力强。金属喷涂可以用于不同的材料,达到不同的目的。如在已磨损的机件上喷涂一层耐磨合金,以进行修复,或在钢铁零件上喷涂一层铝,以提高其耐蚀性;可以将氧化铝、氧化锆、氧化铬等氧化物喷涂到钢的表面,使之具有良好的耐磨、耐热性能。

为了提高覆层与基材的结合强度,又发展了喷涂重熔技术。采用镍基、钴基自熔合金,先在16Mn钢试样上用氧-乙炔焰预热到200℃,接着喷涂0.8~1.5mm的覆层,而后再用氧-乙炔焰加热重熔,生成较薄的合金层,使覆层与基材达到原子间的冶金结合。16Mn钢经镍基、钴基自熔合金喷涂重熔后,耐磨性提高2~4倍。

(2)金属碳化物覆层强化

在钢件表面涂覆一层金属碳化物,可显著提高其耐磨性、耐蚀性和耐热性。金属碳化物的覆层方法有以下几种。

①化学气相沉积法(CVD)

将工件置于反应室中,抽真空并加热至900~1100℃。如要涂覆TiC层,则将钛以挥发性氯化物(如$TiCl_4$)与气体碳氢化合物(如CH_4)一起通入反应室内,这时就会在工件表面发生化学反应生成TiC,并沉积在工件表面形成6~8μm厚覆盖层。工件经气相沉积镀覆后,再进行淬火、回火处理,表面硬度可达2000~4000HV。

②物理气相沉积法(PVD)

物理气相沉积是通过蒸发、电离或溅射等过程,产生金属粒子并与反应气体反应形成化合物沉积在工件表面。物理气相沉积方法有真空镀、真空溅射和离子镀三种。目前应用较广的是离子镀,是借助于惰性气体的辉光放电,使镀料(如金属钛)气化蒸发离子化,离子经电场加速,以较高能量轰击工件表面,此时如通入二氧化碳、氮气等反应气体,便可在工件表面获得TiC、TiN覆盖层,硬度高达2000HV。离子镀的重要特点是沉积温度只有500℃左右,且覆盖层附着力强,适用于高速钢工具、热锻模等。

③盐浴法(TD)

盐浴法是由日本丰田公司中央研究所提出的一种覆渗碳化物的工艺,可以在工件表面形成V(钒)、Nb(铌)、Ta(钽)、Ti(钛)、W(钨)、Mo(钼)、Cr(铬)、B(硼)等元素的碳化物。其工艺是将钢件浸入含有碳化物生成元素的金属粉末的硼砂浴中,加热温度为800~1100℃,时间为1~10h。具体参数按基体材料和渗层厚度而定。

Cr的碳化物渗层硬度为1400~2000HV,Nb碳化物渗层硬度为2500~3100HV,V的碳化物渗层硬度为3200~3800HV。该工艺已广泛应用于各种模具、刃具、工夹具和机械零件的制造中,对提高其使用寿命有显著效果。

(3)离子注入覆层强化

离子注入是根据工件的性能要求选择适当种类的原子,使其在真空电场中离子化,并在高压作用下加速注入工件表层的技术。离子注入使金属材料表层合金化,显著提高其表面硬度,耐磨性及耐蚀性等。

①对硬度的影响

离子注入产生表面硬化,主要是利用N、C、B等非金属元素注入钢铁、非铁金属及各种合金中,当注入离子的剂量大于$10^{17}cm^{-2}$时,将产生明显的硬化作用,一般可提高硬度10%~100%,甚至更高。

②对耐磨性的影响

由于离子注入提高了硬度,因此耐磨性增加。同时,实践证明,离子注入还能改变金属表面的摩擦系数。例如钢中注入$2.8\times10^{16}cm^{-2}$的Sn^+时,摩擦系数从0.3降至0.1左右;GCr15轴承钢注入N_2后,磨损率减小50%;38CrMoAl渗氮钢注入N、C、B后,磨损率减小90%。

③对耐蚀性的影响

注入某些合金元素后,钢的耐蚀性将大大提高。例如在含硫的氧化性环境中工作的燃煤设备,氧和硫的综合腐蚀作用会导致锅炉管件等零件过早蚀穿而发生事故。但当离子注入 Ce(铈)、Y(钇)、Hf(铪)、Th(钍)、Zr(锆)、Nb(铌)、Ti(钛)或其他能稳定氧化物的活性元素后,大大提高了耐蚀能力。

三、铸铁的改性处理

工业生产中常用的铸铁,其组织为钢的基体+石墨,它们性能主要取决于铸铁中石墨的形状、大小、分布和基体组织的类型。因此,铸铁强化应该从以下两方面着手。

(1)改变石墨的形状、大小和分布。人们通过改变石墨的形状、大小和分布的规律,在灰铸铁的粗片状石墨的基础上,使石墨呈细小而均匀分布,研制成功了孕育铸铁;使石墨呈团絮状、球状和蠕虫状,获得了可锻铸铁、球墨铸铁和蠕墨铸铁。

(2)改变基体组织。铸铁中的基体组织是决定其力学性能的重要因素,铸铁可通过合金化和热处理的办法强化基体,进一步提高铸铁的力学性能。

1. 铸铁的热处理

铸铁热处理主要是改变铸铁的基体组织,因其基体相当于钢的组织,故热处理规律与钢基本相同。

(1)退火

①去应力退火

铸件在铸造冷却过程中容易产生内应力,可能导致铸件翘曲和开裂。为保证尺寸稳定性,防止变形开裂,对一些形状复杂的铸件,如机床床身、柴油机汽缸等,往往进行消除内应力的退火。其工艺一般为:加热温度 500～550℃,加热速度 60～120℃/h,经一定时间保温后,炉冷到 150～220℃ 出炉空冷。

②低温退火

球墨铸铁的基体往往包含铁素体和珠光体,为了获得较好的塑性、韧性,必须使珠光体中的 Fe_3C 分解。其工艺是:将球铁件加热到 700～760℃,保温 2～8h,然后随炉冷至 600℃ 出炉空冷。最终组织为铁素体基体上分布着石墨。

③高温退火

当铸铁组织中不仅有珠光体,还有自由渗碳体时,为使自由渗碳体分解,需将铸铁件加热至 850～950℃,保温 2～5h 后,随炉冷却至 600℃,再出炉空冷。最终组织为铁素体基体上分布着石墨。

(2)正火

①高温正火

一般将铸铁件加热到 880～920℃,保温 1～3h,使基体组织全部奥氏体化,然后出炉空冷,获得珠光体的基体组织。

②低温正火

一般将铸件加热到 840～880℃,保温 1～4h,然后出炉空冷,获得珠光体和铁素体的基体组织,强度比高温正火略低,但塑性和韧性较好。低温正火要求原始组织中无自由渗碳体,否则将影响力学性能。

正火后,为了消除正火时铸件产生的内应力,通常还要进行去应力退火。

(3)调质处理

对于受力复杂、综合力学性能要求较高的重要零件,如柴油机连杆、曲轴等,需进行调质处理。其工艺是:将工件加热至 860～900℃,保温后油淬,然后在 550～600℃ 回火 2～4h,最终组织为回火索氏体上分布着球状石墨。

(4) 等温淬火

对于一些外形复杂、易变形或开裂的零件,如齿轮、凸轮等,为提高其综合力学性能,可采用等温淬火。其工艺是,将工件加热至 860～900℃,适当保温后迅速移至 250～300℃ 的盐浴炉中等温保持 30～90min,然后取出空冷,一般不再回火。等温淬火后的组织是下贝氏体基体上分布着球状石墨。在生产上,等温淬火只适用于截面尺寸不大的铸件。

(5) 表面淬火

有些铸件,如机床导轨的表面、汽缸的内壁等,需要有较高的硬度和耐磨性,常进行表面淬火处理,如高频表面淬火、火焰表面淬火等。

(6) 化学热处理

对于要求表面耐磨或抗氧化、耐蚀的铸铁件,特别是球墨铸铁件,可进行化学热处理,如渗氮、渗铝、渗硼、渗硫等。

2. 铸铁的合金化

常规元素高于规定含量或含有一种或多种合金元素,具有某种特殊性能的铸铁称为合金铸铁。因具有耐磨、耐热、耐蚀等特殊性能,所以又称特殊性能铸铁。铸铁中合金元素的作用如下。

(1) Cr 是合金铸铁中应用最广泛的合金元素,其作用是使铸铁在高温下表面形成一层致密氧化层,提高铸铁的耐热性、耐蚀性;提高基体(铁素体)电极电位,以提高耐蚀性;当含量较高时,碳化物(Cr_7C_3)成团块状,此碳化物具有比渗碳体更高的硬度,既能显著提高耐磨性,又能对铸铁的韧性有较大的改善。

(2) P 的质量分数通常为 0.3%～0.6%,主要以磷共晶形式存在,呈断续网状分布在基体上,具有良好的减磨作用,可显著提高铸铁的耐磨性。

(3) Si、Al 等合金元素可使铸铁表面形成一层连续致密的氧化层,提高铸铁的耐热性和耐蚀性,对铸铁表面起到良好的保护作用。

(4) Mo、Cu、W、V、Ti 等合金元素,可细化组织,提高铁素体电极电位,进一步提高铸铁的耐磨性、耐热性和耐蚀性。

四、高聚物的改性强化

随着现代科技的迅速发展,高分子聚合物类材料已越来越多地用于工农业生产和人民生活中,同时对聚合物材料提出了更高的要求,例如,希望聚合物既易于加工成型,又具有卓越的韧性和较高的硬度,且价格低廉。单一的均聚物是难以满足此要求的。于是便开始了聚合物的改性强化研究。所谓改性强化就是通过改变高分子聚合物的结构进而改变原聚合物的力学性能或形成具有崭新性能的新的聚合物的工艺过程。

目前,高分子聚合物的改性强化方式主要有同种聚合物改性强化和不同种类聚合物共混改性强化。其中,聚合物的"共混改性"已成为高分子材料科学和工程领域的"热点"。一些工程聚合物共混物的力学性能可与铝合金媲美。

聚合物的共混物是指两种或两种以上的均聚物或共聚物的混合物,又称聚合物合金或高分子合金。聚合物共混物中各组分之间主要是物理结合,但不同聚合物大分子之间难免有少量化学键存在。此外,近年来为强化参与组分之间界面胶接而采用的反应增容措施,也必然在组分之间引入化学键。

聚合物共混物的形态结构受聚合物组分之间热力学相容性、实施共聚的方法和工艺条件等多方面因素的影响。在研究聚合物共混物形态结构过程中,常引入"相容性"、"混溶性"等不同提法。通常以"相容性"代表热力学相互溶解;而"混溶性"则以是否能获得比较均匀和稳定的形态结构的共混体系为判据,而不考虑共混体系是否热力学相互溶解。可见,"混溶性"具有工程上的含义,故也称"工程相容性"。

聚合物共混物的类型很多,一股是指塑料与塑料的共混物以及在塑料中掺混橡胶所获得的共混物。在塑料中掺混少量橡胶的共混体系,由于其冲击性能有很大提高,故称为橡胶增韧塑料。近年来,又有工程聚合物共混物和功能性聚合物共混物出现。前者是指以工程塑料为基体或具有工程塑料特性的聚合物共混物;后者则是指除通用性能之外,还具有某种特殊功能(如抗静电性、高阻隔性、离子交换性等)的聚合物共混物。

聚合物共混改性的效果主要体现在:各聚合物组分性能互相取长补短,消除各单一组分性能上的弱点,获得综合性能较为理想的聚合物材料;使用少量的某一聚合物作为另一聚合物的改性剂,改性效果显著;通过共混可改善聚合物的加工性能;聚合物共混可以满足一些特殊的需要,制备出一系列崭新性能的聚合物材料;对某些性能卓越,但价格昂贵的工程塑料,可通过共混,在不影响使用要求的前提下降低原材料的成本。

第七节　常用金属材料

一、碳钢

工业用钢按化学成分分为碳素钢(简称为碳钢)和合金钢两大类。碳钢为碳的质量分数小于2.11%的铁碳合金,而合金钢是指为了提高钢的性能,在碳钢的基础上有意加入一定量合金元素所获得的铁基合金。

目前工业上使用的钢铁材料中,碳钢占有很重要的地位。由于碳钢容易冶炼和加工,并具有一定的力学性能,在一般情况下,它能够满足工农业生产的需要,并且价格低廉,所以应用非常广泛。

1. 碳钢的分类

碳钢的分类方法很多,下面只介绍几种常用的分类方法。

(1)按照冶炼时脱氧程序不同分类

根据冶炼时脱氧程序的不同,碳钢可分为沸腾钢、半镇静钢、镇静钢和特殊镇静钢。

(2)按碳的质量分数分类

①低碳钢

低碳钢中碳的质量分数小于0.25%。

②中碳钢

中碳钢中碳的质量分数为0.25%~0.60%。

③高碳钢

高碳钢中碳的质量分数大于0.60%。

(3)按钢的用途分类

①碳素结构钢

碳素结构钢主要用于制造各类工程构件(如桥梁、船舶、建筑物等)及各种机器零件(如齿轮、螺钉、螺母、连杆等)。它多属于低碳钢和中碳钢。

②碳素工具钢

碳素工具钢主要用于制造各种刃具、量具和模具。这类钢中碳的含量较高,一般属于高碳钢。

③特殊性能钢

特殊性能钢包括不锈钢、耐磨钢、耐热钢等。

(4)按钢中有害杂质的含量分类

碳钢主要按钢中有害杂质硫、磷含量分为以下几种。

①普通碳素钢

普通碳素钢中硫的质量分数不大于0.055%,磷的质量分数不大于0.045%。

②优质碳素钢

优质碳素钢中硫和磷的质量分数均为0.035%~0.040%。

③高级优质碳素钢

高级优质碳素钢中硫的质量分数为0.020%~0.030%,磷的质量分数为0.030%~0.035%。

2. 碳钢的牌号、性能及主要用途

我国钢的牌号一般采用汉语拼音字母、化学元素符号和数字相结合的方法表示。

(1)普通碳素结构钢

这类钢主要保证力学性能,故其牌号体现其力学性能。牌号用"Q+阿拉伯数字"表示,其中,"Q"为屈服强度,是"屈"字的汉语拼音首字母,数字表示屈服强度值。例如,Q275表示屈服强度为275MPa。若牌号后面标注字母A、B、C、D,则表示钢材质量等级不同,即硫、磷质量分数不同。其中,A级钢,硫、磷质量分数最高,A、B、C、D表示钢材质量依次提高。若在牌号后面标注字母"F"则为沸腾钢,标注"Z"为镇静钢,标注"TZ"为特殊镇静钢。如Q235AF即表示屈服强度为235MPa的A级沸腾钢。

普通碳素结构钢一般在钢厂供应状态(即热轧状态)下直接使用。Q195、Q215的含碳量低,焊接性好,塑性、韧性好,易于加工,有一定的强度,常用于制造普通铆钉、螺钉、螺母等零件和轧制成薄板、钢筋等,用于桥梁、建筑、农业机械等结构。Q255、Q275具有较高的强度,塑性、韧性较好,可进行焊接,并可轧制成工字钢、槽钢、角钢、条钢和钢板及其他型钢作结构件以及用于制造简单机械的连杆、齿轮、联轴器和销等零件。Q235既有较高的塑性,又有适中的强度,因此,既可用作较重要的建筑构件,又可用于制造一般的机器零件,是应用最广的普通碳素结构钢。

(2)优质碳素结构钢

优质碳素结构钢必须同时保证化学成分和力学性能。其硫、磷的含量较低,质量分数均控制在0.01%以下;非金属夹杂物也较少,质量级别较高。

优质碳素结构钢的牌号用两位数字表示,这两位数字表示钢中碳的质量分数,以万分之几计。例如,45钢中碳的质量分数为0.45%,08钢中碳的质量分数为0.08%。当钢中锰的质量分数为0.7%~1.2%时,应在牌号后面加上元素符号,如50Mn。若为沸腾钢,则在数字后加"F",如08F表示碳的质量分数为0.08%的沸腾钢。

随牌号的数字增加,优质碳素结构钢中碳的质量分数增加,组织中的珠光体量增加,铁素体量减少。因此,钢的强度也随之增加,而塑性随之降低。

优质碳素结构钢一般都要经过热处理,以提高力学性能。根据碳的质量分数不同,优质碳素结构钢有不同的用途,主要用于制造机器零件。其牌号及用途见表2-12。

优质碳素结构钢的牌号及用途　　　　表2-12

牌号	用　途
10	用于制造锅炉管、油桶顶盖、钢带、钢丝、钢板和型材及机械零件
10F	
20	用于制造承受较小应力而要求韧性好的各种机械零件,如拉杆、轴套、螺钉、起重钩;也用于制造在6.0MPa、450℃以下非腐蚀介质中使用的管子等;还可以用于制造心部强度不大的渗碳与碳氮共渗零件,如轴套或链条的辊子、轴以及不重要的齿轮、链轮等
15F	
35	用于制造热锻的机械零件、冷拉和冷锻的钢材、钢管以及机械零件,如转轴、曲轴、轴销、拉杆、连杆、横梁、星轮、套筒、轮圈、钩环、垫圈、螺钉、螺母等,还可用来制造汽轮机机身、轧钢机机身、飞轮等
40	用于制造机器的运动零件,如辊子、轴、曲柄销、传动轴、活塞杆、连杆、圆盘等
45	用于制造蒸汽涡轮机、压缩机、泵的运动零件;还可以用来代替渗碳钢制造齿轮、轴、活塞销等零件,但零件须经高频感应加热或火焰加热表面淬火,并可用作铸件
55	用于制造齿轮、连杆、轮圈、轮缘、扁弹簧及轧辊等,也可用作铸件
65	用于制造气门弹簧、弹簧圈、轴、轧辊、各种垫圈、凸轮及钢丝绳等
70	用于制造弹簧

(3) 碳素工具钢

碳素工具钢中 $W_C = 0.65\% \sim 1.35\%$,$W_{Si} \leq 0.35\%$,$W_{Mn} \leq 0.4\%$(T8Mn 中,$W_{Mn} = 0.40\% \sim 0.60\%$)。碳素工具钢中S、P的含量均较少,属于优质钢。碳素工具钢的牌号以"T+数字+字母"表示,钢号前面的"T"表示碳素工具钢,其后的数字为碳的质量分数,以千分之几计。如 $W_C = 0.8\%$ 的碳素工具钢,其钢号为"T8"。如为高级优质碳素工具钢,则在其钢号后加"A",如"T10A"。

碳素工具钢经热处理(淬火+低温回火)后具有高硬度,用于制造尺寸较小,要求耐磨性好的量具、刃具、模具等。这类钢的钢号有 T7、T7A、T8、T8A、…、T13A,共 8 个钢种、16 个牌号。含碳量越高,则碳化物含量越多,耐磨性就越高,但韧性就越差。因此,受冲击的工具应选用含碳量低的工具钢。一般冲头、凿子要选用 T7、T8 等,车刀、钻头可选用 T10 钢,而精车刀、锉刀则选用 T12、T13 等。

(4) 铸钢

许多形状复杂的零件不便通过锻压等方法加工成型,用铸铁时性能又难以满足需求,此时常常选用铸钢,因此,铸钢在机械制造尤其是重型机械制造业中应用非常广泛。根据《铸钢牌号表示方法》(GB/T 5613—1995)中的规定,铸钢的牌号有两种表示方法。以强度表示的铸钢牌号是由铸钢两字的汉语拼音首字母"ZG"与表示力学性能的两组数字组成,第一组数字代表最低屈服强度,第二组数字代表最低抗拉强度。例如,ZG200-400 表示屈服强度不小于 200MPa,抗拉强度不小于 400MPa。

二、合金钢

碳钢具有冶炼工艺简单、易加工、价格低等优点,因而得到了广泛的应用。但是碳钢具有淬透性低、回火稳定性差、基本组成相强度低等缺点,因而其应用受到了一定的限制。为了克服碳钢的不足,在冶炼优质碳钢的同时可以有目的地加入一定量的一种或一种以上的金属或非金属元素,这类元素统称为合金元素,这类含有合金元素的钢统称为合金钢。

1. 合金钢的分类

合金钢种类繁多,为了便于生产、选材、管理及研究,根据某些特性,从不同角度出发可以将其分成若干种类。

(1)按用途分类

①合金结构钢

合金结构钢可分为机械制造用钢和工程结构用钢等,主要用于制造各种机械零件、工程结构件等。

②合金工具钢

合金工具钢可分为刃具钢、模具钢、量具钢三类,主要用于制造刃具、模具、量具等。

③特殊性能钢

特殊性能钢可分为抗氧化用钢、不锈钢、耐磨钢、易切削钢等。

(2)接合金元素含量分类

①低合金钢

低合金钢合金元素的质量分数小于5%。

②中合金钢

中合金钢合金元素的质量分数为5%~10%。

③高合金钢

高合金钢合金元素的质量分数大于10%。

2. 合金结构钢

合金结构钢按用途可分为工程用钢和机器用钢两大类。

工程用钢主要用于制造各种工程结构,它们大都是用普通低合金钢制造。这类钢冶炼简便、成本低,满足工程用钢批量大的要求,使用时一般不进行热处理。

而机器用钢一般都经过热处理后使用,主要是用于制造机器零件,它们大都是合金结构钢制造。按其用途和热处理特点,机器用钢又分为调质钢、渗碳钢、易切削钢、弹簧钢、轴承钢、耐磨钢等。

(1)合金结构钢的牌号

我国规定合金结构钢的牌号由"两位数字+元素符号+数字+…"组成。前两位数字表示碳的平均质量分数(以万分之几计)。元素符号后面的数字为该元素平均质量分数(以百分之几计),当其平均质量分数小于1.5%时,只标出元素符号,而不标明数字;当其平均质量分数为1.5%~2.49%、2.5%~3.49%时,相应标注为2、3。如18Cr2Ni4W表示碳的平均质量分数为0.18%,铬的质量分数为2%,镍的质量分数为4%,钨的质量分数为1.5%。若S、P含量达到高级优质钢时,则在钢号后加"A",如38CrMoAlA。

易切削钢在钢号前加"Y"("易"字声母)字,如Y12、Y40Mn、Y40CrSCa,其含碳量和合金元素含量均与结构钢编号一样,如Y40CrSCa,表示易切削钢的成分为:$W_C = 0.4\%$,$W_{Cr} < 1.5\%$,S、Ca为易切削元素,一般情况下$W_s = 0.05\% \sim 0.3\%$,$W_{Ca} < 0.015\%$。

滚动轴承钢的编号是在钢号前加"G"("滚"字声母),其后数字为铬的平均质量分数(以千分之几计),碳的平均质量分数$W_C \geqslant 1.0\%$时不标出,如GCr15、GCr9等钢中含铬的质量分数W_{Cr}分别为1.5%和0.9%。

（2）普通低合金结构钢

普通低合金结构钢是在碳素结构钢的基础上,加入少量的合金元素发展起来的。从成分上看其为低碳低合金钢种,满足大型工程结构(如大型桥梁、压力容器及船舶等)减轻结构重量,提高可靠性及节约材料的需要。

与低碳钢相比,低合金结构钢不但具有良好的塑性、韧性及焊接工艺性,而且具有较高的强度、较低的冷脆转变温度和良好的耐蚀性。因此,用低合金结构钢代替低碳钢可以减少材料和能源的损耗,减轻工程结构件的自重,增加可靠性。

普通低合金结构钢主要用来制造各种要求强度较高的工程结构,如船舶、车辆、高压容器、输油输气管道、大型钢结构等,在建筑、石油、化工、铁道、造船、机车车辆、锅炉容器、农机农具等许多方面都得到了广泛的应用。

Q345(16Mn)钢是应用最广、用量最大的低合金高强度结构钢,其综合性能好,广泛用于制造石油化工设备、船舶、桥梁、车辆等大型钢结构,我国的南京长江大桥就是用 Q345 制造的。Q390 含有 V、Ti、Nb 等元素,强度高,可用于制造高压容器等。Q460 含有 Mo 和 B,正火后组织为贝氏体,强度高,可用于制造石化工业中的中温高压容器等。

（3）合金渗碳钢

渗碳钢是经渗碳后使用的钢种,主要用于制造要求高耐磨性、承受高接触应力和冲击载荷,即要求"表硬心韧"的重要零件,如汽车、拖拉机的变速齿轮,内燃机的凸轮轴、活塞销等。

渗碳钢中碳的质量分数一般为 0.10% ~ 0.25%,经过渗碳后,零件的表面变为高碳,而心部仍为低碳,因而零件心部有足够的塑性和韧性抵抗冲击载荷。

为了改善切削加工性,渗碳钢的预先热处理一般采用正火工艺,渗碳钢件的最终热处理应为渗碳后淬火加低温回火。具体的淬火工艺根据钢种而定。合金渗碳钢一般都是渗碳后直接淬火,而渗碳时易过热的钢种,如 20 钢和 20Cr 等,在渗碳之后直接空冷(正火),以消除过热组织,而后再进行加热淬火和低温回火。热处理后的组织是:表层为高碳回火马氏体和碳化物及少量残留奥氏体,硬度为 58 ~ 62HRC;心部为低碳回火马氏体(完全淬透时),硬度为 40 ~ 50HRC,但多数情况下,心部为少量低碳回火马氏体和屈氏体与铁素体的混合组织,硬度为 25 ~ 35HRC,从而使心部具有高韧性。

常用渗碳钢按照淬透性大小可分为三类。

① 低淬透性渗碳钢

低淬透性渗碳钢有 20Cr、20Mn2 等,典型钢种为 20Cr。这类钢合金元素的质量分数较低,淬透性差,零件水淬临界直径小于 25mm,渗碳淬火后,心部韧性较低,只适于制造受冲击载荷较小的耐磨零件,如活塞销、凸轮、滑块、小齿轮等。

② 中淬透性渗碳钢

中淬透性渗碳钢有 20CrMnTi、20CrMn、20CrMnMo、20MnVB 等,典型钢种为 20CrMnTi。这类钢合金元素的质量分数较高,淬透性较好,零件油淬临界直径为 25 ~ 60mm,渗碳淬火后有较高的心部强度,主要用于制造承受中等载荷、要求足够冲击韧性和耐磨性的汽车、拖拉机齿轮等零件,如汽车变速齿轮、花键轴套、齿轮轴等。

③ 高淬透性渗碳钢

高淬透性渗碳钢有 18Cr2Ni4WA、20Cr2Ni4A 等,典型钢种为 20Cr2Ni4A。这类钢合金元素的质量分数更高,淬透性很高,零件油淬临界直径大于 100mm,淬火和低温回火后心部有很高的强度,主要用于制造大截面、高载荷的重要耐磨件,如飞机、坦克中的曲轴、大模数齿轮等。

(4) 合金调质钢

合金调质钢是指经调质处理后使用的合金结构钢,广泛用于制造汽车、拖拉机、机床和其他机器上的各种重要零件,如齿轮、轴类件、连杆、螺栓等。这些零件工作时大多承受多种工作载荷,受力情况比较复杂,常承受较大的弯矩,还可能同时传递转矩;受力是交变的,因而常发生疲劳破坏;有较大冲击;有些轴类零件与轴承配合时还会有摩擦磨损。所以合金调质钢要求有高的综合力学性能,即要求有高的强度及良好的塑性和韧性。

中碳合金钢($W_C = 0.25\% \sim 0.5\%$)在调质处理后能够达到强韧性的最佳配合,因此,合金调质钢一般是指中碳合金钢。

调质钢零件的热处理主要是毛坯料的预备热处理(退火或正火)以及粗加工工件的调质处理。调质后组织为回火索氏体。合金调质钢淬透性较高,一般都用油淬,淬透性特别高时甚至可以空冷,这能减少热处理缺陷。要求表面耐磨而心部韧性高的零件调质后还可进行表面淬火和低温回火,使表面硬度达 55 ~ 58HRC,心部硬度为 250 ~ 350HBW。若耐磨性要求更高,可选专用氮化钢 38CrMoAl,调质后再进行渗氮。

按淬透性的高低,合金调质钢大致可以分为以下三类。

① 低淬透性合金调质钢

低淬透性合金调质钢包括 40Cr、40MnB、40MnVB 等,典型钢种是 40Cr。这类钢的合金元素总的质量分数较低,淬透性不高,油淬临界直径为 30 ~ 40mm,广泛用于制造一般尺寸的重要零件,如轴、齿轮、连杆螺栓等。

② 中淬透性调质钢

中淬透性调质钢包括 35CrMo、38CrMoAl、40CrNi 等,典型钢种为 40CrNi,这类钢的合金元素总的质量分数较高,油淬临界直径为 40 ~ 60mm,用于制造截面较大、承受较重载荷的重要件,如内燃机曲轴、变速器主动轴、连杆等。加入 Mo 不仅可以提高淬透性,还可防止出现第二类回火脆性。

③ 高淬透性调质钢

高淬透性调质钢包括 40CrNiMoA、40CrMnMo、25Cr2Ni4WA 等,典型钢种为 40CrNiMoA。这类钢的合金元素总的质量分数最高,淬透性也高,零件油淬临界直径为 60 ~ 100mm,多为铬镍钢。高淬透性调质钢用于制造大截面、承受重载荷的重要零件,如汽轮机主轴、叶轮、压力机曲轴、航空发动机曲轴等。

(5) 合金弹簧钢

弹簧是广泛应用于交通、机械、国防、仪表等行业及日常生活中的重要零件,用来制造各种弹性零件如板簧、螺旋弹簧、钟表发条等的钢称为弹簧钢。

弹簧主要工作在冲击、振动、扭转、弯曲等交变应力下,要求制造弹簧的材料具有高的弹性极限和强度、高的疲劳强度和屈强比、足够的塑性和韧性。

弹簧钢中碳的质量分数为 0.45% ~ 0.70%。含碳量过低,强度不够,易产生塑性变形;含碳量过高,塑性和韧性降低,疲劳极限也下降。合金弹簧钢可加入的合金元素有锰、硅、铬、钒和钨等,以硅、锰为主加元素。

有代表性的弹簧钢有以下几种。

① 65Mn、70 钢。这两种钢可用于制造截面直径小于 15mm 的小型弹簧,如坐垫弹簧、发条、弹簧环、制动弹簧、离合器簧片等。

②55Si2Mn、60Si2Mn。这类钢中加入了 Si、Mn 元素,提高了钢的淬透性,可用于制造直径为 20~25mm 的弹簧,如汽车、拖拉机、机车上的减振板簧和螺旋弹簧、汽缸安全阀簧(工作温度小于 230℃)。

③50CrVA。50CrVA 不仅淬透性高,还有较高的热强性,适于制造工作温度在 350~400℃下的重载大型弹簧,如阀门弹簧、气门弹簧。

(6)滚动轴承钢

用来制造各种滚动轴承零件如轴承内外套圈、滚动体(滚珠、滚柱、滚针等)的专用钢称为滚动轴承钢。

根据其工作条件,要求滚动轴承钢具有高而均匀的硬度、高的弹性极限和接触疲劳强度、足够的韧性和淬透性,此外,还要求在大气和润滑介质中有一定的耐蚀性和良好的尺寸稳定性。

为了保证马氏体中有足够的含碳量及足够的弥散碳化物,满足高硬度高耐磨要求,轴承钢中的碳含量较高,一般碳的质量分数为 0.95%~1.15%。铬为基本合金元素,主要是为了提高钢的淬透性,使淬火、回火后整个截面上获得较均匀的组织,适宜的铬的质量分数为 0.40%~1.65%。

从化学成分看,滚动轴承钢属于工具钢范畴,所以这类钢也经常用于制造各种精密量具、冷冲模具、丝杠、冷轧辊和高精度的轴类等耐磨零件。

我国滚动轴承钢分为铬轴承钢和无铬轴承钢。目前以铬轴承钢应用最广,其中用量最大的是 GCr15,除用于中、小轴承外,还可以制作精密量具、冷冲模具和机床丝杠等。在制造大型和特大型轴承时,为了提高淬透性,常在铬轴承钢中加入 Si、Mn,如 GCr15SiMn 等。为了节省 Cr,加入 Si、Mn、Mo、V 等合金元素可得到无铬轴承钢,如 GSiMnMoV、GSiMnMoVRe 等,其性能与 GCr15 相近,但是脱碳敏感性较大且耐蚀性较差。

(7)易切削钢

易切削钢是指在钢中加入一种或几种易切削元素,使其切削加工性能得到明显改善的结构钢,简称为易切钢。易切削钢能降低切削力和切削热,减少刀具磨损,提高工件、刀具的寿命,改善排屑性能,提高切削速度。

自动机床加工的零件大多选用低碳易切削钢,对切削性能要求高的可选用含硫较高的 Y15,需要焊接的可选低硫的 Y12,对强度要求较高的可选用 Y20 或 Y30,车床丝杠可选用 Y40Mn。Y12Pb 广泛用于精密仪表行业,如制造手表、照相机齿轮、轴类等。新研制的 Y40CrSCa 适于高速切削,具有良好的切削加工性能。

3. 合金工具钢

主要用于制造各种加工和测量工具的钢称为工具钢。工具钢按其加工用途分为刃具、量具和模具用钢,按成分不同也可分为碳素工具钢和合金工具钢。在碳素工具钢的基础上加入一定种类和数量的合金元素,用来制造各种刃具、模具、量具等的钢称为合金工具钢。与碳素工具钢相比,合金工具钢的硬度和耐磨性更高,而且合金工具钢还具有更好的淬透性、红硬性和回火稳定性。因此,合金工具钢常被用来制作截面尺寸较大、几何形状较复杂、性能要求更高的工具。

合金工具钢按用途可分为合金刃具钢、合金模具钢和合金量具钢。

(1)合金工具钢的牌号

合金工具钢牌号的表示方法与合金结构钢相似,基本组成为"一位数字(或无数字) +

元素符号+数字+…",其平均含碳量是用质量分数的千倍表示,当碳的质量分数 $W_C \geq 1.0\%$ 时,钢号中不标出。例如,9SiCr 的成分为 $W_C = 0.9\%$,$W_{Si} < 1.5\%$,$W_{Cr} < 1.5\%$;CrWMn 的成分分别为 $W_C \geq 1.0\%$,W_{Cr}、W_W、W_{Mn} 均小于 1.5%。高速钢如 W18Cr4V、W6Mo5Cr4V2 等,碳的质量分数均小于 1.0%,但不标明其数字;合金元素含量与合金工具钢的标注方法相同,如 W18Cr4V 的成分为 $W_C = 0.7\% \sim 0.8\%$,$W_W = 18\%$,$W_{Cr} = 4\%$,$W_V < 1.5\%$。合金工具钢均属于高级优质钢,但钢号后不加"A"字。属于这一编号方法的钢种还有不锈钢、奥氏体型和马氏体型耐热钢。

(2) 合金刃具钢

刃具钢主要用于制造各种金属切削刀具,如车刀、铣刀、刨刀及钻头等。刃具钢经热处理之后应具有高硬度、高耐磨性、高红(热)硬性、高淬透性、足够的韧性和塑性。

合金刃具钢有两类:一类是低合金刃具钢,用于低速切削,其工作温度低于 300℃;另一类是高速钢,用于高速切削,工作温度高达 600℃。

① 低合金刃具钢

低合金刃具钢的典型牌号为 9SiCr 和 CrWMn。9SiCr 的淬透性高,油中淬火最大直径为 60mm,经 230~350℃ 回火后硬度仍不低于 60HRC,常用于制造薄刃刀具和冷冲模等,工作温度小于 300℃。CrWMn 含有较多的碳化物,有较高的硬度和耐磨性,淬透性也较高,淬火后有较多残留奥氏体,工件变形很小,但其热硬性不如 9SiCr,常用于制造截面较大、切削刃受热温度不高、要求变形小、耐磨性高的刃具,如长丝锥、长铰刀、拉刀等,也常用作量具钢和冷作模具钢。

② 高速钢

高速钢主要有两种,一种称为钨系 W18Cr4V(简称 18-4-1),另一种称为钨—钼系 W6Mo5Cr4V2(简称 6-5-4-2)。前者的热硬性高,过热倾向小;后者的耐磨性、热塑性和韧性较好,适于制造要求耐磨性与韧性配合良好的薄刃细齿刃具。

(3) 合金模具钢

模具是机械、仪表等工业部门中的主要加工工具。专门用于制造各种模具的钢材称为模具钢。根据使用状态,模具钢可分为两大类:一类是用于冷成型的冷作模具钢,工作温度不超过 300℃;另一类是用于热成型的热作模具钢,模具表面温度可达 600℃。

① 冷作模具钢

冷作模具钢适用于制作在室温下对金属进行变形加工的模具,包括冷冲模、冷镦模、冷挤压模、拉丝模、落料模等。冷作模具钢应具有高的硬度和耐磨性,以承受很大的压力和强烈的摩擦;具有较高的强度和韧性,以承受很大的冲击和载荷,保证尺寸的精度并防止崩刃。截面尺寸较大的模具要求具有较高的淬透性,而高精度模具则要求热处理变形小。

根据冷作模具的工作条件可选用碳素工具钢,如 T8A、T10A、T12A 等,制造载荷大、尺寸小、形状简单的模具。合金工具钢,如 9SiCr、CrWMn、GCr15 等,可制造载荷、尺寸较大,形状较复杂,批量不很大的模具。而载荷大、形状复杂、变形要求小的大型冷作模具应选用 Cr12 型钢,如 Cr12MoV 等。

② 热作模具钢

热作模具钢适用于制造在受热状态下对金属进行变形加工的模具,包括热锻模、压铸模、热镦模、热挤压模、高速锻模等。

在热作模具钢工作时经常会接触炽热的金属,型腔表面温度高达 400~600℃。因此,热作模具钢的主要性能要求是优异的综合力学性能、抗热疲劳性和高的淬透性等。

热作模具钢中,最常用的是5CrMnMo和5CrNiMo,制造中、小型热锻模(模具有效高度小于400mm)一般选用5CrMnMo,制造大型热锻模(模具有效高度大于400mm)多选用5CrNiMo,5CrNiMo的淬透性和抗热疲劳性比5CrMnMo好。热挤压模和压铸模冲击载荷较小,但因模具与热态金属长时间接触,对热硬性和热强性要求较高,常选用3Cr3W8V、4Cr5MoSiV、4Cr3Mo3V等钢种。其中4Cr5MoSiV是一种空冷硬化的热模具钢,广泛应用于制造模锻锤的锻模和热挤压模以及铝、铜及其合金的压铸模等。

(4)合金量具钢

用于制造各种测量工具如游标卡尺、千分尺、块规、塞规等的合金钢称为合金量具钢。

量具在使用过程中必须保持自身尺寸的稳定性,因此,量具钢必须具有高硬度、高耐磨性、较高的尺寸稳定性、良好的耐蚀性。

一般非精密量具可选用碳素工具钢(如T10A、T12A),对于精密量具,应选用CrWMn、GCr15等。如CrWMn其淬透性较高,淬火变形小,可用于制作高精度且形状复杂的量规及块规;GCr15耐磨性及尺寸稳定性好,可用于制作高精度块规、千分尺。在腐蚀性介质中使用的量具可使用铬不锈钢(如4Cr13、9Cr18等)制造。

4. 特殊性能钢

特殊性能钢是指具有特殊物理和化学性能的专用钢,如不锈钢、耐热钢、耐磨钢、低温钢等。这些钢往往用在特殊工况条件下,故应具有某些特殊的性能。

(1)不锈钢

不锈钢是指在大气和一般介质中具有很高耐蚀性的钢种。不锈钢主要包括两类,即耐大气腐蚀的钢(称为不锈钢)和耐化学介质(如酸类)腐蚀的钢(称为耐酸不锈钢)。前者不一定耐酸性介质,而耐酸不锈钢在大气中也有良好的耐蚀性。

金属腐蚀是指金属与周围介质发生作用而引起金属破坏的现象。按腐蚀机理的不同,金属腐蚀一般分为化学腐蚀和电化学腐蚀两类。金属腐蚀大多数是电化学腐蚀。提高金属抗电化学腐蚀性能的主要途径是合金化。

不锈钢常用两种方法分类:一种是按钢中的主要合金元素,不锈钢分为铬不锈钢和铬镍不锈钢;另一种是按正火态即经轧、锻、空冷后的组织形态,不锈钢分为马氏体不锈钢、铁素体不锈钢和奥氏体不锈钢。

(2)耐热钢

在发动机、化工、航空等设备中有很多零件是在高温下工作的,制造这些零件所用的要求具有高耐热性的钢称为耐热钢。

钢的耐热性包括高温抗氧化性和高温强度两个方面。金属的高温抗氧化性是指金属在高温下对氧化作用的抗力,而高温强度是指在高温下承受机械载荷的能力。因此,耐热钢是高温抗氧化性好、高温强度高的钢。

(3)耐磨钢

从广泛的意义上讲,表面强化结构钢、工具钢和滚动轴承钢等具有高耐磨性的钢种都可称为耐磨钢,但这里所指的耐磨钢主要是指在强烈冲击载荷或高压力的作用下发生表面硬化而具有高耐磨性的高锰钢,如车辆履带、挖掘机铲斗、破碎机颚板和铁轨分道岔等。

常用高锰钢的牌号有ZGMn13(ZG是"铸钢"两字的汉语拼音首字母)等。为了使高锰钢具有良好的韧性和耐磨性,必须对其进行水韧处理,即将钢加热到1000~1100℃,保温一定时间,使碳化物全部溶解,然后在水中快速冷却,碳化物来不及析出,即可在室温下获得均匀单一的奥氏体组织。此时钢的硬度很低(约为210HBW),而韧性很高。当工件在工作中受到强烈冲击或强大压力而变形时,高锰钢表面层的奥氏体会产生变形而出现加工硬化现象,并且还发生马氏体转变及碳化物沿滑移面析出,使硬度显著提高,能迅速达到450~550HBW,耐磨性也大幅度增加,而心部仍然是奥氏体组织,保持原来的高塑性和高韧性状态。需要指出的是,高锰钢经水韧处理后不可再回火或在高于300℃的温度下工作,否则碳化物又会沿奥氏体晶界析出而使钢脆化。

三、铸铁

铸铁是碳的质量分数大于2.11%(一般为2.5%~5.0%),并且含有较多的Si、Mn、S、P等元素的多元铁碳合金。它与钢相比,抗拉强度、塑性、韧性较低,但具有优良的铸造性。

铸铁可以分为以下几类。

(1)普通灰铸铁。普通灰铸铁中石墨呈片状。

(2)可锻铸铁。可锻铸铁中石墨呈团絮状。

(3)球墨铸铁。球墨铸铁中石墨呈球状。

(4)蠕墨铸铁。蠕墨铸铁中石墨呈蠕虫状。

有时为了提高铸铁的力学性能或物理、化学性能,还可以加入一定量的合金元素,得到合金铸铁。

1. 灰铸铁

灰铸铁的牌号由"HT+数字"组成,其中,"HT"是"灰铁"二字汉语拼音的首字母,用以表示灰铸铁,其后的数字表示铸铁的最低抗拉强度。例如,HT250表示抗拉强度$R_m \geq$ 250MPa的普通灰铸铁。

普通热处理只能改变铸铁的基体组织,而不能改变石墨的形状和分布。石墨片对基体连续性的破坏严重,因而灰铸铁易产生应力集中,所以热处理对灰铸铁的强化效果不大,其基体强度利用率只有30%~50%。

2. 球墨铸铁

在浇注前向铁液中加入一定量的球化剂(如镁、稀土或稀土镁合金等)和少量的孕育剂(硅铁合金和硅钙合金)进行球化处理和孕育处理,在浇注后可获得具有球状石墨的结晶铸铁,称为球墨铸铁,简称为"球铁"。

球墨铸铁牌号由"QT"和两组数字组成。其中"QT"是"球铁"二字的汉语拼音首字母,代表球墨铸铁。两组数字分别表示其最低抗拉强度和最低伸长率。例如,QT400-18表示最低抗拉强度为400MPa,最低伸长率为18%的球墨铸铁。

在球墨铸铁中,球形石墨对金属基体截面削弱作用较小,使得基体比较连续;而且在拉伸时,应力集中明显减弱,从而使基体强度利用率可达70%~90%。故球墨铸铁的强度、塑性和韧性都超过灰铸铁,刚度也比灰铸铁好。球墨铸铁不仅具有远远超过灰铸铁的力学性能,还具有灰铸铁的一系列优点,如良好的铸造性、减磨性、切削加工性及低的缺口敏感性等;甚至在某些性能方面可与锻钢相媲美,如疲劳强度大致与中碳钢相近,耐磨性优于表面淬火钢等。但球墨铸铁的减振能力要比灰铸铁低很多。

由于球墨铸铁中金属基体是决定球墨铸铁力学性能的主要因素,所以球墨铸铁可通过合金化和热处理强化的方法来进一步提高其力学性能。因此,球墨铸铁可以在一定条件下代替铸钢、锻钢等,用以制造受力复杂、载荷较大和要求耐磨的铸件。

铁素体球墨铸铁具有较高的塑性和韧性,常用于制造阀门、汽车后桥壳、机器底座。珠光体基体球墨铸铁具有中高强度和较高的耐磨性,常用于制作拖拉机或柴油机的曲轴、凸轮轴、部分机床的主轴、轧辊等。贝氏体球墨铸铁具有高的强度和耐磨性,常用于制造汽车上的齿轮、传动轴及内燃机曲轴、凸轮轴等。

3. 蠕墨铸铁

蠕墨铸铁是近年来发展起来的一种新型工程材料。它是由铁液经变质处理和孕育处理冷却凝固后所获得的一种铸铁。通常采用的变质元素(又称为蠕化剂)有稀土硅铁镁合金、稀土硅铁合金、稀土硅铁钙合金或混合稀土等。铁液经变质处理后加入少量的孕育剂(硅铁合金)以促进其石墨化,使铸铁中的石墨具有介于片状和球状之间的形态。

蠕墨铸铁的牌号是以"蠕"字的汉语拼音"Ru"和"铁"字的汉语拼音首字母"T"作为代号,后面的一组数字表示其最低抗拉强度值。

与片状石墨相比,蠕虫状石墨的长厚比值明显减小,尖端变钝,因而对基体的割裂程度减小,其引起的应力集中也减小。因此,蠕墨铸铁的强度、塑性和抗疲劳性优于灰铸铁,其力学性能介于灰铸铁与球墨铸铁之间,常用于制造承受热循环载荷的零件,如钢锭模、玻璃模具、柴油机汽缸、汽缸盖、排气阀以及结构复杂、强度要求高的铸件,如液压阀的阀体、耐压泵的泵体等。

4. 可锻铸铁

可锻铸铁是由白口铸铁在固态下经长时间石墨化退火而获得的一种具有团絮状石墨的高强度铸铁,又称为"玛钢"。由于可锻铸铁中的石墨呈团絮状,所以明显减轻了石墨对基体金属的割裂。与灰铸铁相比,可锻铸铁的强度和韧性有明显提高,但可锻铸铁并不能用锻造方法制成零件。

可锻铸铁牌号以"KT+字母+两组数字"表示,其中,"KT"是"可铁"二字汉语拼音的首字母,表示可锻铸铁;其后加汉语拼音字母"H"表示黑心可锻铸铁,加"Z"表示珠光体基体可锻铸铁;随后的两组数字分别表示最低抗拉强度和最低伸长率的百分值。

可锻铸铁中的团絮状石墨对基体的割裂程度及引起的应力集中比灰铸铁小,因而其力学性能优于灰铸铁,接近于同类基体的球墨铸铁。可锻铸铁最大的特点是具有一定的塑性和韧性,弹性模量比较高,刚度可达到钢材的范围,强度利用率可达到基体的 40% ~ 60%。由于经过长时间的退火处理,可锻铸铁的组织高度均匀,性能较好,而且具有良好的切削加工性。

可锻铸铁的力学性能介于灰铸铁与球墨铸铁之间,有较好的耐蚀性,但由于退火时间长,生产效率极低,其使用受到限制,故可锻铸铁一般用于制造形状复杂、承受冲击载荷且壁厚小于 25mm 的铸件(如汽车、拖拉机的后桥壳、轮毂,钢脚手架连接件)。可锻铸铁也适用于制造在潮湿空气、炉气和水等介质中工作的零件,如管接头、阀门等。

由于球墨铸铁的迅速发展,加之可锻铸铁退火时间长、工艺复杂、成本高,不少可锻铸铁件已被球墨铸铁件所代替。

5. 合金铸铁

在普通铸铁的基础上加入一定量的合金元素所制成的特殊性能的铸铁,称为合金铸铁。它与特殊性能钢相比,熔炼简便,成本较低。但其脆性较大,综合力学性能不如钢。合金铸铁具有一般铸铁不具备的耐高温、耐腐蚀、抗磨损等特性。常见的合金铸铁有以下几类。

(1) 耐磨铸铁

耐磨铸铁按其工作条件和磨损形式的不同可分为两大类:一是减磨铸铁,二是抗磨铸铁。

① 减磨铸铁

减磨铸铁通常是在润滑条件下经受黏着磨损作用,如机床导轨、汽缸套、活塞环等,既要求磨损小,也要求摩擦系数小。其组织一般是软基体上分布硬强化相,软基体磨损后形成沟槽,可保持油膜,有利于润滑。符合这一要求的是珠光体基体的灰铸铁,其中铁素体是软基体,渗碳体是硬强化相,石墨片可起储油润滑作用。常用的减磨铸铁有高磷铸铁、磷铜钛铸铁和铬钼铜铸铁等。

② 抗磨铸铁

抗磨铸铁是在干摩擦条件下经受各种磨粒的作用,例如轧辊、杂质泵叶轮、破碎机锤头、球磨机的衬板、磨球等,要求有高而均匀的硬度。白口铸铁是一种很好的抗磨铸铁,我国很早就用它制作犁铧等耐磨铸件,但普通白口铸铁因其脆性大不能制作承受冲击载荷的零件。普通白口铸铁中加入 Cr、Mo、Cu、V、B 等元素,可促进白口化,提高淬透性。目前,抗磨铸铁主要有抗磨白口铸铁、激冷铸铁、中锰耐磨铸铁等。

(2) 耐热铸铁

普通灰铸铁的耐热性较差,只能在低于 400℃ 的环境下工作。耐热铸铁是指在高温下具有良好的抗氧化和抗热生长能力的铸铁。所谓热生长,是指氧化性气氛沿石墨片边界和裂纹渗入铸铁内部形成内氧化以及因渗碳体分解成石墨而引起体积的不可逆膨胀,结果将使铸件失去精度和产生显微裂纹。

耐热铸铁按其成分可分为硅系、铝系、硅铝系及铬系等。其中铝系耐热铸铁脆性较大,而铬系耐热铸铁的价格较贵,所以我国多采用硅系和硅铝系耐热铸铁。

(3) 耐蚀铸铁

在铸铁中加入硅、铝、铬等合金元素能在铸铁表面形成一层连续致密的保护膜,可有效地提高铸铁的耐蚀性。另外,通过合金化还可获得单相金属基体组织,减少铸铁中的微电池,从而提高其耐蚀性。

目前应用较多的耐蚀铸铁有高硅铸铁(STSi15RE)、高硅钼铸铁(STSi15Mo3RE)、铝铸铁(STAl5)、铬铸铁(STCr28)、抗碱球铁(STQNiCrRE)等。

四、铝及铝合金

铁碳合金以外的其他金属及合金,如铝、铜、镁、钛、锡、铅、锌等金属及其合金称为有色金属。有色金属具有许多特殊性能,在机电、仪表,特别是在航空、航天及航海等工业中具有重要的应用。

铝是地壳中储量最多的一种元素,约占地壳总质量的 8.2%。为了满足工业迅速发展的需要,铝及其合金是我国优先发展的重要有色金属。

1. 纯铝

纯铝是一种银白色的轻金属,熔点为 660℃,具有面心立方晶格,没有同素异构转变。它的密度($2.72g/cm^3$)小,除镁和铍外,铝在工程金属中最轻,具有很高的比强度和比刚度;导电性、导热性好,仅次于金、铜和银。室温时,铝的导电能力约为铜的 62%;若按单位质量材料的导电能力计算,铝的导电能力为铜的 2 倍。纯铝的化学性质活泼,在大气中极易氧化,在表面形成一层牢固致密的氧化膜,有效地隔绝铝和氧的接触,从而阻止铝表面的进一步氧化,使它在大气和淡水中具有良好的耐蚀性。纯铝在低温下,甚至在超低温下都具有良好的塑性($A=80\%$)和韧性,这与铝具有面心立方晶格结构有关。铝的强度($R_m=80\sim100\text{MPa}$)低,冷变形加工硬化后强度可提高到 $R_m=150\sim250\text{MPa}$,但其塑性却降低到 $A=50\%\sim60\%$。

纯铝具有许多优良的工艺性能,易于铸造、切削,也易于通过压力加工。上述这些特性决定了纯铝适合制造电缆以及要求具有导热性和抗大气腐蚀性而对强度要求不高的一些用品。

纯铝按纯度可分为三类。

(1) 工业纯铝

工业纯铝中铝的质量分数为 98.0%～99.0%,牌号有 1070、1060、1050、1035、1200 等。1070A、1060、1050A 用于高导电体、电缆、导电机件和防腐机械,1035、1200、8A06 用于器皿、管材、棒材、型材和铆钉等。

(2) 工业高纯铝

工业高纯铝中铝的质量分数为 98.85%～99.90%,用于制造铝箔、包铝及冶炼铝合金的原料。

(3) 高纯铝

高纯铝中,铝的质量分数为 99.93%～99.99%,主要用于制造特殊化学机械、电容器片和科学研究等。

2. 铝合金

纯铝的强度和硬度很低,不适宜作为工程结构材料使用。向铝中加入适量 Si、Cu、Zn、Mn 等主加元素和 Cr、Ti、Zr、B、Ni 等辅加元素组成铝合金,可提高强度并保持纯铝的特性。

(1) 铝合金的分类

铝合金一般具有图 2-50 所示的相图。从图 2-50 可以看出,以 D 点成分为界,可将铝合金分为变形铝合金和铸造铝合金两大类。D 点以左的合金为变形铝合金,其特点是加热到固溶线 DF 以上时为单相 α 固溶体,具有塑性好的特点,适用于压力加工;D 点以右的合金为铸造铝合金,其组织中存在共晶体,适用于铸造。在变形铝合金中,成分在 F 点以左的合金其固溶体成分不随温度变化而变化,不能通过热处理强化,为不可热处理强化的铝合金;成分在 F、D 两点之间的合金其固溶体成分随温度变化而变化,可通过热处理强化,为可热处理强化的铝合金。

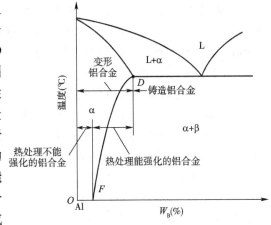

图 2-50 铝合金分类相图

(2) 铝合金的代号、牌号表示方法

① 变形铝合金的分类和牌号

按性能特点和用途不同,变形铝合金可分为防锈铝合金、硬铝合金、超硬铝合金及锻铝合金。根据国家标准《变形铝及铝合金状态代号》(GB/T 16475—2008)中的规定,变形铝合金命名有两种体系牌号,即国际四位数字体系牌号和四位字符体系牌号。国际四位数字体系牌号是由四位数字或四位数字后缀英文大写字母 A、B 或其他数字组成的,如 3004、2017A、6101B 等;四位字符体系牌号表示法的第一、三、四位是数字,第二位是大写英文字母 A、B 或其他字母,如 7C04、2D70 等。

两种表示方法中,第一位数字均表示变形铝合金的组别,具体见表 2-13。第二位的数字或字母表示铝合金的改型情况,字母 A 或数字 0 表示原始合金,B～Y 或 1～9 表示原始合金改型情况。牌号最后两位数字用以标识同一组中不同的铝合金,纯铝则表示铝的最低百分含量。

变形铝合金的组别　　　　　　　　表 2-13

组　　别	牌号系列	组　　别	牌号系列
纯铝(铝含量不小于 99.00%)	1×××	以镁和硅为主要合金元素并以 Mg_2Si 相为强化相的铝合金	6×××
以铜为主要合金元素的铝合金	2×××	以锌为主要合金元素的铝合金	7×××
以锰为主要合金元素的铝合金	3×××	以其他合金元素为主要合金元素的铝合金	8×××
以硅为主要合金元素的铝合金	4×××	备用合金组	9×××
以镁为主要合金元素的铝合金	5×××		

② 铸造铝合金的分类和牌号

按主加元素的不同,铸造铝合金可分为 Al-Si 系铸造铝合金、Al-Cu 系铸造铝合金、Al-Mg 系铸造铝合金和 Al-Zn 系铸造铝合金。

铸造铝合金的代号由"ZL + 三位数字"组成。其中,"ZL"是"铸铝"二字的汉语拼音首字母,其后第一位数字表示合金类别,如 1、2、3、4 分别表示铝硅、铝铜、铝镁、铝锌系列合金;第二、三位数字表示顺序号,顺序号不同,化学成分也不同,例如,ZL102 表示 2 号铝硅系铸造铝合金。优质合金在牌号后加"A",压铸合金在牌号前面用字母"YZ"表示。

铸造铝合金的牌号是由"Z + 基体金属的元素符号 + 合金元素符号 + 数字"组成的。其中"Z"是"铸"字的汉语拼音首字母,合金元素符号后的数字表示该元素的质量分数。例如,ZAlSi12 表示硅的质量分数为 12% 的铸造铝合金。

(3) 常用的变形铝合金

① 不可热处理强化的铝合金

a. Al-Mn 系合金。Al-Mn 系合金,如 3A21,其耐蚀性和强度比纯铝高,有良好的塑性和焊接性,但因太软而切削加工性能不良。Al-Mn 系合金主要用于焊接件、容器、管道或需用深延伸、弯曲等方法制造的低载荷零件、制品以及铆钉等。

b. Al-Mg 系合金。Al-Mg 系合金,如 5A05、5A11,其密度比纯铝小,强度比 Al-Mn 系合金高,具有高的耐蚀性和良好的塑性,焊接性良好,但切削加工性能差。Al-Mg 系合金主要用于焊接容器、管道以及承受中等载荷的零件及制品,也可用于制作铆钉。

c. Al-Zn-Mg-Cu 系合金。Al-Zn-Mg-Cu 系合金抗拉强度较高,具有优良的耐海水腐蚀性、较高的断裂韧度及良好的成型工艺性能,适于制造水上飞机蒙皮及其他要求耐腐蚀的高强度钣金零件。

② 可热处理强化的铝合金

a. 硬铝合金(Al-Cu-Mg 系)。Cu 和 Mg 的时效强化可使抗拉强度达到 420MPa。铆钉用硬铝合金典型牌号为 2A01、2A10,淬火后冷态下塑性极好,时效强化速度慢,时效后切削加工性能也较好,可利用孕育期进行铆接,主要用于制作铆钉。

标准硬铝的典型牌号为2A11,强度较高,塑性较好,退火后冲压性能好,主要用于形状较复杂、载荷较轻的结构件。

高强度硬铝的典型牌号为3A12,强度、硬度高,塑性及焊接性较差,主要用于高强度结构件,如飞机翼肋、翼梁等。

硬铝合金的耐蚀性差,尤其不耐海水腐蚀,所以硬铝板材的表面常包有一层纯铝,以提高其耐蚀性,包铝板材在热处理后强度降低。

b. 超硬铝合金(Al-Zn-Mg-Cu系)。超硬铝合金是工业上使用的室温力学性能最高的变形铝合金,抗拉强度可达600MPa,既可通过热处理强化,又可采用冷变形强化,其时效强化效果最好。其强度、硬度高于硬铝合金,故称为超硬铝合金,但其耐蚀性、耐热性较差。超硬铝合金主要用于要求质量轻、受力较大的结构件,如飞机大梁、起落架、桁架等。

c. 锻铝合金(Al-Cu-Mg-Si系)。锻铝合金的力学性能与硬铝合金相近,但热塑性及耐蚀性较高,适于锻造,故称为锻铝合金。锻铝合金主要用于制造形状复杂并能承受中等载荷的各类大型锻件和模锻件,如叶轮、框架、支架、活塞、汽缸头等。

(4)常用的铸造铝合金

①铝硅合金(Al-Si系)

铝硅合金密度小,有优良的铸造性(如流动性好、收缩及热裂倾向小)、一定的强度和良好的耐蚀性,但塑性较差。在生产中对它采用变质处理,可显著改善其塑性和强度。例如,ZAlSi12是一种典型的铝硅合金,属于共晶成分,通常称为简单硅铝明,致密性较差,且不能热处理强化。若在铸造铝合金中加入Cu、Mg、Mn等合金元素,可获得多元铝硅合金(也称为特殊硅铝明),经固溶时效处理后强化效果更为显著。铝硅合金适于制造质轻、耐蚀、形状复杂且有一定力学性能要求的铸件或薄壁零件。

②铝铜合金(Al-Cu系)

铝铜合金的优点是室温、高温下力学性能都很高,加工性能好,表面粗糙度小,耐热性好,可进行时效硬化。在铸铝中,它的强度最高,但铸造性和耐蚀性差,主要用来制造要求较高强度或高温下不受冲击的零件。

③铝镁合金(Al-Mg系)

铝镁合金密度小,强度和塑性均高,耐蚀性优良,但铸造性差,耐热性低,时效硬化效果甚微,主要用于制造在腐蚀性介质中工作的零件。

④铝锌合金(Al-Zn系)

铝锌合金铸造性好,经变质处理和时效处理后强度较高,价格便宜,但耐蚀性、耐热性差。铝锌合金主要用于制造工作温度不超过200℃,结构形状复杂的汽车、仪表、飞机零件等。

(5)铝合金的强化

铝合金的强化方式主要有固溶强化和时效强化两种。

①固溶强化

纯铝中加入合金元素形成铝基固溶体,造成晶格畸变,以阻碍位错的运动,起到固溶强化的作用,可使其强度提高。根据合金化的一般规律,形成无限固溶体或高浓度的固溶体型合金时,不仅能获得高的强度,还能获得优良的塑性与良好的压力加工性能。Al-Cu、Al-Mg、Al-Si、Al-Zn、Al-Mn等二元合金一般都能形成有限固溶体,并且均有较大的溶解度,因此具有较明显的固溶强化效果。

②时效强化

经过固溶处理的过饱和铝合金在室温下或加热到某一温度后放置一段时间,其强度和硬度随时间的延长而增高,但塑性、韧性则降低,这个过程称为时效。在室温下进行的时效称为自然时效,在加热条件下进行的时效称为人工时效。时效过程使铝合金的强度、硬度增高的现象称为时效强化或时效硬化。

五、铜及铜合金

在有色金属中,铜的产量仅次于铝。铜及铜合金在我国有着悠久的使用历史,并且使用范围很广。

1. 纯铜

纯铜呈玫瑰红色,但容易与氧反应,在表面形成氧化铜薄膜,外观呈紫红色。纯铜具有面心立方晶格,无同素异构转变,密度为 8.96g/cm³,熔点为1083℃。纯铜具有优良的导电、导热性,其导电性仅次于银,故主要用作导电材料。铜是逆磁性物质,用纯铜制作的各种仪器和机件不受外磁场的干扰,故纯铜适合制作磁导仪器、定向仪器和防磁器械等。

纯铜的强度很低,软态铜的抗拉强度不超过240MPa,但是具有极好的塑性,可以承受各种形式的冷热压力加工。因此,铜制品多是经过适当形式的压力加工制成的。在冷变形过程中,铜有明显的加工硬化现象,并且导电性略微降低。加工硬化是纯铜的唯一强化方式。冷变形铜材退火时,也和其他金属一样,产生再结晶。再结晶的程度和晶粒的大小显著影响铜的性能,再结晶软化退火温度一般为500~700℃。

纯铜的化学性能比较稳定,在大气、水、水蒸气、热水中基本上不会被腐蚀。工业纯铜中常含有微量的杂质元素,降低纯铜的导电性,使铜出现热脆性和冷脆性。

纯铜中还有无氧铜,牌号有 TU1、TU2,它们的含氧量极低,不大于0.003%,其他杂质也很少,主要用于制作电真空器件及高导电性铜线。无氧铜制作的导线能抵抗氢的作用,不发生氢脆现象。

2. 铜合金的分类

纯铜的强度不高,用加工硬化方法虽可提高铜的强度,但却会使其塑性大大降低,因此,常用合金化的方法来获得强度较高的铜合金。常用的铜合金可分为黄铜、青铜、白铜三类。

(1) 黄铜

以锌为唯一或主要合金元素的铜合金称为黄铜。黄铜具有良好的塑性、耐蚀性、变形加工性和铸造性,在工业中有很好的应用价值。按化学成分的不同,黄铜可分为普通黄铜和特殊黄铜两类。

①普通黄铜。铜锌二元合金称为普通黄铜,其牌号由"H + 数字"组成。其中,"H"是"黄"字的汉语拼音首字母,数字表示铜的平均质量分数。

②特殊黄铜。为了获得更高的强度、耐蚀性和某些良好的工艺性能,在铜锌合金中加入铅、锡、铝、铁、硅、锰、镍等元素,形成各种特殊黄铜。

特殊黄铜的牌号由"H + 主加元素符号(锌除外) + 铜的平均质量分数 + 主加元素的平均质量分数"组成。特殊黄铜可分为压力加工黄铜(以黄铜加工产品供应)和铸造黄铜两类,其中铸造黄铜在牌号前加"Z"。例如,HSn70-1 表示铜的质量分数为69.0%~71.0%,锡的质量分数为1.0%~1.5%,其余为 Zn 的锡黄铜;ZHPb59-1 表示铜的质量分数为57.0%~61.0%,铅的质量分数为0.8%~1.9%,其余为 Zn 的铸造铅黄铜。

(2) 青铜

青铜是人类历史上应用最早的合金,它是 Cu-Sn 合金,因合金中有 δ 相,呈青白色而得名。它在铸造时体积收缩量很小,充模能力强,耐蚀性好,有极高的耐磨性,故得到广泛的应用。近几十年来由于采用了大量的含 Al、Si、Be、Pb 和 Mn 的铜合金,习惯上也将其称为青铜,为了区别起见,把 Cu-Sn 合金称为锡青铜,而其他铜合金分别称为铝青铜、硅青铜、铍青铜、铅青铜和锰青铜等。

青铜按生产方式分为压力加工青铜和铸造青铜两类。其牌号是用"Q + 主加元素符号 + 主加元素平均含量(或 + 其他元素平均含量)"表示,"Q"是"青"字的汉语拼音首字母。例如,QAl5 表示铝的平均质量分数为 5% 的铝青铜,QSn4-3 表示锡的平均质量数为 4%、锌的平均质量分数为 3% 的锡青铜。铸造青铜的牌号前加"Z",如 ZQSn10-5 表示 Sn 的平均质量分数为 10%,Pb 的平均质量分数为 5%,其余为 Cu 的铸造锡青铜。此外,青铜还可以合金成分的名义百分含量命名。例如,ZCuSn10Pb5 表示锡的平均质量分数为 10%、铅的平均质量分数为 5% 的铸造锡青铜。

(3) 白铜

以镍为主要添加元素的铜基合金呈银白色,故称为白铜。白铜根据加入的合金元素种类不同可分为普通白铜和复杂白铜。铜镍二元合金(即二元白铜)称为普通白铜。加有锰、铁、锌、铝等元素的白铜合金称为复杂白铜(即三元以上的白铜),包括铁白铜、锰白铜、锌白铜和铝白铜等。

普通白铜的代号以"B + 数字表示",字母 B 表示镍的含量,如 B5 表示镍的含量约为 5%,其余为铜的含量。复杂白铜的代号以"B + 元素符号 + 数字 – 数字"表示,第一个数字表示镍的含量,第二个数字表示第二主加元素的含量。如 BMn3-12 表示镍的含量约为 3%,锰的含量约为 12%。

由于镍和铜能形成无限互溶的固溶体,在铜中加入镍元素可以显著提高其强度、硬度、电阻和热电性,并降低电阻率、温度系数,因此白铜较其他铜合金的力学性能、物理性能都异常良好,延展性好、硬度高、色泽美观、耐腐蚀、深冲性能好,被广泛用于造船、石油化工、电器、仪表、医疗器械、日用品、工艺品等领域,白铜还是重要的电阻及热电耦合金。白铜的缺点是主加元素镍属于稀缺的战略物资,价格比较昂贵。

六、滑动轴承合金

滑动轴承是用以支承轴进行工作的重要部件。与滚动轴承相比,滑动轴承具有承压面积大、工作平稳、无噪声以及拆卸方便等优点,广泛作为机床主轴轴承、发动机轴承以及其他动力设备的轴承。

滑动轴承合金用于制造滑动轴承中的轴瓦及轴承衬。当轴旋转时,轴瓦和轴发生强烈的摩擦,并承受周期性载荷。由于轴的制造成本高,所以应首先考虑使轴的磨损最小,再尽量提高轴承的耐磨性。为此,滑动轴承合金应具备较高的抗压强度、疲劳强度、耐磨性,良好的磨合性,较小的摩擦系数,足够的塑性和韧性,良好的耐蚀性、导热性,较小的热膨胀系数和良好的工艺性。理想的滑动轴承合金组织如图 2-51 所示。

滑动轴承合金是以锡或铅为基体的合金,一般称为"巴氏合金"。其牌号为"Z + 基体元素符号 + 主加元素符号 + 主加元素的质量分数 + 辅助元素 + 辅助元素的质量分数",其中,"Z"是"铸"的汉语拼音首字母。例如,ZSnSb11Cu6 表示锑的平均质量分数为 11.0%、铜的平均质量分数为6%的锡基轴承合金。常用的轴承合金除锡基轴承合金、铅基轴承合金外，还有铝基和铜基轴承合金。

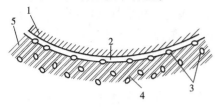

图2-51 滑动轴承合金的理想组织
1-轴；2-润滑剂空间；3-硬质点；4-软基体；5-轴瓦

1. 锡基轴承合金

锡基轴承合金是一种在软基体分布硬质点的轴承合金。它是以锡、锑为基础，并加入少量其他元素的合金。常用的牌号有 ZSnSb11Cu6、ZSnSb8Cu4、ZSnSb4Cu4 等。

锡基轴承合金热膨胀系数小，磨合性良好，抗咬合性、嵌藏性、耐蚀性、导热性和浇注性能也很好。锡基轴承合金的缺点是疲劳强度较低，工作温度也较低（一般不大于150℃），价格高。

2. 铅基轴承合金

铅基轴承合金是以Pb-Sb为基体的合金，但二元Pb-Sb合金有密度偏析，同时锑颗粒太硬，基体又太软，只适用于制造速度低、载荷小的次要轴承。为改善其性能，要在合金中加入其他合金元素，如Sn、Cu、Cd、As等。常用的铅基轴承合金为ZPbSb16Sn16Cu2，表示锡的质量分数为15%～17%，锑的质量分数为15%～17%，铜的质量分数为1.5%～2.0%，余量为铅的铅基轴承合金。

铅基轴承合金的硬度、强度、韧性都比锡基轴承合金低，摩擦系数较大，但价格便宜，铸造性好。铅基轴承合金常用于制造承受中、低载荷的轴承，但其工作温度不能超过120℃。

铅基、锡基巴氏合金的强度都较低，为了提高巴氏合金的疲劳强度、承压能力和使用寿命，常把它镶铸在钢的轴瓦（一般用08钢冲压成型）上形成薄而均匀的轴承衬，才能发挥作用。这种工艺称为挂衬，这种结构的轴承称为双金属轴承。

3. 铝基轴承合金

铝基轴承合金是以Al为基本元素，Sb或Sn等为主加元素的轴承合金。它具有密度小、导热性好、疲劳强度高和耐蚀性好等优点。铝基轴承合金原料丰富，价格便宜，广泛用于制造高速高载荷条件下工作的轴承。按化学成分将铝基轴承合金分为铝锡系、铝锑系和铝石墨系三类。

①铝锡系轴承合金

铝锡系轴承合金是一种既有高疲劳强度，又有适当硬度、耐热性和良好耐磨性的轴承合金，在轧制成成品后，经退火使锡球化，获得在较硬的铝基体上弥散分布着较软的球状锡的组织。铝锡系轴承合金适用于制造高速、重载条件下工作的轴承。

②铝锑系轴承合金

适用于载荷不超过2000MPa、滑动线速度不大于10m/s条件下工作的轴承。

③铝石墨系轴承合金

具有优良的自润滑作用和减振作用以及耐高温性，适用于制造活塞和机床主轴的轴承。

铝基轴承合金的缺点是膨胀系数较大，抗咬合性低于巴氏合金。为此，常采用较大的轴承间隙，并采取降低轴与轴承表面的粗糙度值和镀锡的措施来改善其综合性，以减小启动时发生咬合的危险性。

4. 铜基轴承合金

铜基轴承合金是以Pb为基本合金元素的铜基合金，也称为铅青铜。由于固态下Pb不溶于 Cu，所以铅青铜在室温时的组织是在硬基体铜上均匀分布着软的铅颗粒，极有利于保持润滑油膜，使合金具有优良的耐磨性。此外，铅青铜比巴氏合金更能耐疲劳、抗冲击，承载能力也更强，所以铜基轴承合金可用于制造高速、高载荷下的发动机轴承和其他高速重载轴承。

七、粉末冶金材料

1. 粉末冶金的基本工艺

粉末冶金是指用金属粉末（或金属与非金属混合粉末）做原料，通过配料、压制成型、烧结和后处理等工艺过程，不经熔炼和铸造，直接获得零部件的工艺。通过粉末冶金工艺制成的材料称为粉末冶金材料。

(1) 粉末的制取

通常有机械制取法和物理化学制取法两类。机械制取法如机械加工、研磨、液态金属雾化等，物理化学制取法有氧化物还原、电解沉积、气相沉积等。制取的金属粉末都必须严格控制成分、粒度及形态，以保证成型和烧结的顺利进行。

(2) 压制成型

将制取的金属粉末进行分级、干燥后，添加黏结剂等配料配制混合，然后模压成型，制成所需形状、尺寸的坯件。坯件具有一定强度。

(3) 烧结

压制成型的坯件强度较低，不能直接使用，只有通过烧结提高了强度和物理化学性能，才能达到使用要求。高温烧结是决定粉末冶金材料制品性能和质量的关键。烧结过程中原料中的低熔点组元会熔化，起渗透黏结作用，大部分组元处于固态以保证形状、尺寸。将压制成型与烧结结合起来的工艺称为热压成型，是一种提高粉末冶金材料和制品力学性能的有效方法，已在生产中得到广泛应用。

(4) 后处理

为进一步改善使用性能，应根据要求对烧结成型的工件进行必要的后处理。后处理包括整形、油浸、热处理、表面处理、锻造等工序。

粉末冶金工艺常用来制造结构材料、减磨材料、摩擦材料、硬质合金、难熔金属材料、过滤材料、金属陶瓷、无偏析高速工具钢、磁件材料和耐热材料等。

2. 粉末冶金的特点

(1) 适应性强，粉末冶金不仅可以选用传统加工的各种原材料，还可选用传统方法难以加工的各种原材料，如高熔点的钨、钼制品，高硬度的金属碳化物制品（WC、TiC、MoC 等）。

(2) 可以生产特殊性能产品，如多孔含油轴承、耐磨减磨制品、多孔过滤制品、摩擦制品、高熔点高硬度制品、磁性制品、复合制品等，以及其他工艺难以完成的制品。

(3) 生产工艺过程和设备简明，易于实现机械化、自动化，效率高，成本低，适合成批、大量生产。

(4) 金属利用率高，可直接生产少、无切削加工的金属制品，金属废损少且易于回收再生。

(5) 模具和金属粉末成本较高。批量小或制品过大时不宜采用粉末冶金成型。

工业中常用的粉末冶金材料有硬质合金、含油轴承材料、铁基结构材料等。

3. 硬质合金

硬质合金是以一种或几种难熔碳化物(WC、TiC 等)的粉末为主要成分,加入作为黏结剂的金属(钴、镍等)粉末,采用粉末冶金法制得的合金。

(1)硬质合金的特点

①硬度、耐磨性和热硬性高。硬质合金常温下硬度可达 86～93HRA,相当于 69～81HRC。在 900～1000℃能保持高硬度,并有优良的耐磨性。与高速钢相比,切削速度可高 4～7 倍,寿命长 5～80 倍,可切削硬度高达 50HRC 的硬质材料。

②强度、弹性模量高。硬质合金的抗压强度高达 6000MPa,弹性模量为 $4～7×10^5$MPa,都高于高速钢。但其抗弯强度较低,一般为 1000～3000MPa。

③耐蚀性、抗氧化性好,一般能很好地耐大气、酸、碱等腐蚀,不易氧化。

④线膨胀系数小。工作时,形状尺寸稳定。

⑤成型制品不再加工。由于硬质合金硬度高并有脆性,所以粉末冶金成型烧结后不再进行切削加工,如需再加工,只能采用电火花、线切割、少量磨削等专门的方法处理。通常硬质合金制成一定规格的制品,再采用钎焊、胶接或机械装卡在刀体或模具体上使用。

(2)常用硬质合金及其应用

硬质合金主要用来制造高速切削刀具和硬、韧材料的切削刀具,以及制造冷作模具、量具和不受冲击、振动的高耐磨零件(如磨床精密轴承、车床顶尖等)。按其成分和性能特点,主要分为以下四类。

①钨钴类硬质合金

其主要成分是碳化钨(WC)和钴,常用牌号有 YG3、YG6、YG8。牌号后的数字表示钴的质量分数,含钴量越高,则合金的韧度和强度越高,但硬度和耐磨性稍有降低。它们适合加工脆性材料,如铸铁、非金属材料等。

②钨钛钴类硬质合金

其主要成分是碳化钨(WC)、碳化钛(TiC)及钴,常用牌号有 YT5、YT15、YT30。牌号后的数字表示含 TiC 的质量分数,TiC 的含量越高,则耐磨性和热硬性越好。其热硬性比钨钴类合金好,也不黏刀,但韧度和强度低些。它们适用于碳钢和合金钢的粗、精加工。

③钨钛钽(铌)类硬质合金

这类硬质合金含碳化钽(TaC),使合金的热硬性显著提高,兼有上述两种硬质合金的优点,可用于不锈钢、耐热钢和高速钢等难加工材料的粗、精加工。常用牌号有 YW1、YW2。

④钢结硬质合金,它是近年发展起来的一种新型硬质合金。其中碳化物较少,其体积分数为 30%～35%,黏结剂为各种合金钢或高速钢粉末。其热硬性和耐磨性比一般硬质合金低,但比高速钢好得多。韧性则比一般硬质合金好。它可以像钢一样进行冷、热加工和热处理,是很有前途的工具材料。

八、金属功能材料

功能材料是指具有特殊的电、磁、声、光、热等物理、化学和生物学性能及其互相转化的功能,不是以承载为目的的材料。金属功能材料是开发较早的功能材料,随着高新技术的发展,许多新型的金属功能材料应运而生,具有广泛的应用前景。

1. 形状记忆合金

具有一定形状的固体材料在某一低温状态下进行一定限度的变形后,再加热到这种材料固有的某一临界温度以上时,材料的变形随之消失,而恢复到变形前形状的现象称为形状记忆效应。形状记忆材料是指具有形状记忆效应的金属(合金)、陶瓷和高分子等材料。其中形状记忆合金的研究和应用最多也最成熟。

目前,形状记忆合金已广泛用于医学、军事、机械工程、航空航天、服装纺织和人们的日常生活等领域中。

2. 磁性材料

磁功能材料是利用材料的磁性能和各种磁效应(如电磁互感效应、压磁效应、磁光效应、磁阻效应和磁热效应等),实现对能量和信息的转换、传递、调制、存储、检测等功能作用的材料。磁功能材料的种类很多,按成分可分为金属磁性材料(包括金属间化合物)和非金属(陶瓷铁氧体)磁性材料;按磁性能可分为软磁材料(矫顽力 $H_C < 10^3 A/m$)和硬磁(永磁)材料。

软磁材料的矫顽力低、磁导率高、磁滞损耗小、磁感应强度大,在外磁场中易磁化和退磁(即便是微弱磁场)。金属软磁材料一般限于在较低频域应用。

永磁材料又称为硬磁材料,具有矫顽力高($H_C > 1 \times 10^4 A/m$)、剩余磁感应强度 B_r 高且磁能积($B \times H$)大,在外磁场去除后仍能较长时间地保持强而稳定的磁性能的特点。

3. 超导材料

一般金属的直流电阻率随温度降低而减小,在温度降至0K时,其电阻率就不再下降而趋于一有限值。但有些导体的直流电阻率在某一低温度时陡降为零,这种现象被称为超导现象。电阻突变为零的温度称为临界温度 T_C,具有超导现象的材料则称为超导材料。

超导体在临界温度以下,不仅具有零电阻,而且具有完全抗磁性,即置于外磁场中的超导体内部的磁感应强度恒为零。零电阻和完全抗磁性是超导体的两个基本特征。

目前,已发现的超导材料有上千种。除常规的金属超导材料,近年来非晶态超导体、磁性超导体、颗粒超导体都受到关注,有机超导体和高温氧化物超导体也取得了很大的发展。金属超导材料按其化学组成可分为元素超导体、合金超导体和化合物超导体。金属超导材料的临界温度较低($T_C < 30K$),又称为低温超导体。

低温超导材料的应用主要分为强电和弱电两个方面。超导强电应用主要是超导磁体的应用。超导磁体的特点是体积紧凑、质量轻,可承载巨大的电流密度,而且耗电量很低。超导弱电应用主要用于微电子学器件和微波器件。

4. 储氢材料

一些金属(合金)可固溶氢气形成含氢固溶体,在一定的温度和压力条件下(冷却或加压),含氢固溶体与氢气反应形成金属氢化物,并放出热量。使用时将其加热或减压,释放出氢气。利用此原理,可制成储氢合金。

目前广泛研究的储氢合金有四个系列,即稀土系、钛系、镁系及钒、锆等金属及合金。其中的稀土系及钛系储氢合金研究得最多。

5. 智能材料

智能材料是近年来兴起并迅速发展起来的新型材料,是指具有感知功能即信号感受功能,能自行判断分析、处理,并自己做出结论的功能材料。

智能材料一般不是单一的材料,而是一个由多种材料系统组元(机敏材料、驱动材料等)通过有机合成的一体化系统,具有或部分具有以下功能。

(1)传感功能,能感知自身所处的环境与条件,如应力、应变、振动、光、电、热、磁、化学、核辐射等的强度及其变化。

(2) 反馈功能,能对系统输入与输出信息进行对比,并将其结果提供给控制系统。

(3) 响应功能,能根据外界环境和内部条件的变化适时动态地做出相应的反应和行动。

(4) 自诊断和自修复能力,能通过分析比较系统当前的状况与过去的情况,对问题进行自诊断,并能通过自繁殖、自生长、原位复合等再生机制来修复损伤或破坏。

(5) 自适应能力,能积累各类感知的信息,对不断变化的外部环境和条件能及时地自动调节自身结构和功能,并相应地改变自己的状态和行为。

6. 功能梯度材料

所谓功能梯度材料,是根据使用要求,选择两种不同性能的材料,采用先进的复合技术,使两种材料中间的组成和结构呈连续梯度变化,内部无明显的界面,从而使材料的性质和功能沿厚度方向也呈梯度变化的一种新型复合材料。例如,航天飞机燃烧室内外壁温差高达1000℃,因此内壁使用耐热性优良的陶瓷,而接触冷却的外壁则采用导热性和力学性能良好的金属材料,为了避免因陶瓷和金属的热膨胀系数相差较大,在界面处产生较大的热应力而导致出现剥落或龟裂现象,在两个界面之间,采用先进的材料复合技术,通过控制金属和陶瓷的相对组成和组织结构,使其无界面地逐渐变化,从而使整个材料既具有高的耐热性,又具有高的强度。

功能梯度材料作为一种新型功能材料,在航天、能源、冶金、机械、电子、光学、化学工程和生物医学工程等领域都有广泛的应用。

7. 纳米材料

纳米材料是指至少有一维尺寸介于 1~100nm 范围内或以它们作为基本单元构成的材料。包含零维的纳米颗粒、一维的纳米针(须、丝、管)、二维的纳米薄膜和三维的纳米固体。纳米颗粒是指三维尺寸都为纳米级的固体颗粒;纳米薄膜是指纳米颗粒膜、纳米晶、纳米非晶薄膜以及膜厚为纳米等级的多层膜;纳米固体是指由纳米颗粒构成的块体材料以及纳米晶材料。纳米金属材料不但具有常规金属所具有的特性,还具有纳米材料所具有的共同特性,即表面效应、小尺寸效应、量子隧道效应等,因此纳米金属材料在物理、化学性能方面表现出许多特有的性质,在磁、光、电、催化、医药及新材料等方面具有广阔的应用前景。

8. 非晶态金属

非晶态金属(合金)又称为金属玻璃,因为这种金属材料像玻璃一样,没有晶体结构,而是一种原子排列长程无序、短程有序的形态。

非晶态金属由于没有晶粒和晶界,避免了缺陷的存在,因而在力学、电学、化学等方面都显示了其特殊的性能。

第八节 非金属材料和复合材料

除金属材料以外的高分子材料、陶瓷材料和复合材料三大类工程材料品种极其繁多,目前,已越来越多地应用在国民经济各个领域。

一、高分子材料

(一) 高分子材料的基本概念

高分子材料是以高分子化合物为主要成分,与各种添加剂配合而形成的材料。高分子化合物是指相对分子质量大于10^4的有机化合物。常见高分子材料的相对分子质量在10^4~10^6之间。

1. 高分子化合物的组成

高分子化合物是由大量的大分子构成的,而大分子是由一种或多种低分子化合物通过聚合连接起来的链状或网状的分子。因此高分子化合物又称高聚物或聚合物。由于分子的化学组成及聚集状态不同,而形成性能各异的高聚物。

组成高分子化合物的低分子化合物称为单体。大分子链中的重复单元称为链节,链节的重复数目称为聚合度。一个大分子的相对分子质量(M)是其链节相对分子质量(m)与聚合度(n)的乘积,即$M=m\times n$。由于聚合度的不同,因此高分子化合物的相对分子质量是一个平均值。例如,聚氯乙烯大分子是由氯乙烯重复连接而成的,其单体为$CH_2=CHCl$,链节为$-CH_2-CHCl-$,$m=62.5$,n为800~2400,可以算出M为50000~150000。

2. 高分子化合物的合成方法

由低分子化合物合成为高分子化合物的反应称为聚合反应,其方法有加成聚合反应(简称加聚)和缩合聚合反应(简称缩聚)。

(1)加聚反应

由不饱和单体借助于引发剂,在热、光或辐射的作用下活化产生自由基,不饱和键打开,相互加成而连接成大分子链,这种反应称为加聚反应。工业上80%的高聚物利用加聚反应制备。加聚反应一般按链式反应机理进行,不会停留在中间阶段,聚合物是唯一的反应产物,聚合物的化学组成与所用单体相同。整个反应过程可分为链的引发、链的增长、链的终止和链的转移四个阶段。

若加聚反应的单体为一种,反应称为均聚反应,产品为均聚物;若单体为两种或两种以上,反应称为共聚反应,产品为共聚物。

加聚反应的实施方法有本体聚合、溶液聚合、悬浮聚合和乳液聚合四种。

(2)缩聚反应

由含有两种或两种以上官能团(可以发生化学反应的原子团,如羟基$-OH$、羧基$-COOH$、氨基$-NH_2$等)的单体相互缩合聚合而形成聚合物的反应称为缩聚反应。缩聚反应过程中,会析出水、氨、醇、氯化氢等小分子物质。缩聚反应可停留在中间而得到中间产品。聚合物的化学组成与所用单体不同。

若缩聚反应的单体为一种,反应称为均缩聚反应,产品为均缩聚物;若缩聚反应的单体为多种,反应称为共缩聚反应,产品为共缩聚物。

缩聚反应的实施方法主要有熔融缩聚和溶液缩聚两种。

3. 高分子化合物的分类

高分子化合物的种类很多,性能各异。常见的分类方法有以下几种。

(1)按聚合物的来源可分为天然聚合物和合成聚合物。

(2)按聚合物所制成材料的性能和用途可分为塑料、橡胶、纤维、胶黏剂和涂料等。

(3)按聚合物的热行为可分为热塑性聚合物和热固性聚合物。

(4)按主链结构可分为碳链、杂链和元素有机聚合物。碳链聚合物的大分子主链完全由碳原子组成;杂链聚合物大分子主链中除碳原子外,还有氧、氮、硫等原子;元素有机聚合物大分子主链中没有碳原子,主要由硅、硼、氧、氮、硫等原子组成,侧基由有机基团组成。

4. 高分子材料的性能

高分子材料的许多性能相对不够稳定,变化幅度较大,其力学、物理及化学性能都具有某些明显的特点。

(1)力学性能

①高弹性

无定形和部分晶态的高分子材料在玻璃化温度以上时表现出很高的弹性,即变形大、弹性模量小,而且弹性随温度的升高而增大。橡胶是典型的高弹性材料。

②黏弹性

高分子材料的黏弹性是指它既具有弹性材料的一般特性,又具有黏性流体的一些特性,即受力同时发生高弹性变形和黏性流动,变形与时间有关。高分子材料的黏弹性主要表现在蠕变、应力松弛、滞后和内耗等现象上。

在一恒定温度和应力作用下,应变随时间延长而增加的现象称为蠕变。应力松弛是在应变恒定的情况下,应力随时间延长而衰减的现象。在外力的作用下,高聚物大分子链的构象发生变化和位移,由原来的卷曲态变为较伸直的形态,从而产生蠕变。而随时间的延长,大分子链构象逐步调整,趋向于比较稳定的卷曲状态,从而产生应力松弛。

滞后是指在交变应力的作用下,变形速度跟不上应力变化的现象。这是由于高聚物形变时,链段的运动受内摩擦力的影响跟不上外力的变化,所以形变总是落后于应力,产生滞后。在克服内摩擦时,一部分机械能被损耗,转化为热能,即内耗。滞后越严重,内耗越大。内耗大对减振和吸声有利,但内耗会引起发热,导致高聚物老化。

③强度和断裂

高分子材料的强度很低,如塑料的抗拉强度一般低于100MPa,比金属材料低得多。但高聚物的密度很小,只有钢的1/8～1/4,所以其比强度比一些金属高。高分子材料的实际强度远低于理论强度,说明提高高分子材料实际强度的潜力很大。

高分子材料的断裂也有脆性断裂和韧性断裂两种。高分子材料由于内部结构不均一,含有许多微裂纹,造成应力集中,使裂纹容易很快发展。某些高聚物在一定的介质中,在小应力下即可断裂,称为环境应力断裂。

④韧性

高分子材料的韧性用冲击韧度表示。各类高聚物的冲击韧度相差很大,脆性高聚物的冲击韧度值一般小于$0.2J/cm^2$,韧性高聚物的冲击韧度值一般大于$0.9J/cm^2$。在非金属材料中,由于高分子材料的塑性相对较好,其韧性也是比较好的。但只有在材料的强度和塑性都高时,其韧性的绝对值才可能高。而高分子材料的强度低,因此其冲击韧度值比金属低得多,一般仅为金属的百分之一数量级,这也是高分子材料不能作为重要的工程结构材料使用的主要原因之一。为了提高高分子材料的韧性,可采取提高其强度或增加其断裂伸长量等办法。

⑤耐磨性

高聚物的硬度低,但耐磨性高。如塑料的摩擦因数小,有些还具有自润滑性能,在无润滑和少润滑的摩擦条件下,它们的耐磨、减磨性能要比金属材料高很多。

(2)物理和化学性能

①电学性能

高聚物内原子间以共价键相连,没有自由电子和可移动的离子,因此介电常数小、介电损耗低,具有高的电绝缘性。其绝缘性能与陶瓷材料相当。随着近代合成高分子材料的发展,出现了许多具有各种优异电性能的新型高分子材料,并且还出现了高分子半导体、超导体等。

②热性能

高聚物在受热过程中,大分子链和链段容易产生运动,因此其耐热性较差,长期使用温度一般低于100℃,热固性塑料一般也只能在200℃以下。由于高聚物内部无自由电子,因此具有低的导热性能。高聚物的线膨胀系数也较大。

③化学稳定性

由于高聚物大分子链以共价键结合,没有自由电子,因此不发生电化学反应,也不易与其他物质发生化学反应。所以大多数高分子材料具有较高的化学稳定性,对酸、碱溶液具有优良的耐腐蚀性能。

5.高分子化合物的老化及防止措施

高分子化合物在长期存放和使用过程中,由于受光、热、辐射、机械力、氧、化学介质和微生物等因素的长期作用,性能逐渐变差,如变硬、变脆、变色,直到失去使用价值的过程称为老化。老化的主要原因是在外界因素作用下,大分子链的结构发生交联(分子链之间生成新的化学键,形成网状结构)或裂解(大分子链发生断裂或裂解)。

防止老化的措施主要有以下方法。

(1)对高聚物改性,改变大分子的结构,提高其稳定性。

(2)进行表面处理,在材料表面镀上一层金属或喷涂一层耐老化涂料,隔绝材料与外界的接触。

(3)加入各种稳定剂,如热稳定剂、抗氧化剂等。

(二) 工程塑料

1.工程塑料分类

塑料是以合成树脂为主要成分,添加能改善性能的填充剂、增塑剂、稳定剂、润滑剂、固化剂、发泡剂、着色剂、阻燃剂、防老剂等制成的。添加剂的使用根据塑料的种类和性能要求而定。塑料常按以下两种方法分类。

(1)按塑料受热时的性质分

分为热塑性塑料和热固性塑料。

热塑性塑料受热时软化或熔融、冷却后硬化,并可反复多次进行。它包括聚乙烯、聚氯乙烯、聚苯乙烯、聚丙烯、聚酰胺、聚甲醛、聚碳酸酯、聚苯醚、聚砜、聚四氟乙烯等。

热固性塑料在加热、加压并经过一定时间后即固化为不溶、不熔的坚硬制品,不可再生。常用热固性塑料有酚醛树脂、环氧树脂、氨基树脂、呋喃树脂、有机硅树脂等。

(2)按塑料的功能和用途分

分为通用塑料、工程塑料和特种塑料。

通用塑料是指产量大、用途广、价格低的塑料。主要包括聚乙烯、聚氯乙烯、聚苯乙烯、聚丙烯、酚醛塑料、氨基塑料等,产量占塑料总产量的75%以上。

工程塑料是指具有较高性能,能替代金属用于制造机械零件和工程构件的塑料。主要有聚酰胺、ABS、聚甲醛、聚碳酸酯、聚砜、聚四氟乙烯、聚甲基丙烯酸甲酯、环氧树脂等。

特种塑料是指具有特殊性能的塑料。如导电塑料、导磁塑料、感光塑料等。

常用工程塑料的性能见表2-14。

常用工程塑料的性能 表2-14

类别	名称	代号	性能			
			密度(g/cm³)	拉伸强度(MPa)	冲击韧性(J/cm²)	使用温度(℃)
热塑性塑料	聚乙烯	PE	0.91~0.965	3.9~38	>0.2	-70~100
	聚氯乙烯	PVC	1.16~1.58	10~50	0.3~1.1	-15~55
	聚苯乙烯	PS	1.04~1.10	50~80	1.37~2.06	-30~75
	聚丙烯	PP	0.90~0.915	40~49	0.5~1.07	-35~120
	聚酰胺	PA	1.05~1.36	47~120	0.3~2.68	<100
	聚甲醛	POM	1.41~1.43	58~75	0.65~0.88	-40~100
	聚碳酸酯	PC	1.18~1.2	65~70	6.5~8.5	-100~130
	聚砜	PSF	1.24~1.6	70~84	0.69~0.79	-100~160
	丙烯腈—丁二烯—苯乙烯共聚物	ABS	1.05~1.08	21~63	0.6~5.3	-40~90
	聚四氟乙烯	PTEF	2.1~2.2	15~28	1.6	-180~260
	聚甲基丙烯酸甲酯	PMMA	1.17~1.2	50~77	0.16~0.27	-60~80
热固性塑料	酚醛树脂	PF	1.37~1.46	35~62	0.05~0.82	<140
	环氧树脂	EP	1.11~2.1	28~137	0.44~0.5	-89~155

2. 常用热塑性塑料

(1) 聚乙烯(PE)

聚乙烯无毒、无味、无臭,呈半透明状。聚乙烯强度较低,耐热性不高,易燃烧,抗老化性能较差。具有良好的耐化学腐蚀性,除强氧化剂外与大多数化学药品都不发生作用。具有优良的电绝缘性能,特别是高频绝缘,吸水率很小。根据密度可分为低密度聚乙烯(LDPE)和高密度聚乙烯(HDPE)。

LDPE 主要用作日用制品、薄膜、软质包装材料、层压纸、层压板、电线电缆包覆等。HDPE 的各项性能都优于 LDPE。主要用作硬质包装材料、化工管道、储槽、阀门、高频电缆绝缘层、各种异型材、衬套、小负荷齿轮、轴承等。

被称为第三代聚乙烯的新材料线型低密度聚乙烯(LLDPE)主要用于薄膜,代替 LDPE,这种薄膜冲击韧度、拉伸强度和延伸性很高,可以做得很薄。

(2) 聚氯乙烯(PVC)

聚氯乙烯具有较高的机械强度,刚性较大,良好的电绝缘性,良好的耐化学腐蚀性,能溶于四氢呋喃和环己酮等有机溶剂,具有阻燃性,但热稳定性较差,使用温度较低,介电常数、介电损耗较高。根据增塑剂用量的不同可分为硬质聚氯乙烯和软质聚氯乙烯。

硬质聚氯乙烯主要用于工业管道系统、给排水系统、板件、管件、建筑及家居用防火材料,化工防腐设备及各种机械零件。软质聚氯乙烯主要用于薄膜、人造革、墙纸、电线电缆包覆及软管等。

(3) 聚苯乙烯(PS)

聚苯乙烯是无毒、无味、无具、无色的透明状固体。吸水性低,电绝缘性优良,介电损耗极小。耐化学腐蚀性优良,但不耐苯、汽油等有机溶剂。机械强度较低,硬度高,脆性大,不耐冲击,耐热性差,易燃。

聚苯乙烯主要用于日用、装潢、包装及工业制品。如仪器仪表外壳、灯罩、光学零件、装饰件、透明模型、玩具、化工储酸槽,包装及管道的保温层,冷冻绝缘层等。

(4)聚丙烯(PP)

聚丙烯是无毒、无味、无具、半透明蜡状固体。密度小,力学性能高于聚乙烯,耐热性良好,化学稳定性好,但不耐芳香族和氯化烃溶剂,耐寒性差,易老化。

聚丙烯主要用于化工管道、容器、医疗器械、家用电器部件、家具、薄膜、绳缆、丝织网、电线电缆包覆等,以及汽车及机械零部件,如车门、转向盘、齿轮、接头等。

(5)聚酰胺(PA)

聚酰胺又称为尼龙。具有较高的强度和韧性,耐磨性和自润滑性好,摩擦因数低。具有较好的电绝缘性,良好的耐油、耐溶剂性,良好的阻燃性。但吸水性大,热膨胀系数大,耐热性不高。不同种类的尼龙性能有差异。

聚酰胺主要用于制造机械、化工、电气零部件,如轴承、齿轮、凸轮、泵叶轮、高压密封圈、阀门零件、包装材料、输油管、储油容器、丝织品及汽车保险杠、门窗手柄等。

(6)聚甲醛(POM)

聚甲醛具有较高的强度、硬度、刚性、韧性、耐磨性和自润滑性,疲劳性能高,吸水性小,摩擦因数小,耐化学腐蚀性好,电绝缘性良好,但热稳定性差,易燃。聚甲醛具有较高的综合性能,因此可以用来替代一些金属和尼龙。

聚甲醛主要用于制造轴承、齿轮、凸轮、叶轮、垫圈、法兰、活塞环、导轨、阀门零件、仪表外壳、化工容器、汽车部件等,特别适用于无润滑的轴承、齿轮等。

(7)聚碳酸酯(PC)

聚碳酸酯是无毒、无味、无具、微黄的透明状物体。具有优良的耐热性和冲击韧度,耐低温性好,尺寸稳定性高,良好的绝缘性能,吸水性小,透光率高,阻燃性好,但化学稳定性差,耐磨性和抗疲劳性较差,容易产生应力腐蚀开裂。

聚碳酸酯广泛用于制造轴承、齿轮、蜗轮、蜗杆、凸轮、透镜、风窗玻璃、防弹玻璃、防护罩、仪表零件、设备外壳、绝缘零件、医疗器械等。

(8)聚砜(PSF)

聚砜具有优良的耐热性,蠕变抗力高,尺寸稳定性好,电绝缘性能优良,耐热老化性能和耐低温性能也很好。聚砜耐化学腐蚀性能较好,但不耐某些有机极性溶剂。

聚砜主要用于制造高强度、耐热、抗蠕变的结构零件,耐腐蚀零件及电气绝缘件,如齿轮、凸轮、仪表壳罩、电路板、家用电器部件、医疗器具等。

(9)ABS塑料

ABS塑料是由丙烯腈(A)、丁二烯(B)、苯乙烯(S)三种单体共聚而成的。丙烯腈能提高强度、硬度、耐热性和耐腐蚀性,丁二烯能提高韧性,苯乙烯能提高电性能和成型加工性能。不同的组分可获得不同的性能。ABS塑料具有较好的抗冲击性、尺寸稳定性和耐磨性,成型性好,耐腐蚀性好,但不耐酮、醛、酯、氯代烃类溶剂。

ABS塑料主要用于电器外壳,汽车部件,轻载齿轮、轴承,各类容器、管道等。

(10)聚四氟乙烯(PTEF)

聚四氟乙烯是氟塑料中的一种。聚四氟乙烯具有优良的化学稳定性,除熔融态金属钠和氟外,不受任何腐蚀介质的腐蚀。耐热性、耐寒性和电绝缘性优良,热稳定性高,耐候性好,吸水性小,摩擦因数小,但强度低,尺寸稳定性差。

聚四氟乙烯主要用于减磨密封零件,如垫圈、密封圈、活塞环等;化工耐蚀零件,如管道、阀门、内衬、过滤器等;绝缘材料,如电子仪器、高频电缆、线圈等的绝缘,印刷电路底板等;医疗方面,如代用血管、人工心肺装置、消毒保护器等。还可做自润滑导轨衬料。

(11) 聚甲基丙烯酸甲酯(PMMA)

聚甲基丙烯酸甲酯又称有机玻璃,和无机硅玻璃相比具有较高的强度和韧性。有机玻璃具有优良的光学性能,透光率比普通硅玻璃好。它还具有优良的电绝缘性,是良好的高频绝缘材料。耐化学腐蚀性好,但溶于芳香烃、氯代烃等有机溶剂。耐候性好,热导率低,但硬度低,表面易擦伤,耐磨性差,耐热性不高。

主要用于飞机、汽车的风窗玻璃和罩盖、光学镜片、仪表外壳、装饰品、广告牌、灯罩、光学纤维、透明模型、标本、医疗器械等。

(12) 聚酰亚胺塑料

聚酰亚胺塑料是耐热性最高的塑料,使用温度为 $-180 \sim 260$ ℃,强度高,抗蠕变性、减磨性及电绝缘性都优良,耐辐射,不燃烧,但有缺口敏感性,不耐碱和强酸。

聚酰亚胺塑料主要用于高温自润滑轴承、轴套、齿轮、密封圈、活塞环等,低温零件,防辐射材料,漆包线、电路板与其他绝缘材料,黏结剂等。

3. 常用热固性塑料

(1) 酚醛塑料

酚醛塑料是以酚醛树脂为基体,加入填料及其他添加剂而制成的。酚醛塑料具有一定的机械强度和硬度,良好的耐热性、耐磨性、耐腐蚀性及电绝缘性,热导率低。

根据填料不同分为粉状、纤维状、层状塑料。以木粉为填料的酚醛塑料又称胶木或电木,它价格低廉,但性脆、耐光性差,用于制造手柄、瓶盖、电话及收音机外壳、灯头、开关、插座等。以云母粉、石英粉、玻璃纤维为填料的塑料可用来制造电闸刀、电子管插座、汽车点火器等。以石棉为填料的塑料可用于制造电炉、电熨斗等设备上的耐热绝缘部件。以玻璃布、石棉布等为填料的层状塑料可用于制造轴承、齿轮、带轮、各种壳体等。

(2) 环氧塑料

环氧塑料是以环氧树脂为基体,加入填料及其他添加剂而制成的。环氧树脂的强度较高,成型性好,具有良好的耐热性、耐腐蚀性、尺寸稳定性,优良的电绝缘性。

环氧塑料主要用于仪表构件、塑料模具、精密量具、电子元件的密封和固定、黏合剂、复合材料等。

(3) 氨基塑料

氨基塑料硬度高,耐磨性和耐腐蚀性良好,具有优良的电绝缘性和耐电弧性,不易燃。有粉状和层压材料。氨基塑料粉又称电玉板,制品无毒、无臭。

氨基塑料主要用于制造家用及工业器皿、各种装饰材料、家具材料、密封件、传动带、开关、插头、隔热吸声材料、胶黏剂等。

(4) 有机硅塑料

有机硅塑料具有优良的耐热性和电绝缘性,吸水性低,抗辐射,但强度低。

有机硅塑料主要用于电气、电子元件和线圈的灌封和固定、耐热零件、绝缘零件、耐热绝缘漆、高温黏合剂、密封件、医用材料等。

(三) 橡胶

橡胶是以生胶为主要成分,添加各种配合剂和增强材料制成的高分子材料。生胶是指无配合剂、未经硫化的橡胶。按原料来源有天然橡胶和合成橡胶。

配合剂用来改善橡胶的某些性能。常用配合剂有硫化剂、硫化促进剂、活化剂、填充剂、增塑剂、防老剂、着色剂等。

增强材料主要有纤维织品、钢丝加工制成的帘布、丝绳、针织品等类型。

常用工业橡胶的性能见表2-15。

常用工业橡胶的性能　　　　表2-15

名称代号	性能		
	密度(g/cm³)	拉伸强度(MPa)	使用温度(℃)
天然橡胶(NR)	0.90~0.95	15~30	-55~70
丁苯橡胶(SBR)	0.92~0.94	25~35	-45~100
丁基橡胶(IIR)	0.91~0.93	17~21	-40~130
顺丁橡胶(BR)	0.91~0.94	18~25	-70~100
氯丁橡胶(CR)	1.15~1.30	25~27	-40~120
乙丙橡胶(EPDM)	0.86~0.87	15~25	-50~130
丁腈橡胶(NBR)	0.96~1.20	15~30	-10~120
聚氨酯橡胶(UR)	1.09~1.30	20~35	-30~70
氟橡胶(FBM)	1.80~1.85	20~22	-10~280
硅橡胶(Q)	0.95~1.40	4~10	-100~250
聚硫橡胶(PSR)	1.35~1.41	9~15	-10~70

1. 天然橡胶

天然橡胶由橡胶树上流出的乳胶提炼而成。天然橡胶具有较好的综合性能,拉伸强度高于一般合成橡胶,弹性高,具有良好的耐磨性、耐寒性和工艺性能,电绝缘性好,价格低廉。但耐热性差,不耐臭氧,易老化,不耐油。

天然橡胶广泛用于制造轮胎、输送带、减振制品、胶管、胶鞋及其他通用制品。

2. 合成橡胶

(1) 丁苯橡胶

丁苯橡胶是用量最大的合成橡胶,由丁二烯和苯乙烯共聚而成。耐磨性好,透气性小,耐臭氧性、耐老化性、耐热性比天然橡胶好,介电性和耐腐蚀性和天然橡胶相近,但生胶强度差,加工性能差。主要品种有丁苯-10、丁苯-30、丁苯-50,其中数字越大,苯乙烯含量越高,橡胶密度越大,弹性和耐寒性越低,但耐磨性、耐腐蚀性和耐热性提高。

丁苯橡胶可与天然橡胶及其他橡胶混用,可以部分或全部替代天然橡胶,主要用于制造轮胎、胶板、胶布、胶鞋及其他通用制品,不适用于制造高速轮胎。

(2) 丁基橡胶

丁基橡胶由异丁烯和少量异戊二烯低温共聚而成。丁基橡胶气密性极好,耐老化性、耐热性和电绝缘性均较高,耐水性好,耐酸、碱,具有很好的抗多次重复弯曲的性能。但强度低,加工性差,硫化慢,易燃,不耐辐射,不耐油,对烃类溶剂的抵抗力差。

丁基橡胶主要用于制造内胎、外胎以及化工衬里、绝缘材料、防振动、防撞击材料等。

(3) 顺丁橡胶

顺丁橡胶是顺式1,4-聚丁二烯橡胶的简称,是丁二烯在特定催化剂作用下,由溶液聚合而制得。顺丁橡胶弹性和耐寒性优良,耐磨性好,在交变压力作用下内耗低。拉伸强度较低,加工性能和耐老化性较差,与油亲和性好。

顺丁橡胶一般与天然橡胶和丁苯橡胶混合使用,用于制造耐寒制品、减振制品、轮胎。

(4) 氯丁橡胶

氯丁橡胶由氯丁二烯以乳液聚合法制成。氯丁橡胶物理、力学性能良好,耐油、耐溶剂性和耐老化性良好,耐燃性好,电绝缘性差,加工时易黏辊、黏模,相对成本较高。

氯丁橡胶主要用于制造电缆护套、胶管、胶带、胶黏剂、门窗嵌条、一般橡胶制品。

(5) 乙丙橡胶

乙丙橡胶由乙烯和丙烯(EPM)或乙烯、丙烯和少量共轭二烯(EPDM)共聚而制得。乙丙橡胶具有优异的耐老化性、耐候性、耐臭氧性、耐水性、化学稳定性和耐热、耐寒性,弹性、绝缘性能高,相对密度小,但拉伸强度较差,耐油性差,不易硫化。

乙丙橡胶主要用于制造电线电缆护套、胶管、胶带、汽车配件、车辆密封条、防水胶板及其他通用制品。

(6) 丁腈橡胶

丁腈橡胶由丁二烯与丙烯腈共聚而成。丁腈橡胶耐油性、耐热性好,气密性与耐水性较好,耐老化性好,耐磨性接近天然橡胶。耐寒性、耐臭氧性差,硬度高,不易加工。

丁腈橡胶主要用于制造各种耐油密封制品,例如耐油胶管、燃料桶、液压泵密封圈、耐油胶黏剂、油罐衬里等。

(7) 聚氨酯橡胶

聚氨酯橡胶是氨基甲酸酯橡胶的简称。聚氨酯橡胶耐磨性高于其他各类橡胶,拉伸强度最高,弹性高,耐油、耐溶剂性能优良。耐热、耐水、耐酸碱性能差。

聚氯酯橡胶主要用于制造胶轮、实心轮胎、齿轮带及胶辊、液压密封圈、鞋底、冲压模具材料。

(8) 氟橡胶

氟橡胶是主链或侧链上含有氟原子的橡胶的总称。氟橡胶具有优良的耐热性能,耐酸、碱、油及各种强腐蚀性介质的侵蚀,具有良好的介电性能和耐大气老化性能,但耐低温性能差,加工性差。氟橡胶主要用于制造飞行器中的胶管、垫片、密封圈、燃烧箱衬里等,耐腐蚀衣服和手套以及涂料、黏合剂等。

(9) 硅橡胶

硅橡胶由硅氧烷聚合而成。硅橡胶耐高温及低温性突出,化学惰性大,电绝缘性优良,耐老化性能好,但强度较低,价格较贵。硅橡胶主要用于制造耐高低温密封绝缘制品、印膜材料、医用制品等。

(10) 聚硫橡胶

聚硫橡胶是甲醛或二氯化合物和多硫化钠的缩聚产物。聚硫橡胶耐各种介质腐蚀性优良,耐老化性好,但强度很低,变形大。聚硫橡胶主要用于制造油箱和建筑密封腻子。

二、陶瓷材料

传统的陶瓷材料是以黏土、石英、长石等硅酸盐类材料为原料制成的,而现代陶瓷材料是无机非金属材料的统称。其原料已不再是单纯的天然矿物材料,而是扩大到人工化合物(Al_2O_3、ZrO_2、SiC、Si_3N_4等)。

(一)陶瓷材料的性能

1. 力学性能

由于晶界的存在,陶瓷的实际强度比理论值要低得多,其强度和应力状态有密切关系。陶瓷的抗拉强度很低,抗弯强度稍高,抗压强度很高,一般比抗拉强度高10倍。陶瓷材料具有极高的硬度,其硬度一般为1000~5000HV,而淬火钢一般为500~800HV,因而具有优良的耐磨性。

陶瓷的弹性模量高,刚度大,是各种材料中最高的。陶瓷材料在室温静拉伸载荷作用下,一般都不出现塑性变形阶段,在极微小弹性变形后即发生脆性断裂。陶瓷的弹性模量随陶瓷内的气孔率和温度的增高而降低。

陶瓷的塑性、韧性低,在室温下几乎没有塑性,伸长率和断面收缩率几乎为零。陶瓷的脆性很大,冲击韧度很低,对裂纹、冲击、表面损伤特别敏感。

2. 物理和化学性能

陶瓷的熔点很高,大多在2000℃以上,因此具有很高的耐热性能。陶瓷的线膨胀系数小,导热性和抗热振性都较差,受热冲击时容易破裂。陶瓷的化学稳定性高,抗氧化性优良,对酸、碱、盐具有良好的耐腐蚀性。陶瓷有各种电学性能,大多数陶瓷具有高电阻率,少数陶瓷具有半导体性质。许多陶瓷具有特殊的性能,如光学性能、电磁性能等。

(二)常用陶瓷材料

陶瓷按原料可分为普通陶瓷(硅酸盐材料)和特种陶瓷(人工合成材料)。特种陶瓷按化学成分也分为氧化物陶瓷、碳化物陶瓷、氮化物陶瓷、硼化物陶瓷、金属陶瓷、纤维增强陶瓷等。

1. 普通陶瓷

普通陶瓷是指以黏土、长石、石英等为原料烧结而成的陶瓷。这类陶瓷质地坚硬、不氧化、耐腐蚀、不导电、成本低,但强度较低,耐热性及绝缘性不如其他陶瓷。当黏土或石英含量高时,陶瓷的抗电性能较差,但耐热性能和力学性能较好。

普通日用陶瓷有长石质瓷、绢云母质瓷、骨质瓷和日用滑石质瓷等,主要用作日用器皿和瓷器。普通工业陶瓷有建筑陶瓷、电瓷、化工陶瓷等。电瓷主要用于制作隔电、机械支持及连接用瓷质绝缘器件。化工陶瓷主要用于化学、石油化工、食品、制药工业中制造实验器皿、耐蚀容器、反应塔、管道等。

2. 特种陶瓷

(1)氧化铝陶瓷

氧化铝陶瓷又称高铝陶瓷,主要成分为Al_2O_3,含有少量SiO_2。氧化铝陶瓷的强度高于普通陶瓷,硬度很高,耐磨性很好,导热性能良好。耐高温,可在1600℃高温下长期工作。具有良好的电绝缘性能,也具有良好的耐腐蚀性能,在酸、碱和其他的腐蚀介质中能安全工作,氧化铝陶瓷与大多数熔融金属不发生反应,只有Mg、Ca、Zr、Ti等在一定温度以上对其有还原作用。氧化铝陶瓷的韧性低,脆性大,抗热振性差。氧化铝陶瓷还具有光学特性和离子导电特性。

氧化铝陶瓷用于制作装饰瓷,发动机的火花塞,大规模集成电路基板,晶体管底座,雷达天线罩,石油化工泵的密封环,耐酸泵叶轮、泵体、轴套等,输送酸管道内衬和阀门等,导纱器、喷嘴、火箭、导弹的导流罩、切削工具、模具、磨料、轴承、人造宝石、耐火材料、坩埚、理化器皿、炉管、热电偶保护套等。还可用于制作人工骨骼、透光材料、激光振荡元件、微波整流罩、太阳能电池材料、蓄电池材料等。

(2) 氧化锆陶瓷

氧化锆陶瓷热导率小，化学稳定性好，耐腐蚀性高，可用于高温绝缘材料、耐火材料，如熔炼铂和铑等金属的坩埚、喷嘴、阀芯、密封器件等。氧化锆陶瓷硬度高，可用于制造切削刀具、模具、剪刀、高尔夫球棍头等。具有敏感特性，可做气敏元件，还可作为高温燃料电池固体电解隔膜、钢液测氧探头等。

(3) 氧化镁、氧化钙、氧化铍陶瓷

MgO、CaO 陶瓷抗金属碱性熔渣腐蚀性好，热稳定性差。陶瓷可用于制造坩埚、热电偶保护套、炉衬材料等。BeO 具有优良的导热性，热稳定性高，具有消散高温辐射的能力，但强度不高。可用作真空陶瓷、高频电炉的坩埚、有高温绝缘要求的电子元件和核反应堆用陶瓷。

(4) 氮化硅陶瓷

氮化硅陶瓷是以 Si_3N_4 为主要成分的陶瓷。根据制作方法可分为热压烧结氮化硅陶瓷和反应烧结氮化硅陶瓷。氮化硅陶瓷具有很高的硬度，摩擦因数小，有自润滑作用，耐磨性好，抗热振性大大高于其他陶瓷。它具有优良的化学稳定性，能耐除氢氟酸、氢氧化钠外的其他酸碱性溶液的腐蚀，以及抗熔融金属的侵蚀。它还具有优良的绝缘性能。热压烧结氮化硅陶瓷主要用于制造形状简单、精度要求不高的零件，如切削刀具、高温轴承等。反应烧结氮化硅陶瓷用于制造形状复杂、精度要求高的零件，用于要求耐磨、耐蚀、耐热、绝缘等场合，如泵密封环、电磁泵管道和阀门、热电偶保护套、高温轴承、电热塞、增压器转子、缸套、火花塞、活塞顶等。氮化硅陶瓷还是制造新型陶瓷发动机的重要材料。

(5) 氮化硼(BN)陶瓷

氮化硼陶瓷分为低压型和高压型两种。低压型 BN 为六方晶系，结构与石墨相似，又称为白石墨。其硬度较低，具有自润滑性，可用于机械密封、高温固体润滑剂，可用作熔炼有色金属坩埚、器皿、管道、输送泵部件，制造半导体材料的容器，玻璃制品成型模等。

高压型 BN 为立方晶系，硬度接近金刚石，用于磨料和高硬金属切削刀具。

(6) 氮化铝(AlN)陶瓷

AlN 为六方晶系，纤维锌矿型结构，热硬度很高，具有优异的抗热振性，还具有优良的电绝缘性和介电性。氮化铝陶瓷主要用于熔融金属用坩埚、热电偶保护管、真空蒸镀用容器、大规模集成电路基板、半导体元件的绝缘散热基体、红外线与雷达波的透过材料等。

(7) 碳化硅陶瓷

碳化硅陶瓷是以 SiC 为主要成分的陶瓷，具有金刚石型结构，碳化硅陶瓷具有很高的高温强度，在 1400℃时抗弯强度仍保持在 500~600MPa，具有很好的热稳定性、抗蠕变性、耐磨性、耐蚀性。碳化硅陶瓷可用于石油化工、钢铁、机械、电子、原子能等工业中，如火箭尾喷管喷嘴、浇注金属的浇道口、轴承、轴套、密封阀片、轧钢用导轮、内燃机器件、热变换器、热电偶保护套管、炉管、反射屏、核燃料包封材料等。

三、复合材料

复合材料是由两种以上在物理和化学性质上不同的物质结合起来而得到的一种多相固

体材料。

复合材料是多相体系,通常分成两个基本组成相:一个相是连续相,称为基体相,主要起粘接和固定作用;另一个相是分散相,称为增强相,主要起承受载荷作用。此外,基体相和增强相之间的界面特性对复合材料的性能也有很大影响。

1. 复合材料的分类

复合材料的种类很多,通常可根据以下的三种方法进行分类。

(1) 按基体材料分类

按基体材料的不同,可分为树脂基(又称为聚合物基,如塑料基、橡胶基等)复合材料、金属基(如铝基、铜基、钛基等)复合材料、陶瓷基复合材料、水泥基和碳/碳基复合材料等。

(2) 按增强相的种类和形态分类

按增强相种类和形态的不同,可分为纤维增强复合材料、颗粒增强复合材料、叠层复合材料、骨架复合材料以及涂层复合材料等。颗粒增强复合材料又有纯颗粒增强复合材料和弥散增强复合材料。

(3) 按复合材料的性能分类

按复合材料的性能的不同,可分为结构复合材料和功能复合材料。如树脂基、金属基、陶瓷基、水泥基和碳/碳基复合材料等都属于结构复合材料。功能复合材料具有独特的物理性质,有换能、阻尼吸声、导电导磁、屏蔽功能复合材料等。

2. 复合材料的性能

复合材料的性能主要取决于基体相和增强相的性能、两相的比例、两相间界面的性质和增强相几何特征。复合材料既保持了组成材料各自的最佳特性,又有单一材料无法比拟的综合性能。

(1) 比强度和比模量

比强度和比模量是设计选材时考虑材料承载能力的重要指标,在同样强度条件下,比强度越高的材料,零部件的质量越小;在同样模量条件下,比模量越高的材料,零部件的刚度越大。复合材料具有较高的比强度和比模量,尤其是碳纤维/环氧树脂复合材料,其比强度较钢高约 8 倍,比模量较钢高 3.5 倍左右。

(2) 疲劳性能

纤维增强复合材料具有较高的疲劳极限。而且纤维增强复合材料有大量独立的纤维,受载后如有少数纤维断裂,载荷会迅速重新分布到其他纤维上,不会产生突然破坏,断裂安全性好。

(3) 减振性能

构件的自振频率与材料比模量的平方根成正比,复合材料的比模量高,因此其自振频率也高,在一般服役条件下不易发生共振。又因为复合材料的界面是非均质多相体系,有较高的吸振能力,材料的阻尼特性好。因此,复合材料具有良好的减振性能。

(4) 高温性能

与基体材料比较,纤维增强复合材料的高温性能好。大多数纤维增强体具有很高的熔点和较高的高温强度、高温弹性模量和抗蠕变性能,能显著改善复合材料的高温性能。

(5) 其他性能

许多树脂基、金属基、陶瓷基复合材料还具有良好的耐磨性、减磨性、耐蚀性等性能。许多复合材料具有导电、导热、压电效应、换能、吸波等特殊性能。

3. 常用复合材料

(1) 树脂基复合材料

树脂基复合材料又称聚合物基复合材料,各类增强改性或填充改性的塑料和橡胶都属于树脂基复合材料。

①玻璃纤维增强塑料

玻璃纤维增强塑料(FRP)又称玻璃钢。主要用于制造要求自重轻的受力构件和要求无磁性、绝缘、耐腐蚀的零件。例如,在航天工业中制造雷达罩、飞机螺旋桨、直升机机身、发动机叶轮、火箭、导弹发动机壳体和燃料箱等;在船舶工业中用于制造轻型船、艇及船艇的各种配件,因玻璃钢无磁性,用其制造的扫雷艇可避免水雷的袭击。

②碳纤维增强塑料

碳纤维增强塑料的基体材料主要有环氧、聚酯、聚酰亚胺树脂等,也新开发了许多热塑性树脂。碳纤维增强塑料具有低密度、高比强度和比模量,还具有优良的抗疲劳性能、减磨耐磨性、耐蚀性和耐热性,主要用于航空航天工业中制作飞机机身、机翼、螺旋桨、发动机风扇叶片、卫星壳体等;在民用中用于制造赛车车身、球拍等高档体育用品。

③硼纤维增强塑料

硼纤维增强塑料的基体材料主要有环氧、聚酰亚胺树脂等。具有高的拉伸强度、比强度和比模量,良好的耐热性。主要用于航空航天中要求高刚度的结构件,如飞机机身、机翼等。

④芳纶纤维增强塑料

芳纶纤维增强塑料主要为环氧树脂复合材料,它具有较高的拉伸强度,较大的伸长率,高的比模量,还具有优良的疲劳抗力和减振性,其抗冲击性超过碳纤维增强塑料,疲劳抗力高于玻璃钢和铝合金。主要用于飞机机身、机翼、发动机整流罩、火箭发动机外壳、赛艇、头盔等运动器械等。

⑤石棉纤维增强塑料

石棉纤维增强塑料的基体材料主要有酚醛、尼龙、聚丙烯树脂等。具有良好的化学稳定性和电绝缘性能。主要用于汽车制动件、导弹和火箭耐热件等。

⑥碳化硅增强塑料

碳化硅增强塑料是由碳化硅纤维与环氧树脂组成的复合材料。具有高的比强度和比模量。主要用于军用飞机、宇宙飞船上的结构件。

(2) 橡胶基复合材料

纤维增强橡胶常用增强纤维有天然纤维、人造纤维、合成纤维、玻璃纤维、金属丝等。制品主要有轮胎、皮带、橡胶管、橡胶布等。这些制品除了具有轻质高强的性能外,还具有柔软和较高的弹性。主要用于制造轮胎。

(3) 金属基复合材料

与树脂基复合材料相比,金属基复合材料具有强度高,弹性模量高,耐磨性好,冲击韧度高,耐热性、导热性、导电性好,不易燃、不吸潮,尺寸稳定,不老化等优点。但存在密度较大,成本较高,部分材料制造工艺复杂的缺点。

①纤维及晶须增强金属基复合材料

常用的长纤维增强材料有硼纤维、碳(石墨)纤维、氧化铝纤维、碳化硅纤维等,配合的基体金属有铝及铝合金、钛及钛合金、镁及镁合金、铜合金、铅合金、高温合金及金属间化合物等。

常用的短纤维及晶须增强材料有氧化铝纤维、氮化硅纤维,增强晶须有氧化铝晶须(Al_2O_3w)、碳化硅晶须(SiCw)、氮化硅晶须等,配合的基体金属有铝、钛、镁等。

硼纤维增强铝基复合材料是研究最成功、应用最广泛的复合材料。其基体材料有纯铝、变形铝合金、铸造铝合金等。它具有很高的比强度、比模量,优异的疲劳性能,良好的耐腐蚀性能,其比强度高于钛合金。主要用于航天飞机蒙皮、大型壁板、长梁、加强肋、航空发动机叶片、导弹构件等。

②颗粒增强金属基复合材料

颗粒增强金属基复合材料包括纯颗粒增强金属基复合材料和弥散强化金属基复合材料两类。

碳化硅颗粒增强铝基复合材料(SiCp/Al),是一种性能优异的复合材料,其比强度与钛合金相近,比模量略高于钛合金,还具有良好的耐磨性。可用来制造汽车零部件,如发动机缸套、衬套、活塞、活塞环、连杆、制动片驱动轴等;航空航天用结构件,如卫星支架、结构连接件等。还可用来制造火箭、导弹构件等。

颗粒增强高温合金基复合材料,典型材料为TiC/Ti-6Al-4V复合材料,其强度、弹性及抗蠕变性都较高,使用温度高达500℃,可用于制造导弹壳体、尾翼和发动机零部件。

弥散强化铝基复合材料也称为烧结铝,通常采用表面氧化法制备Al_2O_3。其突出的优点是高温强度好,在300~500℃之间,其强度远远超过其他变形铝合金。可用于制造飞机机身、机翼,发动机的压气机叶轮、高温活塞,冷却反应堆中核燃料元件的包套材料等。

(4)陶瓷基复合材料

陶瓷具有耐高温、耐磨、耐腐蚀、高抗压强度、高弹性模量等优点,但脆性大,抗弯强度低。用纤维、晶须、颗粒与陶瓷制成复合材料,可提高其强韧性。

①纤维、晶须补强增韧陶瓷基复合材料,有着比强度和比模量高、韧性好的特点,因此除了一般陶瓷的用途外,还可用作切削刀具,在军事和空间技术上也有很好的应用前景。

②颗粒补强增韧陶瓷基复合材料,还有晶须与颗粒复合补强增韧陶瓷材料可进一步提高强度和韧性。如$SiCw/ZrO_2/Al_2O_3$材料的抗弯强度可达1200MPa,断裂韧度达$10MPa \cdot m^{1/2}$。

(5)其他类型复合材料

夹层复合材料,是一种由上下两块薄面板和芯材构成的复合材料。面板材料有铝合金板、钛合金板、不锈钢板等,芯材有玻璃纤维增强塑料、芳纶纤维增强塑料等。面板和芯材之间通常采用胶粘接,芯层有一层、二层或多层。在航空航天结构件中普遍应用蜂窝夹层结构复合材料。

碳/碳复合材料(C/C复合材料)是指用碳(或石墨)纤维增强碳基质矩阵所制成的复合材料。具有优良的高温力学性能,它在1300℃以上时强度不仅没有下降反而升高,强度可以在2000℃下保持。还具有多孔性、吸水性、高耐磨性、高热导率及良好的烧蚀性。大量用于航空航天工业,如导弹头和航天飞机机翼前缘,火箭和喷气飞机发动机后燃烧室的喷管等。碳/碳复合材料具有极好的生物相容性,即与血液、软组织和骨骼能相容,而且具有高的比强度和可曲性,可制成许多生物体整形植入材料,如人造牙齿、人造骨骼及人造关节等。

第三章 铸造成型

将液态金属浇注到与零件形状、尺寸相适应的铸型型腔中,待其冷却凝固后获得毛坯或零件的方法,称为金属液态成型,也称为铸造成型。它是毛坯或机器零件成型的重要方法之一。铸造在工业生产中获得了广泛应用,如在机床和内燃机产品中,铸件占整个设备质量的70%~90%,在拖拉机和农用机械中占50%~70%。

第一节 铸造成型概论

合金在铸造过程中所表现出来的工艺性能称为合金的铸造性,合金的铸造性主要包括流动性、收缩性、偏析和吸气性等。铸件的质量好坏与合金的铸造性密切相关,其中流动性和收缩性对铸件的质量影响最大。

一、合金的铸造性能

1. 合金的流动性

液态合金本身的流动能力称为合金的流动性。合金的流动性差,铸件容易产生浇不足、冷隔、气孔和夹杂等缺陷。合金流动性好,则充型能力强,便于浇注出轮廓清晰、薄而复杂的铸件,有利于液态金属中的气体和非金属夹杂物的上浮,有利于对铸件进行补缩。

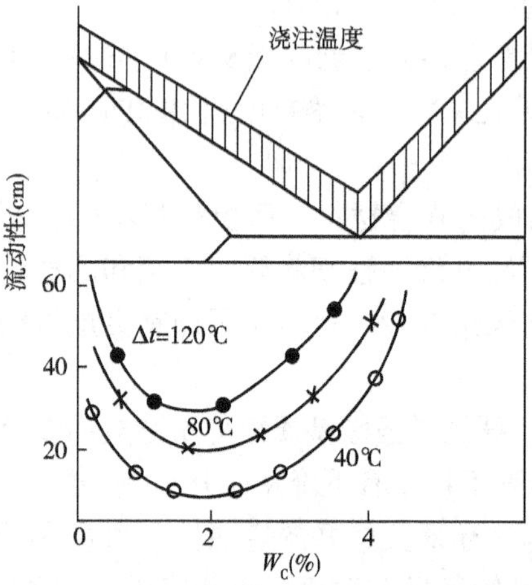

化学成分对合金流动性的影响最为显著。纯金属和共晶成分的合金由于是在恒温下进行结晶,液态合金从表层逐渐向中心凝固,固液界面比较光滑,因此,对液态合金的流动阻力较小。同时,共晶成分合金的凝固温度最低,可获得较大的过热度,推迟了合金的凝固,故流动性最好。其他成分的合金是在一定温度范围内结晶的,由于初生树枝状晶体与液态金属两相共存,粗糙的固液界面使合金的流动阻力加大,合金的流动性大大下降。

铁碳合金的流动性与碳的质量分数之间的关系如图3-1所示。从图3-1可以看出,亚共晶铸铁随着碳的质量分数的增加,结晶温度区间减小,流动性逐渐提高,越接近共晶成分,合金的流动性越好。

图3-1 铁碳合金的流动性与碳的质量分数的关系

2. 合金的充型能力

充型能力是指液态金属充满铸型型腔,获得轮廓清晰、形状完整的铸件的能力。若充型能力不强,则易产生浇不到、冷隔等缺陷,造成废品。

合金的充型能力除了受合金本身流动性的影响外,还受到很多工艺因素的影响。

(1) 合金的浇注条件

提高合金的浇注温度和浇注速度,增大静压头的高度都会使合金的充型能力提高,但浇注温度太高,将使合金的收缩量增加,吸气增多,氧化严重,铸件会产生严重的黏砂和胀砂缺陷。因此,每种合金都有一定的浇注温度范围。一般铸钢为1520～1620℃,铸铁为1230～1450℃,铝合金为680～780℃。

(2) 合金的铸型特点

铸型材料的导热性越好,液态合金的冷却速度越快,合金的流动性越差。当铸型的发气量大、排气能力较低时,合金的流动受到阻碍,会使合金的充型能力下降。浇注系统和铸型的结构越复杂,合金在充型时的阻力越大,充型能力也会下降。

二、铸件的凝固和收缩

1. 铸件的凝固

在铸件的凝固过程中,其断面上一般存在三个区域,即固相区、凝固区和液相区。其中对铸件质量影响较大的主要是液相和固相并存的凝固区的宽窄。根据凝固区的宽窄不同,铸件的凝固方式可分为逐层凝固、糊状凝固和中间凝固三种类型。

2. 铸件的收缩

合金从浇注到凝固直至冷却到常温的过程中产生的体积和尺寸减小的现象称为收缩。铸造合金通常经历液态收缩、凝固收缩和固态收缩三个阶段。收缩是铸件产生缩孔、缩松、残余应力和变形等缺陷的主要原因。影响铸件收缩的因素有化学成分、浇注温度、铸型条件和铸件结构等。

三、缩孔和缩松的形成及防止

铸件由于补缩不良而产生的孔洞称为缩孔。容积大而集中的孔洞称为集中缩孔,也简称为缩孔;细小而分散的孔洞称为分散性缩孔,又称为缩松。此类缺陷的形状不规则,内表面不光滑,可以看到树枝状结晶特征。

1. 缩孔的形成

图3-2为缩孔形成过程示意图。液态合金充满铸型型腔,见图3-2a)。由于铸型吸热使液态合金温度下降,靠近型腔表面的金属凝固形成一层外壳,见图3-2b)。温度进一步降低,凝固层加厚,内部的剩余液体由于液态补缩和补充凝固层的收缩体积缩减,液面下降,铸件内出现了空隙,见图3-2c);温度继续下降,外壳继续加厚,液面不断下降,到合金全部凝固后,则在铸件上部形成容积较大的缩孔,见图3-2d);冷却到室温时,随着铸件的固态收缩,铸件外形尺寸稍有缩小,见图3-2e)。

纯金属和共晶成分的合金易形成缩孔。缩孔集中在铸件上部或最后凝固的部位,通常隐藏在铸件内,有时缩孔也产生在铸件的上表面,呈明显凹坑。缩孔的特征是形状不规则,多数近于倒圆锥形,内表面粗糙。

2. 缩松的形成

缩松也是由于金属液态收缩和凝固收缩而未能补缩所致,实质上是将集中缩孔分散为许多细小缩孔。对于相同的收缩容积,缩松的分布面积比缩孔大得多。

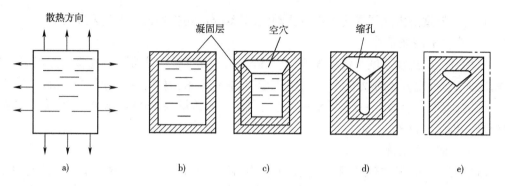

图 3-2 缩孔形成过程示意图
a)充型;b)外层凝固;c)内部开始凝固;d)内部完全凝固;e)固态收缩

3. 缩孔和缩松的控制

(1) 合理选择铸造合金

纯铁和共晶成分的铸铁由于在恒温下结晶,铸件易形成缩孔,而不易形成缩松。如果浇冒口设置合理,可以将缩孔转移到冒口中,从而获得致密铸件。结晶温度范围窄的合金与此类似。结晶温度范围宽的合金容易形成缩松,铸件的致密性差。因此,铸造生产中应尽量选择共晶成分附近的合金和结晶温度范围窄的合金。

(2) 控制铸件的凝固顺序

防止缩孔的根本措施是使铸件实现"顺序凝固"。所谓顺序凝固,是在铸件可能出现缩孔的厚大部位,通过安放冒口(为避免铸件出现缺陷而附加在,铸件上方或侧面的补充部分)等工艺措施,使铸件上远离冒口的部位最先凝固(图3-3中的Ⅰ区),接着是靠近冒口的部位凝固(图3-3中的Ⅱ区、Ⅲ区),冒口本身最后凝固。按照这样的凝固顺序,先凝固部位的收缩由后凝固部位的液态金属来补充,后凝固部位的收缩由冒口中的液态金属来补充从而将缩孔转移到冒口之中。切除冒口便可得到无缩孔的致密铸件。

为了实现顺序凝固,在安放冒口的同时,应在铸件上某些厚大部位增设冷铁,如图3-4所示,加快底部凸台的冷却速度,从而实现了自下而上的顺序凝固。

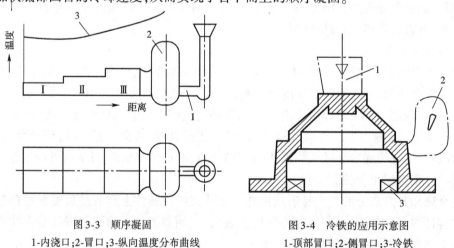

图 3-3 顺序凝固
1-内浇口;2-冒口;3-纵向温度分布曲线

图 3-4 冷铁的应用示意图
1-顶部冒口;2-侧冒口;3-冷铁

定向凝固原则适用于结晶温度范围宽、凝固收缩大、壁厚差别大以及对致密度、强度等性能要求较高的合金铸件,如铸钢件、高强度灰铸铁件、可锻铸铁件等。

采用定向凝固可以有效地防止缩孔的发生,但缺点是铸件各部分的温差大,会引起较大的热应力。此外,由于要设冒口,增大了金属的消耗量以及切除冒口的工作量。

对于凝固收缩小的合金(如灰铸铁和球墨铸铁)、壁厚均匀的薄壁铸件以及结晶温度范围宽而对铸件的致密性要求不高的铸件,可采用同时凝固的原则(采用工艺措施使铸件各部分之间没有温差或温差很小的方法),可使铸件内应力较小,不易产生变形和裂纹,但中心区域往往有缩松。

(3) 控制浇注条件

合金的浇注温度越高,液态收缩越大,越易形成缩孔;浇注速度过快,过早地停止浇注,也易形成缩孔。虽然提高合金浇注温度和速度对提高合金的充型能力有利,但对防止缩孔是不利的。因此,应在满足充型能力的前提下,尽量降低浇注温度和浇注速度,尤其是在浇注终止前尽量采用慢的浇注速度,是防止产生缩孔的有效措施之一。

四、铸造应力、变形和裂纹

1. 铸造应力

铸件在凝固之后的继续冷却过程中,若固态收缩受到阻碍,将会在铸件内部产生应力。这些应力有的是在冷却过程中暂存的;有的则一直保留到室温,称为残余应力。铸造应力有热应力和机械应力两类,它们是铸件产生变形和裂纹的基本原因。

(1) 热应力

热应力是由于铸件壁厚不均匀,各部分冷却速度不同,以致在同一时期铸件各部分收缩不一致而引起的。

要分析热应力的形成,就必须了解金属自高温冷却到室温时的应力状态变化。固态金属在弹—塑临界温度以上的较高温度时处于塑性状态,在应力作用下会产生塑性变形,变形后,应力可自行消除。而在弹—塑临界温度以下,金属呈弹性状态,在应力作用下发生弹性变形,变形后,应力仍然存在。

下面用图 3-5a)所示的框形铸件来分析热应力的形成。该铸件中的杆Ⅰ较粗,杆Ⅱ较细。当铸件处于高温阶段时,两杆均处于塑性状态,尽管两杆的冷却速度不同,收缩不一致,但瞬时的应力均可通过塑性变形而自行消失。冷却开始时,由于杆Ⅱ冷却快,收缩大于杆Ⅰ,所以杆Ⅱ受拉,杆Ⅰ受压,如图 3-5b)所示,形成了暂时内应力,但这个内应力随之因粗杆Ⅰ的微量塑性变形(压短)而消失,如图 3-5c)所示。当进一步冷却到更低温度时,已被压短的杆Ⅰ也处于弹性状态,此时,尽管两杆长度相同,但所处的温度不同。杆Ⅰ的温度较高,还会进行较大的收缩;杆Ⅱ的温度较低,收缩已趋停止。因此,杆Ⅰ的收缩必然受到杆Ⅱ的强烈阻碍,于是,杆Ⅱ受压,杆Ⅰ受拉,直到室温,形成了残余内应力,如图 3-5d)所示。

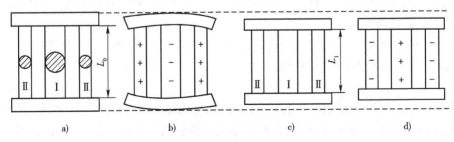

图 3-5 热应力的形成过程
+表示拉应力;-表示压应力

从上述分析来看,产生热应力规律是铸件冷却较慢的厚壁或心部存在拉伸应力,冷却较快的薄壁或表层存在压缩应力。合金固态收缩率越大,铸件壁厚差别越大,产生的热应力越大。

防止热应力产生的基本途径是尽量减少铸件各部分的温度差,使其均匀地冷却。为此,要求设计铸件的壁厚尽量均匀一致,避免金属的聚集,并在铸造工艺上采用同时凝固原则。

(2)机械应力

金属冷却到弹性状态后,因收缩受到铸型、型芯、浇冒口、箱挡等的机械阻碍而形成的内应力,称为机械应力。形成应力的原因一旦消失(如铸件落砂或去除浇冒口后),机械应力也就随之消失,所以机械应力是临时应力,如图3-6所示。为了防止铸件产生机械应力,应提高铸型或型芯的退让性,从而减少对铸件收缩的阻力。

2. 铸件的变形与防止

在热应力的作用下,铸件薄的部分受压力,厚的部分受拉力,但是铸件总是试图通过自由地变形来松弛内应力,因此,铸件常由于内应力而发生不同程度的变形。

如图3-7所示为厚薄位置不同的两种T形杆件,厚的部分受拉力,薄的部分受压力,结果两种T形杆件产生不同方向的变形。

如图3-8所示为平板铸件,其中心部分比边缘散热慢,受拉力,而铸型上面又比下面冷却快,于是平板发生如图3-8所示方向的变形。

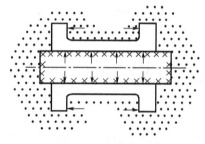
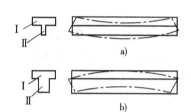

图3-6 机械应力　　图3-7 铸件厚薄部位不同对变形的影响　　图3-8 平板铸件的变形

为防止铸件变形,应尽可能使所设计的铸件壁厚均匀和截面形状对称。在铸造工艺上应采用同时凝固。有时,对长而易变形的铸件,可采用反变形法,将模型制成与铸件变形相反的形状,用以抵消铸件产生的变形。

尽管铸件冷却时会发生一定的变形,但残余应力难以彻底去除。经机械加工后,残余应力将重新分布,加工面还会逐步发生变形,使零件丧失应有的精度。因此,对不允许变形的重要铸件,必须采用去应力退火,将残余应力去除。常用的去应力退火方法有人工时效和自然时效两种。人工时效是将铸件进行低温退火,它比自然时效节省时间,应用更广泛。

3. 铸件的裂纹与防止

当铸件内的铸造应力超过金属材料的强度极限时就会产生裂纹。裂纹是严重的铸件缺陷,按形成温度不同可分为热裂和冷裂。

(1)热裂

凝固后期,高温下的金属强度很低,如果金属较大的线收缩受到铸型或型芯的阻碍,机械应力超过该温度下的强度极限,就会产生热裂。热裂的形状特征是尺寸较短、缝隙较宽、形状曲折,缝内呈现严重的氧化色。

热裂的防止措施包括以下几个方面。

①设计合理的铸件结构。
②改善铸型和型芯的退让性。
③减少铸造合金中的有害杂质,以提高其高温强度。

(2) 冷裂

铸件凝固后在较低温度下形成的裂纹称为冷裂。其形状特征是表面光滑,具有金属光泽或呈微氧化色,裂口常穿过晶粒延伸到整个断面,常呈圆滑曲线或直线状。脆性大、塑性差的合金,如白口铸铁、高碳钢及某些合金钢,最易产生冷裂,大型复杂铸铁件也易产生冷裂。冷裂往往出现在铸件受拉应力的部位,特别是应力集中的部位。

冷裂的防止措施是减小铸造内应力和降低合金的脆性。

五、合金的偏析和吸气

1. 合金的偏析

在实际冷却过程中,铸件的凝固常常在几分钟或数小时内完成,固溶体成分来不及扩散至均匀,这种凝固过程称为不平衡凝固。

不平衡凝固导致了不平衡的成分、组织和性能,合金内部成分不均匀的现象称为偏析。其中,晶粒内部成分和组织不均匀的现象称为晶内偏析,树枝晶内的偏析称为枝晶偏析。

枝晶偏析产生的原因是:铸件在凝固时,与型壁接触部分(包括底部)的液态金属最先凝固,于是靠近型壁部分高熔点的成分含量较多,而中心和上部容易集聚熔点较低的杂质,其结果是在铸件同一断面上,出现化学成分和性能的不一致。

枝晶偏析不能用扩散退火的方法消除,要以预防为主。如采用快速冷却,使偏析来不及产生,尽量使铸件接近同时凝固;在浇注前对液态金属进行搅拌等。

2. 合金的吸气

在铸造过程中,气体被液态金属所吸收的现象称为吸气。随着温度的降低,液态金属中气体的溶解度下降,气体析出,如果析出的气体来不及排出,残留在固态金属中便成为气孔。

气孔的存在不但减少了金属材料的有效承载面积,影响合金的力学性能,而且严重影响了铸件的气密性,甚至导致铸件产生裂纹。

六、常用铸造过程

1. 铸铁的熔炼

铸铁的熔炼是生产合格铸铁件的重要工序之一,通过熔炼获得化学成分和温度满足生产要求的铁液。熔炼生产效率高,成本低。常用的熔炼铸铁的设备有冲天炉、工频炉、反射炉和电弧炉等。其中以冲天炉和工频炉应用最广,目前90%的灰铸铁用冲天炉熔炼。用电弧炉和感应炉可熔炼出高质量的灰铸铁。

冲天炉具有热效率高、设备简单、成本较低和可连续熔化等优点。其大致结构和熔化过程如图3-9所示。冲天炉主要由炉体、支撑部分、送风系统和前炉组成。冲天炉炉料由金属炉料、燃料(焦炭、天然气)和熔剂(石灰石)组成。金属炉料包括高炉铸造生铁、回炉铁(废旧铸件、冒口等)、废钢和铁合金(硅铁、锰铁等)。

2. 铸铁件生产

铸铁在机械制造中应用很广,一般占机器总重量的40%~90%。铸铁的分类、特点及应用见本书第二章,这里主要介绍常用的铸铁件的生产特点。

(1) 灰铸铁的生产

①灰铸铁的铸造性能

灰铸铁流动性好、收缩小,具有良好的铸造性能。灰铸铁在凝固时易形成坚硬的外壳,可承受因金属结晶时石墨析出体积膨胀所造成的压力,保证铸型型腔不会因此压力而扩大或变形,这种压力可推动铸型内未凝固的铁液去填补结晶的间隙,因而可抵消全部或部分凝固收缩,防止缩孔、缩松的形成。灰铸铁这一结晶特点称为"自补缩"能力。低牌号铸铁(如HT150、HT200)碳当量高,自补缩能力强,形成缩孔、缩松的倾向小;高牌号铸铁碳当量低,形成缩孔、缩松的倾向大。在常用铸造合金中灰铸铁收缩最小。

②灰铸铁的铸造工艺特点

灰铸铁件主要用砂型铸造,高精度灰铸铁件可用特种铸造方法铸造。灰铸铁因铸造性能好,所以其铸造工艺较简单;其熔点低,浇注温度不高,所以对造型材料的耐火性要求不高;因收缩小又具有自补缩能力,故一般不用冒口或冷铁。灰铸铁多采用同时凝固工艺,高牌号灰铸铁常采用定向凝固工艺。

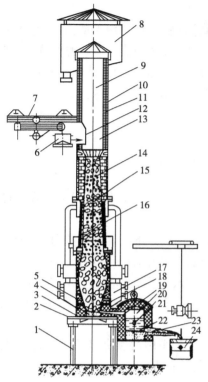

图 3-9 冲天炉结构

1-支柱;2-炉底板;3-炉底门;4-炉底;5-风口;6-加料桶;7-加料机;8-火花罩;9-烟囱;10-铸铁砖;11-耐火砖;12-加料口;13-炉身;14-层焦;15-金属料;16-炉膛;17-风带;18-炉缸;19-过道;20-前炉;21-出渣口;22-铁液;23-出铁口;24-浇包

(2) 球墨铸铁的生产

①球墨铸铁生产过程

球墨铸铁是由灰铸铁铁液经孕育处理、球化后制成的。原铁液成分与灰铸铁原则上相同,但要求严格,一般为高碳、低硫、低磷,以改善球化效果及铸造性能。

在铸造时,需将球化剂加入铁液,一般采用包底冲入法,球化剂放在包底的凹坑内,铁液流入后混合,球化剂的作用是使石墨结晶时呈球状析出,我国目前广泛采用的是稀土镁合金球化剂,其球化能力强、效果好,与铁液反应平稳,工艺简便。为防止出现白口或麻口组织,还要添加孕育剂进行孕育处理,孕育剂还有细化石墨,使其分布均匀和减轻偏析的作用。

②球墨铸铁的铸造性能和工艺特点

球墨铸铁的铸造性能介于灰铸铁与铸钢之间。因其化学成分接近共晶点,其流动性与灰铸铁相近,可生产壁厚为 3~4mm 的铸件。但由于球化和孕育处理时降低了铁液温度,因此要求铁液的出炉温度高,同时要加大内浇道截面,采用快速浇注等措施,以防止产生浇不足、冷隔等缺陷。

(3) 可锻铸铁

可锻铸铁是由白口铸铁通过石墨化退火处理,改变其金相组织或成分而获得的。为获得可锻铸铁,首先必须获得100%的白口铸铁坯件。因此,可锻铸铁的碳硅含量很低,铁液流动性差,收缩大,容易产生缩孔、缩松和裂纹等缺陷。铸造时铁液的出炉温度应较高(大于1360℃),铸型及型芯应有较好的退让性,并设置冒口。

(4) 蠕墨铸铁

蠕墨铸铁的制造过程及炉前处理与球墨铸铁相同,对其化学成分的要求与球墨铸铁基本相似。不同的是以蠕化剂代替球化剂。蠕化剂一般采用稀土材料。加入方法也是采用冲入法。和球墨铸铁一样,蠕墨铸铁也要经过孕育处理。蠕墨铸铁的铸造性能接近灰铸铁,具有良好的流动性和较小的收缩特性,故铸造工艺较为简单。

3. 铸钢件生产

(1) 铸钢的熔炼

熔炼是铸钢生产中一个重要的环节,钢液的质量直接关系到铸钢件的质量。生产铸钢件的冶炼设备有平炉、转炉、电弧炉和感应炉,但最常用的是 1～5t 的三相电弧炉,如图 3-10 所示。因这种炼钢炉开炉和停炉方便,钢液质量高,可炼的钢种多,因此得到广泛应用。对于高级合金钢和含碳量极低的铸钢,常采用熔炼速度快、钢液成分和质量控制更准确的中频或工频感应电炉来熔炼。

(2) 铸钢件的铸造工艺特点

铸钢的熔点高,流动性差,收缩大,钢液易氧化、吸气,易产生黏砂、冷隔、浇不足、缩孔、变形、裂纹等缺陷,铸造性能差。因此,在铸造工艺上铸钢所用型(芯)砂必须具有较高的耐火性、高强度、良好的透气性和退让性,多用水玻璃快干铸型。为了防止黏砂,铸型表面要涂以耐火度较高的硅石粉或锆石粉涂料。

为了防止铸件产生缩孔、缩松,铸钢大部分采用定向凝固工艺,冒口、冷铁应用较多。并采用同时凝固工艺,通常开设多条内浇道,让钢液均匀、迅速地充满铸型,并且严格控制浇注温度,避免温度过高或过低。图 3-11 为大型铸钢齿轮毛坯的浇铸工艺图。铸钢件铸后晶粒粗大,组织不均,有较大的铸造应力,必须对铸钢件进行热处理,一般采用正火或退火工艺。

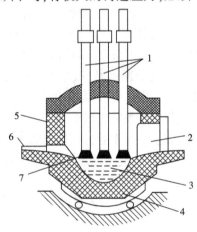
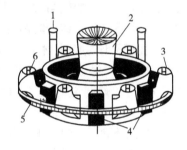

图 3-10 三相电弧炉
1-电极;2-加料口;3-钢液;4-倾斜机构;5-炉墙;
6-出液口;7-电弧

图 3-11 铸钢齿轮铸型工艺
1-直浇道;2-顶冒口;3-冒口型芯;4-冷铁;
5-横浇道;6-空气压力冒口

4. 有色金属铸件生产

铸造常用的有色金属有铸造铝合金、铸造铜合金和铸造轴承合金。这里仅介绍铸造铝合金和铸造铜合金。铸造铝合金和铜合金的熔化特点是金属不与燃料直接接触,以减少金属的损耗、保持金属的纯净。熔炼铸造铝合金和铸造铜合金的设备有坩埚炉、感应电炉等,其中使用较多的是坩埚炉,如图 3-12 所示。

(1) 铸造铝合金的过程

①铸造铝合金的熔炼特点

首先要精炼去气。铝是活泼金属元素,熔融状态的铝易被氧化和吸气。为避免氧化和吸气,常用熔点低的熔剂将铝液与空气隔绝,尽量减少搅拌,并在熔炼后期对铝液进行去气精炼。精炼是向铝液中通入氯气等,形成不溶于金属液的气泡,使溶解在铝液中的氢气(水和铝反应产生的)扩散到气泡内而随气泡一同逸出。在气泡上浮的过程中,将铝液中的夹杂物带出液面,使铝液得到净化。

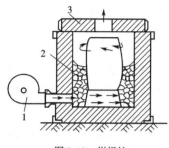

图 3-12　坩埚炉
1-鼓风机；2-焦炭；3-炉盖

还需进行变质处理。变质处理用来细化熔融合金的晶粒、改变共晶体组织和改善杂质的组织或消除易熔杂质相。变质处理一般在精炼后进行,变质剂一般由钠盐组成,处理时,用压勺把变质剂压入液面下,取样检验变质处理效果,效果良好即可浇注。

②铸造铝合金的铸造特点

砂型铸造时可用细砂造型,以降低铸件表面粗糙度。为防止铝液在浇注过程中的氧化和吸气,通常采用开放式浇注系统,并多开内浇道。直浇道常为蛇形或鹅颈形,铝液能迅速平稳充满型腔,不产生飞溅、涡流和冲击。铝合金铸件可用各种方法铸造。当生产数量较少时可以砂型铸造；大量生产或重要铸件,常采用特种铸造；金属型铸造效率高,质量好；低压铸造适用于要求致密性高的耐压铸件；压力铸造可用于薄壁复杂小件的大量生产。

(2)铸造铜合金的熔炼及铸造特点

各种成分的铜合金,其结晶特征、铸造性能、铸造工艺特点彼此不同。

锡青铜的结晶温度范围宽,以糊状凝固的方式凝固,所以合金流动性差,易产生缩松,故其铸造时先要考虑缩松问题。对壁厚较大的重要铸件,如蜗轮、阀体,必须采取定向凝固工艺；对形状复杂的薄壁件和一般壁厚件,若气密性要求不高,可采用同时凝固工艺。

铝青铜、铝黄铜等含铝较高,结晶温度范围很小,呈逐层凝固特征,故流动性较好,易形成集中缩孔,且极易氧化。铸造时需解决的主要问题是氧化和吸气,常采用如下措施：

①覆盖,用密度小的熔剂(木炭、碎玻璃、苏打和硼砂等)覆盖铜液表面。

②脱氧,铜氧化后易生成氧化亚铜(Cu_2O),塑性变差。一般铜合金熔炼时需加入0.3%~0.6%(质量分数)的磷铜脱氧,使Cu_2O还原。普通黄铜和铝青铜中的锌和铝本身就是优良的脱氧剂,所以不需要加脱氧剂。

③除气,主要是除氢。锡青铜常用吹氮除气法,吹入铜液中的大量氮气泡上浮时,带走原来合金液体中的氢。对黄铜可用沸腾法除气。

④精炼除渣。加入碱性熔剂,如苏打、萤石、冰晶石精炼,选出熔点低、密度相对小的熔渣而将其去除,以达净化合金的目的。

第二节　砂型铸造

砂型铸造是传统的铸造方法,以型砂作为造型原料,用人工或机器在砂箱内造出所需的型腔及必要的浇注系统。这种铸造方法适用于各种形状、尺寸及各类合金的铸件生产。砂型铸造的基本工艺流程如图3-13所示。

用型砂及模样等工艺装备制造铸型的过程称为造型。它是砂型铸造的最基本程序,通常分为手工造型和机器造型。实际生产中,造型方法的选择具有较大的灵活性,一个铸件往往可用多种方法造型,应根据铸件的结构特点、形状和尺寸、生产批量、使用要求及车间具体条件等进行分析比较,以确定最佳方案。

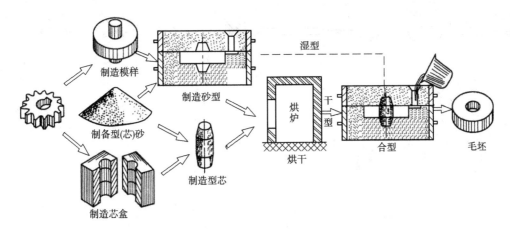

图 3-13 砂型铸造的基本工艺过程

一、手工造型

全部由手工或手动工具完成的造型工序称为手工造型。手工造型时,填砂、紧实和起模都用手工来完成。手工造型操作方便灵活、适应性强、模样生产准备时间短,但生产率低、劳动强度大、铸件质量不易保证。故手工造型只适用于单件或小批量生产。

1. 常用的型砂工具

手工造型常用的工具用于型砂的有筛子、砂春、刮板、通气针、起模针、掸笔、排笔、粉袋和皮老虎等,如图 3-14 所示。

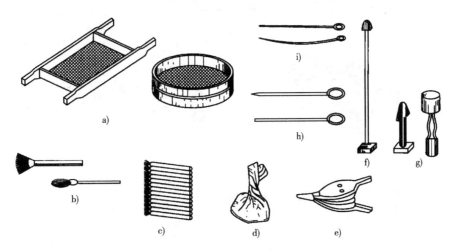

图 3-14 手工造型常用的工具
a)筛子;b)掸笔;c)排笔;d)粉袋;e)皮老虎;f)地面造型用砂春;g)砂箱造型用砂春;h)起模针;i)通气针

2. 常用的修型工具

常用的修型工具有镘刀、提钩、圆头、半圆、法兰梗、成型镘刀、压勺和双头铜勺等,如图 3-15 所示。

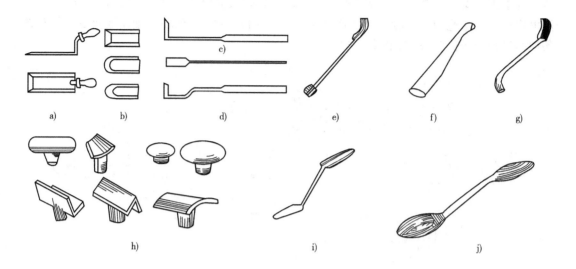

图 3-15 常用的修型工具

a) 平镘刀; b) 刀刃状镘刀; c) 直提钩; d) 带后跟提钩; e) 圆头; f) 半圆; g) 法兰梗; h) 成型镘刀; i) 压勺; j) 双头铜勺

3. 常用的造型辅具用品

常用的造型必须用到的辅具用品有模样(木模)、型芯盒、砂箱、平板、卷尺、水准仪、角尺、钢直尺和卡钳等,如图 3-16 所示。

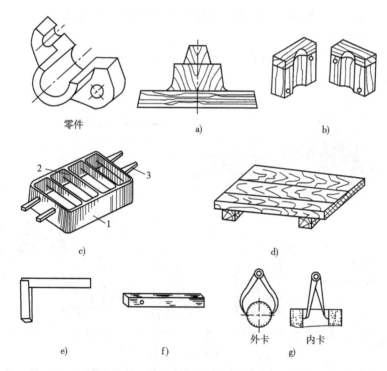

图 3-16 常用的造型用品

a) 模样; b) 型芯盒; c) 砂箱; d) 平板; e) 角尺; f) 水准仪; g) 卡钳

1—箱壁; 2—箱带; 3—搭手

常用的手工造型方法的特点及其适用范围见表 3-1。

常用的手工造型方法的特点及其适用范围　　　　表 3-1

	造型方法		主要特点	适用范围
按砂箱特征分类	两箱造型		铸型由上下型组成，造型、起模、修型等操作方便。两箱造型是造型最基本的方法	适用于各种生产批量，各种大、中、小铸件
	三箱造型		铸型由上、中、下三部分组成，中型的高度须与铸件两个分型面的间距相适应。三箱造型费时，应尽量避免使用	主要用于单件、小批量生产的具有两个分型面的铸件
	地坑造型		在车间地坑内造型，用地坑代替下砂箱，只要一个上砂箱，可减少砂箱的投资。但造型费工，而且对操作者的技术水平要求较高	常用于砂箱数量不足，制造小批量或质量要求不高的大、中型铸件
按模样特征分类	整模造型		模型是整体的，分型面是平面，多数情况下，型腔全部在下半型内，上半型无型腔。整模造型简单，铸件不会产生错型缺陷	适用于一端为是大截面，且为平面的铸件
	挖砂造型		模型是整体的，但铸件的分型面是曲面。为了起模方便，造型时须挖去阻碍起模的型砂。造型操作费工、生产率低	用于单件或小批量生产分型面不是平面的铸件
	假箱造型		为了克服挖砂造型的缺点，先将模型在一个预先做好的假箱上造下型，假箱不参与浇注，省去挖砂操作。操作简便，分型面整齐	用于成批生产分型面不是平面的铸件
	分模造型		将模样沿最大截面处分为两半，型腔分别位于上、下两个半砂型内。造型简单，但模样制作费时	常用于最大截面在中部的铸件
	活块造型		对于铸件上有妨碍起模的小凸台、肋条等的情况，制模时将此部分做成活块，在主体模样起出后，从侧面取出活块。模样制造与造型操作较复杂	用于单件、小批量生产带有突出部分、难以起模的铸件
	刮板造型		用刮板代替模样造型。可节省制模工时，缩短生产周期。但生产率低，要求操作者的技术水平较高	主要用于有等截面或回转体的大、中型铸件的单件或小批量生产

二、机器造型

机器造型是用机器来完成填砂、紧实和起模等造型操作过程，是现代化铸造车间的基本造型方法。与手工造型相比,机器造型可以提高生产率和铸件质量,降低劳动强度。但设备及工装模具投资较大,生产准备周期较长,因此,机器造型主要用于大批量生产。

机器造型是采用模板进行两箱造型的(因不能紧实中箱,故不能进行三箱造型)。模板是模样和模底板的组合体,带有浇道模、冒口模和定位装置。固定在造型机上,并用定位销与砂箱定位。造型后模底板形成分型面,模样形成铸型型腔。模板上要避免使用活块,否则会显著降低造型机的生产率。在设计大批量生产的铸件及确定其铸造工艺时,应考虑这些要求。

造型机以压缩空气为动力,也可以是液压的。机器造型的紧砂方法为压实、振实、振压和抛砂四种基本方式。其中以振压式应用最广,其紧实型砂的原理如图3-17a)所示。砂箱中放满型砂后压缩空气带动工作台及砂箱上升下落,完成一次振动,如此反复多次,将型砂紧实。型砂紧实后,压缩空气推动压力油进入起模油缸,四根起模顶杆将砂箱顶起与模样分开,完成起模(图3-17b)。

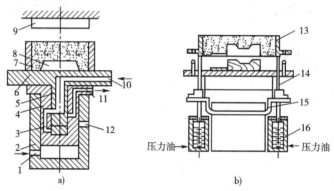

图3-17 振压式机器造型工作原理
a)紧实型砂;b)顶杆式起模

1-压实进气口;2-压实汽缸;3-振击气路;4-压实活塞;5-振击活塞;6-工作台;7、13-砂箱;8-模样;9-压头;10-振击进气口;11-振击排气口;12-压实排气口;14-起模顶杆;15-同步连杆;16-起模油缸

三、型芯制作

当制作空心铸件、铸件的外壁内凹,或铸件具有影响起模的外凸时,经常要用到型芯,制作型芯的工艺过程称为制芯。浇铸时型芯被高温熔融的液态金属包围,所受的冲刷及烘烤比铸型强得多。因此,型芯应具有比铸型更高的强度、耐火度与退让性。芯砂的组成与配比也比型砂要求更严格。

型芯可用手工制造,也可用机器制造。在单件、小批量生产中,多用手工制芯;在大量生产中,广泛应用机器制芯。

四、熔炼与浇注

1. 熔炼

将金属由固态转变成熔融状态,获得化学成分和温度都合格的熔融金属的过程称为熔炼。

2. 浇注

将熔融金属从浇包注入浇注系统,并平稳、连续地浇满铸型型腔的过程称为浇注。浇注温度的选择应遵循"高温出炉,低温浇注"的原则。高温出炉以利于熔渣上浮,从而便于清渣和减少夹杂物等铸件缺陷。低温浇注以减少气体的溶解量及液态收缩量,从而减少气孔、缩孔等铸件缺陷。灰铸铁浇注温度一般为 1200~1300℃,铸钢的浇注温度为 1500~1560℃,铸铝的浇注温度为 680~780℃。

五、落砂和清理

1. 铸件的落砂

从铸型中取出铸件的工艺过程称为落砂或出砂。铸件在完全凝固,并经充分冷却后,用手工或机械使铸件与型砂、砂箱分开。

铸件在铸型中停留时间的长短,取决于铸件的大小、形状的复杂程度、壁的厚薄,以及合金的种类等。落砂过早,铸件温度高,冷却太快,会使铸件表层硬化,易产生变形,甚至开裂。反之,生产周期加长,使生产率降低;还可能由于收缩应力过大而使铸件产生裂纹。因此,浇注后应及时落砂。通常以铸件的温度作为工艺要求予以控制,如铸铁件的落砂温度在400℃以下。

2. 铸件的清理

落砂后从铸件上清除表面黏砂层、多余金属(包括浇冒系统、飞翅和氧化皮)等过程的总称,称为铸件的清理。

清理的方法分手工清理和机械清理。手工清理用风铲和铁刷进行;机械清理方法有摩擦清理法、喷丸清理法和抛丸清理法等。

清理后的铸件应根据其技术要求仔细检验,判断铸件是否合格。对技术条件允许焊补的铸造缺陷应进行焊补,对合格的铸件应进行去应力退火或自然时效处理,对变形的铸件应加以矫正。

六、铸造生产线简介

铸造生产线是根据铸造工艺流程,将造型机、翻转机、下芯机、合型机、压铁机、落砂机等,用铸型输送机或辊道等运输设备联系起来并采用一定方法进行控制所组成的机械化、自动化造型生产体系。图 3-18 为自动铸造生产线示意图。

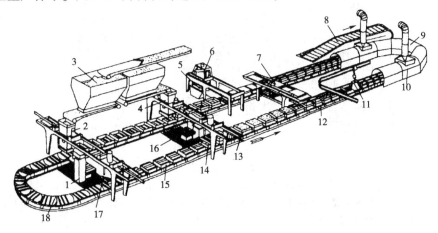

图 3-18 造型生产线示意图

1-下箱造型机;2、4-加砂机;3-型砂;5-落砂工步;6-捅箱机;7-压铁传送机;8-铸件输送机;9-冷却罩;10-冷却工步;11-浇铸工步;12-压铁;13-合箱工步;14-合型机;15-下芯工步;16-上箱造型机;17-下箱翻箱、落箱机;18-铸型输送机

其工艺流程为,造型机分别造上型、下型;下型由翻转机翻转180°后被运至铸型输送机的小车上,在行进中下芯,并由合型机合型;压铁机放压铁后,铸型被送到浇注工步浇注,然后输送到冷却室;冷却后压铁机取走压铁,铸型被捅箱机推到落砂机上;落砂后,旧砂和铸件被分别送到砂处理和铸件清理工步,空砂箱被送回造型机处继续造型。

第三节 特种铸造

砂型铸造虽然应用广泛,但铸件质量差,生产率低。为克服砂型铸造的缺点,人们在砂型铸造的基础上,通过改变铸型的材料(如金属型铸造、陶瓷铸造)、模型材料(如熔模铸造、实型铸造)、浇注方法(如离心铸造、压力铸造)、液态金属充填铸型的形式或铸件凝固的条件(如压铸、低压铸造)等创造了许多其他的铸造方法。通常把这些不同于普通砂型铸造的铸造方法统称为特种铸造。

一、熔模铸造

用易熔材料(如蜡料等)制成模样,在模样表面涂挂若干层耐火涂料,熔去模样,制成型壳,经高温焙烧去模、填砂、浇铸获得铸件的铸造方法称为熔模铸造。熔模铸造是一种精密铸造方法。

1.熔模铸造的工艺过程

熔模铸造的工艺过程包括制造蜡模、制出耐火型壳、造型和浇铸等,如图3-19所示。

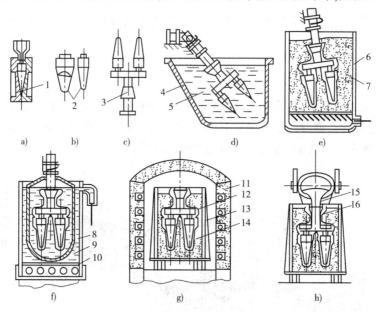

图3-19 熔模铸造工艺过程
a)制造压型;b)制造蜡模;c)蜡模组合;d)浸挂涂料;e)挂砂;f)脱蜡;g)焙烧结壳;h)浇铸
1-压型;2-蜡模;3-蜡模组;4-容器;5-涂料浆;6-撒砂装置;7、14-硅砂;8-水箱;9-热水;10-加热装置;11-电炉;12-型壳;13-耐热装置;15-浇包;16-熔融金属

(1)制造压型

压型(图3-19a)是用来制造模样(即熔模)的模具,一般用钢、青铜或铝合金制成。为了保证蜡模质量,压型有较高的尺寸精度和良好的表面粗糙度,在单件、小批生产时,可用石膏

制成压型。

(2) 制造蜡模

蜡模材料常用50%石蜡和50%硬脂酸(体积分数)配制而成。将熔融的蜡料挤入压型中,冷却后取出,经修整便获得单个熔模(图3-19b)。为能一次铸造多个铸件,还需将单个蜡模焊合到蜡制浇注系统上,制成蜡模组(图3-19c)。

(3) 制造铸型

蜡模组经过多次挂粉结壳(图3-19d、图3-19e)、脱蜡(图3-19f)、焙烧(图3-19g)等工序制得型壳。

(4) 填砂造型、浇铸(图3-19h)。

2. 熔模铸造的特点及应用

(1) 熔模铸造没有分型面,可以生产形状复杂、尺寸精度高和表面质量高的铸件,尺寸精度达IT10~IT13,表面粗糙度R_a达1.6~12.5μm,可实现少无切削加工。

(2) 能铸出各种合金铸件,尤其适合铸造高熔点、难切削加工和用别的加工方法难以成型的合金,如耐热合金、磁钢、不锈钢等。

(3) 可生产形状复杂的薄壁铸件,最小壁厚可达0.3mm,最小孔径达0.5mm。

但熔模铸造工艺过程复杂,工序多,生产周期长(4~15天),生产成本高,而且由于熔模易变形、型壳强度不高等原因,熔模铸件的质量一般仅限于25kg以内。

熔模铸造用来生产那些形状复杂、熔点高、难以切削加工或者不需要切削加工的小零件,如复杂的箱体,曲面多的工艺品,汽轮机叶片,成型刀具,汽车、拖拉机、机床上的小零件等。

二、金属型铸造

金属型铸造是指将熔融金属浇入金属铸型内而获得铸件的方法。由于金属型可以反复使用,故又称之为永久型。

1. 金属型的结构

金属型的结构有整体式、水平分型式、垂直分型式和复合分型式几种,如图3-20所示。其中,垂直分型式由于便于开设内浇道、取出铸件和易实现机械化而应用较多。金属型一般用铸铁或铸钢制造,采用机加工的方法形成型腔,不妨碍抽芯的铸件内腔可采用金属芯形成。复杂的内腔多采用砂芯。

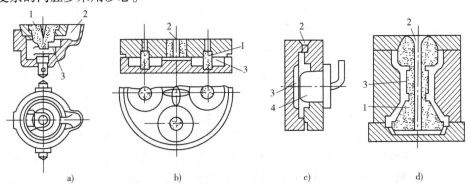

图3-20 金属型的种类
a) 整体式; b) 水平分型式; c) 垂直分型式; d) 复合分型式
1-型芯; 2-浇口杯; 3-型腔; 4-金属芯

2. 金属型的铸造工艺特点

由于金属型没有退让性,且导热性较好,其生产工艺与砂型铸造有许多不同。

(1) 金属型应保持合理的工作温度

铸铁件的铸型工作温度应为 250～300℃,非铁合金件的铸型工作温度应为 100～250℃。浇注前要对金属型进行预热,而在使用过程中,为防止铸型吸热升温过高,还必须用散热装置来散热。

(2) 喷刷涂料

喷刷涂料可防止高温的熔融合金对型壁直接进行冲击,从而保护型腔。利用涂层厚薄(0.1～0.5mm),还可调整铸件各部分冷却速度,提高铸件的表面质量。

(3) 开型时间

为防产生裂纹和白口组织,通常铸铁件出型温度为 780～950℃,开型时间为 10～60s。

3. 金属型铸造的特点及应用

(1) 金属型复用性好,实现了"一型多铸",可节省大量造型材料和工时,提高劳动生产率。适合自动化生产。

(2) 铸件力学性能高,由于金属导热性能好,散热快,因此铸件组织致密,力学性能好。

(3) 铸件尺寸精确,尺寸精度为 IT12～IT14,表面粗糙度 R_a 可达 6.3～12.5μm,切削加工余量小,节约原材料和加工费用。

但是,金属型生产成本高,周期长,铸造工艺要求严格,不适合单件、小批生产;金属型的冷却速度快,不宜铸造形状复杂和大型薄壁件。

金属型铸造主要用于大批量生产的、形状简单的非铁合金件,如飞机、汽车、拖拉机内燃机的铝活塞、缸体、缸盖、油泵壳体以及铜合金轴瓦、轴套等。

三、压力铸造

液态金属在高压下高速充型,并在压力下结晶并迅速冷却凝固形成铸件的铸造方法称为压力铸造,简称"压铸"。压铸时所用的压力高达数十兆帕(甚至超过 200MPa),其速度为 5～40m/s,液态金属充满铸型的时间为 0.01～0.2s。高压和高速是压铸区别于一般金属型铸造的重要特征,也使压铸过程、压铸件的结构及性能和压铸模的设计具有自己的特点。

1. 压铸机和压铸工艺过程

压力铸造是在专用的压铸机上进行的。压铸机一般分为热压室和冷压室压铸机两类。常用的卧式冷压室压铸机总体结构如图 3-21 所示,主要由合型机构、压射机构、动力系统和控制系统等组成。

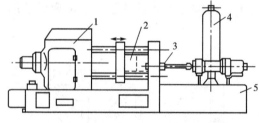

图 3-21 卧式冷压室压铸机总体结构
1-合型机构;2-压型;3-压射机构;4-蓄压器;5-机座

其工艺过程(图 3-22)。首先移动动型,使压型闭合,并把金属液注入压室;然后使压射冲头向前推进,将金属液压入型腔,继续施加压力,直至金属凝固;最后打开压型,用顶杆机构顶出铸件。这种压铸机广泛用于压铸熔点较低的非铁合金,如铜、铝、镁合金等。此外,卧式压铸机还可以用于钢铁件和半固态金属件的压铸。

2. 压力铸造的特点及其应用

(1) 可以获得尺寸精度很高(IT7～IT11)、表面粗糙度很低(R_a = 0.8～3.2μm)的铸件。

压铸件精度高,故互换性好,并且能将压铸件互接装配成部件。

(2)由于铸型的冷却速度快,故铸件可得到极细密的内部组织,因而压铸件要比普通砂型铸件的强度提高 25% ~41%。

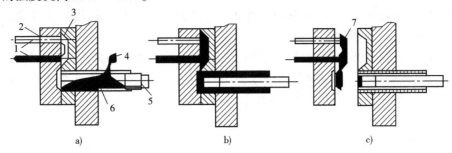

图 3-22　卧式冷压室压铸机工作原理
a)合型;b)压射;c)开型
1-顶杆;2-动型;3-定型;4-金属液;5-压射冲头;6-压室;7-铸件

(3)可以压铸出极复杂的薄壁件,甚至可铸出很小的孔、螺纹、齿、槽、凸纹和文字等。

(4)压铸生产率比其他铸造方法高。国产压铸机每小时可生产 50~150 件,操作简单,易实现自动化、半自动化生产。

但是压铸设备和压铸型费用高,压铸型制造周期长,一般适于大批量生产。而且因液态金属充型速度高,压力大,气体难以完全排出,在铸件内常存在气孔。另外,压铸件不能进行热处理,否则气孔中气体膨胀而导致铸件表面起泡。

压力铸造目前多用来生产非铁合金的精密铸件,如发动机的汽缸体、箱体、化油器以及仪表、电器、无线电、日用五金的中小零件等。

四、低压铸造

低压铸造是介于金属型铸造和压力铸造之间的一种铸造方法(图 3-23),在一个盛有液态金属的密封坩埚中,由进气管通入干燥的空气或惰性气体,金属液面受到气体压力的作用沿升液管上升,经浇道充满铸型型腔,保持(或增大)压力至铸件完全凝固。撤销压力后,升液管及浇口中未凝固的金属液因重力作用下回流坩埚中。最后打开铸型取出铸件。

低压铸造设备简单,充型平稳,所用压力较低,对铸型的冲刷力小,且液流和气流方向一致,故气孔、夹渣等缺陷较少。铸型可用金属型也可用砂型。铸件在压力下结晶,组织致密,质量较高,由于省去了冒口,金属利用率提高(达 90%~98%)。铸件尺寸精度为 IT8~IT14,表面粗糙度 R_a 为 3.2~12.5μm。

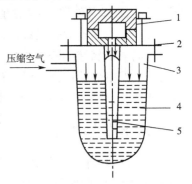

图 3-23　低压铸造
1-铸型;2-密封盖;3-坩埚;4-金属液;
5-升管

低压铸造广泛应用于铝合金、铜合金及镁合金铸件,如发动机的汽缸盖、曲轴、叶轮、活塞等。

五、离心铸造

离心铸造是将液态金属浇入绕水平、倾斜或竖直轴旋转的铸型,在离心力作用下,液态金属凝固,形成铸件的铸造方法。一般情况下,铸型转速在 250~1500r/min 范围内。

1. 离心铸造基本方式

离心铸造必须在离心铸造机上进行。离心铸造可分立式和卧式两类。

立式离心铸造机的铸型绕竖直轴旋转(图3-24a),铸件内表面由于重力的作用呈上薄下厚的抛物线形,铸件高度愈大,其壁厚差愈大。立式离心铸造主要适用于铸件高度不大的环、套类零件。

卧式离心铸造机的铸型绕水平轴旋转(图3-24c),由于铸件各部分冷却条件相近,铸出的圆筒形铸件的壁厚沿长度和圆周方向都很均匀。因此卧式离心铸造主要用来生产长度较大的筒类、管类铸件,如内燃机缸套、铸管等。

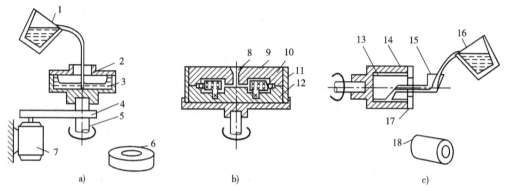

图 3-24 离心铸造
a)、b)铸型绕竖直轴旋转;c)铸型绕水平轴旋转

1、16-浇包;2、14-铸型;3、13-金属液;4-带轮和传动带;5-旋转轴;6、18-铸件;7-电动机;8-浇注系统;9-型腔;10-型芯;11-上型;12-下型;15-浇注槽;17-端盖

2. 离心铸造的特点和应用

(1) 不需要浇注系统、冒口和型芯就可直接生产筒、套类铸件,使铸造工艺大大简化,生产率高,金属利用率高,成本低。

(2) 在离心力作用下,金属从外向内定向凝固,圆周外围铸件组织均匀致密,无缩孔、缩松、气孔、夹杂等缺陷,力学性能好。符合管料的性能要求。

(3) 便于生产双金属铸件,如钢套镶铜轴承,其结合面牢固,节省铜料,降低成本。

(4) 离心铸造的铸件易产生偏析,不宜铸造密度偏析倾向大的合金,而且内孔尺寸不精确,内表面粗糙,加工余量大;不适合单件、小批生产。目前,离心铸造已广泛用来制造铸铁管、汽缸套、双金属轴承、特殊钢的无缝管坯、造纸机滚筒等。

六、消失模铸造

消失模铸造也称实型铸造,是用泡沫塑料模样造型后,不取出模样而直接浇注,使模样气化消失而形成铸件的方法。

1. 消失模铸造的工艺过程

消失模铸造根据造型材料及模样制作工艺不同主要有两种方法。

图3-25所示为铝合金进气管消失模铸造工艺过程,它是把聚苯乙烯(EPS)颗粒放入金属模具内,加热使其膨胀发泡制成模样。表面涂覆耐火涂料,并放入特制的砂箱内,填入干砂振实;在砂箱顶部薄盖一层塑料薄膜,抽真空让铸型保持不变;浇注后高温金属液使模样气化,并占据模样的位置而凝固成铸件;然后释放真空,干砂又恢复了流动性,倒出干砂取出铸件。

还可采用聚苯乙烯发泡板材制造模样,先分块切削加工,然后胶接成整体模样,采用水玻璃砂或树脂砂造型。

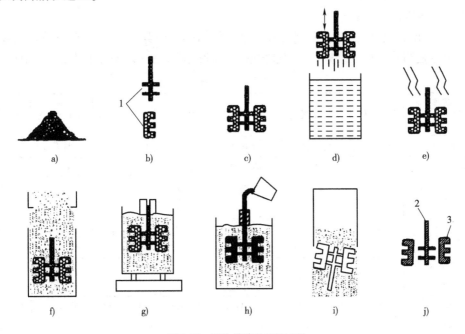

图3-25 消失模铸造工艺过程
a)原料;b)制造模样;c)胶接;d)上涂料;e)烘干;f)加砂;g)紧砂;h)浇铸;i)清砂;j)分割
1—模样;2—浇道;3—铸件

2. 消失模铸造的特点及应用

(1) 消失模铸造是一种无余量、精确成型的新工艺。该工艺不需起模(熔模)和修型,无分型面,无型芯,工序简单,生产周期短,效率高,铸件尺寸精度高,表面质量好。

(2) 铸件结构设计的自由度大。各种形状复杂的模样,均可采用先分块制造,再胶接成整体的方法制成,减少了加工装配时间,降低了生产成本。

(3) 生产工序简单,工艺技术容易掌握,易于实现机械化和绿色化生产。

消失模铸造适合于除低碳钢以外的各类合金(因为泡沫塑料熔失时会对低碳钢产生增碳作用,不适合于低碳钢铸件的生产),如铝合金、铜合金、铸铁(灰铸铁和球墨铸铁)及各种铸钢等的生产。对铸件的结构、大小及生产类型几乎无特殊限制,是一种适应性广、生产率高、经济适用的生产方法。

七、常用铸造方法比较

各种铸造方法都有其优缺点和适用范围,因此,在决定某铸件究竟采用哪种铸造方法时,必须结合生产的具体情况综合考虑,如铸件的形状、大小、合金种类、生产批量、精度和质量要求,以及车间现有设备和技术条件等,要进行全面的分析比较,才能正确选择合适的铸造方法。

当具体选择某种铸造方法时,除了保证铸件质量外,还需要对铸件的成本作一定量分析,分析其经济效益。铸件成本由下式计算:

$$C = C_S + C_M / N \tag{3-1}$$

式中:C——铸件成本;

C_S——除模具和专用设备费用外的铸件成本；

C_M——模具和专用设备费用；

N——制造数量。

铸造方法的比较见表3-2。砂型铸造尽管有许多缺点，但其适应性最强，且设备比较简单，因此，它仍然是当前生产中最基本的铸造方法。特种铸造仅在一定条件下才能显示其优越性。

铸造方法的比较　　　　表3-2

比较项目＼铸造方法	砂型铸造	熔模铸造	金属型铸造	压力铸造	低压铸造	离心铸造	消失模铸造
适用合金	各种合金	各种合金	非铁金属为主	非铁金属	非铁金属为主	各种合金	各种合金
铸件形状	不限	不限	形状简单	薄壁均匀	薄壁均匀	回转体	不限
铸件大小	不受限制	<25kg	中小铸件	中小铸件	不限	不限	不限
最小壁厚（mm）	>3(铝)	壁厚0.5；孔径0.5~2.0	>3(铸铝) >5(铸铁)	0.5 铝 0.3 锌 2.0 铜	>2	孔径7	—
表面粗糙度 R_a(μm)	12.5~50	1.6~12.5	6.3~12.5	0.8~3.2	3.2~12.5	外侧 6.3~12.5	—
尺寸精度	IT12~IT15	IT10~IT13	IT12~IT14	IT7~IT11	IT8~IT14	IT12~IT14	IT12~IT14
毛坯利用率(%)	70	90	70~90	95	90	80	90
投产的最小批量(件)	单件	≈1000	700~1000	≈1000	≈1000	500~1000	不限
生产率(机械化程度)	低、中	低	中、高	最高	中、高	中	低、中

第四节　铸造工艺设计

为提高铸件质量，提高生产率，降低成本，铸造生产必须首先根据零件结构特点、技术要求、生产批量和生产条件等进行铸造工艺设计，并绘制铸造工艺图。

铸造工艺图是利用各种铸造工艺符号，将各种工艺参数、制造模样和铸型所需的资料，直接用红蓝笔绘在零件图上的图样，如图3-26所示。铸造工艺图中应表示出铸件的浇注位置、分型面、型芯的形状、数量、尺寸及其确定方法，加工余量、起模斜度、收缩率以及浇口、冒口、冷铁的尺寸和位置等。铸造工艺图是制造模样、铸型、生产准备和验收的最基本工艺文件。

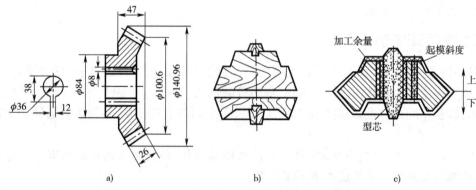

图3-26　锥齿轮的零件图、模样图和铸造工艺图
a)零件图；b)模样图；c)铸造工艺图

一、铸件浇注位置和分型面的选择

1.确定浇注位置的原则

铸件的浇注位置是指浇注时铸件在铸型中所处的空间位置。分型面是指上半铸型与下半铸型的分界面,通常也是模型的分模面。铸件的浇注位置确定了铸件的造型位置,这两者通常是一致的。因此,浇注位置与分型面的选择是否合理对铸件质量和铸造工艺的难易程度有着重要的影响。确定浇注位置的大体原则如下。

(1)铸件的重要加工面或主要工作面应尽可能置于铸型的下部或侧立位置,避免气孔、砂眼、缩孔等缺陷出现在工作面上。车床床身铸件的浇注位置如图 3-27 所示。由于床身导轨面是重要表面,不允许有明显的表面缺陷,因此,采用导轨面朝下的浇注位置。起重机卷扬筒的浇注位置如图 3-28 所示。卷扬筒的圆周表面质量要求高,不允许有明显的铸造缺陷。若采用水平浇注,见图 3-28a),圆周朝上的圆周表面质量难以保证;若采用立式浇注,见图 3-28b),由于全部圆周表面均处于侧立位置,其质量均匀一致,较易获得合格铸件。

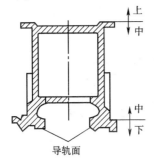

图 3-27 车床床身的浇注位置图

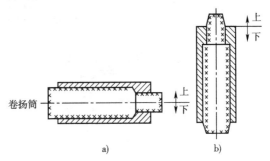

图 3-28 起重机卷扬筒的浇注位置
a)水平浇注;b)立式浇注

(2)平板、圆盘类铸件的大平面应朝下,以防止产生气孔、夹砂等缺陷,如图 3-29 所示。

(3)铸件的薄壁部分应朝下或倾斜,以免产生浇不足、冷隔等缺陷,如图 3-30 所示。

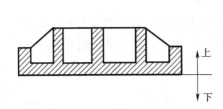

图 3-29 具有大平面的铸件的浇注位置

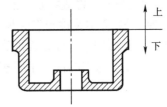

图 3-30 箱盖的浇注位置

(4)铸件的厚壁部分应放在上面或接近分型面,以便安装冒口进行补缩。

2.确定分型面的原则

(1)铸件应尽可能放在一个砂箱内,或将重要加工面和加工基准面放在同一砂箱中,以保证铸件的尺寸精度。如图 3-31 所示为管子塞头的分型方案,根据本原则,图 3-31b)比图 3-31a)的方案合理。

(2)应尽量减少分型面的数量,并力求用直分型面代替特殊形状的分型面。如图 3-32 所示的绳轮铸件在大批量用机器造型时,采用图 3-32b)所示的环状型芯,可将原来的三箱造型两个分型面变为两箱造型一个分型面。又如图 3-33 所示为起重臂铸件,使用图 3-33b)的平面分型面可以简化模具制造和造型工艺,比图 3-33a)的曲面分型面方案合理。

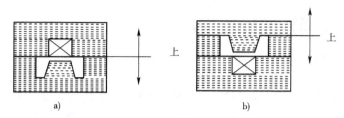

图 3-31 管子塞头的分型方案
a）不合理；b）合理

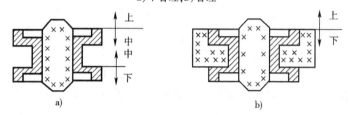

图 3-32 绳轮铸件的分型方案
a）三箱造型；b）两箱造型

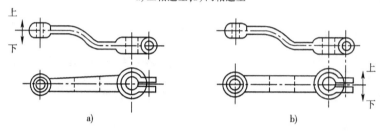

图 3-33 起重臂铸件的分型方案
a）不合理；b）合理

(3) 应尽量减少型芯或活块的数目，并注意降低砂箱高度。如图 3-34 所示为端盖铸件上的两个分型方案 Ⅰ 和 Ⅱ。从减少砂箱高度，便于起模和修型的角度考虑，分型面取在 Ⅰ 处比 Ⅱ 处好。对于较高的铸件应特别注意这个问题。

(4) 为方便下芯、合型及检查型腔尺寸，通常把主要型芯放在下型中。如图 3-35 所示为机床支柱的两种分型方案，若分型面取在 Ⅰ 处，如果产生型芯偏移则不容易检查出来；若分型面取在 Ⅱ 处，则型芯偏移的情况很明显，易于检查，因此，分型面取在 Ⅱ 处是合理的。

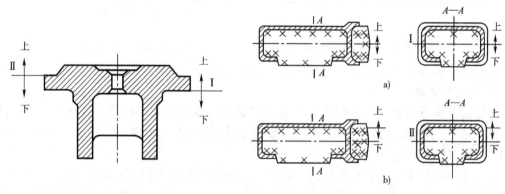

图 3-34 端盖铸件的分型方案

图 3-35 机床支柱的分型方案
a）不合理；b）合理

以上所述分型面选择的原则在具体铸件的应用上往往彼此是矛盾的，难以全部满足，因此,在确定浇注位置和分型面时,要注意全面分析比较,抓住主要因素,至于次要因素,则设法从工艺措施上解决。

二、工艺参数的确定

为了绘制铸造工艺图,在铸造方案确定后,还必须确定以下工艺参数。

1. 确定机械加工余量

在铸件上为切削加工而加大的尺寸称为机械加工余量。机械加工余量过大,切削加工费时,且浪费金属材料;机械加工余量过小,且铸件表层过硬,会加速刀具的磨损,甚至会因残留黑皮而导致铸件报废。

机械加工余量的大小取决于铸件生产批量、合金的种类、铸件的大小、加工面与基准面之间的距离及加工面在浇注时的位置等。采用机器造型时,铸件精度高,机械加工余量可减小;手工造型误差大,机械加工余量应加大。铸钢件因表面粗糙,机械加工余量应加大;非铁合金铸件价格昂贵,且表面光洁,机械加工余量应比铸铁小。铸件的尺寸越大或加工面与基准面之间的距离越大,则尺寸误差也越大,故机械加工余量也应随之加大。浇注时铸件朝上的表面产生缺陷的概率较大,故铸件上表面的机械加工余量应比底面和侧面大。

2. 确定铸件收缩率

铸件凝固后,从高温冷却至室温时发生的尺寸减小的现象称为线收缩。由于合金的线收缩,铸件冷却后的尺寸减小,为了保证铸件的应有尺寸,模型的尺寸应比铸件尺寸放大一个收缩量。

铸件收缩率的大小随合金种类及铸件的结构、尺寸、形状而不同。通常,灰铸铁的收缩率为 $0.5\% \sim 1.0\%$,铸钢的收缩率为 $1.3\% \sim 2.0\%$,有色合金的收缩率为 $1.0\% \sim 1.5\%$。

3. 确定起模斜度

为使模型(或型芯)易于从铸型(或芯盒)中取出,凡垂直于分型面的立壁,在制造模型时必须留出一定的斜度,此斜度称为起模斜度或铸造斜度。起模斜度的大小取决于垂直壁的高度和模型材料,通常取 $15' \sim 3°$。机器造型的起模斜度应比手工造型的小。铸件内壁的起模斜度应比外壁的大,如图3-36所示。

4. 确定型芯头的构造

型芯头是指型芯端头的延伸部分,主要用于定位和固定型芯,使型芯在铸型中的位置准确。型芯头的形状与尺寸对型芯在铸型中装配的工艺性与稳定性有很大影响。

根据型芯在铸型中固定的方法不同,型芯头可分为垂直型芯头和水平型芯头两种,如图3-37所示。垂直型芯头一般都有上、下芯头,如图3-37a)所示,短而粗的型芯也可省去上芯头。芯头必须留有一定的斜度,下芯头的斜度应小些($5° \sim 10°$),上芯头的斜度为便于合型应大些($5° \sim 15°$)。水平型芯头伸出长度取决于型芯头直径及型芯的长度,如图3-37b)所示。如果是悬臂型芯头必须加长,以防合型时型芯下垂或被液态金属抬起。

为了便于铸型的装配,型芯头与铸型型芯座之间应该留有 $1 \sim 4mm$ 的间隙。

5. 最小铸出孔及槽

零件上的孔、槽、台阶等是否要铸出,应从工艺、质量及经济性等多方面考虑。一般来说,较大的孔、槽、台阶等应铸出,这样不但可减少切削加工工时,节约金属材料,同时还可避免铸件局部过厚所造成的热节,提高铸件质量。若孔、槽尺寸较小而铸件壁较厚,则不宜铸孔,而依靠直接加工反而更加方便。对于有些有特殊要求的孔,如弯曲孔,无法实现机械加工,则一定要铸出。可用钻头加工的孔最好不要铸出,铸出后很难保证铸孔中心位置准确,再用钻头扩孔无法纠正中心位置。

上述各项工艺参数的具体数值可查阅相关手册。

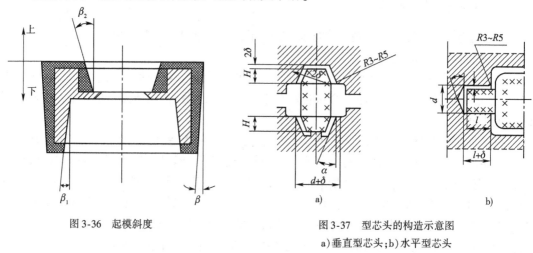

图3-36 起模斜度

图3-37 型芯头的构造示意图
a)垂直型芯头;b)水平型芯头

第五节 砂型铸造铸件结构设计

设计铸件结构时,不仅要保证其工作性能和力学性能要求,还应满足铸造工艺和合金铸造性对铸件结构设计的要求,即所谓"铸件结构工艺性"。采用不同的铸造方法对铸件结构有着不同的要求。铸件结构设计是否合理,对铸件的质量、生产率及成本有很大的影响。

一、铸造工艺对铸件结构设计的要求

铸件结构的设计应,尽量使制模、造型、制芯、合型和清理等工序简化,以提高生产率。

1. 铸件的外形应力求简单、造型方便

(1) 避免外部侧凹

铸件在起模方向上若有侧凹,必将增加分型面的数量,增加砂箱数量和造型工时,铸件也容易产生错型,影响铸件的外形和尺寸精度。如图3-38a)所示的端盖,由于上下法兰的存在,使铸件产生侧凹,铸件具有两个分型面,所以必须采用三箱造型,或增加环状外型芯,造型工艺复杂。若改为如图3-38b)所示的结构,取消上部法兰,使铸件只有一个分型面,则可采用两箱造型,可以显著提高造型效率。

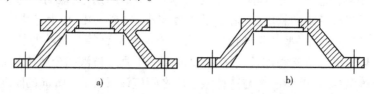

图3-38 端盖的设计
a)不合理;b)合理

(2) 凸台、肋板的设计

设计铸件侧壁上的凸台、肋板时,考虑到起模方便,应尽量避免使用活块和型芯。如图3-39a)、图3-39b)所示的凸台均妨碍起模,应将相近的凸台连成一片,并延长到分型面。

如图 3-39 c)、图 3-39d)所示凸台就不需要活块和型芯,便于起模。

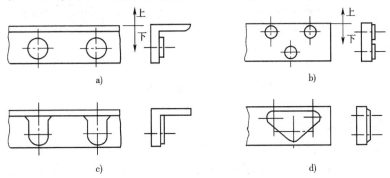

图 3-39 凸台的设计

2. 合理设计铸件内腔

铸件的内腔通常由型芯形成,型芯处于高温液态金属的包围之中,工作条件恶劣,极易产生各种铸造缺陷。故在铸件内腔的设计中,应尽可能地避免出现或减少型芯。

(1) 尽量避免出现或减少型芯

如图 3-40a)所示悬臂支架采用方形中空截面,为形成其内腔,必须采用悬臂型芯,型芯的固定、排气和出砂都很困难。若改为如图 3-40b)所示工字形开式截面,则可省去型芯。如图 3-41a)所示结构带有向内的凸缘,则必须采用型芯形成内腔,若改为如图 3-41b)所示的结构,则可通过自带型芯形成内腔,使工艺过程大大简化。

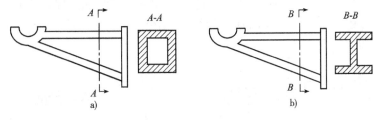

图 3-40 悬臂支架
a)不合理;b)合理

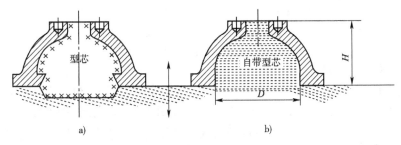

图 3-41 内腔的两种设计
a)不合理;b)合理

(2) 型芯要便于固定、排气和清理

型芯在铸型中的支承必须牢固,否则型芯会因无法承受浇注时液态金属的冲击而产生偏心缺陷,造成废品。如图 3-42a)所示轴承架铸件,其内腔采用两个型芯,其中较大的呈悬臂状,须用型芯来加固。如将铸件的两个空腔打通,改为如图 3-42b)所示结构,则可采用一个整体型芯形成铸件的空腔,型芯不仅能很好地固定,而且下芯、排气、清理都很方便。

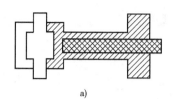 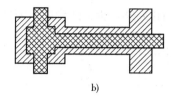

a)   b)

图 3-42   轴承架铸件的型芯设计方案
a) 不合理; b) 合理

（3）应避免出现封闭空腔

如图 3-43a) 所示铸件为封闭的空腔结构, 其型芯安放困难、排气不畅、无法清砂、结构工艺性极差。若改为如图 3-43b) 所示结构, 则可避免上述问题, 其结构设计合理。

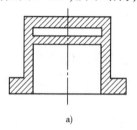 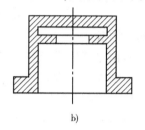

a)   b)

图 3-43   铸件内腔设计方案
a) 不合理; b) 合理

3. 分型面尽量平直

分型面如果不平直, 造型时必须采用挖砂造型或假箱造型, 导致生产率很低。若将图 3-44a) 的杠杆铸件改为图 3-44b) 所示的结构, 则分型面变为平面, 方便了制模和造型, 故图 3-44b) 的分型方案更合理。

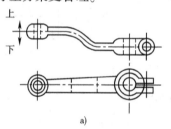 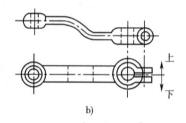

a)   b)

图 3-44   杠杆铸件结构的分型方案
a) 不合理; b) 合理

4. 铸件应有结构斜度

铸件垂直于分型面的非加工表面应设计出结构斜度, 如图 3-45b) 所示的结构在造型时容易起模, 不易损坏型腔, 这样的设计是合理的。而图 3-45a) 为无结构斜度的不合理结构。

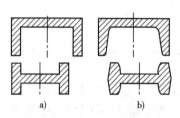

a)   b)

图 3-45   铸件的结构斜度
a) 不合理; b) 合理

铸件的结构斜度和起模斜度是两个不同的概念。结构斜度是在零件的非加工面上设置的, 直接标注在零件图上, 且斜度值较大。而起模斜度是在零件的加工面上设置的, 在绘制铸造工艺图或模样图时使用, 切削加工时将被切除。

二、合金铸造性对铸件结构设计的要求

铸件结构的设计应考虑到合金铸造性的要求, 因为与合金铸造性有关的一些缺陷, 如缩孔、变形、裂纹、气孔和浇不足

等,有时是由于铸件结构设计不够合理,未充分考虑合金铸造性的要求所致。虽然有时可采取相应的工艺措施来消除这些缺陷,但必然会增加生产成本和降低生产率。

1. 合理设计铸件的壁厚

由于受合金流动性的限制,铸件壁不能太薄,否则会产生浇不足、冷隔等缺陷,铸件还可能产生白口组织。但铸件壁也不能过厚,因厚壁中心部分冷却速度慢,晶粒粗大,易产生缩孔和缩松,使力学性能降低。所以,在满足铸件承载能力的前提下,可选择合理的截面代替厚壁结构,如采用工字形、槽形和箱形截面等。

铸件的最小壁厚应根据合金的性质、铸件的大小和铸造方法确定。一般砂型铸造铸件的最小壁厚见表3-3。

砂型铸造铸件的最小壁厚(mm)　　　　　　表3-3

铸件尺寸	铸 钢	灰 铸 铁	球墨铸铁	可锻铸铁	铜 合 金	铝 合 金
<200×200	6~8	5~6	6	4~5	3~5	3
200×200~500×500	10~12	6~10	12	5~8	6~8	4
>500×500	18~25	15~20	—	—	—	5~7

当铸件壁厚不能满足铸件力学性能要求时,可采用加强肋结构,而不是用单纯增加壁厚的方法,如图3-46所示。

2. 壁厚应尽可能均匀

铸件的壁厚应尽可能均匀,不能相差过大,否则,铸造时液态金属在厚壁处积聚较多,容易形成缩孔、缩松等缺陷。同时铸件还会因壁厚不均匀,冷却速度不一致而产生内应力,导致产生裂纹。因此,设计时应尽可能使铸件壁厚均匀,避免金属的积聚。另外,采用加强肋板也是解决铸件壁厚不均匀的有效办法。

3. 铸件壁的连接方式要合理

(1) 铸件壁之间的连接应有结构圆角

直角转弯处易形成冲砂、砂眼等缺陷,同时也容易在尖锐的棱角部分形成结晶薄弱区。此外,直角处热量积聚较多,容易形成缩孔、缩松等缺陷,如图3-47a)、图3-47b)所示。因此,要合理设计铸件的内圆角和外圆角。铸造圆角的大小应与铸件的壁厚相适应,具体数值可查阅有关手册。

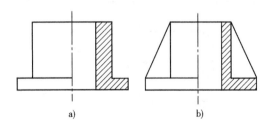

图3-46　采用加强肋减小铸件壁厚
a)不合理结构;b)合理结构

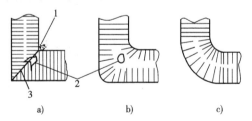

图3-47　直角与圆角对铸件质量的影响
a)不好;b)较差;c)良好
1-黏砂;2-缩孔;3-薄弱区

(2) 铸件壁厚不同的部分连接时过渡要平缓

铸件壁厚不同的部分进行连接时,应力求平缓过渡,避免截面突变,以减小应力集中,防止产生裂纹,如图3-48所示。

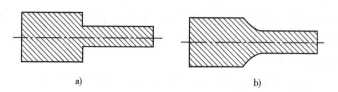

图3-48　铸件壁厚不同时连接的过渡形式
a)不合理；b)合理

(3)铸件壁连接处应避免集中交叉和锐角

两个以上的铸件壁连接处热量积聚较多，易形成热节，铸件容易形成缩孔，如图3-49a)所示。因此，当铸件两壁交叉时，中、小铸件应采用交错接头，大型铸件应采用环形接头，当两壁必须用锐角连接时，可采用图3-49b)所示接头。

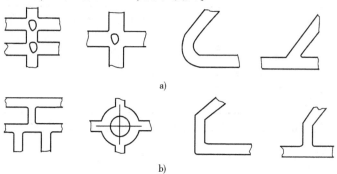

图3-49　壁间连接结构的对比
a)不合理；b)合理

4.避免大的水平面

铸件上大的水平面不利于液态金属的充填，易产生浇不足、冷隔等缺陷，而且大的水平面上方的砂型受高温液态金属的烘烤容易掉砂而使铸件产生夹砂等缺陷；液态金属中气孔、夹渣上浮滞留在上表面，产生气孔、渣孔。如将图3-50a)所示的水平面改为如图3-50b)所示的斜面，则可减少或消除上述缺陷。

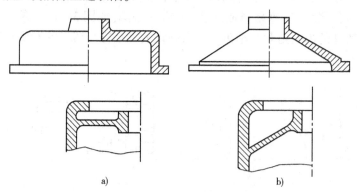

图3-50　避免大水平面的结构
a)不合理；b)合理

5.避免铸件收缩受阻

铸件在浇注后的冷却凝固过程中，若其收缩受阻，铸件内部将产生应力，导致变形和裂纹。因此铸件在进行结构设计时，应尽量使其能够自由收缩。如图3-51所示的轮形铸件，轮缘和轮毂较厚，轮辐较薄，铸件冷却收缩时，极易产生热应力。若轮辐对称分布，见

图3-51a),虽然制作模样和造型方便,但因收缩受阻易产生裂纹;若改为图3-51b)所示的结构,则可利用铸件微量变形来减少内应力。

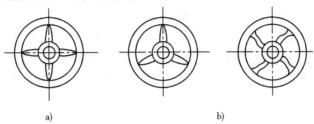

图3-51 轮辐的设计方案
a)不合理;b)合理

第六节 铸造新技术及发展趋势

随着科学技术的飞速发展,新能源、新材料、自动化技术、信息技术、计算机技术等相关学科高新,技术成果的应用,铸造技术得到了快速发展。一些新的科技成果与传统工艺结合创造出一些新的铸造方法。目前,铸造技术正朝着优质、高效、低耗、节能、污染小和自动化的方向发展。

一、造型技术的发展

1. 气体冲击造型

气体冲击造型是近年发展起来的一种新的造型工艺方法,包括空气冲击造型和燃气冲击造型两类。气体冲击造型的主要工艺过程是将型砂填入砂箱和辅助框内,然后打开冲击阀,将储存在压力罐内的压缩空气突然释放出来,作用在砂箱里松散的型砂上面,使其紧实成型或利用可燃气体燃烧爆炸产生的冲击波使型砂紧实成型。

气体冲击造型可一次紧实成型,无需辅助紧实,具有砂型紧实度高且均匀、能生产复杂的铸件、噪声小、设备结构简单、生产率高和节约能源等优点,主要用于交通运输、纺织机械行业所用铸件以及水管的造型。

2. 柔性铸造

柔性铸造是指模样部分可变或者型腔直接可变的铸造方式,在系列产品的铸造中,如遇到经常性尺寸少量变动的相似零件,制作可变形状的模样,根据造型需要可直接改变模型的某个形状以适应,不需要重新制作模型;型腔可变造型,是在模具中,将一部分型腔改为可变动形状的型腔壁,通过机械或液压传动,直接改变型腔形状尺寸,达到一模多用的目的。这种铸造具有很大的柔性,适合于多品种小批量的生产和打样。

3. 无模铸型制造(PCM)

PCM技术(Patternless Casting Manufacturing)技术是由清华大学激光快速成型中心研制成功的,并将该项技术应用到传统的树脂砂铸造工艺中。首先将三维CAD数据模型转换成铸型CAD模型;再对铸型CAD模型的STL文件进行分层,获得一层层二维截面轮廓信息;加工时,第一个喷头在事先铺好的型砂上通过计算机控制,精确地喷射出黏结剂,第二个喷头沿同样的路径喷射出催化剂,让二者发生交联反应,并一层层固化型砂,在黏结剂和催化剂共同作用的地方,型砂就被固化在一起,其他地方的型砂仍为颗粒态。当一层固化完之后再黏结下一层,如此循环往复,直至原型制件加工完毕。黏结剂没有喷射部位的砂仍然是干砂,因此比较容易清除。清理完未固化的干砂之后,就可以得到铸型件,再在砂型的内表面涂敷、浸渍有关涂料,即可用于浇注金属制件。

与传统的铸型制造技术相比,PCM技术具有很大的优越性,它能使铸造过程高度自动化和敏捷化,大大降低工人的劳动强度,使设计、制造等约束条件大大减少。具体优点表现在以下几个方面:无需模样、铸型与型芯同时成型、无拔模斜度、可制造任意曲面的铸型、加工制造时间短、成本低。

二、铸造技术展望

铸造技术是一个历史非常古老的技术,在现代,铸造零件精度正向着精密化,高强度化发展,从过程上向着自动化、高效率、柔性化发展,并创新出很多的环保材料、可回收材料用于铸造工艺。

随着科学技术的发展,计算机技术也在铸造生产中得到了广泛的应用。在铸造工艺设计方面,软件已经可以模拟液态金属的流动性和收缩性,计算并预测铸件的宏观缺陷,如缩孔、缩松、热裂纹、偏析等;计算各处应力状态,预测应力集中区域;可进行铸造工艺参数的计算;可绘制铸造工艺图、木模图、铸件图;还可用于生产控制。

近年来应用的铸造工艺计算机辅助设计系统是利用计算机协助生产工艺设计者分析铸造方法、优化铸造工艺、估算铸造成本、确定设计方案并绘制铸造图等,将计算机的快速性、准确性与设计者的思维、综合分析能力结合起来,从而极大地提高产品的设计质量和速度。

第四章 塑性成型

金属材料在一定外力作用下,利用其塑性而使材料成型并获得一定力学性能的加工方法称为塑性成型,也称为塑性加工或压力加工。

按照成型特点,一般将塑性成型分为块料成型(又称为体积成型)和板料成型两大类。

1. 块料成型

块料成型是指在塑性成型的过程中靠体积转移和分配来实现成型的方法。块料成型分为一次加工和二次加工。

一次加工主要是冶金工业领域内的生产原材料的加工方法,可提供型材、板材、管材和线材等。其加工方法包括轧制、挤压和拉拔。在这类成型过程中,变形区的形状不随时间变化,是稳定的变形过程,适于连续的大批量生产。

二次加工是为机械制造工业领域提供零件或坯料的加工方法。这类加工方法包括自由锻和模锻,统称为锻造。在锻造过程中,变形区是随时间不断变化的,属非稳定性塑性变形过程,适于间歇生产。

2. 板料成型

板料成型一般称为冲压,它利用专门的模具,使金属板料通过一定模孔而产生塑性变形,从而获得具有所需形状、尺寸的零件或坯料,适用于厚度较小的板料。冲压分为分离工序和成型工序。分离工序用于使制件与板料沿一定的轮廓线相互分离,如冲孔、落料、剪切等;成型工序用于使坯料在不破坏的条件下发生塑性变形,成为具有所需形状和尺寸的零件,如拉深、弯曲等。

按成型时工件的温度不同,塑性成型可以分为热成型、温成型和冷成型。热成型是在充分再结晶的温度以上完成的加工;在不产生恢复和再结晶的温度以下进行的加工称为冷成型;在介于冷、热成型之间的温度下进行的加工称为温成型。

塑性成型加工与其他加工方法相比,具有零件力学性能好、材料利用率高、生产效率高、零件尺寸精度容易保证等优点,但制造形状复杂,特别是具有复杂内腔的零件或毛坯较困难。

塑性加工在机械制造、军工、航空、轻工、家用电器等行业得到广泛应用。例如,飞机上的塑性成型零件的质量分数约为85%,汽车、拖拉机上的锻件质量分数为60%~80%。

第一节 塑性成型理论基础

塑性成型是以金属材料的塑性变形为理论基础的,因此,只有较好地掌握塑性变形的实质、规律和影响因素,才能正确选用塑性成型的加工方法,合理设计加工零件。

一、金属的冷变形

金属冷变形的重要特点之一是加工硬化。加工硬化的结果是使金属的强度、硬度提高,塑性降低。冷变形时低碳钢的力学性能与变形程度的关系如图4-1所示。

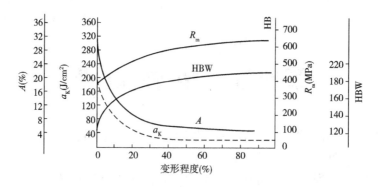

图4-1 冷变形时低碳钢的力学性能与变形程度的关系

1. 加工硬化

从试验观察得知，金属由于塑性变形，滑移面的晶格产生强烈的晶格歪扭和晶粒变形甚至破碎，增大了滑移阻力，使得滑移难以继续进行下去，在力学性能上表现为强度、硬度增加，塑性、韧性下降。这种随变形程度增大，变形金属的强度、硬度上升，而塑性、韧性下降的现象称为加工硬化。

加工硬化现象在生产中具有实际意义，它可以强化金属材料，特别是对于纯金属和那些不能用热处理强化的合金，如奥氏体不锈钢、变形铝合金等，可用冷轧、冷挤、冷拔或冷冲压等加工方法来提高其强度和硬度。加工硬化也是金属能用塑性变形方法成型的重要原因。因为凡出现塑性变形的部位必然产生硬化，从而使变形分布到其他暂时没有变形的部位。

加工硬化会使金属进一步的塑性变形变得困难，如在冷轧、冷拔等冷加工过程中，由于产生加工硬化使后续的加工难以进行下去，需要在工艺过程中安排中间退火工序，以消除加工硬化带来的硬度升高现象。

2. 恢复与再结晶

由于金属经冷变形后处于不稳定状态，它有自发向稳定状态变化的倾向，但在室温下很难进行。若把金属加热，使原子的扩散能力提高，冷变形的金属便会发生一系列的组织和性能的变化。

当加热温度不高时，内应力有明显下降，而显微组织无明显变化，此时各种性能有不同程度的恢复，此过程称为恢复。

当加热温度继续升高时，破碎拉长的晶粒通过重新结晶变成细而均匀的粒状晶粒，性能得以恢复，加工硬化消除，塑性提高，此过程称为再结晶。此时的温度称为再结晶温度，其计算公式为：

$$T_{再} = (0.35 \sim 0.4) T_{熔} \tag{4-1}$$

式中：$T_{再}$——以绝对温度表示的金属再结晶温度，K。

如果加热温度再升高，则晶粒迅速长大。

二、金属的热变形

金属在高温下进行压力加工时，加工硬化与恢复、再结晶一起发生，这时的加工硬化立即被再结晶过程消除，使变形抗力下降，塑性提高。所以，在高温下进行变形比在低温下容易得多。

热变形虽然不会引起加工硬化,但会使金属组织和性能发生显著改变,主要表现如下。

(1)热变形可以消除铸锭中的某些缺陷,如气孔缩松等被压合,组织致密度得到改善。

(2)热变形可使铸态金属中的粗大枝晶破碎,使晶粒细化,力学性能得以提高。

(3)热变形时,金属中的夹杂物一般难以发生再结晶,因此,变形后仍沿着金属变形的方向拉长(或压扁),形成热变形纤维组织。热变形纤维组织在宏观检验时称为流线,变形程度越大,纤维组织越明显。

热变形纤维组织形成后,不能用热处理方法消除,只能通过锻造方法使金属在不同方向变形,才能改变纤维的方向和分布。由于纤维组织的存在对金属的力学性能,特别是冲击韧度有一定影响。在设计和制造易受冲击载荷的零件时,一般应遵循以下原则。

① 零件工作时的正应力方向与流线方向应一致,切应力方向与流线方向垂直。

② 流线的分布与零件的外形轮廓应相符合,而不被切断。

例如,曲轴毛坯的锻造应采用拔长—弯曲工序,使纤维组织沿曲轴轮廓分布,轴颈处流线分布形式如图4-2a)所示,这样曲轴工作时不易断裂。而图4-2b)是用棒材直接切削加工出的曲轴,轴颈处流线组织被切断,使用时容易沿轴肩断裂。

如图4-3所示是不同成型工艺制造齿轮的流线分布,图4-3a)是用棒料直接切削成型的齿轮,齿根处的切应力平行于流线方向,力学性能最差,寿命最短;图4-3b)是扁钢经切削加工的齿轮,齿1的根部切应力与流线方向垂直,力学性能好,齿2

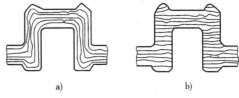

图4-2 曲轴的流线分布
a)锻造曲轴;b)切削加工的曲轴

的情况正好相反,力学性能差;图4-3c)是棒料镦粗后再经切削加工而成的齿轮,其流线呈径向放射状,各齿的切应力方向均与流线近似垂直,强度与寿命较高;图4-3d)是热轧成型齿轮,流线完整且与齿廓一致,未被切断,性能最好,寿命最长。

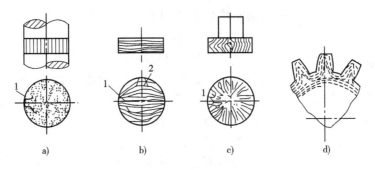

图4-3 不同成型工艺制造齿轮的流线分布
a)棒料切削成型;b)扁钢切削成型;c)棒料镦粗后切削成型;d)热轧成型

三、金属的可锻性

金属的可锻性是指金属在承受压力加工时成型的难易程度。金属的可锻性好,说明该金属适宜用压力加工方法成型;反之,说明该金属不适宜用压力加工方法成型。

若金属的塑性好,则在锻造时能产生大的塑性变形而不致破坏;若金属的变形抗力小,则锻造时消耗的能量也小,设备的功率可选小些。可见,金属的塑性和变形抗力是衡量金属可锻性的指标。塑性越好,变形抗力越小,则金属的可锻性越好;反之,金属的可锻性则越差。

影响金属可锻性的因素有以下几个方面。

1. 化学成分和组织结构

(1) 化学成分

不同化学成分的金属其可锻性不同,纯金属的可锻性优于合金,低碳钢的可锻性优于中碳钢和高碳钢,碳钢的可锻性优于合金钢。

(2) 组织结构

金属内部的组织不同,其可锻性有很大差别。纯金属及单相固溶体的合金具有良好的塑性,其可锻性较好;钢中有碳化物和多相组织时,可锻性变差;具有均匀细小等轴晶粒的金属的可锻性比晶粒粗大的铸态柱状晶组织好;钢中有网状二次渗碳体时,钢的塑性将大大下降。

2. 加工条件

(1) 变形温度

随着温度升高,原子动能升高,削弱了原子之间的吸引力,减小了滑移所需要的力,因此,金属材料塑性增大,变形抗力减小,金属的可锻性提高。变形温度升高到再结晶温度以上时,加工硬化不断被再结晶软化消除,金属的可锻性进一步提高。

但加热温度过高,会使晶粒急剧长大,导致金属塑性减小,可锻性下降,这种现象称为过热。如果加热温度接近熔点,会使晶界氧化甚至熔化,导致金属的塑性变形能力完全消失,这种现象称为过烧,坯料如果过烧将报废。因此,加热要控制在一定范围内,锻造温度是指锻造开始温度(始锻温度)和终止温度(终锻温度)间的温度区间。如图 4-4 所示为碳钢的锻造温度范围。

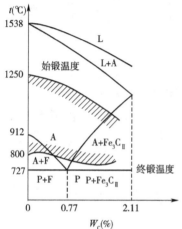

图 4-4 碳钢的锻造温度范围

(2) 变形速度

变形速度即单位时间内变形程度的大小。它对可锻性的影响是矛盾的。一方面,随着变形速度的增大,金属的冷变形强化趋于严重,表现为塑性下降,变形抗力增大;另一方面,金属在变形过程中,消耗于塑性变形的能量一部分转化为热能,当变形速度很大时,热量来不及散发,会使变形金属的温度升高,这种现象称为热效应。变形速度越大,热效应现象越明显,热效应现象有利于金属的塑性提高,变形抗力下降,可锻性提高,如图 4-5 所示(a 点以右)。但除高速锤锻造外,在一般的压力加工中变形速度不能超过 a 点的变形速度,因此,热效应现象对可锻性并没有影响。故塑性差的材料(如高速钢)或大型锻件还是应采用较小的变形速度。若变形速度过快会导致变形不均匀,造成局部变形过大而产生裂纹。

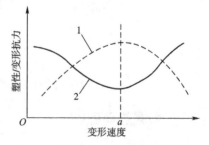

图 4-5 变形速度对金属可锻性的影响
1-变形抗力曲线;2-塑性变化曲线图

常用合金的锻造温度范围　　　　　　　表 4-1

合金种类	牌号举例	始锻温度(℃)	终锻温度(℃)
普通碳素钢	Q235,Q215	1280	700
优质碳素钢	(10,15),20,25,30,40,45	1200	800
碳素工具钢	T7,T8,T10,T12	1180	800
合金结构钢	20Cr,l2CrNi3,20CrMnTi	1150	800
高速工具钢	W18Cr4V	1180	900
合金工具钢	5CrNiMo,5CrMnMo	1180	850
不锈钢	17Cr18Ni9,12Cr13,20Cr13	1200	850
铝合金	2A04,2A06	480	380
黄铜	H68,(H90)	830(900)	700(750)

3. 应力状态

用不同的锻造方法使金属变形时,其内部所产生的应力大小和应力性质(拉或压)是不同的。甚至在同一变形方式下,金属内部不同部位的应力状态也可能是不同的。如图 4-6 所示,挤压时坯料内部的应力状态为三向受压;拉拔时径向受压,轴向受拉;镦粗时,坯料内部存在三向压应力,而侧表面层水平方向的压应力转变为拉应力。拉应力易使滑移面分离,缺陷处易产生应力集中而破坏,促使裂纹产生和发展,而压应力的作用与拉应力相反。

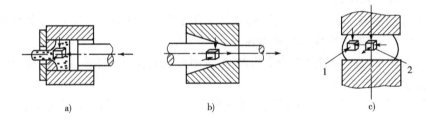

图 4-6　金属变形时的应力状态
a)挤压;b)拉拔;c)镦粗
1—表面;2—中心

因此,三个方向中压应力数目越多,塑性越好;拉应力数目越多,则塑性越差。但压应力会增加金属变形时的内部摩擦,使变形抗力增大,要相应地增加锻压设备的吨位。同号应力状态下引起的变形抗力大于异号应力状态下的变形抗力。例如,加工同样截面的工件,自由锻比模锻省力,拉拔比挤压省力。

另外,坯料表面质量对塑性有很大影响,在冷塑性变形时更为显著。表面粗糙或有刻痕、微裂纹和粗大杂质时,都会在变形过程中产生应力集中或开裂。

从以上分析可以看出,金属的可锻性既取决于金属本身,又取决于变形条件。因此,在压力加工过程中,要力求选择有利的条件,充分发挥金属的塑性,降低变形抗力,使加工变形既省力又保证质量。

第二节　塑性成型方法

金属的塑性成型方法主要有:轧制、挤压和拉伸、锻造、板材冲压等,如图4-7所示。

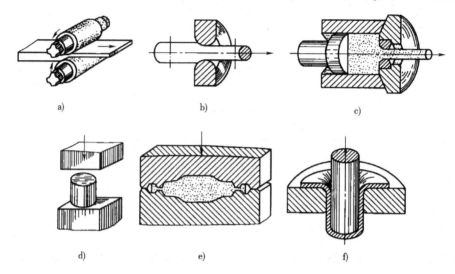

图4-7　金属的塑性成型方法
a)轧制;b)拉伸;c)挤压;d)自由锻造;e)模型锻造;f)板材冲压

一、自由锻

在锻锤或水压机上,利用简单的工具将加热后的金属坯料锻造成所需形状和尺寸的锻件的加工方法称为自由锻。

自由锻过程中,金属坯料在上、下砥铁间受压变形时,可朝各个方向自由流动,不受限制,其形状和尺寸主要由操作者的技术控制。

自由锻分为手工锻造和机器锻造两种,手工锻造只适合单件生产小型锻件,机器锻造则是自由锻的主要生产方法。

自由锻所使用的设备可分为锻锤和液压机两大类。锻锤依靠产生的冲击力使金属坯料变形,只能用来锻造中、小型锻件。液压机依靠产生的压力使金属坯料变形。其中,水压机可产生很大的作用力,能锻造质量达300t的锻件,是重型机械厂锻造生产的主要设备。如图4-8为常用的空气锤。

1. 自由锻的工序

自由锻的工序可分为基本工序、辅助工序和精整工序三大类。

(1) 基本工序

基本工序是使金属坯料实现变形的主要工序,主要有以下几个工序。

①镦粗(upsetting)

镦粗是指使坯料高度减小、横截面积增大的工序。它是自由锻生产中最常用的工序,适用于块状、盘套类锻件的生产。

②拔长(drawingout)

拔长是指使坯料横截面积减小、长度增加的工序。它适用于轴类、杆类锻件的生产。为达到规定的锻造比和改变金属内部组织结构,锻制以钢锭为坯料的锻件时,经常将拔长与镦粗交替反复使用。

③冲孔(punching)

冲孔是指在坯料上冲出通孔或盲孔的工序。冲孔后还应进行扩孔工作。

④弯曲(bending)

弯曲是指使坯料轴线产生一定曲率的工序。

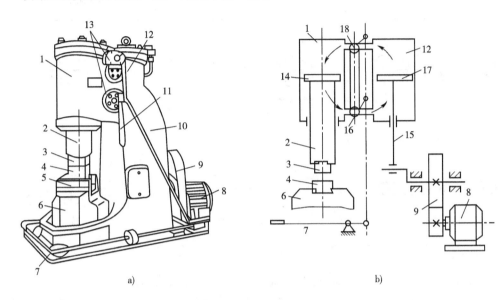

图 4-8 空气锤结构示意图
a)外形图;b)原理图

1-工作缸;2-锤杆;3-上砧块;4-下砧块;5-砧垫;6-砧座;7-脚踏杆;8-电动机;9-减速机构;10-锤身;11-手柄;12-压缩缸;13-旋阀;14-工作活塞;15-连杆;16-下旋阀;17-压缩活塞;18-上旋阀

⑤扭转(twisting)

扭转是指使坯料的一部分相对于另一部分绕其轴线旋转一定角度的工序。

⑥错移(offset)

错移是指使坯料的一部分相对于另一部分平移错开,但仍保持轴心平行的工序,它是生产曲拐或曲轴类锻件必需的工序。

⑦切割(cutting)

切割是指分割坯料或切除锻件余量的工序。

⑧锻接(forging welding)

锻接是指将两分离工件加热到高温,在锻压设备产生的冲击力或压力作用下,使两者在固相状态下结合成一牢固整体的工序。

(2)辅助工序

辅助工序是指进行基本工序之前的预变形工序,如压钳口、倒棱、压肩等。

(3)精整工序

精整工序是修整锻件的最后形状与尺寸,消除表面的不平整,从而使锻件达到要求的工序,主要有修整、校直、平整端面等。

自由锻工序简图,见表 4-2。

| | 自由锻工序简图 | 表 4-2 |

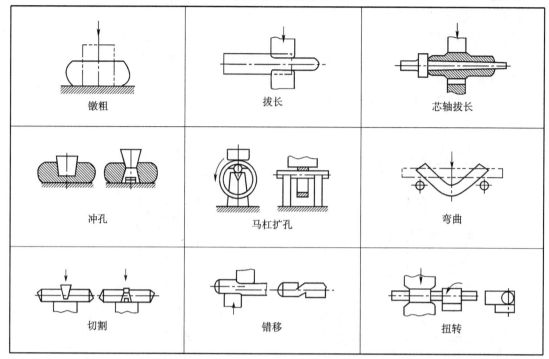

镦粗	拔长	芯轴拔长
冲孔	马杠扩孔	弯曲
切割	错移	扭转

2. 自由锻的特点及应用

(1) 自由锻工艺灵活,工具简单,设备和工具的通用性强,成本低。

(2) 自由锻应用范围较为广泛,可锻造的锻件质量为 1～300000kg。在重型机械中,自由锻是生产大型和特大型锻件的唯一成型方法。

(3) 自由锻件精度较低,加工余量较大,生产率低,故一般只适合于单件小批量生产。

3. 自由锻的工艺规程

工艺规程是组织生产过程、控制和检查产品质量的依据。自由锻工艺规程包括以下方面。

(1) 锻件图

锻件图是工艺规程的核心部分,它是以零件图为基础,结合自由锻造工艺特点绘制而成的。绘制自由锻件图应考虑以下几点。

① 绘制自由锻件图时应增加敷料。为了简化零件的形状和结构、便于锻造而增加的一部分金属称为敷料,如为了消除零件上的锭槽、窄环形沟槽、齿谷或尺寸相差不大的台阶需增加敷料。

② 绘制自由锻件图时应考虑加工余量和公差。在零件的加工表面上为切削加工而增加的尺寸称为加工余量,锻件公差是锻件名义尺寸的允许变动值,它们的数值应根据锻件的形状、尺寸、锻造方法等因素查相关手册确定。

自由锻件如图 4-9 所示,图中虚线为零件轮廓。

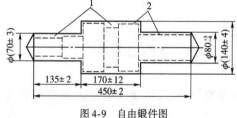

图 4-9 自由锻件图
1-敷料;2-加工余量

(2) 计算坯料质量及尺寸

坯料的质量可按下式计算

$$m_{坯料} = m_{锻件} + m_{烧损} + m_{料头} \qquad (4\text{-}2)$$

式中：$m_{坯料}$——坯料质量，kg；

$m_{锻件}$——锻件质量，kg；

$m_{烧损}$——加热时坯料表面因氧化而烧损的质量，kg，第一次加热取被加热金属质量的 2%～3%，以后各次加热 $m_{烧损}$ 均取被加热金属质量的 1.5%～2%；

$m_{料头}$——在锻造过程中，冲掉或被切掉的那部分金属的质量，kg。

坯料的尺寸根据坯料质量和几何形状确定，还应考虑坯料在锻造中所必需的变形程度，即锻造比。对于以钢锭作为坯料并采用拔长方法锻制的锻件，锻造比一般不小于 2.5；如果采用轧材作为坯料，则锻造比可取 1.3～1.5。

(3) 确定变形工序

确定变形工序的依据是锻件的形状、尺寸、技术要求、生产批量和生产条件等。一般自由锻件大致可分为六类，其形状特征及主要变形工序见表 4-3。

自由锻件分类及基本变形工序方案 表 4-3

序号	类别	图例	工序方案	实例
1	饼块类	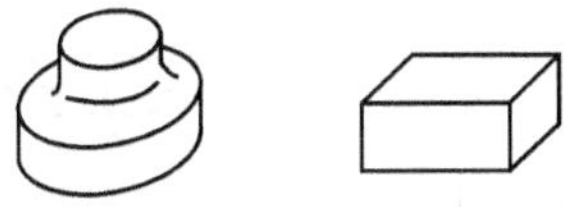	镦粗或局部镦粗	圆盘、齿轮、叶轮、模块、轴头等
2	轴杆类	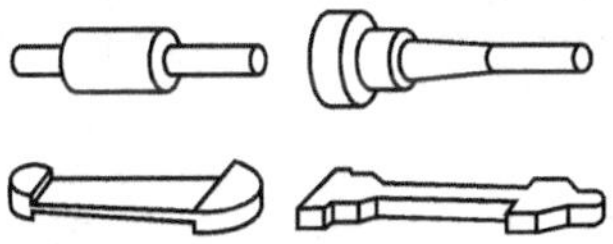	1. 拔长； 2. 镦粗—拔长； 3. 局部镦粗—拔长	传动轴、齿轮轴、立柱、连杆、摇杆等
3	空心类	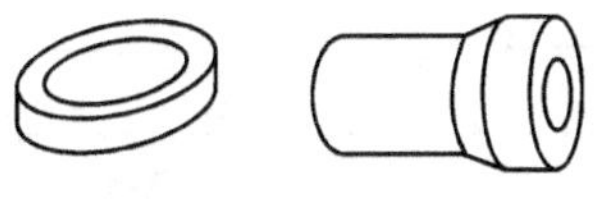	1. 镦粗—冲孔； 2. 镦粗—冲孔—扩孔； 3. 镦粗—冲孔—局部扩孔	圆环、齿轮、法兰、圆筒、空心轴等
4	弯曲类	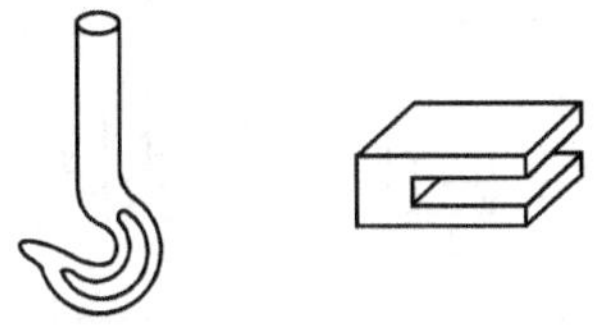	弯曲	吊钩、弯杆、轴瓦等
5	曲轴类	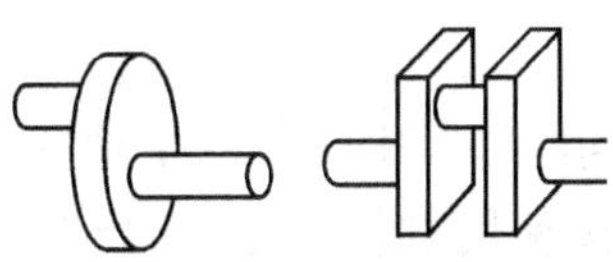	1. 拔长—错移（单拐曲轴）； 2. 拔长—错移—扭转（多拐曲轴）	各种曲轴、偏心轴
6	复杂形状类	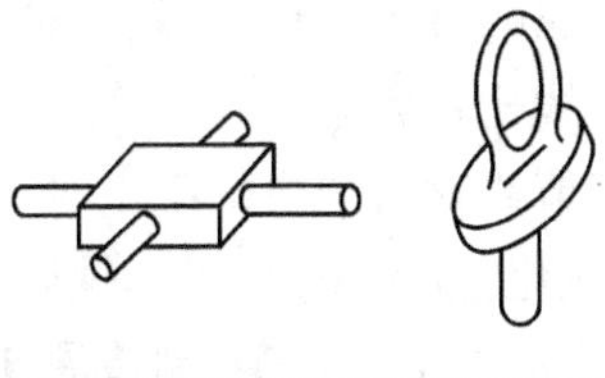	前几类锻件工序的组合	阀杆、叉杆、十字轴等

工序选定后,还要确定所用的夹具、加热设备、加热次数及加热规范。锻造设备及锻造能力可以根据锻件质量及形状或坯料质量来定。最后,确定锻件工时定额及劳动组织等。将上述资料汇总成为一个技术文件即锻造工艺卡。

4. 自由锻件的结构工艺性

自由锻件的结构工艺性见表4-4。

自由锻件的结构工艺性 表4-4

结构要求	不合理结构	合理结构
尽量避免锥体或斜面	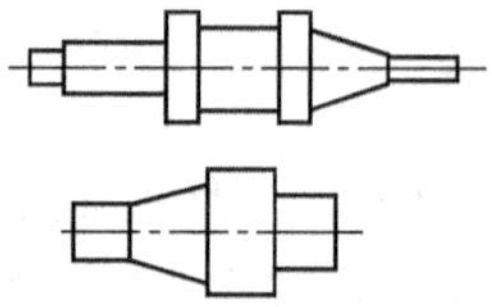	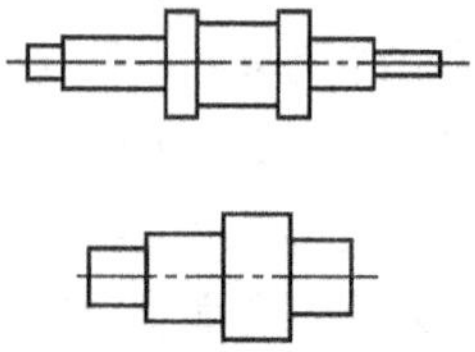
避免几何体的交接处形成空间曲线(圆柱面与圆柱面相交或非规则外形)	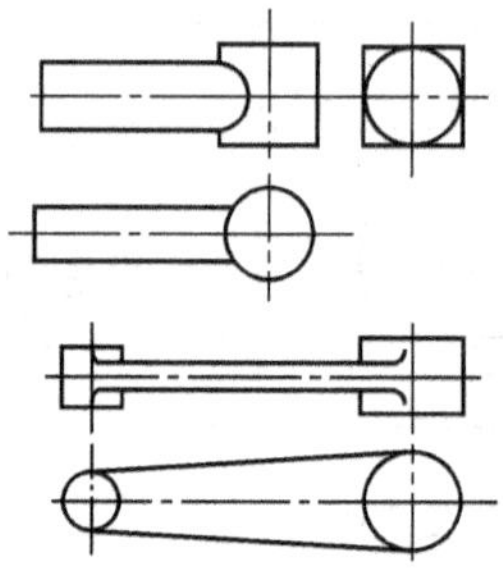	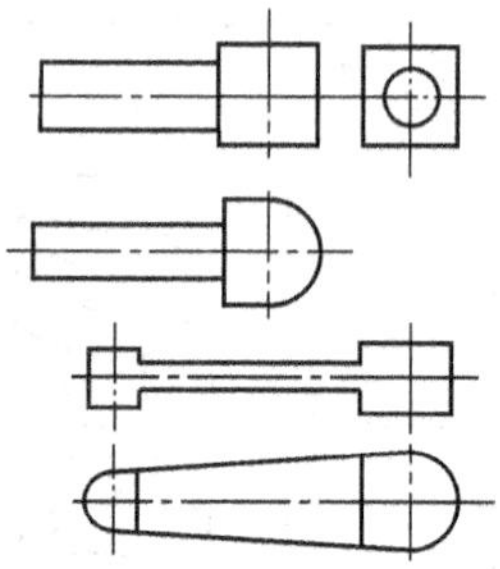
避免筋肋和凸台	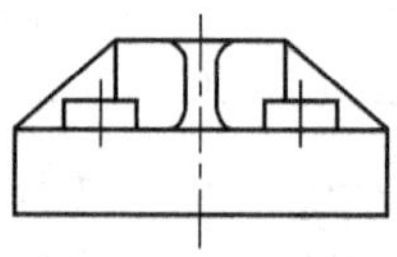	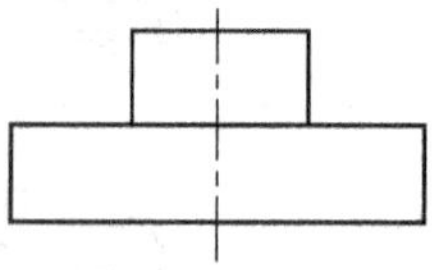
截面有急剧变化或形状较复杂时,应采用几个简单件锻焊结合方式	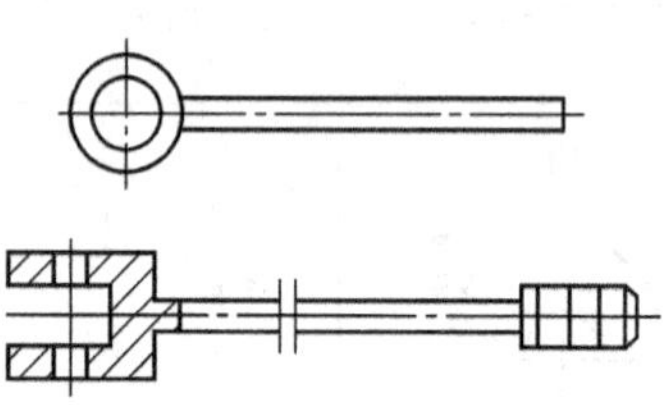	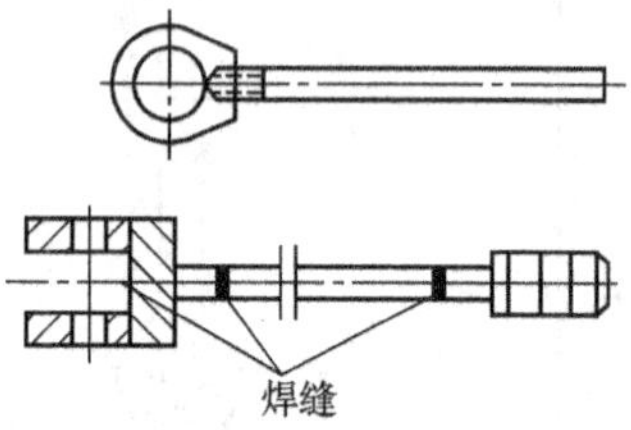 (焊缝)

二、模锻

模锻是将金属坯料放在与成品形状、尺寸相同的模腔中使其产生塑性变形,从而获得与模腔形状、尺寸相同的坯料或零件的加工方法。按使用的设备不同,模锻可分为锤上模锻、曲柄压力机上模锻、摩擦压力机上模锻、胎模锻等。与自由锻相比,模锻有以下特点。

(1)模锻件形状可以比较复杂,用模腔控制金属的流动,可生产较复杂锻件。

(2)模锻件力学性能高,使锻件内部的锻造流线比较完整。

(3)模锻件质量较高,表面光洁,尺寸精度高,节约材料与机加工工时。

(4)模锻生产率较高,操作简单,易于实现机械化,批量越大,成本越低。

(5)模锻设备及模具费用高,设备吨位大,锻模加工工艺复杂,制造周期长。

(6)模锻件不能太大,一般不超过150kg。因此,模锻只适合中、小型锻件批量或大批量生产。

1. 锤上模锻

锤上模锻所用设备为模锻锤,模锻锤产生的冲击力使金属变形,图4-10为一般常用的蒸汽—空气模锻锤的示意图,它的砧座3比相同吨位自由锻锤的砧座增大约1倍,并与锤身2连成一个刚性整体,锤头7与导轨之间的配合也比自由锻精密,因锤头的运动精度较高,使上模6与下模5在锤击时对位准确。

(1)锻模结构

锤上模锻生产所用的锻模如图4-11所示。带有燕尾的上模2和下模4分别用楔铁10和7固定在锤头1和模垫5上,模垫用楔铁6固定在砧座上。上模2随锤头做上下往复运动。

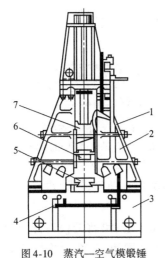
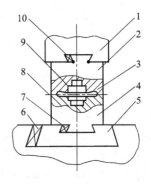

图4-10 蒸汽—空气模锻锤
1-操纵机构;2-锤身;3-砧座;4-踏杆;5-下模;
6-上模;7-锤头

图4-11 锤上模锻锻模示意图
1-锤头;2-上模;3-飞边槽;4-下模;5-模垫;
6、7、10-楔铁;8-分模面;9-模膛

(2)模膛的类型

根据模膛作用的不同,模膛可分为制坯模膛和模锻模膛两种。

①制坯膜膛。对于形状复杂的模锻件,为了使坯料形状基本接近模锻件形状,使金属能合理分布和很好地充满模锻模膛,就必须预先在制坯模膛内制坯。常见的制坯模膛有以下几种,如图4-12所示。

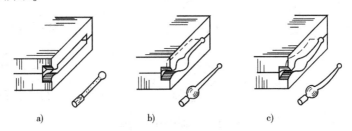

图4-12 常见的制坯模膛
a)拔长模膛;b)滚压模膛;c)弯曲模膛

a. 拔长模膛。拔长模膛用来减小坯料某部分的横截面积,以增加该部分的长度。

b. 滚压模膛。在坯料长度基本不变的前提下,用滚压模膛可减小坯料某部分的横截面积,以增大另一部分的横截面积。

c. 弯曲模膛。对于弯曲的杆类模锻件,须采用弯曲模膛来弯曲坯料。

d. 切断模膛。切断模膛在上模与下模的角部组成一对刀口,用来切断金属,如图 4-13 所示。

②模锻模膛。由于金属在模锻模膛中发生整体变形,故作用在锻模上的抗力较大。模锻模膛又分为终锻模膛和预锻模膛两种。

a. 终锻模膛。终锻模膛的作用是使坯料最后变形到锻件所要求的形状和尺寸,因此,它的形状应和锻件的形状相同。考虑到收缩,终锻模膛的尺寸应比锻件尺寸放大一个收缩量,钢件收缩率取 1.5%。另外,模膛四周有飞边槽,用以增加金属从模膛中流出的阻力,使金属更好地充满模膛,同时容纳多余的金属。对于具有通孔的锻件,由于不可能靠上下模的突起部分把金属完全挤压到旁边去,故终锻后在孔内留有一薄层金属,称为冲孔连皮,如图 4-14 所示。因此,把冲孔连皮和飞边冲掉后,才能得到具有通孔的模锻件。

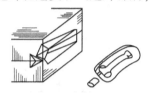
图 4-13 切断模膛

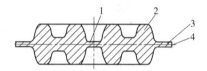
图 4-14 带有飞边槽和冲孔连皮的模锻件
1-冲孔连皮;2-锻件;3-飞边;4-分模面

b. 预锻模膛。预锻模膛的作用是使坯料变形到接近于锻件的形状和尺寸,然后进入终锻模膛。预锻模膛与终锻模膛的主要区别是,前者的圆角和斜度较大,没有飞边槽。对于形状简单或批量不够大的模锻件也可以不设预锻模膛。

根据模锻件的复杂程度不同,所需变形的模膛数量不等,可将锻模设计成单膛锻模或多膛锻模。多膛锻模是在一副锻模上具有两个以上模膛的锻模,如弯曲连杆模锻件的锻模即为多膛锻模,如图 4-15 所示。

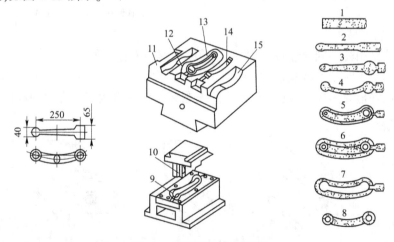

图 4-15 弯曲连杆锻件的锻模
1-原始坯料;2-拔长;3-滚压;4-弯曲;5-预锻;6-终锻;7-飞边;8-锻件;9-切边凹模;10-切边凸模;11-拔长模膛;12-滚压模膛;13-终锻模膛;14-预锻模膛;15-弯曲模膛

(3) 模锻件图的制定

模锻件图是以零件图为基础,考虑余块、加工余量、锻造公差、分模面位置、模锻斜度和圆角半径等因素绘制的。

①确定分模面。分模面是上、下锻模在模锻件上的分界面,确定分模面的基本原则有以下几点。

a. 应尽量选择最大截面作为分模面,使锻件方便从模膛中取出,故图4-16中的 a-a 面不合理。

b. 模膛应尽量浅,使金属易于充满模膛,故图4-16中的 b-b 面不合理。

c. 分模面应尽量采用平面,以便于模具的生产。

d. 应使上下模沿分模面的模膛轮廓一致,便于发现错模现象,故图4-16中的 c-c 面不合理。

e. 确定分模面时,应使敷料尽量少,以节省金属的用量,故图4-16中的 b-b 面不合理。

基于上述原则,图4-16中的 d-d 面是最合理的分模面。

②确定加工余量和锻造公差。锻件上凡需切削加工的表面均应有加工余量,所有尺寸均应给

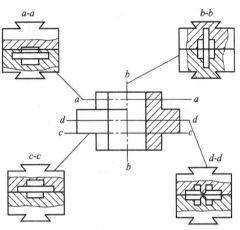

图4-16 分模面的选择比较示意图

出锻造公差。单边余量一般为1~4mm,偏差值一般为±(1~3)mm,锻锤吨位小时取较小值。

③模锻斜度。为了使锻件易于从模膛中取出,锻件上与分模面垂直的部分需带一定斜度,称为模锻斜度。外壁模锻斜度通常为7°,特殊情况下为5°和10°;内壁模锻斜度应比外壁模锻斜度大2°~3°,如图4-17所示。

④模锻圆角半径。锻件上的转角处须采用圆角,以利于金属充满模膛和提高锻模寿命。模膛外圆角(凸圆角)半径 r 为单面加工余量与成品零件的圆角半径之和,内圆角(凹圆角)半径 R 为 r 的2~3倍,如图4-18所示。

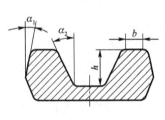

图4-17 模锻斜度

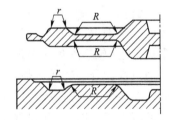

图4-18 模锻圆角半径

⑤冲孔连皮。需要锻出的孔内须留连皮(即一层较薄的金属),以减少模膛凸出部位的磨损,连皮厚度通常为4~8mm,孔径大时取值较大。

上述参数确定后,便可以绘制模锻件图。

(4) 模锻工序的确定

模锻工序主要根据模锻件结构形状和尺寸确定。常见的锤上模锻件可以分为以下两类。

①长轴类锻件。长轴类锻件有曲轴、连杆、台阶轴等,如图4-19所示。锻件的长度与宽度之比较大,此类锻件在锻造过程中,锤击方向垂直于锻件的轴线,终锻时,金属沿高度与宽

度方向流动,而沿长度方向没有显著的流动,常选用拔长、滚压、弯曲、预锻和终锻等工步。

对于小型长轴类锻件,为了减少钳口料和提高生产率,常采用一根料锻造几个件的锻造方法。因此,应增设切断工步,将锻好的件切离。

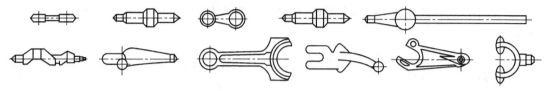

图 4-19　长轴类锻件

②盘类锻件。盘类锻件是指在分模面上的投影为圆形或长度接近宽度的锻件,如齿轮、法兰盘等,如图 4-20 所示。锻造过程中锤击方向与坯料轴线相同,始锻时金属沿高度、宽度方向均产生流动。因此,常选用镦粗、冲孔、终锻等工步。

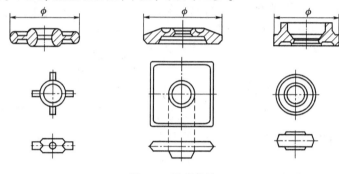

图 4-20　盘类锻件

(5) 模锻件的精整

提高模锻件成型后精度和表面质量的工序称为精整,包括切边、冲孔连皮、校正等。

(6) 模锻件的结构工艺性

设计模锻件时,应使其结构符合以下原则。

①必须具有一个合理的分模面,以保证模锻成型后,零件容易从锻模中取出,并且使敷料最少,锻模容易制造。

②考虑模锻斜度和圆角,模锻件上与分模面垂直的非加工表面应设计出模锻斜度。两个非加工表面形成的角(包括外角和内角)都应按模锻圆角设计。

③只有与其他机件配合的表面才须进行机械加工,由于模锻件尺寸精度较高—和表面粗糙度值低,因此,在零件上其他表面均应设计为非加工表面。

④模锻件外形应力求简单、平直和对称,为了使金属容易充满模腔而减少工序,应尽量避免模锻件截面间差别过大,或具有薄壁、高筋、高台等结构。如图 4-21a)所示零件有一个高而薄的凸缘,金属难以充满模腔,且使锻模制造和成型后取出锻件较为困难;如图 4-21b)所示模锻件高而薄,模锻时,薄部金属冷却快,变形抗力剧增,易损坏锻模。

⑤模锻件应避免深孔或多孔结构,以便于模具制造和延长模具使用寿命。如图 4-22 所示零件上的 4 个 $\phi20\mathrm{mm}$ 的孔就不能锻出,只能机械加工成型。

⑥对于复杂锻件,为减少余块、简化模锻工艺,在可能条件下,应尽量采用锻—焊或锻—机械连接组合工艺。

2. 其他设备模锻

锤上模锻具有工艺适应性广的特点,目前依然在锻造生产中广泛应用。但是,它的振动和噪声大、劳动条件差、效率低、能耗大等不足难以克服。因此,近年来大吨位模锻锤逐渐被压力机取代。

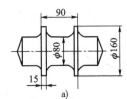
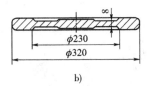

图 4-21 结构不合理的模锻件
a) 具有高而薄的凸缘；b) 锻件扁而薄

(1) 曲柄压力机上模锻

曲柄压力机是一种机械式压力机,其传动系统如图 4-23 所示。当摩擦离合器 8 在接合状态时,电动机 5 的转动通过 V 带 4、轴 6 和传动齿轮 7 传给曲轴 2,再经曲柄连杆机构使滑块 10 做上下往复直线运动。摩擦离合器 8 在脱开状态时,带轮(飞轮)空转,带闸制动器 3 使滑块 10 停在确定的位置上。锻模分别安装在滑块 10 和下模 1 上。曲柄压力机的吨位一般为 2000～120000kN。

图 4-22 多孔齿轮

曲柄压力机上模锻的特点如下。

① 曲柄压力机上模锻工作时无振动,噪声小。它作用于金属上的变形力是静压力,且变形力由机架本身承受,不传给地基。

② 曲柄压力机上模锻的滑块行程固定。每个变形工序在滑块的一次行程中即可完成。

③ 曲柄压力机上模锻精度高、生产率高。曲柄压力机具有良好的导向装置和自动顶件,机构,锻件的余量、公差和模锻斜度都比锤上模锻的小,且生产率高。

④ 曲柄压力机上模锻使用镶块式模具。这类模具制造简单,更换容易,节省贵重的模具材料。如图 4-24 所示,模膛由镶块 3、8 构成,镶块用螺栓 4 和压板 7 固定在模板 1、5 上,导柱 9 用来保证上下模之间的最大合模精度,顶杆 2、6 的端面形成模膛的一部分。

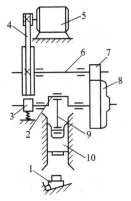
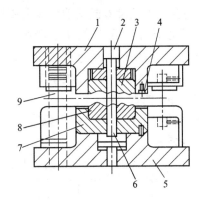

图 4-23 曲柄压力机传动示意图
1-下模；2-曲轴；3-带闸制动器；4-V 带；5-电动机；6-轴；7-传动齿轮；8-摩擦离合器；9-连杆；10-滑块

图 4-24 曲柄压力机所用锻模
1、5-模板；2、6-顶杆；3、8-镶块；4-螺栓；7-压板；9-导柱

⑤ 曲柄压力机价格高,因而这种模锻方法只适用于大批量生产中、小型锻件。

(2) 摩擦压力机上模锻

摩擦压力机的传动原理如图 4-25 所示。锻模分别安装在滑块 3 和工作台 1 上,电动机 4 经传动带使摩擦轮 5 旋转，改变操纵杆 9 的位置可以使摩擦轮 5 沿轴向左右移动，于是飞轮 6 可先后分别与两侧的摩擦轮 5 接触而获得不同方向的旋转，并带动螺杆 8 转动，在固定螺母 7 的约束下，螺杆 8 的转动变为滑块 3 的上下滑动，从而实现模锻生产。

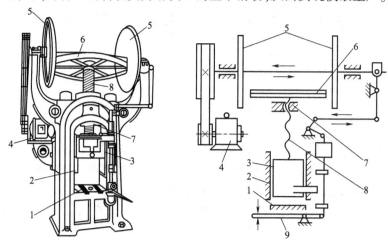

图 4-25　摩擦压力机的传动原理
1-工作台；2-导轨；3-滑块；4-电动机；5-摩擦轮；6-飞轮；7-固定螺母；8-螺杆；9-操纵杆

摩擦压力机工作过程中，滑块运动速度为 0.5～1.0m/s，具有一定的冲击作用，且滑块行程可控，这与锻锤相似，坯料变形中抗力由机架承受，形成封闭力系，这又是压力机的特点。所以摩擦压力机具有锻锤和压力机的双重工作特性，吨位为 3500kN 的摩擦压力机使用较多，最大吨位可达 10000kN。

摩擦压力机上模锻的特点如下。

①摩擦压力机上模锻工艺适应性好，压力机滑块行程不固定，可进行镦粗、弯曲、预锻、终锻等工序，还可进行校正、切边和冲孔等操作。

②摩擦压力机承受偏心载荷的能力差，通常只适用于进行单腔模锻。对于形状复杂的锻件，需要在自由锻设备或其他设备上制坯。

③模具设计和制造简单，由于滑块打击速度不高，设备本身具有顶料装置，故既可以采用整体式锻模，也可以采用组合式模具。

④由于滑块运动速度低，故摩擦压力机上模锻生产效率低，但特别适合锻造低塑性合金钢和非铁金属（如铜合金）等。

摩擦压力机上模锻适合中小型锻件的小批或中批量生产，如铆钉、螺钉阀、齿轮、三通阀等，如图 4-26 所示。

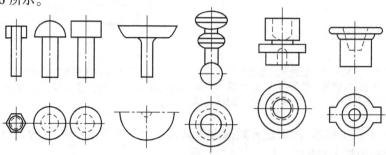

图 4-26　摩擦压力机上模锻的锻件

综上所述,摩擦压力机具有结构简单、造价低、投资少、使用及维修方便、工艺用途广泛等优点,所以我国中小型锻造车间大多使用这类设备。

(3) 胎模锻

在自由锻设备上使用可移动模具生产模锻件的锻造方法称为胎模锻。它是一种介于自由锻和模锻之间的锻造方法。胎模锻一般用自由锻方法制坯,在胎模中最后成型。胎模不固定在锤头或砧座上,需要时放在下砧铁上进行锻造。

与自由锻相比,胎模锻具有生产率高、锻件尺寸精度高、表面粗糙度值小、余块少、节约金属、降低成本等优点。与模锻相比,胎模锻具有胎模制造简单、不需贵重的模锻设备、成本低、使用方便等优点;但胎模锻件尺寸精度和生产率不如锤上模锻高,工人劳动强度大,胎模寿命短。胎模锻适于中、小批量生产,在缺少模锻设备的中、小型工厂中应用较广。

(4) 平锻机上模锻

平锻机的主要结构与曲柄压力机相同,因滑块是水平方向运动的,故称为平锻机。如图4-27所示为平锻机传动图。电动机1经传动带2将运动传至带轮5,带轮通过离合器4将运动传至传动轴3。传动轴的一端装有齿轮6,可将运动传至曲轴7,曲轴通过连杆与主滑块8相连。另外,凸轮15与传动滑块14相连,通过杠杆系统13与活动模12相连。随着曲轴7的传动,主滑块8带着冲头9(凸模)做前后往复运动,同时,凸轮15运动使传动滑块前后运动并驱使活动模12左右运动(11为静模)。挡料板10通过辊子与主滑块上的轨道相连。当主滑块向前运动(工作行程)时,轨道斜面迫使辊子上升,并使挡料板绕其轴线转动,挡料板的末端便移至一边,给凸模让位。

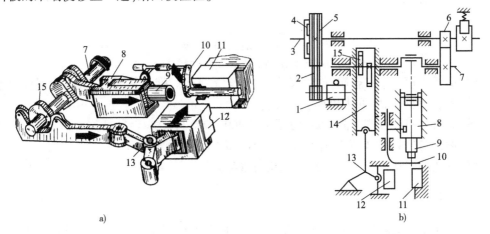

图4-27 平锻机传动图
a)实物图;b)示意图

1-电动机;2-传动带;3-传动轴;4-离合器;5-带轮;6-齿轮;7-曲轴;8-主滑块;9-冲头;10-挡料板;11-静模;12-活动模;13-杠杆系统;14-传动滑块;15-凸轮

平锻机的吨位以凸模最大压力来表示,一般是500~3150kN,可顶锻棒料直径为50~270mm。

平锻机主要用于对金属棒料和管料进行热态局部镦粗、冲孔、切断等,适用于大批量生产。平锻机上模锻的锻件如图4-28所示。平锻机一般可设置4~6个模膛。凹模是可分的,由固定模和活动模构成。凹模工作部分多用镶块组合,便于磨损后更换,节省模具材料。如图4-29所示为平锻机上模锻过程。将一端加热的棒料放在固定模1内,其位置由挡料板4决定,如图4-29a)所示。活动模2已将棒料夹紧,挡料板4自动退出,如图4-29b)所示。

凸模3运动将棒料一端镦粗,金属充满模膛,如图4-29c)所示,然后滑块反方向运动,凸模从模膛中退出,活动模松开,挡料板又恢复到原位,锻件即可取出,如图4-29d)所示。上述过程是在曲轴旋转一周的时间内完成的。

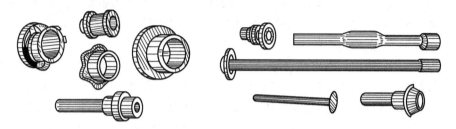

图4-28 平锻机上模锻的锻件

平锻机上模锻有以下特点。

①平锻机可以锻出锤上模锻和曲柄压力机上无法锻出的锻件,如带法兰的半轴类和具有两个凸缘的锻件,还可以进行切边、弯曲和热精锻等工步。

②平锻机上模锻锻件尺寸精确,表面质量高。

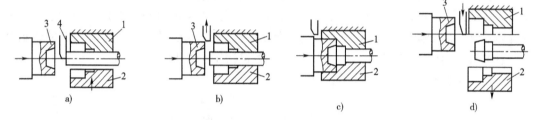

图4-29 平锻机上模锻过程
1-固定模;2-活动模;3-凸模;4-挡料板

③平锻机上模锻节省金属,锻件飞边小,甚至无飞边。带孔件无冲孔连皮,锻件外壁无斜度。因此,材料利用率可达85%～95%。

④平锻机上模锻生产率高,每小时可生产400～900件。

⑤平锻件造价较高,非回转体件及中心不对称的锻件较难锻造。

几种常用的锻造方法见表4-5,供选用时参考。

三、板料冲压

板料冲压是金属塑性加工的基本方法之一,它是通过装在压力机上的模具对板料施压使之产生分离或变形,从而获得一定形状、尺寸和性能的零件或毛坯的加工方法。板料冲压通常是在常温或低于板料再结晶温度的条件下进行的,因而又称为冷冲压。只有当板料厚度超过8mm或材料塑性较差时才采用热冲压。

板料冲压与其他加工方法相比具有以下特点。

(1)板料冲压所用原材料必须有足够的塑性,如低碳钢、高塑性的合金钢、不锈钢和铜、铝、镁及其合金等。

(2)板料冲压件尺寸精度高,表面光洁,质量稳定,互换性好,一般不需进行机械加工,可直接装配使用。

(3)板料冲压可加工形状复杂的薄壁零件。

(4)板料冲压生产率高,操作简便,成本低,工艺过程易实现机械化和自动化。

常用的锻造方法　　　　　　　　　　　　　　　　　　　　　　　　表4-5

加工方法	使用设备		适用范围	生产率	锻件精度	表面精度	模具特点	模具寿命	自动化	劳动条件	环境影响
自由锻	空气锤		小型锻件、单件小批生产	低	低	低	无模具	—	难	差	振动和噪声大
	蒸汽—空气锤		中型锻件、单件小批生产								
	水压机		大型锻件、单件小批生产								
模锻	胎模锻	空气锤蒸汽—空气锤	中小型锻件、中小批量生产	较高	中	中	模具简单,且不固定在设备上,取换方便	较短	较易	差	振动和噪声小
	锤上模锻	蒸汽—空气锤无砧座锤	中小型锻件、大批量生产,适合锻造各种类型模锻件	高	中	中	锻模固定在锤头和砧铁上,模膛复杂,造价高	中	较难	差	
	曲柄压力机上模锻	曲柄压力机	中小型锻件,大批生产,不宜进行拔长和滚压工序,可用于挤压	很高	高	高	组合模,有导柱、导套和顶出装置	较长	易	好	
	平锻机上模锻	平锻机	中小型锻件,大批重生产,适合锻造法兰类和带孔的模锻件	高	较高	高	由三块模组成,有两个分模面,可锻出侧面带凹槽的锻件	较长	较易	较好	
	摩擦压力机上模锻	摩擦压力机	小型锻件,中批量生产,可进行精密模锻	较高	较高	高	一般为单膛锻模,可多次锻造成型,不宜采用多膛模锻	中	较易	好	

(5)板料冲压可利用塑性变形的加工硬化提高零件的力学性能,在材料消耗少的情况下获得强度高、刚度大、质量好的零件。

(6)板料冲压模具结构复杂,加工精度要求高,制造费用大,因此,板料冲压只适合于大批量生产。

板料冲压广泛用于汽车、拖拉机、家用电器、仪器仪表、飞机、导弹、兵器以及日用品的生产中。

1. 冲压设备

板料冲压中常用的设备有剪床和冲床。剪床用于剪切板料,为下一步冲压工序做准备。冲床是用于冲压已剪切好的板料,并将板料制成所需形状和尺寸的成品零件。

(1)剪床

图4-30为剪床(也称剪板机)外形及其传动示意图。剪床是由电动机经带轮、齿轮、牙嵌离合器使曲轴转动并带动滑块上下运动,装在滑块上的刀片与装在工作台上的刀片相互运动而实现剪切。制动器控制滑块运动,使上刀片剪切后停在最高处,便于下次剪切。

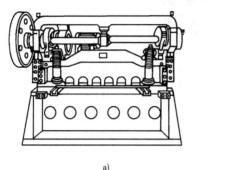
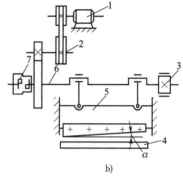

a)

b)

图 4-30 剪床

a) 外形图；b) 传动示意图

1-电动机；2-轴；3-制动器；4-工作台；5-滑块；6-曲轴；7-牙嵌离合器

(2) 冲床

冲床的传动机构多为曲柄连杆滑块机构。工作台三个方向敞开的冲床称为开式冲床。工作台前后敞开、左右有立柱的冲床称为闭式冲床。图 4-31 为可倾斜式开式冲床外形和传动示意图。冲床的传动是由电动机 8 带动带轮 1 旋转，经离合器 12 使曲轴 11 转动，并通过连杆 9 把旋转运动变成滑块 3 的上下往复运动。滑块上固定上模，随滑块上下往复运动而完成冲压动作。踏板 4、拉杆 13 和离合器 12 构成冲床的操纵机构。冲床开动后，如未踩下踏板，带轮只空转，曲轴不动；踩下踏板，离合器接合，曲轴转动并带动滑块上下运动。踏板抬起，离合器脱开，滑块在制动器的作用下，自动停在最高位置。只要踏板不抬起，滑块便连续上下动作。

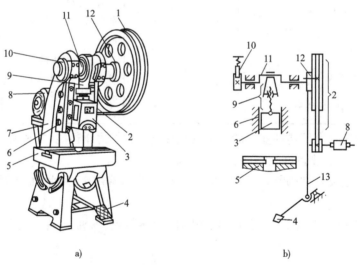

a)

b)

图 4-31 可倾斜式开式冲床外形和传动示意图

a) 外形图；b) 传动示意图

1-带轮；2-皮带减速系统；3-滑块；4-踏板；5-工作台；6-导轨；7-床身；8-电动机；9-连杆；10-制动器；11-曲轴；12-离合器；13-拉杆

冲床的规格以加工中产生的最大作用力即公称压力来表示。冲床规格一般为 6.3~200t。

2. 冲裁

冲裁是使坯料沿封闭轮廓分离的工序，包括落料和冲孔。落料时，冲落的部分为成品，而余料为废料；冲孔时，冲落的部分是废料。

(1) 变形与断裂分离过程

冲裁使板料变形与分离的过程如图 4-32 所示，包括以下三个阶段。

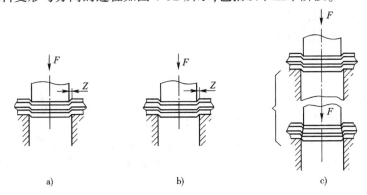

图 4-32 冲裁变形过程
a) 弹性变形阶段；b) 塑性变形阶段；c) 断裂分离阶段

① 弹性变形阶段。冲头（凸模）接触板料并继续向下运动的初始阶段，将使板料产生弹性压缩、拉伸与弯曲等变形，见图 4-32a)。

② 塑性变形阶段。冲头继续向下运动，板料中的应力达到屈服极限，板料金属产生塑性变形。变形达到一定程度时，在凸凹模刃口处出现微裂纹，见图 4-32b)。

③ 断裂分离阶段。冲头继续向下运动，已形成的微裂纹逐渐扩展，上下裂纹相遇重合后，板料被剪断分离，见图 4-32c)。

(2) 冲裁间隙

冲裁间隙不仅严重影响冲裁件的断面质量，也影响模具使用寿命。当冲裁间隙合理时，上下剪裂纹会基本重合，获得的冲裁件断面较光洁，毛刺最小；冲裁间隙过小，上下剪裂纹比正常间隙时向外错开一段距离，在冲裁件断面会形成毛刺和夹层；冲裁间隙过大，材料中拉应力增大，塑性变形阶段过早结束，剪裂纹向里错开、光亮带小，毛刺和剪裂带均较大。冲裁间隙的大小一般为板料厚度的 3%～8%。

从以上分析可以看出，合理的间隙值对冲裁生产是非常重要的。当冲裁件断面质量要求较高时，应选取较小的间隙值；当对冲裁件断面质量无严格要求时，应尽可能选用较大的间隙值，以提高冲模的使用寿命。

(3) 刃口尺寸

凸模和凹模刃口的尺寸取决于冲裁件尺寸和冲裁间隙。

① 设计落料模时，以凹模尺寸（落料件尺寸）为设计基准，然后根据冲裁间隙确定凸模尺寸，即用缩小凸模刃口尺寸来保证冲裁间隙值；设计冲孔模时，以凸模尺寸（冲孔件尺寸）为设计基准，然后根据冲裁间隙确定凹模尺寸，即用扩大凹模刃口尺寸来保证冲裁间隙值。

② 考虑冲模的磨损，落料件外形尺寸会随凹模刃口的磨损而增大，而冲孔件内孔尺寸则随凸模的磨损而减小。为了保证零件的尺寸精度，并提高模具的使用寿命，落料凹模的基本尺寸应取工件的最小工艺极限尺寸；冲孔时，凸模基本尺寸应取工件的最大工艺极限尺寸。

(4) 冲裁力

冲裁力是选用冲床吨位和校验模具强度的重要依据。

平刃冲模的冲裁力的计算公式为

$$F = KLtr \tag{4-3}$$

式中：F——冲裁力，N；

L——冲裁件周边长度，m；

t——板料厚度，m；

r——材料抗剪强度，MPa；

K——系数，一般取 1.3。

(5) 排样

排样是指落料件在板料上进行合理布置的方法，排样可以提高材料利用率。落料件的排样有两种，即无搭边排样和有搭边排样，如图 4-33 所示。

搭边排样就是在各个落料件之间均留有一定尺寸的边料，其优点是毛刺小，切口光洁，冲裁件尺寸准确，但材料消耗量大。只有对工件的质量要求不高时，为了节省材料才采用无搭边排样法。

(6) 修整

修整是利用修整模沿冲裁件外缘或内孔刮削一层薄层金属，以切掉冲裁件上的剪裂带和毛刺。修整的机理与切削加工相似。对于大间隙冲裁件，单边修整量一般为板料厚度的 10%；对于小间隙冲裁件，单边修整量在板料厚度的 8% 以下。

3. 拉深

拉深是利用模具冲压坯料，使平板冲裁坯料变形成开口空心零件的工序，也称为拉延，如图 4-34 所示。

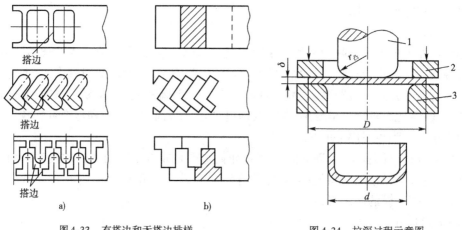

图 4-33 有搭边和无搭边排样
a) 有搭边；b) 无搭边

图 4-34 拉深过程示意图
1-冲头；2-压板；3-凹模

(1) 拉深系数

拉深件直径 d 与坯料直径 D 的比值称为拉深系数，用 m 表示。拉深系数是衡量拉深变形程度的指标。拉深系数越小，表明拉深件直径越小，变形程度越大，坯料越难被拉入凹模，易产生拉穿而成为废品。如果拉深系数过小，不能一次拉深成型时，可采用多次拉深工艺。但在多次拉深过程中，加工硬化现象严重。为保证坯料具有足够的塑性，在一两次拉深后，应安排工序间的退火工序；在多次拉深中，拉深系数应每次比前一次略大些，总拉深系数值等于每次拉深系数的乘积。

(2) 拉深缺陷及预防措施

拉深过程中最常见的问题是起皱和拉裂。由于凸缘受切向压应力作用，厚度的增加使其容易起皱。在筒形件底部圆角附近拉应力最大,壁厚减薄最严重,易产生破裂而被拉穿。

为防止拉深时起皱和拉裂,主要采取以下措施。

①进行拉深时,应限制拉深系数 m,$m \geqslant 0.5 \sim 0.8$。

②拉深模具的工作部分必须加工成圆角,凹模圆角半径 $R_d = (5 \sim 10)t$(t 为板料厚度),凸模圆角半径 $R_p < R_d$。

③进行拉深时,应控制凸模和凹模之间的间隙 Z,间隙 $Z = (1.1 \sim 1.5)t$。

④进行拉深时,应使用压边圈,可有效防止起皱。

⑤进行拉深时,应涂润滑剂,减少摩擦,降低内应力,以提高模具的使用寿命。

4. 弯曲

弯曲是利用模具或其他工具将坯料一部分相对另一部分弯曲成一定的角度和圆弧的变形工序。弯曲过程及典型弯曲件如图4-35所示。

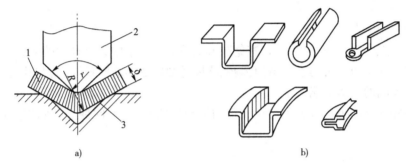

图4-35 弯曲过程及典型弯曲件
a)弯曲过程;b)典型弯曲件
1-工件;2-凸模;3-凹模

坯料弯曲时,其变形区仅限于曲率发生变化的部分,且变形区内侧受压,外侧受拉,位于板料的中心部位有一层材料不产生应力和应变,称为中性层。

弯曲变形区最外层金属受切向拉应力和切向伸长变形最大。当最大拉应力超过材料的抗拉强度时,则会造成弯裂。内侧金属也会因受压应力过大而使弯曲角内侧失稳起皱。

弯曲过程中须注意以下几个问题。

(1)考虑弯曲的最小半径 r_{min}。弯曲半径越小,其变形程度越大。为防止材料弯裂,应使 r_{min} 不小于板料厚度的25%,材料塑性好,相对弯曲半径可小些。

(2)考虑材料的纤维方向。弯曲时应尽可能使弯曲线与坯料纤维方向垂直,使弯曲时的拉应力方向与纤维方向一致,如图4-36所示。

(3)考虑回弹现象。弯曲变形与任何方式的塑性变形一样,在总变形中总存在一部分弹性变形。外力去除后,塑性变形保留下来,而弹性变形部分则恢复,从而使坯料产生与弯曲变形方向相反的变形,这种现象称为回弹。回弹现象会影响弯曲件的尺寸精度。一般在设计弯曲模时,应使模具角度与工件角度差一个回弹角(回弹角一般小于10°),这样在弯曲回弹后能得

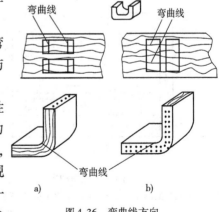

图4-36 弯曲线方向
a)合理;b)不合理

到较准确的弯曲角度。

5. 板料冲压件的结构工艺性

在设计板料冲压件时,不仅应使其具有良好的使用性能,而且还必须考虑冲压加工的工艺特点。影响冲压件工艺性的主要因素有冲压件的几何形状、尺寸及精度和表面质量等。

(1) 冲压件的几何形状

①冲压件的形状应力求简单、对称,尽可能采用圆形、矩形等规则形状,以便于冲压模具的制造、坯料受力和变形的均匀。

②冲压件的形状应便于排样,以提高材料的利用率。

③在设计板料冲压件时,可用加强肋提高刚度,以实现用薄板材料代替厚板材料的目的。

④为简化冲压工艺,节约材料,对形状复杂的冲压件可先分别冲成若干个简单件,最后再焊成整体件,即采用冲—焊结构。

(2) 冲压件的尺寸

①冲裁件上的转角应采用圆角,避免造成工件的应力集中和模具的破坏。

②冲裁件应避免过长的悬臂结构,避免凸模过细以防冲裁时折断,孔与孔之间的距离或孔与零件边缘间的距离不能太小。

③弯曲件的弯曲半径应大于材料许用的最小弯曲半径,弯曲件上孔的位置应位于弯曲变形区之外。

④注意拉深件的最小允许半径。

(3) 冲压件的精度和表面质量

对冲压件的精度要求不应超过工艺所能达到的一般精度,冲压工艺的一般精度如下:落料不超过 IT10;冲孔不超过 IT9;弯曲不超过 IT10～IT9;拉深件的高度尺寸精度为 IT10～IT8,经整形工序后精度可达 IT7～IT6。

一般对冲压件表面质量的要求不应高于原材料的表面质量,否则须增加切削加工等工序,使产品成本大为提高。

6. 冲模

冲模是使板料分离或变形的工具。冲模的结构和质量直接决定产品的质量和成本。好的冲模应结构简单,零部件精度和表面粗糙度要求合理,使用安全可靠和操作简便。

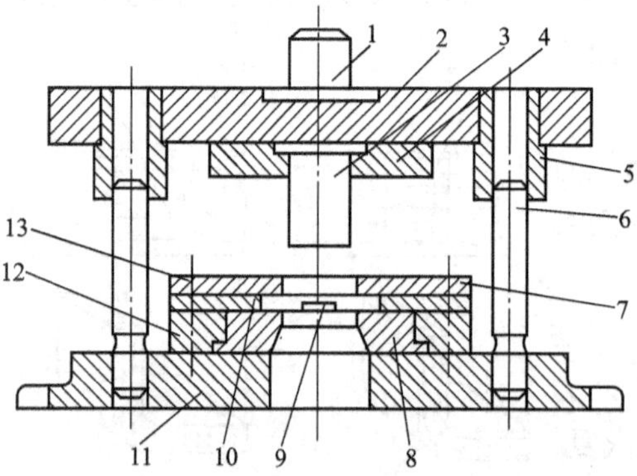

按工序复合程序不同,冲模可分为简单冲模、复合冲模和连续冲模。

(1) 简单冲模

在冲床的一次行程中,只完成一道工序的冲模称为简单冲模,如图 4-37 所示,它适用于小批量生产。

(2) 复合冲模

在冲床的一次行程中,在模具的同一部位上同时完成数道冲压工序的模具称为复合冲模。如图 4-38 所示为落料及拉深复合冲模。凸凹模的外圆是落料凸模 1,内孔为拉深凹模 3。当滑

图 4-37 简单冲模
1-模柄;2-上模座;3-凸模;4-凸模固定板;5-导套;6-导柱;7、13-导向板;8-凹模;9-定位销;10-卸料板;11-下模座;12-凹模固定板

块带着凸凹模向下冲压时,条料先被落料凸模 1 冲下落料进入落料凹模 5,然后由下面的拉深凸模 6 将落下的坯料顶入拉深凹模 3 中进行拉深。顶出器 7 和卸料器 5 在滑块回升时将拉深件(成品)推出模具。

(3) 连续冲模

连续冲模实际上是把两个以上的简单冲模安装在一块模板上,如图 4-39 所示,以便在一次冲压中连续完成两个以上的基本工序。冲压时定位销 6 对准预先冲好的定位孔,落料凸模 7 进行落料,冲孔凸模 1 进行冲孔。当上模回升时,卸料板 2 从凸模上推下条料,然后再将条料向前送进。如此不断进行,每次送进距离由挡料销定位。

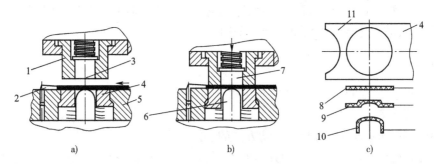

图 4-38　落料及拉深复合冲模
a)冲压前;b)冲压时;c)成品及废料

1-落料凸模;2-挡料销;3-拉深凹模;4-条料;5-落料凹模;6-拉深凸模;7-顶出器;8-落料成品;9-开始拉深件;
10-零件(成品);11-废料

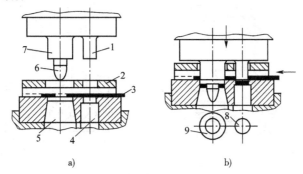

图 4-39　连续冲模
a)冲压前;b)冲压时

1-冲孔凸模;2-卸料板;3-坯料;4-冲孔凹模;5-落料凹模;6-定位销;7-落料凸模;8-废料;9-成品

第三节　其他塑性成型工艺及发展趋势

随着工业的迅速发展,近年来出现了新的塑性成型加工方法。应用这些加工方法可以获得精度及表面粗糙度接近零件实际要求的锻压件,这样不仅减少了原材料的消耗,还减少了切削加工量,提高了零件的力学性能,降低了能源的消耗,提高了劳动生产率。

一、精密模锻

精密模锻是在模锻设备上锻造出形状复杂、高精度锻件的锻造工艺。如精密锻造锥齿轮,其齿形部分可直接锻出而不必再切削加工。精密模锻件尺寸精度可达 IT15~IT12、表面

粗糙度 R_a 值为 3.2~1.6μm。

保证精密模锻件质量的主要措施如下。

(1) 精确计算原始坯料的尺寸,否则会增大锻件尺寸公差,降低精度。

(2) 精锻模膛的精度必须比锻件精度高两级,精锻模应有导向结构,以保证合模准确。

(3) 精密模锻应采用无氧化或少氧化加热法,尽量减少坯料表面形成的氧化皮。

(4) 仔细清理坯料表面,除净坯料表面的氧化皮、脱碳层及其他缺陷等。

(5) 模锻过程中要很好地冷却锻模和进行润滑。

精密模锻一般都在刚度大、运动精度高的设备(如曲柄压力机、摩擦压力机、高速锤等)上进行,它具有精度高、生产率高、成本低等优点。但由于模具制造复杂、对坯料尺寸和加热方法等要求高,故只适合在大批量生产中采用。

二、挤压

挤压是使坯料在挤压模内受压被挤出模孔而变形的加工方法。

1. 挤压的分类

(1) 按金属的流动方向与凸模运动方向的不同分类

按金属的流动方向与凸模运动方向的不同,挤压可分为正挤压、反挤压、复合挤压和径向挤压,如图 4-40 所示。

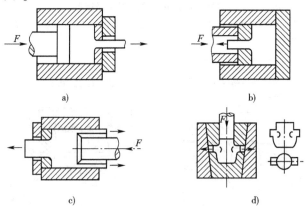

图 4-40 挤压成型
a) 正挤压;b) 反挤压;c) 复合挤压;d) 径向挤压

① 正挤压。金属的流动方向与凸模运动方向相同的挤压称为正挤压,见图 4-40a)。

② 反挤压。金属的流动方向与凸模运动方向相反的挤压称为反挤压,见图 4-40b)。

③ 复合挤压。在挤压过程中,一部分金属的流动方向与凸模运动方向相同,另一部分金属的流动方向与凸模运动方向相反的挤压称为复合挤压,见图 4-40c)。

④ 径向挤压。金属的流动方向与凸模运动方向之间的夹角为 90°的挤压称为径向挤压,见图 4-40d)。

(2) 按金属坯料变形温度的不同分类

按金属坯料变形温度的不同,挤压可分为冷挤压、热挤压和温挤压。

① 冷挤压。冷挤压通常是在室温下进行。冷挤压零件表面粗糙度值低(R_a 为 1.6~0.2μm)、精度高(达到 IT7~IT6),变形后的金属组织为冷变形强化组织,故产品的强度高。但金属的变形抗力较大,故变形程度不宜过大。冷挤压时可以通过对坯料进行热处理和润

滑处理等方法提高其冷挤压的性能。

②热挤压。热挤压中,坯料变形的温度与锻造温度基本相同。热挤压中,金属的变形抗力小,允许的变形程度较大,生产率高,但产品表面粗糙度值较大,精度较低。热挤压广泛用于冶金部门生产铝、铜、镁及其合金的型材和管材等,目前也越来越多地用于机器零件和毛坯的生产。

③温挤压。温挤压中,金属坯料变形的温度介于室温和再结晶温度之间(100~800℃)。与冷挤压相比,温挤压变形抗力小,变形程度增大,提高了模具的寿命;与热挤压相比,温挤压坯料氧化脱碳少,表面粗糙度值小(R_a为6.5~3.2μm),产品尺寸精度较高,故适合挤压中碳钢和合金钢件。

2. 挤压工艺特点

(1)挤压时金属坯料处于三向受压状态,可提高金属坯料的塑性,扩大金属材料的塑性加工范围。

(2)挤压可制出形状复杂、深孔、薄壁和异型断面的零件。

(3)挤压件的精度高,表面粗糙度值小。

(4)挤压变形后,零件内部的纤维组织基本上是沿零件外形分布而不被切断,从而提高了零件的力学性能。

(5)挤压材料利用率可达70%,生产率比其他锻造方法提高几倍。

(6)挤压是在专用挤压机(有液压式、曲轴式、肘杆式等)上进行的,也可在适当改造后的通用曲柄压力机或摩擦压力机上进行。

三、超塑成型

利用金属的超塑性成型的方法称为超塑成型。超塑性是指金属或合金在特定条件下,呈现异常高的塑性,变形抗力很小,延伸率可达百分之几百,甚至高达百分之两千以上,如钢超过500%,锌铝合金超过1000%,这种现象称为超塑性。

其特定条件是指金属的晶粒度、变形温度及变形速度等。晶粒要超细化、等轴化,在变形期间能保持稳定,即晶粒不会长大,晶粒超细化的程度要达到0.2~5μm的晶粒度;变形温度要确定,一般是在0.5~0.7倍的绝对熔化温度下呈现超塑性;变形速度要慢,一般呈现超塑性的最佳应变速率为$\varepsilon=10^{-4}\sim10^{-2}/s$。

具有超塑性的金属在变形过程中不产生颈缩,变形应力一般只有常态下金属的几十到几百分之一,因此,该种金属极易成型,可采用多种工艺方法制出复杂零件。超塑性现象可简要归纳为"大伸长、无缩颈、小应力、易成型"。

目前常用的超塑性成型材料主要是锌铝合金、铝基合金及高温合金等。金属超塑性成型是一项新工艺,具有以下特点。

(1)超塑成型材料塑性高,可比一般塑性成型提高1~2个数量级。

(2)超塑成型材料变形抗力小,通常只有常规塑性成型的1/5左右。

(3)超塑成型材料尺寸稳定。

(4)对于复杂形状的零件,超塑成型材料可以一次成型,表面粗糙度值低及尺寸精度高,特别是对难变形的合金尤为有效。

(5)超塑成型生产率低,需要耐高温的模具材料及专用加热装置,因而只有在一定范围内使用才是经济的。

超塑成型目前已在航空、航天、模具制造、工艺美术、电子仪器、仪表、轻工等行业中得到实际应用。

四、板料数字化连续变形加工

金属板料渐进快速成型(HD type rapid prototyping machine for sheet metal)技术,是将RP技术与金属板料塑性成型技术相结合的一种新型的先进制造技术。其原理特点与RP技术基本相同,即采用快速原型的分层制造,将复杂的三维CAD数据沿Z轴方向进行切片分层,依据这一层层的截面轮廓数据,采用三轴联动成型设备带动工具头,按照某种行进方式,对金属板材料进行局部塑性加工。此项成型技术的最大优点是,不需另外制造模具,采用渐进成型的方式,就能将金属板材料加工成所需要的形状。

该技术目前的应用是在于实验性汽车壳体的整车打样生产,汽车壳体加工需要大量的模具,造价高昂,当新型汽车未定型,还在修改测试阶段时,无法制造模具,采用该技术可以随时根据设计数据制造单件或小批量的汽车壳体,效率高,费用低廉。

五、塑性加工的发展趋势

金属塑性成型工艺的发展有着悠久的历史,近年来塑性加工在计算机的应用、先进技术和设备的开发和应用等方面均已取得显著进展,并正向着高科技、自动化和精密成型的方向发展。

1. 先进成型技术的开发和应用

(1) 发展省力成型工艺

塑性加工工艺相对于铸造、焊接工艺,具有产品内部组织致密、力学性能好且稳定的优点。但是传统的塑性加工工艺往往需要大吨位的压力机,相应的设备重量,其初期投资非常大,现在可以采用超塑成型、液态模锻、旋压、辊锻、楔横轧、摆动碾压等方法降低变形力。

(2) 提高成型精度

"少无余量成型"可以减少材料消耗和后续加工,成本低。提高产品精度一方面要使金属能填充模腔中很精细的部位,另一方面又要有很小的模具变形。等温锻造由于模具与工件的温度一致,工件流动性好,变形力小,模具弹性变形小,是实现精锻的好方法。粉末锻造由于容易得到最终成型所需要的精确的预成型坯,所以既节省材料又节省能源。

(3) 复合工艺和组合工艺

粉末锻造(粉末冶金+锻造)、液态模锻(铸造+模锻)等复合工艺有利于简化模具结构,提高坯料的塑性成型性能,应用越来越广泛。采用热锻—温整形、温锻—冷整形、热锻—冷整形等组合工艺,有利于大批量生产高强度、形状较复杂的锻件。

2. 计算机技术的应用

(1) 塑性成型过程的数值模拟

计算机技术可用于模拟和计算工件塑性变形区的应力场、应变场和温度场,预测金属充型情况、锻造流线的分布以及缺陷产生情况,分析变形过程的热效应及其对组织结构和晶粒度的影响等。

(2) CAD/CAE/CAM的应用

在锻造生产中,利用CAD/CAM技术可进行锻件、锻模设计,材料选择,坯料计算,制坯工序,模锻工序及辅助工序设计,确定锻造设备及锻模加工等一系列工作。在板料冲压成型中,随着数控冲压设备的出现,CAD/CAE/CAM 技术得到了充分的应用,尤其是冲裁件的 CAD/CAE/CAM 系统应用已经比较成熟。

(3)增强成型柔度

柔性加工是指应变能力很强的加工方法,它适于产品多变的场合。在市场经济条件下,柔度高的加工方法显然具有较强的竞争力,计算机控制和检测技术已广泛应用于自动生产线,塑性成型柔性加工系统(FMS)在发达国家已应用于生产。

3. 实现产品—工艺—材料的一体化

以前塑性成型往往是"来料加工",近年来由于机械合金化的出现,可以不通过熔炼得到各种性能的粉末,塑性加工时可以自配材料经热等静压(HIP)再经等温锻得到产品。

第五章 焊接成型

焊接是利用加热或加压(或加热和加压),借助金属原子的结合与扩散,使分离的两部分金属牢固地、永久地结合起来的工艺。焊接方法可以拼小成大,还可以与铸、锻、冲压结合成复合工艺生产大型复杂件。主要用于制造金属构件,如锅炉、压力容器、管道、车辆、船舶、桥梁、飞机、火箭、起重机、海洋设备、冶金设备等。

第一节 焊接成型理论基础

熔焊的焊接过程是利用热源(如电弧热、气体火焰热、高能粒子束等)先将工件局部加热到熔化状态形成熔池,然后,随着热源向前移动,熔池液体金属冷却结晶形成焊缝。熔焊的过程包括加热、冶金和结晶,在这些过程中,会产生一系列变化,对焊接质量有较大的影响,如焊缝成分的变化、焊接接头的组织和性能变化以及焊接应力与变形的产生等。

一、熔焊的冶金特点

熔焊是指利用某种焊接热源(如电弧、气体火焰等)将被焊金属的连接处局部加热到熔化状态,通过冷却结晶过程把被焊金属连接起来的方法。在加热、熔化和冷却结晶过程中,焊接区内会发生一系列的物理、化学反应,熔焊具有以下特点。

(1)焊接热源和金属熔池的温度高,因而使金属元素强烈蒸发、烧损,并使焊接热源高温区的气体分解为原子状态,提高了气体的活泼性,使发生的物理、化学反应更加激烈。

(2)金属熔池的体积小,冷却速度快,熔池处于液态的时间很短(以秒计),致使某种化学反应难以达到平衡状态,造成焊缝化学成分不够均匀。有时金属熔池中的气体及杂质来不及逸出,在焊缝中会产生气孔及其他缺陷。

焊接过程一般是在大气中进行,为防止空气对焊接区的有害影响,可在焊接区外围采用气体保护层,如焊条药皮中的造气剂、气体保护焊所用的保护气体等。另外,还可采用熔渣覆盖在液体金属表面以杜绝空气对液体金属的有害影响,如焊条电弧焊、埋弧焊及电渣焊过程所形成的熔渣都起这种作用。除上述方法外,还可以在真空条件下进行焊接,以保证焊缝金属的高度纯洁性,如真空电子束焊。

为保证焊缝金属的化学成分,可以通过焊条药皮或焊剂向焊缝金属中过渡合金元素。合金元素也可以通过焊芯或焊丝加入到焊缝金属中,这样不仅可以弥补焊缝金属中合金元素的烧损,还可以改善焊缝金属的力学性能或减少有害元素的影响。例如,在焊缝金属中加入脱氧剂进行脱氧,加入 Mn 形成 MnS 以减少有害元素 S 的含量等。

二、焊接接头金属组织与性能的变化

熔焊是指焊件局部经历加热和冷却的热过程。在焊接热源的作用下,焊接接头上某点

的温度随时间变化的过程称为焊接热循环。焊缝及附近的母材所经历的焊接热循环是不相同的,因此,引起的组织和性能的变化也不相同。

熔焊的焊接接头由焊缝、熔合区和热影响区组成。

1. 焊缝的组织与性能

焊缝是由熔池金属结晶而成的,结晶首先从熔池底壁开始,沿垂直于熔池和母材的交界线向熔池中心长大,形成柱状晶,如图5-1所示。熔池结晶过程中,由于冷却速度很快,已凝固的焊缝金属中的化学元素来不及扩散,造成合金元素偏析。

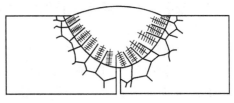

焊缝组织是由液态金属结晶的铸态组织,具有晶粒粗大、成分偏析、组织不致密等缺点,但是,由于焊接熔池小,冷却快,且C、S、P含量都较低,还可以

图5-1 焊缝的柱状晶示意图

通过焊接材料(焊条、焊丝和焊剂等)向熔池金属中渗入某些细化晶粒的合金元素,调整焊缝的化学成分,以保证焊缝金属的性能满足使用要求。

2. 熔合区和热影响区的组织与性能

(1) 熔合区

熔合区是焊缝与基体金属的交界区,也称为半熔化区。焊接加热时,该区的温度处于固相线和液相线之间,金属处于半熔化状态。对低碳钢而言,由于固相线和液相线的温度区间小,且温度梯度又大,所以半熔化区的范围很窄(0.1~1mm)。半熔化区的化学成分和组织性能都有很大的不均匀性,其组织中包含未熔化而受热长大的粗大晶粒和铸造组织,力学性能下降较多,是焊接接头中的薄弱区域。

(2) 热影响区

热影响区是指在焊接热循环的作用下,焊缝两侧因焊接热而发生金相组织和力学性能变化的区域。低碳钢的焊接熔合区和热影响区组织变化如图5-2所示。由于各点温度不同,组织和性能变化特征也不同,其热影响区一般包括过热区、正火区和部分相变区。

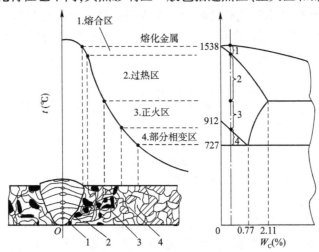

图5-2 低碳钢焊接熔合区和热影响区组织变化示意图

① 过热区

焊接加热时,过热区处于1100℃至固相线的高温范围,奥氏体晶粒发生严重的长大现象,焊后快速冷却的条件下,形成粗大的魏氏组织。魏氏组织是一种典型的过热组织,其组

织特征是铁素体一部分沿奥氏体晶界分布,另一部分以平行状态伸向奥氏体晶粒内部。过热区的塑性和韧性严重降低,尤其是冲击韧度降低更为显著,脆性大,也是焊接接头中的薄弱区域。

② 正火区

焊接时母材金属被加热到 $Ac_3 \sim 1100℃$,铁素体和珠光体全部转变为奥氏体。冷却后得到均匀细小的铁素体和珠光体组织,其力学性能优于母材。

③ 部分相变区

焊接时被加热到 $Ac_1 \sim Ac_3$ 之间的区域属于部分相变区。该区域中只有一部分母材金属发生奥氏体相变,冷却后成为晶粒细小的铁素体和珠光体;而另一部分是始终未能溶入奥氏体的铁素体,它不发生转变,但随温度升高,晶粒略有长大。所以冷却后部分相变区枝晶大小不一,组织不均匀,其力学性能稍差。

3. 影响焊接接头性能的主要因素

焊接热影响区中的熔合区和过热区对焊接接头不利,应尽量减小。

影响焊接接头组织和性能的因素有焊接材料、焊接方法、焊接工艺参数、焊接接头形式和坡口等。实际生产中,应结合母材本身的特点合理地考虑各种因素,对焊接接头的组织和性能进行控制。对重要的焊接结构,若焊接接头的组织和性能不能满足要求时,则可以采用焊后热处理来改善。

三、焊接应力与变形

1. 焊接应力形成的原因和变形形式

焊接过程是对焊接接头的局部加热和冷却,其膨胀和收缩必然受周围冷金属的制约从而产生焊接应力和变形。焊接应力的存在使焊件的实际承载能力下降,甚至产生裂纹引起断裂。变形的存在造成结构形状和尺寸的改变,增加装配难度。所以常常需要对变形进行矫正,这不但增加制造成本,而且矫正部位的性能会下降。变形量过大,还可能导致工件报废。常见的焊接变形的基本形式有横向和纵向收缩变形、角变形、弯曲变形、扭曲变形和波浪变形共五种,如图 5-3 所示。但在实际的焊接结构中,这些变形并不是孤立存在的,而是多种变形共存,并且相互影响。

图 5-3 焊接变形的基本形式

a)横向和纵向收缩变形;b)角变形;c)弯曲变形;d)扭曲变形;e)波浪变形

2. 减小和消除应力的措施

降低焊接应力可以从工艺和设计两方面综合考虑。在设计焊接结构时,应采用刚度较小的接头形式,尽量减少焊缝数量和截面尺寸、避免焊缝集中等。在工艺措施上可以采取以下方法。

(1) 合理选择焊接顺序

合理选择焊接顺序,尽量使焊缝能较自由地收缩,减少残余应力,如图 5-4 所示。

(2) 使用锤击法

锤击法是用一定形状的小锤均匀迅速地敲击焊缝金属,使其伸长,抵消部分收缩,从而减小焊接应力的方法。

(3) 使用预热法

预热法是指焊前对待焊构件进行加热,以减小焊接区金属与周围金属的温差,使焊接加热和冷却时的不均匀膨胀和收缩减小,从而使不均匀塑性变形尽可能减小的方法。预热法能够有效减少焊接应力。

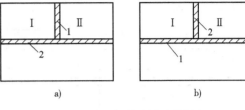

图 5-4 焊接顺序对焊接应力的影响
a) 合理;b) 不合理
1、2-焊接顺序

(4) 进行热处理

为了消除焊接结构中的焊接残余应力,生产中通常采用去应力退火。对于碳钢和低、中合金钢结构,焊后可以把构件整体或焊接接头局部区域加热到 600~650℃,保温一定时间后缓慢冷却,这样一般可以消除 80%~90% 的焊接残余应力。

3. 变形的预防与矫正

焊接变形对结构生产的影响一般比焊接应力要大些。在实际焊接结构中,应尽量减少焊接变形。

(1) 预防焊接变形的方法

为了控制焊接变形,在设计焊接结构时,应合理地选用焊缝的尺寸和形状,尽可能减少焊缝的数量,焊缝的布置应力求对称。在焊接结构的生产中,通常可采用以下工艺措施。

①反变形法。反变形法是在进行结构组焊时,先使工件进行一定的反向变形,以抵消焊接变形,如图 5-5 所示。

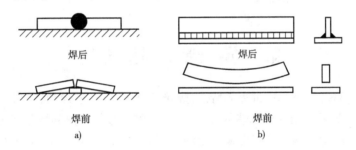

图 5-5 反变形法
a) 角变形;b) 弯曲变形

②刚性固定法。刚度大的结构焊后变形一般较小,当构件的刚度较小时,利用外加刚性拘束以减小焊接变形的方法称为刚性固定法,如图 5-6 所示。

③选择合理的焊接方法。选用能量比较集中的焊接方法,如采用二氧化碳气体保护焊、等离子弧焊代替气焊和焊条电弧焊,以减小薄板的焊接变形。

④选择合理的装配焊接顺序。焊接结构的刚度通常是在装配、焊接过程中逐渐增大的,结构整体的刚度要比其部件的刚度大。因此,对于截面对称、焊缝布置也对称的简单结构,采用先装配成整体,然后按合理的焊接顺序进行生产的方式,可以减小焊接变形。预防焊接变形的焊接顺序如图 5-7 所示,图中的阿拉伯数字为焊接顺序,最好能同时对称施焊。

(2) 矫正焊接变形的措施

矫正焊接变形的方法主要有机械矫正法和火焰矫正法两种。

①机械矫正法。机械矫正法是利用外力使构件产生与焊接变形方向相反的塑性变形,使二者互相抵消,可采用辊床、压力机、矫直机等设备,也可手工锤击矫正。机械矫正法示意图如图 5-8 所示。

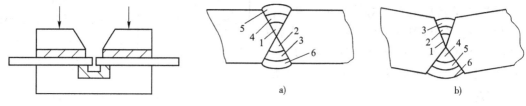

图 5-6　刚性固定法

图 5-7　预防焊接变形的焊接顺序
a)合理;b)不合理

②火焰矫正法。火焰矫正法是利用局部加热(一般采用三角形加热法)时产生压缩塑性变形,在冷却过程中,局部加热部位的收缩将使构件产生挠曲,从而达到矫正焊接变形的目的。火焰矫正法示意图如图 5-9 所示。

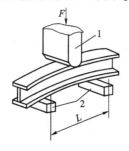
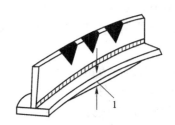

图 5-8　机械矫正法示意图
1-压头;2-支承

图 5-9　火焰矫正法示意图
1-变形

第二节　常用焊接方法

焊接的种类很多,按照焊接过程的特点,焊接可分为熔焊、压焊和钎焊。

(1)熔焊。熔焊是利用局部加热的方法,将工件的焊接处加热到熔化状态,形成熔池,然后冷却结晶,形成焊缝。熔焊是应用最广泛的焊接方法,如气焊(气体火焰为热源)、电弧焊(电弧为热源)、电渣焊(熔渣电阻热为热源)、激光焊(激光束为热源)、电子束焊(电子束为热源)、等离子弧焊(压缩电弧为热源)等。

(2)压焊。压焊是在焊接过程中需要对焊件施加压力(加热或不加热)的一类焊接方法,如电阻焊、摩擦焊、扩散焊以及爆炸焊等。

(3)钎焊。钎焊是利用熔点比母材低的填充金属熔化后,填充接头间隙并与固态的母材相互扩散,实现连接的焊接方法,如软钎焊和硬钎焊。

下面具体介绍一些常用的焊接方法。

一、焊条电弧焊

利用电弧作为热源,用手工操纵焊条进行焊接的方法称为焊条电弧焊。焊条电弧焊设备简单,维修容易,焊钳小,使用灵活,可以在室内、室外、高空和各种方位进行焊接。焊条电弧焊是焊接生产中应用最广泛的方法。但其生产效率低,对工人操作技术要求高,工作条件差,焊接质量不易保证,而且质量不稳定。

焊条电弧焊操作过程包括引燃电弧、送进焊条和沿焊缝移动焊条。焊条电弧焊焊接过程示意图如图 5-10 所示。电弧在焊条与工件(母材)之间燃烧,电弧热使母材熔化形成熔池,焊条熔化并以熔滴形式借助重力和电弧吹力进入熔池,燃烧、熔化的药皮进入熔池成为熔渣浮在熔池表面,保护熔池不受空气侵害。药皮分解产生的气体环绕在电弧周围,隔绝空气,保护电弧、熔滴和熔池金属。当焊条向前移动,新的母材熔化时,原熔池和熔渣凝固,形成焊缝和渣壳。

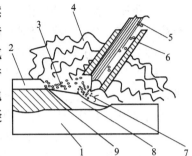

图 5-10 焊条电弧焊焊接过程示意图
1-工件;2-固态渣壳;3-液态熔渣;4-气体;5-焊条芯;6-焊条药皮;7-金属熔滴;8-熔池;9-焊缝

1. 焊接电弧

(1) 焊接电弧的产生

焊接电弧是在焊条(电极)和工件(电极)之间产生的强烈、稳定而持久的气体放电现象。

焊接电弧产生的过程是:先将焊条与工件相接触,瞬间有强大的电流流经焊条与焊件接触点,产生强烈的电阻热,并将焊条与工件表面加热到熔化,甚至蒸发、汽化。电弧引燃后,弧柱中充满了高温电离气体,放出大量的热和光。

(2) 焊接电弧的结构

焊接电弧由阴极区、阳极区和弧柱三部分组成,其结构如图 5-11 所示。阴极区是电子供应区,温度约为 2400K;阳极区是电子轰击区,温度约为 2600K;弧柱是位于阴阳两极之间的区域。对于直流电焊机,工件接阳极,焊条接阴极,称为正接;而工件接阴极,焊条接阳极,称为反接。

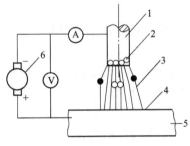

图 5-11 焊接电弧的结构
1-焊条;2-阴极区;3-弧柱;4-阳极区;5-工件;6-电焊机

为保证顺利引弧,焊接电源的空载电压(引弧电压)应是电弧电压的 1.8~2.25 倍,电弧稳定燃烧时所需的电弧电压(工作电压)为 29~45V。

2. 焊条

(1) 焊条的组成与作用

焊条由焊芯和药皮两部分组成。焊芯起导电和填充金属的作用,药皮则用于保证焊接过程顺利进行,并使焊缝具有一定的化学成分和力学性能。

①焊芯。焊芯采用焊接专用金属丝。结构钢焊条一般含碳量低,有害杂质少,含有一定量的合金元素,如 H08A 等。其中,第一个字母"H"是"焊"的汉语拼音首字母,表示焊接用实芯焊丝;H 后面的两位数字表示碳的质量分数;化学元素符号后面的数字表示该元素大致含量(质量分数)。合金元素质量分数不大于 1% 时,化学元素符号后面的数字省略。牌号末尾标有"A"时,表示为优质品,说明焊丝的 S、P 含量比普通焊丝低。焊芯的作用有两方面,一是作为电极传导电流;二是熔化后成为填充金属,与熔化的母材共同组成焊缝金属。因此,可以通过焊芯调整焊缝金属的化学成分。

②药皮。压涂在焊芯表面上的涂料层称为药皮。药皮原材料有矿石、铁合金、有机物和化工产品等。药皮的主要作用如下。

a. 药皮能够改善焊接工艺性。药皮中含有稳弧剂,使电弧易于引燃和保持燃烧稳定。

b. 药皮对焊接区起保护作用。药皮中含有造渣剂、造气剂等,产生气体和熔渣,对焊缝金属起双重保护作用。

c. 药皮具有冶金处理作用。药皮中含有脱氧剂、合金剂、稀释剂等,使熔化金属顺利进行脱氧、脱硫、去氢等冶金化学反应,并补充被烧损的合金元素。

(2)焊条的分类、型号与牌号

①焊条的分类。按用途不同,焊条可分为结构钢焊条、钼和铬钼耐热钢焊条、低温钢焊条、铜及铜合金焊条、铝及铝合金焊条、不锈钢焊条、堆焊焊条、铸铁焊条、镍及镍合金焊条及特殊用途焊条十类。其中,结构钢焊条分为碳钢焊条和低合金钢焊条。

结构钢焊条按药皮性质不同可分为酸性焊条和碱性焊条两种。

a. 酸性焊条。酸性焊条的药皮中含有大量酸性氧化物(如 SiO_2、MnO_2 等)。

b. 碱性焊条。碱性焊条药皮中含有大量碱性氧化物(如 CaO 等)和萤石(CaF_2)。由于碱性焊条药皮中不含有机物,药皮产生的保护气氛中 H 含量极少,所以碱性焊条又称为低氢焊条。

②焊条的型号与牌号。焊条型号是国家标准中规定的焊条代号。焊接结构件生产中应用最广的碳钢焊条和低合金钢焊条型号见国家标准《非合金钢及细晶粒钢焊条》(GB/T 5117—2012)和《热强钢焊条》(GB/T 5118-2012),碳钢焊条型号由大写英文字母 E 和四位阿拉伯数字组成,如 E4303、E5016、E5017 等,其含义如下。

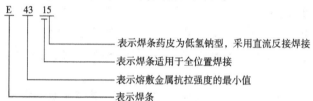

其中,"E"表示焊条;前两位数字表示熔敷金属抗拉强度的最小值,单位为 MPa。第三位数字表示焊条的焊接位置"0"及"1"表示焊条适于全位置焊接(平、立、仰、横);"2"表示只适于平焊和平角焊;"4"表示适于向下立焊。第三位和第四位数字组合时表示焊接电流的种类及药皮类型,如"03"为钛钙型药皮,交流或直流正、反接;"15"为低氢钠型药皮,直流反接;"16"为低氢钾型药皮,交流或直流反接。

焊条牌号是焊条生产行业统一的焊条代号。焊条牌号由一个大写汉语拼音字母和三个数字组成,如 J422、J507 等。其中,拼音表示焊条的大类,如"J"表示结构钢焊条,"Z"表示铸铁焊条;前两位数字代表焊缝金属抗拉强度等级,单位为 MPa;末尾数字表示焊条的药皮类型和焊接电源种类,具体见表 5-1。

焊条药皮类型与焊接电源种类 表 5-1

编号	1	2	3	4	5	6	7	8
药皮类型	钛型	钛钙型	钛铁型	氧化铁型	纤维素型	低氢钾型	低氢钠型	石墨型
焊接电源	交、直流	交、直流	交、直流	交、直流	交、直流	交、直流	直流	交、直流

(3)酸性焊条与碱性焊条的对比

酸性焊条与碱性焊条在焊接工艺性和焊接性能方面有许多不同,使用时要注意区别,不可以随便用酸性焊条替代碱性焊条。二者相比,具有以下特点。

①从焊缝金属力学性能考虑。碱性焊条焊缝金属力学性能好,酸性焊条焊缝金属的塑性、韧性较低,抗裂性较差。这是因为碱性焊条的药皮含有较多的合金元素,且有害元素(S、

P、H、N、O)比酸性焊条含量少,故焊缝金属力学性能好,尤其是冲击韧度较好,抗裂性好,适于焊接承受交变、冲击载荷的重要结构钢件和几何形状复杂、刚度大、易裂钢件;酸性焊条的药皮熔渣氧化性强,合金元素易烧损,焊缝中H、S等含量较高,故只适于普通结构钢件焊接。

②从焊接工艺性考虑。酸性焊条稳弧性好,飞溅小,易脱渣,对油污、水分、铁锈的敏感性小,可采用交、直流电流,焊接工艺性好;碱性焊条稳弧性差,对油污、水分、铁锈的敏感性大,飞溅大,焊接电源多要求直流,焊接烟雾有毒,要求现场通风和防护,焊接工艺性较差。

③从经济性考虑。碱性焊条价格高于酸性焊条。

(4)焊条的选用原则

焊条的种类很多,正确选用焊条对焊接质量、生产效率有很大的影响。选用焊条时应遵循以下原则。

①对低碳钢和低合金高强度结构钢焊件,要求焊缝金属与焊件的强度相等,可以根据焊件强度来选用相同强度等级的焊条。但应注意,焊件是按屈服强度确定等级的,而结构钢焊条的等级是指焊缝金属抗拉强度的最小值。焊接异种钢结构时,应按强度等级低的钢种选用焊条。

②对承受交变载荷或冲击载荷、形状复杂、刚度大的焊接结构,要求塑性好,冲击韧性高,抗裂性强,应选用碱性焊条;对于薄板和刚度较小、构件受力不复杂、母材质量较好以及焊接表面带有油污、水分、铁锈等的难以清理的结构件,应尽量选择酸性焊条。

③对于加工过程中须经热加工或须经过焊后热处理的焊件,应选择能保证热加工或热处理后焊缝强度及韧性的焊条。

④焊接耐热钢焊件或不锈钢焊件等,应选择具有相同或相近化学成分的专用焊条,以保证焊接接头的特殊性能要求。

二、埋弧焊

埋弧焊是电弧在焊剂层内燃烧进行焊接的方法,电弧的引燃、焊丝的送进和电弧沿焊缝的移动都是由设备自动完成的。

1. 埋弧焊设备与焊接材料的选用

(1)埋弧焊的设备

埋弧焊的动作程序和焊接过程弧长的调节都是由电气控制系统来完成的。埋弧焊设备由焊车、控制箱和焊接电源三部分组成。埋弧焊电源有交流和直流两种。

(2)焊接材料

埋弧焊的焊接材料有焊丝和焊剂。焊丝和焊剂选配的总原则是:根据母材金属的化学成分和力学性能选择焊丝,再根据焊丝选配相应的焊剂。例如,焊接普通的低碳钢结构时,选用焊丝H08A,配合HJ431焊剂;焊接较重要的低合金钢结构时,选用焊丝H08MnA或H10Mn2,配合HJ431焊剂;焊接不锈钢结构选用与母材成分相同的焊丝,配合低锰焊剂。

2. 埋弧焊的焊接过程

埋弧焊的焊接过程示意图如图5-12所示,焊剂均匀地堆覆在焊件上,形成厚度为40~60mm的焊剂层,焊丝连续地进入焊剂层下的电弧区,维持电弧平稳燃烧,随着焊车的匀速行走,完成电弧焊缝自行移动的操作。

埋弧焊的焊缝形成过程示意图如图5-13所示,在颗粒状焊剂层下燃烧的电弧,使焊丝、焊件熔化形成熔池,焊剂熔化形成熔渣,蒸发的气体使液态熔渣形成封闭的熔渣泡,有效地阻止空气侵入熔池和熔滴,使熔化金属得到焊剂层和熔渣泡的双重保护,同时阻止熔滴向外飞溅,既避免弧光四射,又使热量损失减少,加大熔深。随着焊丝沿焊缝前行,熔池凝固成焊缝,密度小的熔渣结成覆盖焊缝的渣壳。没有熔化的大部分焊剂回收后可重新使用。

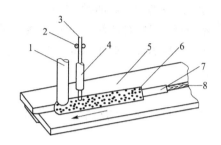 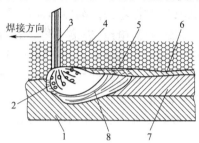

图 5-12 埋弧焊焊接过程示意图
1-焊剂混斗;2-送丝滚轮;3-焊丝;4-导电嘴;5-焊件;6-焊剂;7-渣壳;8-焊缝

图 5-13 埋弧焊的焊线形成过程示意图
1-焊件;2-电弧;3-焊丝;4-焊剂;5-熔化的焊剂;6-渣壳;7-焊缝;8-熔池

埋弧焊焊丝从导电嘴伸出的长度较短,所以可大幅度地提高焊接电流,使熔深明显加大。一般埋弧焊电流强度比焊条电弧焊高 4 倍左右。当板厚在 24mm 以下进行对接焊时,不需要开坡口。

3. 埋弧焊的特点与应用

(1) 生产效率高

埋弧焊焊丝的导电长度较焊条电弧焊短,能使用较大的焊接电流。埋弧焊焊丝连续送进,节省了更换焊条的时间,还节约了焊接材料。

(2) 焊缝质量好

埋弧焊焊接区有焊剂和熔渣的可靠保护,能减少空气等有害气体的作用。埋弧焊热量集中、速度快、焊件变形小。而且埋弧焊能自动保持焊接参数不变,焊缝质量好而且稳定。

(3) 劳动条件好

埋弧焊焊接过程自动化,操作简便。电弧在焊剂层下燃烧,减少了弧光和烟尘对人的危害。

(4) 埋弧焊的局限性

埋弧焊设备较复杂,维修保养工作量较大,焊剂只适合水平撒布,适用于平焊和较大直径的环状焊缝。

三、气体保护焊

气体保护焊是用外加气体作为电弧介质并保护电弧和焊接区的电弧焊。按保护气体的不同,气体保护焊可分为两类:使用惰性气体作为保护气体的称为惰性气体保护焊,包括氩弧焊、氦弧焊、混合气体保护焊等;使用 CO_2 气体作为保护气体的称为二氧化碳气体保护焊。

1. 氩弧焊

氩弧焊是以氩气作为保护气体的电弧焊,氩气是惰性气体,可保护电极和熔化金属不受空气的有害作用,在高温条件下,氩气既不与金属发生反应,也不溶入金属中。

(1) 氩弧焊的种类

根据所用电极的不同,氩弧焊可分为非熔化极氩弧焊和熔化极氩弧焊两种,如图 5-14 所示。

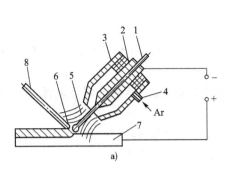 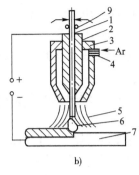

图 5-14 氩弧焊示意图
a)非熔化极氩弧焊；b)熔化极氩弧焊
1-电极或焊丝；2-导电嘴；3-喷嘴；4-进气管；5-氩气流；6-电弧；7-工件；8-填充焊丝；9-送丝滚轮

①非熔化极氩弧焊。非熔化极氩弧焊是电弧在非熔化极(通常是高熔点的钨棒)和工件之间燃烧，形成致密焊接接头的焊接方法。焊接钢材时，多用直流正接，以减少钨极的烧损；焊接铝、镁及其合金时采用反接，此时，铝工件作为阴极，有"阴极破碎"的作用。

钨极氩弧焊须加填充金属，它可以是焊丝，也可以在焊接接头中填充金属条或采用卷边接头。为防止钨极熔化，钨极氩弧焊焊接电流不能太大，所以一般适于焊接厚度小于 4mm 的薄板件。

②熔化极氩弧焊。熔化极氩弧焊用焊丝作电极，焊接电流比较大，母材熔深大，生产率高，工件变形小，适于焊接中厚板，如厚度 8mm 以上的铝容器。为了使焊接电弧稳定，通常采用直流反接。

(2)氩弧焊的特点

①氩弧焊焊缝质量高。氩气是惰性气体，保护性能优良。氩气导热慢，高温下不吸热、不分解，热量损失小。电弧受氩气流的冷却导致电弧热量集中，热影响区小，故焊件变形小，应力小，焊缝质量高。

②氩弧焊焊接过程简单，明弧焊接容易观察。氩弧焊可进行任何空间位置的焊接，并易实现自动化。

③氩气价格贵、设备较复杂、焊接成本高。目前氩弧焊主要适用于焊接不锈钢及容易氧化的铝、镁、钛、铜等有色金属。

2. 二氧化碳气体保护焊

二氧化碳气体保护焊是以 CO_2 作为保护气体的电弧焊，简称为 CO_2 焊。CO_2 焊的焊接过程如图 5-15 所示。

CO_2 气体经焊枪的喷嘴沿焊丝周围喷射，形成保护层，使电弧、熔滴和熔池与空气隔绝。由于 CO_2 气体是氧化性气体，在高温下能使金属氧化，烧损合金元素，所以不能焊接易氧化的非铁金属和不锈钢。因 CO_2 气体冷却能力强，熔池凝固快，焊缝中易产生气孔。若焊丝中含碳量高，则飞溅较大。因此，要使用焊接化学冶金过程中能产生脱氧和渗合金的特殊焊丝来完成 CO_2 焊。常用的 CO_2 焊焊丝是 H08Mn2SiA，适于焊接抗拉强度小于 600MPa 的低碳钢和普通低合金结构钢。为了稳定电

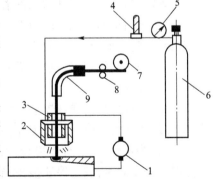

图 5-15 CO_2 焊的焊接过程示意图
1-电焊机；2-焊炬喷嘴；3-导电嘴；4-流量计；5-减压器；6-二氧化碳气瓶；7-焊丝盘；8-送丝机构；9-送丝软管

弧,减少飞溅,CO_2焊采用直流反接。

CO_2焊的特点及应用如下。

(1)CO_2焊电流大,焊丝熔敷速度快,焊件熔深大,易于实现自动化,生产率比焊条电弧焊提高1~4倍。

(2)CO_2气体价廉,焊接时不需要焊条和焊剂,总成本仅为焊条电弧焊和埋弧焊的45%左右。

(3)CO_2焊电弧热量集中,加上CO_2气流的强冷却,焊接热影响区小,焊后变形小,采用合金焊丝,焊缝中氢含量低,焊接接头抗裂性好,焊接质量较好。

(4)CO_2焊适应性强,焊缝操作位置不受限制,能全位置焊接,易于实现自动化。

(5)由于CO_2是氧化性保护气体,不宜焊接非铁金属和不锈钢。

(6)CO_2焊焊缝成型稍差,飞溅较大。

(7)CO_2焊焊接设备较复杂,使用和维修不方便。

CO_2焊主要适用于焊接低碳钢和强度级别不高的普通低合金结构钢焊件,焊件厚度最厚可达50mm(对接形式)。

四、电阻焊

电阻焊是将焊件组合后通过电极施加压力,利用电流通过焊件及其接触处所产生的电阻热,将焊件局部加热到塑性或熔化状态,然后在压力作用下形成焊接接头的焊接方法。由于工件的总电阻很小,为使工件在极短时间内迅速加热,电阻焊必须采用很大的焊接电流(几千至几万安)。

与其他焊接方法相比,电阻焊具有生产率高、焊接变形小、不需另加焊接材料、劳动条件好、操作简便、易实现机械化等优点;但其设备较一般熔焊复杂,耗电量大,可焊工件厚度(或断面尺寸)及接头形式受到限制。

按工件接头形式和电极形状不同,电阻焊可分为点焊、缝焊和对焊三种形式。

1. 点焊

点焊是利用柱状铜合金电极,在搭接工件接触面之间形成焊点,从而将工件连接在一起的焊接方法。点焊示意图如图5-16所示。

点焊时,将表面清理好的工件搭接后置于点焊机的两电极之间,先预加压力使工件紧密接触电极,然后接通电流。因为工件接触面的接触电阻较大,产生的电阻热使该处温度迅速升高,金属熔化,形成液态熔核。断电后,应继续保持或加大压力,使熔核在压力下凝固结晶,形成组织致密的焊点。在电极和工件接触处,因为铜的导热性好,又通水冷却,所以温度较低,不会焊合。

焊完一点后,移动焊件焊下一个焊点时,部分电流会流经已焊好的焊点或工件的其他部位,这种现象称为分流。分流使焊接处的电流减小,影响焊接质量,因此,焊点之间应有一定的距离(称为点距)。工件厚度越大,材料导电性越好,分流现象越严重,点距应越大。在进行点焊接头设计时,应在保证接头强度的前提下尽量加大点距。低碳钢点焊时的点距一般为20~30mm。

焊件的表面状态对点焊质量的影响很大。如工件表面存在的氧化膜、油污、铁锈等污垢,将影响实际的导电截面,使工件间的接触电阻显著增大,从而影响点焊的质量。因此,点焊前必须对工件进行清理或化学清洗。

点焊的特点决定了点焊接头必须采用搭接形式,几种典型的焊接接头形式如图 5-17 所示。

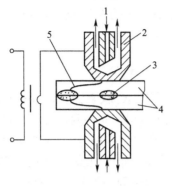
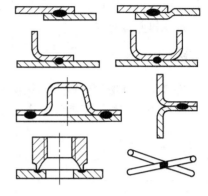

图 5-16 点焊示意图　　　　　图 5-17 点焊接头形式
1-冷却水;2-电极;3-焊点;4-焊件;5-分流

目前,点焊常用于厚度 4mm 以下的薄板冲压结构及钢筋的焊接,广泛应用于电子、仪表等工业,也大量用于机车车辆、飞机等制造业中,可焊接低碳钢、不锈钢、铜合金、铝镁合金等。

2. 缝焊

缝焊示意图如图 5-18 所示。从图 5-18 可以看出,缝焊是用圆盘状旋转的电极,将焊件装配成搭接或对接的接头形式,并置于两滚轮电极之间,电极压紧焊件并转动,配合连续或断续送电,以形成连续焊缝的焊接方法。缝焊焊缝的密封性好,主要用于制造有密封性要求的薄壁结构,如油箱、小型容器与管道等。但因缝焊过程中分流严重,焊相同板厚的工件时,焊接电流应为点焊的 1.5~2 倍,因此,缝焊需要使用大功率的焊机。缝焊一般只适用于焊接厚度 3mm 以下的薄板结构。在汽车、飞机制造业中应用广泛,可焊低碳钢、合金钢、铝及其合金等。

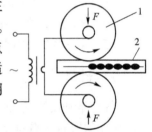

图 5-18 缝焊示意图
1-滚轮电极;2-工作

3. 对焊

对焊是利用电阻热使两个工件沿整个接触面焊合的一种焊接方法,可分为电阻对焊和闪光对焊,焊件装配成对接接头形式。对焊主要用于刀具、钢筋,钢轨、链条等的焊接。

(1)电阻对焊。将两个工件夹在对焊机的电极钳口中,施加预压力使两个工件端面接触并被压紧,然后通电,当电流通过工件和接触端面时产生电阻热,将工件接触处迅速加热到塑性状态(碳钢为 1000~1250℃),再对工件施加较大的顶锻力并同时断电,使接头在高温下产生一定的塑性变形而焊合的焊接方法称为电阻对焊。

电阻对焊操作简单,接头比较光滑,一般用于焊接截面形状简单、直径(或边长)小于 20mm 和强度要求不高的杆件。

(2)闪光对焊。两个待焊工件先不接触,接通电源后使两工件轻微接触,因工件表面不平,首先只是某些点接触,强电流通过时,这些接触点的金属即被迅速加热熔化、蒸发、爆破,高温颗粒以火花形式从接触处飞出而形成"闪光"。此时应保持一定的闪光时间,待焊件端面全部被加热熔化时,迅速对焊件施加顶锻力并切断电源,焊件在压力作用下产生塑性变形而焊合的焊接方法称为闪光对焊。

在闪光对焊的焊接过程中,工件端面的氧化物和杂质在最后加压时随液态金属挤出,因此,接头中夹渣少,质量好,强度高。闪光对焊的缺点是金属损耗较大,闪光火花易污染其他设备与环境,接头处有毛刺。闪光对焊常用于重要工件的焊接,还可焊接一些异种金属,如铝与铜、铝与钢等,被焊工件可以是直径小到0.01mm的金属丝,也可以是截面积大到20mm²的金属棒和金属型材。

五、摩擦焊

利用焊件表面相互摩擦所产生的热使端面达到热塑性状态,然后迅速顶锻完成焊接的一种压焊方法称为摩擦焊。摩擦焊示意图如图5-19所示。先将两焊件夹在焊机上,施加一定压力使焊件紧密接触,然后一个焊件做旋转运动,另一个焊件向其靠拢,使焊件接触摩擦产生热量,待工件端面被加热到高温塑性状态时,立即使焊件停止旋转,同时对端面加大压力使两焊件产生塑性变形从而焊合。

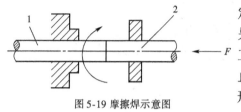

图 5-19 摩擦焊示意图
1、2—焊件

摩擦焊的特点如下。

(1)摩擦焊接头质量好而且稳定,在摩擦焊过程中,焊件接触表面的氧化膜与杂质被清除,因此,接头组织致密,不易产生气孔、夹渣等缺陷。

(2)摩擦焊可焊接的金属范围较广,不仅可焊接同种金属,也可焊接异种金属。

(3)摩擦焊生产率高、成本低,焊接操作简单,接头不需要特殊处理,不需要焊接材料,容易实现自动控制,电能消耗少。

(4)摩擦焊设备复杂,一次性投资较大。

(5)摩擦焊主要用于旋转件的压焊,不适用于非圆截面的焊接。

六、钎焊

钎焊是利用熔点比焊件低的钎料作填充金属,适当加热后,使钎料熔化,而母材并不熔化,熔化的钎料依靠润湿和毛细作用填充母材之间的间隙,液态钎料与固态母材之间相互扩散,冷凝后形成牢固接头的焊接方法。

根据钎料熔点的不同,钎焊一般分为软钎焊和硬钎焊。

1. 软钎焊

软钎焊的钎料熔点低于450℃,接头强度较低,一般低于70MPa,所以只用于受力不大、工作温度较低的工件。常用的钎料是锡铅合金,俗称为锡焊。这类钎料熔点低,液态钎料渗入接头间隙的能力较强,具有较好的焊接工艺性。锡铅钎料还有良好的导电性,因此,软钎焊广泛用于印制电路板与电子元器件等的焊接。

2. 硬钎焊

硬钎焊的钎料熔点高于450℃,接头强度较高。常用的钎料有镍基、银基、铜基钎料等。硬钎焊,主要用于受力相对较大或工作温度较高的钢铁、铜合金以及异种材料工件的焊接,如车刀上硬质合金刀片和刀杆的焊接。

钎焊过程中,为消除焊件表面的金属氧化膜和其他杂质,改善液态钎料的润湿能力,保护钎料和焊件不被氧化,一般都使用钎剂(又称为溶剂)。现代的钎剂已经发展成为多组分的复杂系统。软钎焊时,常用的钎剂是松香或氯化锌溶液。硬钎焊的钎剂种类较多,主要有硼砂、硼酸、氟化物和氯化物,通常根据钎料种类选择应用。

钎焊接头的承载能力还与接头连接表面的大小有关。常见钎焊接头形式如图 5-20 所示，其接头常采用搭接形式，增大钎接面，以弥补钎料强度不足，提高承载能力。

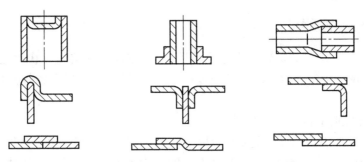

图 5-20　钎焊接头形式

根据所用的热源不同，钎焊可分为烙铁钎焊、火焰钎焊、电阻钎焊、感应钎焊、盐浴钎焊、炉中钎焊、气相钎焊、红外钎焊、激光钎焊等。可根据钎料种类、工件形状与尺寸、接头数量、质量要求与生产批量等综合考虑选择钎焊所用热源。

与熔焊和压焊相比，钎焊具有以下特点。

（1）钎焊加热温度较低，一般远低于母材的熔点，因而母材的组织和力学性能变化很小，引起的应力和变形也很小，接头光滑平整，容易保证工件的尺寸精度。

（2）钎焊可用于结构复杂、开敞性差的工件，并可一次完成多缝、多零件的连接。

（3）钎焊容易实现异种金属、金属与非金属材料的连接。

（4）钎焊对热源要求较低，工艺过程简单。

（5）钎焊接头强度一般比较低，尤其动载强度较低，允许的工作温度较低。焊前装配要求较高，且钎料价格较贵。

因此，钎焊不适用于一般钢结构和重载、动载构件的焊接，主要用于制造精密仪表、电器零部件、印制电路板与金属导线、异种金属构件及某些复杂结构，如夹层结构、蜂窝结构等。

第三节　焊接结构工艺设计

设计焊接结构时，既要考虑该结构的使用要求，包括一定的形状、工作条件和技术要求等，也要考虑结构的焊接工艺要求，力求焊接质量良好，焊接工艺简单，生产率高，成本低。焊接结构的工艺性一般包括焊接结构材料的选择、焊接方法的选择、焊缝的布置和焊接接头及坡口形式设计等。

一、焊接结构的材料选择

在满足使用性能要求的前提下，首先要考虑选择焊接性较好的材料来制造焊接结构。在选择焊接结构的材料时，应注意以下几个问题。

（1）在选择焊接材料时，应尽量选择低碳钢和碳当量小于 0.4% 的低合金结构钢。

（2）在选择焊接材料时，应优先选用强度等级低的低合金结构钢，这类钢的焊接性与低碳钢基本相同，价格也不贵，而强度却能显著提高。

（3）设计强度要求高的重要结构可以选用强度等级较高的低合金结构钢，它的焊接性虽然差些，但只要采取合适的焊接材料与工艺，也能获得满意的焊接接头。

(4)镇静钢比沸腾钢脱氧完全,组织致密,质量较高,可选作重要的焊接结构。

(5)异种金属焊接时,必须注意它们的焊接性及差异,尽量不选择无法用熔焊方法获得满意接头的异种金属。

二、焊接方法的选择

各种焊接方法都有各自的特点及适用范围,要根据焊件的结构形状、材质、焊接质量要求、生产批量和现场设备等确定最适宜的焊接方法,以保证获得优质的焊接接头,并具有较高的生产效率。

选择焊接方法时应遵循以下原则。

(1)焊接接头使用性能及质量要符合要求。例如,点焊、缝焊都适于薄板结构焊接,但缝焊才能焊出有密封要求的焊缝;氩弧焊和气焊都能焊接铝合金,但氩弧焊的接头质量高。

(2)所选焊接方法应能提高生产率,降低成本。若板材为中等厚度时,选用焊条电弧焊、埋弧焊和气体保护焊均可;如果是平焊长直焊缝或大直径环焊缝,批量生产,应选用埋弧焊;如果是不同空间位置的短焊缝单件或小批量生产,采用焊条电弧焊为好。

(3)选择的焊接方法具有可行性。例如,在选择焊接方法时,应考虑现场是否具有相应的焊接设备,野外施工是否有电源等。

焊接接头的工艺设计包括焊缝的布置、接头和坡口的形式等。

1. 焊缝的布置

合理的焊缝位置是焊接结构设计的关键,与产品质量、生产率、成本及劳动条件密切相关,焊缝的布置原则如下。

(1)焊缝的布置尽可能分散。焊缝密集或交叉,会造成金属过热,热影响区增大,使金相组织恶化,同时焊接应力增大,甚至引起裂纹,如图 5-21 所示。

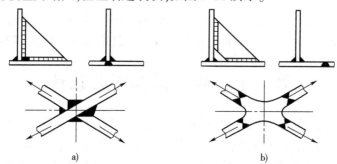

图 5-21 焊缝分散布置
a)不合理;b)合理

(2)焊缝的布置尽可能对称。为了减小变形,最好是能同时施焊,如图 5-22 所示。

(3)焊缝布置应方便焊接操作。焊条电弧焊时,应保证焊条能够进入待焊的位置,如图 5-23 所示;点焊和缝焊时,应保证电极能够进入待焊位置,如图 5-24 所示。

(4)焊缝要避开应力较大和应力集中的部位。对于受力较大、结构较复杂的焊接构件,在最大应力断面和应力集中位置不应布置焊缝。例如,对大跨度的焊接钢梁,焊缝应避免在梁的中间;压力容器的封头应有一直壁段,不应采用无折边封头结构,如图 5-25 所示。

(5)焊缝应尽量避开机械加工表面。需要进行机械加工的焊件,如焊接轮毂、管配件等,其焊缝位置的设计应尽可能距离已加工表面远一些。

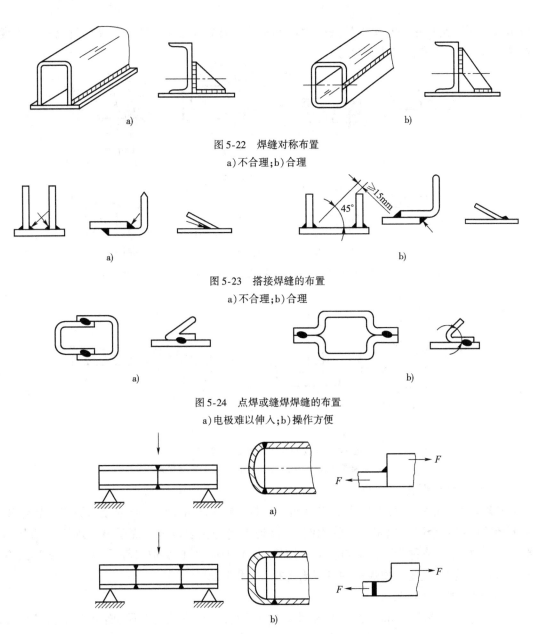

图 5-22 焊缝对称布置
a) 不合理; b) 合理

图 5-23 搭接焊缝的布置
a) 不合理; b) 合理

图 5-24 点焊或缝焊焊缝的布置
a) 电极难以伸入; b) 操作方便

图 5-25 焊缝避开应力较大及应力集中的位置
a) 不合理; b) 合理

2. 焊接接头的设计

焊接接头设计应根据焊件的结构形状、强度要求、工件厚度、焊后变形大小、焊条消耗量、坡口加工难易程度、焊接方法等因素综合考虑。焊接接头设计主要包括接头形式和坡口形式等,如图 5-26 所示。

(1) 焊接接头形式

焊接碳钢和低合金钢常用的接头形式可分为对接、角接、T 形接和搭接等。对接接头受力比较均匀,是最常用的接头形式,重要的受力焊缝应尽量选用对接接头。搭接接头因两工件不在同一平面,受力时将产生附加弯矩,金属消耗量也大,一般应避免采用。但搭接接头不需开坡口,装配时尺寸要求不高,对某些受力不大的平面连接或空间构架,采用搭接接头可节省工时。角接接头与T形接头受力情况都比对接接头复杂,但接头成直角或一定角度连接时,必须采用角接接头和T形接头。

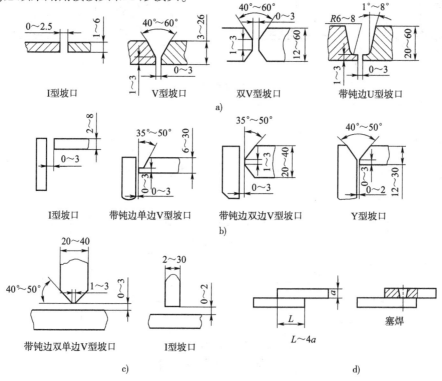

图 5-26 焊条电弧焊焊接接头及坡口形式
a)对接接头;b)角接接头;c)T形接头;d)搭接接头

(2)焊接坡口形式

开坡口的目的是使焊件接头根部焊透,同时使焊缝美观,此外,通过控制坡口的大小来调节焊缝中母材金属与填充金属的比例,以保证焊缝的化学成分。焊条电弧焊坡口的基本形式有I型坡口(或称为不开坡口)、V型坡口、双V型坡口、U型坡口等,不同的接头形式有各种形式的坡口,主要根据焊件的厚度来选择,见图 5-26。

(3)焊接接头过渡形式

两个焊接件的厚度相同时,双V型坡口比V型坡口节省填充金属,而且双V型坡口焊后角变形较小,但是,双V型坡口须双面施焊。U型坡口也比V型坡口节省填充金属,但其坡口须进行机械加工。坡口形式的选择既要考虑板材厚度,也要考虑加工方法和焊接工艺性。如要求焊透的受力焊缝,尽量采用双面焊,以保证焊接接头焊透,且变形小,但生产率低。若不能双面焊时才开单面坡口焊接。

对于不同厚度的板材,为保证焊接接头两侧加热均匀,焊接接头两侧板厚截面应尽量相同或相近,如图 5-27 所示。

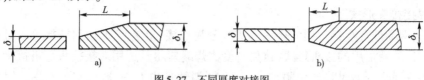

图 5-27 不同厚度对接图
a)$L>5(\delta_1-\delta)$;b)$L>2.5(\delta_1-\delta)$

第四节 焊接技术的新发展

随着现代工业技术的发展,如原子能、航空、航天等技术的发展,需要焊接一些新的材料和结构,对焊接技术提出了更高的要求,于是出现了一些新的焊接工艺,如等离子弧焊、真空电子束焊、激光焊、真空扩散焊等。

一、等离子弧焊

一般焊接电弧未受到外界约束,这类焊接电弧称为自由电弧。自由电弧内的气体尚未完全电离,因而能量也未能高度集中。等离子弧与一般电弧不同,是一种被压缩的电弧,导电截面收缩的比较小,从而能量更加集中,弧柱中的气体完全由电子和离子组成。这种完全电离的气体称为等离子体,这种被压缩的电弧称为等离子弧。

按使用电流的大小,等离子弧焊可分为大电流等离子弧焊和微束等离子弧焊。大电流等离子弧焊是借助小孔效应使焊缝成型的,常用于焊接厚度为 2.5~13mm 的材料。微束等离子弧焊使用电流 0.1~30A,可焊接厚度为 0.02~0.8mm 的金属箔。这是一般电弧焊无法完成的。

等离子弧焊的主要优点是:在一定厚度范围内,工件在不开坡口、不留间隙的情况下,可单面焊双面成型,且电弧稳定、热量集中、热影响区小、焊接变形小、生产率高,可用来焊接难熔、易氧化、热敏感性强的材料,如钨、铬、镍、钛及其合金和不锈钢等,也能焊接一般钢材或有色金属。

随着脉冲技术在等离子弧焊上的应用,等离子弧焊得到了迅速的发展。目前,等离子弧焊主要应用于化工、原子能、电子、精密仪器仪表、火箭、航空和空间技术中。此外,利用等离子弧可以切割绝大多数的金属和非金属材料,在堆焊和喷涂方面,等离子弧也得到了很大的发展。

二、电渣焊

电渣焊是利用电流通过液体熔渣产生的电阻热作为热源,将工件和填充金属熔化后冷却形成焊缝的。在重型机械的制造中,厚板拼接和重型容器的焊接中,以及船厂在大型船体的制造中,都要将厚度在几十毫米的钢板焊接起来,电渣焊是非常理想的焊接方法,尤其是用于相等厚度钢板的接焊,不需要开坡口,很容易实现半自动或自动焊接。电渣焊一般是在垂直立焊位置进行焊接,如图 5-28 所示。焊件被焊端面垂直相对,并保持 20~40mm 的间隙,两侧通水冷却的成型铜滑块紧贴工件,并与工件端面构成一个方柱形空腔,挡住熔池和渣池,保证熔池金属凝固成型。

电渣焊时,先使焊丝与引弧板短路接触引弧,不断加入固体焊剂,利用电弧热使固体焊剂熔化,形成渣池。当渣池达到一定深度后,将焊丝插入渣池,电弧熄灭,转入电渣焊过程。由于高温熔渣具有一定的导电性,当焊接电流从焊丝端部经过渣池流向工件时,在渣池内产生的大量电阻热将焊丝和工件边缘熔化,熔化的液态金属汇集在渣池下部,形成熔池。随着电极不断送进,金属熔池和

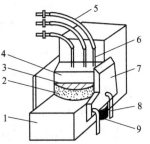

图 5-28 电渣焊
1-焊件;2-凝固金属;3-熔池;
4-渣池;5-导电嘴;6-焊丝;7-水冷铜滑块;8-冷却水管;9-焊缝

渣池逐渐上升,熔池下部远离热源的金属逐渐凝固成焊缝。由于收弧部位容易产生缩孔和裂纹等缺陷,因此,在工件的上部装有引出板,以便把渣池和收弧部位易产生缺陷的那部分焊缝金属引出工件,焊后将引出部分割除。

与其他熔焊方法相比,电渣焊具有如下特点。

(1)渣池对熔池保护效果好,冷却缓慢,熔池保持液态的时间长,有利于焊缝化学成分的均匀化和气体、杂质的上浮,焊缝不易产生气孔和夹渣等缺陷。

(2)电渣焊适用于焊接厚度大的工件,由于热源体积大,故不论工件厚度多大都可不开坡口一次焊成。生产效率高,与开坡口的焊接方法相比,焊接材料的消耗量少。

(3)电渣焊焊接接头冷却速度慢,焊缝和热影响区在高温停留时间长,易产生粗大晶粒和过热组织,焊接接头冲击韧性较低,焊后一般应进行正火和回火处理。

电渣焊广泛应用于大型构件和重型机械制造业中,如锻—焊和铸—焊结构件。一般焊接厚度大于30mm,也常用于难以采用埋弧焊和气体保护焊的某些曲面焊缝、现场施工中须在垂直位置焊接的焊缝、大面积堆焊,以及焊接性差的金属(如高碳钢、铸铁等)的焊接。

三、电子束焊

电子束焊是利用加速和聚集的高速电子束轰击工件接缝处所产生的热能使金属熔合的焊接方法。

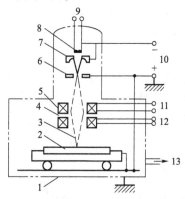

图5-29 真空电子束焊示意图
1-真空室;2-焊件;3-电子束;4-磁性偏转装置;5-聚焦透镜;6-阳极;7-阴极;8-灯丝;9-交流电源;10-直流高压电源;11、12-直流电源;13-排气装置

图5-29是电子束焊的示意图,电子枪和焊件等全部装在真空室1内。电子枪由灯丝8、阴极7、阳极6、聚焦装置及磁性偏转装置4等组成。当阴极被灯丝加热后,即能发射出大量的电子,这些电子在阴极和阳极间受高电压(20~150kV)的作用被加速,然后经聚焦透镜5聚成电子束3,以极大的速度(约160000km/s)射向焊件2,电子的动能变为热能,使焊件迅速熔化。利用磁性偏转装置可调节电子束射向焊件的方向和部位。

电子束焊通常按工件所处环境的真空度分为三种,即高真空电子束焊、低真空电子束焊和非真空电子束焊。

(1)高真空电子束焊。高真空电子束焊是在$10^{-4} \sim 10^{-1}$Pa的压强下进行的,此法目前应用最广。高真空电子束焊防止了金属元素的氧化和烧损,适用于活泼金属、难熔金属和质量要求高的工件的焊接。

(2)低真空电子束焊。低真空电子束焊是在$10^{-1} \sim 10$Pa的压强下进行的。由于只需抽到低真空,明显地缩短了抽真空时间,低真空电子束焊生产率较高,适用于大批量零件的焊接和在生产线上使用,如变速器组合齿轮多采用低真空电子束焊。

(3)非真空电子束焊。非真空电子束焊是将高真空条件下产生的电子束引入到大气压力的工作环境中,对工件进行施焊,故又称为大气压电子束焊。这种方法的主要优点是:不需真空室,生产率高,成本较低,也可焊接尺寸大的工件,扩大了电子束焊技术的应用范围。非真空电子束焊在能源工业中的各种压缩机转子、叶轮组件、核反应堆壳体等,航空工业中的发动机机座、转子部件等,汽车制造业中的齿轮组合体、后桥、传动箱等,以及仪表、化工和金属结构制造业等行业中得到了应用。

四、激光焊

激光焊是20世纪70年代发展起来的焊接技术,它以高能量密度的激光作为热源,对金属进行熔化形成焊接接头。激光产生的基本理论是受激辐射,即使激光材料受激产生光束,经聚焦后具有极高的能量密度,在极短时间内光能可转变成热能,其温度可达数万摄氏度以上,足以使被焊材料达到熔化和气化。利用激光束可进行焊接、切割和打孔等加工。激光焊的速度快,热影响区和变形极小,被焊材料不易氧化。与电子束焊相比,激光焊不产生X射线,不需要真空室,适合结构形状复杂和精密零部件的施焊。激光能反射、透射,甚至可用光导纤维传输,所以可进行远距离焊接,还可对已密封的电子管内部导线接头实现异种金属的焊接。目前,激光焊主要应用于半导体、电讯器材、无线电工程、精密仪器、仪表部门小型或微型件的焊接。

五、扩散焊

扩散焊是在真空或保护性气氛下,使焊接表面在一定温度和压力下相互接触,通过微观塑性变形或连接表面产生微量液相而扩大物理接触,经较长时间的原子扩散,使焊接区的成分、组织均匀化,实现完全冶金结合的一种压焊方法。

扩散焊常采用感应加热或电阻辐射加热,加压系统常采用液压式,小型扩散焊机也可采用机械加压方式。

扩散焊具有如下优点。

(1)扩散焊时母材不过热或熔化,焊缝成分、组织、性能与母材接近或相同,不出现有过热组织的热影响区、裂纹和气孔等缺陷,焊接质量好且稳定。

(2)扩散焊可进行结构复杂,以及厚度相差很大的焊件焊接。

(3)扩散焊可以焊接不同类型的材料,包括异种金属、金属与陶瓷等。

(4)扩散焊劳动条件好,容易实现焊接过程的自动化。

扩散焊的主要缺点是焊接时间长,生产率低,焊前对焊件加工和装配要求高,设备投资大,焊件尺寸受焊机真空室的限制。

扩散焊在核能、航空航天、电子和机械制造等工业部门中应用广泛,如焊接水冷反应堆燃料元件、发动机的喷管和蜂窝壁板、电真空器件、镍基高温合金泵轮等。

六、焊接技术的发展趋势

近年来,焊接技术已取得了巨大进步,并且发展步伐不断加快,新的发展方向主要体现在以下几个方面。

1.计算机技术的应用

近年来,多种类型和用途的焊接数据库和焊接专家系统已开发出来,并将不断完善和商品化。各种类型的微型化、智能化设备大量涌现,如数控焊接电源、智能焊机、焊接机器人等,计算机控制技术正向自适应控制和智能控制方向发展。

焊接生产中已实际应用了计算机辅助焊接结构设计(CAD)、计算机辅助焊接工艺设计(CAPP)、计算机辅助执行与控制焊接生产过程(CAM)及计算机辅助焊接材料配方设计(MCDD)等。目前,更高级的自动化生产系统,如柔性制造系统(FMS)和计算机集成制造系统(CIMS)也正在开发并得到应用。

2. 扩大焊接结构的应用

焊接作为一种高柔性的制造工艺,可充分体现结构设计中的先进构想,制造出不同使用要求的产品,包括改进原焊接结构和把非焊接结构合理地改变为焊接结构,以减轻重量、改善功能和提高经济性。随着焊接技术的发展,具有高参数、长寿命、大型化或微型化等特征的焊接制品将会不断涌现,焊接结构的应用范围将不断扩大。

3. 焊接工艺的改进

优质、高效的焊接技术将不断完善和迅速推广,如高效焊条电弧焊、药芯焊丝二氧化碳焊、混合气体保护焊、高效堆焊等。新型焊接技术将进一步开发和应用,如等离子弧焊、电子束焊、激光焊、扩散焊、线性摩擦焊、搅拌摩擦焊和真空钎焊等,以适应新材料、新结构和特殊工作环境的需要。

4. 焊接热源的开发及应用

现有的热源尤其是电子束和激光束将得到改善,使其更方便、有效和经济实用。新的、更有效的热源正在开发中,如等离子弧和激光、电弧和激光、电子束和激光等叠加热源,以期获得能量密度更大、利用效率更高的焊接热源。

5. 焊接材料的开发及应用

与优质、高效的焊接技术相匹配的焊接材料将得到相应发展。高效焊条(如铁粉焊条、重力焊条)、埋弧焊高速焊剂、药芯焊丝等将发展为多品种、多规格,以扩大其应用范围。二元、三元混合保护气体将得到进一步开发和扩大应用,以提高气体保护焊的焊接质量和效率。

第六章 非金属材料成型

第一节 工程塑料成型

工程塑料主要指被用作工业零件或外壳材料的工业用塑料,是可作为结构材料使用的一类高性能高分子材料,应具有良好的力学性能、耐热性、尺寸稳定性和抗老化性等。塑料制品的生产主要包括物料配制、塑料成型和二次加工等工序。其中,成型是塑料制品生产中最重要的基本工序,是将各种形态(粉料、粒料、溶液和分散体)的塑料制成所需形状的制品或坯件的过程。塑料成型方法有很多,比较成熟的成型方法有注射成型、挤出成型、压制成型、中空吹塑成型等。其共同特点是利用塑料成型模具(简称塑料模)制成具有一定形状和尺寸的塑料制品。成型方法的选择主要取决于塑料的类型(是热塑性还是热固性塑料)、起始形态以及制品的外形和尺寸。

一、注射成型

注射成型又称注塑成型,是一种最普遍和最重要的塑料成型方法。除氟塑料外,几乎所有的热塑性塑料,以及部分热固性塑料(酚醛塑料、氨基塑料等)都可采用注塑方法成型。其主要特点是成型周期短,能一次制成外形复杂和带嵌件的塑料制品,尺寸精度高;对成型各种塑料的适应性强,生产效率高,易于实现自动化;更换原料及模具均很方便,产品更新快等。据统计,注射成型制品占所有塑料制品总量的30%以上。

1. 注射成型原理和注射机

注射成型原理如图6-1所示。注射过程是将粒(粉)状塑料从注射机料斗送入已加热的料筒,经加热熔融后,在螺杆或柱塞的压力推动下,熔融塑料通过料筒前端的喷嘴快速注入闭合塑料模具中,经冷却(热塑性塑料)或加热(热固性塑料)定形后,开启模具取得制品。

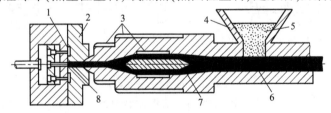

图6-1 注塑成型原理示意图
1-制品;2-模具;3-加热器;4-料斗;5-粒状塑料;6-柱塞;7-分流梭;8-喷嘴

注射成型所用主要设备是注射机和模具。注射机的基本作用是加热塑料使其熔化,并对熔融塑料施加高压,使其快速射出而充满模腔。按注射方式不同,注射机可分为柱塞式和螺杆式;根据外部特征,注射机可分为立式、卧式和直角式。其中,以立式和卧式注射成型机应用较广泛。

图6-2所示为卧式塑料注射成型机的示意图。注射系统与合模系统是注射机的主要组成部分。其中,注射系统的作用是加热塑料使之塑化,并对其施加压力使之射入和充满模具型腔,包括注射机上直接与物料和熔体接触的零部件,如螺杆(柱塞)、喷嘴、加料装置等。合模系统是注射机实现开、合模具动作的机构装置。

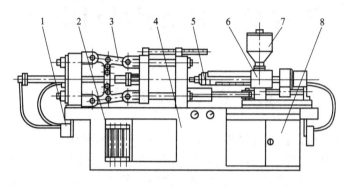

图6-2 卧式塑料注射成型机的外形及组成
1-液压系统;2-冷却系统;3-合模机构;4-机身;5-加热系统;6-注射部件;7-加料装置;8-电器控制系统

2. 注射模具

塑料模具是指成型时确定塑料制品形状、尺寸所用部件的组合,也是注射成型的重要工艺装备。其结构形式由塑料品种、制品形状和注射机类型决定,但基本结构是一致的,主要由浇注系统、成型零件、结构零件等构成。按成型的工艺方法,可将塑料模具分为注射模、挤出模、压塑模和压注模等。

注射模具是塑料注射成型所用的模具,简称注射模。习惯上,按模具总体结构上的某一特征对注射模进行分类,可分为单分型面、双分型面、带活动锁块、侧向分型抽芯注射模等,其基本结构主要由动模和定模两大部分组成。图6-3所示为单分型面注射模、定模。

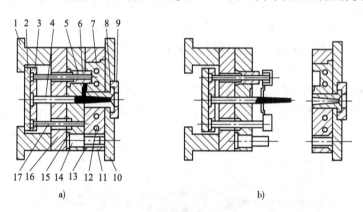

图6-3 单分型面注射模
a) 工作状态;b) 开模取制品状态
1-模脚;2-推板;3-推杆固定板;4-拉料杆;5-推杆;6-型芯;7-凹模;8-浇口套;9-定位圈;10-定模座板;11-定模板;12-冷却水孔;13-导套;14-导柱;15-型芯固定板;16-支撑板;17-回程杆

安装在注射机的固定模板上;动模安装在注射机的移动模板上,并在注射成型过程中随着注射机上的合模系统运动(图6-3a)。注射成型时,动模与定模由导向系统导向而闭合,塑料熔体从注射机喷嘴经模具浇注系统进入型腔,待冷却成型后开模,动模与定模分开,塑件一般留在动模上,由模具推出机构将塑件推出(图6-3b)。

(1) 浇注系统

浇注系统的作用是保证从喷嘴射出的熔融塑料稳定且顺利地充满全部型腔,同时在充模过程中将注射压力传递到型腔的各个部分。浇注系统通常由主流道、冷料井、分流道和浇口四部分组成,如图 6-4 所示。

主流道与注射机喷嘴相连,顶部呈凹形。冷料井是设在主流道末端的一个空穴,用以收集喷嘴端部两次注射之间所产生的冷料,以避免冷料堵塞浇口或进入型腔。分流道是多腔模中连接主流道和各个型腔的通道,使熔料以等速度充满各个型腔。浇口是接通主(分)流道与型腔的通道,其作用是提高料流速度,使停留在浇口处的熔料早凝而防止倒流,便于制品与流道系统分离。

浇口形状、尺寸和位置的设计应根据塑料的性质、制品尺寸和结构来确定。

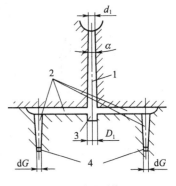

图 6-4 浇注系统
1-主流道;2-分流道;3-冷料井;4-浇口

(2) 成型零件

模具中用以确定制品形状和尺寸的空腔称为型腔,构成型腔的组件统称为成型零件,包括凹模、凸模、型芯及排气口等。凹模又称阴模,是成型制品外表面的部件,多装在注射机的固定模板上,故又称定模;凸模又称阳模,是成型制品内表面的部件,多装在移动模板上,故又称动模。通常,顶出装置设在凸模,以便制品脱模。型芯是成型制品内部形状(如孔、格)的部件,型芯除要求较低的表面粗糙度外,还应有适当的脱模斜度。排气口是设在型腔尽头或模具分型面上的槽形出气口,以便于型腔内气体及时排出。

(3) 结构零件

构成模具结构的各种零件称为结构零件,包括顶出系统、动(定)模导向定位系统、抽芯系统以及分型等各种零件。

3. 注射过程

注射过程包括加料、塑化、注射、模塑、冷却和脱模等几个步骤。其中,最主要的是塑化、注射和模塑三个阶段。

(1) 塑化

从料斗进入料筒的塑料在料筒内受热达到流动状态并具有良好可塑性的过程,称为塑化。注射工艺对塑化过程的要求:一是塑料在进入模腔前应达到规定的成型温度,并在规定时间内提供足够数量的熔料;二是熔料各点温度应均匀一致,不发生或极少发生热分解以保证生产的连续。

(2) 注射

将塑化良好的熔体在螺杆(或柱塞)推挤下注入模具的过程,称为注射。塑料熔体自料筒经喷嘴、主(分)流道、浇口进入模腔需克服一系列的流动阻力,产生很大的压力损失(有30%～70%的注射压力降在此消耗掉)。为了能对进入型腔的熔料保持足够的压力使之压实,需要足够的注射压力。

(3) 模塑

注入模具型腔的塑料熔体在充满型腔后,经冷却定形为制品的过程,称为模塑。不管是何种形式的注射机,塑料熔体进入模腔内的流动情况均可分为充模、压实、倒流和浇口冻结后的冷却四个阶段。在连续的四个阶段中,塑料熔体的温度将不断下降,其压力的变化如

图 6-5 所示。

①充模阶段($0—t_1$)。该阶段从螺杆(柱塞)开始向前移动直至模腔被塑料熔体充满。充模开始一段时间内模腔内没有压力,待模腔充满时,模腔内压力迅速上升至最大P_u。充模时间与注射压力有关。

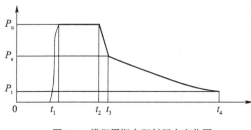

图 6-5 模塑周期中塑料压力变化图
P_u-模塑最大压力;P_s-浇口冻结时的压力;P_t-脱模时残余压力

②压实阶段($t_1—t_2$)。该阶段从熔体充满模腔至螺杆开始后退。在这段时间内,腔内的熔体因冷却而收缩,料筒内的熔料在螺杆的压力作用下向模内补缩,因此压实阶段对提高制品的密度、降低收缩率和克服制品表面缺陷很重要。其中,影响最大的是保压压力和保压时间。

③倒流阶段($t_2—t_3$)。该阶段是从螺杆后退时开始至浇口处熔料冻结。此时型腔内的压力比流道内高,因此熔体会从型腔倒流进流道,导致型腔内压力迅速下降,直至浇口冻结使倒流无法进行为止。如果螺杆后退时浇口处熔料已冻结,或者喷嘴中装有止逆阀,则不存在倒流阶段。压实阶段时间长,倒流少。浇口冻结时模内压力越高或温度越低,制品的收缩率越小。

④冷却阶段($t_3—t_4$)。塑料熔体自注入模腔内即开始冷却,浇口冻结后的冷却阶段是从浇口的塑料完全冻结时起到制品从模腔中顶出时止。模内塑料在此阶段主要是继续冷却,以便制品在脱模时具有足够的刚度而不致发生扭曲变形。在这一阶段,随料温逐渐下降,模内塑料体积收缩,模内压力降低。

4. 注射制品中的分子取向与内应力

在模塑过程中的四个阶段都会或多或少产生分子取向和内应力,取向程度和内应力大小及在制品内的分布,对注射制品的质量有不可忽视的影响。

注射制品各部分的取向方向和取向度在成型过程中很难准确控制,而且,由于取向度不同引起的收缩不均,会使制品在储运和使用中发生翘曲变形,因此在设计和注射成型制品时,除某些可能利用不同取向度的制品外,一般总是采取一切可能的措施减小因取向而引起的各向异性和内应力。

在注射制品成型过程中,模具温度、制件厚度、注射压力、充模时间(注射速度)和料筒温度对分子取向度的影响较为显著,如图 6-6 所示。

在注射制品成型的充模、压实和冷却过程中,外力在模腔内熔体中建立的应力,若在熔体凝固之前未能通过松弛作用全部消失而有部分存留下来,就会在制品中产生内应力。由于起因不同,注射制品中通常存在三种不同形式的内应力,即构型体积应力、体积温度应力和冻结分子取向应力。

构型体积应力是由于制品几何形状复杂,不同部位的壁厚差较大,在冷却过程中各部分体积收缩不均而产生的内应力,可通过热处理消除。体积温度应力与制品各部分降温速率不等引起的不均匀收缩有关,在厚壁制品中表现较为明显,这种形式

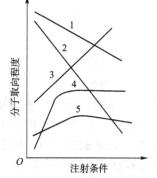

图 6-6 注射条件对分子取向度的影响
1-模具温度;2-制件厚度;3-注射压力;4-充模时间;5-料筒温度

的内应力有时会形成内部缩孔或表面凹痕。冻结分子取向应力是冻结的取向结构导致制品产生的内应力。三种形式的内应力中,以冻结分子取向应力对注射制品的影响最大。成型过程中,注射制品存在不同的取向方向和取向度分布,而且很难完全松弛掉。当制品冷却定形后,这些被冻结的取向结构就会导致制品产生内应力。凡能减少制品中取向度的各种因素,必然有利于降低其取向应力。

内应力的存在,不仅是注射制品在储运和使用中出现翘曲变形和开裂的重要原因,而且也是影响其光学性能、电学性能和表观质量的重要因素。尤其是制品在使用过程中承受热、有机溶剂和其他能加速其开裂的介质时,消除或降低内应力,对保证制品正常使用具有重要的意义。

5. 注射制品的修饰及后处理

注射制品的修饰及后处理是指制品脱模后,实施手工或机械加工、抛光、表面涂饰、退火及调湿处理等,以满足制品外观质量、尺寸精度和力学性能的要求。其中,修饰主要指为改善制品外观而进行的操作,后处理主要包括退火处理和调湿处理。

(1) 退火处理

注射制品在成型过程中,由于在料筒内塑化不均或在模内冷却不均,会产生不均匀的结晶、取向和收缩,使制品存在内应力,从而降低了制品的力学性能、光学性能和尺寸精度,表面出现微细裂纹甚至变形开裂。

退火处理可消除或减小制品的内应力。对于塑料的分子链刚性较大、壁厚较大、带有金属嵌件、尺寸精度和力学性能要求较高的制品,需要进行退火处理。退火的方法是将制件置于一定温度的液体介质或热空气循环烘箱中静置一段时间,然后缓慢冷却至室温。退火温度控制在制品使用温度以上 10～20℃ 或塑料热变形温度以下 10～20℃。常用热塑性塑料热处理条件见表 6-1。

一些热塑性塑料的热处理条件　　　　　表 6-1

热性塑料	处理介质	处理温度(℃)	制件厚度(mm)	处理时间(min)
聚苯乙烯	空气或水	60～70	≤6	30～60
		70～77	>6	120～360
聚甲基丙烯酸甲酯	空气	75	—	16～20
聚砜	空气	165	—	60～240
尼龙66	油	120	≤3	15
		130	3～6	20～30
		150	>6	30～60
尼龙6	油	130	>6	15
	水	120	>6	25
聚甲醛	空气油	160	2.5	60
		160	2.5	30
共聚甲醛	空气	130～140	1	15
	油	150	1	0
聚丙烯	空气	150	≤3	30～60
			≤6	
高密聚乙烯	水	100	≤6	15～30
			>6	60

(2) 调湿处理

聚酰胺类塑料制品在高温下接触空气易氧化变色,在空气中使用或储存时又易吸收水分而膨胀,需要很长时间尺寸才能稳定。将刚脱模的制品放在热水中,不仅可隔绝空气进行防止氧化的退火处理,同时还可以加快达到吸湿平衡,故称为调湿处理。经过调湿处理不仅可减小制品内应力,提高结晶度,而且能加快达到吸湿平衡,使制品尺寸稳定。适量的水分还能对聚酰胺起到类似增塑剂的作用,从而改善制品的柔韧性,使拉伸强度和冲击强度提高。调湿处理的温度在水中通常为100~120℃,在水与醋酸钾为1:1.25的溶液中一般为80~100℃,处理时间根据聚酰胺塑料的品种、制件形状和厚度而定,见表6-1。

6. 气体辅助注射成型

气体辅助注射成型(GAM)是一种新型的塑料加工技术,用于生产以来发展很快,广泛用于生产车仪表板、内饰件、大型家具、各种把手以及电器设备外壳等制品。除一些极柔软的塑料品种外,几乎所有的热塑性塑料和部分热固性塑料均可采用此成型方法。

气体辅助成型原理如图6-7所示。首先把部分熔体注入模具型腔,然后把一定压力的气体(通常是氮气)注入型腔内的塑料熔体里。气体易在中心部位或较厚壁的部位形成气体空腔。气体压力推动熔体充满模具型腔,充模结束后,利用熔体内气体的压力进行保压补缩。待制品冷却固化后,通过排气孔泄出气体,即可开模取出制品。

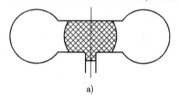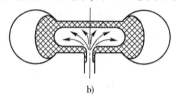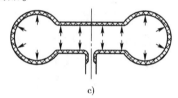

图6-7 气体辅助注射成型原理图
a)熔体注射; b)注入气体; c)气体保压

气体辅助成型需在现有的注射机上增设一套供气装置方可实现。与普通注射成型相比,气体辅助成型生产周期缩短;锁模力大大降低,可在锁模力较小的注射机上生产成型尺寸较大的制品;按制品大小、形状不同,制品质量一般可减少10%~50%;由于保压时气体压力不高,可避免过大的内应力,制品翘曲变形小、尺寸稳定。

气体辅助成型设备的成本和复杂程度高,且对注射机的精度和控制系统有一定的要求。在注射成型时,制品注入气体与未注气体的表面会产生不同的光泽,需用花纹装饰或遮盖。

二、挤出成型

挤出成型简称挤塑,是借助于螺杆或柱塞的挤压作用,使受热熔融的物料在压力推动下强制通过模口,从而成为具有恒定截面的连续型材的成型方法,可生产管材、棒材、型材、板材、单丝、薄膜、扁带、电线电缆和涂层制品等。其特点是生产效率高,适应性强,几乎可用于所有热塑性塑料,还可用于某些热固性塑料,以及塑料与其他材料的复合材料成型。

1. 挤出设备

挤出成型所用设备为挤出机,按加压方式不同,可分为螺杆式和柱塞式两种。目前,大量使用的挤出设备是单螺杆和双螺杆挤出机,后者特别适用于硬聚氯乙烯粉料或其他多组分体系塑料的成型加工,但最通用的是单螺杆挤出机。图6-8所示为单螺杆挤出机工作原理。

螺杆是挤出机的关键部件,挤出机的规格常以螺杆直径D表示。螺杆转动时,使机筒里的物料移动,得到增压,达到均匀塑化,同时产生摩擦热,可加速温升。螺杆的长径比(L/D)

也是重要参数,长径比越大,塑化越均匀。目前常用挤出机螺杆的长径比多为25左右。

根据螺杆各部分的功能不同,可分为送料段、压缩段和计量段,如图6-9所示。送料段是指自物料入口至前方一定长度的部分,其作用是让料斗中的物料不断地补充进来并使之受热前移,物料一般仍保持固体状态。压缩段是螺杆中部的一段,其作用是压实物料,使物料由固体逐渐转化为熔融体,并将夹带的空气向进料段排出。为此,该段的螺槽深度是逐渐缩小的,以利于物料的升温和熔化。计量段又称均化段,是螺杆的最后一段,其作用是使熔体进一步塑化均匀并定量定压地由机头流速均匀挤出。

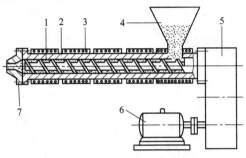

图6-8 单螺杆挤出机工作原理示意图
1-螺杆;2-机筒;3-加热器;4-料斗;5-减速器;6-电机;7-机头

2. 挤出过程

图6-10所示为普通螺杆挤出机中的挤出过程示意图。挤出过程一般包括熔融、成型和定型三个阶段。

(1)熔融阶段。固态物料通过螺杆转动向前输送,在外部加热和内部摩擦热的作用下,逐渐熔化最后完全转变成熔体,并在压力下压实。在此阶段中,物料的状态变化和流动行为很复杂。在物料完全熔化进入均化段中,螺槽全部被熔体充满。旋转螺杆的挤压作用以及由机头、分流板、过滤网等对熔体的反压作用,使熔体的流动有正流、逆流、横流以及漏流等不同形式。其中,横流对熔体的混合、热交换、塑化影响很大;漏流是在螺翅和料筒之间的间

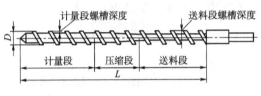

图6-9 常规螺杆的基本结构

隙中沿螺杆向料斗方向的流动;逆流的流动方向与主流相反;漏流和逆流是由机头、分流板、过滤网等对熔体的反压引起,挤出量随这两者的流量增大而减少。

(2)成型阶段。熔体通过塑模(模口)在压力下成为形状与塑模相似的一个连续体。

(3)定型阶段。在外部冷却下,连续体被凝固定型。

3. 几种常见的挤出成型工艺

采用挤出工艺成型的制品很多,制品的形状和尺寸差别很大,每种制品的生产都采用特定的工艺和技术并需要相应的辅助设备,有着各自的特点。

(1)热塑性塑料管材挤出成型

管材挤出时,塑料熔体从挤出机口模挤出管状物,先通过定型装置,按管材的几何形状、尺寸等要求使它冷却定型,然后进入冷却水槽进一步冷却,最后经牵引装置送至切割装直切成所需长度。适用于挤出管材的热塑性塑料有 PVC、PP、PE、ABS、PA、PC 和 PTEE 等。塑料管材广泛用于输液、输油、输气等生产和生活的各个方面。

(2)薄膜挤出吹塑成型

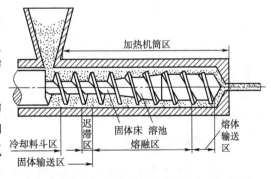

图6-10 塑料在普通螺杆挤出机中的挤出过程示意图

薄膜可采用片材挤出、压延成型或挤出吹塑成型方法生产。其中,挤出吹塑成型方法用得最多。挤出吹塑成型是将塑料熔体经机头口模间隙挤出圆筒形的膜管,并从机头中心吹入压缩空气,把膜管吹胀成直径较大的孢管状薄膜的工艺。冷却后卷取的管宽即为薄膜折径。采用挤出吹塑成型方法可生产厚度为 0.008~0.30mm、直径为 10~10000mm 的薄膜,这种薄膜称为吹塑薄膜。图 6-11 为生产吹塑薄膜装置示意图。

(3) 板材的挤出成型

塑料板材的生产方式有许多种,如压延法、层压法、浇注法及挤出法等。其中,挤出法应用最广。用于挤出板材的塑料有 ABS、聚乙烯、聚氯乙烯、聚丙烯,以及抗冲击聚苯乙烯、聚酰胺、聚碳酸酯等。挤出板材的生产工艺流程如图 6-12 所示。

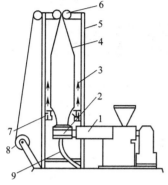

图 6-11 吹塑薄膜装置示意图
1-挤出机;2-机头;3-膜管;4-人字板;5-牵引架;6-牵引辊;7-风环;8-卷取辊;9-进气管

三、压制成型

压制成型是塑料成型加工技术最早,也是最重要的方法之一,主要用于热固性塑料的成型。

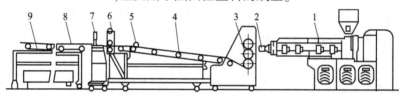

图 6-12 挤出板材的生产工艺流程示意图
1-挤出机;2-机头;3-三辊压光机;4-冷却输送辊;5-切边装置;6-二辊牵引机;7-切割装置;8-板材;9-堆放装置

压制成型又称压缩成型或模压成型,是将粉状、粒状、碎屑状或纤维状的塑料放入加热的阴模模槽中,合上阳模后加热使其熔化,并在压力作用下使物料充满模腔,形成与模腔形状一样的模制品,再经加热(使其进一步发生交联反应而固化)或冷却(对热塑性塑料应冷却使其硬化),脱模后即得制品。图 6-13 所示为模压示意图。

压制成型通常在油压机或水压机上进行,生产工艺过程如图 6-14 所示,包括加料、闭模、排气、固化、脱膜和吹洗模具等步骤。

与注射和挤塑成型相比,压制成型没有浇注系统、耗材少;压塑成型设备、模具和生产过程的控制较为简单,易于压制大面积的薄壁塑料制品,或利用多型腔模一次压制多个塑件,制品性能较均匀;但生产周期长,效率低,较难实现自动化,工人劳动强度大,难以压制形状复杂和厚壁制品。

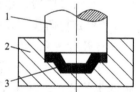

图 6-13 模压示意图
1-阳模;2-阴模;3-制品

压制成型多用于热固性塑料。热固性塑料压制品的优点是耐热性好,使用温度范围宽,变形小等,用于模压法加工的主要有酚醛塑料、氨基塑料、环氧树脂、有机硅(主要是硅醚树脂制的压塑粉)、硬聚氯乙烯、聚酰亚胺等。对热塑性塑料,一般仅用于 PVC 唱片和聚乙烯制品的预压成型,以及平面较大的热塑性塑件。

四、中空吹塑成型

中空吹塑成型是把熔融状态的塑料管坯置于模具内,利用压缩空气吹胀、冷却制得具有一定形状的中空制品的方法。中空吹塑成型又可细分为拉伸吹塑、挤出吹塑和注射吹塑。

虽方法不同,但其原理相同,都是利用聚合物在黏流态下具有可塑性的特性,在冷却硬化前,利用压缩空气使熔融管坯发生形变,并贴在模具内壁,经冷却硬化得到与模腔形状相同的制品。中空吹塑成型常用于各种液体的包装容器的成型,如各种瓶、桶、罐、壶等,最常用的原料是聚乙烯、聚丙烯、聚氯乙烯和热塑性聚酯等热塑性塑料。

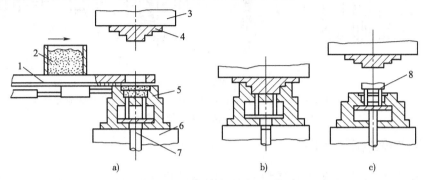

图 6-14 压制成型工艺过程示意图
a)加料入模;b)压制成型;c)顶出脱模
1-自动加料装置;2-料斗;3-上模板;4-阳模;5-阴模;6-下模板;7-顶出杆;8-制件

1. 拉伸吹塑成型

拉伸的实施是使用拉伸棒将型坯进行纵向拉伸,然后吹入压缩空气吹胀型坯,起着横向拉伸作用。因而制品具有典型的双向拉伸的特性,其透明度、冲击强度、表面硬度和刚性都有很大的提高。这种方法主要适用于 PVC、PE、PP 等塑料瓶的生产。拉伸吹塑过程如图 6-15 所示。

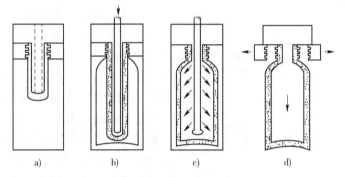

图 6-15 拉伸吹塑过程示意图
a)管状型坯;b)纵向拉伸;c)吹胀型坯;d)脱出制品

2. 挤出吹塑成型

挤出吹塑成型的管坯是直接由挤出机挤出,并垂挂在安装于机头正下方的预先分开的型腔中;当下垂的型坯达到规定的长度后立即合模,并靠模具的切口将管坯切断;从模具分型面的小孔通入压缩空气,使型坯吹胀紧贴模壁而成型,保持压力,待制品在型腔中冷却定型后开模取出制品。图 6-16 所示为挤出吹塑成型的生产过程示意图。

3. 注射吹塑成型

首先由注射机在高压下将熔融塑料注入注射模内,并在芯模(芯模是一端封闭、周壁带有微孔的空心的管状物)上形成适宜尺寸、形状和质量的管状型坯;然后打开注射模,将留在芯模上的热型坯移入吹塑模,合模后从芯模吹入压缩空气,吹胀型坯使紧贴模壁成型;最后保压并冷却定型,脱模后获得所需制品。图 6-17 所示为塑料瓶的注射吹塑成型示意图。此法的优点是制品壁厚均匀,瓶口精密,废边料少。

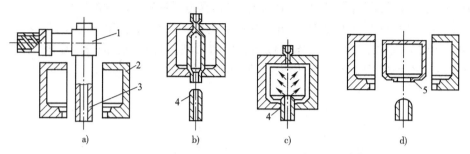

图 6-16 挤出吹塑成型过程示意图
a) 挤出机挤出管状型坯；b) 模具闭合；c) 吹胀型坯并保压、冷却；d) 开模，脱出制品
1—挤出机；2—模具；3—型坯；4—吹管；5—塑料制品

五、塑件的结构工艺性

塑件的结构工艺性指塑件在成型加工时的难易程度。塑件在结构设计时，应尽量选用成型工艺性能好且价格低的聚合物；塑件的结构应力求简单美观，易于成型，从而使模具的结构简化，制作成本降低；对塑件加工精度和表面质量的要求不宜太高，否则会增加模具的制作费用。

塑件的结构设计应遵循以下一般原则。

1. 应有一定的脱模斜度

为使塑件易于从模具中脱出，在设计时，与脱模方向平行的内、外表面应具有结构斜度，以利于脱模和抽芯。图 6-18a) 所示的设计不合理，采用图 6-18b) 所示的设计较为合理，方便脱模。

2. 壁厚应适当且均匀一致

塑件的壁厚首先取决于塑件的使用要求，如强度、结构、质量、电性能、尺寸稳定性及装配要求等。但成型工艺对塑件壁厚也有一定要求，壁厚应力求均匀一致，避免太薄或太厚，否则会因收缩不均匀而产生内应力和变形，壁厚处易出现缩孔、气泡、凹陷等缺陷，如图 6-19a) 所示。采用图 6-19b) 所示加强肋的设计，壁厚均匀不产生缩孔，塑件的壁厚一般为 1~6mm。

3. 塑件结构应有过渡圆角

在塑件的内外表面转角处，应采用圆角过渡，以避免塑件的应力集中，同时也避免了模具上的应力集中。一般，外圆弧的半径是壁厚的 1.5 倍，内圆弧的半径是壁厚的 0.5 倍。

4. 加强肋的设计

加强肋的作用是在不增加壁厚的条件下，增加塑件的强度和刚度，避免塑件产生翘曲变形。其尺寸如图 6-20 所示，在设计时应注意以下几个方面。

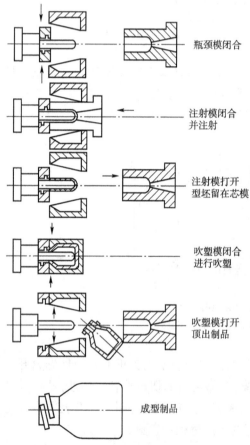

图 6-17 注射吹塑过程示意图

(1) 加强肋与塑件壁连接处应采用圆弧过渡。

(2) 加强肋的高度应低于塑件高度 0.5mm 以上,如图 6-21 所示。

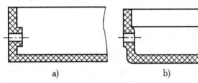 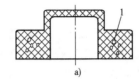 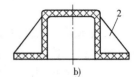

图 6-18　脱模斜度　　　　　　　　图 6-19　壁厚设计
a) 不合理; b) 合理　　　　　　　　1—缺陷; 2—加强肋

(3) 加强肋的厚度不应大于塑件的壁厚。

(4) 应避免肋板相互交叉,以免局部过厚而出现缩孔和气泡,如图 6-22 所示。

(5) 加强肋不应集中设置在大面积塑件中间,而应相互交错分布,以避免收缩不均匀而引起塑件变形或断裂,如图 6-23 所示。

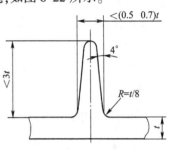

5. 孔的位置要合理

在设计塑件上各种孔的位置时,应注意不影响塑件的强度,并尽量不增加模具制造的复杂性。例如,内孔形状应利于抽出型芯(图 6-24),侧孔轴线应与脱模方向一致,以简化模具和便于抽出型芯(图 6-25)。

图 6-20　加强肋的尺寸

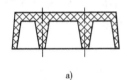 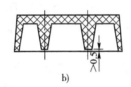 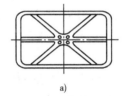 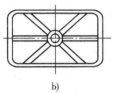

图 6-21　加强肋高度的设计　　　　　图 6-22　肋板交叉的设计
a) 不合理; b) 合理　　　　　　　　　a) 不合理; b) 合理

 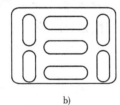 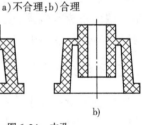

图 6-23　加强肋的分布　　　　　　　图 6-24　内孔
a) 不合理; b) 合理　　　　　　　　　a) 不合理; b) 合理

6. 支面的设计

以塑料制品的整个底面作为支承面是不稳定的。通常,采用有凸起的边缘或底角,对于宽底容器的底部则可设计成拱形面,如图 6-26 所示。

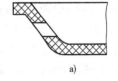 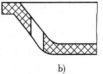 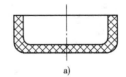 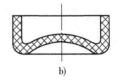

图 6-25　侧孔　　　　　　　　　　　图 6-26　支承面
a) 不合理; b) 合理　　　　　　　　　a) 不合理; b) 合理

第二节　工业橡胶成型

橡胶制品的原料主要由生胶、配合剂和增强材料组成,生产过程包括塑炼、混炼、成型和硫化等步骤。其中,塑炼是把纯胶(生胶)在炼胶机上滚炼,生胶受机械、热、化学的作用使相对分子质量降低,由弹性状态转为塑性状态,达到适当的可塑度;混炼是将已经塑炼的胶(包括混用合成胶)与添加剂混合均匀的过程,添加剂主要有硫化剂(如硫磺)、增强剂(如石墨)、填充剂、防老剂、润滑剂等;成型是将混炼胶通过压延机、挤出机等制成一定截面的半成品,如胶管、胎面胶、内胎胶坯等,然后将半成品按制品的形状组合起来,或在成型机上定型,制成所需形状和尺寸的成型品;硫化是将成型品置于硫化设备中,在一定温度、压力下,通过硫化剂使橡胶发生交联反应,形成一定的网状结构,从而获得高弹性制品的过程,是橡胶加工的关键工序。

根据模具结构和压制工艺的不同,橡胶成型的方法可分为压制成型、压延成型、挤出成型和注射成型。

一、压制成型

压制成型又称模压成型,是橡胶制品生产中应用最早且最多的生产方法。橡胶的压制成型是将经过塑炼和混炼预先压延好的胶坯,按一定规格和形状下料后直接加入到压制模的型腔中,合模后在液压机上按规定的工艺条件压制,使胶料在加热、加压下塑性流动充填模腔,再经一定时间完成硫化后脱模,最后清理毛边、检验,获得所需橡胶制品。橡胶压制成型的工艺流程为:

生胶—塑炼—混炼—制坯—模压硫化—修边—检验—制品

压制成型的设备是平板硫化机和橡胶压制模具。橡胶压制模具的结构与一般塑料压塑模相同,但需设置测温孔,以便控制硫化温度;模腔周围也应设置流胶槽,以排出多余胶料。压制成型设备成本较低,模具结构简单,操作方便,制品的致密性好,适于制作各种橡胶制品、橡胶与金属或织物的复合制品,如橡胶垫片、密封圈等。

二、压延成型

压延成型所用设备为压延机,是将经过混炼的胶料通过压延机上的一对或数对相对旋转的辊筒,使胶料在辊筒间隙被压延,产生塑性变形,制成具有一定厚度的胶片,完成胶料贴合,以及使骨架材料(纺织材料或金属材料)通过贴胶、擦胶制成片状半成品的工艺过程,主要包括压片、贴合、压型、贴胶和擦胶等工艺。

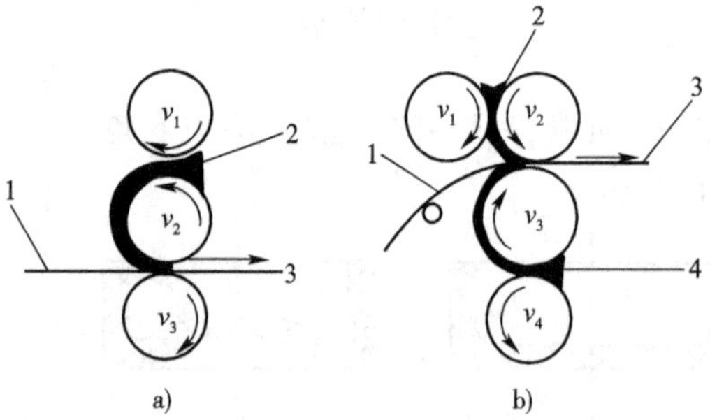

在压延成型过程中,必须协调辊温和转速,控制每对辊的速比,保持一定的辊隙存料量,以保证产品外观及性能。压延是一个连续的生产过程,生产效率高,制品厚度尺寸精确,表面光滑,内部紧实,但其工艺条件需严格控制,操作技术要求较高,主要用于制作胶片和胶布。图6-27所示为胶布压延过程。当纺织物和胶片通

图6-27　胶布压延过程示意图
a)三辊压延机单面贴胶;b)四辊压延机双面贴胶
1-纺织物;2、4-胶料;3-胶布

过一对相向旋转的辊筒间隙时,在辊筒的挤压力作用下贴合在一起,制成胶布。

三、挤出成型

挤出成型又称压出成型,所用设备及加工原理与塑料的挤出基本相同,是橡胶加工成型的一个基本工艺。它是在挤出机中对胶料加热与塑化,使高弹性的胶料在挤出机筒壁和螺杆或柱塞的相互作用下,受到剪切、混合和挤压不断地向前移送,并借助机头口型制成各种断面形状和尺寸的半成品,以达到初步造型的目的。图 6-28 所示为螺杆挤出成型过程示意图。

挤出成型设备结构简单,操作简便,生产率高,工艺适应性强,占地面积小;但制品断面形状较简单且精度较低,适于制造各种断面形状和尺寸的半成品,广泛用于轮胎胎面、内胎、胶管内外层胶、电线、电缆外套,以及各种复杂断面形状的半制品。

四、注射成型

注射成型是将胶料加热成熔融态并施以高压从密闭室压入闭合模具,在模具中加热硫化,然后从模具取出获得所需制品的工艺方法。注射成型在专门的橡胶注射机上进行,常用的橡胶注射机有立式和卧式螺杆或柱塞式注射机。图 6-29 所示为螺杆式六模胶鞋注射机示意图。

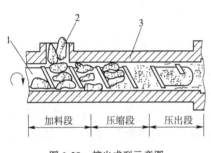

图 6-28 挤出成型示意图
1-螺杆;2-胶料;3-螺杆机筒

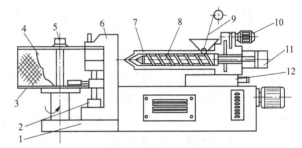

图 6-29 六模胶鞋注射机示意图
1-机座;2-锁模液压缸;3-转盘;4-模具;5-转轴;6-合模机构;7-机筒;
8-螺杆;9-带状胶料;10-螺杆驱动装置;11-注胶油缸;12-注射座

橡胶注射成型的工艺过程包括胶料的预热塑化、注射、保压、硫化、脱模和修边等工序。注射成型过程中,使胶料选入机筒加料口,在螺杆旋转推力作用下向前输送,并混合增压,由于机筒外部加热和螺杆机筒对胶料的剪切生热,使胶料逐渐升温塑化成熔融态;塑化后的胶料堆积在机筒前端,在螺杆推力作用下注入闭合的热模中,当模腔注满胶料后经过一段时间的保压,注射机螺杆后退,模内胶料在锁模力作用下,继续保持所需的硫化压力进行硫化,达到预定时间后,开启模具,由脱模装置将橡胶制品顶出,脱模后模具再闭合,进行下一制品的生产。

注射成型的工艺参数主要有料筒温度、注射温度、模具温度、注射压力和成型时间。

注射成型的特点是硫化周期短、硫化质量均匀、制品尺寸精确、质量稳定、生产效率高,可一次成型外形复杂、带有嵌件的橡胶制品,主要用于生产密封圈、减振垫和鞋类等。

第三节 陶瓷成型

陶瓷成型指将陶瓷坯料制成具有一定形状和规格的坯体,坯体再经上釉、烧结等工序制成陶瓷制品,因此陶瓷成型的方法就是坯体的成型方法。

陶瓷制品大多是烧结陶瓷,采用粉体成型,其生产工艺过程一般包括粉体制备、坯体成型、坯体干燥和烧结四个步骤。

一、粉体的制备

粉体是陶瓷成型的主要原材料,其制备方法一般可分为机械粉碎法和物理化学法两类。

机械粉碎法通常是将粗粒的原材料粉碎而获得细粉,粉碎过程中基本不发生化学反应,但会混入杂质,并且不易获得粒径在 $1\mu m$ 以下的微细颗粒。常用方法有球磨法、研磨法、雾化法、超声波粉碎法等。

物理化学法是通过物理或化学作用改变材料的化学成分或聚集状态而获得粉体,其特点是粉体的纯度和粒度可控,均匀性好,颗粒微细,并可实现粉体颗粒在分子级水平上的复合和均化;主要方法有电解法、还原法、沉积法、水解法、化合反应法等。

粉体的质量对陶瓷制品的质量有很大影响。高质量的粉体应具备的特性是粒度均匀、平均粒度小;颗粒外形圆整;颗粒聚集倾向小纯度高、成分均匀等。

二、坯体的成型

成型是将陶瓷粉体加入塑化剂等制成坯料,并进一步加工成一定形状和尺寸的半成品过程,其目的是为了得到内部均匀和高密度的坯体,常用的成型方法有以下几种。

1. 注浆成型

注浆成型是把陶瓷悬浮浆料注入多孔模具,借助于模样的吸水能力而成型的方法。其工艺过程包括悬浮料浆制备、模样制备、料浆浇注、起模取件、干燥等阶段。

(1)悬浮料浆的制备。料浆是陶瓷原料粉体和水组成的悬浮液,要求其具有良好的流动性、足够小的黏度、小的含水率、弱的触变性(静止时黏度变化小)、良好的稳定性及渗透(水)性等性能,以保证料浆的充型性和成型性,从而得到形状完整、表面平滑光洁的坯体,减少干燥收缩、坯体变形与开裂等缺陷。

(2)注浆方法。注浆方法分实心注浆和空心注浆两种基本方法。

①实心注浆。如图6-30所示,将料浆注入模样,料浆中的水分同时被模样的两个工作面吸收,注件在两模之间形成,形状与尺寸由两模样腔决定。由于泥浆中的水分被模样的两个工作面吸收,当坯体较厚时,靠近工作面处坯层较致密,远离工作面的中心部分坯层较疏松。坯体结构的均匀程度会受到一定影响。

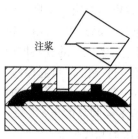

图6-30 实心注浆

②空心注浆。如图6-31所示,料浆注入模样后,当注件达到要求厚度时,排除多余的泥浆而形成空心注件。它由模样单面吸浆,模样工作面的形状决定坯体的外形,坯体厚度取决于泥浆在模样中停留的时间。

注浆成型可制作大型、薄壁、形状复杂的制品。此外,金属铸造中的离心铸造和压力铸造引入到注浆成型中,形成了离心注浆和压力注浆等方法,有效地提高了注浆速度和坯体质量。

2. 热压铸成型

热压铸成型是把煅烧制备的瓷粉同熔化的蜡类塑化剂迅速搅和成具有一定性能的料浆,在热压铸机中用压缩空气将热熔的料浆注满金属模,使料浆在金属模中凝固成型的方法。

热压铸成型操作方便,模具磨损小,制品表面光洁质量好,可制作成型形状复杂制品,但坯体含有机物(10%~20%),密度低,且大型薄壁制品难于成型。常用于形状复杂、尺寸精度要求高的中、小型制品的生产,如电容器件、氧化物陶瓷、金属陶瓷等。

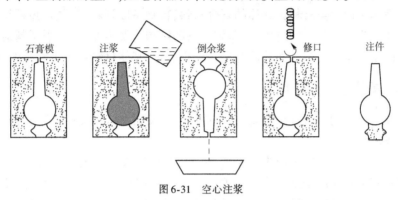

图 6-31　空心注浆

3. 注射成型

陶瓷注射成型的坯料是由不含水的粉料与结合剂(热塑性树脂)、润滑剂、增塑剂等有机添加剂按一定比例加热混合,干燥固化后经粉碎造粒而获得的;将制成的粒状粉料由注射成型机在 130~300℃ 温度下注射入金属模具;冷却后,结合剂固化,取出坯体;坯体在烧结前进行脱脂处理,去除坯体内的有机物,然后可按常规工艺烧结。

注射成型设备为螺杆式或柱塞式注射机,成型模具采用高强度金属模具。此工艺方法成型简单,成本低,压坯密度均匀,适用于复杂坯体的自动化大批量生产。

4. 轧膜成型

轧膜成型与金属板料的轧制成型相似,是生产薄片瓷坯的成型工艺之一。

轧膜的坯料由陶瓷粉体和塑化剂组成。制坯过程是将预烧过的陶瓷粉体磨细过筛,掺入塑化剂并搅拌均匀,然后倒在轧膜机上进行混炼,使粉体与塑化剂充分混合;在混炼过程中需不断吹风,使塑化剂中的溶剂不断挥发,形成较厚的膜片,此过程称为粗轧;粗轧后的膜片再经反复轧炼,直至达到所要求的厚度为止;将轧好的坯片存放在有一定湿度的环境中,防止坯片干燥变脆,同时也方便冲切。

轧膜成型可轧制 1mm 以下的坯片,适合的厚度为 0.2~1mm。主要用于电子陶瓷工业中的瓷片电容、电路基片等坯体的轧制。

5. 压制成型

压制成型是将含有一定水分的粒状粉料填充于模型中,施压使之成为具有一定形状和强度的陶瓷坯体的成型方法。粉体含水率在 3%~7% 的为干压成型,粉体含水率在 8%~15% 的为半干压成型,等静压成型工艺的含水率可在 3% 以下。

由于压制过程中,粉体颗粒之间,粉体与模冲、模壁之间存在摩擦,造成压力损失而使压坯密度不均匀,因此常采用双向压制并在粉料中加入少量有机润滑剂(如油酸),有时加入少量黏结剂(如聚乙烯醇),以增强粉料的黏结力。压制成型适用于形状简单、尺寸较小的制品。

第四节　复合材料成型

复合材料是由两种或两种以上物理、化学性质不同的物质组合而成的一种多相固体材料。它不仅保留了组成材料各自的优点,而且具有单一材料所没有的优异性能。复合材料的成型特点是材料的复合过程与制品的成型过程同时完成。复合材料的生产过程就是其制品的成型过程。增强材料与基体材料的综合优越性只有通过成型工序才能体现来。

复合材料的成型工艺主要取决于复合材料的基体。一般情况下,基体材料的成型工艺方法也常常适用于以该类材料为基体的复合材料,特别是以颗粒、晶须及短纤维为增强体的复合材料。在形成复合材料的过程中,基体材料的结构不发生变化,增强材料通过其表面与基体黏结并固定于基体之中。而与此有显著区别的是,基体材料要经历性状的巨大变化。

一、树脂基复合材料成型

树脂基复合材料的成型方法主要有手糊法成型、喷射法成型、纤维缠绕法成型等方法。

1. 手糊法成型

手糊法成型是复合材料生产中最早使用的最简单的成型工艺,是用手工方法把经过浸胶的纤维织物铺到预先准备好的模具表面,然后在室温或加热条件下使之固化成型。其工艺过程是先在涂有脱模剂的模具上均匀地涂抹一层树脂混合液,再将裁剪成一定形状和尺寸的纤维增强织物按制品要求铺设到模具上,用刮刀、毛刷或压辊使其平整并均匀浸透树脂,排除气泡。多次重复以上步骤,层层铺贴,直至所需层数,然后固化成型,脱模修整获得坯件或制品,工艺流程如图 6-32 所示。手糊成型适于多品种、小批量生产,且不受制品尺寸和形状的限制,不需专用设备,操作简单。但这种成型方法生产效率低;劳动条件差,强度大;制品的质量和尺寸精度不易控制。

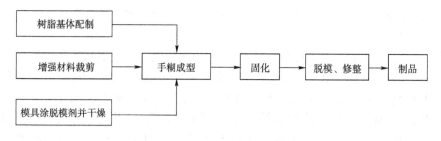

图 6-32 手糊法成型工艺流程图

2. 喷射法成型

利用压缩空气将调配好的树脂胶液和切短的纤维同时喷射到模具表面,经辊压、排除气泡等,再在其表面喷涂一层树脂胶,经固化而成复合材料制品的成型方法称为喷射法成型,如图 6-33 所示。

喷射成型法属于半机械化,较手糊法生产效率提高,制品无搭接缝,适用性强。主要用于不需加压、室温固化的不饱和聚酯树脂。

3. 缠绕法成型

缠绕法成型是在控制纤维张力和预定线型的条件下,将连续的纤维粗纱或布带浸渍树脂后按一定规律连续缠绕在芯模上,经固化而成为制品的方法,如图 6-34 所示。与其他成型方法相比,缠绕法成型获得的复合材料制品比强度高,可超过钛合金;纤维按规定方向排列整齐,制品精度高;制品成各向异性,强大的方向性比较明显,可按照受力要求确定纤维排列的方向、层次,以实现设计强度。但缠绕法需要缠绕机、高质量的芯模和专用的固化加热炉,投资较大。缠绕法成型主要用于缠绕圆柱体、球体及某些回转体制品。

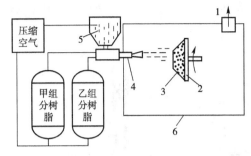
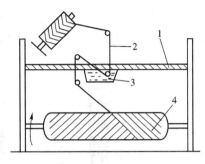

图 6-33 喷射法成型示意图
1-抽气;2-模具;3-制品;4-喷枪;5-纤维;6-隔离室

图 6-34 缠绕法成型示意图
1-平移机构;2-纤维;3-树脂槽;4-制品

二、金属基复合材料成型

制备金属基复合材料,关键在于使基体金属与增强材料相互润和结合良好,制造步骤主要包括增强材料的预处理或预成型、材料复合、复合材料的二次成型和加工。常用方法主要有以下几种。

1. 粉末冶金法

粉末冶金法广泛用于各种颗粒、晶须及短纤维增强的金属基复合材料。其工艺与金属材料的粉末冶金工艺基本相同,即首先将金属粉末和增强体均匀混合,制得复合坯料,再压制烧结成锭,然后通过挤压、轧制和锻造等工艺二次加工成型。

2. 热压扩散法

热压扩散法是连续纤维增强金属基复合材料最具代表性的一种固相下的复合工艺。按照制品的形状、纤维体积密度及性能要求,将金属基体与增强材料按一定顺序和方式组装成型,然后加热到低于金属基体熔点的某一温度,同时加压保持一定时间,使基体金属产生蠕变和扩散,与纤维之间形成良好的界面结合,便得到复合材料制品,如图 6-35 所示。与其他复合工艺相比,该方法易于实现精确控制,制品质量好,但生产

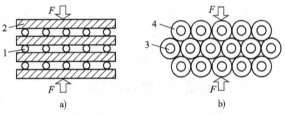

图 6-35 热压扩散法
a)纤维与金属箔复合;b)纤维镀金属后复合
1、3-纤维;2-金属箔;4-金属镀层

周期长。此方法是钛基、镍基等熔点较高的金属最主要的复合方法。但由于型模加压的单向性,该方法仅限于制作较为简单的板材、某些型材及叶片等。

3. 液态金属浸润法

液态金属浸润法的实质是使基体金属呈熔融状态时与增强材料浸润复合,根据复合工艺的不同,可分为毛细管上升法、压铸法和真空铸造法,如图 6-36 所示。

毛细管上升法适合制造碳纤维增强镁、铝等低熔点金属复合材料,但纤维容易偏聚。纤维的体积分数一般不超过 30%。

压铸法可使增强纤维分布均匀,并且含量高,可显著提高金属基体的强度和高温性能。用陶瓷纤维增强铝合金已成功制造出高质量的发动机活塞。

真空压力铸造法是金属基复合材料成型方法中最有代表性的一种。将纤维增强体预制件装入铸模后宜于装置的上部,在抽真空的同时进行预热,待达到一定的真空度和温度后将铸模放入盛有熔融金属的容器中(或容器上升),然后通入高压惰性气体施加压力。在真空和压力

共同作用下,液态金属迅速充满预制件的所有孔隙;最后将铸模提起(或容器下降)并迅速冷却,以防止基体金属与纤维之间发生化学作用或减少化学作用。

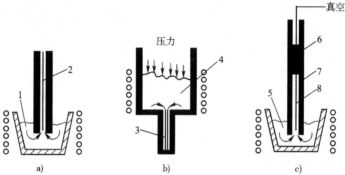

图 6-36 液态金属浸润法
a)毛细管上升法;b)压铸法;c)真空铸造法
1、4、5-熔融金属;2、3、8-纤维;6-冷却块;7-钢管

与常压铸造法比,真空压力铸造法的制品孔隙小,致密性好,而且利用其真空和加压可使基体金属与增强材料很好地润湿和复合,故增强材料可不进行预处理,可用来制造长纤维或短纤维增强以及长、短纤维混杂增强的金属基复合材料,并能制造形状复杂的制品。但是,真空压力铸造法设备比较复杂,生产周期较长,制造大尺寸制品尚有困难。

4. 等离子喷涂法

等离子喷涂法是在惰性气体保护下,利用等离子弧向排列整齐的纤维喷射熔融金属,待其冷却凝固后形成复合材料的一种方法。

采用等离子喷涂法,金属基体与增强纤维间的润湿性好、界面结合紧密,成型过程中纤维不受损伤,但基体组织不够致密。此方法不仅用于纤维增强复合材料的成型,也可用于层合复合材料的成型,如在金属基体表面上喷涂高熔点的陶瓷或合金,即可形成层合复合材料。

三、陶瓷基复合材料成型

陶瓷基复合材料的成型,对于颗粒、晶须及短纤维增强的陶瓷基复合材料可以采用热压烧结和化学气相渗透法等方法,对于连续纤维增强的陶瓷基复合材料,还需要一些特殊的工序,如料浆浸渍热压成型。

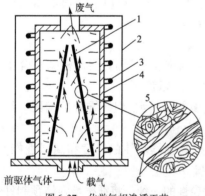

图 6-37 化学气相渗透工艺
1-预制体;2-沉积炉;3-感应器;4-发热体;
5-基体;6-纤维

1. 热压烧结成型

热压烧结主要针对短纤维、晶须、晶片和颗粒等增强体,基本上与传统的陶瓷热压烧结工艺相似,即在压制成型的同时进行烧结。在成型过程中,压力和高温同时作用,可以加速致密化速率,获得无气孔和细晶粒、力学性能好的制品。但其缺点是基体与增强材料不易混合,且在混合和压制过程中,晶须和纤维易折断。

2. 化学气相渗透工艺

将纤维做成所需形状的预成型体,在预成型体的骨架上开有气孔,在一定温度下,让气体通过并发生热分解或化学反应沉积出所需的陶瓷基质,直至预成型体中被孔穴被完全填满,获得高致密度、高强度、高韧度的复合材料制品。这种工艺称为化学气相渗透工艺,如图6-37所示。

与粉末烧结等常规工艺相比,化学气相渗透工艺具有以下优点:

(1)在无压和相对低温条件下进行,纤维类增强物的损伤较小,可制备出高性能(特别是高断裂韧度)的陶瓷基复合材料。

(2)通过改变气态前驱体的种类、含量、沉积顺序、沉积工艺,可方便地对陶瓷基复合材料的界面、基体的组成与微观结构进行设计。

(3)不需要加入烧结助剂,所得到的陶瓷基体在纯度和组成结构上优于用常规方法制备的复合材料。

(4)可成型形状复杂、纤维体积分数较高的陶瓷基复合材,但成型周期长、成本高。

3. 料浆浸渍热压成型

料浆浸渍热压成型是指将纤维增强体编织成所需形状,用陶瓷浆料浸渗,干燥后进行烧结的方法,广泛用于连续纤维增强陶瓷基复合材料的成型。该法的优点是不伤增强体,工艺较简单,不需要模具,能制造大型零件。其缺点是增强体在陶瓷基体中的分布不均匀。

其工艺过程是:将纤维置于陶瓷粉浆料中,使纤维黏附一层浆料,然后将纤维布置成一定的结构,经干燥、排胶和热压烧结获得制品,如图6-38所示。

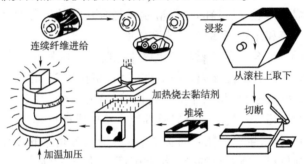

图6-38 料浆浸渍热压成型

第五节 非金属材料成型新技术

1. 工程塑料反应注射成型

反应注射成型是指注射过程中伴有化学反应的一些热固性塑料和弹性体加工的新方法。其工艺过程是:利用精密计量泵把液状的 A、B 两种物质从各自的容群送至液体混合头内,在一定的温度和压力下,借助混合头内的螺旋翼的旋转而混合并相互作用,发生化学反应,然后将其注射入型腔内,待液体原料固化后即可脱膜。

这是一种用液体原料直接成型塑件的节省能量的工艺。由于使用的液体原料相对分子质量很低,所以黏度很低,因而成型温度、成型压力及锁模力等都比较低。这种成型工艺的主要特点是:节省能量;可成型大型制品,单件重量可大于50kg;能成型结构复杂的制品,表面无熔接缝;模具结构简单,生产成本低;成型相同制品,模具重量比一般注射模具轻30%。

2. 陶瓷材料等静压成型技术

目前,在陶瓷成型技术发展中研究较为深入且获得成功应用的是等静压成型工艺。它是利用液体介质的不可压缩性和传递压力的均匀性的一种成型方法,如图6-39所示。

在成型过程中,处于高压容器中的坯料所受到的压力与处于同一深度的静水中所受到的压力情况一样。成型时将预压好的坯料包封在弹性的橡胶模或塑料模具内,然后置于高压容器中施以高压液体(如水、甘油或制动液等,压力一般大于100MPa)来成型坯体。因是处在高压液体中,坯体各个方向上受压均匀,故致密度高且成分均匀,烧结过程中的收缩和变形小。等静压成型工艺的特点是:可以成型用一般方法所难以生产的形状复杂件、大件及细长件;提高成型压力容易,成型质量高;模具制作方便,寿命长,成本亦较低。

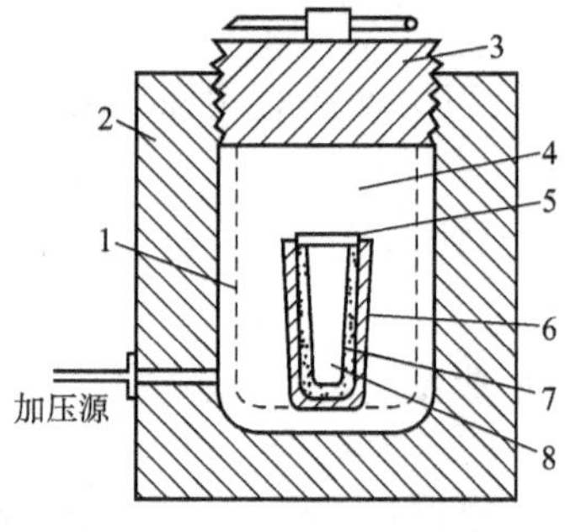

3. 复合材料成型技术

复合材料工艺的发展是复合材料发展最重要的基础和条件,只有复合材料工艺完善,才能保证复合材料性能的实现。由于复合材料组成的多元化,故在开发其制备和成型新技术时,也继承和汲取了金属材料和非金属材料成型技术的精华,并对其加以发展。例如,增强反应注射模塑法,便是借鉴了塑料成型新技术中的反应注射成型法而开发出的复合材料成型新技术。其工艺过程是,将两种能快速起固化反应的单体原料,分别与短切纤维混合成浆料,在液态下混合并注入模具,并在模具中迅速固化获得复合材料制品。这样就将由单体先合成为聚合物,再由聚合物和增强体混合后经固化反应制成复合材料的过程改为直接在模具中一次完成,既减少了工艺环节和能耗,又缩短了成型周期。

图6-39 等静压成型
1-丝网笼;2-压力容器;3-有缺口的塞体及压力密封盖;4-流体;5-模具密封板;6-橡胶模;7-粉末;8-金属芯棒

复合材料的特点是"复合",复合材料成型技术之间也可以相互结合,以充分发挥各种成型技术的优势。例如,生产热塑性玻璃钢管材时,可将挤拉工艺和缠绕工艺相结合,即先用挤出工艺挤出塑料内衬(起密封、耐蚀作用),再由挤拉和缠绕两种工艺完成玻璃钢增强层,使制品轴向和径向均能得到增强,均有良好的性能。挤拉成型也是一种较先进的成型方法,常用于管材和型材的大批量生产。用这种方法,可将浸渍树脂液的连续纤维束拉过成型模孔,经固化后获得复合材料。所获得的制品纵向强度高,但横向强度差。

为了缩短陶瓷基复合材料的烧结时间(一般需21h),可采用等离子体烧结或微波加热烧结工艺。等离子烧结可将烧结时间缩短到大约几分钟,微波加热的速度要比传统陶瓷烧结法工艺快一百多倍,加热的温度也更高。若采用微波加热工艺,只要加热6min即可达到2000℃以上的温度。微波处理还可使陶瓷材料结构细密。

喷射复合铸造成型是在浇注液态金属的同时,以惰性气体为载体,把增强颗粒喷射于液态金属上,使其随液态金属的流动而分散,冷却后成型。该方法由于颗粒与液态金属接触时间短,可生产高熔点合金。

原位反应增强颗粒成型是利用在高温的液态金属中发生化学反应生成增强颗粒,然后铸造成型,是一种较新的生产复合材料的方法。该方法避免了外加颗粒,纯度高,并与基体相容性好,分布均匀,提高了强化效果。如生产复合铝合金时,向铝液中加入钛,并通入甲烷、氧气,发生反应后生成TiC、AlN、TiN颗粒增强铝合金。

纳米尺度上的精密复合技术(如陶瓷纳米复合材料制备)、原位自生复合技术(即使共晶合金定向凝固,从而使增强相呈纤维状或片状生长)、异质材料的复合技术(如多层金属板轧合、爆炸焊合等)等新技术已应用于生产。采用连续复合技术制备板、带和线材时,制品质量好,生产效率高,受到人们的高度重视。

近净形(接近制品最终形状和尺寸)制备技术正在得到开发,其研究的重点是喷射成型技术的在线监测与控制、金属粉末注射成型和半固态加工技术等。

第七章 快速成型技术

快速成型技术是近年来发展起来的一种先进的制造技术,它可以自动、快速地将设计思想转化为具有一定结构和功能的原型或直接制造零部件,从而对产品设计进行快速评价、修改,以适应市场需求,提高产品的竞争能力。采用快速成型技术,不需对费时、耗资的模具或专用工具进行设计和机械加工,极大地提高了生产效率和制造柔性。快速成型技术的出现,反映了现代制造技术未来的发展趋势,具有广阔的发展前景。

第一节 快速成型技术概念与分类

一、快速成型技术的概念

快速成型(Rapid Prototyping,RP)技术是近年来发展起来的直接根据电脑 3D 模型快速生产样件或零件的成组技术的总称,它是综合利用计算机建模技术、数控技术、电子技术、机械工程、激光技术和材料技术等现代科技成果,以实现从零件设计到三维实体原型制造一体化的系统技术。

RP 技术是先进制造技术的重要组成部分,其材料的成型过程与传统成型过程不同。它从零件的 CAD 几何模型出发,利用 CAD 模型的离散化处理和材料堆积原理而制造零件,通过软件分层离散获得堆积的顺序、路径,利用光、热、电等物理手段,实现材料的转移、堆积、叠加,形成三维实体。RP 的基本过程如图 7-1 所示。

首先设计出所需零件的计算机三维曲面或实体模型,即数字模型,然后根据工艺要求,按照一定的规律将该模型离散为一系列有序的单元,通常在 Z 向将其按一定厚度进行离散(习惯称为分层),把原来的三维 CAD 模型变成一系列的二维层片;再根据每个层片的轮廓信息输入加工参数,自动生成数控代码;最后由成型机制造一系列层片并自动将它们连接起来,得到一个三维物理实体。这样就将一个复杂的三维加工离散为一系列二维层片的加工,大大降低了加工难度。并且成型过程的难度与待成型的物理实体形状和结构的复杂程度无关,这也是所谓的降维制造。

RP 技术是不需要模具、工具或人工干涉的新型制造技术。与传统方法相比具有独特的优越性和特点:

(1)技术高度集成。在成型概念上,RP 技术以离散/堆积为指导,在控制上以计算机和数控为基础,以最大的柔性为目标。因此,只有在计算机技术和数控技术高度发展的今天,才有可能诞生 RP 技术。

(2)自由成型制造。自由的含义有两个方面:一是指根据零件的形状,不受任何工艺或型腔的限制而自由成型,甚至可以轻易制造封闭空间内部复杂性状;二是指不受零件复杂程度的限制,成本不随着复杂度而提高。RP 技术大大简化了工艺规程、工装准备、装配等过程,很容易实现由产品模型驱动的自由制造。

(3)产品的制造与批量无关,特别适合于新产品的开发和单件小批量零件的生产。

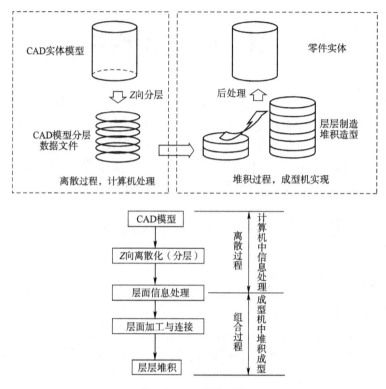

图 7-1 RP 的基本过程

(4)由于采用非接触加工的方式,没有工具更换和磨损之类的问题,可做到全自动无人干预,无须机加工方面的专门知识就可操作。

(5)无切割噪声和振动等,有利于环保。

(6)整个生产过程数字化,零件几何修改方便,所见即所得,可随时修改,随时制造。

(7)与传统方法结合,可实现快速铸造、快速模具制造、小批量零件生产,为传统制造方法注入新的活力。

二、快速成型技术的分类

RP 技术结合了当代众多的高新技术内容:计算机辅助设计与制造、数控加工技术、激光加工技术以及材料技术等,同时随着众多技术的不断更新而快速向前发展。RP 技术自 1986 年出现至今,已经有三十多种不同的加工方法,而且许多新的加工与制造方法仍在继续涌现。

目前,按照 RP 成型的能源进行分类,可以将 RP 技术分为激光加工和非激光加工两大类。按照成型材料的形态可以分为液态、薄材、丝材、金属和非金属粉末五种。其中,目前得到较为广泛应用的有以下五种快速成型技术:液态光敏树脂选择性固化、粉末材料选择性激光烧结、薄型材料选择性切割、丝状材料选择性熔融堆积、喷墨三维打印成型。

1. 按 RP 加工制造所使用的材料的状态、性能及特征分类

(1)液态聚合、固化技术

原材料呈液态状,利用光能、热能等使特殊的液态聚合物固化形成所需的形状。

(2)烧结与黏结技术

原材料呈固态粉末,通过激光烧结,或用黏结剂把材料粉末粘在一起,形成所需形状。

(3)丝材、线材熔化黏结技术

材料为丝材、线材,通过升温熔融,并按指定的路线层层堆积出所需的三维实体。

(4)板材层合技术

原材料是固态板材或膜,通过黏结,将各片薄层板黏结在一起,或利用塑料膜的光聚合作用将各层膜片黏结起来。

2. 按 RP 加工制造原理分类

(1)光固化成型(Stereo Lithography Apparatus,SLA)技术

以光敏树脂为原料,在计算机控制下,紫外激光束按各分层截面轮廓的轨迹进行逐点扫描,被扫描区内的树脂薄层产生光聚合反应后固化,形成制件的一个薄层截面。当一层固化完毕后,工作台向下移动一个层厚,在刚刚固化的树脂表面又铺上一层新的光敏树脂以便进行循环扫描和固化。新固化后的一层牢固地黏结在前一层上,如此重复,层层堆积,最终形成整个产品原型。

(2)选择性激光烧结(Selective Laser Sintering,SLS)技术

按照计算机输出的产品模型的分层轮廓,采用激光束,按照指定路径,在选择区域内扫描和熔融工作台上已均匀铺层的材料粉末,处于扫描区域内的粉末被激光束熔融后,形成一层烧结层。逐层烧结后,再去掉多余的粉末即获得产品模型。

(3)分层实体制造(Laminated Object Manufacturing,LOM)技术

采用激光器和加热辊,按照二维分层模型所获得的数据,采用激光束,将单面涂有热熔胶的纸、塑料带、金属带等切割成产品模型的内外轮廓,同时加热含有热熔胶的纸等材料,使得刚刚切好的一层和下面的已切割层黏结在一起。如此循环,逐层反复地切割与黏合,最终叠加成整个产品原型。

(4)熔融沉积制造(Fused Deposition Modeling,FDM)技术

采用热熔喷头装置,使得熔融状态的 ABS 丝,按模型分层数据控制的路径从喷头挤出,并在指定的位置沉积和凝固成型,逐层沉积和凝固,最终形成整个产品原型。

(5)三维打印(Three-Dimensional Printing,3DP)技术

三维打印原理与喷墨打印机的原理近似,首先在工作仓中均匀地铺粉,再用喷头按指定路径将液态的黏结剂喷涂在粉层上的指定区域,待黏结剂固化后,除去多余的粉尘材料,即可得到所需的产品原型。此技术也可以直接逐层喷涂陶瓷或其他材料的粉浆,固化后即得到所需的产品原型。

第二节 快速成型技术的工艺过程

一、快速成型技术的软件系统

RP 制造系统包括机械系统、控制系统和软件系统。机械系统是基础,控制系统是关键,软件系统是灵魂。软件系统的一部分是数据处理软件,另一部分是控制软件。数据处理软件的主要任务是根据物体的 CAD 模型或其他模型经过分层、填充,产生工艺加工信息的层

片文件,这个层片文件可以通过转换生成可供数控加工的 NC 代码文件;控制软件主要完成分层信息输入、加工参数设定、生成 NC 代码、控制实时加工等。

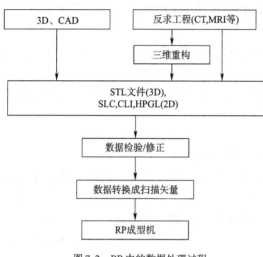

图 7-2　RP 中的数据处理过程

RP 技术中的数据处理过程如图 7-2 所示。STL、SLC、CLI 及 HPGL 等文件是 RP 技术的数据转换格式,其中 STL 文件格式最初是在立体印刷(SLA)技术中得到应用,由于它在数据处理上较简单,而且与 CAD 系统无关,因此很快发展为 RP 领域中 CAD 系统与 RP 系统之间数据转换的标准。

二、快速成型技术的工艺过程

RP 技术的工艺过程可分为以下几个步骤:

1. 产品三维模型的构建

由于 RP 系统只接受计算机构造的产品三维模型,然后再进行切片处理,因此,首先要在 PC 机或工作站上构建所加工工件的三维 CAD 模型。该三维 CAD 模型可以利用计算机辅助设计软件(如 Pro/E、I-Deas、UG 等)根据产品要求直接构建,也可以将已有产品的二维图样进行转换而形成三维模型,或在逆向工程中,用测量仪对已有的产品实体进行激光扫描、CT 断层扫描,得到点云数据,然后利用反求工程的方法来构造三维模型。

2. 三维模型的近似处理

由于产品往往有一些不规则的自由曲面,加工前要对模型进行近似处理,以方便后续的数据处理工作。经过近似处理获得的三维模型文件称为 STL 格式文件,由一系列相连的空间三角形组成。由于 STL 格式文件格式简单、实用,目前已经成为 RP 领域的准标准接口文件。典型的 CAD 软件都有转换和输出 STL 格式文件的接口。

3. 三维模型的分层处理

由于 RP 工艺是按一层层截面轮廓进行加工的,因此加工前须根据被加工模型的特征选择合适的加工方向,在成型高度方向上将三维模型离散成一系列有序的二维层片,以便提取截面的轮廓信息。间隔范围可取 0.05~0.5mm,常用 0.1mm。间隔越小,成型精度越高,但成型时间也越长,效率就越低;反之则精度低,但效率高。层片间隔选定后,成型时每层叠加的材料厚度应与其相适应。

4. 截面加工

根据切片处理的截面轮廓,在计算机控制下,RP 系统中的成型头(激光头或喷头)由数控系统控制,在 x-y 平面内按截面轮廓进行扫描,得到一层层截面。

5. 截面叠加

每层截面形成后,下一层材料被送到已成型的层面上,然后进行后一层的成型,并与前一层面相黏结,从而将一层层的截面逐步叠合在一起,最终形成三维产品。

6. 成型零件的后处理

从成型系统里取出成型件,进行打磨、抛光、涂挂或放在高温炉中进行后烧结,进一步提高其强度。

第三节　几种常用快速成型技术的原理

目前已投入应用的 RP 方法主要有立体光刻成型、选择性激光烧结、分层实体制造和熔融沉积成型、3D 打印等。

一、光固化成型

光固化成型(Stereo Lithography Apparatus, SLA)也称为立体光刻。SLA 工艺由 Charles W. Hull 于 1984 年获得美国专利。1988 年美国 3DSystems 公司推出商品化样机 SLA-1,这是世界上第一台快速原型成型机。

SLA 工艺是利用液态光固化树脂的光聚合原理工作的。这种液态材料在一定波长(325nm 或 355nm)和强度(10~400W)的紫外光的照射下能迅速发生光聚合反应,分子量急剧增大,材料也就从液态转变成固态。如图 7-3 所示为立体印刷工艺原理图,液槽中盛满液态光固化树脂,聚焦后的激光光点在偏转镜作用下,能在液态表面上扫描,扫描的轨迹及激光的有无均由计算机控制。成型开始时,工作平台在液面下一个截面层厚的深度,聚焦后的激光光点在计算机指令的控制下,按照截面轮廓的要求在液态表面上逐点扫描,光点打到的地方,液体就固化,当一层扫描完成后,被激光光点照射的地方固化,未被照射的地方仍是液态树脂,从而得到该截面轮廓的塑料薄片。然后升降台带动平台下降一层高度,已成型的层面上又布满一层树脂,刮平器将黏度较大的树脂液面刮平,然后再进行

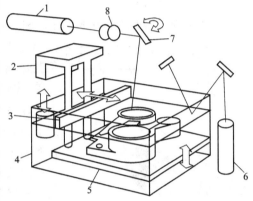

图 7-3　SLA 工艺原理图

1-激光器；2-工作台；3-刮板；4-液槽；5-托板；6-激光器；7-反射镜；8-透镜

下一层的扫描,新固化的一层牢固地粘在前一层上,如此重复直到整个零件制造完毕,最后升降台升出液体树脂表面,取出工件,进行清洁和表面光洁处理,得到一个三维实体模型。

SLA 方法是目前 RP 技术领域中研究得最多的方法,也是技术上最为成熟的方法。虽然采用该工艺的 RP 设备属于高端产品,价格昂贵,但是 SLA 仍受到广大用户的欢迎,这是因为它具有以下优点：

(1) 精度高。SLA 工艺的紫外激光束在聚焦平面上聚焦的光斑最小直径可达 0.075mm,最小层厚在 20μm 以下。材料单元离散得如此细小,很好地保证了成型件的精度和表面质量。SLA 工艺成型件的精度一般可保证在 0.05~0.1mm 之内。

(2) 成型速度较快。在 RP 过程中,离散与堆积是矛盾的统一,离散得越细小,精度越高,但成型速度越慢。因此,为了提高成型速度,在减小光斑直径和层厚的同时必须提高激光光斑的扫描速度。美国、日本、德国和中国的商品化固化成型设备均采用振镜系统(两面振镜)来控制激光束在聚焦平面上的平面扫描。轻巧的振镜系统可保证激光束获得极大的扫描速度,加上功率强大的半导体激励固体激光器(其功率在 800~1000MW 以上),使得光固化成型机的最大扫描速度可达 10m/s 以上。

(3) 扫描质量好。现代高精度的焦距补偿系统可以实时地根据平面扫描光程差来调整

焦距,保证在较大的成型扫描平面(600mm×600mm)内,任何一点的光斑直径均限制在要求的范围内,较好地保证了扫描质量。

(4)系统工作相对稳定。经众多公司多年的改进,SLA 工艺已趋于成熟,关键的树脂刮平系统已达到很高的水平,系统工作相对稳定。

SLA 方法也有自身的缺点,比如需要专用的实验室环境,成型件需要后处理;尺寸稳定性差,随着时间的推移,树脂会吸收空气中的水分,导致软薄部分翘曲变形,进而极大地影响成型件的整体尺寸精度;可选择的材料种类有限,必须是光敏树脂;需要设计工件的支撑结构,以便确保在成型过程中制作的每一个结构部位都能可靠定位。

SLA 技术适合于制作中小型工件,能直接得到塑料产品。主要用于概念模型的原型制作,或用来进行装配检验和工艺规划。它还能代替蜡模制作浇铸模具,以及作为金属喷涂模、环氧树脂模和其他软模的母模。

二、选择性激光烧结

选择性激光烧结(Selective Laser Sintering,SLS)是一种快速原型工艺,由美国德克萨斯大学奥斯汀分校的 C. R. Dechard 于 1989 年研制成功。SLS 工艺是利用粉末状材料成型的,如图7-4所示。在开始加工之前,先将充有氮气的工作室升温,并保持在粉末的熔点以下。成型时先在工作台上铺设一层材料粉末,在计算机控制下用高强度的 CO_2 激光束,按照截面轮廓对实心部分所在的粉末进行烧结,使粉末熔化,继而形成一层固体轮廓。当一层截面烧结完后,铺上一层新的材料粉末,有选择地烧结下一层截面,新的一层与下面已成型的部分烧结在一起。全部烧结完成后,经过 5~10h 冷却,去除多余的粉末,便得到成型的零件。

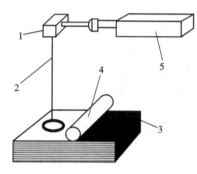

图7-4 SLS 工艺原理图
1-扫描镜;2-激光束;3-粉末;4-平整滚筒;5-激光器

SLS 工艺的特点是无须加支撑,未烧结的粉末起支撑的作用;材料适应面广,可制造工程塑料、蜡、金属、陶瓷等;零件的构建时间较短,高度可达到每小时 1in。

选择性激光烧结工艺材料适应面广,适合成型中、小型零件。其制成的产品可具有与金属零件相近的力学性能,故可用于制作 EDM 电极,直接制造金属模以及进行小批量零件生产。由于受到粉末颗粒大小及激光点的限制,零件的表面一般呈多孔性。在烧结陶瓷、金属与黏结剂的混合粉并得到成型零件后,须将它置于加热炉中,烧掉其中的黏结剂,并在孔隙中渗入填充物(如铜)。这种工艺要对实心部分进行填充式扫描烧结,因此成型时间较长。

三、分层实体制造

分层实体制造(Laminated Object Manufacturing,LOM)RP 技术是薄片材料叠加工艺。分层实体制造采用薄片材料,如纸、塑料薄膜等,如图7-5所示。片材表面事先涂覆上一层热熔胶。成型时,热压辊热压片材,使之与下面已成型

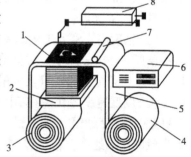

图7-5 LOM 工艺原理图
1-加工平面;2-升降台;3-收料轴;4-供料轴;5-料带;6-控制计算机;7-热压辊;8-CO_2 激光器

— 198 —

的工件黏结;然后根据三维CAD模型截面的轮廓线,在计算机控制下,发出控制激光切割系统的指令,使切割头做X和Y方向的移动。用激光束在刚黏结的新层上切割出零件截面轮廓和工件外框,并在截面轮廓与外框之间多余的区域内切割出上下对齐的网格,使其呈碎片状。激光切割完成后,工作台带动已成型的工件下降,与带状片材(料带)分离;送料机构转动收料轴和供料轴,带动料带移动,使新层移到加工区域;工作台上升到加工平面,热压辊热压,工件的层数增加一层,高度增加一个料厚;再在新层上切割截面轮廓。如此反复直至零件的所有截面黏结、切割完,得到分层制造的实体零件。

LOM工艺过程不存在材料相变,因此不易引起翘曲变形,零件的精度较高,制成件具有良好的力学性能。由于LOM工艺只需在片材上切割出零件截面的轮廓,而不用扫描整个截面,因此成型厚壁零件的速度较快,易于制造大型零件。LOM工艺适合于产品设计的概念建模和功能性测试零件,且由于制成的零件具有木质属性,特别适合于直接制作砂型铸造模。

四、熔融沉积成型

熔融沉积成型(Fused Deposition Modeling, FDM)工艺由美国学者Dr. Scott Crump于1988年研制成功。熔融沉积成型是一种不以激光作为成型能源,而将各种丝材加热熔化的成型方法。

熔融沉积成型一般采用热塑性材料,如蜡、ABS和尼龙等,以丝状供料,如图7-6所示。丝材由供丝机送至喷头,在喷头内被加热熔化成半固态。加热喷头在计算机的控制下,根据产品零件的截面轮廓信息,做X-Y平面运动,同时将熔化的材料挤出,被选择性地涂覆在工作台上,材料迅速凝固,形成一层截面并与周围的材料凝结。一层截面成型完成后工作台下降一定高度,再进行下一层的熔覆,如此循环,最终形成三维产品零件。

FDM工艺干净,易于操作,不产生垃圾,没有产生毒气和化学污染的危险,但由于是填充式扫描,成型时间长,成型精度相对较低,不适合于制作结构过分复杂的零件。适合于产品设计的概念建模以及产品的形状及功能测试。FDM工艺不用激光器件,因此使用、维护简单,成本较低。用蜡成型的零件原型,可以直接用于熔模铸造。

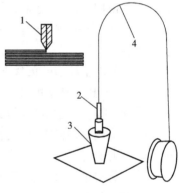

图7-6 FDM工艺原理图
1、2-喷头;3-成型工件;4-料丝

五、三维打印成型

三维打印(Three-Dimensional Printing, 3DP)技术, 3DP技术与设备由美国麻省理工学院(MIT)开发与研制,并由美国Z Corporation公司最早获得专利。

1. 3DP成型原理

3DP技术也称之为三维印刷或喷涂黏结,是一种高速彩色的快速成型技术。图7-7所示为3DP工艺原理图,3DP技术与SLS类似,采用粉末材料进行成型加工,如陶瓷粉末、金属粉末等。所不同的是3DP技术用粉末材料不是通过烧结连接起来的,而是通过喷头喷出黏结剂,将零件的轮廓截面喷涂打印在材料粉末上面并黏结成型。

3DP技术用喷头的工作原理类似喷墨打印机的打印头,不同点在于除了喷头在做X-Y

平面运动外,工作台还沿 Z 轴方向进行垂直运动;并且喷头喷出的材料不是油墨,而是一种特殊的黏结剂。喷头在计算机的控制下,按照事先设定的轮廓信息,在铺覆好的一层粉末材料上安图形喷射黏结剂,形成一层层截面层。每一层截面喷射完毕后,工作台就下降一个层厚,如此循环往复,最终得到三维实体原型。喷头未喷射黏结剂部位的材料还是呈干粉状态,在成型过程中起支撑作用,成型结束后比较容易去除,而且还能回收再利用。

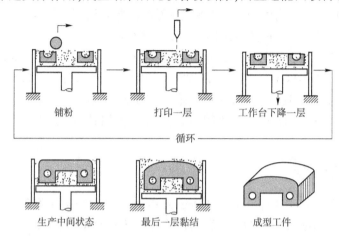

图 7-7　3DP 工艺原理图

3DP 的后处理较为简单。待加工结束后,将原型制件放置在加热炉中,或在成型箱中保温一段时间,使得原型制件中的黏结剂得到进一步的固化,使得原型制件的强度有所提高。有时可根据用户需求,还需在原型表面涂上硅胶或其他一些耐火材料,以提高制件的表面精度,或在高炉中进行焙烧,以提高原型制件的耐热性及力学性能等。简单工艺品还可以进一步着色美观。

2. 3DP 成型技术的优缺点

(1) 3DP 成型技术的优点

① 易于操作,工艺过程较为清洁,可用于办公环境,作为计算机的外围设备之一。

② 可使用多种粉末材料,也可采用各种色彩的黏结剂,可以制作彩色原型,这是该技术最具竞争力的特点之一。

③ 不需支撑,成型过程不需单独设计与制作支撑,多余粉末的支撑去除方便,因此尤其适合于做内腔复杂的原型制件。

④ 成型速度快,借助于成熟的喷墨打印技术,完成一个原型制件的成型时间有时只需几十分钟。

⑤ 不需激光器,设备价格比较低廉。

(2) 3DP 成型技术的缺点

① 精度和表面粗糙度不太理想,可用于制作概念模型,不适合构建结构复杂和细节较多的薄型制件。

② 由于黏结剂从喷嘴中咬出,黏结剂的黏结能力有限,原型的强度较低,只能做概念型模型,不能用于功能性试验用途。

③ 目前,原材料(粉末、黏结剂)价格昂贵。

3DP 设备以小巧、方便、价廉而获得了很多用户的欢迎,其销量在最近几年已跃居快速成型设备的第一位。

第四节　快速成型技术的广泛应用

不断提高 RP 技术的应用水平是推动 RP 技术发展的重要方面。目前，RP 技术已在工业造型、机械制造（汽车、摩托车）、航空航天、军事、建筑、影视、家电、轻工、医学、考古、文化艺术、雕刻、首饰等领域都得到了广泛应用。并且随着这一技术本身的发展，其应用将不断拓展，可谓前途不可限量。

RP 的应用主要体现在以下几个方面。

1. 原型制造

RP 技术在新产品开发过程中有着不可限量的价值。利用 RP 技术，设计者可以快速地评估一次设计的可行性，可以方便地生产和更改原型，使设计评估和更改在很短的时间内完成。与传统原型制作相比，RP 可将原型制造时间缩短到几小时到几十小时，大大提高了速度，降低了成本。

(1) 产品设计评估与功能测验

RP 技术的第一个重要应用是产品的概念原理与功能原型制造。运用 RP 技术能够快速、直接、精确地将设计思想模型转化为具有一定功能的实物模型，这样可以方便地验证设计人员的设计思想和产品结构的合理性、可装配性、美观性，发现设计中的问题可及时修改，从而优化产品设计。同时还可通过产品的功能原型研究产品的一些物理性能、力学性能。利用 RP 技术可尽早地对产品设计进行测试、检查和评估，缩短产品设计反馈的周期和产品的开发周期，大幅提高了产品开发的成功率。如果用传统方法，需要完成绘图、工艺设计、工装模具制造等多个环节，周期长、费用高。如果不进行设计验证而直接投产，则一旦存在设计失误，将会造成极大的损失。

(2) 结构分析与装配校核

由于利用 RP 技术制作出的样品具有手工制作无法比拟的精度和速度，而且比计算机生成的模型效果图更加直观、真实，因此在样件制造过程中有很大的优势。对于难以确定的复杂零件，可以用 RP 技术进行试生产，以确定最佳的合理工艺。

对于有限空间的复杂系统，如汽车、卫星、导弹的可制造性和可装配性用 RP 方法进行检验和设计，可大大降低此类系统的设计制造难度。

(3) 单件、小批量和特殊复杂零件的直接生产

有些特殊复杂制件只需单件或少于 50 件的小批量，这样的产品通过制模生产，成本高，周期长。一般可用 RP 技术直接进行成型，成本低，周期短。

2. 快速模具制造

传统的模具生产时间长，成本高，将 RP 技术与传统的模具制造技术相结合，可以大大缩短模具制造的开发周期，提高生产率，是改善模具设计与制造薄弱环节的有效途径。RP 技术在模具制造方面的应用可分为直接制模和间接制模两种。直接制模是指采用 RP 技术直接堆积制造出模具；间接制模是通过各种转换技术将 RP 原型转换成各种快速模具。

(1) 直接制模

在短工期、小批量的单件制造的过程中，采用传统的模具，其设计、制造、修改周期长，成本高，最好的方法就是 RP 直接制造模具。RP 技术可精确制作模具的型芯和型腔，也可直接用于注射过程中的塑料样件。如分层实体制造（LOM）可用于直接制造纸质成型模具、压铸

模具、低熔点合金模具等,用此法生产的模具寿命短,只适用于单件小批量生产。

(2)间接制模

原型可用来间接制造模具。采用 RP 技术,结合精密铸造、金属喷涂制模、硅橡胶等制造软模、电极研磨、粉末烧结等技术就能间接快速地制造出模具。生产出来的模具依据材质不同,一般分为软质模具和硬质模具两大类。软质模具适合于批量小、品种多、改型快的现代制造模式。硬质模具指的就是钢质模具,模具精度高,制作周期短,成本低。

利用 RP 技术制作的快速模具进行中、小批量零件的生产,满足产品更新换代快、批量越来越小的发展趋势。但对于上万件乃至几十万件的产品,仍然需要传统的钢质模具。

3. 医学上的仿生制造

人体的骨骼和内部器官具有极其复杂的组织结构。要真实地复制人体内部的器官构造,反映病变特征,RP 几乎是唯一的方法。采用 RP 技术可以快速制造人体骨骼和软组织的实体模型,这些人体器官实体模型可帮助医生进行病情辅助诊断,确定治疗方案,具有巨大的临床价值和学术价值。这些模型针对每个个体的人进行设计和制造,提供了个性化服务。目前具体应用在以下几个方面。

(1)颅骨修复

采用 RP 能迅速、准确地将病人颅骨的 CT 数据转换为三维实体模型,此模型在外科手术上具有非常重要的作用。由于采用 RP 方法制作的修复件成型精度高,与病人颅骨的几何形状十分吻合,减少了手术时间,有利于病人恢复。

(2)牙科应用

牙科手术前需要进行必要的手术设计和规划,手术后需对前期准备做必要的检验。RP 制造技术可以为手术提供任意复杂的原型制作。

4. 艺术品的制作

在文化艺术领域,RP 制造技术多用于艺术创作、文物复制、仿制、数字雕塑、工艺美术装饰品等的设计和制造,还可以制造珍贵的金玉类艺术品的廉价样本。RP 技术为艺术家提供了最佳的设计环境和成型条件,可将其瞬时的创作激情永久地记录下来,可将设计者的思想迅速表达成三维实体,便于设计修改和再创作,且使艺术创作过程简化,成本降低,多快好省地推出新作品。

5. 零部件和工具制造

光敏材料和多孔材料等特殊成分、结构的零部件,可以采用 RP 技术加工制造。利用 RP 技术结合相应的特种加工工艺,可制作电加工的电极,实现复杂零件的快速电火花成型加工。

随着 RP 制造技术的不断成熟和完善,它将会在越来越多的领域得到推广和应用。

第八章　机械零件材料与毛坯的选择

　　任何机械零件产品的设计与制造都应当包括结构设计、材料选择和工艺设计三个方面，缺一不可。材料选择是指选择材料的成分、组织状态、冶金质量及力学和物理、化学性能。在选材时应根据零件的工作条件、失效形式，找出该零件选用材料的主要力学性能指标。由于性能与工艺有很大关系，因此在选材的同时还必须考虑相应的热处理方法。

　　由于机械零件毛坯的材料、形状、尺寸、结构、精度及生产批量各不相同，故其成型的方法也不相同。材料成型方法选择得是否恰当，不仅关系到零件乃至整套机器的制造成本，同时还关系到能否满足使用要求。

第一节　零部件的失效

一、零部件失效的概念及形式

　　零部件的失效是指零部件在使用过程中，由于尺寸、形状或材料的组织与性能等的变化而失去预定功能的现象。零部件失效的具体表现为以下三种，完全破坏不能使用；虽然能工作但不能满意地起到预定的作用；损伤不严重但继续工作不安全。

　　一般机器零件常见的失效形式有过量变形、断裂和表面损伤三种。

　　1.过量变形

　　过量变形包括过量弹性变形、过量塑性变形和蠕变等。

　　(1)过量弹性变形。机械零件在使用过程中只要受力必然会发生弹性变形，但弹性变形量过大会使零件失效。引起弹性变形失效的原因主要是零部件的刚度不足。要预防过量弹性变形，则应选用弹性模量大的材料。

　　(2)过量塑性变形。零部件承受的静载荷超过材料的屈服强度时，将产生塑性变形。过量塑性变形是机械零件失效的重要形式，轻则使机器工作情况变坏，重则使机器无法继续运行，甚至破坏。

　　(3)蠕变。在恒定载荷和高温下，蠕变一般是不可避免的，通常是以金属在一定温度和应力下经过一定时间所引起的变形量来衡量。

　　2.断裂

　　断裂是金属材料最主要也是最严重的失效形式，特别是在没有明显塑性变形的情况下突然发生的脆性断裂，往往会造成灾难性事故。按断裂原因不同，断裂可分为以下几种。

　　(1)韧性断裂

　　韧性断裂时，零件承受的载荷大于零件材料的屈服强度，断裂前零件有明显的塑性变形，尺寸发生明显的变化。一般断面缩小，且断口呈纤维状。零件的韧性断裂往往是由于受到很大的载荷或过载引起的。

(2) 低温脆性断裂

零件在低于其材料的脆性转变温度以下工作时,其韧性和塑性大大降低并发生脆性断裂而失效的现象称为低温脆性断裂。

(3) 疲劳断裂

零件在承受交变载荷时,尽管应力的峰值在抗拉强度甚至在屈服强度以下,但经过一定周期后仍会发生断裂,这种现象称为疲劳断裂。疲劳断裂是脆性断裂,断裂前往往没有明显的预兆而突然断裂。

(4) 蠕变断裂

在高温下工作的零件,当蠕变变形量超过一定范围时,零件内部产生裂纹而很快断裂,这种现象称为蠕变断裂。有些材料在断裂前产生颈缩现象。

(5) 环境破断失效

在承受一定载荷的件下,由于环境因素(例如腐蚀介质)的影响,往往出现低应力下的延迟断裂,使零件失效,这类断裂称为环境破断失效。环境破断失效包括应力腐蚀、氢脆、腐蚀和疲劳等。

3. 表面损伤

表面损伤失效的种类很多,主要有磨损失效、腐蚀失效和接触疲劳失效三种。

(1) 磨损失效

磨损失效是指相互接触的一对金属部件相对运动时金属表面不断发生损耗或产生塑性变形,使金属表面状态和尺寸改变的现象。磨损的种类很多,最常见的有磨粒磨损和黏着磨损两种。

①磨粒磨损。磨粒磨损是在相对运动的物体作相对摩擦时,由于有硬颗粒嵌入金属表面的切削作用而造成了沟槽,致使磨面材料逐渐损耗的一种磨损。磨粒磨损是机械中普遍存在的一种磨损形式,磨损速度较大。

②黏着磨损。黏着磨损是由相对运动物体表面的微凸体在摩擦热的作用下发生焊合或黏着,当相对运动的物体继续运动时,两黏着表面发生分离,从而将部分表面物体撕去,造成表面严重损伤。由于摩擦副表面凹凸不平,当相互接触时,只有局部接触,接触面积很小,接触压力很大,超过材料的屈服强度,而发生塑性变形,使润滑油膜和氧化油膜被挤破,摩擦副金属表面直接接触,发生黏着、屑粒被剪切磨损或工作表面被擦伤。黏着磨损在滑动摩擦条件下,磨损速度大,具有严重的破坏性。

根据磨损的机理,为了解决磨损失效,降低磨粒磨损,要求材料的硬度提高。为减少黏着磨损,必须使摩擦系数减小,最好要有自润滑能力或有利于保存润滑剂或改善润滑条件。近年来在不少设备上已采用尼龙、聚甲醛、聚碳酸酯、粉末冶金材料制造轴承、轴套等。

(2) 腐蚀失效

腐蚀失效是指零件暴露于活性介质环境中并与环境介质间发生化学或电化学作用,从而造成零件表面材料的损耗,引起零件尺寸和性能变化而导致的失效。常见的腐蚀失效有点腐蚀、裂缝腐蚀和应力腐蚀等。

(3) 接触疲劳失效

接触疲劳失效是指相互接触的两个运动表面在工作过程中承受交变接触应力的作用并使表面层材料发生疲劳而脱落造成的失效。按初始裂纹的位置不同,接触疲劳可分为麻点剥落和表层压碎两大类。在接触应力小、摩擦力大、表面质量较差的情况下,裂纹首先在表面萌生,产生麻点剥落;反之,裂纹首先在此表面萌生,产生表层压碎。但麻点剥落和表层压碎往往同时发生。

为提高零件的抗表面接触疲劳能力,常采用提高零件表面硬度和强度的方法,如表面淬火、化学热处理,使零件表面硬化层有一定的深度;同时也可提高材料的纯度,限制夹杂物数量和提高润滑剂的黏度等。

二、零部件失效的原因

造成零部件失效的原因很多,主要有设计、选材、加工工艺、装配使用等因素。

1. 设计不合理

零部件设计不合理主要表现在零部件的尺寸和结构设计上。例如,过渡圆角太小、尖锐的切口、尖角等会造成较大的应力集中而导致失效。另外,对零部件的工作条件及过载情况估计不足,所设计的零部件承载能力不够,或对环境的恶劣程度估计不足,忽略或低估了温度、介质等因素的影响等,都会造成零部件过早失效。因设计时计算错误造成的零件失效随科学水平的发展已大大减少。

2. 选材不当

选材不当主要表现在选材所依据的性能指标不能反映材料对实际失效形式的抗力,不能满足工作条件的要求。另外,材料的冶金质量太差,如存在夹杂物、偏析等缺陷,而这些缺陷通常是零部件失效的源头。因此,对原材料进行严格检验是避免零件失效的重要措施。

3. 加工工艺不当

零部件在加工或成型过程中,采用的工艺不当将产生各种质量缺陷,如较深的切削刀痕、磨削裂纹等,都可能成为引发零部件失效的危险源。零部件热处理时,冷却速度不够、表面脱碳、淬火变形和开裂等都是产生失效的重要原因。

4. 装配使用不当

在将零部件装配成机器或装置的过程中,由于装配不当、对中不好、过紧或过松都会使零部件产生附加应力或振动,使零部件不能正常工作,造成零部件的失效。使用维护不良,不按工艺规程操作,也可使零部件在不正常的条件下运转,造成零部件过早失效。

实际上,一个零件的失效可能是多种因素造成的,这就需要逐一排除各种可能失效的原因,找出引起失效的决定性因素。

第二节 选择材料的原则

在掌握各种工程材料性能的基础上,正确、合理地选择和使用材料是从事工程构件和机械零件设计与制造的工程技术人员的一项重要任务。

选择材料应考虑的一般原则包括使用性能原则、工艺性能原则和经济性原则。

一、使用性能原则

在进行零件选材时,应根据零件的工作条件和失效形式确定材料应具有的主要性能指标,这是保证零件安全可靠、经久耐用的先决条件。

零件的工作条件主要指受力情况、工作环境、特殊性能要求等。若材料性能不能满足零件的工作条件,零件就不能正常工作或早期失效。

一般零件的使用性能主要是指材料的力学性能。零件工作条件不同、失效形式不同,其力学性能指标要求也不同。常用零件的工作条件、失效形式及对性能的要求见表8-1。

常用零件的工作条件和失效形式及对性能的要求　　　　　　表8-1

零　件	应力类型	载荷类型	受载状态	常见失效形式	要求力学性能
紧固螺栓	拉、剪应力	静载	静载	过量变形、断裂	强度、塑性
传动轴	弯、扭应力	循环、冲击	轴颈摩擦、振动	疲劳断裂、过量变形、轴颈磨损	综合力学性能
传动齿轮	压、弯应力	循环、冲击	摩擦、振动	齿折断、磨损、疲劳断裂、接触疲劳(麻点)	表面强度及疲劳强度、心部强度、韧性
弹簧	扭、弯应力	交变、冲击	振动	弹性失稳、疲劳破坏	弹性极限、屈强比、疲劳极限
冷作模具	复杂应力	交变、冲击	强烈摩擦	磨损、脆断	硬度、足够的强度和韧性

值得注意的是,零件所要求的力学性能数据不能简单地从机械手册中直接选取,还必须注意以下情况。

(1)材料的性能不仅与化学成分有关,还与加工、处理后的状态有关,金属材料尤其明显。所以要分析机械手册中的性能指标是在何种条件下得到的。

(2)材料的性能与加工处理时试样的尺寸有关,随着截面尺寸的增大,力学性能一般是降低的。因此,必须考虑零件尺寸与机械手册中试样尺寸的差别,并进行适当的修正。

(3)材料的化学成分、加工处理的工艺参数本身都有一定波动范围。一般机械手册中的数据,大多是波动范围的下限值。也就是说,在尺寸和处理条件相同时,机械手册的数据是偏安全的。

对于在复杂条件下工作的零件,必须采用特殊性能指标作为选材依据。例如,采用高温强度、低周疲劳及热疲劳性能、疲劳裂纹扩展速率和断裂韧性以及介质作用下的力学性能指标等作为选材依据。

二、工艺性能原则

选择材料时,在满足使用性能的同时,还必须兼顾材料的工艺性能。工艺性能的好坏直接影响零部件的质量、生产效率和成本。当工艺性能与使用性能相矛盾时,有时不得不放弃某些使用性能合格的材料,工艺性能实际上成为选择材料的主导因素。工艺性能对大批量生产的零部件尤为重要,因为在大批量生产时,工艺周期的长短和加工费用的高低常常是生产的关键。

1.金属材料的工艺性能

金属材料的加工工艺复杂,要求的工艺性能比较多,如铸造性、可锻性、切削加工性、焊接性、热处理工艺性等。

常用金属材料的工艺性能的普遍规律是:铸造性最好的是共晶成分附近的合金,铸造铝合金和铜合金的铸造性优于铸铁,铸铁又优于铸钢。可锻性最好的是低碳钢,中碳钢次之,高碳钢则较差。变形铝合金和加工铜合金的可锻性较好,而铸铁、铸造铝合金不能进行冷热压力加工。低碳钢焊接性最好,随着碳和合金元素含量增加,焊接性下降,铸铁则很难焊接,.铝合金和铜合金的焊接性比碳钢差。

热处理工艺性包括淬透性、淬火变形开裂及氧化、脱碳倾向等。钢中碳的质量分数越高,其淬火变形和开裂倾向越大。选用渗碳钢时,要注意钢的过热敏感性;选用调质钢时,要注意钢的第二类回火脆性;选用弹簧钢时,要注意钢的氧化、脱碳倾向。

2. 高分子材料的工艺性能

高分子材料的加工工艺比较简单,切削加工性尚好,但导热性较差,在切削过程中不易散热,易使工件温度急剧升高,可能使热固性塑料变焦,热塑性塑料变软。高分子材料主要成型工艺的比较见表8-2。

高分子材料主要成型工艺的比较　　　　　　　　　　　　　　　表8-2

工 艺	适用材料	形 状	表面粗糙度	尺寸精度	模具费用	生 产 率
热压成型	范围较广	复杂形状	很低	好	高	中等
喷射成型	热塑性塑料	复杂形状	很低	非常好	很高	高
热挤成型		棒类	低	一般	低	高
真空成型			一般	一般	低	低

3. 陶瓷材料的工艺性能

陶瓷材料的加工工艺也比较简单。按零部件的形状、尺寸精度和性能要求的不同,可采用不同的成型加工方法(注浆成型法、可塑成型法、压制成型法)。

三、经济性原则

在机械设计和生产过程中,一般在满足使用性能和工艺性能的条件下,经济性也是选材必须考虑的主要因素,选材时应注意以下几点。

1. 尽量降低材料成本及其加工成本

在满足零件对使用性能与工艺性能要求的前提下,能用铸铁不用钢,能用非合金钢不用合金钢,能用硅锰钢不用铬镍钢,能用型材不用锻件、加工件,且尽量用加工性能好的材料。能正火使用的零件就不必调质处理。

2. 使用非金属材料代替金属材料

非金属材料的资源丰富,性能也在不断提高,应用范围不断扩大,尤其是发展较快的聚合物具有很多优异的性能,在某些场合可代替金属材料,既可以改善使用性能,又可以降低制造成本和使用维护费用。

3. 零件的总成本

零件的总成本包括原材料价格、零件的加工制造费用、管理费用、试验研究费和维修费等。选材时不能一味追求原材料低价而忽视总成本的高低。

四、选材步骤

在具体工程实践中通常按照以下步骤进行选材。

(1)确定材料的性能要求。分析零件的工作条件及失效形式,确定零件的性能要求(使用性能和工艺性能)。一般主要考虑力学性能,特殊情况应考虑物理、化学性能。

(2)对同类零件的用材情况进行调查研究。对同类零件的用材情况进行调查研究,从使用性能、原材料供应和加工等方面分析选材是否合理,以此作为选材的参考。

(3)确定零件的力学性能指标。从确定的零件性能要求中找出最关键的性能要求,然后通过力学计算或试验等方法,确定零件应具有的力学性能指标或物理、化学性能指标。

(4)合理选择材料。所选材料除应满足零件的使用性能和工艺性能要求外,还应适应高效加工和组织现代化生产的要求。

(5)确定热处理方法或其他强化方法。

(6)审核所选材料的经济性。对材料的经济性审查包括材料费、加工费、使用寿命等。

(7)进行材料试验。关键零件投产前应对所选材料进行试验,以验证所选材料与热处理方法能否达到各项性能指标要求,冷热加工有无困难等。试验结果基本满意后,可小批投产。

对于不重要零件或某些单件、小批生产的非标准设备以及维修中所用的材料,若对材料选用和热处理都有成熟资料和经验时,可不进行试验和试制。

第三节　典型零件的选材

一、齿轮类零件的选材

齿轮是应用极广的重要机械零件,它的主要作用是传递扭矩,调节速度,换挡或改变传动方向。不同条件下工作的齿轮不仅转速可以相差很大,齿轮的直径也从几毫米到几米不等,虽然齿轮的工作条件是复杂的,但大多数重要齿轮仍具有共同特点。

1. 齿轮的工作条件

齿轮工作时的受力情况如下。

(1)由于传递扭矩,齿根承受较大的交变弯曲应力。

(2)齿面相互滑动和滚动,承受较大的接触应力,并发生强烈的摩擦。

(3)由于换挡、启动或啮合不良,齿部承受一定的冲击。

2. 齿轮的失效形式

根据齿轮的工作特点,其主要失效形式有以下几种。

(1)疲劳断裂。疲劳断裂主要发生在齿根,常常一齿的齿断裂引起数齿甚至更多的齿断裂,疲劳断裂是齿轮最严重的失效形式。

(2)齿面磨损。齿面磨损是指齿面接触区摩擦,使齿厚变小,齿隙增大。

(3)齿面接触疲劳破坏。齿面接触疲劳破坏是指在交变接触应力作用下,齿面产生微裂纹并逐渐发展,引起点状剥落。

(4)过载断裂。过载断裂主要是指冲击载荷过大造成的断齿。

3. 齿轮用材的性能要求

根据工作条件和失效形式,齿轮用材应满足以下性能要求。

(1)齿轮用材应具有高的弯曲疲劳强度。

(2)齿轮用材应具有高的接触疲劳强度和耐磨性。

(3)齿轮心部应具有足够的强度和韧性。

4. 齿轮类零件的常用材料

(1)低、中碳钢或低、中碳合金钢

根据齿轮的性能要求,齿轮常用材料可选用低、中碳钢或低、中碳合金钢,并对轮齿表面进行强化处理,使轮齿表面具有较高的强度和硬度、心都具有较好的韧性。这类钢材的工艺性良好,价格较便宜。常用机床、汽车、航空齿轮的选材及热处理工艺见表8-3。

机床、汽车、航空齿轮的选材及热处理工艺　　　　表8-3

齿轮工作条件	所用材料	热处理工艺	硬度要求
低载、要求耐磨的小尺寸机床齿轮	15号钢	900～950℃渗碳 780～900℃淬火	58～63HRC
低速(＜0.1m/s)、低载的不重要变速箱齿轮和挂轮架齿轮	45号钢	800～840℃正火	156～217HBW
低速(＜1m/s)、低载的机床齿轮(如溜板)	45号钢	820～840℃水淬 500～550℃回火	200～250HBW
中速、中载或高载的机床齿轮(如车床变速器次要载荷齿轮)	45号钢	高频淬火,水冷 300～340℃回火	45～50HRC
高速、中载、要求齿面硬度高的机床齿轮(如磨床砂轮齿轮)	45号钢	高频淬火,水冷 180～200℃回火	54～60HRC
中速(2～4m/s)、中载、高速机床进给箱和变速箱齿轮	40Cr, 40Si2Mn	调质,高频淬火,乳化液冷却 260～300℃回火	50～55HRC
高速、高载、齿部要求高硬度的机床齿轮	40Cr, 42SiMn	调质,高频淬火,乳化液冷却 260～300℃回火	54～60HRC
高速、中载、受冲击的机床齿轮(如龙门铣床的电动机齿轮)	20Cr, 20Mn2B	900～950℃渗碳,淬火,800～880℃油淬,180～200℃回火	58～63HRC
高速、高载、受冲击的齿轮(如立式车床重要齿轮)	20CrMnTi, 20SiMnVB	900～950℃渗碳,降温至820～850℃淬火,180～200℃回火	58～63HRC
汽车变速齿轮及圆锥齿轮	20CrMnTi, 20CrMnMo	900～950℃渗碳,降温至820～850℃淬火,180～200℃回火	58～64HRC
航空发动机大尺寸,高载,高速齿轮	18Cr2Ni4WA、 37Cr2Ni4A、 40Cr2NiMoA	调质,氧化	＞850HV

(2)非铁金属及非金属材料

承受载荷较轻、速度较小的齿轮还常选用非铁金属材料,如仪器仪表齿轮常选用黄铜、铝青铜等。随着高分子材料性能的不断完善,工程塑料制成的齿轮也在越来越多的场合得到应用。工程塑料齿轮的选材与应用见表8-4。

(3)铸铁材料

对于一些轻载、低速、不受冲击、精度和结构紧凑要求不高的不重要的齿轮,常采用灰铸铁并适当热处理。近年来球墨铸铁应用范围越来越广,对于润滑条件差而要求耐磨的齿轮及要求耐冲击、高强度、高韧性和耐疲劳的齿轮,可用贝氏体球墨铸铁代替渗碳钢。

表 8-4 工程塑料齿轮的选材与应用

材料	性能特点	应用
尼龙 6 尼龙 66	有较高的疲劳强度与减振性,但吸湿性大	在中等或较低载荷、中等温度(80℃以下)和少、无润滑条件下工作
尼龙 610 尼龙 1010	强度与耐热性略差,但吸湿性较小,尺寸稳定性较好,良好的韧性、刚度、耐疲劳、耐油、耐腐蚀、自润滑性好	在中等或较低载荷,中等温度和少、无润滑条件下工作,可在温度波动较大的情况下工作
MC 尼龙	强度、刚度高,耐磨性也较好	适用于铸造大型齿轮及蜗轮等
玻璃纤维增强尼龙	刚度、强度、耐热性均优于未增强的尼龙,尺寸稳定性也显著提高	适用于铸造大型齿轮及蜗轮等
聚甲醛	耐疲劳,刚度高于尼龙,吸湿性很小,耐磨性好(尤其是干摩擦),但成型性差,易老化	在中等轻载荷、中等温度(100℃以下)、无润滑条件下工作
聚碳酸酯	成型收缩率极小、精度高、抗冲击、耐热疲劳强度较差,并有应力开裂倾向	可大量生产一次加工,可在冲击较大的情况下工作,当速度高时应用油润滑
ABS	韧性和尺寸稳定性好,强度高、耐磨、耐蚀、耐水和油,易成型和加工	在冲击情况下工作,低浓度酸碱工况
玻璃纤维增强聚碳酸酯	强度、刚度、耐热性与增强尼龙相当,尺寸稳定性超过尼龙,但耐磨性较差	在较高载荷、较高温度下使用的精密齿轮,速度较高时用油润滑
聚苯(PPO)	较上述不增强者均优,成型精度高,耐蒸汽,但有应力开裂倾向	适用于高温或蒸汽中工作的精密齿轮
聚酰亚(PI)	强度、耐热性高,成本高	在 260℃以下长期工作的齿轮

二、轴类零件的选材

轴是机械工业中最基础的零部件之一,主要用以支承传动零部件并传递运动和动力。一切回转零件都安装在轴上。根据承受载荷的不同,轴可分为心轴、传动轴和转轴三种。心轴是只承受弯矩、不传递转矩的轴,如自行车的前轴等。传动轴是只传递转矩,不承受弯矩或承受弯矩较小的轴,如汽车的传动轴等。转轴既传递扭矩又承受弯矩,如齿轮减速箱中的轴等。此外,有些轴还要承受拉、压载荷。

1. 轴的工作条件

轴在工作时主要承受交变、弯曲和扭转应力的复合作用,有时也承受拉、压应力;轴与轴上的零件有相对运动,相互间存在摩擦和磨损;轴在高速运转过程中会产生振动,使轴承受冲击载荷。多数轴在工作过程中常常要承受一定的过载载荷。

2. 轴的失效形式

轴的主要失效形式有以下几种。

(1)断裂。断裂是轴的最主要失效形式,其中多数为疲劳断裂,少数为冲击过载断裂。

(2)磨损。轴的相对运动表面因摩擦而过度磨损。

(3)过量变形。在极少数情况下,轴会发生因强度不足的过量塑性变形失效和刚度不足的过量弹性变形失效。

3. 轴的性能要求

(1)轴应具有优良的综合力学性能,即具有足够的强度、塑性和一定的韧性,以承受过载和冲击载荷,防止发生过量变形和断裂。

(2)当弯曲载荷很大、转速又很高时,轴要承受很高的疲劳应力。因此,要求轴具有高的疲劳强度,以防疲劳断裂。

(3) 轴表面要具有高硬度和耐磨性,特别是与滑动轴承接触的轴颈部位,耐磨性要求高。轴转速越高,耐磨性要求也越高。

(4) 在特殊条件下,轴还应具有较高的抗蠕变能力和耐蚀性。

4. 轴类零件的常用材料

高分子材料的强度、刚度太低,极易变形;陶瓷材料太脆,疲劳性能差,这两类材料一般不适于制造轴类零件。因此,轴类零件(尤其是重要轴)几乎都选用金属材料,其中钢铁材料最为常见。根据轴的种类、工作条件、精度要求及轴承类型等不同,可选择相应成分的钢或铸铁作为轴的合适材料。

(1) 锻钢

锻造成型的优质中碳钢或中碳合金调质钢是轴类材料的主体。35号钢、40号钢、45号钢、50号钢(其中45号钢最常见)等碳钢具有较高的综合力学性能且价格低廉,故应用广泛。对受力不大或不重要的轴,为进一步降低成本,也可采用Q235、Q255、Q275等普通碳钢制造;对受力较大、尺寸较大、形状复杂的重要轴,可选用综合力学性能更好的合金调质钢来制造,如40Cr等;对其中精度要求极高的轴,要采用专用氮化钢(如38CrMoAlA)制造。中碳钢轴的热处理特点是:正火或调质保证轴的综合力学性能(强韧性),然后对易磨损的相对运动部位进行表面强化处理(表面淬火、渗氮或表面滚压、形变强化等)。考虑到轴的具体工作条件和性能要求不同,少数情况下还可选用低碳钢或高碳钢来制造轴类零件。如当轴受到强烈冲击载荷作用时,且用低碳钢(如20号钢、25号钢)渗碳制造;而当轴所受冲击作用较小而相对运动部位要求更高的耐磨性时,则宜用高碳钢制造。

(2) 铸钢

对形状极复杂、尺寸较大的轴,可采用铸钢来制造,如ZG230-450。铸钢轴比锻钢轴的综合力学性能(主要是韧性)要低一些

(3) 铸铁

由于大多数轴很少因冲击过载而断裂失效,故近年来越来越多地采用球墨铸铁(如QT700-2)和高强度灰铸铁(如HT350)来代替钢轴作为轴(尤其是曲轴)的材料。与钢轴相比,铸铁轴的刚度和耐磨性不低,且具有缺口敏感性低、减振、减磨、切削加工性好及生产成本低等优点。不同工作条件下轴类零件的选材、热处理要求及应用举例见表8-5。

不同工作条件下轴类零件的选材、热处理要求及应用举例 表8-5

工作条件	所用材料	热处理要求	应用举例
与滚动轴承配合,低速、低载、精度不高,冲击不大	45号钢	正火或调质,220~250HBW	一般工装、简易机床主轴
与液动轴承配合,中速、中载、精度中等	45号钢	整体或局部淬火+回火,40~45HRC	摇臂钻床、龙门铣床组合机床、工装
与滑动轴承配合,有冲击载荷	45号钢	正火,轴颈表面淬火+低温回火,52~58HRC	机床(如C6140型车床)和机械设备空心轴
与滑动轴承配合,中载、高速、精度中等,承受一定冲击	Cr	渗碳+淬火+低温回火,56~62HRC	齿轮、机床轴等
与滚动轴承配合,中载、较高速、受冲击、较高疲劳强度,精度高	Cr	调质或正火,轴颈配合表面淬火,50~52HRC	磨床砂轮轴、较大车床主轴

第四节　毛坯成型方法的选用

一、毛坯的种类

毛坯是指经过铸、锻、焊、压力加工、粉末冶金等方法成型后未经机械加工的坯件。在机械制造过程中常用的毛坯有铸件、锻件、焊件、冲压件、型材、粉末冶金件、工程塑料件等。

在机械产品设计制造过程中，产品（或零件）的可靠性设计一旦确定以后，其制造工艺就是设计人员首先关心的问题，其中，毛坯成型方法是首先要考虑的问题。这要求设计者根据零件的使用要求、工作条件、相近产品（或零件）的失效形式，确定该零件的材料，并根据这些材料的力学性能与工艺性能，确定零件的主要尺寸及毛坯类型，最终制定出该毛坯成型的工艺方案。

1. 铸件

用铸造方法获得的零件毛坯称为铸件。几乎所有的金属材料都可进行铸造，其中铸铁应用最广，而且铸铁也只能用铸造的方法来生产毛坯。常用于铸造的碳钢为低、中碳钢。铸造既可生产形状简单的铸件，也可生产形状复杂的铸件，特别是内腔复杂的毛坯常用铸造方法生产。铸件形状和尺寸与零件较接近，可节省金属材料和加工工时，一些特种铸造方法成为少屑和无屑加工的重要方法之一。同时铸造所用设备简单，原材料来源广泛，价格低廉。一般情况下铸件的生产成本较低，是优先选用的毛坯。

但是铸件的组织较粗大，内部易产生气孔、缩松、偏析等缺陷，这些都影响铸件的力学性能，使铸件的力学性能比相同材料的锻件低，特别是冲击韧性差，所以一些重要零件和承受冲击载荷的零件不宜用铸件作零件的毛坯。但是随着科技的不断进步，一些传统的锻造毛坯（如曲轴、连杆、齿轮等）也逐渐被球墨铸铁毛坯取代。

铸造方法较多，铸件的材料也有多种，因此，不同的铸造毛坯具有不同的特点。常用铸造毛坯的适用性、生产成本及应用举例见表8-6。

常用铸造毛坯的适用性、生产成本及应用举例　　　　　　　　表8-6

毛坯种类		砂型铸造毛坯	金属型铸造毛坯	离心铸造毛坯	压力铸造毛坯	熔模铸造毛坯
适用性	毛坯材料	不受限制	铸铁及非铁合金	以铸铁及铜合金为主	常用的非铁合金	以高熔点合金为主
	毛坯形状	不受限制	有一定限制	圆形中空形状	有一定限制	不受限制
	毛坯质量	0.01kg～300t	0.01～100kg	0.1kg～4t	<50kg	0.01～10kg
	毛坯晶粒大小	粗大	细小	小	细小	小
	表面粗糙度	高	低	较低	低	低
	加工余量	大	小	较小	很小	小
生产成本	设备成本	手工；低；机器；中	较高	较低	高	中
	模型成本	手工；低；机器；中	高	低	较高	较高
	工时成本	手工；高；机器；中	较低	低	低	高
应用举例		机床床身、汽缸体、箱体、带轮壳体、底座等	铝活塞、铜套等	汽缸套、污水管等	电器及仪表的外壳、化油器等	汽轮机叶片、成型刀具等

2. 锻件

锻件是固态金属材料在外力作用下通过塑性变形得到的。塑性变形使锻件内部的组织较细且致密,没有铸造组织中的缺陷,所以锻件比相同材料铸件的力学性能高。尤其塑性变形后使型材中的纤维组织重新分布,符合零件受力的要求,更能发挥材料的潜力。锻件常用做强度高、耐冲击、抗疲劳等重要零件的毛坯。

与铸造相比,锻造方法难以获得形状较复杂(特别内腔)的毛坯,且锻件成本一般比铸件高,金属材料的利用率也较低。

自由锻适用于单件、小批生产、形状简单的毛坯,其缺点是精度不高、表面粗糙度大、加工余量大、消耗金属多。模锻件的形状比自由锻件复杂,且尺寸较准确,表面粗糙度小,可减少切削加工成本,但模锻锤和锻模价格高,所以模锻适用于中小件的成批或大量生产。

3. 冲压件

冲压可制造形状复杂的薄壁零件,冲压件的表面质量好,形状和尺寸精度高,一般可满足互换性的要求,故一般不必再经切削加工便可直接使用。冲压生产易于实现机械化与自动化,所以生产率较高,产品的合格率和材料利用率高,故冲压件的制造成本低。但冲压件只适用于大批量生产,因为模具制造的工艺复杂、成本高、周期较长,只有在大批量生产中才能显示其优越性。

4. 挤压件

挤压件是一种由少切削加工或无切削加工的工艺成型的毛坯。挤压件生产效率高,尺寸精确,表面粗糙度小,可制成薄壁、深孔、异形截面等形状复杂的零件。挤压成型毛坯的质量及尺寸不宜太大,因此,挤压适用于塑性良好的常用金属材料毛坯的成型。

常用压力加工毛坯的适用性、生产成本及应用举例见表8-7。

常用压力加工毛坯的适用性、生产成本及应用举例　　　表8-7

毛坯种类		锻造毛坯			挤压毛坯	冷锻毛坯	冲压毛坯			
		自由锻	模锻	平锻			落料冲孔	弯曲	拉伸	旋压
适用性	毛坯材料	各种塑性合金	各种塑性合金	各种塑性合金	铜铝及低硅钢	铜铝及低碳钢	塑性合金板料	塑性合金板料	塑性合金换料	塑性合金板料
	毛坯形状	受限制	受限制	受限制	受限制	受限制	受限制	受限制	中空壳体	中空壳体
	毛坯质量	0.1kg~2000t	0.1~100kg	1~300kg	1~500kg	0.001~50kg	0.1~50kg	0.1~50kg	0.1~50kg	0.1~50kg
	表面粗糙度	高	较低	较低	较低	低	低	低	低	低
生产成本	设备成本	较低	高	高	高	较高	中	较低	较高	较低
	模具成本	低	高	高	较高	较高	较高	较高	较高	低
	工时成本	高	较低	低	较低	较低	较低	低	较低	较高
应用举例		轴类、盘类零件等	轴类、连杆、曲轴、带轮等	气阀、汽车半轴等	电动机外壳、螺旋齿轮等	气阀、铆钉、插销等	电器、仪表的壳罩等	电器、仪表的壳罩等	中空的壳罩等	中空的壳罩等

5. 焊接件

焊接件是借助金属原子间的扩散和结合的作用,把分离的金属制成永久性的结构件。焊接件的尺寸、形状一般不受限制,可以小拼大,结构轻便,材料利用率高,生产周期短,主要用于制造各种金属结构件,也用于制造零件的毛坯和修复零件,特别适用于制造单件、大型、形状复杂的零件或毛坯,不需要重型与专用设备,产品改型方便。焊接件接头的力学性能与母材基本接近。焊接件可以采用钢板或型钢焊接,或采用铸—焊、锻—焊或冲—焊联合工艺制成。但是焊接过程是一个不均匀加热和冷却的过程,焊接件内容易产生内应力和变形,接头的热影响区力学性能有所下降。

6. 型材

用炼钢炉冶炼成的钢在浇注成钢锭后,除少量用于制造大型锻件之外,大部分钢锭都通过轧制等压力加工的方法制成各种型材。型材具有流线(或纤维)组织,故其力学性能具有方向性,即顺着流线方向的抗拉强度、塑性好;而垂直于流线方向的抗拉强度、塑性低,但抗剪强度高。型材是大量生产的产品,可直接从市场上购得,价格便宜,可简化制造工艺和降低制造成本,尽管尺寸精度与表面质量稍差,但在不影响零件性能的情况下,一般优先选用型材。

型材的断面形状和尺寸有多种,常见的型材有型钢、钢板、钢管、钢丝、钢带等。

7. 粉末冶金件

粉末冶金件毛坯是近年来发展速度较快的一种新型毛坯件,其特点是材料利用率高,效率高,无需机械加工,适合生产各种材料或各种具有特殊性能材料搭配在一起的零件和形状复杂的零件。但粉末冶金模具成本高,材料成本相对较高。粉末冶金件的强度比相应材料的传统冶炼产品强度要低。粉末冶金件的性能及应用见表8-8。

粉末冶金件的性能及应用　　　　　　　表8-8

材料类型	密度(g/cm³)	抗拉强度(MPa)	断后伸长率(%)	应用举例
铁及低合金粉末压实件	5.2~6.8	0.5~2.0	2~8	轴承和低载荷结构元件
合金钢粉末压实件	6.8~7.4	2.0~8.0	2~15	高载荷机构零部件
不锈钢粉末压实件	6.3~7.6	3.0~7.5	5~30	耐蚀性好的零件
青铜	5.5~7.5	1.0~3.0	2~11	垫片、轴承及机器零件
黄铜	7.0~7.9	1.1~2.4	5~35	机器零件

8. 工程塑料件

工程塑料件是目前应用越来越多的一种,非金属材料零件。它具有良好的绝缘性和耐蚀性,密度小、吸振性好、成本低,特别是在一些小型机械设备中应用较多,如用它制成的轴承、齿轮、密封圈等;具有良好的减摩特性,可制造化工、冶金设备中的一些零件;具有良好耐酸、耐碱等耐蚀性,可制造航空、航天设备中的零件;具有比强度高的特性,可减轻整体结构的重量。特别是复合塑料出现后,更能发挥其优良特性以扩大在机械制造中的应用范围。

当然,工程塑料件也存在一些缺点,主要是强度不高、刚度差、热稳定性差、易发生蠕变、尺寸不稳定、易老化,在选用工程塑料件时要注意扬长避短,合理使用。

二、毛坯成型方法的选择原则

在选择毛坯成型方法时,既要保证其使用性能要求,又要满足其成本低、质量好、制造方、便和生产周期短的要求,应按以下原则来进行。

1. 满足使用要求的原则

零件的使用要求就是要保证零件达到规定的功能,具体体现在对其形状、尺寸、加工精度、表面粗糙度等外部质量,以及对其化学成分、组织结构、力学性能、物理化学性能等内部质量的要求。不同零件的使用要求是不一样的,有的零件要求高强度,有的零件要求高耐磨性,有的零件要外观美观等,不同的使用要求在材料成型工艺上就有较大的差别。即使同一类零件,由于使用要求不同,其毛坯成型方法也不尽相同。如机床的主轴和手柄,虽同属轴类零件,其使用要求是不一样的。机床主轴是机床的关键零件,尺寸、形状和加工精度要求很高,受力复杂,在工作中不允许发生过量变形,因此,要选择具有良好综合力学性能的材料,经过锻造成型及严格的切削加工来完成。而机床手柄则采用低碳钢棒料或灰铸铁的铸造成型毛坯,经简单的切削加工来完成。又如燃气轮机叶片与风扇叶片,虽然都具有空间几何曲面形状,但前者应采用优质合金钢经精密锻造后成型,而后者则可采用低碳钢薄板冲压成型。可见毛坯成型方法的选择要适应零件在整个设备中使用性能的要求。

2. 适应成型加工工艺性的原则

各种成型方法都要求零件的结构与材料具有相应的成型加工工艺性,成型加工工艺性的好坏对零件加工的难易程度、生产率、生产成本等起着十分重要的作用。例如,当零件形状比较复杂、尺寸较大时,用锻造成型往往难以实现,如果采用铸造或焊接,则其材料必须具有良好的铸造性或焊接性,同时零件的结构也要适应铸造或焊接成型工艺的要求。

3. 可行性原则

可行性是指利用企业现有的生产条件能否高效、低成本地生产出合格的毛坯。一个企业的生产条件,包括该企业的工程技术人员和工人的业务技术水平和生产经验、设备条件、生产能力和当前生产任务状况以及企业的管理水平等。

考虑获得某个毛坯或零件的可行性,除本企业的生产条件外,还应把社会协作条件和供货条件考虑在内,从外协或外购途径获得毛坯或零件,有时具有更好的质量和经济效益。随着社会生产分工的不断细化和专业化,产品的不断标准化和系列化,越来越多的零部件由专业化工厂生产是必然的趋势。因此,制定生产方案时,要尽量掌握有关信息,结合本企业的条件,按照保证质量、降低成本、按时完成生产任务的要求,选择最佳生产或供货方案。

4. 经济性原则

一个零件的制造成本包括其本身的材料费以及所消耗的燃料、动力费用、工资和工资附加费、各项折旧费及其他辅助性费用等分摊到该零件上的份额。因此,在选择毛坯的类型及其具体的成型方法时,应在满足零件使用要求的前提下,将几个可供选择的方案从经济上进行分析比较,从中选择成本低廉的。

5. 环保性原则

环境已经成为全球关注的大问题。气候暖化、臭氧层破坏、酸雨、固体垃圾、资源和能源枯竭等问题导致环境恶化,阻碍生产发展,甚至危及人类的生存。因此,人们在发展工业生产的同时,必须考虑环境问题,力求做到与环境相宜,对环境友好。

第五节 常见机械零件的毛坯成型方法

常用的机械零件按其形状特征和用途的不同可分为轴杆类零件、盘套类零件和箱体类零件三大类。本学习情境介绍各类零件毛坯的一般制造方法。

一、轴杆类零件

轴杆类零件是回转体零件,其轴向(纵向)尺寸远大于径向(横向)尺寸。这类零件包括各类传动轴、机床主轴、丝杠、光杠、曲轴、偏心轴、凸轮轴、连杆等。在机械设备中,这类零件主要用来支承传动零件和传递转矩,受力较大,要求具有较高的强度、疲劳极限、塑性和韧性以及良好的综合力学性能。

轴杆类零件一般都采用锻造方法成型,常用材料为中碳钢。单件、小批生产时,可采用自由锻造成型。批量生产时,可采用模锻成型。某些简单光滑的轴类零件,还可采用轧制拉拔成型。对于某些异形截面或弯曲轴线的轴,如凸轮轴、曲轴等,较难用锻造的方法成型,则可采用球墨铸铁材料,用铸造方法成型,以降低生产成本。有时,也可采用铸—焊或锻—焊的成型方法。

二、盘套类零件

盘套类零件(如各种齿轮、带轮、飞轮、轴承环等)是具有同一轴线内外回转的零件,其轴向(纵向)尺寸一般小于径向(横向)尺寸,或者两个方向的尺寸相差不大,它们主要起支承或导向作用,在工作中承受径向力和摩擦力。

盘套类零件中最典型的是齿轮,它是各类机械设备中的重要传动零件。齿轮轮齿表面要有足够的强度、硬度,同时齿轮本身也要有一定的强度和韧性。当齿轮尺寸较小时,可选用普通的锻造方法。当齿轮尺寸很小(直径小于100mm)时,可用圆钢为毛坯;当齿轮尺寸很大(直径大于500mm)时,锻造成型比较困难,可用铸造方法,材料选用铸钢或球墨铸铁。铸造齿轮一般以轮辐结构代替锻钢齿轮辐板结构,若单件生产大型齿轮的毛坯,常采用焊接方法制造;若大批量生产中小齿轮,可采用热轧或精密模锻方法制造。仪器、仪表中受力不大的齿轮,还可用尼龙通过注塑成型。带轮、飞轮、手轮等受力不大或以承压为主的零件,一般选用铸铁材料通过铸造成型;在单件生产时,也可用低碳钢焊接成形。凸缘、套环、垫圈等零件毛坯,根据受力情况及形状、尺寸等不同,可分别采用铸造成型、锻造成型或直接用圆钢获得。模具毛坯一般采用合金钢通过锻造成型。

三、箱体类零件

箱体类零件一般结构较复杂,具有不规别的外形与内腔,壁厚也不均匀,如各种设备的机身、机座、机架、工作台、齿轮箱、轴承座、泵体等。其工作条件差异较大,但一般以承压为主,并要求具有较高的刚度和减振性,且同时受压、弯、冲击作用。对工作台和导轨等要求具有较高的耐磨性。

对于一般承受压力为主的箱体类零件,常选用灰铸铁材料,因为灰铸铁可以铸造形状复杂的毛坯。单件小批量生产可用焊接件;少数重型机械,如轧钢机、大型锻压机械的机身,可选用中碳铸钢件或合金铸钢件;为减少箱体类零件的重量,还可选用铝合金铸件(如航空发动机箱体等)。尺寸较大的支架可采用铸→焊或锻→焊组合件毛坯。

第九章　机械切削加工基础

第一节　零件切削加工的基本概念

为了获得最终所需的零件形状,需要对零件毛坯进行加工,其中采用去除材料的手段来获得最终精确的形状的方法称为切削加工,这也是最主要的零件加工方法。切削加工一般是利用各种切削加工机床来实现的。

机床是利用刀具和工件之间的相对运动,从毛坯或半成品上切去多余的材料,以获得所需要的几何形状、尺寸精度和表面粗糙度的零件的加工方法,也称为冷加工。绝大多数金属零件的最后成型都要通过切削加工来完成。了解和掌握切削加工中的共同规律,对于正确地进行切削加工,保证零件质量,提高生产率,降低成本,有着重要意义。

机床切削加工方式很多,一般可分为车削加工、铣削加工、钻削加工、镗削加工、刨削加工、磨削加工、齿轮加工及钳工等。

切削加工的主要特点是工件精度高、生产率高及适应性好。凡是要求具有一定几何尺寸精度和表面粗糙度的零件,通常都采用切削加工方法来制造。

一、零件表面的形成及切削运动

各种机器零件的形状虽然很多,但分析起来,零件主要由圆柱面、圆锥面、平面和成型面组成,所以零件表面的形成也就是这些构成要素的形成过程。

从几何学的观点来看,"任何一个线性表面都是由一根母线沿着导线运动而形成的"。由此可以说,"任何表面都可以看作是一条线沿着另一条线运动的轨迹"。

(1)母线。母线是形成表面的基本线段。

(2)导线。导线是基本线段运动的轨迹。

(3)发生线。母线和导线统称为发生线。

(4)可逆表面。有些表面的母线和导线可以互换,这些表面称为可逆表面,如平面、圆柱面。

(5)不可逆表面。有些表面的母线和导线不能互换,这样的表面称为不可逆表面,如螺旋面。

母线和导线的运动轨迹形成了工件表面。因此,分析工件加工表面的形成方法的关键在于分析发生线的形成方法。例如圆柱面和圆锥面是以某一直线为母线,以圆为导线,做旋转运动时所形成的表面。平面是以直线为母线,以另一条直线为导线,做平移运动时形成的表面。

1. 零件表面的形成方法

任何一种经切削加工得到的机械零件,其形状都是由若干经过刀具切削加工获得的表面组成的。这些表面包括平面、外圆柱面、外圆锥面以及各种成型表面。从几何角度看,这些表面都可看作是一条线(母线)沿另一条线(导线)运动而形成的,如图 9-1 所示。

在机床加工零件表面的过程中,零件和刀具两者之一或两者同时按一定规律运动,形成两条发生线,从而生成所要加工的表面。

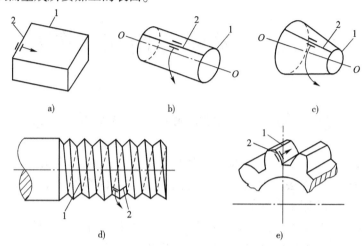

图 9-1 零件表面的形成
a)平面的形成;b)外圆柱面的形成;c)外圆锥面的形成;d)螺纹面的形成;e)齿面的形成
1-导线;2-母线

2. 表面成型运动

用机床加工零件时,为获得所需的表面,零件和刀具之间做相对运动,既要形成母线,又要形成导线,于是形成这两条发生线所需的运动的总和就是形成该表面所需的运动。机床上形成被加工表面所需的运动,称为机床的表面成型运动,又称为工作运动。

例如,用轨迹法加工时,刀具与零件之间的相对运动 A_1 是形成母线所需的运动。刀具沿轨迹的运动 A_2 用来形成导线。A_1 与 A_2 之间必须有严格的运动联系,因此,它们是相互独立的。所以要加工出图 9-2 所示的曲面,一共需要两个独立的工作运动 A_1 和 A_2。

3. 机床的切削运动

金属切削加工是用切削工具(包括刀具、磨具和磨料)从毛坯上去除多余的金属,从而获得具有所需几何参数(尺寸、形状和位置)和表面粗糙度的零件的加工方法。切削加工方法很多,常用的有车、铣、刨、磨、镗、拉、钻等。其中,外圆车削最为典型,下面以外圆车削为例来研究切削的基本运动。

根据切削运动作用的不同,可将其分为主运动和进给运动,如图 9-3 所示。

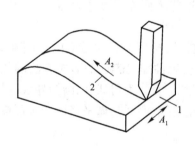

图 9-2 形成发生线所需的运动
1-刀尖或切削刃;2-发生线

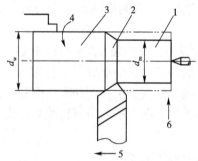

图 9-3 外圆车削
1-已加工表面;2-过渡表面;3-待加工表面;4-主运动;5-进给运动

(1) 主运动

主运动是使工件和刀具产生相对运动以进行切削的最基本运动。主运动消耗功率最大,速度最高。主运动有且仅有一个。切削刃上选定点相对于工件沿主运动方向的瞬时线速度称为切削速度,用 v_c 表示,单位为 m/s。当主运动是旋转运动时,则其切削速度的计算公式为

$$v_c = \frac{\pi d n}{1000 \times 60} \tag{9-1}$$

式中:d——完成主运动的工件或刀具的最大直径,mm;

n——工件或刀具每分钟转速,r/min。

(2) 进给运动

新切削层不断投入切削,使切削工作得以继续下去的运动称为进给运动,见图 9-3。进给运动的速度一般较低,功率也较小,是形成已加工表面的辅助运动。进给运动可以是一个,也可以是多个;可以是连续进行的,也可以是断续进行的。

与主运动速度相对应,进给运动的大小用进给速度 v 表示,单位为 mm/s 或 mm/min。即在单位时间内,刀具相对于工件在进给方向上的位移量。

进给量 f 是指在单位时间内,刀具相对于工件沿进给运动方向的相对位移。如车削时,工件每转一转刀具所移动的距离,即为(每转)进给量,单位为 mm/r。又如在牛头刨床上刨平面时,刀具往复一次工件移动的距离,单位为 mm/st′(即毫米/双行程)。

切削深度 a_p 是指工件待加工表面与已加工表面间的垂直距离,即

$$a_p = \frac{d_w - d_m}{2} \tag{9-2}$$

式中:d_w——工件待加工表面直径,mm;

d_m——工件已加工表面直径,mm。

任何切削加工都必须选择合适的主运动速度 v、进给量 f 和切削深度 a_p,它们合称为切削用量三要素。

机床在加工过程中除完成成型运动外,还需完成一系列的辅助运动。辅助运动的作用是实现机床加工过程中所必需的各种辅助运动,为表面成型创造条件。它的种类主要有以下几种。

①切入运动。刀具相对工件切入一定深度,以保证工件达到要求的尺寸。

②分度运动。多工位工作台、刀架等的周期转位或移位,以便依次加工工件上的各个表面,或依次使用不同刀具对工件进行顺序加工。

③调位运动。加工开始前机床有关部位的移位,以调整刀具和工件之间的正确相对位置。

④其他各种空行程运动。如切削前后刀具或工件的快速趋近和退回运动;开机、停机、变速、变向等控制运动;装卸、夹紧、松开工件的运动等。

辅助运动虽然并不参与表面成型过程,但对机床整个加工过程却是不可缺少的,同时对机床的生产率和加工精度有重大影响。

4. 工件表面

在切削过程中,工件上通常存在三个变化着的表面,见图 9-3。

(1) 待加工表面。工件上即将被切除的表面称为待加工表面。

(2)已加工表面。工件上经刀具切削后形成的表面称为已加工表面。

(3)过渡表面。工件上被切削刃正在切削的表面称为过渡表面,它总是处在待加工表面与已加工表面之间。

二、切削层的几何参数

刀具切削刃在一次进给中,从工件待加工表面上切下的金属层称为切削层。外圆车削时的切削层,就是工件转动后,主切削刃移动一个进给量 f 所切除的一层金属层。切削层的尺寸和形状,通常用通过切削刃上的选定点并垂直于该点切削速度的平面内的切削层参数来表示。切削层的几何参数通常包括切削层公称厚度、切削层公称宽度和切削层公称横截面积等。

1. 切削层公称厚度

垂直于切削刃方向测量的切削层的截面尺寸称为切削层公称厚度,简称为切削厚度,用符号 h_D 表示,单位为 mm,如图9-4所示。它反映了切削刃单位长度上的切削负荷。车外圆时,若车刀主切削刃为直线,则切削层公称厚度的计算公式为

$$h_D = f\sin\kappa_r \tag{9-3}$$

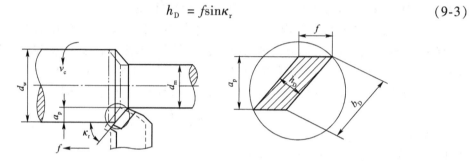

图9-4 外圆车削时切削层参数

2. 切削层公称宽度

给定瞬间主切削刃在切削层尺寸平面上的投影的两个极限点间的距离称为切削层公称宽度,简称为切削宽度,用符号 b_D 表示,单位为 mm。外圆车削时,切削层公称宽度的计算公式为

$$b_D = \frac{a_P}{\sin\kappa_r} \tag{9-4}$$

3. 切削层公称横截面积

给定瞬间切削层在与主运动垂直的平面内度量的实际横截面积称为切削层公称横截面积,简称为公称面积,用符号 A_D 表示,单位为 mm²,其计算公式为

$$A_D = h_D b_D = f a_P \tag{9-5}$$

第二节 切削加工机床和装备

一、机床的分类

金属切削机床通常按功用、规格、结构及精度进行分类。按其工作原理进行区分,GB/T 15375—2008《金属切削机床型号编制方法》规定把金属切削机床分为车床、钻床、镗床、磨床、齿轮加工机床、螺纹加工机床、铣床、刨插床、拉床、特种加工机床、锯床及其他机床

十二大类。

机床按通用性分为如下三类。

1. 通用机床

通用机床加工范围广,可用于多种零件的不同工序,如卧式车床、铣床等。这类机床由于通用性强,结构较为复杂,主要适用于单件、小批量生产。

2. 专门化机床

专门化机床加工范围较窄,专门用于加工某一类或几类零件的某一种或几种工序,如凸轮轴机床、螺纹磨床等。

3. 专用机床

专用机床加工范围窄,只能用于加工某一种(或几种)零件的某一特定工序,一般按工艺要求专门设计。这类机床自动化程度和生产率都很高,主要用于成批、大量生产。各种组合机床也属于专用机床。

二、机床的型号编制

机床的型号是用汉语拼音字母和数字按照一定规律组合而成的,用来表示机床的类型、主要技术参数、通用特性和结构特性等。按照国家标准,通用机床型号的表示方法如下。

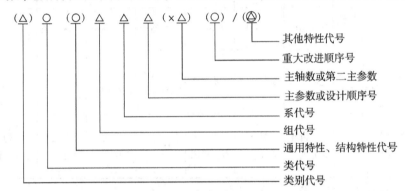

其中,有"( )"的代号或数字无内容时不予表示,有内容时则应不带括号;有"○"符号者,为大写的汉语拼音字母;有"△"符号者,为阿拉伯数字。

编制机床型号是为了简明表达机床的种类、特性及主要技术参数等。

同类机床中,按加工精度不同又可分为普通精度级、精密级、高精密级机床;按机床自动化程序的高低分为手动、机动、半自动和自动机床;还可按机床的尺寸、重量不同分为仪表机床及中型、大型、重型和超重型机床;按机床布局又有卧式、立式、龙门机床等;按机床主要工作部件的数目不同,有单轴、多轴或单刀、多刀机床等。

1. 机床的类别代号

机床类别代号采用汉语拼音的大写字母表示,机床的分类和代号见表9-1。

机床的类别代号　　　　　　　表9-1

类别	车床	钻床	镗床	磨床			齿轮加工机床	螺纹加工机床	铣床	刨插床	拉床	特种加工机床	锯床	其他机床
代号	C	Z	T	M	2M	3M	Y	S	X	B	L	D	G	Q
读音	车	钻	镗	磨	二磨	三磨	牙	丝	铣	刨	拉	电	割	其

2. 机床的特性代号

机床的通用特性代号及其读音见表9-2。

机床通用特性代号　　　　表9-2

通用特性	高精度	精密	自动	半自动	数控	加工中心	仿形	轻型	重型	经济型	柔性加工单元	数显	高速
代号	G	M	Z	B	K	H	F	Q	C	Z	J	R	X	G
读音	高	密	自	半	控	换	仿	轻	重	简	柔	显	速

3. 机床组代号

机床的组代号用阿拉伯数字表示,参数代号见表9-3。

机　床　组　代　号　　　　表9-3

类 \ 组	0	1	2	3	4	5	6	7	8	9
车床	仪表小型车床	单轴自动车床	多轴自动、半自动车床	回转、转塔车床	曲轴及凸轮轴车床	立式车床	落地及卧式车床	仿形及多刀车床	轮、轴、辊、锭及铲齿车床	其他车床
钻床	—	坐标镗钻床	深孔钻床	摇臂钻床	台式钻床	立式钻床	卧式钻床	铣钻床	中心孔钻床	其他钻床
铣床	仪表铣床	悬臂及滑枕铣床	龙门铣床	平面铣床	仿形铣床	立式升降台铣床	卧式升降台铣床	床身铣床	工具铣床	其他铣床
齿轮加工机床	仪表齿轮加工机	—	锥齿轮加工机	滚齿及铣齿机	剃齿及珩齿机床	插齿机	花键轴铣床	齿轮磨齿机	其他齿轮加工机	齿轮倒角及检查机

4. 机床系别与主参数代号

机床的系别代号用阿拉伯数字表示,主参数采用折算系数法表达,参数代号见表9-4。

机床的系别与主参数代号　　　　表9-4

机床	主参数名称	折算系数	机床	主参数名称	折算系数
卧式车床	床身上最大回转直径	1/10	矩台平面磨床	工作台面宽度	1/10
立式车床	最大车削直径	1/100	齿轮加工机床	最大工件直径	1/10
摇臂钻床	最大钻孔直径	1/1	龙门铣床	工作台面宽度	1/100
卧式镗床	镗轴直径	1/10	升降台铣床	工作台面宽度	1/10
坐标镗床	工作台面宽度	1/10	龙门刨床	最大刨削宽度	1/100
外圆磨床	最大磨削直径	1/10	插床及牛头刨床	最大插削及刨削长度	1/10
内圆磨床	最大磨削孔径	1/10	拉床	额定拉力(t)	1

5. 机床的重大改进代号

机床的重大改进代号按 A、B、C 等字母的顺序选用。

例如:CA6140 机床代号解释:C:类别代号(车床类);A:结构性代号(A 结构);6:组别代号(卧式车床组);1:系别代号(普通车床系);40:主参数代号(床身上最大回转直径 400mm)。

MM7132A 机床代号解释:M:类别代号(磨床类);M:通用特性代号(精密);7:组别代号(平面及端面磨床组);1:系别代号(卧轴矩台平面磨床系);32:主参数代号(工作台面宽度320mm);A:重大改进顺序号(第一次重大改进)。

三、机床的组成

金属切削机床通常由以下四大主要部分组成。

1. 框架结构

机床的框架结构作为机床的基础部分,用于机床各部件的固定和定位,使各部件保持正确的静态位置关系。

2. 运动部分

机床运动部分的作用是为加工过程提供所需的刀具与工件的相对运动,保证形成可加工表面应有的刀具与工件间正确的动态位置关系。

3. 动力部分

机床动力部分的作用是为机床的传动部件及加工过程中工件的主运动及辅助运动提供必要的动力。

4. 控制部分

机床控制部分包括手动操纵手柄和按钮,用来操纵和控制机床的各个运动动作。

第三节 车削加工及装备

车削加工广泛应用于圆柱体和圆孔类机械零件的加工,所用装备包括车床、机床夹具和辅助量具。

一、车削加工主要工艺类型

车削加工是机械加工方法中应用最广泛的方法,如各种轴类、盘套类零件上的内外圆柱面、圆锥面、台阶面及各种成型回转面的加工。车削加工的主要工艺类型如图9-5所示。

车削加工时以主轴带动工件的旋转为主运动,以刀具的直线运动为进给运动。由于车削加工机床的精度不同,所用刀具材料、结构参数不同及所采用工艺参数不同,能达到的加工精度及表面粗糙度也不同。车削一般分为粗车、半精车、精车、精细车和镜面车等。

1. 粗车

粗车是从毛坯工件上车掉较多的加工余量,并为后续加工预留一定的余量。为提高生产率,粗车时应尽可能采用较大的背吃刀量和进给量。为避免切削量不均匀产生振动,粗车切削速度应较低才能保证车刀有较长的使用寿命。一般粗车时的经济精度为IT12~IT11级,表面粗糙度R_a为12.5~6.3μm。粗车一般作为非配合表面的终加工或高精度表面的预加工。

2. 半精车

半精车是介于精车和粗车之间的车削加工。半精车的经济精度为IT10~IT8级,表面粗糙度R_a为6.3~3.2μm。半精车可作为中等精度表面的终加工,也可作为磨削或其他精加工工序的预加工。

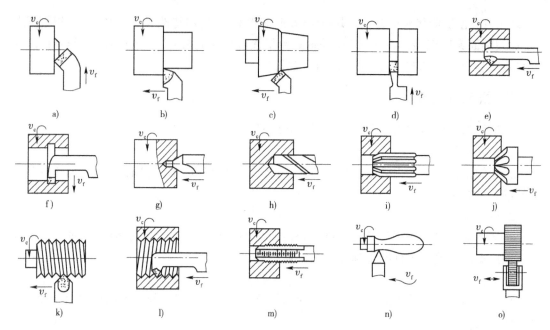

图9-5 车削加工的主要工艺类型

a) 车端面; b) 车外圆; c) 车外锥面; d) 切槽、切断; e) 镗孔; f) 切内槽; g) 钻中心孔; h) 钻孔; i) 铰孔; j) 锪锥面; k) 车外螺纹; l) 车内螺纹; m) 攻螺纹; n) 车成型面; o) 滚花

3. 精车

为了保证获得较高车削质量的表面，精车时一般采用较小的进给量和背吃刀量及较高的切削速度。精车的经济精度为IT8～IT7级，表面粗糙度 R_a 为 3.2～1.6μm。一般用于较高精度表面的终加工或精细车加工、光整加工的预加工。

4. 精细车

精细车是直接用车削方法获得精度为IT7～IT6级。表面粗糙度 R_a 为 1.6～0.4μm 的外圆加工方法。有色金属、非金属等较软材料不宜采用磨削，生产中才采用精细车。如精密滑动轴承的轴瓦，为防止磨粒嵌入较软的工件表面而影响零件使用，不允许采用磨削加工。

5. 镜面车

镜面车是用车削获得精度为IT6级以上、表面粗糙度 R_a≤0.4μm 的外圆加工方法。

生产中采用精细车、镜面车获得高质量或高光亮度工件，需注意两个关键问题：一是有精密的车床，二是有优质刀具材料及良好的刀具（一般为金刚石刀具），使其具备锋利的刃口，能均匀地去除工件表面极薄层的余量。此外还应有良好、稳定及净化的加工环境，工艺条件一应具备，如精细车前，工件表面需经半精车，精度达IT7级，表面粗糙度 R_a 值小于 0.8μm；而镜面车前，工件表面不允许有缺陷，加工中采用酒精喷雾进行强制冷却。

二、车床类型

车床是完成车削加工必备的加工设备。车床的类型很多，按其结构和用途的不同，主要有卧式车床、立式车床、转塔车床、单轴自动车床、多轴自动车床及半自动车床、仿形车床、多刀车床等。此外，在大批量生产中还有各种各样的专用车床。

1. 转塔车床

如图9-6所示为常用的转塔车床的外形及结构组成。转塔的刀架上可以安装多把刀具,通过转塔转位可使不同刀具依次对零件进行不同内容的加工,因此,可在成批加工形状复杂的零件时获得较高的生产率。

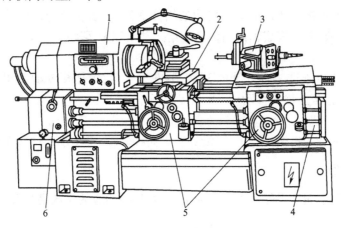

图 9-6　转塔车床

1-主轴箱;2-前刀架;3-转塔刀架;4-床身;5-溜板箱;6-进给箱

2. 卧式车床

卧式车床在通用车床中应用最为普遍,工艺范围最广。但卧式车床自动化程度、加工效率不高,加工质量与加工者技术水平的关系很大。卧式车床主要用于轴类零件和直径不太大的盘、套类零件加工。卧式车床的外形及结构布局如图9-7所示。

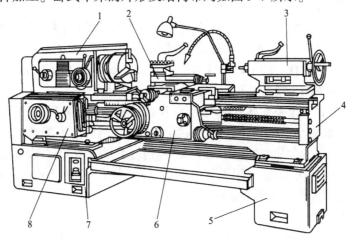

图 9-7　卧式车床

1-主轴箱;2-前刀架;3-尾座;4-床身;5、7-床腿;6-溜板箱;8-进给箱

由图9-7看出卧式车床主要由以下几部分组成。

(1)床身

床身由床腿支承,并用地脚螺栓固定在地基上,是支承和连接其他各部件并带有精确导轨的基础件。

(2)主轴箱

主轴箱是装有变速机构的箱体部件,安装于床身左上端,速度变换靠调整变速手柄来实现。主轴端部可安装各种卡盘以便用来装夹工件。

(3)进给箱

进给箱是装有进给变换机构的箱体部件,安装于床身左下方的前侧,箱内变速机构可使光杠、丝杠获得不同的运动速度。

(4) 溜板箱

溜板箱是装有操纵车床进给运动机构的箱体部件,安装在床身前侧拖板的下方并与拖板相连,它带动拖板、刀架完成纵向与横向进给运动及螺旋运动。

(5) 刀架

刀架为多层结构,安装在拖板上,刀具安装在刀架上,由拖板带动刀架一起沿导轨纵向移动,刀架也可在拖板上横向移动。

(6) 尾座

尾座安装在床身的右端导轨上,可沿导轨纵向移动,用于支承工件和安装钻头等。

三、工艺装备

车床要对各种不同的零件完成切削加工,必须具备相应的车床夹具及辅助工具等。

1. 车床夹具

车床夹具是准确、迅速装夹工件的工艺装置。工件装夹包含定位和夹紧两个过程。定位是指使工件相对车床夹具获得正确的位置;夹紧是指将工件定位以后的位置固定下来,且不受加工中各力的影响。常用的车床夹具如下。

(1) 三爪自定心卡盘外形

车床夹具用得最多的是三爪自定心卡盘,三爪自定心卡盘可实现自动定心,应用十分方便。三爪自定心卡盘的结构如图9-8所示。

结构组成与夹紧原理:三爪自定心卡盘上有一个大圆锥齿轮,大圆锥齿轮与三个均布的小圆锥齿轮相啮合,见图9-8。使用时将扳手的方头插入方孔,小圆锥齿轮转动,并带动大圆锥齿轮转动,大圆锥齿轮背面的平面螺纹与三个卡爪背面的平面螺纹相啮合,当平面螺纹转动时,就带动三个卡爪同步径向移动,从而使工件被夹紧或松开。

特点:三爪自定心卡盘装夹具有自动定心、校正且装夹工件简单、迅速等优点;三爪自定心卡盘的缺点是夹紧力小,不能用来装夹形状不规则的工件和大型工件。

应用:三爪自定心卡盘装夹特别适用于夹持圆形、正三边形、正六边形的轴类及盘类中、小型工件。卡爪从外向内夹紧,多用于装夹实心工件;卡爪由内向外张紧,多用于装夹空心工件。卡爪上的台阶用来扩大装夹范围。

(2) 四爪单动卡盘

四爪单动卡盘的结构如图9-9所示。四爪单动卡盘的4个卡爪活动都互不相关,每个卡爪的后面有一个半瓣内螺纹与调节螺杆相啮合,实现对各卡爪进行独立的调整。四爪单动卡盘可装夹截面为矩形、椭圆形及不规则工件。四爪单动卡盘不能进行自动定心。

 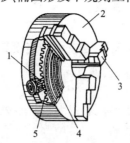  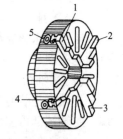

图9-8 三爪自定心卡盘 图9-9 四爪单动卡盘
1-小圆锥齿轮;2-卡盘体;3-卡爪;4-螺旋槽;5-大圆锥齿轮 1、2、3、4-卡爪;5-调节螺杆

(3) 花盘

花盘直接安装在车床主轴上。花盘的盘面上有许多长短不同、径向排列的穿通槽,以便用螺栓、压板等将工件压紧在花盘盘面上。花盘主要用来装夹不规则工件,工件在花盘上装夹的情况如图9-10所示。采用花盘装夹的工件,旋转速度不能太高,花盘上装夹工件的另一端需加平衡铁来进行平衡,以减小设备的振动和降低冲击载荷。

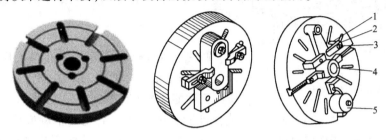

图9-10 花盘
1-垫铁;2-压板;3-螺栓;4-工件;5-平衡铁

(4) 中心架与跟刀架

当车削细长轴时,由于工件的刚度差,在自重、切削力的作用下,工件将发生弯曲和振动,为保证加工工件的质量,必须采用辅助中心架与跟刀架来增强工件的刚度,从而提高加工精度。中心架与跟刀架适用于轴的长径比为10以上的情况,中心架与跟刀架的使用情况如图9-11所示。中心架用压板紧固在车床床身导轨上,不随刀架运动;跟刀架则紧固在刀架滑板上,随刀架一起移动。

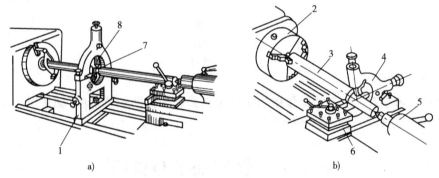

图9-11 中心架与跟刀架
a) 中心架;b) 跟刀架
1-中心架;2-三爪卡盘;3-工件;4-跟刀架;5-尾座;6-刀架;7-预先车出的外圆面;8-可调节支承爪

(5) 顶尖

顶尖分为前顶尖和后顶尖两种。后顶尖又分为固定顶尖和回转顶尖。不做旋转运动的后顶尖称为固定顶尖,与工件一起旋转的后顶尖称为回转顶尖,如图9-12所示。

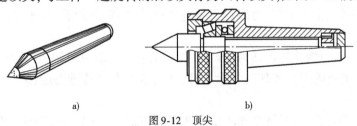

图9-12 顶尖
a) 固定顶尖;b) 回转顶尖

固定顶尖定心准确,刚度高,装夹之后的工件稳定,但切削时发热多,不适于高速旋转的工件切削。回转顶尖可以减小顶尖与工件中心孔之间的摩擦,适宜于高速旋转的工件切削。

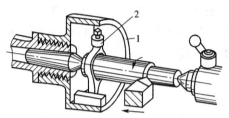

图 9-13　用顶尖装夹工件
1-拨盘;2-鸡心夹头

顶尖装夹用于长径比 >4 的轴类工件。工件的端面需先用中心钻钻出中心孔,然后可采用一夹一顶装夹或两端顶装夹,用顶尖装夹工件的情况如图 9-13 所示。

(6) 心轴

圆柱心轴以外圆柱面定心,以端面压紧来装夹工件,心轴与工件孔一般用 H7/h6、H7/g6 的间隙配合,所以工件能很方便地套在心轴上,圆柱心轴的定位情况如图 9-14a) 所示。圆柱心轴一般只能保证同轴度 0.02mm,为了消除间隙,提高定位精度,心轴可做成锥体,锥体的锥度不应太大,若锥度大工件会产生歪斜,常用的锥度为 1/100 ~ 1/1000,如图 9-14b) 所示。

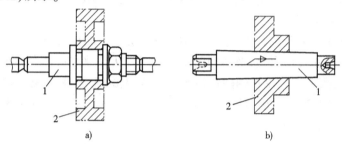

图 9-14　用心轴定位
a) 圆柱心轴;b) 圆锥心轴
1-心轴;2-工件

2. 辅助工具

在机械制造中对加工起辅助作用的所有用具都属于辅助工具范围,如仿形加工中的靠模样板、工件的定位与找正装置等。

第四节　铣削加工与铣床

铣削加工是在铣床上用旋转的铣刀对各种平面和触面进行加工。铣削加工在零件和工件模具制造中占相当大的比例。

一、铣削加工范围

铣削加工的适用范围很广,可以加工各种零件的平面、台阶面、沟槽、成型表面、螺旋表面等,如图 9-15 所示。

铣削加工中,铣刀的旋转运动为主运动,工件的直线运动或回转运动为进给运动。刀具切入工件的深度有背吃刀量和侧吃刀量之分,进给量也有每转进给量、每齿进给量之分,如图 9-16 所示。

由于铣刀为多刃刀具,故铣削加工生产效率高,铣削中每个刀齿是逐渐切入的,形成断续切削,加工中会产生冲击和振动。铣刀旋转一周每个刀齿切削一次,刀齿散热较好。

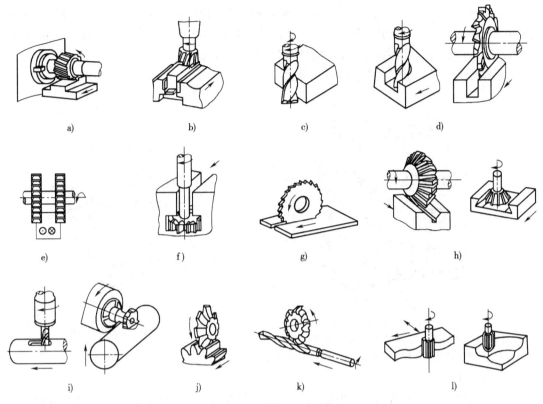

图 9-15 铣削加工适用范围

a)圆柱铣刀铣平面;b)端铣刀铣平面;c)立铣刀铣平面;d)铣沟槽;e)铣台阶;f)铣 T 形槽;g)切断;h)铣成型沟槽;i)铣键槽;j)铣齿槽;k)铣螺旋槽;l)铣一般成型曲面

铣削加工可以对工件进行粗加工、半精加工和精细加工,尺寸精度可达 IT9~IT8,表面粗糙度 R_a 可达 $3.2~1.6\mu m$。

二、铣床种类

铣床的类型很多,主要以布局形式和适用范围不同加以区分。铣床的主要类型有卧式升降台铣床、立式升降台铣床、龙门铣床、工具铣床、仿形铣床和各种专门化铣床等。

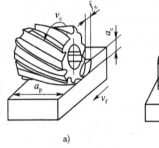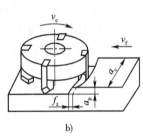

图 9-16 铣削用量要素
a)周铣;b)端铣

1. 卧式铣床

卧式铣床的主轴是水平安装的。卧式升降台铣床、万能升降台铣床和万能回转头铣床都属于卧式铣床。卧式升降台铣床(图9-17)主要用于铣平面、沟槽和多齿零件等。万能升降台铣床除可完成与卧式升降台铣床同样的工作外,还可以使工作台斜向进给加工螺旋槽。万能回转头铣床除具备一个水平主轴外,还有一个可在一定空间内进行任意调整的主轴,其工作台和升降台可分别在三个方向运动,而且还可以在两个互相垂直的平面内回转。

2. 立式铣床

立式铣床的主轴是垂直安装的,可在垂直面内调整角度。立式铣床适用于平面、沟槽、台阶等表面的加工,若与分度头、圆形工作台等配合,还可加工齿轮、凸轮及铰刀、钻头等。在模具加工中,立式铣床最适合加工模具型腔和凸模成型表面。

立式升降台铣床的结构如图9-18所示。

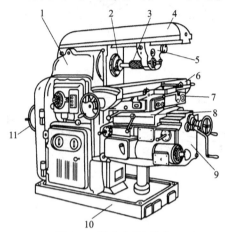
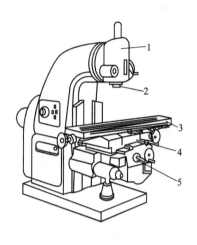

图9-17 卧式升降台铣床

1-床身;2-主轴;3-刀杆;4-横梁;5-吊架;6-纵向进给工作台;
7-转台;8-横向进给工作台;9-升降台;10-底座;11-电动机

图9-18 立式升降台铣床

1-铣头;2-主轴;3-工作台;4-床鞍;5-升降台

3. 龙门铣床

龙门铣床是一种大型、高效的铣床,呈龙门式结构布局,具有较高的刚度及抗震性。在龙门铣床的横梁及立柱上均安装有铣削头,每个铣削头都是一个独立自带动力和控制的部件。在龙门铣床上可利用多把铣刀同时加工几个表面,生产效率很高。所以,龙门铣床广泛应用于成批、大量生产大、中型工件的平面、沟槽的加工。龙门铣床的结构如图9-19所示。

4. 万能工具铣床

万能工具铣床常配备有可倾斜工作台、回转工作台、平口钳、分度头、铣头与插销等附件。所以,万能工具铣床除能完成卧式与立式铣床的加工内容外,还可用于工具、刀具及各种模具的加工,也可用于仪器、仪表等行业加工形状复杂的零件。

万能工具铣床的结构如图9-20所示。

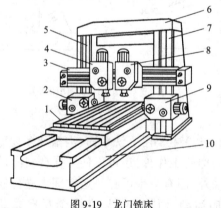
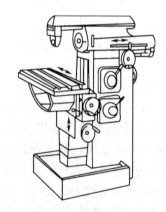

图9-19 龙门铣床

1-工作台;2、9-卧式铣头;3-横梁;4、8-立式铣头;
5、7-立柱;6-悬梁;10-床身

图9-20 万能工具铣床

三、铣床附件

铣床附件除常用的螺栓、压板等基本零件与工具外,主要有平口钳、万能分度头、回转工作台、立铣头等。

在铣床上加工工件时,利用附件进行工件的装夹方式主要有两种。

(1)直接将工件用螺栓、压板装夹于铣床工作台,并用百分表、划针等工具找正。

(2)采用平口钳、V 形架、分度头等装夹。形状简单的中、小型工件可用平口钳装夹;加工轴类工件上有对中性要求的加工表面时,采用 V 形架装夹;对需要分度的工件,可用分度头装夹。

1. 平口钳

平口钳由底座、回转钳身、螺杆、螺母体、手柄、固定钳口和活动钳口等组成。回转式平口钳的钳身可绕底座回转 360°,常用回转式平口钳如图 9-21 所示。

2. 万能分度头

万能分度头的外形如图 9-22 所示。

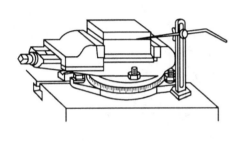

图 9-21 平口钳

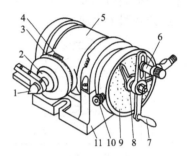

图 9-22 万能分度头

1-顶尖;2-主轴;3-刻度盘;4-游标;5-回转体;6-插销;
7-手柄;8-分度叉;9-分度盘;10-锁紧螺钉;11-基座

3. 回转工作台

回转工作台除了能带动装夹在其上的工件旋转外,还可完成分度工作。回转工作台常用来加工圆弧形周边、圆弧形槽、多边形工件以及有分度要求的槽或孔等,其结构如图 9-23 所示。

4. 立铣头

立铣头能在垂直平面内顺时针或逆时针回转 90°,起到扩大铣床工艺范围的作用,立铣头的结构如图 9-24 所示。

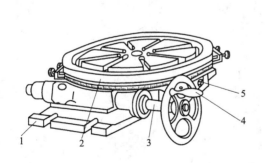

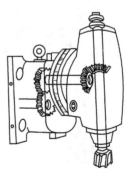

图 9-23 回转工作台

1-固定底座;2-回转工作台;3-蜗杆轴;4-手柄;5-对准读取标志

图 9-24 立铣头

四、铣削方式

在铣床上用圆柱铣刀、立铣刀和端面铣刀都可进行水平面加工,用端面铣刀和立铣刀还可进行垂直平面的加工。

周铣法是用圆柱铣刀的圆周刀齿来铣削工件表面的铣削方法。周铣法可以利用多种形式的铣刀,根据铣削时铣刀的旋转方向和工件进给方向之间的不同,周铣法分为顺铣和逆铣两种。

1. 顺铣

顺铣时,主运动方向与进给运动方向相同,如图 9-25 所示。当工作台向右进给时,铣刀作用于工件上的水平切削分力与进给方向相同。每个刀齿的切削厚度由最大减小到零,以利于提高工件表面的质量。顺铣常用于精加工。

2. 逆铣

逆铣时,主运动方向与进给运动方向相反,如图 9-26 所示。当工作台向左进给时,铣刀作用于工件上的水平切削分力与进给方向相反。每个刀齿的切削厚度由薄到厚,增大了表面粗糙度。逆铣多用于粗加工。

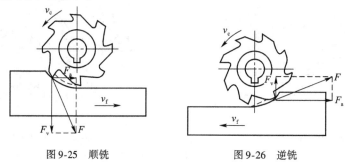

图 9-25 顺铣　　　　图 9-26 逆铣

五、铣刀

铣刀按结构形式不同,有整体式、焊接式、装配式、可转位式等。按刀齿数目的不等,铣刀一般有粗齿铣刀和细齿铣刀之分。铣刀按刀齿齿背加工方式的不同有尖齿铣刀和铲齿铣刀之分。常用的整体式铣刀如图 9-27 所示。

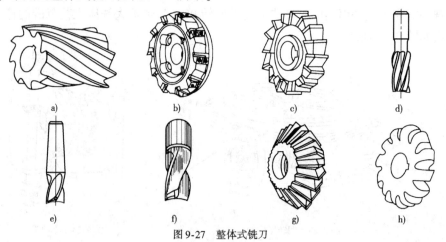

图 9-27 整体式铣刀

a)圆柱铣刀;b)端面铣刀;c)三面刃盘铣刀;d)立铣刀;e)模具铣刀;f)键槽铣刀;g)V 型槽铣刀;h)成型铣刀

1. 圆柱铣刀

圆柱铣刀一般只有周刃，常用高速钢整体制造，也可镶焊硬质合金刀片。圆柱铣刀用于卧式铣床上以周铣方式加工较窄的平面。

2. 端面铣刀

端面铣刀有周刃和端刃，刀齿多采用硬质合金焊接在刀体上或用机夹的方式固定在刀体上。端面铣刀一般用于立式铣床上加工中等宽度的平面。用端面铣刀加工平面，工艺系统刚度好，生产效率高，加工质量较稳定。

3. 圆盘铣刀

圆盘铣刀有单面刃、双面刃、三面刃和错齿三面刃铣刀之分。

圆周有刃的盘铣刀称为槽铣刀，一般用于卧式铣床上加工浅槽。薄片槽铣刀称为锯片铣刀，用于切削窄槽或切断工件。双面刃盘铣刀可用于加工台阶面，也可配对形成三面刃刀具。三面刃盘铣刀因两侧面有副切削刃，从而可改善切削中两侧面的条件，使表面粗糙度值降低，生产中主要用于卧式铣床上加工沟槽和台阶面。圆周上的切削刃可以是直齿也可以是斜齿，斜齿使切削刃锋利，切削平稳，易排屑，但会产生轴向力。

4. 立铣刀

立铣刀的周刃为主切削刃，端刃为副切削刃，故立铣刀不宜轴向进刀。立铣刀主要在立式铣床上用于加工台阶、沟槽、平面或相互垂直的平面，也可利用靠模加工成型表面。

5. 键槽铣刀

键槽铣刀的外形与立铣刀相似，只是它只有两个切削刃，且端刃强度高，为主切削刃，周刃为副切削刃。键槽铣刀有直柄（小直径）和锥柄（较大直径）两种，用于加工圆头封闭键槽。

6. 模具铣刀

模具铣刀是由立铣刀演变而成的，其工作部分形状常有圆锥形平头、圆柱形球头、圆锥形球头三种，用于加工模具型腔或凸模成型表面。

7. 角度铣刀

角度铣刀有单角铣刀和双角铣刀之分，用于加工沟槽、斜面和V形面。

8. 成型铣刀

成型铣刀是专用刀具，用于加工特定的成型表面。

第五节 刨削、插削与拉削加工

刨削、插削是加工平面和沟槽常用的方法；拉削是加工孔、槽常用的快速精确成型的方法，加工效率高。

一、刨削加工

刨削加工是刨刀与工件作水平方向相对直线往复运动的切削加工方法，主要用于刨平面和刨槽，如图9-28所示。

1. 刨削加工的特点

刨削所需的机床、刀具结构简单，制造安装方便，调整容易，通用性强。但刨削的主运动是变速往复直线运动，工件和刀具做垂直于主运动的间歇进给运动，工作时主运动做变速运动，惯性较大，限制了切削速度，并且在回程时不切削，所以刨削加工生产效率低。因此刨削在单件、小批生产中，特别是加工狭长平面时应用较多，在大批量生产中一般用铣削代替刨削。刨削加工精度一般可达 IT9～IT7 级，表面粗糙度 R_a 值为 $6.3～1.6\mu m$。

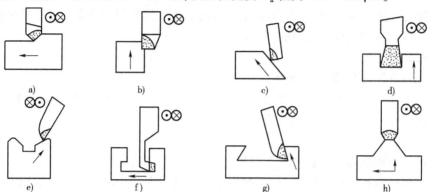

图 9-28 刨削加工范围

a)刨水平面;b)刨垂直面;c)刨斜面;d)刨直槽;e)刨 V 型槽;f)刨 T 形槽;g)刨燕尾槽;h)刨成型面

2. 刨床

根据结构和性能不同，刨床可分为牛头刨床、龙门刨床、单臂刨床及专门化刨床等。

① 牛头刨床

牛头刨床是因滑枕和刀架形似牛头而得名，如图 9-29 所示。

牛头刨床的主运动由滑枕带动刀具完成，滑枕做直线往复运动，进给运动由工作台带动工件完成，做间歇直线运动。

② 龙门刨床

龙门刨床因由一个顶梁和两个立柱组成的龙门式框架结构而得名，龙门刨床由侧刀架、横梁、立柱、顶梁、垂直刀架、工作台和床身等组成，如图 9-30 所示。

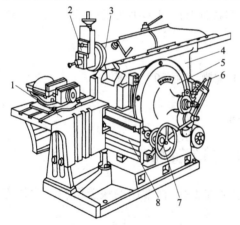

图 9-29 牛头刨床

1-工作台;2-刀架;3-滑枕;4-床身;5-传动轮;
6-操纵手柄;7-横向进给手柄;8-横梁

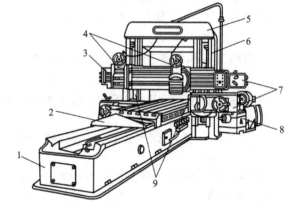

图 9-30 龙门刨床

1-床身;2-工作台;3-横梁;4-垂直刀架;5-顶梁;6-立柱;
7-进给箱;8-减速器;9-侧刀架

龙门刨床的主运动是工作台沿床身导轨做直线往复运动，进给运动是横梁上的刀架作横向或垂直移动，横梁可沿立柱升降，以适应不同高度工件的需要。立柱上侧刀架可沿垂直方向做自动进给或快移，各刀架的自动进给运动是在工作台完成一次往复运动后，由刀架沿水平或垂直方向移动一定距离，直至逐渐刨削出完整表面为止。

龙门刨床主要应用于大型或重型零件上各种平面、沟槽及各种导轨面的加工，也可在工作台上一次装夹数个中小型零件进行多件加工。

大型龙门刨床往往附有铣头和磨头等部件,这样就可以使工件在一次装夹后完成刨、铣及磨平面等工作。

3.刨床常用附件

刨削加工时的常用附件有平口钳、压板、螺栓、挡铁、角铁等,如图 9-31 所示。

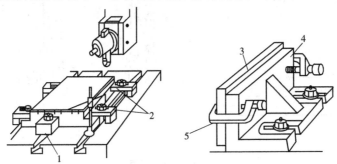

图 9-31 刨床附件
1-挡铁;2-压板;3-工件;4-角铁;5-C 形夹

二、插削加工

插削加工是用插刀对工件作上下相对直线往复运动的切削加工方法,可以看成是一种立式刨削加工。插床的结构如图 9-32 所示。

插削加工时工件装夹在能分度的圆形工作台上,插刀装在插床滑枕下部的刀杆上,可伸入工件的孔内插削内部键槽、花键孔、方孔、多边形孔,尤其是能加工一些不通孔或有障碍台阶的内花键槽。

三、拉削加工

拉削加工是用拉刀在拉力作用下做轴向运动来加工工件内、外表面的方法。

1.加工范围

拉削只能加工通孔,不能加工台阶孔、不通孔及复杂形状零件上的孔(如箱体上的孔),也不宜加工薄壁孔。拉削圆孔的孔径一般为 8~125mm,孔的深径比 <3。各种拉削工件的表面形状如图 9-33 所示。

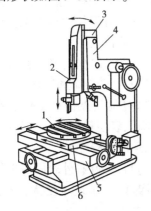

图 9-32 插床
1-回转工作台;2-滑枕;3-导轨;4-基体;
5-纵向进给工作台;6-横向进给工作台

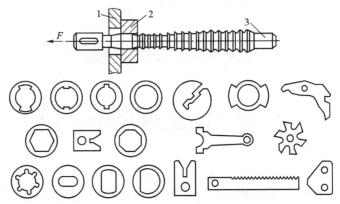

图 9-33 各种拉削工件的表面形状
1-固定挡壁;2-工件;3-拉刀

2. 拉床

拉床分为卧式拉床和立式拉床，如图 9-34 所示为拉床的常见类型。

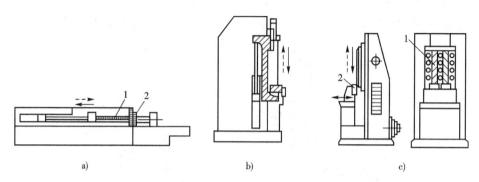

图 9-34　拉床类型
a) 卧式拉床；b) 立式内拉床；c) 立式外拉床
1- 拉刀；2- 工件

卧式拉床如图 9-34a) 所示，主要用于孔的内表面加工。加工时工件端面紧靠在工件支承座的平面上，拉刀穿过工件预制孔将其柄部装入拉刀夹头，对工件进行加工。

立式内拉床如图 9-34b) 所示，采用内拉刀或推刀加工工件内表面。

立式外拉床如图 9-34c) 所示，外拉刀固定于滑块上，滑块可沿床身的垂直导轨移动，滑块向下移动，完成对工件外表面的加工。

3. 拉削特点

拉削时拉刀做平稳的低速直线移动，靠拉刀刀齿的直径依次微量增大来完成对工件的精加工。拉削加工有如下特点：

（1）拉床结构简单，使用寿命长，拉削的生产效率和工件质量高。

（2）拉削只能提高工件的尺寸精度，降低表面粗糙度，不能改变工件的相互位置精度。

（3）拉刀为内、外表面多齿的刀具，结构复杂，制造难度大，只适用于批量生产。

生产中常用的拉刀种类如图 9-35 所示。

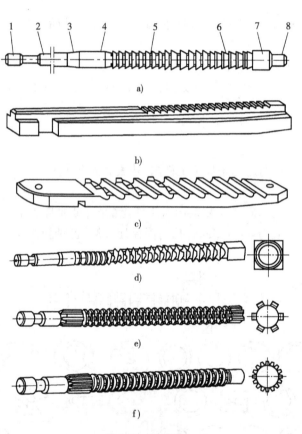

图 9-35　常用拉刀
a) 圆孔拉刀；b) 键槽拉刀；c) 平面拉刀；d) 方孔拉刀；e) 花键拉刀；f) 渐开线齿拉刀
1-柄部；2-颈部；3-过渡锥；4-前导部；5-切削齿；6-校准齿；7-后导部；8-后托柄

第六节 钻削、铰削、镗削加工

大多数的机械零件上都存在内孔表面,根据孔与其他零件的相对连接关系的不同,孔有配合孔与非配合孔之分;根据孔的几何特性的不同,有通孔、不通孔、阶梯孔、锥孔等之分。由于孔在各零件中的作用不同,孔的形状、结构、精度及技术要求也不同。

生产中孔的加工方法较多,既可对实体零件直接进行孔加工,也可对已有孔进行扩大尺寸及提高质量的加工。与加工外圆表面相比,由于受孔径的限制,加工内孔表面时刀具的刚度不高,冷却及观察、控制较难,随着孔的长径比加大,孔的加工难度也加大,因此,孔加工的难度远大于外圆表面的加工。

一、钻、铰和镗削加工概述

1. 钻孔

在实体工件上加工孔的方法称为钻孔。在钻床上钻孔时工件是固定不动的,主轴的回转运动为主运动,钻头的轴向移动为进给运动。

根据孔的直径、深度不同,生产中要利用各种不同结构的钻头。最常用的为麻花钻,采用麻花钻钻孔时,轴向力很大,定心能力差,冷却润滑不方便,精度一般为IT13~IT12,表面粗糙度R_a为12.5~6.3μm。麻花钻主要用于直径80mm以下孔径的粗加工,或对精度要求高的孔的预加工以及对精度要求不高的螺钉孔、油孔与气孔的终加工。

孔的深径比>5时称为深孔,深孔加工难度大,主要表现为钻头刚性差,导向排屑难,冷却润滑难;深径比为5~20的孔,需在车床或钻床上用加长麻花钻加工;对深径比>20的深孔,需在钻床上用深孔钻加工。

当工件上已有孔(如铸造孔、锻造孔或已加工孔)时,可采用扩孔钻进行孔径扩大的加工,这个加工过程称为扩孔。扩孔加工的精度、质量比直接钻孔有所提高,精度达IT12~IT10,表面粗糙度R_a可达6.3~3.2μm,故扩孔除可用于较高精度的孔预加工外,还可使一些要求不高的孔达到最终加工要求,扩孔加工的孔径一般不超过100mm。

2. 铰孔

铰孔是对中小直径工件孔进行提高精度的加工方法。铰孔的加工余量小(粗铰时一般为0.15~0.35mm,精铰为0.05~0.15mm)。铰孔通过对孔壁薄层余量的去除使孔的尺寸精度、表面质量得到提高,一般铰孔精度可达IT7~IT6,表面粗糙度R_a可达1.6~0.4μm。

铰孔既可用于加工圆柱孔,也可用于加工圆锥孔;既可加工通孔,也可加工盲孔。铰孔前,被加工孔应先经过扩孔加工,铰削余量既不能过大也不能过小,速度与用量也应合适,才能保证质量。另外,在操作中,铰刀不能倒转,铰孔后,应先退铰刀再停车。

3. 镗孔

镗孔加工在镗床上进行,是以旋转的镗刀为主运动,工件或镗刀移动做进给运动,对孔进行扩大孔径及提高质量的加工方法。镗孔精度可达到IT8~IT7,一般表面粗糙度R_a可达1.6~0.8μm。要保证工件获得高的加工质量,除与所用加工设备密切相关外,还对工人技术水平有较高要求。由于加工中调整机床、刀具的时间较长,故镗孔生产率不高,但灵活性较大,适应性强。

镗孔一般用于加工机座、箱体、支架及非回转体等外形复杂的大型工件上较大直径的孔。对外圆、端面、平面也可采用镗削加工，加工尺寸可大可小，当配备各种附件、专用镗刀杆和相应装置后，还可以用于加工螺纹孔、孔内沟槽、内外球面、锥孔等。

当利用高精度镗床及具有锋利刃口的金刚石镗刀，采用较高的切削速度和较小的进给量进行镗削时，可获得更高的加工精度，称为精镗或金刚石镗。

二、钻、镗削设备

1. 钻床

钻床是对实体工件进行钻孔加工的主要设备之一。钻床种类很多，主要有立式钻床、台式钻床、摇臂钻床、深孔钻床、数控钻床等。

(1) 立式钻床

立式钻床主要由立柱、主轴箱、垂直布置的主轴、水平布置的工作台等组成。常用的立式钻床的结构如图 9-36 所示。

主轴可机动或手动进给，主轴的轴线位置固定，靠移动工件位置使主轴对准需加工孔的中心，主轴可沿立柱导轨上下移动，以适应不同高度工件钻孔的要求。

立式钻床可对中、小型工件完成钻孔、扩孔、铰孔、攻螺纹、锪沉头孔、锪孔口端面等工作。

(2) 台式钻床

台式钻床是一种放在工作台上使用的小型钻床。台式钻床可加工的孔径一般为 0.1~13mm，采用手动进给，适用于钻小直径孔，其结构如图 9-37 所示。

(3) 摇臂钻床

摇臂钻床的结构如图 9-38 所示，主轴箱装于可绕立柱回转的摇臂上，并可沿摇臂水平移动，摇臂还可以沿立柱调整高度以适合不同的工件。加工时，工件固定于工作台或底座上。摇臂钻床是加工中、大型工件的主要设备。

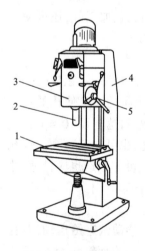

图 9-36 立式钻床
1-工作台；2-主轴；3-主轴箱；4-立柱；5-进给操作手柄

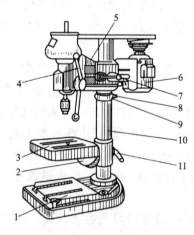

图 9-37 台式钻床
1-机座；2、8-紧固螺钉；3-工作台；4-钻头进给手柄；5-主轴架；6-电动机；7、11-锁紧手柄；9-定位环；10-立柱

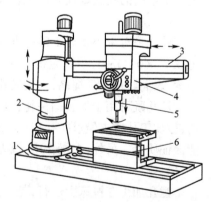

图 9-38 摇臂钻床
1-底座；2-立柱；3-摇臂；4-主轴箱；5-主轴；6-工作台

2. 镗床

镗床用于加工质量、尺寸较大工件上的大直径孔系,尤其是有较高位置、形状精度要求的孔系加工。镗床的主要类型有卧式镗床、坐标镗床、金刚镗床等。

(1)卧式镗床

卧式镗床是一种应用较广泛的镗床,其结构如图9-39所示。

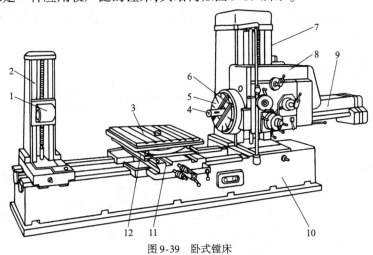

图9-39 卧式镗床

1-后支架;2-后立柱;3-工作台;4-镗轴;5-平旋盘;6-径向刀具溜板;7-前立柱;8-主轴箱;9-后尾筒;10-床身;11-下滑座;12-上滑座

卧式镗床的前立柱7固连在床身10上,在前立柱7的侧面轨道上,安装着可沿立柱导轨上下移动的主轴箱8和后尾筒9,平旋盘5上有径向T形槽,用于安装刀架,镗轴4的前端有精密莫氏锥孔,可用于安装刀具或刀杆,后立柱2和工作台3均能沿床身导轨做纵向移动,安装于后立柱上的支架1可支承悬伸较长的镗杆,工作台3除能随下滑座11沿导轨纵向移动外,还可做横向移动及绕Z轴转动。

(2)坐标镗床

坐标镗床上装有具有坐标位置的精密测量装置,可按直角坐标精密定位,主要用于镗削高精度的孔,尤其适合于相互位置精度很高的孔系,如钻模、镗模等孔系的加工,也可用于钻孔、扩孔、铰孔以及精铣工件;还可用于精密刻度、样板划线、孔距及直线尺寸的测量工作。

坐标镗床有立式和卧式之分。立式坐标镗床适宜加工轴线与安装基面垂直的孔系,卧式坐标镗床则适宜加工轴线与安装基面平行的孔系。立式坐标镗床还有单柱和双柱之分,如图9-40所示为立式单柱坐标镗床。

将工件装夹在工作台上,坐标位置由工作台沿滑座的导轨纵向移动和滑座沿底座的导轨横向移动实现,主轴箱可沿立柱的垂直轨道上、下调整位置,以适应不同高度的工件,主轴箱内装有电机和变速、进给及操纵机构,主轴由精密轴承支承在主轴套筒中。当进行镗孔时,主轴由主轴套筒带动,在竖直方向做机动或手动进给运动。当进行铣削时,则由工作台在纵、横向做进给运动。

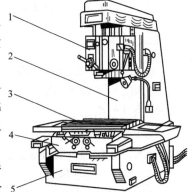

图9-40 立式单柱坐标镗床

1-主轴箱;2-立柱;3-工作台;4-滑座;5-底座

第七节 磨削加工

磨削是在磨床上通过砂轮与工件做相对运动进行的一种多刃高速切削加工。随着科学技术水平的不断提高,对精度的要求越来越高,要求表面粗糙度值越来越小,各种高硬度材料的使用日益增多,精密铸造和精密锻造的工艺不断发展,很多毛坯可以不经过切削加工就直接被磨削成成品。

一、磨削加工范围

磨削加工属于精加工,可加工各种外圆、内孔、平面和成型表面,刃磨各种刀具等,常见的磨削加工如图 9-41 所示。

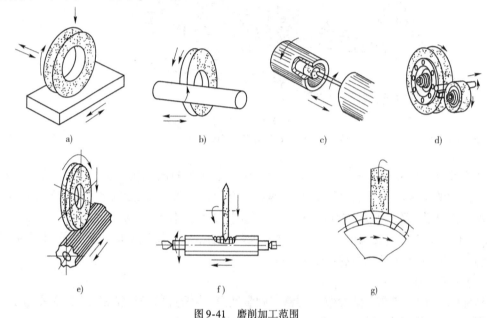

图 9-41 磨削加工范围

a)平面磨削;b)外圆磨削;c)内圆磨削;d)无心磨削;e)磨削花键;f)磨削螺纹;g)磨削齿轮

二、磨床

利用磨具(砂轮、砂带、油石和研磨料)作为刀具对工件表面进行磨削加工的机床称为磨床。磨床的种类很多,除生产中常用的外圆磨床、内圆磨床、平面磨床外,还有工具磨床、刃具磨床及其他磨床。

1. 外圆磨床

外圆磨床包括万能外圆磨床、普通外圆磨床和无心外圆磨床等。

(1)万能外圆磨床

如图 9-42 所示为 M1432B 型万能磨床的外形及布局图,机床由床身、头架、砂轮架、工作台、内圆磨具及尾座等部分组成。

床身是磨床的基础支承件。工作台、砂轮架、头架、尾座都安装在床身上,保证工作时各部件间有准确的相对位置关系。砂轮架用于安装砂轮并使其高速旋转,头架起安装工件并带动工件旋转的作用,尾座顶尖和头架顶尖一起支承工件,尾座顶尖的移动可手动或机动。

工作台由上、下两层组成,上工作台相对于下工作台可在水平面内回转±10°,用于磨削小角度的长锥面。

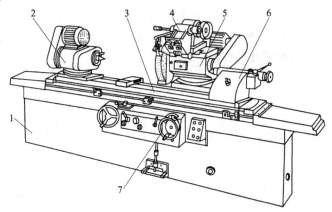

图 9-42　M1432B 型万能磨床

1-床身;2-头架;3-工作台;4-内圆磨具;5-砂轮架;6-尾座;7-横向进给手轮

(2) 普通外圆磨床

普通外圆磨床的头架主轴直接固定在箱体上不能回转,工件只能支承在顶尖上磨削,头架和砂轮架不能绕垂直轴线调整角度,也没有内磨装置。普通外圆磨床工艺范围较窄,只能磨削外圆柱面和锥度不大的外圆锥面。普通外圆磨床由于主要部件的结构层次少,机床刚度高,允许采用较大的磨削用量,生产率高,能够保证磨削精度和表面粗糙度方面的要求。

(3) 无心外圆磨床

如图 9-43 所示为生产中使用最普遍的无心外圆磨床,由床身、砂轮、导轮架、砂轮架、托板、导板等组成。

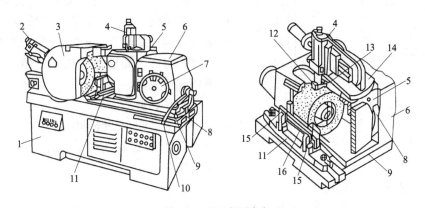

图 9-43　无心外圆磨床

1-床身;2-砂轮修整器;3-砂轮架;4-导轮修整器;5-转动体;6-座架;7-微量进给砂轮;8-回转底座;9、16-托板;10-快速进给手柄;11-工件座架;12-直尺;13-金刚石;14-尾座;15-导板

图 9-43 中床身 1 为磨床的基础支承,用于安装砂轮架、导轮等各主要部件;砂轮架 3 用于安装主轴,主轴由装在床身内的电机直接驱动,一般不变速。导轮由转动体 5 和座架 6 组成装于托板 9 上,转动体可在垂直平面内相对于座架转位,使装于其上的导轮根据加工需要相对水平面偏转一定的角度。座架内装有导轮传动装置,使导轮变速,托板 16 用于支承工件,导板 15 用于保持工件正确的运动方向,它们均装于托板 9 左端的工件座架 11 上,托板 9 可带动导轮架、托架等沿回转底座 8 的燕尾形导轨移动,实现横向进给运动。

无心磨床可以使工件自动进出料,便于实现自动加工,如图 9-44 所示。大轮为工作砂轮,起切削作用;小轮为导轮,无切削能力。两轮与托板构成 V 形定位托住工件。由于导轮的轴线与砂轮轴线倾斜,一方面顶住工件磨削,又可以带动工件轴向移动。为使导轮与工件直线接触,应把导轮圆周表面的母线修整成双曲线。无心磨主要用于大批大量生产中磨削细长光滑轴及销钉、小套等零件的外圆。

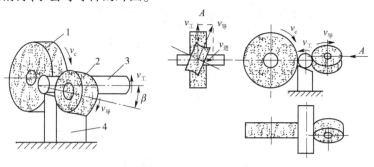

图 9-44 无心磨纵磨削外圆
1-工作砂轮;2-导轮;3-工件;4-托板

2. 内圆磨床

内圆磨床包括普通内圆磨床、无心内圆磨床及行星内圆磨床等。其中,普通内圆磨床应用最广。如图 9-45 所示为普通内圆磨床,由床身、工作台、主轴箱、磨具座、纵向和横向进给机构以及砂轮修整器等部件组成。

工件头架安装在工作台上并随工作台一起往复移动做纵向进给,可绕轴线调整角度,以便磨削锥孔。砂轮主轴部件(内圆磨具)是磨床的关键部分,为保证磨削质量,要求砂轮主轴在高速旋转下有稳定的回转精度、足够的刚度和寿命。周期性的横向进给由砂轮架沿滑座移动完成。

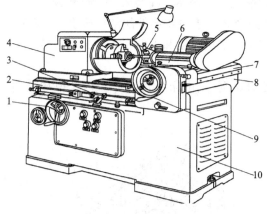

图 9-45 普通内圆磨床
1-纵向进给手轮;2-矩形工作台;3-挡块;4-主轴箱;5-砂轮修整器;6-磨具座;7-横托板;8-桥板;9-横向进给手轮;10-床身

3. 平面磨床

平面磨床包括卧轴矩台平面磨床、立轴矩台平面磨床、卧轴圆台平面磨床和立轴圆台平面磨床。

(1)卧轴矩台平面磨床

如图 9-46 所示为卧轴矩台平面磨床的外形,由床身、工作台、立柱、托板和磨头等主要部件组成。

卧轴矩台平面磨床也有采用十字导轨式布局的,工作台装于床鞍,除做纵向往复运动外,还随床鞍一起沿床身导轨做周期性的横向进给运动,砂轮架只做垂直进给运动。为减轻工人劳动强度和减少辅助工作时间,有些磨床具有快速升降功能,用以实现砂轮的快速机动调位运动。

(2)立轴圆台平面磨床

如图 9-47 所示为立轴圆台平面磨床的结构示意图,磨床由砂轮架、立柱、床身、工作台和床鞍等主要部件组成。

砂轮架中的主轴由电动机直接驱动,砂轮架可沿立柱的导轨做周期性垂直切入运动,圆工作台旋转做周期性进给运动,同时还可沿床身导轨做纵向移动,以便于进行工件的装卸。

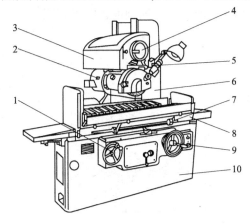
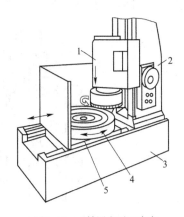

图 9-46 卧轴矩台平面磨床
1-工作台纵向移动手轮;2-磨头;3-托板;4-砂轮横向进给手轮;5-砂轮修整器;6-立柱;7-挡块;8-工作台;9-砂轮垂直进给手轮;10-床身

图 9-47 立轴圆台平面磨床
1-砂轮架;2-立柱;3-床身;4-工作台;5-床鞍

4. 砂带磨削

用高速运动的砂带作为磨削工具磨削各种表面的方法称为砂带磨削。它是近年来发展起来的一种新型高效工艺方法,图 9-48 所示为砂带磨削的几种形式。

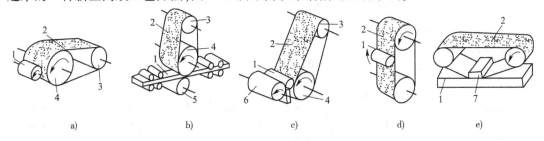

图 9-48 砂带磨削的几种形式
a)磨削外圆;b)磨削平面;c)无心磨削;d)自由磨削;e)砂带成型磨削
1-工件;2-砂带;3-张紧轮;4-接触轮;5-承载轮;6-导轮;7-成型导向板

砂带磨削的优点是:生产率高,加工质量好,能保证恒速工作,不需修整,磨粒锋利,发热少;适于磨削各种复杂的形面;砂带磨床结构简单,价格低廉,操作安全。

砂带磨削的缺点是:砂带消耗较快,砂带磨削不能加工小直径孔、不通孔,也不能加工阶梯外圆和齿轮等。

5. 珩磨

珩磨是指利用珩磨工具对工件表面施加一定压力,珩磨工具同时作相对旋转和直线往复运动,切除工件极小余量的一种精密加工方法。珩磨多在精镗后进行,多用于加工圆柱孔,如图 9-49 所示。

与其他精密加工方法相比,珩磨具有以下特点:有多个油石条同时连续工作,生产率较高;珩磨能提高孔的表面质量、尺寸和形状精度,但不能提高孔的位置精度;珩磨已加工表面有交叉网纹,有利于油膜形成,润滑性能好;但珩磨头结构复杂。

6. 抛光

抛光是指用涂有抛光膏(内含细粒磨料,类同于牙膏)的软轮(即抛光轮,一般用棉布和羊毛制成)高速旋转(3000r/min 以上)对工件表面进行光整加工,从而降低工件表面粗糙度值,提高光亮度的一种精密加工方法。一般用于装饰件、操作件镀涂化学保护涂层前的加工工艺。如图 9-50 所示是抛光立铣头壳体刻度盘的情形,以增加刻度盘的光亮度。

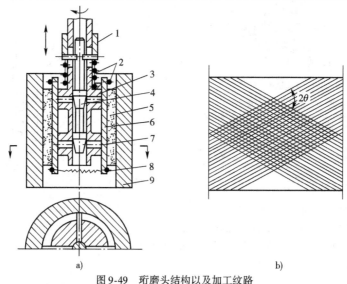

图 9-49 珩磨头结构以及加工纹路
1-调整螺母;2、8-弹簧;3-本体;4-调整锥;5-油石;6-垫块;7-调整销;9-工件

另外还有一些磨削类超精加工工艺,例如宽轮磨削,多轮磨削等也属于磨削加工范围。

三、磨削加工特点

与其他加工方法相比,磨削加工有如下特点。

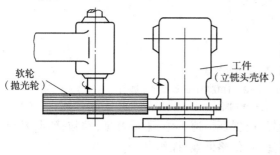

图 9-50 抛光立铣头壳体刻度盘

1. 磨削加工精度高

磨削加工由于参加工作的磨粒数多,各磨粒切去切屑少,可获得 IT7～IT5 级精度,表面粗糙度 R_a 为 1.6～0.2μm。

2. 磨削加工范围广

磨削可分为粗磨、精磨、细磨及镜面磨削,可适用于各种表面,如内圆表面、外圆表面、圆锥面、平面、齿轮齿面、螺旋面及各种成型面的加工。

磨粒硬而脆,可在磨削力作用下破碎、脱落、更新切削刃,保持磨粒锋利,并在高温下仍不失去切削性能。

3. 磨削加工的不足之处

磨削加工缺点是磨削温度高、效率低、消耗能量多,会使工件表面产生烧伤等缺陷。

第八节 齿 轮 加 工

齿轮是机器和仪表中不可或缺的重要零件。齿轮传动具有传动比稳定、传递功率和转速范围大、传动效率高、寿命长、可靠性高等优点,应用极为广泛。接齿廓形状不同可将齿轮分为渐开线齿轮、摆线齿轮和圆弧齿轮,其中渐开线齿轮应用最为普遍。

齿轮主要用于配合轴类零件传递运动和转矩,因其使用要求不同而具有各种不同的形状和尺寸。常见齿轮传动类型如图 9-51 所示,其中直齿圆柱齿轮、平行轴斜齿圆柱齿轮和人字圆柱齿轮用于平行轴之间的运动和转矩的传递;圆锥齿轮、交错轴斜齿轮和蜗轮蜗杆用于相交或交错轴之间运动和转矩的传递;内啮合齿轮传动可实现平行轴之间的同向转动;齿轮与齿条传动可实现旋转运动和直线运动的转换。各种齿轮主要由内圆面、外圆面、端面和沟槽的几个表面组成。

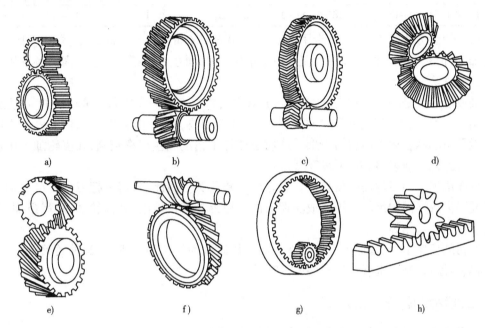

图 9-51 常见齿轮传动的类型
a)直齿圆柱齿轮;b)平行轴斜齿圆柱齿轮;c)人字圆柱齿轮;d)圆锥齿轮;e)交错轴斜齿轮;f)蜗轮蜗杆传动;g)内啮合齿轮;h)齿轮齿条传动

一、齿轮切齿加工原理

齿轮切齿加工按其原理可分为成型法(仿形法)和展成法(范成法)两类。

1. 成型法

成型法加工是用成型刀具直接切出齿形。成型刀具的切削刃形状与被加工齿轮齿槽形状相同,常用的成型刀具有盘形铣刀和指形铣刀,如图 9-52 所示。盘形铣刀在卧式铣床上加工,指形铣刀在立式铣床上加工。一般情况下,当齿轮模数 $m \leq 10$ 时,采用盘形铣刀;当齿轮模数 $m > 10mm$ 时,采用指形铣刀。加工时,铣刀旋转,齿坯沿齿轮轴线方向直线移动,铣出一个齿槽后,将齿坯转过 $2\pi/Z$,再铣第二个齿槽,依此类推。

这种切齿方法不能获得准确的渐开线齿形,存在原理误差。因为同一模数的齿轮,齿数不同,渐开线齿形就不同,要加工出准确的

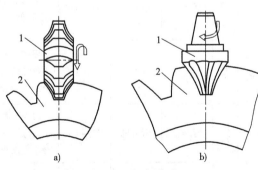

图 9-52 成型法切齿
a)盘形铣刀;b)指形铣刀
1-铣刀;2-工件

齿形,就必须各有很多的齿形不同的成型刀具,这显然是很不经济的。在实际生产中,同一模数的齿轮铣刀一般只有 8 把,每一把铣刀只能加工该模数一定齿数范围内的齿轮,见表 9-5。其齿形曲线是按该范围内最小齿数的齿形制造的,在加工其他齿数的齿轮时,就存在着不同程度的齿形误差。

成型铣刀刀号及其加工齿数范围 表 9-5

刀 号	1	2	3	4	5	6	7	8
加工齿数范围	12～13	14～16	17～20	21～25	26～34	35～54	55～134	>135

这种切齿方法简单,不需要专用机床,在通用机床(如升降台万能铣床、立式铣床)上就可以加工,但是生产率低,精度差,仅适用于单件、小批量生产及精度要求不高的齿轮加工。

2. 展成法

展成法加工是利用一对齿轮啮合时,其共轭齿廓互为包络线的原理来切齿的,即把齿轮啮合副(齿轮—齿条、齿轮—齿轮)中的一个转化为刀具,另一个转化为工件,并强制刀具和齿坯做严格的啮合运动而切出齿廓。展成法的加工精度和生产率较高,在齿轮加工中应用最广,包括滚齿、插齿、剃齿、珩齿和磨齿等。

展成法加工的刀具切削刃与被切齿轮的齿数无关。因此,只需一把刀具就可以加工模数相同而齿数不同的齿轮。用展成法切齿的常用刀具有齿轮滚刀、齿轮插刀、齿条插刀、剃齿刀、珩磨轮、砂轮等。

在切削机床中,用来加工齿轮轮齿表面的机床称为齿轮加工机床,其种类繁多,主要有滚齿机、插齿机、剃齿机、珩齿机、磨齿机等。

二、常用的齿轮加工方法

常用齿轮加工方法的加工精度、特点及适用范围见表 9-6。

常见齿轮加工方法的加工精度、特点及适用范围 表 9-6

方法	刀具	机床	加工精度	特 点	适用范围
成型法 铣齿	成型铣刀	铣床	IT11～IT9	加工精度低,生产率低,加工成本低	单件、小批量和维修及加工精度在 IT9 以下的齿轮
展成法 滚齿	滚刀	滚齿机	IT8～IT7	生产率高,应用最广泛,不能加工内齿轮及多联齿轮	各批量及加工精度在 IT7 或以下的不淬硬的直齿、斜齿和蜗轮等
展成法 插齿	插齿刀	插齿机	IT8～IT7	插齿后的齿面粗糙度略小于滚齿,但生产率低于滚齿	加工各批量及精度在 IT7 或以下的不淬硬的直齿、内齿、多联齿轮、扇形齿轮和齿条等
展成法 剃齿	剃齿刀	剃齿机	IT6～IT5	提高齿形精度和齿向精度,减小齿面粗糙度,不能修正分齿误差,生产率高	主要用于滚齿、插齿加工后,淬火前的精加工,可使加工精度提高 1～2 个等级
展成法 珩齿	珩磨轮	珩齿机	IT7～IT6	对齿形精度改善不大,主要用于消除淬火后的氧化皮,可有效减小表面粗糙度和齿轮噪声	多用于大批量生产中,经过剃齿和高频淬火后齿形的精加工
展成法 磨齿	砂轮	磨齿机	IT6～IT4	生产率较低,加工成本较高	只适用于精加工齿面淬硬的高速高精度齿轮,是精密齿轮关键工序的加工方法

1. 滚齿加工

在滚齿机上用滚刀按展成法原理加工齿轮的方法称为滚齿加工。

(1) Y3150E 型滚齿机

Y3150E 型滚齿机是一种中型通用滚齿机,主要用于加工直齿、斜齿,也可用手动径向切入加工蜗轮。其可加工工件最大直径为 500mm,最大加工齿轮模数 $m=8$,最少齿数为 $5K$(K 为滚刀头数),允许安装滚刀最大直径为 160mm。

图 9-53 所示为 Y3150E 型滚齿机。立柱 2 固定在床身 1 上,刀架溜板 3 带动滚刀架 5 可沿立柱 2 的导轨上下移动,滚刀架 5 连同滚刀一起可沿刀架溜板 3 的圆形导轨调整安装角度。滚刀安装在刀杆 4 上,做旋转运动。工件安装在工作台 9 的心轴 7 上,随同工作台 9 一起转动。后立柱 8 和工作台 9 一起装在床鞍 10 上,可沿滚齿机水平导轨移动,用于调整工件的径向位置或作径向进给运动。

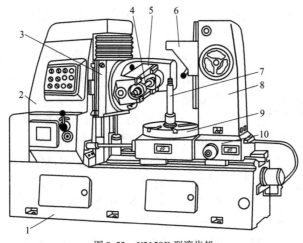

图 9-53　Y3150E 型滚齿机

1-床身;2-立柱;3-刀架溜板;4-刀杆;5-滚刀架;6-支架;7-心轴;8-后立柱;9-工作台;10-床鞍

(2) 滚刀

滚刀是加工外啮合直齿、斜齿圆柱齿轮时最常用的刀具。其外形呈蜗杆状,如图 9-54 所示,是一种粗加工和半精加工的切齿刀具。加工时,滚刀除做旋转主运动外,还沿工件轴线方向移动以切出全部齿宽。模数为 1~10 的标准齿轮滚刀一般用高速钢整体制造,大模数的滚刀一般采用镶齿式。

标准齿轮滚刀精度分为 5 级:AAA、AA、A、B、C。加工时应按齿轮要求的加工精度,选用相应的齿轮滚刀。滚刀精度等级与被加工齿轮精度等级的对应关系见表 9-7。

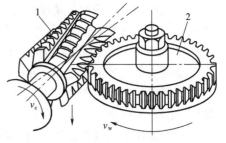

图 9-54　滚刀及滚齿运动

1-滚刀;2-工件

表 9-7　滚刀精度等级与被加工齿轮精度等级的对应关系

滚刀精度等级	AAA	AA	A	B	C
被加工齿轮精度等级	IT6	IT8~IT7	IT9~IT8	IT9	IT10

(3) 滚齿加工的特点及应用

滚齿加工的特点主要体现在以下几个方面:

①适应性好。一把滚刀可以加工模数相同齿数不同的齿轮,大大扩大了齿轮加工的范围。

②生产效率高。因为滚齿是连续切削,无空行程损失。

③一般滚齿加工出来的齿面粗糙度值大于插齿加工的齿面粗糙度值。

④滚齿加工的分齿运动精度比插齿加工好。

滚齿加工是生产率高、应用最广泛的一种齿轮加工方法。它能加工直齿、斜齿及蜗轮等,但不能加工内齿轮和相距很近的多联齿轮。对于加工精度为 IT9~IT8 的齿轮,可直接滚齿得到,对于加工精度为 IT7 的齿轮,通常滚齿可作为齿形的粗加工或半精加工,若采用加工精度为 AA 级的齿轮滚刀和高精度滚齿机时,可直接加工出加工精度为 IT7 的齿轮,为提高加工精度和齿面质量,宜将粗滚齿和精滚齿分开。

2. 插齿加工

在插齿机上用插齿刀按展成法原理来加工齿轮的方法称为插齿加工。

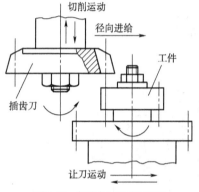

图 9-55 插齿加工的主要运动

(1) 插齿加工的运动

插齿加工的主要运动如图 9-55 所示,有以下几种:

①主运动。主运动是指插齿刀的往复直线运动,即切削运动。

②展成运动。展成运动是指插齿刀的转动和被切齿轮的转动,两者严格保证啮合关系。

③径向进给运动。径向进给运动是指插齿时,插齿刀不能一开始就切到轮齿的全齿深,需要逐渐切入,所以插齿刀在做展成运动的同时,要沿工件的半径方向做进给运动。

④让刀运动。让刀运动是指为了避免插齿刀在返程时,刀齿的后刀面与齿面发生摩擦,在插齿刀返回时工件要让开一些,而当插齿刀处于工作行程时工件又恢复原位。

(2) 插齿加工的特点及应用

插齿加工与滚齿加工相比有以下特点:

①插齿和滚齿的加工精度相当。插齿刀结构简单、制造刃磨方便,加工精度较高,但插齿机较复杂,增加了传动误差,综合来看,两者的加工精度差不多,都能保证加工精度达 IT8~IT7,若采用精密插齿或滚齿,加工精度可达 IT6。

②插齿加工的齿面粗糙度小。

③插齿加工的生产率比滚齿加工低。因为插齿刀的切削速度受往复运动冲击和惯性力限制,此外,插齿加工有空行程损失。但同时插齿加工和滚齿加工的生产率都比铣齿高。

插齿除加工直齿圆柱齿轮外,尤其适于加工用滚齿难以加工的内齿轮、双联或多联齿轮、齿条和扇形齿轮等。

加工精度在 IT6 以上,齿面粗糙度 $R_a < 0.4 \mu m$ 的齿轮,在一般的滚(或插)齿加工后,还需要进行精加工。齿轮精加工的方法主要有剃齿加工、珩齿加工和磨齿加工等。

3. 剃齿加工

剃齿加工在原理上属于展成法加工,是应用一对交错轴斜齿轮啮合时齿面间存在着相对滑动的原理来工作的。所用的刀具是剃齿刀,其外形很像一个在齿面上开有许多容屑槽的斜齿圆柱齿轮,如图 9-56 所示。

剃齿时,经过预加工的工件装在心轴上,顶在剃齿机工作台的两顶尖间,可以自由转动。剃齿刀装在机床的主轴上,如图9-56所示。工件由剃齿刀带动旋转,时而正转,时而反转。剃齿刀正转时,剃削齿轮的一个侧面;剃齿刀反转时,剃削齿轮的另一个侧面,依靠刀齿和工件之间的相对滑动,从工件齿面上切除极薄的切屑。

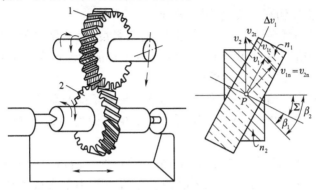

图9-56 剃齿加工图
1-剃齿刀;2-齿轮

剃齿加工的特点及应用如下：

(1) 剃齿加工效率高,一般只要 2~4min 便可完成一个齿轮的加工。剃齿加工的生产成本也低,平均要比磨齿低 90%。

(2) 剃齿加工对齿轮齿形误差有较强的修正能力,因而有利于提高齿轮的齿形精度。

(3) 剃齿加工不能修正分齿误差。因此,在工序安排上应采用滚齿加工作为剃齿加工的前道工序,因为滚齿加工的分齿运动精度比插齿加工好,尽管齿形误差比插齿加工大,但在剃齿加工中可以得到修正。

(4) 剃齿加工精度主要取决于剃齿刀的精度和刃磨质量。

剃齿加工由于刀具寿命和生产率高,机床简单,调整方便,因而,在大批大量生产中,加工中等模数、6~7级精度、非淬硬齿面的齿轮,剃齿是最常用的加工方法。当齿面硬度超过 35HRC 时,就不能用剃齿加工,而要用珩齿或磨齿进行精加工。

4. 珩齿加工

珩齿是一种用于加工淬硬齿面的齿轮精加工方法。工作时它与工件之间的相对运动关系与剃齿相同,只不过不用剃齿刀,而用珩磨轮。珩磨轮是一个用金刚砂磨料加入环氧树脂等材料作结合剂浇铸或热压而成的塑料螺旋齿轮,无切削刃,以磨粒切削为主。如图9-57所示,在珩磨轮与工件的啮合过程中,凭借珩磨轮齿面密布的磨粒,以一定的压力和相对滑

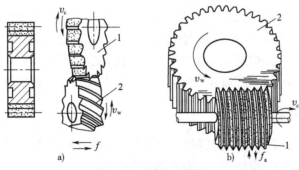

图9-57 珩齿加工原理
1-珩磨轮;2-被加工齿轮

动速度进行切削,能在工件表面上切除一层很薄的金属,使齿面粗糙度 R_a 减小到 $0.8 \sim 0.4\mu m$。

珩齿加工的特点及应用如下：

(1)珩齿时由于切削速度低,加工过程为低速磨削、研磨和抛光的综合作用过程,故工件被加工齿面不会产生烧伤和裂纹,表面质量好。

(2)由于珩磨轮的弹性较大、加工余量小、磨料粒度号大,所以珩齿修正误差的能力较差。珩齿前的齿形预加工应尽可能采用滚齿,因为滚齿的运动精度高于插齿,从而可在珩齿工序中降低对齿距误差进行修正的要求。

(3)与剃齿刀相比,珩磨轮的齿形简单,容易获得高精度的造型。

(4)生产率高,一般为磨齿的 10~20 倍。刀具的寿命也很高,珩磨轮每修一次,可加工齿轮 60~80 件。

珩齿修正误差的能力不强,主要用来减小齿轮热处理后齿面的表面粗糙度、去除氧化皮、热变形和毛刺,从而降低齿轮传动的噪声。珩齿一般用于大批大量生产中,6~8 级精度、剃齿后淬火齿轮的精加工。

5. 磨齿加工

磨齿加工是在磨齿机上用砂轮进行齿轮加工的方法,是最重要的一种齿形精加工方法。磨齿按其加工原理可分为成型法磨齿和展成法磨齿两种。

成型法磨齿的砂轮截面形状与被磨齿轮的齿槽一致,磨齿过程与用齿轮铣刀铣齿类似。如图 9-58 所示,砂轮截面为齿槽,自转同时前后移动磨削齿槽,成型法磨齿的生产率高,但受砂轮修整精度与分齿精度的影响,加工精度较低。

展成法磨齿是根据齿轮、齿条的啮合原理来进行加工的。根据所用砂轮形状的不同,可分为碟形砂轮磨齿、锥形砂轮磨齿、蜗杆砂轮磨齿等形式。每磨完一个齿后,工件必须分度,才能磨下一个齿,如此进行下去,直至磨完全部轮齿。图 9-59 所示为蝶形砂轮磨齿原理图。

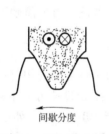

图 9-58 成型法磨齿原理

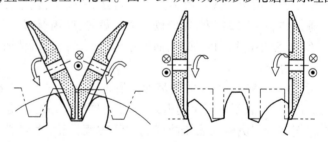

图 9-59 蝶形砂轮磨齿原理

磨齿加工的主要特点是:加工精度高,一般条件下加工精度为 IT6~IT4,齿面表面粗糙度 R_a 为 $0.8 \sim 0.2\mu m$,由于采取强制啮合方式,不仅修正误差的能力强,而且可以加工表面硬度很高的齿轮。但是,一般磨齿加工效率较低,机床结构复杂,调整困难,加工成本高,目前主要用于加工精度要求很高的齿轮,尤其适用于精加工齿面淬硬的高速高精密齿轮。

三、齿轮齿面加工方案

齿轮齿面是齿轮加工的关键,其加工方案的选择主要取决于多方面的因素,如设备条件、齿轮精度、表面粗糙度、齿面硬度和生产批量等。

(1)加工 IT8 级精度及以下的齿轮

未淬硬(调质或正火)齿轮用滚齿或插齿即可满足加工要求;对于淬硬齿轮可采用:滚(插)齿→齿端加工→淬火→校正孔的加工方案,但淬火前齿面加工精度应比图纸要求提高一级,以抵消热处理的变形。

(2)加工IT7~IT6级精度的齿轮

未淬硬(调质或正火)齿轮用滚(插)齿→齿端加工→剃齿的加工方案;对于淬硬齿轮可采用:滚(插)齿→齿端加工→剃齿→表面淬火→修正基准→珩齿的加工方案。这种方案生产率高、设备简单、成本轻低,适用于批量生产。

(3)加工IT5级精度及以上的齿轮

滚(插)齿→齿端加工→渗碳淬火→修正基准→粗磨齿→精磨齿的加工方案。这种方案加工的齿轮精度高,但生产率低、成本较高。

第九节 电 加 工

普通切削加工是机械制造工艺中历史最久、最有效、应用最为广泛的加工方法。但是,随着工件材料的硬度和强度越来越高,形状越来越复杂,例如模具中有窄缝、小孔、深孔、型孔和型腔等结构,要使用细小而复杂的刀具或磨具来实现这类加工,有时会变得很困难,甚至不可能进行。

电加工正是为了适应这些需要而产生和发展起来的,当前已经成为加工行业的必备设备,电火花加工又称放电加工(Electrical Discharge Machining,EDM),是在加工过程中,使工具和工件之间不断产生脉冲性的火花放电,靠放电时局部、瞬时产生的高温将金属蚀除。它是现代制造业中一种比较成熟的工艺,在工业、国防、科学研究中,特别是模具制造部门已得到广泛应用。

一、电火花线切割加工

1. 电火花线切割机床的名称及型号

电火花线切割机床是电火花加工机床中的一种,它是以一根沿本身轴线移动的细金属丝(用钼丝制造)作为工具电极(常称为线电极),沿着给定的轨迹加工出相对应几何图形的工件。按电极丝运动的速度分两类,分别为高速走丝(快走丝)和低速走丝(慢走丝)两种。国内现有的线切割机床绝大多数为高速走丝线切割机床,通用性好,应用广泛,而慢走丝线切割机保有量较少,加工精度高,表面质量好,用于加工高档零件和模具,所用丝为铜丝,损耗率高,机床价格价格昂贵。

例如某线切割机床型号为DK7725,D表示电加工机床,K为通用特性代号,表示数字程序控制机床。第一个7为组别代号,代表电火花加工机床,第二个7为系列代号,高速走丝,如果是慢走丝则为6,25表示工作台横向行程为250mm的电火花数控线切割机床。

2. 线切割加工的原理

电火花线切割加工是在电极丝和工件之间进行脉冲放电,如图9-60所示。

电极丝接脉冲电源的负极,工件接脉冲电源的正极。当收到一个电脉冲时,在电极丝和工件之间产生一次火花放电,放电通道的中心温度瞬时可高达100000℃以上,高温会使工件金属熔化,甚至有少量气化,高温也使电极丝和工件之间的工作液部分产生气化,这些气化后的工作液和金属蒸气瞬间迅速热膨胀,并具有爆炸性。这种热膨胀和局部微爆炸抛出熔化和气化的金属材料,被切削液带走,从而实现对工件材料进行电蚀切割加工。与此同时,数控装置控制伺服电动机驱动工作台带动工件按预先编制的切割轨迹移动,最终实现电极丝对工件的边蚀除、边进给的切割成型。

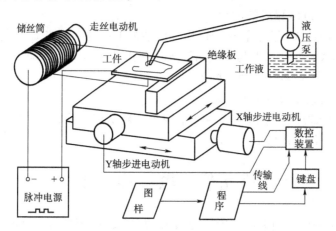

图 9-60　数控电火花线切割机床工作原理图

3. 线切割机床的加工优点

(1)能用于加工难以用切削方法加工的材料,如高硬度材料、热处理后的材料等。

(2)适合加工特殊及复杂形状零件,如微细零件、复杂模具型腔。

(3)由于数控伺服系统具有较高的精度,所以加工的尺寸可以达到 IT6 以上的高精度。

(4)由于线切割加工所去除的金属材料只有电极丝的直径扫过的薄层,所以节省材料,剩余的材料可以继续使用。

4. 电火花线切割加工的局限性

(1)通常只能对导电材料进行加工,不能对塑料、陶瓷等非金属材料进行加工。

(2)电火花线切割加工速度较慢、生产效率较低。只要一般切削方法能加工的零件就不考虑电火花线切割加工。

(3)加工过程必须在工作液(如乳化液)中进行。

5. 应用范围

数控电火花线切割加工由于有很多优点而广泛应用于以下方面:

(1)可以加工极硬材料,例如由硬质合金淬火钢材料制成的模具零件、样板、各种形状复杂的细小零件和窄槽等,特别是冲模、挤压模、塑料模和后面所述的电火花加工模具电极的加工。

(2)新产品试制产品试制时,一些关键件往往需要制造模具,但加工模具周期长且成本高。采用线切割加工可以直接切制零件,从而降低成本,缩短新产品的试制周期。

(3)可以加工曲线,曲面等形状复杂零件,如精密型孔、样板及其成型刀具和精密狭槽等,如用机械切削加工的方法就很困难或无法加工,而采用线切割加工则比较方便。

(4)贵重金属下料,由于线切割加工用的电极丝尺寸远小于切削刀具尺寸(最细的电极丝尺寸可达 0.02mm),用它切割贵重金属可减少很多切缝消耗,因此降低了成本。

目前,许多数控电火花线切割机床采用四轴联动,可以加工锥体、上下异面扭转体零件,为数控电火花线切割加工技术在机械加工中的应用提供了更广阔的空间。

二、电火花加工

电火花加工是在一定的介质中,通过工具电极和工件电极之间的脉冲放电的电蚀作用对工件进行加工的方法。

电蚀现象是指当脉冲电压加到工具电极和工件电极之间某一间隙最小处或绝缘强度最弱处击穿介质,局部产生火花放电,瞬时高温使工件表面局部熔化,甚至汽化蒸发,达到改变形状的目的。

常用的电火花加工机与加工原理示意图如图 9-61 所示。

1. 电火花加工的优点

(1)脉冲放电的能量密度高,便于加工用普通的机械加工方法难于加工或无法加工的特殊材料和复杂形状的工件,不受材料硬度和热处理状况影响。

(2)脉冲放电持续时间极短,放电时产生的热量传导扩散范围小,材料受热影响范围小。

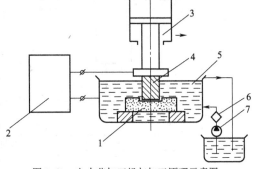

图 9-61 电火花加工机与加工原理示意图
1-工件;2-电火花发生器;3-进给油缸;4-电极;5-切削液;6-过滤器;7-泵

(3)加工时,工具电极与工件材料不接触,两者之间宏观作用力极小,工具电极材料不需比工件材料硬,因此,工具电极制造容易。

(4)可以改变工件结构,简化加工工艺,延长工件使用寿命,降低工人劳动强度。

(5)加工过程中可任意选择和变更加工条件,如任意选择粗加工和精加工等。

2. 电火花加工的缺点

(1)必须制作工具电极。电火花加工的最大问题就是电极制作问题。同其他的加工方法相比,它增加了制作电极的费用和时间。

(2)加工部分形成残留变质层。工件上进行电加工的部位虽然很微细,但由于要经受上万度的高温加热后急速冷却,表面受到强烈的热影响而生成电加工表面变质层。这种变质层容易造成加工部位的碎裂与崩刃。

(3)放电间隙使加工误差增大。电极和工件之间需有一定间隙,这使得电极的尺寸形状与工件不能完全相同,会产生一定的加工误差。加工误差的大小与放电间隙的大小有关。

(4)加工精度受电极损耗的影响。电极在加工过程中同样会受到电腐蚀而损耗,如果电极损耗不均匀,就会影响加工精度。电极的损耗还会造成更换与修整电极的次数增加。

3. 电火花加工的主要用途

电火花加工适用于宇航、电子、电机、电器、精密机械、仪器仪表、轻工等各个机械制造行业,特别是在冲模、塑料模、锻模和压铸模等模具制造业中已成为不可缺少的一种加工方法。电火花加工的适用范围如下:

(1)加工不通的小孔、异形孔、窄缝以及在硬质合金上加工螺纹孔。

(2)加工表面带有复杂凹凸形状的金属,如金属印章。

(3)电加工法磨削平面和曲面。

三、电解加工

电解加工是利用金属工件在电解液中所产生的阳极溶解作用而进行加工的方法。

1. 电解加工原理

工件接直流电源的正极,模具接负极,两极间保持较小的间隙,以一定的压力和速度从间隙中高速流过电解液,工件与阴极接近的表面金属开始电解,模具以一定的速度向工件进给,使模具的形状复制到工件上,得到所需要的加工形状。电解加工机与加工原理示意图如图9-62所示。

2. 电解加工的优点

(1) 不受金属材料本身硬度和强度的限制,可以加工硬质合金、耐热合金等高硬度、高强度及韧性好的金属材料和各种复杂的型面。

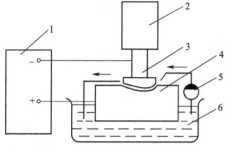

图9-62 电解加工机与加工原理示意图
1-直流电源;2-进给机构;3-模具;4-工件;5-电解液泵;6-电解液

(2) 生产效率较高,元残余应力,表面粗糙度 R_a 为 $1.25 \sim 0.2 \mu m$,平均精度为 $\pm 0.1 mm$。

(3) 阴极模具在理论上不会损耗,可以长期使用。

(4) 加工过程中不存在机械切削力,不会产生残余应力和变形,没有飞边、毛刺。

(5) 能以较高的生产率(比电火花高 5~10 倍)加工复杂型面。

3. 电解加工的缺点

电解加工精度和加工稳定性不易保证;设备投资大,成本高,耗电量大;电解液具有腐蚀性,电解产物会污染环境。

4. 电解加工的应用

电解加工在国内外已成功地应用于枪炮、航空发动机、火箭等的制造工业,在汽车、拖拉机、采矿机械和模具制造中也得到了应用。电解加工主要用于以下几个方面。

(1) 叶片加工,如喷气发动机叶片、汽轮机叶片等形状复杂、精度要求较高的零件。

(2) 型孔和型腔加工,一些形状复杂、尺寸较小的四方、六方、半圆、椭圆等形状的通孔和不通孔以及各类型腔模的复杂成型表面的加工。

(3) 深孔扩孔加工,如枪炮孔、花键孔等零件表面,采用电解加工很容易实现,且加工生产率高。

(4) 套料加工,如一些三维空间触面或型腔加工。

5. 电解抛光与电解磨削

(1) 电解抛光。利用金属在电解液中的电化学阳极溶解作用对工件表面进行腐蚀抛光,用于改善工件的表面粗糙度和表面物理与化学性能。

(2) 电解磨削。电解磨削生产率比机械磨削高 3~5 倍,适用于加工淬硬钢、不锈钢、耐热钢、硬质合金等材料,尤其对硬质合金刀片、模具的磨削更为有利。与电解磨削相似的还有电解珩磨、电解研磨等,用于加工轧辊、深孔、薄壁等工件表面。

第十节 切削刀具基础

一、切削刀具的几何角度

切削刀具种类很多,形状各异,但其切削部分都有共同的特征。刀具主要由刀头和刀体组成,可看作是外圆车刀的演变和组合。

1. 车刀切削部分的组成

车刀由刀头和刀杆组成。刀杆用于装夹,刀头用于切削,其结构形式如图 9-63 所示。刀具切削部分由一尖二刃三面组成。

(1) 刀尖。刀尖在主、副切削刃交汇处,为一小段直线或圆弧。

(2) 主切削刃。主切削刃 S 是前面与主后面的交线,承担主要切削工作。

(3) 副切削刃。副切削刃 S' 是前面与副后面的交线,承担少量切削工作。

(4) 前面。前面 A_γ 是切屑沿其流出的刀面,控制切屑流向。

(5) 主后面。主后面 A_α 是刀具上同前面相交形成主切削刃的表面,与工件过渡表面相对。

(6) 副后面。副后面 A_α' 是刀具上同前面相交形成副切削刃的表面,与工件已加工表面相对。

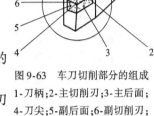

图 9-63 车刀切削部分的组成
1-刀柄;2-主切削刃;3-主后面;
4-刀尖;5-副后面;6-副切削刃;
7-前面;8-切削部分

2. **刀具角度的坐标平面与参考系**

刀具切削部分的各刀面、各切削刃的空间位置常常用这些刀面、切削刃相对某些坐标平面的几何角度来表示,这样就必须将刀具置于空间坐标平面参考系内。该参考系包括参考坐标平面和测量坐标平面,如图 9-64 所示。

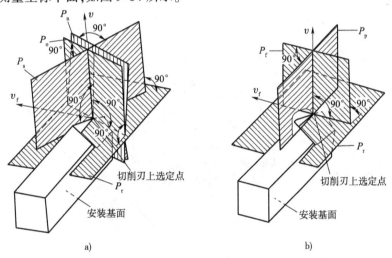

图 9-64 刀具坐标平面参考系
a) 正交平面与法平面参考系;b) 假定工作平面与背平面参考系

(1) 参考坐标平面

基面和切削平面统称为参考坐标平面,简称为参考平面。

①基面。基面 P_r 过切削刃上的选定点,以该点切削速度为法线,与刀具底面平行。

②切削平面。切削平面 P_s 过切削刃上的选定点,与工件过渡表面相切,与基面垂直。

(2) 测量坐标平面

测量坐标平面有正交平面、法平面、假定工作平面和背平面。

①正交平面。切削刃上选定点的正交平面是过该点且同时垂直于基面和切削平面的平面,记作 P_0。

②法平面。切削刃上选定点的法平面是过该点并与切削刃垂直的平面,记作 P_n。

③假定工作平面。切削刃上选定点的假定工作平面是过该点且垂直于基面并与进给方向平行的平面,记作 P_f。

④背平面。切削刃上选定点的背平面是过该点且垂直于基面和假定工作平面的平面,记作 P_p。

(3) 坐标系

上述参考坐标平面与测量坐标平面分别组成了以下三个坐标系:

①正交平面参考系。正交平面参考系由基面 P_r、切削平面 P_s 和正交平面 P_o 组成,三个平面两两垂直。

②法平面参考系。法平面参考系由基面 P_r、切削平面 P_s、法平面 P_n 组成。

③假定工作平面与背平面参考系。假定工作平面与背平面参考系由基面 P_r、假定工作平面 P_f、背平面 P_p 组成,三个平面两两垂直。

3. 刀具的标注角度

刀具标注角度是画刀具图及磨刀时掌握的角度,是假定条件下的切削角度,以便于刀具的设计与制造。所谓假定条件即假定运动条件(不考虑进给运动的大小)和假定安装条件(规定刀具的刃磨和安装基准面垂直于切削平面或平行于基面,同时规定刀杆的中心线同进给运动方向垂直)。车刀的常用标注角度有 5 个,即前角、后角、主偏角、副偏角和刃倾角,如图 9-65 所示。

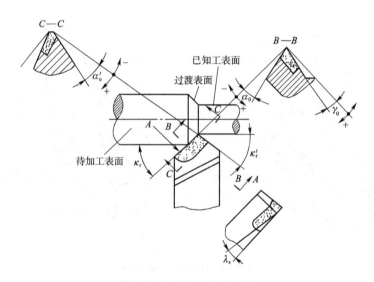

图 9-65 外圆车刀的标注角度

(1) 前角

在正交平面 P_o 内测量的前面 A_γ 与基面 P_r 间的夹角称为前角,记作 γ_o,有正负之分,前面 A_γ 位于基面 P_r 之前时,$\gamma_o < 0°$;反之,$\gamma_o > 0°$。

前角是刀具的重要几何角度之一,其数值的大小、正负对切削加工有着很大影响。适当增大前角,则主切削刃锋利,切屑变形小,切削轻快,减少切削力和切削热。但前角过大,切削刃变弱,散热条件和受力状态变差,将使刀具磨损加快,耐用度降低,甚至崩刃或损坏。生产中应根据工件材料、刀具材料和加工要求合理选择前角的数值。加工塑性材料时,应选较大的前角;加工脆性材料时,应选较小的前角;精加工时前角可选大些,粗加工时前角可选小些。通常硬质合金刀具的前角在 $-5° \sim 25°$ 之间选取。

（2）后角

在正交平面 P_0 内测量的后刀面 A_α 与切削平面 P_s 间的夹角称为后角,记作 α_0。

后角的主要功用是减小后面与加工表面之间的摩擦。后角越大,弹性回复层同后面的摩擦接触长度越小,增大后角能减少摩擦,可以提高已加工表面质量和刀具使用寿命。但是后角过大,将削弱刃口强度,减少散热体积,刀具磨损反而加剧,导致刀具寿命下降,且易发生颤振。

粗加工时,为了提高刀具的强度,后角应小一些;而精加工时,为了减小刀具与工件的摩擦,后角应大一些;切削脆性材料时,为了增加刃口抗冲击力,宜取较小的后角;切削塑性材料时,宜取较大的后角。

（3）主偏角

在基面 P_r 内测量的主切削平面 P_s 与假定工作平面 P_f 间的夹角称为主偏角,记作 κ_r。

主偏角的大小影响刀具寿命和切削分力的大小。加工强度大、硬度高的材料时,为减小切削刃上的单位负荷、改善切削刃区的散热条件,应选小一些的主偏角;同时减小主偏角能够加强刀尖强度,增大刀尖散热面积,提高刀具寿命。粗、半精加工的刀具,因为其切削力大、振动大,对于抗冲击性差的刀具材料（如硬质合金）,应选大的主偏角以减小振动。

（4）副偏角

在基面 P_r 内测量的副切削平面与假定工作平面 P_f 的夹角称为副偏角,记作 κ_r'。

副偏角的主要作用是形成已加工表面和改变刀尖强度。为减少切削后的残留面积,降低表面粗糙度,可减小副偏角,一般车刀 $\kappa_r' = 5° \sim 7°$;精加工时比粗加工小些,必要时可以采用修光刃;加工硬度、强度高的材料时,一般取 $\kappa_r' = 4° \sim 6°$。切断刀、槽铣刀等为了保证刀头强度和重磨后宽度变化较小,只能取很小的副偏角 $\kappa_r' = 1° \sim 2°$。

（5）刃倾角

在切削平面 P_s 内测量的主切削刃 S 与基面 P_r 间的夹角称为刃倾角,记作 λ_s,有正负之分,刀尖位于切削刃的最高点时定为"＋";反之,为"－"。它影响切屑流向和刀尖强度,粗加工时,取负值,增大刀尖强度;精加工时,取正值或零,避免切屑划伤已加工表面。

刀具是切削加工的必备工具,它直接影响切削加工的质量。确定刀具的几何角度是刀具影响切削加工的重要因素。刀具角度的计算与测量一直是刀具设计制造中的难题,常用的方法有几何法和矢量法。几何法是利用坐标系根据各个角度在坐标系中的位置关系,通过解析几何法求得;矢量法是把刀具线面用矢量表达,通过建立矢量表达式来求得。随着计算机技术、虚拟技术的发展,利用计算机来确定刀具角度越来越成熟,可通过三维参数化设计,建立参数模型,利用计算机绘图程序构建刀具模型,测量出所需的几何角度。

二、切削刀具的材料

1. 刀具材料必须具备的性能

刀具材料是指刀具切削部分直接起金属切除作用的材料。在切削过程中,会产生切削抗力、切削热、冲击和振动,刀具材料应具有以下性能。

（1）高的硬度

硬度是指材料表面抵抗其他更硬物体压入的能力,刀具材料的硬度高于工件材料的硬度。一般刀具硬度应高于工件材料的硬度 1.3～1.5 倍,目前室温下刀具材料硬度应大于或者等于 60HRC。

(2)足够的强度和韧性

强度是指材料在静载荷作用下抵抗永久变形和断裂的能力。刀具材料的强度一般指抗弯强度。

切削时刀具要承受较大的切削力、冲击和振动,为避免崩刃和折断,刀具材料应具有足够的强度和韧性。材料的强度和韧性通常用抗弯强度和韧性表示。

(3)高的耐磨性和耐热性

耐磨性是指材料抵抗磨损的能力。耐磨性与材料的硬度、化学成分、显微组织有关。一般而言,材料硬度越高,耐磨性越好。刀具材料组织中的硬质点的硬度越高,数量越多,分布越均匀,耐磨性越好。

耐热性是指材料在高温下仍能保持原硬度的能力,是衡量刀具材料切削性好坏的重要指标。

(4)良好的工艺性能

为了便于刀具加工制造,刀具材料要有良好的工艺性能,如热轧、锻造、焊接、热处理和机械加工等性能。

刀具材料的选用应立足于本国资源,注意经济效果,力求价格低廉。

2. 常用刀具材料

刀具材料可分为工具钢(包括碳素工具钢、合金工具钢)、高速钢、硬质合金、陶瓷和超硬材料(包括金刚石、立方氮化硼等)五大类。目前切削加工中使用较多的刀具材料是工具钢、高速钢、硬质合金等。

(1)工具钢

①碳素工具钢

碳素工具钢是碳的质量分数为 0.65%~1.35% 的优质钢。淬火后其硬度较高,可达 61~65HRC;热硬性为 200~250℃,价格低廉,不耐高温,因此切削速度不能过高,允许切削速度 $v_C \leq 10\text{m/min}$。只能制作低速手用刀具,如板牙、锯条、锉等。其优点为易刃磨,可获得锋利的切削刃。碳素工具钢常用牌号有 T7A、T8A、T10A、T12A 等。

②合金工具钢

合金工具钢是在碳素工具钢中加入适当的合金元素 Cr、Si、W、Mn、V 等炼制而成的。合金工具钢热处理后与碳素工具钢硬度相同,热硬性和耐磨性有所提高,同时具有较好的工艺性,用以制造形状复杂、要求淬火变形小的刀具,如铰刀、丝锥、板牙等。

(2)高速钢

高速钢是在钢中加入较多的 W、Mo、Cr、V 等合金元素的高合金工具钢,俗称为白钢或锋钢。虽然它的热硬性和耐磨性低于硬质合金,但是由于其强度和韧性高于硬质合金,工艺性较硬质合金好,且价格也比硬质合金低。所以高速钢在复杂刀具制造中占主要地位,可制造麻花钻、铣刀、拉刀、齿轮刀具和其他成型刀具等。其加工的材料范围也很广泛,包括有色金属、铸铁、碳钢、合金钢等。

高速钢按其切削性能可分为普通高速钢和高性能高速钢。

①普通高速钢

普通高速钢可分为钨钢类和钨钼钢类。钨钢类的常用牌号为 W18Cr4V,经热处理后,其常温硬度能达到 62~65HRC,热硬性可达 620℃,具有较好的磨削性,碳化物含量较高,塑性变形抗力大。但是其碳化物分布不均匀,影响精加工刀具的寿命,强度和冲击韧度不够,热塑性差,不适于制造热轧刀具。

钨钼钢类常用牌号为 W6Mo5Cr4V2(简称为 M2),与 W18Cr4V 相比,这种高速钢的碳化物含量相应减少,而且颗粒细小,分布均匀,因此抗弯强度、塑性、韧性和耐磨性都略有提高,适于制造尺寸较大、承受冲击力较大的刀具(如滚刀、插刀)。又因 Mo 的存在,使其热塑性非常好,故特别适于轧制或扭制钻头等热成型刀具。其主要缺点是高温切削性略低于 W18Cr4V。

②高性能高速钢

高性能高速钢是在普通高速钢成分中再添加一些 C、V、Co、Al 等合金元素,进一步提高耐热性和耐磨性。这类高速钢刀具的寿命为普通高速钢的 1.5~3 倍,适用于加工不锈钢、耐热钢、钛合金及高强度钢等难加工材料。常用牌号有高碳高速钢 9W18Cr4V、高钒高速钢 W6Mo5Cr4V3、钴高速钢 W6Mo5Cr4V2Co5、超硬高速钢 W2Mo9Cr4VCo8 等。

(3)硬质合金

硬质合金是以高硬度、高熔点的金属碳化物(WC、TiC、TaC 等)微米级粉末为主要成分,以 Co 或 Ni、Mo 为黏结剂,经过高压成型,并在1500℃的高温下烧结而成的。其中碳化物决定了硬质合金的硬度、耐磨性和耐热性;黏结剂决定了硬质合金的强度和冲击韧度。其硬度高达 87~92HRA,热硬性很高,在 850~1000℃高温时,尚能保持良好的切削性能。因此,能够进行较高切削速度的切削加工,常用于制造车刀、铣刀、铰刀、镗刀、钻头、滚刀等刀具。

常用的国产硬质合金有钨钴类硬质合金和钨钛钴类硬质合金。

钨钴类硬质合金由 WC 和 Co 组成,国标代号为 YG。常用牌号有 YG3、YG6、YG8。这类合金的冲击韧度较好,抗弯强度较高,热硬性稍差,适应于加工铸铁、有色金属及合金等脆性材料。

钨钛钴类硬质合金由 WC、TiC 和 Co 组成,国标代号为 YT。常用牌号为 YT15、YT30 等。由于 TiC 的熔点和硬度都比 WC 高,故这类合金的热硬性比钨钴类硬质合金高,耐磨性也较好,适于加工碳钢等塑性材料。牌号中的数字表示 TiC 的质量分数,当 TiC 的质量分数较高,Co 的质量分数较低时,硬度和耐磨性均提高,但抗弯强度有所下降;反之,则相反。

随着现代科学技术的发展,人们不断研究出一些新型刀具材料应用到工业生产上,如氮碳化钛涂层材料刀具。这些新型刀具材料具有减小磨损和隔热等作用,提高了刀具的耐磨性,延长了刀具的使用寿命,提高了生产效率,具有较高的应用价值。

第十一节　常见表面加工

一、外圆表面的加工

外圆表面是轴类零件、套类零件、盘类零件等的主要表面或辅助表面,这类零件在机器中占有很大的比例。外圆表面通常有如下技术要求:

(1)本身精度。本身精度如直径和长度的尺寸精度及外圆表面的圆度、圆柱度等形状精度。

(2)位置精度。位置精度是指与其他外圆表面或内圆表面的同轴度,与端面的垂直度等。

(3)表面质量。表面质量主要指表面粗糙度,此外,还包括表面的物理性能、力学性能等。

1. 外圆表面的加工方法

外圆表面加工最常用的方法有车削、磨削。当精度及表面质量要求很高时,还需进行光整加工。

(1) 粗车

粗车的主要目的是尽快去除毛坯的大部分加工余量,使之接近工件的形状和尺寸,为精加工做准备。因此,一般采用尽可能大的切削用量,以达到较高的生产率。粗车的尺寸公差等级为 IT13~IT11,表面粗糙度 R_a 值为 50~12.5μm。

(2) 半精车

半精车是在粗车的基础上进行的,其背吃刀量与进给量均较粗车小,常作为高精度外圆表面磨削或精车前的预备加工,也可作为中等精度外圆表面的终加工。半精车的尺寸公差等级为 IT10~IT9,表面粗糙度 R_a 值为 6.3~3.2μm。

(3) 精车

一般作为高精度外圆表面的终加工,其主要目的是达到零件表面的加工要求。为此,需合理选择车刀几何角度和切削用量。精车的尺寸公差等级为 IT7~IT5,表面粗糙度 R_a 值为 1.6~0.8μm。

(4) 精细车

精细车的尺寸公差等级为 IT6~IT5,表面粗糙度 R_a 值为 0.8~0.4μm,一般用于单件、小批量的高精度外圆表面的终加工。

(5) 粗磨

粗磨采用较粗磨粒的砂轮和较大的背吃刀量及进给量,以提高生产率。粗磨的尺寸公差等级为 IT8~IT7,表面粗糙度 R_a 值为 1.6~0.8μm。

(6) 精磨

精磨则采用较细磨粒的砂轮和较小的背吃刀量及进给量,以获得较高的精度及较小的表面粗糙度。精磨的尺寸公差等级为 IT6~IT5,表面粗糙度 R_a 值可达 0.2μm。

(7) 光整加工

如果工件公差等级要求 IT5 以上,表面粗糙度 R_a 值为 0.1~0.008μm,则在经过精车或精磨以后,还需通过光整加工。常用的外圆表面光整加工方法有研磨、超级光磨和抛光等。

外圆表面的车削加工,单件、小批量生产时一般在普通车床上加工;大批、大量生产时则在转塔车床、仿形车床、自动及半自动车床上加工;对于重型零件多在立式车床上加工。

外圆表面的磨削可以在普通外圆磨床、万能外圆磨床或无心磨床上进行。

2. 外圆表面加工方案的选择

(1) 外圆表面加工方案分析

前面已经分别介绍了外圆表面的各种加工方法,下面简要叙述如何选择这些方法,并把它们恰当地组合起来,即拟定加工方案。

图 9-66 中按照外圆表面的技术要求列出了几种典型加工方案,并注明各种工序能达到的精度和表面粗糙度。显然,对于零件上某一外圆表面来说,其加工方案只要满足规定的技术要求即可,不一定要完成图 9-66 所列典型方案的全过程。

外圆表面加工方案的选择,除应满足技术要求之外,还与零件的材料、热处理要求、零件的结构、生产类型以及现场的设备条件和技术水平密切相关。总之,一项合理的加工方案应能经济地达到技术要求,并能满足高生产率的要求。以下结合图9-66作几点说明。

①加工淬火钢件的外圆面

淬火前采用车削,淬火后一般只能磨削,故其加工顺序为先车后磨,淬火工序放在车削和磨削之间。具体的工序安排根据精度和表面粗糙度要求确定。

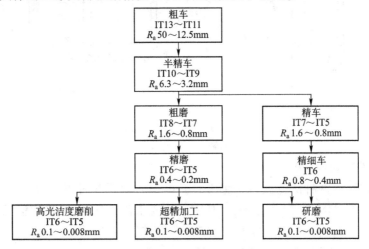

图9-66 外圆表面的加工方案

例如,精度为IT8~IT7、表面粗糙度R_a值为1.6~0.8μm的外圆表面,其加工方案为粗车—半精车—淬火—粗磨。若在粗磨后再进行精磨,可使精度和表面粗糙度分别达到IT7~IT6和R_a值为0.4~0.2μm。对于要求更高的外圆面,在精磨后再进行光整加工,精度和表面粗糙度分别可达到IT6~IT5和R_a值为0.1~0.008μm。磨削能纠正位置误差和形状误差,故对磨削前的车削要求不必过高,进行半精车即可。而光整加工(超精加工和研磨)纠正误差的能力差,故其前道工序应为精磨。

②加工不淬火钢件和铸铁件的外圆表面

一般仍采用与淬火钢件相同的方案,即先车后磨。因为把磨削作为精加工工序,比车削更容易获得高的精度和低的表面粗糙度。对于某些不便于在磨床上磨削的零件,其外圆面可始终采用车削工序。例如,对于精度为IT8~IT7、表面粗糙度R_a值为1.6~0.8μm的外圆表面,其加工方案为粗车→半精车→精车。

③加工有色金属等韧性材料零件的外圆表面

一般采用车削方案,因为这类材料的切屑容易堵塞砂轮,不适于磨削。例如,对表面粗糙度R_a值为0.8~0.4μm的外圆面,其加工方案为粗车→半精车→精车→精细车。要求更高的外圆面,则需再加研磨工序。

(2)外圆表面加工方案选用实例

①根据表面的形状和尺寸选择

如图9-67所示,轴承套和止口套上均有φ80h6、表面粗糙度R_a值为0.8μm的外圆,零件的材料(40Cr)和数量(10件)也相同。如果仅从尺寸公差等级IT6、表面粗糙度R_a值为0.8μm来看,两者外圆均可采用车、磨方案,但图9-67b)止口套外圆只有5mm长,无法磨削,只能靠车削达到。因此,轴承套φ80h6、表面粗糙度R_a为0.8μm外圆的加工方案为粗车→半精车→粗磨→精磨;止口套φ80h6、表面粗糙度R_a为0.8μm外圆的加工方案为粗车→半精车→精车。

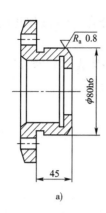 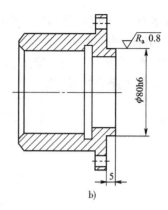

图 9-67 轴承套和止口套
a)轴承套；b)止口套

②根据零件热处理状况选择

如图 9-68 所示,两种法兰盘零件现拟加工 ϕ40h7,表面粗糙度 R_a 值为 1.6μm 的外圆,零件其他条件(45 号钢,5 件)均相同,但其中一种要求淬火处理,致使它们的加工方案差别很大。不要求淬火处理的法兰盘零件其加工方案为粗车→半精车→精车；要求淬火处理的法兰盘零件其加工方案为粗车→半精车→淬火→磨削。

③根据零件材料的性能选择

零件材料的性能,尤其是材料的韧性、脆性等,对切削加工方法的选择有较大的影响。如图 9-69 所示阀杆零件上的 ϕ25h4、表面粗糙度 R_a 值为 0.05μm 的外圆,若所用材料为 45 号钢,其加工方法为粗车→半精车→粗磨→精磨→研磨；若所用材料为有色金属青铜 ZCuSn5Pb5Zn5,塑性较大,不宜磨削(其屑末易堵塞砂轮),常用精细车代替磨削,其加工方法为粗车→半精车→精车→精细车→研磨。

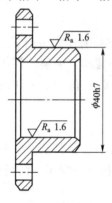 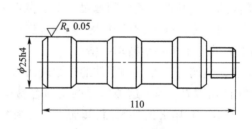

图 9-68 法兰盘　　　　　图 9-69 阀杆零件

(3) 齿轮轴加工实例

图 9-70 为齿轮轴零件图,所用材料为 40Cr,数量为 10 件,须调质和齿面淬火处理。试选择 ϕ32f7、ϕ28h6 外圆和平键槽 N 的加工方案,并确定所用机床、夹具和刀具。

①外圆 ϕ32f7、IT7、R_a 1.6μm、40Cr、调质、10 件。根据所给条件,应选择车磨类方案。又由于尺寸精度只有 IT7,表面粗糙度 R_a 值只有 1.6μm,所以不必进行精磨,粗磨即可满足要求。调质安排在粗车和半精车之间。故 ϕ32f7 的加工方案为粗车→调质→半精车→粗磨。所用机床为车床和磨床。由于是轴类零件,车、磨时工件均采用双顶尖装夹。刀具分别是

90°右偏刀和砂轮。

②外圆 $\phi28h6$、IT6、R_a 0.4μm、40Cr、调质、10 件。与外圆 $\phi32f7$ 一样,只是由于尺寸精度和表面粗糙度 R_a 值要求高些,分别为 IT6 和 0.4μm,应到精磨为止。

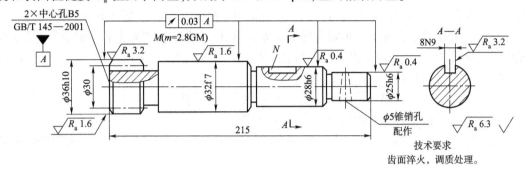

图 9-70 齿轮轴零件图

加工 $\phi28h6$ 的方案为粗车→调质→半精车→粗磨→精磨。所用机床、装夹方法和刀具均与加工外圆 $\phi32f7$ 相同。

③平键槽 N,槽宽尺寸精度 IT9、槽侧 R_a 3.2μm、40Cr、10 件。两端不通的轴上平键槽应选用铣削加工,采用立式铣床或键槽铣床,平口虎钳或轴用虎钳装夹,$\phi8$ 的键槽铣刀。上述分析结果列于表 9-8 中。

齿轮轴有关表面加工方案的选择　　　　　　　　　　表 9-8

序号	表　面	加工方法	机　床	装夹方法	刀　具
1	$\phi32f7$	粗车、调质、半精车、磨削	车床、磨床	双顶尖、双顶尖	外圆车刀、砂轮
2	$\phi28h6$	粗车、调质、半精车、粗磨、精磨	车床、磨床	双顶尖、双顶尖	外圆车刀、砂轮
3	齿形 M	滚齿、齿面淬火、珩齿	滚齿机、珩齿机	三爪卡盘—顶尖、双顶尖	滚刀、珩磨轮
4	键槽 N	铣键槽	立铣或键槽铣床	平口虎钳或轴用虎钳	键槽铣刀

二、内圆表面的加工

内圆表面主要指圆柱形的孔,它也是零件的主要组成表面之一。拟定孔加工方案的原则和外圆表面加工方案的原则相同,即首先要满足加工表面的技术要求,同时考虑经济性和生产率等方面的因素。但拟定孔的加工方案比外圆表面复杂得多,原因如下:

(1)孔的类型很多,各种孔的功用不同,致使其孔径、长径比以及孔的技术要求等方面差别很大。另一方面,孔是内表面,刀具受孔径及孔长的限制,刀体一般呈细长状,刚度差。排屑和注入切削液也比较困难。因此,加工孔比加工同样精度和表面粗糙度的外圆表面困难。

(2)加工外圆表面的基本方法只有车削、磨削和光整加工,而常用的孔加工方法则有钻、扩、铰、镗、磨、拉和光整加工多种,且每一种方法都有一定的应用范围和局限性。例如,过小或过深的孔不宜采用镗削或磨削,否则镗杆和砂轮轴过于细长,刚度不足;过大的孔不宜采用扩孔或铰削,否则刀具笨重;过长的孔不宜采用拉削;有色金属件的孔不宜采用磨削或珩磨,因为砂轮和磨条易于堵塞。在拟定孔的加工方案时,要根据孔的尺寸、零件的材料、技术要求和生产规模等因素,选择合理的加工方法。

(3)带孔零件的结构和尺寸是多种多样的,除回转体零件外,还有大量的箱体、支架类零件。而相同的孔加工方法又往往可以在不同的机床上进行。例如,钻、扩、铰可以在钻床、车床、镗床或铣床上进行;镗孔可在镗床、车床、铣床或钻床上进行。显然,在拟定孔的加工方案时,还要根据零件的结构和尺寸,选择合适的机床,使零件便于装夹。

1. 机床的选择

孔加工常用机床有车床、钻床、镗床、拉床、磨床以及特种加工机床等,同一种孔的加工有时可以在几种不同的机床上进行。例如钻孔就可以在钻床、车床、铣床和镗床上进行。大孔和孔系则常在镗床上加工。拟定孔的加工方案时,应考虑孔径的大小和孔的深浅,精度和表面粗糙度等的要求;还要根据工件的材料、形状、尺寸、重量和批量以及车间的具体生产条件,考虑孔加工机床的选用。

(1)轴、盘、套类零件轴线位置的孔,一般选用车床(镗孔)、磨床加工。在大批大量生产中,盘、套类零件轴线位置上的通直配合孔,多选用拉床加工。

(2)小型支架上的轴承支承孔,一般选用车床利用花盘→弯板装夹加工或选用卧式铣床加工。

(3)箱体和大、中型支架上的轴承支承孔,多选用铣、镗床加工。

(4)各种零件上的销钉孔、穿螺钉孔和润滑油孔,一般在钻床上加工。

(5)各种小孔、微孔及特殊机构、难加工材料上的孔,应选用特种加工机床加工。

2. 孔加工方案的选用

(1)孔加工常用的方案

孔加工常用的方案如图9-71所示(表中R_a的单位为μm)。拟定孔加工方案时,除要考虑加工表面所要求的精度、表面粗糙度、材料性质、热处理要求以及生产规模以外,还要考虑孔径大小和长径比。

图9-71中所列是指在一般条件下,各种加工方法达到的经济精度和表面粗糙度。当加工条件改变时,所得到的精度和表面粗糙度也将随之改变。

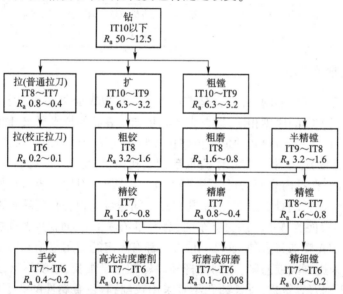

图9-71 孔常用的加工方案

(2)所选用孔加工方案的几点说明

①在实体材料上加工孔,首先必须钻孔。对于毛坯上已经铸出或锻出的孔,则首先采用扩孔或镗孔。

②中等精度(IT8~IT7)和表面粗糙度(R_a值为1.6~0.8μm)的孔,有以下两种情况。

a. 未淬硬的钢件或铸铁件。对于直径小于 10mm 的孔,采用钻—铰方案,因为标准扩孔钻的直径一般大于 10mm。也可采用钻→粗铰→精铰的方案,这样更能保证孔的质量。

对于直径大于 10mm 的中小直径的孔,宜采用钻—扩—铰的方案。

对于直径大于 30mm、长径比较小的孔,钻后的半精加工常采用镗孔。镗孔虽然生产效率较低,对操作者的技术水平要求较高,但由于镗孔多采用单刃镗刀,费用较低,适应范围广。更主要的是,镗孔可以比较有效地消除前道工序造成的孔轴心线的歪斜和偏移,这对于位置精度要求高的孔是特别重要的。半精镗后可采用铰、磨或精镗作精加工。回转体零件常采用铰或磨,箱体支架类零件则常采用铰或精镗。在大批量生产中,盘类零件和短套类零件的通孔,可采用钻—拉的方案,以保证高的生产率。对于直径大于 30mm、长径比大的孔,常采用钻→扩→铰方案。若用镗和磨,则镗杆和砂轮轴的长度过大。

对于孔径大于 80mm 的孔,一般不采用扩和铰的方案,因为尺寸太大的扩孔钻和铰刀既笨重又不经济,故常在钻后全部采用镗削的方案。对盘类或短套类零件,除上述方案之外,还常用钻→镗→磨的方案。

b. 淬火钢件。通常只有回转体零件才需要淬火。对于这类零件的中等精度的孔(如轴心孔),在零件淬火之前,一般采用钻和镗。淬火之后,应进行磨削,以消除孔的变形,达到规定的技术要求。所以,其加工方案为钻→镗→淬火→磨。

③精度为 IT7 以上、表面粗糙度 R_a 值为 0.4μm 以下的孔,在精加工后应进行光整加工。由于珩磨生产率高,加工孔径范围广,并可加工深孔,所以在生产批量较大时,一般优先采用珩磨。但珩磨不适于加工短孔。在单件小批生产中,由于受设备条件的限制,则往往采用研磨。

④对于有色金属,一般不宜采用磨削和珩磨。其精加工常采用精镗、精细镗、精铰或手铰方案。

3. 孔加工方案选择实例

(1) 根据表面的尺寸精度和表面粗糙度 R_a 值选择

表面的加工方案在很大程度上取决于表面本身的尺寸精度和表面粗糙度 R_a 值。因为对于精度较高、表面粗糙度 R_a 值较小的表面,一般不能一次加工到规定的尺寸,而要划分加工阶段逐步进行,以消除或减小粗加工时因切削力和切削热等因素所引起的变形,从而稳定零件的加工精度。

如图 9-72 所示的隔套和衬套,其上均有 φ40mm 的内圆。两者虽同属轴套,都装在轴上,且零件的材料(HT200)、数量(2 件)都相同,由于图 9-72a)隔套内是非配合表面,尺寸公差等级为未注公差尺寸(IT14),R_a 值为 6.3μm,致使两者加工方案不同。隔套 φ40mm、R_a 6.3μm 内圆的加工方案为钻→半精镗(车床);衬套 40H6、R_a 0.4μm 内圆的加工方案为钻→半精镗(车床)→粗磨→精磨。

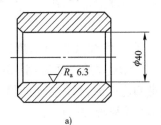
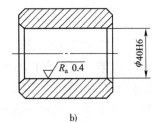

图 9-72 隔套和衬套
a) 隔套;b) 衬套

(2) 根据零件的批量选择

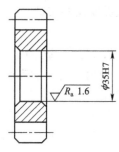

图 9-73　齿轮的批量生产

零件的批量是根据产品(机器)的年产量分批投产零件的数量,可分为单件小批、成批(中批、大批)和大量生产三种。加工同一种表面,常因零件批量不同而需选用不同的加工方案。

如图 9-73 所示齿轮上的 $\phi 35H7$、$R_a 1.6\mu m$ 的孔的加工方案分析如下:

① 若生产 10 件,属于单件生产,其加工方案可选用钻孔→半精镗(车床)→精镗(车床)。

② 若生产 1000 件,属于中批生产,其加工方案可选用钻孔→扩孔→粗铰→精铰。

③ 若生产 100000 件,属于大量生产,其加工方案应选用钻孔→拉孔→精拉。

三、平面的加工

平面是盘形和板形零件的主要表面,也是箱体类零件的主要表面之一。根据平面所起的作用不同,大致可以分为以下几种:

(1) 非结合面。这类平面只是在外观或防腐蚀上有要求时,才进行加工。

(2) 结合面和重要结合面。如零件的固定连接平面等。

(3) 导向平面。如机床的导轨面等。

(4) 精密测量工具的工作面等。

平面的技术要求与外圆表面和内圆表面的技术要求稍有不同,一般平面本身的尺寸精度要求不高,其技术要求主要包括以下三个方面:

(1) 形状精度。如平面度、直线度等。

(2) 位置精度。如平面之间的尺寸精度以及平行度、垂直度等。

(3) 表面质量。如表面粗糙度、表层硬度、残余应力、显微组织等。

1. 平面加工方案的选择

平面加工方案应根据被加工平面的精度、表面粗糙度要求以及零件的结构和尺寸、材料性能、热处理要求、生产批量等来选择,如图 9-74 所示(图中 R_a 的单位 μm),并应考虑如下几点:

(1) 要求不高的平面(包括不与其他任何零件接触的非工作面)采用粗铣、粗刨或粗车即可。但对于要求表面光滑的平面,粗加工后仍需进行精加工和光整加工。

(2) 板形零件的平面常采用铣(刨)→磨方案。不论零件淬火与否,精加工一般都采用磨削。这比单一采用铣(刨)削方案更为经济。平板、平尺和块规的精密测量平面在磨削以后,还需进行研磨。

(3) 盘套类零件和轴类零件端面的加工应与零件的外圆表面和孔加工结合进行,常采用粗车→半精车→磨的方案。

(4) 箱体、支架类零件的固定连接平面,要求中等精度和表面粗糙度时,常采用粗铣(刨)→精铣(刨)的方案。其中窄长的平面宜用刨削、宽度大的平面宜用铣削,这样有利于提高生产率。要求较高的平面,如车床主轴箱与床身的连接面,则还需进行磨削或刮研。

(5) 各种导向平面常采用粗刨→精刨→宽刃精刨(或刮研)的方案。

(6) 单件小批生产加工内平面(如方孔和花键孔等)常采用粗插→精插。粗插前需预钻孔。

(7) 大批量生产中,加工技术要求较高的、面积不大的平面或内平面常用拉削的方法,以保证高的生产率。

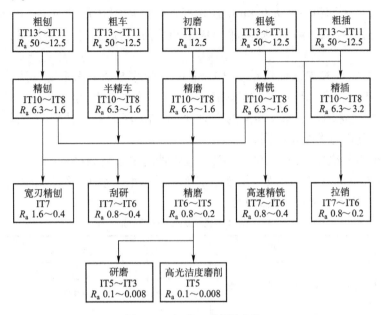

图9-74 平面加工常用的方案

(8) 有色金属零件刨削时容易扎刀,磨削时又容易堵塞砂轮,均难以保证质量,宜采用粗铣→精铣→高速精铣方案,且有较高的生产率。

值得注意的是,将工艺过程划分成几个阶段是对整个加工过程而言的,不能简单地以某一工序的性质或某一表面的加工特点来决定。例如,对零件的定位基准,在半精加工阶段(甚至在粗加工阶段)中就需要加工得很准确,而某些钻小孔、攻螺纹之类的粗加工工序,也可安排在精加工阶段进行。同时,加工阶段的划分也不是绝对的。

2. 平面加工方案选择实例

如图9-75所示的V形铁零件,材料为HT200,数量2件,两次时效处理。试选择平面A、B、C、D、E、F和V形槽的加工方案及所用机床、夹具和刀具。

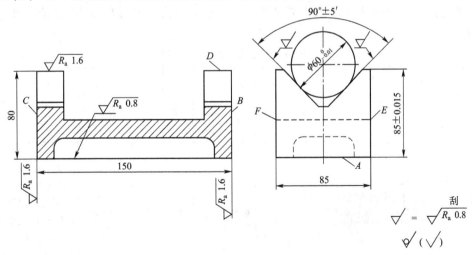

图9-75 V形铁零件简图

V形铁为六面体零件,该零件主要是平面的加工,应根据图9-75选择加工方案,并注意两次时效处理的安排。

(1)平面 A 的表面粗糙度 $R_a 0.8 \mu m$,应选择铣(刨)磨类方案,即粗刨→时效→半精刨→时效→磨削。刨削时,采用牛头刨床、平口虎钳和平面刨刀;磨削时,采用平面磨床、电磁吸盘和砂轮。

(2)平面 B、C、D、E、F 表面粗糙度 $R_a 1.6 \mu m$,仅就这5个平面来说,可以选择铣(刨)类方案,即粗刨→时效→半精刨→时效→精刨。但从整个零件看,由于平面 A 需要磨削,所以这5个平面最好也选用与平面 A 相同的方案,即粗刨→时效→半精刨→时效→磨削。所用机床、夹具和刀具均与平面 A 相同。

(3) V形槽表面粗糙度,角度 $90°±5'$,检验心轴的中心高为 $(85±0.015)mm$,很显然应选择粗刨→时效→半精刨→时效→精刨→刮削。采用牛头刨床、平口虎钳、左偏刀、右偏刀及刮刀等。上述分析结果列于表9-9中。

V形铁有关表面加工方案的选择　　　　　　　　　　　　　　　　　　表9-9

序号	表面	加工方案	机床	夹具	刀具
1	平面 A	粗刨、时效、半精刨、时效、磨削	牛头刨床 平面磨床	平口虎钳 电磁吸盘	平面刨刀 砂轮
2	平面 B、C、D、E、F	粗刨、时效、半精刨、时效、磨削	牛头刨床 平面磨床	平口虎钳 电磁吸盘	平面刨刀 砂轮
3	V形槽	粗刨、时效、半精刨、时效、精刨、刮削	牛头刨床	平口虎钳	左、右偏刀 平面刮刀

四、螺纹的加工

螺纹也是零件上常见的表面之一,它是一种特定的成型面。按用途不同,一般分为联结螺纹(如螺栓)和传动螺纹(如车床丝杠)。螺纹的加工方法有车削、铣削、攻螺纹与套螺纹、滚压、磨削、研磨等。

螺纹加工方法的选择主要取决于螺纹种类、精度等级、生产批量及零件的结构特点等,详见表9-10。

常用螺纹加工方法的特点与应用　　　　　　　　　　　　　　　　　　表9-10

工艺方法	图例	可达精度	可达 R_a 值 (μm)	生产率	劳动强度	主要限制	适用范围
车螺纹		6级	1.6~0.8	低	大	不适于较大批量生产	各直径(M8以下除外)、各牙型的外螺纹,大、中直径内螺纹,硬度低于30~50HRC;单件小批量生产,较大螺纹预加工

续上表

工艺方法	图例	可达精度	可达R_a值（μm）	生产率	劳动强度	主要限制	适用范围
旋风铣加工螺纹		7~6级	1.6	高	较小	不宜加工短螺纹	大、中直径较大螺距外螺纹，大直径内螺纹；硬度低于30HRC，较大批量生产
攻螺纹		7~6级	1.6	较高	手攻时较大，机攻时一般	小螺距丝锥、板牙易崩牙，小丝锥易折断，切削速度低，手攻螺纹时有一定技术要求	M16以下的内螺纹，直径大时，螺距须小于2mm，工件硬度低于30HRC，批量不限，精攻亦可
套螺纹							M16以下的外螺纹，直径大时，螺距须小于2mm，工件硬度低于30HRC，批量不限，精攻亦可
滚螺纹		6~5级	0.4~0.2	很高	小	只能加工塑性好、径向刚度好的外螺纹	中、小直径较小螺距外螺纹，工件硬度宜低，塑性宜好。成批、大量生产（螺纹机械强度高，材料利用率高，易实现自动化加工，常用于螺纹标准件生产）
搓螺纹		6级	0.8~0.2	最高	小		
单线砂轮磨螺纹		5~4级	0.4~0.1	一般	一般	M30以下内螺纹无法磨削，工件塑性不宜过大	螺距小于等于1.5mm可直接磨出，可磨较大螺距、较长旋合长度的螺纹，工件硬度不限，生产批量不限，用于精加工

续上表

工艺方法	图 例	可达精度	可达R_a值（μm）	生产率	劳动强度	主要限制	适用范围
多线砂轮磨螺纹	（砂轮、工件示意图）	5级	0.4~0.2	高	较大	砂轮与工件接触线宜短，工件塑性不宜过大	螺距小于等于1.5mm可直接磨出，一般用于较小螺距的短螺纹精加工；工件硬度不限，生产批量基本不限
研磨		5~4级	降低至原有的1/2~1/4	低	手研大于机研	牙根部难研	常用于精度高、表面质量好的螺纹的最终加工，批量不限
其他加工方法							铸造、粉末冶金、电火花、压制成型（橡胶、塑料、陶瓷等），用于相应特殊范围

第十章　机械加工工艺基础

第一节　机械加工工艺规程概述

一、机械产品的生产过程

机械产品的生产过程是指将原材料转变为成品的全过程,它一般包括原材料的运输和保管,毛坯的制造,零件的机械加工和热处理,机器的装配、检验、测试和涂装,专用工具、夹具、量具和辅具的制造,加工设备的维修以及动力供应等。

机械产品的生产过程由直接生产过程和辅助生产过程组成。直接生产过程直接使生产对象发生改变,与生产过程有直接关系。辅助生产过程尽管不能使加工对象发生直接变化,但可以为生产提供装备、能源、运输等方面的支持。如动力供应给生产过程提供必要的水、电、气等能源支持。因此,辅助生产过程也是非常必要的,是生产过程的重要组成部分。

许多机械产品都是按行业分类组织生产,由众多工厂协作完成,如汽车的制造就是由许多工厂为它配套生产。所以,根据机械产品复杂程度的不同,生产过程可以由一个车间或一个工厂完成,也可以由多个工厂协作完成。

二、生产纲领与生产类型

产品零件的制造过程能否满足优质、高效、低耗的要求,不仅取决于对生产零件的技术要求以及企业生产条件等因素,更取决于对生产产量的大小及产品制造的生产组织类型。生产类型不同则生产过程不同,生产的综合效果也不同。

1. 生产纲领

生产纲领是指企业在计划内应当生产的产品产量和进度计划。计划期常为一年,故又称年产量。零件的生产纲领应将备品及废品计入在内,零件的产量可按下式计算:

$$N = Q \cdot n(1 + \alpha + \beta) \tag{10-1}$$

式中：N——零件的年产量,件/年；

　　　Q——机器的年产量,台/年；

　　　n——该零件在机器中的总件数,件/台；

　　　α——该零件的备品率,%；

　　　β——该零件的废品率,%。

2. 生产类型

不同的生产纲领对于设备的专业化、自动化程度所采用的加工方法,制造装备条件的要求均不相同,生产纲领的大小对零件的制造过程及制造的生产组织有着重要的影响,决定着零件制造的生产类型。

根据生产专业化程度的不同,生产类型可分为单件生产、批量生产、大量生产三种。表 10-1 为不同零件的生产纲领与生产类型的关系。

生产纲领与生产类型的关系 表 10-1

生产类型		零件的年生产纲领		
		重型零件	中型零件	轻型零件
单件生产		≤5	≤20	≤100
批量生产	小批量	6~100	20~200	100~500
	中批量	100~300	200~500	500~5000
	大批量	300~1000	500~5000	5000~50000
大量生产		>1000	>5000	>50000

(1)单件生产

单件生产年产量小,但产品品种多,如新品试制及工装的制造。单件生产中,一般较多采用普通设备及标准附件,极少采用专用工装,常靠试切、划线等方法保证加工精度。因此,单件加工生产率不高,质量主要取决于操作者的技术水平。

(2)批量生产

批量生产的产品有一定的数量,分批投入制造,生产呈周期性地重复,机床设备的生产便属于此类型。批量生产中,选用通用设备、专业设备相结合,工装上通用与专用兼顾,工艺方法较为灵活。

批量生产又分为小批量、中批量、大批量生产三种,小批量生产接近单件生产,大批量生产接近大量生产。

(3)大量生产

大量生产产量很大,品种单一而固定,大多长期重复同一工作内容,如轴承等标准件的生产即属于此类型。大量生产时,广泛采用专用机床、自动生产线及专用工装,加工过程自动化程度高、效率高、质量稳定。

3.工艺特点

生产类型不同,产品制造方法不同,采用的设备、工装的生产组织形式等也都有不相同的工艺特点,表 10-2 为各类生产类型的工艺特征。

各类生产类型的工艺特征 表 10-2

项 目	单件生产	批量生产	大量生产
产品数量	少	中等	大量
加工对象	经常变换	周期性变换	固定不变
机床设备和布置	采用通用(万能)设备按机群布置	通用的和部分专用设备,按零件类别分工段排列	广泛采用高效率专用设备和自动化生产线
夹具	极少用专用夹具和特种工具	广泛使用专用夹具和特种工具	广泛使用高效率夹具和特种工具
刀具和量具	一般刀具和通用量具	较多采用专用刀具和量具	采用高效率专用刀具和量具
装夹方法	划线与试切法找正	部分划线找正	不需划线找正
加工方法	根据测量进行试切加工	用调整法加工,有时还可组织成组加工	使用调整法自动化加工

续上表

项　　目	单件生产	批量生产	大量生产
装配方法	钳工试配	普遍应用互换性,同时保留某些试配	完全互换,某些精度较高的配合件用配磨、配研、选择装配不需钳工试配
毛坯制造	木模造型和自由锻	部分采用金属模造型和模锻,毛坯精度和加工余量相等	采用金属模机器造型、模锻、压力铸造等高效率毛坯制造方法
工人技术水平	需技术熟练工人	需技术比较熟练的工人	调整工要求技术熟练,操作工要求技术熟练程度较低
工艺过程的要求	只编制简单的工艺过程卡	有较详细的工艺过程卡,重要零件的关键工序需有工序操作卡	详细编制工艺过程和各种工艺文件
生产率	低	中	高
成本	高	中	低

三、工艺过程及其组成

采用机械加工方法将生产对象合理有序地组织在一起去逐步改变它们的形状、尺寸、相对位置和性质等,使其成为成品或半成品的过程称为机械加工工艺过程。如毛坯制造、零件加工、热处理、表面处理、零部件的装配等。工艺过程是生产过程的主要组成部分。

机械加工工艺根据生产纲领的不同而各异,通常将加工工艺概括为工序、工位、工步、安装等,根据生产要求不同分为工序集中与工序分散。

1. 工序

工序是指工件在一个工位上被加工或装配所连续完成所有工步的那一部分工艺过程。

工序通常有三个特点:工作地不变动,加工对象唯一,工作连续完成。

同一零件的加工可以有不同的加工工艺过程。工序不仅是制作工艺规程的基本单元,也是制订生产计划和进行质量检验、生产管理的基本单元。

2. 装夹

在进行每道工序之前,工件应有正确的装夹,装夹包括定位和夹紧两个内容。一道工序中,工件可以装夹数次。装夹次数多,除增加辅助时间外,还会降低加工精度。因此,在一道工序中,应尽量减少装夹次数。

3. 工位

工件一次装夹后,工件(或装配单元)与夹具或设备的可动部分一起相对于刀具或设备的固定部分所占据的每一位置称为工位。为减少工件装夹次数,可以采用各种回转工作台和回转夹具,使工件在一次装夹中获得多个工位而便于加工,称为多工位加工。

4. 工步

工步是指在一个工序中,在加工表面(或装配时的连接面)和加工(或装配)工具、主轴转速及进给量不变的情况下所连续完成的那部分工艺过程。只要加工表面和加工工具有一项改变,即成为新的工步。同一工序中,可以包含几个工步。为提高生产率,生产中常会采用数把刀具(或复合刀具)组合,同时加工几个表面,这种工步称为复合工步。图10-1所示为采用组合刀具加工零件的复合工步。

另外,生产中还习惯将相同要素的连续加工看成一个工步,如连续加工图10-2所示零件上三个直径为 8mm 的孔。

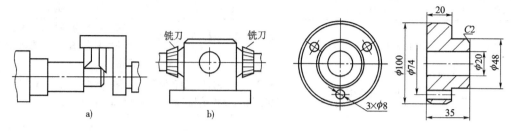

图 10-1 复合工步
a) 同时车外圆和倒角；b) 同时铣削两凸台面

图 10-2 圆盘零件小孔加工

5. 走刀

在一个工步中，若加工表面的余量不能一次去除，则每次去除一层金属所做的工作称为一次走刀，每一工步可以走刀一次或走刀多次。

机械加工工艺过程、工序、装夹、工位、工步、走刀之间的关系为：

机械加工工艺过程≥工序≥装夹≥工位≥工步≥走刀。

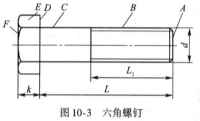

图 10-3 六角螺钉

图 10-3 所示六角螺钉的加工工艺过程见表 10-3。

六角螺钉的加工工艺过程　　　　　表 10-3

工序号	工序名称	装夹	工位	工步	走刀
1	车	三爪卡盘	1	车端面 A	1
				车外圆 C、端面 D	2
				倒角	1
				切断	1
2	车	三爪卡盘	1	车端面 F	1
				倒角	1
3	铣	旋转夹具	3	铣六方 E（复合工步）	3
4	车	三爪卡盘	1	车螺纹外径 B	3

第二节　零件的结构工艺性

一、零件结构工艺性的基本概念

零件的结构工艺性是指所设计的零件在不同类型的具体生产条件下，零件毛坯的制造、零件的加工和产品的装配所具备的可行性和经济性。

零件结构工艺性涉及面很广，具有综合性，必须全面综合地分析。零件的结构对机械加工工艺过程的影响很大，不同结构的两个零件尽管都能满足使用要求，但它们的加工方法和制造成本却可能有很大的差别。所谓具有良好的结构工艺性，应是在不同生产类型的具体生产条件下，对零件毛坯的制造、零件的加工和产品的装配都能以较高的生产率和最低的成本、采用较经济的方法进行并能满足使用性能的结构。

二、切削加工对零件结构工艺性要求

(1)设计的结构要有足够的加工空间,以保证刀具能够接近加工部位,且应留有必要的退刀槽和越程槽等。

(2)设计的结构应便于加工,如应尽量避免使用钻头在斜面上钻孔。

(3)尽量减少加工表面面积,特别是减少精度高的表面数量和面积,合理规定零件的精度和表面粗糙度。

(4)从提高生产率的角度考虑,在结构设计中应尽量使零件上相似的结构要素,如退刀槽、键槽等规格相同,并应使类似的加工面,如凸台面、键槽等位于同一平面上或同一轴截面上,以减少换刀或安装次数,以及调整时间。

(5)零件结构设计应便于加工时的安装与夹紧。

(6)零件的结构尺寸(如轴径、孔径、齿轮模数、螺纹、键槽、过渡圆角半径等)应标准化,以便在生产中采用标准刀具和通用量具,使生产成本降低。

(7)零件具有足够的刚度,才能承受夹紧力和切削力,提高切削用量,提高工效。

零件的结构工艺性与加工方法和工艺过程有密切的关系。零件结构设计时要考虑能否加工和便于加工,要便于保证加工质量,减少刀具、加工工时等消耗以降低成本,减少刀具和工件的调整、安装次数等以提高生产率。

三、零件结构工艺性示例

在现行生产条件下,一般零件切削加工的结构工艺性都有一定的设计原则,这些原则和典型示例见表10-4。

零件结构工艺性举例　　　　　　　　　　表10-4

序号	工艺性不好		工艺性好	
1		车螺纹时,螺纹根部会撞刀;工人操作困难,且不能清根		留有退刀槽,可使螺纹清根,操作相对容易,可避免撞刀
2		插键槽时,底部无退刀空间,易撞刀		留出退刀空间,避免撞刀
3		小齿轮无法加工,插齿无退刀空间		大齿轮可滚齿或插齿,小齿轮可插齿加工

续上表

序号	工艺性不好		工艺性好	
4	(图：两端轴颈 $R_a 0.4$)	两端轴颈需磨削加工，因砂轮圆角而不能清根	(图：带砂轮越程槽 $R_a 0.4$)	留有砂轮越程槽，磨削时可以清根
5	(图：斜面钻孔)	斜面钻孔，钻头易引偏	(图：留出平台钻孔)	只要结构允许，留出平台，可直接钻孔
6	(图：加工面高度不同)	加工面高度不同需两次调整刀具加工，影响生产率	(图：加工面同一高度)	加工面在同一高度，一次调整刀具，可同时加工两个平面
7	(图：退刀槽宽度 5、4、3)	三个退刀槽的宽度各不相同，须用三种尺寸的刀具加工	(图：退刀槽宽度 4、4、4)	退刀槽宽度尺寸相同，使用同一刀具即可加工
8	(图：4×M6 和 4×M5)	同一端面上的螺纹孔不同，需换刀加工，装配也不方便	(图：4×M6 和 4×M6)	尺寸相近的螺纹孔改为同一尺寸螺纹孔，方便加工和装配
9	(图：大加工面)	加工面大，加工时间长，并且零件尺寸越大，平面度误差越大	(图：小加工面)	加工面减小，节省工时，减少刀具损耗，并且容易保证平面度要求
10	(图：键槽不同方向)	两个键槽分别设置在阶梯轴不同方向上，要两次装夹加工	(图：键槽同一方向)	两个键槽在同一方向上，一次装夹可对两个键槽加工
11	(图：钻孔过深)	钻孔过深，加工时间长，钻头损耗大，并且钻头易偏斜	(图：钻孔留空刀)	钻孔的一端留空刀，钻孔时间短，钻头寿命长，钻头不易偏斜

四、分析零件结构工艺性方法

零件图是认识零件最基本而详尽的原始资料,零件图反映零件的构造特征、尺寸大小与技术要求。

1. 分析零件的构造特征

分析组成零件各表面的几何形状,从形体上看,构成零件的表面可以分为平面、基本曲面和复杂曲面。内圆柱面、外圆柱面、圆球面、圆锥面、棱柱面、圆环面等属于基本曲面,椭球面、螺旋面、抛物面、双曲面、渐开线齿形面等为复杂曲面。加工零件的过程实质上是形成这些表面的过程。

在机械制造业中,通常按各表面组合方式的不同,将零件大体上分为轴类、套筒类、盘类、叉架类和箱体类等。不同类型的零件在工艺制作上是很不相同的,而同类零件则具有相似性。

2. 分析零件的技术要求

零件的技术要求通常包括各加工表面的尺寸精度、几何形状精度、相互位置精度、表面粗糙度、热处理要求等。

分析零件的技术要求,应根据各表面的质量要求及其作用,区分零件的主要表面和次要表面。主要表面是指零件与其他零件相配合的表面,主要表面以外的表面称为次要表面。

总之,零件的结构工艺性涉及面很广,包括零件制造各环节中的工艺性,如零件结构的铸造、锻造、冲压、热处理和切削加工等。良好的工艺性体现在装夹、加工和测量方便,效率高,加工量小和易于保证加工质量。

第三节　工件的定位与夹具基础

机械零件加工过程中,加工零件的基准确定和定位选择合理与否决定零件的质量好坏,因此基准选择和定位方法是一个很重要的工艺问题,必须引起足够的重视。

一、基准确定的原则

设计机械零件或对机械零件进行加工时,基准的选择是否合理,将直接影响零件加工表面的尺寸精度和位置精度。基准选择不同,加工方法及工艺过程也将随之而异。

1. 基准的概念

基准通常是指用来确定生产对象上几何要素间的几何关系所依据的那些点、线、面。

产品质量与产品的设计、制造质量密切相关,而从产品设计到产品制造的多个环节都涉及基准问题,因此,基准是机械制造应用中广泛且不可忽略的一个重要概念。

根据性质的不同,基准有尺寸基准和位置基准两种,分别用于尺寸的标注和表面间相互位置的要求。根据作用的差异,基准又分为设计基准和工艺基准两大类。

2. 设计基准

设计基准是指在设计图样上用以确定零件间相互位置关系及自身结构所采用尺寸(或表面位置)的起点位置,它们可以是点,也可以是线或面。图 10-4 所示为加工钻模套零件的基准分析示例。

图 10-4a)所示钻模套的轴线 $O—O$ 是各外圆表面及内孔的设计基准,端面 A 是端面 B

和端面 C 的设计基准,内孔表面 D 的轴线是 $\phi 40h6$ 外圆表面的径向圆跳动和端面 B 的端面圆跳动设计基准。同样,如图 10-4b)所示的 F 面是 C 面和 E 面的设计基准,也是两孔垂直度和 C 面平行度的设计基准;A 面为 B 面的距离尺寸及平行度的设计基准。

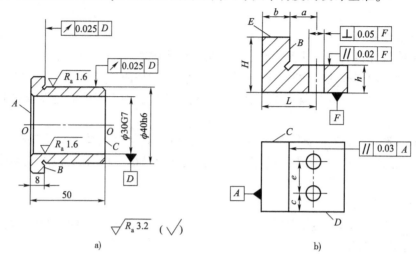

图 10-4 钻模套的基准分析示例

作为设计基准的点、线、面在工件上不一定具体存在,如表面的几何中心、对称线、对称面等,设计基准常常采用某些具体表面来体现,这些具体表面称为基面。

3. 工艺基准

工艺基准是指零件在机械加工工艺过程中所采用的基准。根据环节和作用的不同,工艺基准又分为工序基准、定位基准、测量基准和装配基准。

(1)工序基准

工序基准是指在零件加工图上用来确定本工序加工表面位置尺寸和位置精度的基准,如图 10-5 所示。

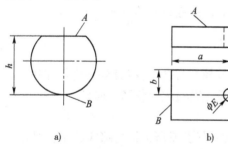

图 10-5 工序基准与工序尺寸

如图 10-5a)所示,A 面为加工表面,母线至 A 面的距离 h 为工序尺寸,位置要求为 A 面对 B 面的平行度(没有标出则包括在 h 的尺寸公差内),所以母线为本工序的工序基准。有时确定一个表面需要几个工序基准。如图10-5b)所示,加工 E 孔时,要求其中心线与 A 面垂直,并与 B 面及 C 面保持距离 a、b,因此表面 A、表面 B 和表面 C 均为本工序的工序基准。

(2)定位基准

定位基准是指在加工中用作工件定位的基准,是获得零件尺寸的直接基准,在加工中占有很重要的地位。定位基准有粗基准和精基准之分。

①粗基准。加工中若采用未经加工的面作为工件定位面,则该定位基准称为粗基准。

②精基准。加工中用已加工过的表面作为定位基准称为精基准。

例如,图 10-4a)所示钻模套的内孔套,在中心轴上加工 $\phi 40h6$ 外圆时,内孔中心线即为定位基准。有时加工一个表面,往往需要数个定位基准同时使用。图 10-5b)所示的零件,加工 E 孔时,为保证对 A 面的垂直度,要用 A 面作为定位基准,为保证 a、b 的距离尺寸,用 B

面、C 面作为定位基准。

(3) 测量基准

在加工中或加工后用来测量工件形状、位置和尺寸所用的基准称为测量基准。

(4) 装配基准

装配时用来确定零件或部件在产品中的相对位置所采用的基准称为装配基准。

二、工件装夹与定位

工件加工时的定位基准一旦选定，则工件的定位方案也基本上被确定，定位方案是否合理，直接关系到工件的加工精度能否保证。

1. 工件装夹的基本要求

工件的装夹质量直接影响到工件表面的成型及成型表面间的位置精度，而工件装夹的方便程度又将直接影响到生产效率和生产成本的高低。

图10-6a)为轴套零件小孔加工工序图，由图可知，工件尺寸要求小孔的直径尺寸为6H7，工件位置精度要求小孔中心线位置尺寸距左端面为(36±0.1)mm，小孔的轴线与轴套内孔轴线的垂直度为0.05mm，小孔相对轴套内孔的对称度为0.1mm。以上要求除小孔直径由刀具直径保证与装夹无关外，其余均与装夹有关。

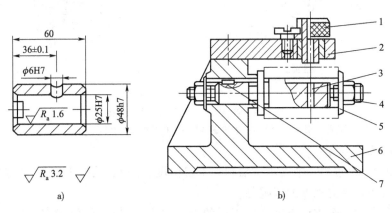

图10-6 轴套零件装夹

1-快换钻套；2-钻模板；3-定位销；4-螺母；5-开口垫圈；6-夹具体；7-定位键

如图10-6b)所示为加工该零件小孔工序所用钻模，钻模的工作过程为工件套装于夹具的销轴上，以 φ25H7 孔与销轴外圆柱面相配合，工件左端面贴合于销轴的凸肩面，工件左端通过轴销挡板用螺母实现在夹具上的定位。

2. 工件定位原理

工件在装夹前，其位置是不确定的，一个工件在未被定位前有 6 个自由度，分别为沿 x、y、z 轴的移动自由度和绕 x、y、z 轴的转动自由度。

要使工件定位，首先应限制工件的自由度，如果在长方体的三面分别设置 3 个、2 个、1 个支承点（共 6 点），即可使工件在坐标系中的位置定下来，如图10-7 所示。

当工件为圆盘时，也可在工件的适当位置设置 6 个点得以定位，如图10-8 所示。

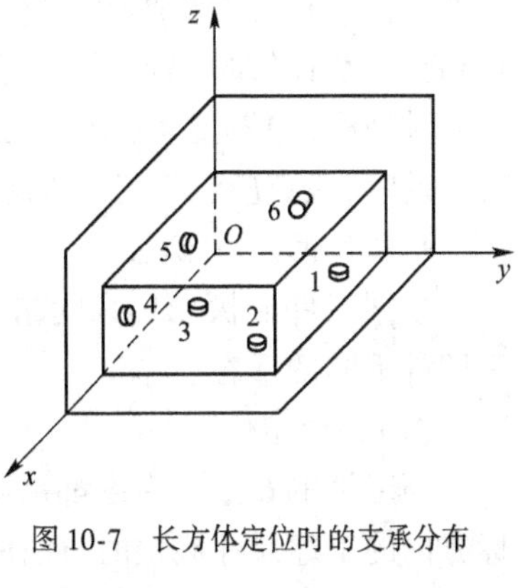

图10-7 长方体定位时的支承分布

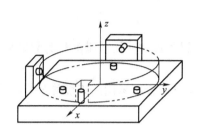
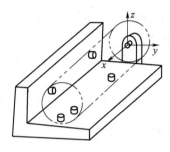

图 10-8 圆盘零件定位时的支承分布

对于圆柱形工件,可在其外圆表面上设置四个定位支撑点 1、3、4、5,限制工件沿 y、z 轴的移动和绕 y、z 轴的转动 4 个自由度;在键槽内侧设置一个定位支撑点 2,限制绕 x 轴的转动自由度;在其端面设置一个定位支撑点 6,限制沿 x 轴移动的自由度,工件可实现完全定位,如图 10-9a)所示。一般对于圆柱形工件通常采用用 V 型铁来支撑工件,如图 10-9b)所示。

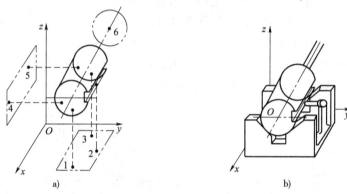

图 10-9 圆柱形工件定位时的支承分布
a)圆柱形工件六点定位原理图;b)圆柱形工件用 V 型铁定位

3. 工件的定位形态

工件定位时,通常用一个支承点限制一个自由度。因此,无论工件形状、结构如何,其 6 个自由度均可用 6 个支承点加以限制。

用合理分布的 6 个支承点来限制工件的 6 个自由度,使工件位置完全确定的法则称为六点定位法则。

工件表面支承点的接触形状分别有面、线、点三种方式,为确保接触质量,提高接触稳定性,各接触支承点位置不得随意分布。如图 10-10 所示接触形态为面接触时,三个支承点构成的受力三角形面积越大,定位越稳定,故三个支承点分布越远越好,且相对工件接触面对称布置。线接触时,两支承点越近越易引起较大转角误差,故两支承点越远越好。点接触时分两种情况,当该支承点阻止工件轴向移动时,该点应位于几何中心处,当支承点阻止工件轴转动时,该点应位于工件外缘处,可增加限制自由度的可靠性。

4. 工件的定位形态

根据工件形状、加工要求的不同,工件要求限制的自由度及数目也不同,工件定位可分为四种不同的形态。

(1)完全定位

当工件的 6 个自由度都被限制时,称完全定位。一般工件被加工表面位置需由三个坐标方向的工序尺寸确定时,往往需限制工件的全部自由度。

（2）不完全定位
当工件的结构上有回转面时，可能会允许保留绕轴线转动的自由度，工件自由度未被全部限制的形态称为不完全定位。

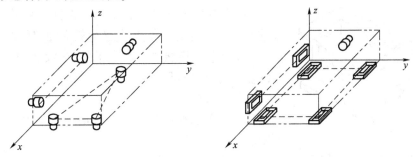

图 10-10　支承点布置

（3）欠定位
当工件装夹中实际限制的自由度数量少于满足加工要求所必须限制的自由度数时，称为欠定位。由于工件工作时定位不足，会无法满足加工精度要求，因此加工时绝不允许出现欠定位。

（4）过定位
当工件的一个或几个自由度被重复限制时称为过定位。如图 10-11 所示为发动机连杆的定位状况。

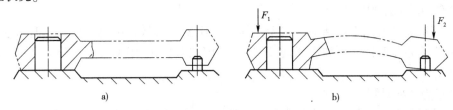

图 10-11　连杆零件的定位
a）过定位；b）过定位的良后果

连杆以工作台平面及连杆两孔的两圆柱销限位，其中 x、y 方向的转动自由度及 y 方向的移动自由度被重复限制，造成过定位。由于加工前工件存在的问题，此时，很可能造成零件底面与平面贴合不好，使定位精度降低，也有可能在大的夹紧力作用下有了很好的贴合，却使零件的定位产生明显的变形，严重时将导致工件无法完成装夹。

三、定位基准的选择

按照零件的加工精度要求，确定零件加工时应限制的工件自由度数目后，需在工件上选择合理定位基准实施工件装夹。

1. 粗基准的选择

选择粗基准时应参考下列原则：

（1）对于同时具有加工表面和不加工表面的零件，为了保证不加工表面与加工表面之间的位置精度，应优先选择不加工表面作为粗基准。如果零件上有多个不加工表面，则以其中与被加工表面相互位置精度要求较高的表面作为粗基准。

（2）对于各表面均需加工的工件，选择粗基准时，应考虑合理分配各加工表面的加工余量。

①应保证各主要表面都有足够的加工余量。为满足这个要求，应选择毛坯余量最小的表面作为粗基准。

②对于工件上的某些重要表面,为了尽可能使其表面加工余量均匀,则应选择最重要表面作为粗基准。如图 10-12 所示的减速器箱体结合面 A 是最重要表面,则在加工结合面时,应选择该表面作为粗基准来加工箱座底面 B。然后再以箱座底面 B 为基准加工结合面 A。

(3)应避免重复使用粗基准。在同一尺寸方向上,粗基准通常只能使用一次,以免产生较大的定位误差。

(4)选作粗基准的平面应平整,应没有浇冒口或飞边等缺陷,以便定位可靠。

2. 精基准的选择

精基准的选择应从保证工件加工精度出发,考虑如下原则。

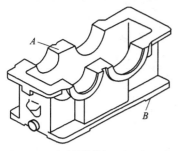

图 10-12　减速器箱体加工粗基准选择

(1)基准重合原则

应尽量选择被加工表面的设计基准为定位基准,这称为基准重合原则。如果被加工表面的设计基准与定位基准不重合,则会增大定位误差。

(2)基准统一原则

当工件以某一组精基准定位可以比较方便地加工其他表面时,应尽可能在多数工序中采用此组精基准定位,这就是基准统一原则。如轴类零件大多数工序都以中心孔为定位基准。这样,可减少工装设计制造的费用,并可避免因基准转换所造成的误差。

(3)自为基准原则

自为基准原则是当工件精加工或光整加工工序要求余量尽可能小而均匀时,选择加工表面本身作为定位基准。例如用浮动铰刀铰孔、用拉刀拉孔、用无心磨床磨外圆等,均属于自为基准。

(4)互为基准原则

为了获得均匀的加工余量或较高的位置精度,可采用互为基准反复加工的原则。例如,要保证两个平面间较高的平行度要求,则应先以一面为定位基准加工另一面,再以另一面为定位基准加工前一面,从而保证两个平面间的相互位置精度。

3. 辅助基准的应用

有些零件在加工时为装夹方便或易于实现基准统一,人为地制造一种定位基准,通常将为满足工艺需要而在工件上专门设计的定位基准称为辅助基准。如毛坯上的工艺凸台和轴类零件的中心孔等。

四、夹具基础

机械加工过应程中为了保证加工精度,必须使工件在机床上占有正确的加工位置(定位),并使其固定、夹紧,这个定位、夹紧的过程即为工件的安装。机床上用来安装工件的装备称为机床夹具,简称夹具。在现代生产中,机床夹具是一种不可缺少的工艺装备,它直接影响着零件加工的精度、劳动生产率和产品的制造成本等。

工件在各种不同的机床上加工时,由于其尺寸、形状、加工要求和生产批量的不同,其安装方式也不同。工件在夹具的安装方式中可以归纳为通用夹具的直接找正安装、划线找正安装和专用夹具安装三种。

1. 通用夹具

已经标准化的且能较好地适应工序和工件变换的夹具称为通用夹具。如车床的三爪自定心卡盘、四爪单动卡盘,铣床的平口钳、分度头,平面磨床的电磁吸盘等。

用通用夹具安装工件时,主要有直接找正安装和划线找正安装两种方式。

(1) 直接找正安装

直接找正安装是由人工目测或用划针、百分表等方法来找正零件的正确位置,边检验边找正,经过多次反复确定出正确位置。定位精度取决于工人的技术水平、找正面的精度、找正方法及所用工具。缺点是找正时间长,要求工人技术高。因此,直接找正安装只适合单件、小批量生产。

(2) 划线找正安装

划线找正安装是预先在毛坯上划出加工表面的轮廓线,再按所划轮廓线来找正工件在机床上的正确位置。此种方法需要增加划线工序,生产率低,精度低。因此,它适合于精度要求低且不宜用专用夹具的场合。

2. 专用夹具

针对某一工件的某一工序的要求而专门设计制造的夹具称为专用夹具。常用的有车床类夹具、铣床类夹具、钻床类夹具等。这些夹具上有专门的定位和夹紧装置,工件无须进行找正就能获得正确的位置。专用夹具一般用于大批、大量的生产中。

专用夹具的作用主要有以下5个方面:

(1) 保证加工精度,并使一批工件的加工精度稳定。用专用夹具装夹工件时,工件相对于刀具及机床的位置精度由夹具保证,减少对其他生产设备和操作工人技术水平的依赖性,使一批工件的加工精度趋于一致。

(2) 提高劳动生产率。用专用夹具装夹工件,不需要划线找正便能使工件迅速地定位和夹紧,方便、快速,显著地减少辅助工时,提高劳动生产率。

(3) 改善工人的劳动条件。由于气动、液压、电磁等动力在夹具中的应用,一方面减轻了工人的劳动强度,另一方面也保证了夹紧工件的可靠性,保证了操作者和机床设备的安全。

(4) 降低生产成本。在批量生产中使用专用夹具,由于劳动生产率的提高和允许使用技术等级较低的工人操作以及废品率下降等原因,故可明显地降低生产成本。夹具制造的成本分摊在每个工件上是极少的,远远小于由于提高劳动生产率而降低的成本。工件批量越大,使用机床夹具所取得的经济效益就越显著。

(5) 扩大机床工艺范围。在通用机床上采用专用机床夹具可以扩大机床的工艺范围,充分发挥机床的活力,达到一机多用的目的。

专用夹具安装是一种先进的装夹方法,适用于批量较大的中、小尺寸工件,对某些零件,即使批量不大,但为了达到某些特殊的加工要求,仍要设计制造专用夹具。但专用夹具也有其弊端,如设计制造周期长;因工件直接装在夹具体中,不需要找正工序,因此对毛坯质量要求较高;而且一旦产品改型,则为加工此类型产品而设计制造的专用夹具将报废,可能制约产品的更新换代。所以专用夹具主要适用于生产批量较大,产品品种相对稳定的场合。

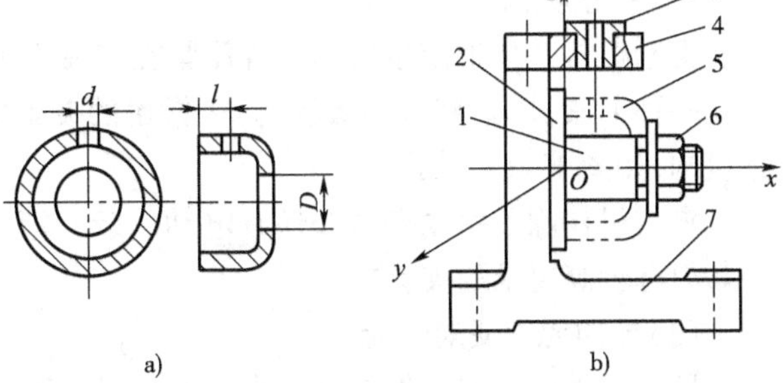

3. 专用夹具的组成

在图10-13a) 所示零件上加工孔 d,

图10-13 钻模

1-定位心轴;2-定位板;3-钻板;4-盖板;5-零件;6-螺母;7-夹具体

要求保证尺寸 l，且保证孔的轴线与工件轴线的垂直度及对称度。其所使用的专用夹具如图 10-13b）所示。钻模中定位板和定位心轴起定位作用，螺母起夹紧作用，钻套起引导刀具作用，夹具体起与机床的连接作用。根据夹具各部件的作用，专用夹具主要由以下部分组成。

（1）定位元件

定位元件是指夹具上与工件的定位基准接触，用来确定工件正确位置的零件。如图 10-14b）中的定位板和定位心轴都是定位元件。常用的定位元件有平面定位用的支承钉和支承板，支撑元件按照力学特性可分为固定支撑、可调支撑、浮动支撑可辅助支撑等不同形式，如图 10-14 所示。

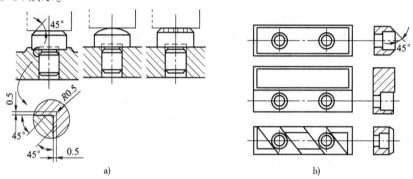

图 10-14 平面定位用的定位元件

a）支承钉；b）支承板

内孔定位用的心轴和定位销，如图 10-15 所示。当采用两个销钉定位平面上工件绕 z 轴回转自由度时，为防止过定位，一般第二个销钉采用扁圆形或者菱形销，以保证既能定位工件的回转，在两个销钉距离方向上避免过定位。外圆定位用的 V 形块，如图 10-16 所示。

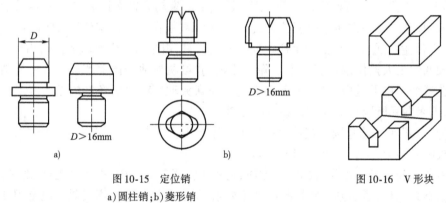

图 10-15 定位销

a）圆柱销；b）菱形销

图 10-16 V 形块

（2）夹紧机构

夹紧机构是指把定位后的工件压紧在夹具上的机构。如图 10-17b）所示的螺母和压板就是一种夹紧机构（螺母压板机构）。常用的夹紧机构还有螺钉压板夹紧机构和偏心压板夹紧机构，如图 10-17 所示。

夹紧机构除了手动夹紧外还有电动、气动、液压等不同动力源的夹紧方式，分别用于对夹紧力有较高要求的夹具中。

（3）导向元件或对刀元件

导向元件和对刀元件是指用来对刀和引导刀具进入正确加工位置的零件，如图 10-17b）所示的钻模。其他导向件还有铣床夹具的对刀块和镗床夹具的导向套等。

（4）夹具体

夹具体用于连接夹具上的各种元件及机构，使之成为一个夹具整体。夹具通过夹具体安装在机床上。

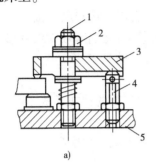 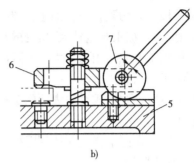

图 10-17　夹紧机构
a）螺钉压板；b）偏心压板
1-双头螺柱；2-螺母；3、6-压板；4-螺柱；5-底板；7-偏心轮

（5）其他辅助元件

根据工件的加工要求，有时还需要在夹具上设有分度机构、导向键、平衡铁等。

第四节　零件加工工艺路线

机械零件加工工艺路线是指零件在加工过程中所经过的有关部门和工序的先后顺序。其主要任务是选择各个加工表面的加工方法，确定各加工顺序以及整个工艺过程的工序数目和工序内容。

一、零件毛坯的选择

选择零件毛坯时应该考虑如下几个方面的因素。

1. 零件的生产纲领

大量生产的零件应该选择精度和生产效率高的毛坯制造方法，用于毛坯制造的高昂成本可用减少材料消耗和降低机械加工费用的方法来补偿。如铸件采用金属模造型和精密铸造，锻件采用模锻，选用冷拉和冷轧型材等。

2. 零件材料的工艺性

材料为铸铁或青铜等的零件应该选择铸造毛坯；钢质零件当形状不复杂，力学性能要求又不太高时，可选用型材；重要的钢质零件，为保证其力学性能，应选用锻造毛坯。

3. 零件的结构形状和尺寸

形状复杂的毛坯一般采用铸造方法，薄壁零件不宜选用砂型铸造。一般用途的阶梯轴，如果各段直径相差不大，可选用圆棒料；为减少材料消耗和机械加工的工作量，宜采用锻造毛坯。尺寸大的零件一般选用砂型铸造或自由锻造，中小型零件可考虑选用模锻件。

4. 现有的生产条件

选择毛坯时，还要考虑本企业的毛坯制造水平、设备条件以及外协的可能性和经济性等。

二、加工阶段和加工顺序

1. 加工阶段

划分加工阶段应便于安排检验工序，便于合理使用设备，充分发挥机床性能，延长机床使用寿命,精加工、光整加工安排在后,有利于保证加工质量。加工阶段通常分为粗加工阶段、半精加工阶段、精加工阶段和光整加工阶段。

(1)粗加工阶段

粗加工阶段主要切除各个表面上大部分加工余量,使毛坯形状和尺寸接近于成品。工件在粗加工时,由于加工余量较大,所受的切削力、夹紧力较大,将引起较大的变形及内应力重新分布。粗加工要求采用功率大、刚度高、效率高而精度低的机床。

(2)半精加工阶段

半精加工阶段主要完成次要表面的最终加工,并为主要表面的精加工做准备。

(3)精加工阶段

精加工阶段应保证主要表面达到图样要求,精加工时要求机床精度高。

(4)光整加工阶段

对表面粗糙度及加工精度要求高的表面,还需进行光整加工。

加工阶段的划分就零件加工整个过程而言,不能以某个表面的加工或某个工序的性质来判断,在具体应用时,应以工件的主要加工面来分析。

将零件的加工过程划分为几个加工阶段的主要目的是:

(1)保证零件加工质量

划分加工阶段以保证加工质量主要体现在以下两个方面:

①毛坯本身就具有内应力,且粗加工阶段要切除加工表面上的大部分加工余量,切削力和切削热量都比较大,装夹工件所需夹紧力也较大,被加工工件会产生较大的受力变形和受热变形。此外,粗加工阶段从工件上切除大部分加工余量后,残存在工件中的内应力要重新分布,也会使工件产生变形。划分加工阶段并使各加工阶段有一定的时间间隔,便于残余应力得到释放,从而减少这些变形带来的影响,或者在加工阶段之间安排诸如热处理、校直、自然时效等工序来消除各种变形的影响,提高加工质量。

②如果加工过程不划分阶段,把各个表面的粗、精加工工序混在一起交错进行,那么安排在工艺过程前期通过精加工工序获得的加工精度势必会被后续的粗加工工序所破坏,这是不合理的。加工过程划分为几个阶段后,粗加工阶段产生的加工误差,可以通过半精加工和精加工阶段逐步予以修正,这样安排,零件的加工质量容易得到保证。而且,精加工阶段放在最后可以避免在运输当中零件精加工表面的碰伤及划伤。

(2)合理利用机床设备

由于各加工阶段的主要任务不同,加工方法、加工设备、不同等级的技术工人的配备也就不同。为合理地使用设备和发挥技术工人的积极性,粗加工工序需选用功率大、精度较低、效率高的设备和技术等级低的工人,精加工工序则应选用高精度设备加工和高技术工人,而且如果在高精度机床上安排做粗加工工作,机床精度会迅速下降,缩短了机床的使用寿命。

(3)便于安排热处理工序

在加工工艺过程的不同阶段插入必要的热处理工序,能消除应力,便于后续加工以及得到所需零件的物理、力学性能。例如,粗加工后安排时效处理,消除粗加工时工件所产生的残余应力,减少内应力对精加工的影响;半精加工之后安排淬火,不仅容易达到零件的性能要求,而且淬火后引起的变形及氧化层又可通过精加工工序予以消除。

(4)及早发现毛坯的缺陷

粗加工各表面后,由于切除了各加工表面的大部分加工余量,可及早发现毛坯的缺陷(气孔、砂眼、裂纹和加工余量不够),以便及时报废或修补,不会浪费后续精加工工序的制造费用。

2. 加工顺序

加工顺序总的原则是前面的工序为后续工序创造条件,并作基准准备,切削加工顺序安排的原则如下。

(1) 先粗后精原则

零件的加工应先进行粗加工,然后进行半精加工,最后是精加工和光整加工。精加工前,一般安排消除内应力的热处理,毛坯经粗加工后,可及时发现缺陷并进行处理;同时,精加工工序放在后面,可以避免加工好的表面在搬运和夹紧中受损。

(2) 先主后次原则

先安排主要表面的加工,后考虑次要表面的加工。先主后次的原则应正确理解和应用,主要表面放在前阶段进行,若发现废品,可减少工时的浪费。次要表面一般加工余量较小,加工比较方便,因此把次要表面加工穿插在各加工阶段中进行,使加工阶段更明显且能顺利进行,又能增加加工阶段的时间间隔,可以有足够的时间让残余应力重新分布并使其引起的变形充分表现,以便在后续工序中修正。

(3) 先面后孔原则

先加工平面,后加工孔。平面面积较大,轮廓平整,先加工好平面,便于加工孔时的定位装夹,利于保证孔与平面的位置精度。

(4) 先基准后其他原则

用作基准的表面要首先加工出来,所以第一道工序一般进行定位基面的粗加工和半精加工,然后以基面定位加工其他表面。

三、工序集中和工序分散

在划分了加工阶段以及各表面加工先后顺序后,就可以把这些内容组成为各个工序。在组成工序时,有两条原则,即工序集中原则和工序分散原则。

工序集中原则就是将工件加工内容集中在少数几道工序内完成,每道工序的加工内容较多。

工序分散原则就是将工件加工内容分散在较多的工序中进行,每道工序的加工内容较少,最少时每道工序只包含一个简单工步。

1. 工序集中原则

(1) 在一次装夹中可以完成零件多个表面的加工,可以较好地保证这些表面的相互位置精度,同时减少工件的装夹时间,减少搬运工作量,有利于缩短生产周期。

(2) 采用高效率的自动机床,机床数量少,节省车间面积,简化生产组织工作。

(3) 所用设备调整和维护复杂,技术难度大。

2. 工序分散原则

(1) 采用专用设备及工艺装备,调整和维护方便,技术易于掌握。

(2) 可采用最合理的切削用量,便于平衡工序时间。

(3) 设备数量多,操作工人多,占用场地大。

工序集中和工序分散原则各有利弊,应根据生产类型、现有生产条件、企业能力、工件结构特点和技术要求等进行综合分析,择优选用。单件、小批生产采用通用机床顺序加工,使用工序集中,可以简化生产计划和组织工作。大批生产的产品,可采用专用设备和工艺装备,如多刀、多轴机床,既可工序集中,也可将工序分散后组织流水线生产。

由于市场需求向多品种小批量发展,伴随着柔性加工技术的进步,多功能加工中心的出现,工序集中原则在当前发展趋势较好。

四、零件加工方法制定

零件在加工时,获得同一精度和同一表面粗糙度的方案有很多种,选择加工方法时不仅要考虑零件的结构形状、尺寸大小、材料和热处理,还要结合产品生产率及工厂的现有条件等综合分析。各种加工方法所能达到的经济精度和经济粗糙度等级,在机械加工的各种手册中均能查到。

1. 机床的选择

在设计安排加工工序时,需要正确地选择机床和工艺设备,并填入相应工艺卡中,这是保证零件的加工质量、提高生产效率和经济效益的重要措施。

机床是加工工件的主要生产设备,选择时应考虑下述问题。

(1) 所选机床应与加工零件相适应。机床的精度应与加工零件的技术要求相适应;机床的主要规格尺寸应与加工零件的外轮廓尺寸相适应;机床的生产率应与零件的生产纲领相适应。

(2) 生产现场的实际情况。生产现场的实际情况包括现有设备的类型、规格及实际精度,设备的分布排列及负荷情况,操作者的操作水平等。

(3) 生产工艺技术的发展。如在一定的条件下考虑采用计算机辅助制造(CAM)、成组技术(GT)等新技术时,则有可能选用高效率的专用、自动、组合等机床以满足相似零件组的加工要求,而不仅仅考虑某一零件批量的大小。

2. 工艺装备的选择

(1) 夹具的选择

单件、小批量生产应尽量选用通用夹具,如机床自带的卡盘、平口钳、转台等;大批量生产时,应采用高生产效率的专用夹具,积极推广气、液传动的专用夹具;在推行计算机辅助制造、成组技术等新工艺或提高生产效率时,则应采用成组夹具。

(2) 刀具的选择

刀具的选择主要取决于工序所采用的加工方法、加工表面尺寸、工件材料、所要求的精度和表面粗糙度、生产率及经济性等,选择刀具时尽可能采用标准刀具,必要时可采用高生产率的复合刀具和其他专用刀具。

(3) 量具的选择

量具的精度必须与加工精度相适应,结合检验项目和生产类型选择。在单件小批生产中,应尽量采用通用量具、量仪,而在大批大量生产中,则应采用各种量规、高生产率的检验仪器等。

3. 加工方法的选择

零件的结构形状虽然多种多样,但任何复杂的零件都是由一些最基本的几何表面(外圆柱面、内孔、平面、成型面等)组合而成的。同一种表面可以选用各种不同的加工方法加工,但每种加工方法的加工质量、加工时间和所花费的费用却是各不相同的。工程技术人员的任务,就是要根据具体加工条件(生产类型、设备状况、工人的技术水平等)选用最适当的加工方法,加工出符合图样要求的机械零件。

在拟定零件的加工工艺路线时,首先要确定构成零件各表面的加工方法。在确定表面的加工方法时,应注意到:具有一定技术要求的加工表面,一般都不是只通过一次加工就能达到图样要求的,对于精密零件的主要表面,往往要通过多次加工才能逐步达到加工质量要求;在选择加工方法时,一般总是先根据零件主要表面的技术要求和工厂具体条件,先选定该表面终加工工序的加工方法,然后再逐一选定该表面各有关前导工序的加工方法。另外,主要表面的加工方案和加工方法选定之后,再选定次要表面的加工方案和加工方法;选择加工方法,既要保证零件表面的质量,又要争取高生产效率和低的经济成本。

在选择零件各表面的加工方法时,主要应从以下几个方面来考虑。

(1)零件结构及尺寸

各种典型表面都有其相适应的加工方法,而且加工表面的尺寸大小不同,采用的加工方法和加工方案往往不同。例如,对于标准公差等级为IT7的孔,采用镗、铰、拉和磨削等均可达到要求。但是,箱体上的孔一般不宜采用拉或磨削,加工大孔时宜选择镗孔,加工小孔时宜选用铰孔。

(2)经济加工精度和表面粗糙度

任何一种加工方法能获得的加工精度和表面粗糙度都有一个相当大的范围,而高精度的获得一般要以高成本为代价,不适当的高精度要求,会导致加工成本急剧上升,所以不要盲目采用高的加工精度和小的表面粗糙度的加工方法,以免增加生产成本,浪费设备资源。例如,外圆柱表面的加工精度为IT7,表面粗糙度R_a为$0.4\mu m$时,一般通过精车也可以达到要求,但对操作人员的技术水平要求较高,不如磨削经济。

所谓经济加工精度,是指在正常条件下(采用符合质量标准的设备、工艺装备和标准技术等级的工人,不延长加工时间)所能保证的加工精度。若延长加工时间,就会增加成本,虽然精度能提高,但不经济。经济表面粗糙度的概念类同于经济精度。

(3)工件材料性质和热处理状况

加工方法的选择常受工件材料性质和热处理状况的限制。例如,淬火钢精加工,因淬火后硬度较高,应采用磨削加工;而有色金属的精加工,为避免磨削时堵塞砂轮,常采用金刚镗或高速精密车削等。

(4)生产类型、生产率和经济性

选择加工方法一定要考虑生产类型,这样才能保证生产率和经济性要求。大批量生产可采用生产率高、质量稳定的专用设备和专用工艺装备以及先进的加工方法。而单件、小批生产只能用通用机床、通用设备和一般的加工方法。如内孔键槽的加工方法可以选择拉削和插削,单件小批量生产主要适于用插削,可以获得较好的经济性,而大批量生产中大多采用拉削加工,以便提高生产率。

(5)加工表面特殊要求

有些加工表面可能会有一些特殊要求,如表面切削纹路方向的要求、表面力学性能的要求等。不同的加工方法,纹路方向有所不同,如铰削和镗削的纹路方向与拉削的纹路方向就不相同,选择加工方法时应考虑加工表面的特殊要求。

(6)企业现有条件

所选择的加工方法要与本企业现有生产条件相适应,不能脱离本企业现有的设备状况和操作人员的技术水平,要充分利用现有设备,挖掘生产潜力。同时应重视新技术、新工艺,设法提高企业的工艺水平。

第五节 加工余量与工序尺寸的确定

零件的工艺路线确定以后,就要确定工艺内容,即明确各工序的工序尺寸,上下偏差,加工余量等内容。

一、加工余量的确定

1. 加工余量的定义

用去除材料的方法制造机器零件时,一般都要从毛坯上切除一层层材料后最后才能制得符合图样规定要求的零件。毛坯上被切除的材料层,称为加工余量。加工余量有加工总余量和工序余量之分:

(1)加工总余量(毛坯余量)

毛坯尺寸与零件设计尺寸之差称为加工总余量。加工总余量等于加工过程中各个工序切除材料层厚度的总和。

(2)工序余量

每一道工序所切除的金属层厚度称为工序余量。

加工总余量等于各工序余量之和,可用下式表示

$$Z_0 = Z_1 + Z_2 + \cdots + Z_n = \sum_{i=1}^{n} Z_i \tag{10-2}$$

式中: Z_0——加工总余量;

$Z_1 \mathrel{\text{、}} Z_2 \mathrel{\text{、}} Z_n$——各工序的工序余量。

工序余量等于相邻两工序基本尺寸之差,可表示为

$$Z_i = l_{i-1} - l_i = d_{i-1} - d_i = D_{i-1} - D_i \tag{10-3}$$

式中: Z_i——本道工序的工序余量;

$l_{i-1} \mathrel{\text{、}} d_{i-1} \mathrel{\text{、}} D_{i-1}$——上道工序的基本尺寸;

$l_i \mathrel{\text{、}} d_i \mathrel{\text{、}} D_i$——本道工序的基本尺寸。

工序余量有单边余量和双边余量之分。如图10-18所示,平面的加工余量是指单边余量,它等于实际切削的材料层厚度。对于外圆与内孔这样的对称表面,其加工余量用双边余量表示,即以直径方向计算,其实际切削的金属层厚度为加工余量的一半。

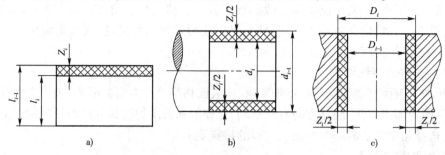

图10-18 单边余量与双边余量
a)平面;b)外圆;c)内孔

上面所说的工序余量都是计算基本工序尺寸用的,所以称为基本余量(又称公称余量、名义余量)。但任何加工方法都不可避免地要产生尺寸的变化,因此各工序加工后的尺寸也有一定的误差,即工序尺寸有公差,故各工序实际切除的余量是一个变值,致使加工余量有基本余量、最大加工余量和最小加工余量之分。实际的加工余量也有一定公差范围,其公差大小等于本道工序的工序尺寸公差与上道工序的工序尺寸公差之和。

为了便于加工,工序尺寸的公差一般按"入体原则"标注。即对于被包容面(轴的外径、实体长、宽、高),其最大的工序尺寸就是基本尺寸,取上偏差为零;对于包容面(孔的直径、槽的宽度),其最小的工序尺寸就是基本尺寸,取下偏差为零;毛坯尺寸的公差,一般采用双向对称分布。如图10-19所示。

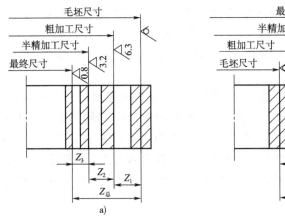

图10-19 工序余量示意图
a)轴;b)孔

2. 加工余量的影响因素

加工余量的大小应按加工要求合理地确定。加工余量规定过大,不仅浪费原材料及机械加工的工时,而且增加机床、刀具、能源的消耗;加工余量规定过小,则本道工序加工就不能完全切除上道工序的各种误差及表面缺陷层,甚至造成废品,因而也就没有达到设置这道工序的目的。影响加工余量的主要因素有:

(1) 上道工序的表面质量

上道工序的表面质量包括上道工序留下的表面粗糙度 R_z(表面轮廓的最大高度)和表面缺陷层深度 H_a。本道工序必须把上道工序留下的表面粗糙度和表面缺陷层全部切去,本工序加工余量必须包括 R_z 和 H_a 这两项因素。

(2) 上道工序的加工误差

上道工序的加工误差包括在加工表面上存在的尺寸误差和各种形位误差,这些误差一般包含在上道工序的尺寸公差 T_z 内(如圆度一般包括在直径公差内,平行度包括在距离公差内)。上道工序的加工精度越低,则本道工序的加工余量应越大,即应切除上道工序的所有加工误差。

(3) 上道工序留下的空间位置误差

上道工序还有一些几何误差不包括在加工表面的工序尺寸公差范围内,但这些误差又必须在加工中加以纠正,这时就必须单独考虑这类误差对加工余量的影响。属于这类误差的有轴线的直线度、位置度、同轴度及平行度、轴线与端面的垂直度、阶梯轴与孔的同轴度、外圆对于孔的同轴度等,在确定加工余量时,需要考虑它们的影响,在本道工序中应予以修正。

例如，由于上道工序轴的轴线有直线度误差，则本道工序的加工余量必须相应增加才能保证该轴在加工后消除弯曲的影响。另外，热处理变形对加工余量的影响也是需要单独考虑的误差之一，如淬火零件的磨削余量应比不淬火零件的磨削余量要大些，这也是考虑到零件在淬火后有变形的原因。

(4) 本道工序的装夹误差。

装夹误差包括定位误差、夹具本身误差及夹紧误差。由于装夹误差的影响，使工件待加工表面偏离了正确位置，将直接影响被加工表面与切削刀具的相对位置，所以确定加工余量时还应考虑装夹误差的影响。

3. 加工余量的确定方法

加工余量的大小对工件的加工质量、生产率和生产成本均有较大影响。因此，应合理地确定加工余量。确定加工余量的基本原则是在保证加工质量的前提下，加工余量越小越好。实际工作中，确定加工余量的方法有三种：计算法、查表修正法和经验估计法。

(1) 计算法

计算法是根据一定的试验资料和计算公式，对影响加工余量的各项因素进行分析和综合计算来确定加工余量的大小。在完全把握影响因素及其定量关系的前提下，按公式计算所得到的加工余量是较精确的。但要准确度量不同因素对加工余量的影响关系，必须具备一定的测量手段和掌握全面、可靠的数据资料，计算也较复杂，如果所积累的基础数据和统计资料不充分，计算法就失去了意义。目前，计算法一般只在材料十分贵重或少数大批量生产中的一些重要工序中采用。

(2) 查表修正法

查表修正法以生产实践和试验研究所积累起来的各种资料和数据（可以从一般的机械加工手册中查阅）为基础，再结合本厂生产实际情况加以修正，来确定加工余量。用查表修正法确定加工余量，方法简便，比较接近生产实际，这是各工厂广泛采用的方法。

(3) 经验估计法

加工余量的大小由一些有经验的工艺人员根据本身积累的经验确定。由于主观上怕产生废品的缘故，故经验法确定的加工余量一般偏大。这种方法仅用于单件小批生产。

二、余量法计算工序尺寸及其公差

零件上的设计尺寸一般要经过几道机械加工工序的加工才能得到。在加工过程中每道工序应保证的加工尺寸称为工序尺寸，其公差即为工序尺寸的公差，公差按各种加工方法的经济加工精度选定。计算工序尺寸及其公差是工艺规程制订的重要内容之一。基准重合时工序尺寸的计算方法称为余量法。

当加工某一表面的各道工序都采用同一个定位基准，并且与设计基准重合时，工序尺寸的确定比较简单。在确定了各工序的加工余量和工序所能达到的经济加工精度以后，就可以由最后一道工序开始往前推算。具体步骤如下：

(1) 根据工艺手册或有关资料查取各加工工序的工序余量。

(2) 从最后一道加工工序开始，即从设计尺寸开始，到第一道加工工序，逐次加上（轴）或减去（孔）每道工序的加工余量，可分别得到各工序的基本尺寸。即

$$\text{前道工序基本尺寸} = \text{本道工序基本尺寸} \pm \text{本道工序余量}$$

式中："+"——被包容面（如轴）；

"-"——包容面(如孔)。

(3)除最终加工工序取设计尺寸公差外,其他各加工工序按各自采用的加工方法所对应的经济加工精度确定工序尺寸公差。

(4)除最终加工工序按图纸标注公差外,其余各加工工序按"入体原则"标注工序尺寸的上下偏差。

(5)毛坯余量(即加工总余量)应等于各加工工序的工序余量之和。如果从毛坯余量表中查得的毛坯总余量与各加工工序的工序余量之和不等,则应取二者中的较大值,差值在毛坯总余量或粗加工工序余量中修正。

例 10-1 某轴毛坯为锻件,其设计直径尺寸为 $\phi 50_{-0.016}^{0}$ mm,加工精度要求为 IT6,表面粗糙度 R_a 为 $0.8\mu m$,并要求高频淬火。若采用加工方法为粗车→半精车→高频淬火→粗磨→精磨。试确定各机械加工工序的工序尺寸及其公差。

解法如下:

(1)根据机械加工手册或工厂资料确定各工序的基本余量:精磨余量为 0.1mm,粗磨余量为 0.3mm,半精车余量为 1.1mm,粗车余量为 4.5mm。

(2)计算各工序的工序尺寸。由后工序向前工序逐个推算工序尺寸:最终尺寸也就是精磨后基本尺寸为 50mm,为给精磨留出余量,所以粗磨后基本尺寸为 50+0.1=50.1mm,以此类推,半精车后基本尺寸为 50.1+0.3=50.4mm,粗车后基本尺寸为 50.4+1.1=51.5mm,粗车前也就是锻造后毛坯基本尺寸为 51.5+4.5=56mm。

(3)按各加工方法的经济加工精度和经济表面粗糙度确定各工序公差和表面粗糙度。查工艺设计手册可确定:最终要求精度 IT6,尺寸公差为 $0.016\mu m$,表面粗糙度 R_a 为 $0.8\mu m$,采用精磨加工可以达到;粗磨加工精度为 IT8,尺寸公差为 0.039,表面粗糙度 R_a 为 $1.6\mu m$;半精车加工精度为 IT11,尺寸公差为 $0.16\mu m$,表面粗糙度 R_a 为 $3.2\mu m$;粗车加工精度为 IT13,尺寸公差为 0.39mm,表面粗糙度 R_a 为 $12.5\mu m$;锻件毛坯公差为 ±2mm。

(4)按"入体原则"确定各工序工序基本尺寸的上、下偏差。

计算结果汇总见表 10-5。

各工序的工序尺寸及其公差的确定 表 10-5

工序名称	工序要求余量(mm)	加工精度	工序前尺寸(mm)	工序到达尺寸及公差(mm)	表面粗糙度 $R_a(\mu m)$
精磨	0.1	IT6	$\phi 50.1$	$\phi 50_{-0.016}^{0}$	0.4
粗磨	0.3	IT8	$\phi 50.4$	$\phi 50.1_{-0.039}^{0}$	1.6
半精车	1.1	IT11	$\phi 51.5$	$\phi 50.4_{-0.16}^{0}$	3.2
粗车	4.5	IT13	$\phi 56$	$\phi 51.5_{-0.39}^{0}$	12.5
锻件		±2		$\phi 56 \pm 2$	

三、工艺尺寸链法

当工序基准或定位基准与设计基准不重合时,需借助工艺尺寸链来分析计算。该算法除了可以计算工序尺寸外,还可以计算间接尺寸的测量和工序间临时尺寸的保证等案例。

在机器装配和零件加工过程中所涉及的尺寸,一般来说都不是孤立的,而是彼此之间有着一定的内在联系。往往一个尺寸的变化会引起其他尺寸的变化,或是一个尺寸的获得要靠其他一些尺寸来保证。上述问题的研究和解决,需要借助于尺寸链的基本知识和计算方法。所以,在制订机械加工过程和保证装配精度中,尺寸链原理是分析和计算工序尺寸的有效工具和重要手段。

1. 尺寸链的基本概念

(1) 尺寸链的定义和特征

在机器装配或零件加工过程中,由互相联系的按一定顺序首尾相接构成封闭形式的一组尺寸就定义为尺寸链。尺寸链按其功能分为工艺尺寸链和装配尺寸链。由单个零件在加工过程中的有关工艺尺寸所组成的尺寸链,称为工艺尺寸链。

在零件加工过程中,通常会出现工艺基准与设计基准不重合、同一工序的不同加工特征交错进行加工的情况,此时,必须应用尺寸链的基本理论,建立相关工艺过程中的相关尺寸关系,即形成工艺尺寸链,并应用尺寸链计算公式进行工序尺寸及其上下偏差的计算。

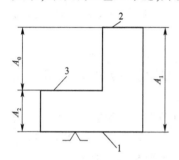 

图 10-20 工艺尺寸链示例图

如图 10-20 所示,零件图上标注的设计尺寸为 A_1 和 A_0。当用零件的面 1 来定位加工面 2 时,直接得尺寸 A_1;当用调整法加工台阶面 3 时,为了使定位稳定可靠并简化夹具,仍然以零件的面 1 来定位加工台阶面 3,直接得尺寸 A_2,则设计尺寸 A_0 在加工时并未直接得到,是被动形成的。

从尺寸链的定义和示例中可知,尺寸链的主要特征是封闭性和关联性。所谓封闭性,是指尺寸链必须是一组有关尺寸首尾相接构成封闭形式。其中,应包含一个间接保证的尺寸和若干个对此有影响的直接获得的尺寸。没有封闭的链不能成为工艺尺寸链;所谓关联性,是指尺寸链中间接被动获得或间接保证的尺寸及其精度的变化,是受其余任何一个直接获得的尺寸及其精度所支配的,并且间接保证的尺寸的精度必然低于直接获得的尺寸的精度。图 10-20 中尺寸 A_1 与 A_2 的变化都将引起尺寸 A_0 的变化。

(2) 尺寸链的组成

组成尺寸链的每一个尺寸,称为尺寸链的环。在图 10-20 的工艺尺寸链中的尺寸 A_0、A_1、A_2 都是尺寸链的环,这些环又可分为封闭环和组成环。

① 封闭环

尺寸链中凡属间接保证精度的那个环称为封闭环。在加工完成前封闭环是不存在的。一个尺寸链只能有一个封闭环。在图 10-20 的工艺尺寸链中,A_0 是间接得到的尺寸,它就是封闭环。

② 组成环

尺寸链中凡属通过加工直接得到的尺寸称为组成环,即封闭环之外的其余尺寸。A_1 与 A_2 都是通过加工直接得到的尺寸,它们就是图 10-20 中尺寸链的组成环。组成环按其对封闭环的影响又可分为增环和减环。

a. 增环

组成环中,若该环增大将引起封闭环增大;该环缩小将引起封闭环缩小,则此组成环就称为增环。在图 10-20 的工艺尺寸链中,A_1 为增环。

b. 减环

组成环中,若该环增大将引起封闭环减小;该环缩小将引起封闭环增大,则此组成环就称为减环。在图 10-20 的工艺尺寸链中,A_2 为减环。

(3)尺寸链图的作法及增减环的判别

尺寸链一般都用尺寸链图表示。尺寸链图的作法如下：

①确定间接保证精度的尺寸,并将其定为封闭环。

②从封闭环出发,按照零件表面尺寸间的联系,用依次画出有关直接获得的尺寸(大致按比例就行),作为各组成环,直到尺寸的终端回到封闭环的起始端形成一个封闭图形。

③按照各尺寸首尾相接的原则,可顺着一个方向用首尾相接的单向箭头表示各环。凡是箭头方向与封闭环箭头方向相同的环就是减环,而箭头方向与封闭环箭头方向相反的环就是增环,如图10-20所示。

2. 尺寸链的计算

尺寸链的计算方法有极值法与概率法(或统计法)两种。在极值法中,考虑了组成环的极限情况,即可能出现的最不利情况,故计算结果绝对可靠,而且计算简单,因此极值法应用广泛。但是在成批、大量生产中,实际尺寸按正态分布,即各组成环都处于极限尺寸的概率很小,此时极值法就显得过于保守,尤其是当封闭环公差较小、组成环数目较多时,分摊到各组成环的公差将过小而使加工困难,制造成本增加,在这种情况下,可以采用概率法。目前生产中,工艺尺寸链的计算一般采用极值法。这里只介绍极值法。

(1)极值法计算尺寸链的基本公式

符号定义：

A_0：封闭环基本尺寸，$\vec{A}$：增环基本尺寸，$\overleftarrow{A}$：减环基本尺寸；

ES_0：封闭环上偏差，EI_0：封闭环下偏差；

$\vec{ES}$：增环上偏差，$\vec{EI}$：增环下偏差，$\overleftarrow{ES}$：减环上偏差，$\overleftarrow{EI}$：减环下偏差；

T_0：封闭环公差值，T_i：各组成环的公差值。

①封闭环基本尺寸的计算公式

$$A_0 = \sum \vec{A} - \sum \overleftarrow{A} \tag{10-4}$$

注：为简化公式,右侧参数为所有的增环基本尺寸之和减去所有减环基本尺寸之和,尺寸链中所有的增减环都要参与计算。

②封闭环的公差计算公式

$$ES_0 = \sum \vec{ES} - \sum \overleftarrow{EI} \tag{10-5}$$

$$EI_0 = \sum \vec{EI} - \sum \overleftarrow{ES} \tag{10-6}$$

注：为简化公式,式(10-2)中右侧参数为所有的增环上偏差之和,减去所有减环下偏差之和,式(10-3)中右侧参数为所有的增环下偏差之和,减去所有减环上偏差之和,尺寸链中所有增减环的上下偏差都要参与计算。

③各环公差的计算

$$T_0 = \sum T_i \tag{10-7}$$

该式主要用于验算结果,即封闭环的公差值等于所有组成环的公差值代数和。

极值法解算尺寸链的特点是简便、可靠,主要用于组成环的环数较少,或组成环虽然多,但封闭环的公差较大的场合。

(2)尺寸链的计算形式

尺寸链计算有以下三种形式：

①正计算

已知各组成环的基本尺寸和公差(或偏差),求封闭环的基本尺寸和公差(或偏差)。正计算主要用于产品的校验或零件加工后能否满足图纸规定的精度要求。封闭环的计算结果是唯一的。

② 反计算

已知封闭环的基本尺寸和公差(或偏差),求算各组成环的基本尺寸和公差(或偏差)。反计算主要用于产品设计、加工和装配工艺计算等方面。由于组成环有若干个,所以,反计算形式是将封闭环的公差值合理地分配给各组成环,以求得最佳分配方案。反计算的结果不是唯一的。反计算有等公差法和等精度法两种解法。

a. 等公差法:按等公差的原则把封闭环的公差值分配给各组成环。用这种方法解尺寸链,计算比较简单,但未考虑各组成环的尺寸大小和加工难易程度,都给出相等的公差大小,这显然是不合理的。在实际应用中常按各组成环的尺寸大小和难易程度进行适当的调整,使各组成环的公差都能较容易地达到。

b. 等精度法:按各组成环公差等级相等的原则来分配各组成环的公差。它克服了等公差法的缺点,从工艺上讲较为合理。但计算较麻烦。

③ 中间计算

已知封闭环及部分组成环的基本尺寸和公差(或偏差),试计算某一组成环的基本尺寸和公差(或偏差)。它用于设计与工艺计算、校验等方面。工艺尺寸链解算多属此种形式。在实际计算中,可能得到零公差或负公差(上偏差小于下偏差),即该条件下无解,因此必须根据工艺可能性重新决定其他组成环的公差,即压缩组成环的制造公差,提高其加工精度。

四、工艺尺寸链法的典型案例

1. 基准不重合时,工序尺寸及其公差的计算

(1) 定位基准与设计基准不重合

采用调整法加工零件时,若所选的定位基准与设计基准不重合,那么该零件加工表面的设计尺寸就不能由直接加工得到,这时就需要进行工序尺寸的换算,以保证设计尺寸的精度要求,并将计算的工序尺寸标注在工序图上。

例 10-2 如图 10-21 所示的零件,镗削零件上的孔。孔的设计基准是 C 面,设计尺寸为 (100 ± 0.15) mm。表面 A、B、C 均已加工好,为装夹方便,以 A 面定位镗孔,按工序尺寸 A_3 调整机床。求工序尺寸 A_3 及其偏差。

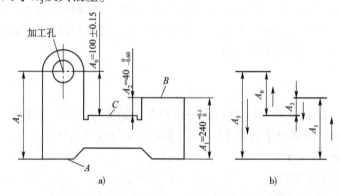

图 10-21 定位基准与设计基准不重合时工序尺寸的换算
a) 支撑座零件简图;b) 工艺尺寸链图

①建立工艺尺寸链

工艺尺寸链的简图,如图 10-21 右侧所示。由于表面 A、B、C 在镗孔前已加工,故工序尺寸 A_1、A_2 在本工序前就已被保证精度,工序尺寸 A_3 为本工序要直接保证精度的尺寸,故三者均为组成环,设计尺寸 A_0 为本工序加工后才间接得到的尺寸,故 A_0 为封闭环。根据简图中尺寸对应的箭头方向可知,组成环 A_2 和 A_3 为增环,A_1 为减环。

②计算工序基本尺寸

由公式 $A_0 = \sum \vec{A} - \sum \overleftarrow{A}$ 可得:

$A_0 = A_2 + A_3 - A_1$,即 $100 = 40 + A_3 - 240$,$A_3 = 300$

③计算工序尺寸公差

由公式 $ES_0 = \sum \vec{ES} - \sum \overleftarrow{EI}$ 可得:

$ES_0 = ES_2 + ES_3 - EI_1$,即 $0.15 = 0 + ES_3 - 0$,$ES_3 = 0.15$

由公式 $EI_0 = \sum \vec{EI} - \sum \overleftarrow{ES}$ 可得:

$EI_0 = EI_2 + EI_3 - ES_1$,即 $-0.15 = -0.06 + EI_3 - 0.1$,$EI_3 = 0.01$

所以,工序尺寸 $A_3 = 300^{+0.15}_{+0.01}$

④验算封闭环公差

封闭环的公差为 $T_0 = 0.3$mm,各组成环公差之和为 $T_1 + T_2 + T_3 = 0.10 + 0.06 + 0.14 = 0.30$mm,因此计算正确。

(2)测量基准与设计基准不重合

在工件加工过程中,有时会遇到一些表面加工之后,按设计尺寸不便直接测量的情况,因此,需要在零件上另选一容易测量的表面作为测量基准进行测量,以间接保证设计尺寸的要求。这时就需要进行工序尺寸的换算。

例 10-3 如图 10-22 所示的套筒零件,其设计尺寸为 $10^{\ 0}_{-0.36}$mm 和 $50^{\ 0}_{-0.17}$mm。在加工内孔端面 B 时,尺寸 $10^{\ 0}_{-0.36}$mm 不便测量,需另选测量基准。为此,应先以加工好的 A 面定位车端面 C,保证设计尺寸 $50^{\ 0}_{-0.17}$mm,然后车内孔及端面 B。检验时测量 BC 距离,得到尺寸 A_2、A_2 究竟为多少大才能间接证明尺寸 $10^{\ 0}_{-0.36}$mm 是合格的?

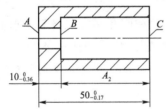
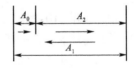

图 10-22 测量基准与设计基准不重合时工序尺寸的换算

①建立工艺尺寸链

工艺尺寸链的简图,如图 10-22 右侧所示。尺寸 $A_0 = 10^{\ 0}_{-0.36}$ 为封闭环,$A_1 = 50^{\ 0}_{-0.17}$ 为增环尺寸,A_2 为减环。

②计算工序基本尺寸

由公式 $A_0 = \sum \vec{A} - \sum \overleftarrow{A}$ 可得:

$A_0 = A_1 - A_2$,即 $10 = 50 - A_2$,$A_2 = 40$

③计算工序尺寸公差

由公式 $ES_0 = \sum \vec{ES} - \sum \overleftarrow{EI}$ 可得:

$ES_0 = ES_1 - EI_2$，即 $0 = 0 - EI_2$，$EI_2 = 0$

由公式 $EI_0 = \sum \overrightarrow{EI} - \sum \overleftarrow{ES}$ 可得：

$EI_0 = EI_1 - ES_2$，即 $-0.36 = -0.17 - ES_2$，$ES_2 = 0.19$

所以，工序尺寸 $A_2 = 40^{+0.19}_{0}$

④验算封闭环公差

封闭环的公差为 $T_0 = 0.36$mm，各组成环公差之和为 $T_1 + T_2 = 0.17 + 0.19 = 0.36$，故计算正确。

2. 多尺寸同时保证问题中的尺寸换算

在同一工序的加工中，要求同时保证两个或两个以上有关联的设计尺寸时，需要进行工艺尺寸换算。

例 10-4 如图 10-23a)所示为齿轮孔，已知设计要求为：齿轮内孔直径为 $40^{+0.039}_{0}$mm，键槽深度为 $43.3^{+0.20}_{0}$mm；图 10-23b)为内孔及键槽加工简图，内孔需要淬火热处理，加工完后硬度高，无法再加工键槽，所以当内孔在前一道工序完成后达到 $39.6^{+0.062}_{0}$mm 时，先加工键槽，以工序尺寸 A_1 为标准，随后进行热处理和磨内孔，完成后同时保证内孔 $40^{+0.039}_{0}$mm 和键槽深度 $43.3^{+0.2}_{0}$mm。试确定工序尺寸 A_1 及其偏差。

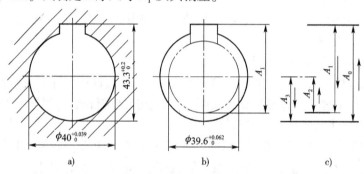

图 10-23 多个设计尺寸同时保证时的工序尺寸换算示例

a)齿轮孔尺寸图；b)内孔键槽加工简图；c)工艺尺寸链图

(1) 建立工艺尺寸链

工艺尺寸链的简图，如图 10-23c)所示，此处按圆孔半径来计算，同时公差也减半。显然，尺寸 $A_0 = 43.3^{+0.2}_{0}$ 为封闭环（键槽最终深度，磨内孔后间接保证的尺寸），尺寸 A_1 为增环，尺寸 $A_3 = 20^{+0.0195}_{0}$mm 为增环（半径），尺寸 $A_2 = 19.8^{+0.031}_{0}$mm 为减环（半径）。

(2) 计算键槽加工工序基本尺寸

由公式 $A_0 = \sum \overrightarrow{A} - \sum \overleftarrow{A}$ 可得：

$A_0 = A_1 + A_3 - A_2$，即 $43.3 = 20 + A_1 - 19.8$，$A_1 = 43.1$

(3) 计算工序尺寸公差

由公式 $ES_0 = \sum \overrightarrow{ES} - \sum \overleftarrow{EI}$ 可得：

$ES_0 = ES_1 + ES_3 - EI_2$，即 $0.2 = ES_1 + 0.0195 - 0$，$ES_1 = 0.1805$

由公式 $EI_0 = \sum \overrightarrow{EI} - \sum \overleftarrow{ES}$ 可得：

$EI_0 = EI_1 + EI_3 - ES_2$，即 $0 = EI_1 + 0 - 0.031$，$EI_1 = 0.31$

所以，工序尺寸 $A_1 = 43.1^{+0.1805}_{+0.031} \approx 43.13^{+0.15}_{0}$

(4) 验算封闭环公差

封闭环的公差为 $T_0 = 0.2$mm,各组成环公差之和为 $T_1 + T_2 + T_3 = 0.1495 + 0.031 + 0.0195 = 0.2$mm,因此计算正确。

3. 保证渗氮、渗碳层深度的工序尺寸换算

产品中有些零件的表面需进行渗氮或渗碳处理,而且在精加工后还要求保证一定的渗层深度。为此,必须合理地确定渗前加工的工序尺寸和热处理时的渗层深度。

例 10-5 如图 10-24a)所示的轴类零件,轴段 $100_{-0.016}^{0}$mm 表面需渗碳,精加工后要求保证渗碳层深度为 $t = 1 \pm 0.1$mm(单边深度)。在渗碳前该轴段半精车外圆至 $100.5_{-0.14}^{0}$mm,以 t_1 为深度渗碳后磨削外圆至 $100_{-0.016}^{0}$mm,并同时保证渗碳层深度为 $t = 1 \pm 0.1$mm。求渗碳淬火工序的渗碳层深度 t_1。

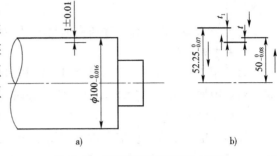

图 10-24 保证渗碳层深度的尺寸换算
a)渗碳轴零件图;b)渗碳工艺尺寸链图

(1)建立工序尺寸链

如图 10-24b),残余渗碳层深度 t 是最终间接得到的尺寸,显然 t 是封闭环。轴渗碳前的半径为 $A_2 = 50.25_{-0.07}^{0}$(减环)、渗碳层深度为 t_1(增环)、磨削后轴半径为 $A_1 = 50_{-0.008}^{0}$(增环)。

(2)计算渗碳淬火工序的渗碳层深度

由公式 $A_0 = \sum \vec{A} - \sum \overleftarrow{A}$ 可得:

$t = A_1 + t_1 - A_2$,即 $1 = 50 + t_1 - 50.25$, $t_1 = 1.25$

(3)计算工序尺寸公差

由公式 $ES_0 = \sum \vec{ES} - \sum \overleftarrow{EI}$ 可得:

$ES_t = ES_1 + ES_{t_1} - EI_2$,即 $0.1 = 0 + ES_{t_1} - (-0.07)$, $ES_{t_1} = 0.03$

由公式 $EI_0 = \sum \vec{EI} - \sum \overleftarrow{ES}$ 可得:

$EIt = EI_1 + EI_{t_1} - ES_2$,即 $-0.1 = -0.008 + EI_{t_1} - 0$, $EI_{t_1} = -0.092$

所以,工序尺寸 $t_1 = 1.25_{-0.092}^{+0.03}$ 即渗碳层单边厚度为 $1.158 \sim 1.28$mm。

(4)验算封闭环公差

封闭环的公差为 $T_0 = 0.2$mm,各组成环公差之和为 $T_1 + T_2 + T_3 = 0.122 + 0.07 + 0.008 = 0.2$mm,因此计算正确。

第六节 工艺过程的经济性

劳动生产率是指每个工人在单位时间内制造合格产品的数量,或指用于制造单件产品所消耗的劳动时间。经济性一般是指生产成本的高低。生产成本不仅要计算工人直接参加产品生产所消耗的劳动,而且还要计算设备、工具、材料、动力等的消耗。在制订工艺规程时,要在保证产品质量的前提下提高生产率,并注意其经济性。

一、时间定额

时间定额是指在一定生产条件(生产规模、生产技术和生产组织)下,规定生产一件合格产品或完成某一道工序所需要的时间。它是安排生产计划、估算产品成本、确定设备数量、

人员编制等的重要依据之一,也是新产品投入时计算设备和人员数量的重要资料。

在制订时间定额时要防止两种偏向:一种是时间定额订的过紧,影响了工人的主动性和积极性;另一种是时间定额定的过松,反而失去了它应有的指导生产和促进生产的作用。一般通过对实际操作时间的测定与分析计算相结合的方法来确定时间定额,要使所制订的时间定额至少不低于当时的平均水平,以使其保持平均先进水平,并随生产水平的提高及时予以修订。

完成一个零件的一道工序所需的时间,称为单件时间。它包括下列组成部分。

1. 基本时间($T_{基本}$)

直接用于改变生产对象的尺寸、形状、相对位置和表面质量所消耗的时间,称为基本时间。对切削加工来说,基本时间就是切除金属所消耗的时间,包括刀具的切入和切出时间。

2. 辅助时间($T_{辅助}$)

在各个工序中为了保证完成基本切削运动需要做的各种辅助动作所消耗的时间,称为辅助时间。它主要包括:装、卸工件,开、停机床,改变切削用量,测量工件尺寸,进、退刀具等动作所消耗的时间。

基本时间和辅助时间的总和称为操作时间,它是直接用于制造产品或零部件所消耗的时间。

3. 布置工作地时间($T_{布置}$)

为使加工正常进行,工人在工作时间内照管工作地点及保持工作状态所耗费的时间,称为布置工作地时间。它主要包括换刀、收拾工具、整理切屑、润滑及擦拭机床、修正砂轮、修整刀具等所消耗的时间,一般按操作时间的 2%~7% 来计算。

4. 休息时间($T_{休息}$)

工人在工作班内为恢复体力和满足生理上需要所消耗的时间称为休息时间。它一般按操作时间的 2%~4% 进行计算。

因此,单件时间是:

$$T_{单件} = T_{基本} + T_{辅助} + T_{布置} + T_{休息} \tag{10-8}$$

5. 准备与终结时间($T_{准终}$)

在成批生产中,工人为了加工一批零件,进行准备和结束工作所消耗的时间,称为准备与终结时间。工人在加工一批零件的开始时需要熟悉工艺文件、领取毛坯、借取和安装工艺装备、调整机床和刀具等;在加工一批零件终了时,需要拆下和归还工艺装备、送验和发送成品等。

准备与终结时间对一批工件只消耗一次,设每批工件数为 n,则分摊到每个工件上的准备与终结时间为 $(T_{准终})/n$,将这部分时间加到单件上去,即为成批生产的单件时间

$$T_{单件} = T_{基本} + T_{辅助} + T_{布置} + T_{休息} + (T_{准终})/n \tag{10-9}$$

显然,批量越大,分摊到每一个工件上的时间越少。在大量生产中,由于 n 的数值很大,分摊时间接近于零,故可不计入 $T_{单件}$。

二、提高机械加工劳动生产率的工艺途径

制订机械加工工艺规程时,必须在保证产品质量的同时提高劳动生产率和降低产品成本,用最低的消耗生产更多更好的产品。因此,提高劳动生产率是一个综合性的问题。

1. 缩短单件时间

单件时间是由基本时间、辅助时间、布置工作地时间、休息和生理需要时间、准备与终结时间等组成的。缩短单件时间,即缩短其各组成部分的时间,特别是要缩减其中占比重较大部分的时间。在大批大量生产中,基本时间在单件时间中所占比重较大;在单件小批生产中,辅助时间占较大比重。

(1) 缩减基本时间

缩短基本时间的主要途径有以下几种:提高切削用量、减少工作行程、采用多件加工都可缩减基本时间,其工艺途径如下:

① 提高切削用量

增大切削速度、进给量和背吃刀量都能缩减基本时间,从而减少单件时间。这是机械加工中广泛采用的提高劳动生产率的有效方法之一。但切削用量的提高受到刀具耐用度和机床功率、工艺系统刚度等方面的制约。随着新型刀具材料的出现,切削速度得到了迅速的提高,目前硬质合金车刀的切削速度可达 300m/min,陶瓷刀具的切削速度达 500m/min。聚晶人造金刚石和聚晶立方氮化硼刀具切削普通钢材的切削速度可达 900m/min。在磨削方面,近年来发展的趋势是高速磨削和强力磨削。国内生产的高速磨床砂轮磨削速度已达 60m/s,国外已达 90~120m/s;强力磨削的切入深度已达 6~12mm,从而使生产率大大提高。

② 缩减工作行程长度

采用多把刀或复合刀具对工件的同一表面或几个表面同时进行加工,或用宽刃刀具或成型刀具作横向走刀同时加工多个表面,实现复合工步,由于各工步的基本时间全部或部分重合,故可减少工序的基本时间。另外,还可减少操作机床的辅助时间,并且由于减少了工位数和工件安装次数,因而有利于提高加工精度。

③ 采用多件加工

多件加工通常有顺序多件加工、平行多件加工和平行顺序多件加工三种不同方式。顺序多件加工是指工件按走刀方向依次安装,这种加工可以减少刀具切入和切出时间,也可减少分摊到每个工件上的辅助时间。平行多件加工是指一次走刀可同时加工几个平行排列的工件,这时加工所需的基本时间和加工一个工件的基本时间相同,所以分摊到每个工件上的基本时间可大大减少。平行顺序加工是前两种加工的综合应用,它适用于工件较小、批量较大的情况。多件加工常见于龙门刨、龙门铣以及平面磨削加工中。

(2) 缩减辅助时间

辅助时间在单件时间中占有较大比重,采取措施缩减辅助时间是提高生产率的重要途径,尤其是随着基本时间的减少,辅助时间所占比重越来越大。缩减辅助时间有两种不同途径,即直接缩减辅助时间和间接缩减辅助时间。

① 直接减少辅助时间

采用先进高效夹具和各种上下料装置,实现辅助动作的机械化和自动化,可以缩短辅助时间。例如,在大批大量生产中采用机械联动、气动、液动、电磁等高效夹具,对于单件小批生产采用组合夹具,都可使辅助时间大为缩短。

此外,为减小加工中停机测量的辅助时间,可采用主动检测装置或数字显示装置在加工过程中进行实时测量,以减少加工中需要的测量时间。主动检测装置能在加工过程中测量加工表面的实际尺寸,并根据测量结果自动对机床进行调整和工作循环控制,例如磨削自动测量装置。数显装置能把加工过程或机床调整过程中机床运动的移动量或角位移连续精确地显示出来,这些都可以大大节省停机测量的辅助时间。

②间接减少辅助时间

将辅助时间与基本时间重合或大部分重合,以减少辅助时间。例如,采用多工位连续加工(转位夹具、回转工作台),工件的装卸时间就可完全与基本时间重合。

(3)缩减布置工作地时间

主要途径是减少换刀次数和缩短换刀时间。常用的技术措施有:提高刀具或砂轮的耐用度以减少换刀次数;采用各种快换刀夹、自动换刀装置、刀具微调装置、刀具机床外预调、专用对刀样板等,以减少换刀和调刀的时间。采用不重磨硬质合金刀片,除了能减少刀具装卸和对刀时间外,还能节省刃磨时间。

(4)缩减准备与终结时间

在中、小批量生产中,由于批量小、品种多,准备与终结时间在单件产品的加工时间中占有较大比重,生产率难以提高。扩大批量是缩减准备与终结时间的有效途径。目前,采用成组工艺以及设法使零件通用化、标准化,以增加零件的批量,这样分摊到每个工件上的准备与终结时间就可大大减少。

2. 采用先进工艺方法

采用先进的工艺方法是提高劳动生产率的另一有效途径,具体为以下几方面:

(1)先进的毛坯制造方法

在毛坯制造中采用粉末冶金、精密铸造、压力铸造、精密锻造等先进工艺,能有效提高毛坯制造精度,减少机械加工余量,有时甚至无需再进行机械加工,这样可以大幅度提高生产效率。

(2)采用电加工和特种加工

对于特硬、特脆、特韧材料及一些复杂型面,采用特种加工能极大地提高劳动生产率,显示出优越性和经济性。

(3)采用高效加工方法

在大批大量生产中用拉削、滚压加工代替铣削、铰削和磨削;成批生产中用精刨、精磨或金刚镗代替刮研等都可提高劳动生产率。

(4)采用少切削、无切削工艺

目前常用的少、无切削工艺有冷挤、冷轧、碾压等方法,这些方法不仅能提高生产率,还能使工件的加工精度和表面质量也得到提高。

(5)进行高效及自动化加工

实行加工过程的自动化是提高生产率的有效手段。其具体措施及自动化的程度与生产纲领等因素有关。

在大批大量生产中,因产品相对稳定,零件数量大,宜采用专用的组合机床和自动线。而对通用机床进行自动化改装,不仅可提高劳动生产率,还可充分利用工厂原有的设备。中小批量生产时,对主要零件通常采用加工中心、数控机床进行加工。

第七节 机械加工工艺规程制定

为了便所制造出的零件能满足"优质、高产、低成本"的要求,零件的工艺过程就不能仅凭经验来确定。机械加工工艺规程是将产品或零部件的机械加工工艺过程和操作方法按一定格式固定下来的技术文件。它是在结合生产实际和具体生产条件下，本着最合理、最经济的原则编制而成，经审批后用来指导生产的法规性文件。

一、机械加工工艺规程的作用

机械加工工艺规程的作用主要有以下几点。

(1) 机械加工工艺规程是指导生产的主要技术文件。

机械加工工艺规程是在结合机械制造工厂的具体情况，总结实践经验的基础上，依据工艺理论和进行必要的工艺实验后制订的。有了工艺规程，才能够可靠地保证零件的全部加工要求，获得高质量和高生产率，并能节约原材料，减少工时消耗和降低成本。因此，生产中必须按照机械加工工艺规程进行生产。

(2) 工艺规程是生产准备和生产管理的基本依据。

产品在生产之前要做大量的技术准备和生产准备，如刀具、夹具、量具的设计、制造和采购，原材料、毛坯及外购件的供应，机床的配备和调整，确定零件投料的时间和批量，生产成本的核算等都必须以工艺规程为基本依据。

(3) 机械加工工艺规程是新建、扩建或改建厂房(车间)的基本资料。

在新建、扩建或改建厂房(车间)时，需根据工艺规程和生产纲领来确定机床和其他设备的类型、规格和数量、厂房面积及平面布置、工人的工种、等级以及各辅助部门的安排等。

(4) 机械加工工艺规程还是进行技术交流和技术革新的基本资料。

机械加工工艺规程不是固定不变的，工艺人员应注意不断地总结实际经验，及时汲取国内外的先进工艺技术，对现行工艺规程不断地予以改进和完善，以便更好地指导生产。所以机械加工工艺规程是开展技术交流和技术革新必不可少的技术语言和基本资料。

因此，机械加工工艺规程是机械制造工厂最主要的技术文件之一，是机械制造工厂规章制度的重要组成部分。

二、机械加工工艺规程的格式

将机械加工工艺规程的内容填入一定格式的卡片即成为工艺文件。目前，工艺文件还没有统一的格式，各厂都是按照一些基本的内容，根据具体情况自行确定。

机械加工工艺规程的工艺文件主要有机械加工工艺过程卡片、机械加工工艺卡片和机械加工工序卡片三种基本形式。

1. 机械加工工艺过程卡片

工艺过程卡片是以工序为单位，简要说明零件机械加工过程的一种工艺文件，它主要列出零件加工所经过的各个车间(工段)、按零件工艺过程顺序列出各个工序及名称、毛坯制造、在每个工序中指明使用的机床、工艺装备及时间定额等，是编制其他工艺文件的基础，也是生产准备、编制作业计划和组织生产的依据。

由于这种卡片对工序内容的说明不够具体，一般不用于直接指导工人操作，只用来了解零件加工的流向，所以该卡片多用于生产管理方面。但是在单件小批生产时，通常不编制其他较详细的工艺文件，可用它指导工人的加工操作。机械加工工艺过程卡片的格式见表10-6。

机械加工工艺过程卡片　　　　　　　　　　　表10-6

（工厂名）		机械加工工艺过程卡片							
产品名称		零件名称		毛坯种类		毛坯尺寸		共	页
产品型号		零件图号		材料牌号		每台件数		第	页
工序号	工序名称	工序内容		加工车间	工段	设备	工艺装备	时间定额(min)	
1								单件	准终
2									
编制		校对		审核		批准		备注	

2. 机械加工工艺卡片

工艺卡片是以工序为单元，详细说明整个工艺过程的工艺文件，它详细说明零件在某一工艺阶段的工序号、工序名称、工序内容、切削用量、工艺装备及时间定额等。它用来指导工人操作和帮助管理人员、技术人员掌握零件加工过程，广泛用于成批生产的零件或重要零件的单件小品生产中。机械加工工艺卡片的格式见表10-7。

机械加工工艺卡片　　　　　　　　　　　表10-7

（工厂名）				机械加工工艺卡片									
产品名称				零件名称	材料名称		每台件数		毛坯尺寸		零件重量	第	页
产品型号				零件图号	材料牌号		每批件数		毛坯重量			共	页
工序	安装	工步	工序内容	设备名称及编号	切削用量				同时加工件数	工艺装备名称及编号		技术等级	时间定额(min)
					背吃刀量(mm)	进给量(mm/r)	机床转速(r/min)	切削速度(m/min)		夹具	刀具 量具		单件 准终
1													
编制			校对		审核			批准					

3. 机械加工工序卡片

工序卡片是在工艺过程卡片或工艺卡片的基础上，为每一道工序编制的一种工艺文件，在卡片上应绘制工序简图，用规定符号表示工件在本工序的定位情况，用粗黑实线表示本工序的加工表面，应注明待加工表面应达到的尺寸公差、形位公差和表面粗糙度。在工序卡片上，还要写明该工序中每个工步的顺序号和加工内容、加工余量、切削用量、时间定额、所用设备和工艺装备等。

工序卡片主要是用于具体指导操作工人进行生产，多用于大批大量生产中所有零件、成批生产复杂产品的关键零件和单件小批生产中的机械加工关键工序。机械加工工序卡片的格式见表10-8。

表 10-8 机械加工工序卡片

(工厂名)		机械加工工序卡片			产品名称		零件名称			第 页
					产品型号		零件图号			共 页
(工序图)					车间	工段	材料名称	材料牌号	毛坯尺寸	同时加工件数
					工序号	工序名称	设备名称	设备编号	工时定额	
									单件	准终
					夹具名称	夹具编号	切削液	辅助工具		
工步号	工步内容	切削用量			走刀数	工时定额			刀具		量具	
		背吃刀量(mm)	进给量(mm/r)	转速(r/min)	切削速度(m/min)		基本时间	辅助时间	布置时间	准备终了	名称	规格	名称	规格
编制		审核		批准										

三、机械加工工艺规程制定

1. 基本原则

机械加工工艺规程制订的基本原则是保证零件的加工质量,达到零件设计图样上规定的各项技术要求;在保证产品质量的前提下,具有较高的劳动生产率和经济性,尽可能降低消耗。在制订机械加工工艺规程时,除了遵循以上基本原则外,还应满足下列要求:

(1) 技术上先进

制订工艺规程时,要全面了解国内外本行业的工艺技术水平,尽量采用高效先进的工艺和设备。

(2) 经济上合理

在采用高生产率的设备和工艺装备时要注意与生产纲领相适应。

(3) 良好的劳动条件

制订工艺规程时要注意减轻工人的劳动强度,保证生产安全,避免对环境的污染。

此外,制订工艺规程时必须充分利用本企业现有的生产条件。由于机械加工工艺规程是直接指导生产和操作的技术文件,因此,其还应做到清晰、正确、完整和统一,所用术语、符号、编码、计量单位等都必须符合相关标准。

2. 制订机械加工工艺规程的原始资料

制订机械加工工艺规程时,必须具备下列原始资料:

(1)产品的成套装配图和工件的零件图。

(2)产品的年生产纲领和生产类型。

(3)产品验收的质量标准。

(4)毛坯生产和供应条件。

(5)本企业现有的生产条件,包括现有的加工设备、工艺装备及其使用状况,自制工艺装备的能力,工人的技术水平等。

(6)有关的工艺手册、资料、技术标准和指导性文件等。

(7)国内外同类产品的新技术、新工艺及其发展前景等相关信息。

3. 制订机械加工工艺规程的步骤

制订机械加工工艺规程的步骤大致如下:

(1)确定零件的生产纲领和生产类型。

(2)分析产品装配图和零件工作图,了解所加工零件的作用,审查图纸上的尺寸、视图和技术要求是否完整、正确和统一,找出主要技术要求和分析关键的技术问题;审查零件的结构工艺性。

(3)确定毛坯的形式及其制造方法。

(4)选择定位基准或定位基面。

(5)拟定工艺路线(主要包括加工方法的选择,加工阶段的划分,加工顺序的安排)。

(6)确定各工序的设备、刀具、夹具、量具及其辅助工具。

(7)确定各工序的加工余量、工序尺寸及公差。

(8)确定各工序的切削用量和时间定额。

(9)确定各主要工序的技术要求及检验方法。

(10)工艺方案的技术经济分析,选择最佳工艺方案。

(11)填写工艺文件。

第十一章 典型零件加工

机器中的零件有各种不同的类型,制造时要针对其具体特征采用适当的加工工艺。典型的零件有轴类零件、套筒类零件及箱体类零件以及齿轮类零件,分别具有不同的结构特点、技术要求,加工时需要分析主要工艺问题及加工工艺过程。

第一节 轴类零件加工

一、轴类零件加工概述

1. 轴类零件的功能和结构特点

轴类零件主要用于支承齿轮、带轮、链轮、联轴器、离合器等零件,以传递运动和动力。它是机械加工中常见的典型零件之一。按结构形式不同,轴类零件一般可分为光轴、阶梯轴、偏心轴、空心轴、花键轴、曲轴、半轴、十字轴、凸轮轴以及各种丝杠等,如图 11-1 所示。

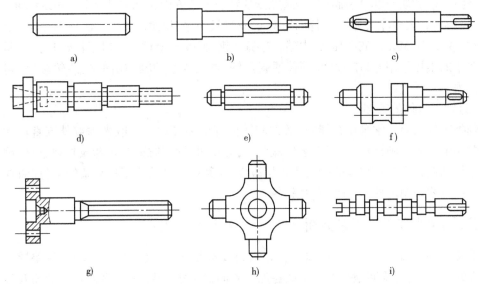

图 11-1 轴的种类
a) 光轴;b) 阶梯轴;c) 偏心轴;d) 空心轴;e) 花键轴;f) 曲轴;g) 半轴;h) 十字轴;i) 凸轮轴

轴类零件是旋转体零件,其长度大于直径,主要加工表面通常有内外圆柱面、内外圆锥面,次要加工表面通常有键槽、螺纹、沟槽、横向孔等。

2. 轴类零件的主要技术要求

根据功用和工作条件不同,轴类零件主要技术要求包括尺寸精度、几何形状精度、相互位置精度和表面粗糙度。

(1) 尺寸精度

尺寸精度主要指轴的直径尺寸精度和长度尺寸精度。轴颈是轴类零件的重要表面,它影响曲轴的回转精度,可分为两类:一类是与轴承内圈配合的外圆轴颈,即支承轴颈,用于确定轴的位置并支承轴,这类轴颈尺寸精度要求较高,通常为IT7~IT5;另一类是与各类传动件配合的轴颈,即配合轴颈,这类轴颈尺寸精度要求稍低,通常为IT9~IT8。轴的长度尺寸精度一般要求较低。

(2) 几何形状精度

几何形状精度主要指轴颈的圆度、圆柱度,其误差一般应限制在轴的直径公差范围内。对于精密轴,需在零件图上另行规定其几何形状精度。

(3) 相互位置精度

相互位置精度主要指配合轴颈对支承轴颈的同轴度、重要端面对轴心线的垂直度、端面间的平行度等。配合轴颈对支承轴颈的同轴度通常用径向圆跳动来标注,普通精度轴的径向圆跳动公差为0.01~0.03mm,高精度轴的径向圆跳动公差为0.001~0.005mm。

(4) 表面粗糙度

根据轴类零件表面工作部位的不同,可有不同的表面粗糙度,支承轴颈的表面粗糙度为R_a1.6~0.2μm,配合轴颈的表面粗糙度为R_a3.2~0.8μm。

3. 轴类零件的材料、热处理及毛坯

(1) 轴类零件的材料及热处理

轴类零件应根据不同的工作情况选择不同的材料及热处理方法。一般轴类零件常用45号钢,经正火、调质及部分表面淬火等热处理;对中等精度而转速较高的轴可选用40Cr等合金钢,经调质和表面淬火处理;对高转速、重载的轴可选用20CrMnTi、20Mn2B、20Cr等低碳合金钢,或27Cr2Mo1V、38CrMoAl中碳合金氮化钢、低碳合金钢,经渗碳淬火处理;不重要或受力较小的轴可采用Q237、Q275等普通碳素钢;形状复杂的轴(如曲轴、凸轮轴等)可采用球墨铸铁。

(2) 轴类零件的毛坯

轴类零件的毛坯常采用圆棒料、锻件和铸件等毛坯形式。一般光轴或外圆直径相差不大的阶梯轴可采用圆棒料;由于毛坯经锻造后,可获得较高的抗拉、抗弯及抗扭强度,因而对外圆直径相差较大或较重要的轴大都采用锻件;对某些大型的或结构复杂的轴(如曲轴),在质量允许时才采用铸件(铸钢或球墨铸铁)。

二、轴类零件加工工艺分析

轴类零件的加工工艺因其用途、结构形状、技术要求、产量大小的不同而有差异。在轴类零件的加工中,主要问题是如何保证各加工表面的尺寸精度、主要表面之间的相互位置精度及表面粗糙度。

1. 定位基准的选择

轴类零件定位基准的选择原则如下:

(1) 一般先以重要的外圆表面作为粗基准定位加工出中心孔,再以轴两端的中心孔为定位精基准。轴类零件的定位基准最常用的是两中心孔。因为轴的各外圆表面、锥孔螺纹等表面的设计基准都是轴心线,所以用两中心孔定位是符合基准重合原则的。而且由于多数工序采用中心孔定位,因而能够最大限度地在一次装夹中加工出多个外圆和端面,这符合基准统一原则。

(2) 用两中心孔定位虽然定位精度高,但刚性差,尤其是加工质量大的工件时不够稳固。在粗加工外圆时,为提高工件刚度,可采用轴的外圆表面作为定位基面,或以轴的外圆表面和中心孔同时作为定位基准(一夹一顶)来加工。

(3) 对于空心的轴类零件,在钻出通孔后,作为定位基准的中心孔已消失。为了在通孔加工后还能使用中心孔作为定位基准,工艺上常采用带中心孔的锥堵或锥度心轴,如图11-2 所示。当锥孔的锥度较小时(如车床主轴的1:20 锥孔和莫氏6 号锥孔),采用锥堵;当锥孔的锥度较大或中心孔为圆柱孔时,采用锥度心轴。

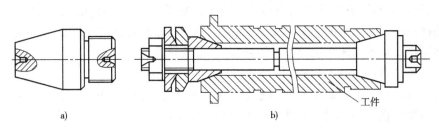

图11-2 锥堵与锥度心轴
a) 锥堵; b) 锥度心轴

2. 加工方法的选择

(1) 外圆表面的加工

轴类零件外圆表面的加工主要采用车削,分为粗车、半精车和精车等三种方法。粗车的目的是切去毛坯硬皮和切除大部分加工余量;半精车可作为中等精度表面的终加工,也可作为精车的预加工及修整热处理后的变形;精车可保证达到加工要求或为后道加工做准备,精度要求高的外圆表面可采用磨削的方法,但是有色金属的精加工不采用磨削而用精细车。

(2) 空心轴深孔(长径比大于5 的孔)的加工

单件、小批量生产时,空心轴深孔一般在卧式车床上用接长的麻花钻加工;大批量生产时,空心轴深孔用深孔钻床及深孔钻头加工。

(3) 轴端两顶尖孔的加工

单件、小批量生产时,轴端两顶尖孔常在车床或钻床上通过划线找正法加工;大批量生产时,轴端两顶尖孔可在中心孔钻床上加工。此外,专用机床可在同一工序中铣出轴的两端面并加工出顶尖孔。

(4) 螺纹的加工

加工螺纹的方法主要包括车削螺纹(单件、小批量生产)、铣削螺纹(大批量生产)、滚压螺纹(大量生产)和磨削螺纹(精密加工)。

(5) 花键轴的加工

单件、小批量生产时,花键轴常在卧式铣床上用分度头分度以圆盘铣刀铣削加工;大批量生产时,花键轴广泛采用花键滚刀在专用花键轴铣床上加工。

3. 安排热处理工序

轴类零件的热处理工序一般包括毛坯热处理、预备热处理和最终热处理三个阶段。

(1) 毛坯热处理

轴类零件的毛坯热处理一般采用正火,其目的是消除锻造应力,细化晶粒,并使金属组织均匀,以利于切削加工。

(2) 预备热处理

在粗加工后、半精加工前安排调质处理，目的是获得均匀细密的回火索氏体组织，以提高工件的综合力学性能。

(3) 最终热处理

轴类零件的某些重要表面需经表面淬火，一般安排在精加工前，这样可以纠正因淬火引起的局部变形。

4. 中心孔的修磨

因为轴类零件的定位精基准最常用的是两端的中心孔，中心孔的质量好坏对加工精度影响很大，所以经常注意保持两端中心孔的质量是轴类零件加工的关键问题之一。中心孔的修磨是提高中心孔质量的主要手段。中心孔修磨次数越多，其精度越高，并应逐次加以提高。修磨可在车床和钻床上用油石或铸铁顶尖、橡胶轮进行。

5. 常用加工顺序

轴类零件的加工工艺路线主要是考虑外圆表面的加工顺序，并将次要表面的加工和热处理合理地穿插在其中。轴类零件生产中常用的加工顺序有下列三种情况。

(1) 一般精度调质钢的轴类零件加工

一般精度调质钢的轴类零件加工顺序为备料→锻造→正火→切端面、钻中心孔→粗车→调质→半精车、精车→次要表面加工→表面淬火、回火→粗磨→精磨。

(2) 一般渗碳钢的轴类零件加工

一般渗碳钢的轴类零件加工顺序为备料→锻造→正火→切端面、钻中心孔→粗车→半精车、精车→次要表面加工→渗碳淬火、回火→粗磨→精磨。

(3) 整体淬火的轴类零件加工

整体淬火的轴类零件加工顺序为备料→锻造→正火→切端面、钻中心孔→粗车→调质→半精车、精车→次要表面加工→整体淬火、回火→粗磨→实效处理→精磨。

三、轴类零件加工实例

车床主轴是轴类零件中结构最复杂、质量要求最高的零件，如图 11-3 所示为车床主轴的零件图。该主轴呈阶梯状，加工表面有外圆表面(支承轴颈、配合轴颈)、键槽、花键、螺纹、通孔、锥孔、锥面等。

1. 车床主轴的技术要求

(1) 支承轴颈

支承轴颈用来安装及支承轴承，是主轴部件的装配基面，它的制造精度对主轴部件的回转精度影响极大。

主轴的两个支承轴颈 A、B，它们的圆度公差均为 0.005mm，对轴心线的径向圆跳动公差均为 0.005mm。A、B 两支承轴颈采用锥面结构，其锥面接触率大于 70%，表面粗糙度 R_a 为 0.4μm，尺寸精度为 IT5。

(2) 配合轴颈

配合轴颈用来安装传动齿轮，它对支承轴颈应有一定的同轴度要求，否则会引起传动齿轮啮合不良，还会产生振动和噪声。它对支承轴颈 A、B 的径向圆跳动公差为 0.015mm。

(3) 端部锥孔

主轴大端的端部锥孔(莫氏 6 号)是用来安装顶尖或刀具锥柄的，其轴线必须与支承轴颈的轴线严格同轴,否则会造成夹具和刀具的安装误差,从而影响工件的加工精度。

端部锥孔对支承轴颈 A、B 在近轴端处的径向圆跳动公差为 0.005mm,离轴端面 300mm 处的径向圆跳动公差为 0.01mm,锥面接触率大于 70%,表面粗糙度 R_a 为 0.4μm,硬度要求为 45~50HRC。

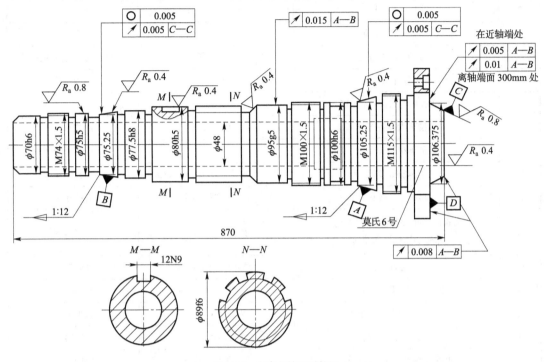

图 11-3 车床主轴的零件图

小端锥孔是因工艺需要的辅助工艺锥面,以便在此插入带中心孔的工艺锥堵,为钻出深孔以后的工序准备定位基准。

(4) 轴头短锥面和端面

轴头短锥面 C 和端面 D 是安装卡盘的定位面,为保证卡盘的定心精度,轴头短锥面应与支承轴颈同轴,而端面应与主轴的回转中心垂直。

轴头短锥面 C 对支承轴颈 A、B 的径向圆跳动公差为 0.008mm,表面粗糙度 R_a 为 0.8μm,端面 D 对支承轴颈 A、B 的端面圆跳动公差为 0.008mm。

(5) 螺纹

主轴上的螺纹一般用来固定零件或调整轴承间隙。螺纹的精度要求是限制压紧螺母端面跳动量所必需的。当压紧螺母的端面跳动量过大时,会使被压紧的轴承内圈的轴心线倾斜,引起主轴的径向圆跳动。主轴螺纹的精度一般为 IT6。

根据以上分析,主轴的主要加工表面为两个支承轴颈、锥孔、轴头短锥面和端面以及安装齿轮的各个轴颈。

2. 车床主轴的加工工艺过程

通过对车床主轴的结构特点与技术要求的分析,结合生产批量、设备条件等因素来考虑车床主轴的加工工艺过程。当生产类型为大批量生产、材料为 45 号钢、毛坯为锻件时,车床主轴的加工工艺过程见表 11-1。

车床主轴的加工工艺过程　　　　　　　　　　　　　　表 11-1

工序号	工序名称	定位基准	加工设备
1	备料	—	—
2	锻造	—	—
3	热处理(正火)	—	—
4	锯头,切平锻件两端面	—	锯床
5	铣端面、钻中心孔	毛坯外圆	铣端面、钻中心孔的机床
6	粗车各外圆表面	中心孔	普通车床
7	热处理,调质 220~240HBS	—	—
8	半精车大端各部分	中心孔	卧式车床
9	半精车小端各部分	中心孔	仿形车床
10	钻 $\phi 48\text{mm}$ 深孔	前、后支承轴颈及小头端面	深孔钻床
11	车小端内锥孔	前、后支承轴颈	卧式车床
12	车大端内锥孔(配莫氏6号锥堵)、车轴头短锥面和端面	前、后支承轴颈	卧式车床
13	钻、铰大端面各孔	大端内锥孔和端面	立式钻床
14	热处理,局部高频淬火	—	—
15	精车各外圆表面并车槽	两锥堵中心孔	数控车床
16	粗磨各外圆表面	两锥堵中心孔	外圆磨床
17	粗磨大端莫氏6号内锥孔	前、后支承触须	内圆磨床
18	粗、精铣花键	两锥堵中心孔	花键铣床
19	粗、精铣键槽	该键槽外圆	普通铣床
20	车大端内侧面及车螺纹	两锥堵中心孔	—
21	精磨各外圆表面	两锥堵中心孔	外圆磨床
22	粗磨支承轴颈外锥面和轴头短锥面	两锥堵中心孔	专用组合磨床
23	精磨支承轴颈外锥面和轴头短锥面	两锥堵中心孔	专用组合磨床
24	半精磨莫氏6号内锥孔	前、后支承轴颈	主轴锥孔磨床
25	精磨莫氏6号内锥孔	前、后支承轴颈	主轴锥孔磨床
26	钳工,去锐边、毛刺	—	—
27	按图样要求项目进行检查		

(1) 主轴毛坯

主轴毛坯形式有圆棒料和锻件。前者适用于单件、小批量生产,尤其适用于光轴和外圆直径相差不大的阶梯轴;后者适用于大批量生产。本例车床主轴是阶梯轴,要进行大批量生产,因此采用锻件。

(2) 主轴材料和热处理

本例车床主轴采用 45 号钢。在主轴加工的过程中,应安排足够的热处理工序以保证主轴的力学性能及加工精度的要求,并改善工件的切削加工性能。

主轴毛坯锻造后应安排正火处理,以消除锻造应力,细化晶粒,控制毛坯硬度,改善切削加工性;粗加工后应安排调质处理,以提高主轴的综合力学性能,并为最终热处理准备良好的金相组织;半精加工后应安排表面淬火处理,以提高主轴的耐磨性。

(3) 定位基准

在空心主轴加工过程中,通常采用外圆表面和中心孔互为基准进行加工。工艺过程一开始,就以外圆表面作为粗基准铣端面、钻中心孔,为粗车外圆准备了定位基准;再以中心孔为精基准加工外圆表面。此后,在深孔加工时,以加工后的支承轴颈为精基准。在深孔加工完成后,先加工好前后锥孔,以便安装带中心孔的锥堵,以锥堵定位精加工各外圆表面。由于支承轴颈是磨锥孔的定位基准,因而磨锥孔前必须磨好支承轴颈表面。

(4) 加工阶段的划分

车床主轴加工基本上划分为以下三个阶段:

① 粗加工阶段。调质以前的工序为粗加工阶段。其主要包括毛坯处理(备料、锻造和热处理)和粗加工(铣端面、钻中心孔和粗车各外圆表面等)。

② 半精加工阶段。调质以后到局部高频淬火前的工序为半精加工阶段。其主要包括半精车外圆及端面、钻深孔、车工艺锥面(定位锥孔)以及钻、铰大端面各孔等。

③ 精加工阶段。局部高频淬火以后的工序为精加工阶段。其主要包括粗磨各外圆表面、粗磨大端莫氏6号内锥孔、铣花键和键槽、车螺纹,而要求较高的支承轴颈和莫氏6号内锥孔的精加工则放在最后进行。

可以看出,车床主轴加工阶段的划分大体以热处理为界。整个车床主轴加工工艺过程,就是以主要表面(支承轴颈和锥孔)的粗加工、半精加工、精加工为主线,适当插入其他表面的加工工序而组成的。

(5) 加工顺序的安排

在安排车床主轴加工顺序时,应注意以下几点:

① 各外圆表面的加工顺序。加工各外圆表面时,应先加工大直径后加工小直径,以免一开始就降低工件的刚度。

② 深孔加工。深孔加工应安排在调质处理以后进行,以免调质处理使深孔变形;深孔加工要切除大量金属,加工过程会引起主轴变形;深孔加工应安排在粗车或半精车以后,以便加工时有一个较精确的支承轴颈作为定位基准。

③ 花键和键槽的加工。花键和键槽的加工一般都安排在各外圆表面精车或粗磨后、精磨各外圆表面前进行。如在精车前就铣出键槽,将会造成断续车削,影响加工质量和刀具使用寿命。但对这些表面的加工也不宜安排在主要表面最终加工工序后进行,以免破坏主要表面已有的精度。

④ 螺纹的加工。车床主轴的螺纹对支承轴颈有一定的同轴度要求。若安排在淬火前加工,则淬火后产生的变形会影响螺纹和支承轴颈的同轴度误差,因此,车螺纹应放在局部高频淬火后的精加工阶段进行。

⑤ 加工检验。车床主轴是加工要求很高的零件,需安排多次检验工序。检验工序一般安排在各加工阶段前后,以及重要工序前后,总检验则放在最后。

轴类零件各表面的加工顺序,按照先粗后精、先主后次、先基准后其他(即先行工序必须为后续工序准备好定位基准)的工艺原则,车床主轴工序的安排大致为毛坯制造→正火→铣端面、钻中心孔→粗车→调质→半精车→局部高频淬火→精车→粗、精磨各外圆表面→磨内锥孔。

3. 车床主轴加工中的几个工艺问题

(1) 锥堵的使用

使用锥堵时应注意：锥堵装上以后，直到磨内锥孔工序才能拆下，一般不允许中途更换或拆装，以免增加安装误差。

(2) 外圆表面的车削加工

车床主轴加工工艺中，提高生产率是车削加工的主要问题之一。在不同批量的生产条件下，车削主轴采用不同的设备：单件、小批量生产采用普通卧式车床；成批生产多采用带液压仿形刀架的车床或液压仿形车床；大批量生产则采用液压仿形车床或多刀半自动车床。

(3) 主轴深孔的加工

车床主轴的通孔属于深孔。深孔加工比一般孔要困难和复杂，具体有以下几方面原因：

① 刀具细长，刚性差。
② 排屑困难。
③ 冷却困难，散热条件差。

在实际生产中一般采取下列措施来改善深孔加工的不利因素：

① 使用深孔钻头。
② 用工件旋转、刀具进给的加工方法。
③ 在工件上预先加工出一段精确的导向孔。
④ 采用压力输送切削润滑液，并利用压力下的切削润滑液排出切屑，如图 11-4 所示。

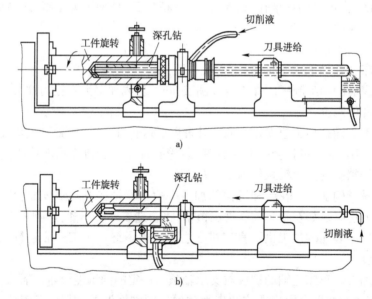

图 11-4 深孔加工原理简图
a) 内排屑；b) 外排屑

(4) 主轴锥孔的加工

莫氏 6 号内锥孔、支承轴颈外锥面和轴头短锥面的同轴度要求高，径向圆跳动是一项重要的精度指标。磨削莫氏 6 号内锥孔应根据互为基准的原则，一般以前、后支承轴颈作为定位基准，因此，在莫氏 6 号内锥孔前，应使作为定位基准的前、后支承轴颈达到一定的精度。

磨削莫氏6号内锥孔有以下三种安装方法：

①将前支承轴颈安装在中心架上，后支承轴颈夹在磨床床头的卡盘内。磨削时严格校正两支承轴颈，前端调节中心架，后端在卡爪和轴颈间垫薄纸来调整。这种方法调整时间长，生产率低，但不需要专用夹具，因此，常用于单件、小批量生产。

②将前、后支承轴颈都安装在两个中心架上，用千分表校正中心架位置。工件通过弹性联轴器或万向接头与磨床床头连接。这种方法可保证前、后支承轴颈的定位精度，但由于调整中心架费时且质量不稳定，因而一般只在生产规模不大时使用。

③在成批生产中，大都采用专用夹具作精磨，如图11-5所示。夹具由底座、支架及浮动夹头三部分组成，两个支架固定在底座上，作为工件定位基准面的前、后支承轴颈放在支架的两个V形块上。V形块镶有硬质合金，以提高耐磨性，并减少对前、后支承轴颈的划痕。工件的中心和磨床砂轮轴的中心等高。后端的浮动夹头用锥柄装在磨床主轴的锥孔内，工件尾端插在弹性套内，用弹簧将浮动夹头外壳与工件向左拉，通过钢球压向镶有硬质合金的锥柄端面，限制工件的轴向窜动。浮动夹头仅通过拨盘及拨销使工件旋转，而工件主轴与磨床主轴间无刚性连接，工件的回转中心线由专用夹具决定，不会受磨床主轴回转误差的影响。

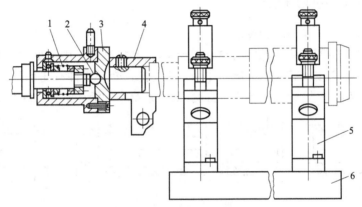

图11-5　精磨莫氏6号内锥孔的专用夹具
1-弹簧；2-钢球；3-浮动夹头；4-弹性套；5-支架；6-底座

（5）主轴的检验

轴类零件在加工过程中和加工结束后都要按工艺规程的要求进行检验，检验项目包括硬度、表面粗糙度、尺寸精度、形状精度、内锥孔的接触精度和位置精度。

①检验硬度。在热处理后用硬度计抽检或全检。

②检验表面粗糙度。表面粗糙度一般用样块比较法检验。

③检验尺寸精度。在单件、小批量生产中，一般用千分尺检验轴的直径；在大批量生产中，常采用极限卡规抽检轴的直径。轴的长度可用游标卡尺、深度游标卡尺等检验。

④检验形状精度。轴类零件的形状精度包括圆度误差和圆柱度误差两个方面，可用千分尺测量直径的方法检测。

⑤检验内锥孔的接触精度。内锥孔的接触精度应用专用锥度量规涂色检验，要求接触面积在70%以上，且分布均匀。

⑥检验内锥孔的位置精度。检验内锥孔的位置精度多采用专用检具，图11-6所示为车床主轴的位置精度检验示意图。

检验时,将轴的前、后支承轴颈放在同一平板上的两个V形架上,在轴的一端用挡铁、钢球和工艺锥堵挡住,限制其沿轴向移动。测量时先用千分表①和②调整轴的中心线,使它与测量平面平行。测量平面的倾斜角一般为15°,使轴靠自重压向钢球而紧密接触。

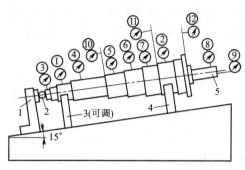

图 11-6 车床主轴的位置精度检验示意图
1-挡铁;2-钢球;3、4-V形架;5-检验心棒

测量时,均匀转动轴,图11-6中各千分表的功用为:千分表③、④、⑤、⑥、⑦用来测量各处轴颈相对于支承轴颈的径向圆跳动,千分表⑧用来检验内锥孔相对于支承轴颈的同轴度误差,千分表⑨用来测量主轴的轴向窜动,千分表⑩、⑪、⑫来检验端面圆跳动。

第二节　盘套类零件加工

一、盘套类零件加工概述

1. 盘套类零件的功能和结构特点

盘套类零件是指回转体零件中的空心圆盘类件,是机械加工中常见的一种零件,在各类机器中应用很广。它主要起支承或导向作用。常见的盘套类零件有支承回转轴的各种形式的滑动轴承套、夹具中的钻套、内燃机汽缸套、液压系统中的液压缸等,如图11-7所示。

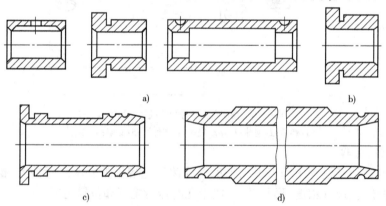

图 11-7 常见的盘套类零件
a)三种形式的滑动轴承套;b)钻套;c)汽缸套;d)液压缸

由于作用不同,盘套类零件的形状结构和尺寸有着较大的差异,但其结构仍有共同点,即零件结构不太复杂,主要表面为同轴度要求较高的内、外旋转表面,容易变形,零件尺寸大小各异。

2. 盘套类零件的主要技术要求

盘套类零件的主要表面是端面、内孔和外圆,其主要技术要求如下。

(1) 内孔的技术要求

内孔是盘套类零件起支承和导向作用最主要的表面,通常与运动着的轴、刀具或活塞相配合。内孔的直径尺寸精度等级一般为IT7,精密套筒的内孔直径尺寸精度等级为IT6;内孔的形状精度一般应控制在内孔直径公差以内,较精密的套筒应控制在内孔直径公差的1/3~1/2,甚至更小。长套筒除了圆度要求外,还对内孔的圆柱度有要求。为保证耐磨性要求,盘套类零件的内孔表面粗糙度 R_a 为 1.6~0.16μm。此外,某些精密套筒的内孔精度要求更高,其表面粗糙度 R_a 可达 0.04μm。

(2)外圆的技术要求

外圆表面是盘套类零件的支承面,常以过渡或过盈配合与箱体或机座上的孔相配合。外圆的直径尺寸精度等级一般为 IT7~IT6,形状精度应控制在外圆直径公差以内,表面粗糙度 R_a 为 3.2~6.3μm。

(3)内孔对外圆的同轴度要求

如果内孔的最终加工是在装配后完成的,则可降低内孔对外圆的同轴度要求;如果内孔的最终加工是在装配前完成的,则内孔对外圆的同轴度要求较高,一般为 0.01~0.05。

(4)端面对内孔轴线的垂直度或端面圆跳动要求

套筒端面如果在工作中承受轴向载荷,或是作为定位基准、装配基准,则其对内孔轴线的垂直度或端面圆跳动要求较高,一般为 0.01~0.05mm。

3. 盘套类零件的材料、热处理及毛坯

(1)盘套类零件的材料

盘套类零件一般用钢、铸铁、青铜或黄铜和粉末冶金等材料制成。有些要求较高的滑动轴承套,采用双层金属结构,即应用离心铸造法在钢或铸铁轴套的内壁上浇注巴氏合金等轴承合金材料,用来提高轴承的使用寿命和节省贵重的有色金属。

(2)盘套类零件的热处理

盘套类零件在加工过程中都需要进行热处理,一般安排在粗加工前或粗加工后、精加工前,目的是消除内应力,改善力学性能和切削加工性能。盘套类零件的热处理方法有调质、渗碳淬火、表面淬火、高温时效及渗氮等。

(3)盘套类零件的毛坯

盘套类零件毛坯的选择与其材料、结构、尺寸及生产批量有关。内孔直径较小($d<20$mm)的套筒一般选择热轧或冷拉棒料,也可采用实心铸件;内孔直径较大的套筒,常选用无缝钢管或带孔铸件、锻件。小批量生产时,可选择型材、砂型铸件或自由锻件;大批量生产时,则应选择高效率、高精度毛坯,采用冷挤压和粉末冶金等先进的毛坯制造工艺。

二、盘套类零件加工工艺分析

1. 定位基准的选择

盘套类零件在实际加工时,一般安装在心轴上进行加工,即先加工孔,然后以孔定位安装在心轴上,再把心轴装在前后顶尖之间来加工外圆和端面。常用的心轴主要有锥度心轴和圆柱心轴两种。

(1)锥度心轴

工件压入后,靠摩擦力就可与锥度心轴固紧。锥度心轴对中性好,装夹方便,但不能承受较大的切削力,多用于外圆和端面的精车。

(2)圆柱心轴

工件装入圆柱心轴后需要加上垫圈,用螺母锁紧。其夹紧力较大,可用于较大直径零件外圆的半精车和精车。圆柱心轴和工件内孔的配合有一定间隙,对中性较锥度心轴差。

2. 加工方法的选择

盘套类零件外圆表面多采用车削加工,精度高时采用磨削加工。

盘套类零件内孔加工方法较多,有钻孔、车孔、扩孔、铰孔、镗孔、磨孔、拉孔、珩孔、研磨孔及滚压加工等。内孔加工方法的选择比较复杂,需要考虑生产批量、零件结构及尺寸、精度和表面质量的要求、长径比等因素,对于精度要求较高的内孔需要采用多种方法顺次进行加工。内孔加工方法的确定,可考虑以下原则:

(1)内孔的精度、表面质量要求不高时,可采用钻孔、扩孔、车孔、镗孔等。

(2)内孔的精度要求较高且直径较小时(小于$\phi 50$mm),可采用钻→扩→铰方案,其精度和生产率均较高。

(3)内孔的精度要求较高且直径较大时,多采用钻孔后镗孔或直接镗孔。

(4)内孔生产批量较大时,可采用拉孔。

(5)内孔有较高表面贴合要求时,可采用研磨孔。

(6)淬硬套筒零件多采用磨削孔。对于精密套筒还应增加对内孔的精密加工,如高精度磨削、珩磨、研磨等方法。

(7)加工有色金属等软材料时,可采用精镗(或金刚镗)。

3. 保证相互位置精度的方法

在机械加工中,盘套类零件的主要工艺问题是保证内孔与外圆的同轴度及端面与内孔轴线的垂直度要求和防止变形。要保证各表面间的相互位置精度,通常采用以下方法:

(1)在一次装夹中完成所有内孔与外圆表面及端面的加工。一般在卧式车床或立式车床上进行,精加工也可以在磨床上进行。此时,常用三爪卡盘或四爪卡盘装夹工件,分别如图 11-8a)、图 11-8b)所示。这种安装方法可消除由于多次安装而带来的安装误差,保证零件内孔与外圆的同轴度及端面与内孔轴线的垂直度。但是这种安装方法由于工序比较集中,对尺寸较大(尤其是长径比较大)的套筒安装不方便,故多用于尺寸较小的套筒的车削加工。对于凸缘的短套筒,可先车凸缘端,然后掉头夹压凸缘端,这种安装方法可防止因套筒刚度降低而产生的变形,如图 11-8c)所示。

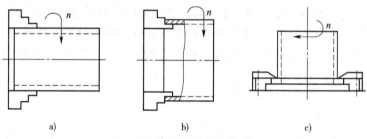

图 11-8 短套筒的安装
a)正夹;b)反夹;c)夹压

(2)全部加工分在几次装夹中进行,先加工孔,然后以孔作为定位基准加工外圆表面。用这种方法加工套筒,以精加工好的内孔作为精基准最终加工外圆。当以内孔为精基准加工外圆时,常用锥度心轴装夹工件,并用两顶尖支承心轴。由于锥度心轴结构简单,制造、安装误差较小,因而可以保证比较高的同轴度要求,是套筒加工中常见的装夹方法。

(3)全部加工分在几次装夹中进行,先加工外圆,然后以外圆表面作为定位基准加工内孔。用这种方法加工套筒,以精加工好的外圆作为精基准最终加工内孔。采用这种方法装夹工件迅速可靠,但因卡盘定心精度不高,易使套筒产生夹紧变形,故加工后工件的形状与位置精度较低。为获得较高的同轴度，必须采用定心精度高的夹具，如弹性膜片卡盘、液性塑料夹具、经过修磨的三爪自定心卡盘和软爪等。较长的套筒一般多采用这种加工方法。

在实际生产中，一般以内孔与外圆互为基准、多次装夹、反复加工来提高同轴度。

4. 防止薄壁套筒变形的措施

薄壁套筒类零件由于壁薄，加工中常因夹紧力、切削力、内应力和切削热的作用而产生变形。需要热处理的薄壁套筒，如果热处理工序安排不当，也会造成不可校正的变形。防止套筒的变形可以采取如下措施。

(1) 减小切削力和切削热对套筒变形的影响

减小切削力和切削热对套筒变形影响的措施如下：

①粗精加工应分开进行，并应严格控制精加工的切削用量，以减小零件加工时的变形。

②内、外表面同时加工，使径向力相互抵消，如图11-9所示。

③减小径向力，通常可增大刀具的主偏角。

④在粗、精加工之间应留有充分的冷却时间，并在加工时注入足够的切削液。

(2) 减小夹紧力对套筒变形的影响

减小夹紧力对套筒变形影响的措施如下：

①改变夹紧力的方向，即将径向夹紧改为轴向夹紧，如采用工艺螺纹来装夹工件或工件靠螺母端面来轴向夹紧，如图11-10所示。

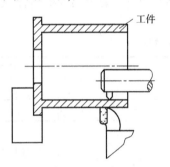

图11-9 内、外表面同时加工

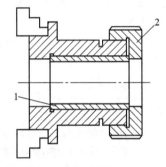

图11-10 轴向夹紧图
1-工件；2-轴向夹紧螺母

②当需要径向夹紧时，应尽可能使径向夹紧力沿圆周均匀分布，如使用过渡套、弹性薄膜卡盘、软爪等夹具夹紧工件。

③减小热处理对套筒变形的影响

热处理工序应置于粗加工后、精加工前，使热处理变形在精加工中得以修正。

三、盘套类零件加工实例

盘套类零件按其结构形状可分为短套和长筒两类，这两类零件在装夹与加工方法上有很大的差别，下面分别分析其工艺特点。

1. 轴套加工工艺分析

(1) 轴套的技术要求与加工特点

如图11-11所示的轴套属于短套。轴套的技术要求与加工特点为：轴套组成的表面有外圆、内孔、型孔、大、小端面、台阶面、退刀槽、内、外倒角；$\phi 60^{+0.02}_{\ 0}$ mm 外圆对 $\phi 44^{+0.027}_{\ 0}$ mm 内孔的同轴度公差为0.03mm，$\phi 60^{+0.02}_{\ 0}$ mm 外圆对 $\phi 44^{+0.027}_{\ 0}$ mm 内孔内孔的径向圆跳动公差为

0.01mm,两者表面粗糙度 R_a 均为 $0.8\mu m$；台阶面对 $\phi 60_{\ 0}^{+0.02}$mm 外圆轴线的垂直度公差为 0.02mm,台阶面表面粗糙度 R_a 为 $0.8\mu m$；零件热处理硬度为 50~55HRC,需经淬火处理；生产类型为中批量生产；零件直径尺寸差异较大,零件壁薄容易变形,加工精度要求较高。

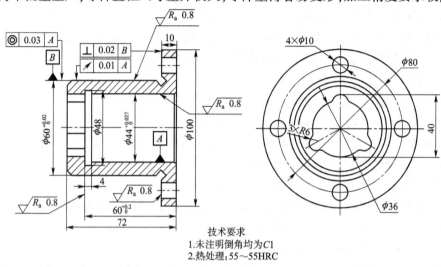

图 11-11　轴套的零件图

（2）轴套的加工工艺过程　根据对轴套的结构特点和技术要求的分析,制订轴套的加工工艺过程,具体见表 11-2。

轴套的加工工艺过程　　　　　　　　　　　　　　表 11-2

工序号	工序名称	工序内容	定位与夹紧
1	备料	毛坯模锻	—
2	热处理	退火,220~240HBS	—
3	粗车	粗车大端面,留加工余量 0.5mm； 粗车 $\phi 100$mm 外圆,留加工余量 1.0mm； 粗车 $\phi 44_{\ 0}^{+0.027}$mm 内孔,留加工余量 1.5mm。	三爪卡盘装夹
4	掉头粗车	掉头粗车小端面至尺寸 72.5mm； 粗车 $\phi 60_{\ 0}^{+0.02}$mm 外圆,留加工余量 1.2mm； 粗车台阶面,留加工余量 0.8mm； 粗车 $\phi 36$mm 内孔至尺寸	反爪夹大端
5	检验	中间检验	—
6	热处理	调质	—
7	半精车	半精车大端面至尺寸； 半精车 $\phi 100$mm 外圆至尺寸； 半精车 $\phi 44_{\ 0}^{+0.027}$mm 内孔,留粗磨、精磨余量约 0.5mm； 切 $\phi 48$mm 退刀槽至尺寸； 倒角	三爪卡盘装夹
8	半精车	半精车 $\phi 60_{\ 0}^{+0.02}$mm 外圆及台阶面,留磨削余量； 切退刀槽至尺寸； 倒角	配心轴,以 $\phi 44_{\ 0}^{+0.027}$mm 内孔定位,轴向夹紧工件

续上表

工序号	工序名称	工序内容	定位与夹紧
9	铣削	铣小端面 $3 \times R6$mm 型孔至尺寸	分度头安装
10	钻孔	钻大端面 $4 \times \phi 10$mm 小孔至尺寸	专用夹具
11	钳工	去毛刺	—
12	检验	—	—
13	热处理	淬火,50~55HRC	—
14	粗磨	粗磨 $\phi 44^{+0.027}_{0}$mm 内孔及 $\phi 48$mm 的端面,留精磨余量	以 $\phi 60^{+0.02}_{0}$mm 外圆定位
15	精磨	磨 $\phi 60^{+0.02}_{0}$mm 外圆及台阶面至尺寸	配心轴,以 $\phi 44^{+0.027}_{0}$mm 内孔定位,轴向夹紧工件
16	精磨	精磨 $\phi 44^{+0.027}_{0}$mm 内孔及 $\phi 48$mm 的端面至尺寸	以 $\phi 60^{+0.02}_{0}$mm 外圆定位
17	检验	成品检验	—

①轴套的材料与毛坯。本例轴套的材料采用 45 号钢,毛坯用模锻件。

②轴套表面加工方法。$\phi 60^{+0.02}_{0}$外圆及台阶面采用粗车→半精车→磨削加工,$\phi 44^{+0.027}_{0}$内孔采用粗车→半精车→粗磨→精磨达到精度及表面粗糙度的要求,其余回转面以半精车满足加工要求,型孔在立式铣床上完成,四个小孔采用钻削。

③定位基准。主要定位基准为 $\phi 44^{+0.027}_{0}$mm 的内孔中心,加工内孔时的定位基准为 $\phi 60^{+0.02}_{0}$mm 的外圆。

④安装方式。加工大端面及内孔时,用三爪卡盘装夹;粗加工小端面用反爪夹大端;半精加工、精加工小端时,配心轴,以 $\phi 44^{+0.027}_{0}$mm 的内孔定位,轴向夹紧工件;加工 $3 \times R6$mm 型孔时,用分度头安装直接分度,并保证它们均布在零件的圆周上;对大端面的四个小孔用专用夹具安装,即以大端面及 $\phi 44^{+0.027}_{0}$mm 内孔作为主定位基准,利用型孔防止工件旋转,使工件轴向夹紧。

⑤保证轴套表面位置精度。先以 $\phi 60^{+0.02}_{0}$mm 外圆定位,粗磨 $\phi 44^{+0.027}_{0}$mm 内孔,再以 $\phi 44^{+0.027}_{0}$mm 内孔定位磨削外圆,最后以 $\phi 60^{+0.02}_{0}$mm 外圆定位,精磨 $\phi 44^{+0.027}_{0}$mm 内孔。内孔与外圆互为基准、多次装夹、反复加工,以满足同轴度和径向圆跳动的要求。在一次装夹中磨 $\phi 60^{+0.02}_{0}$mm 外圆及台阶面,以保证台阶面对 $\phi 44^{+0.027}_{0}$mm 内孔轴线的垂直度公差在 0.02mm 以内。

⑥热处理安排。因模锻件的表层有硬皮,为改善切削加工性,模锻后应对毛坯进行退火处理。零件的最终热处理为淬火,满足硬度 50~55HRC 要求。为尽量控制淬火变形,在零件粗加工后安排调质处理作为预备热处理。

2. 液压缸体加工工艺分析

(1) 液压缸体的技术要求与加工特点

如图 11-12 所示的液压缸体属于长套筒。液压缸体的技术要求与加工特点为:液压缸体组成的表面有外圆、内孔、内锥孔、倒角等;液压缸内有活塞往复运动,所以 $\phi 70$H11 内孔的加工要求较高,其轴线的直线度公差为 $\phi 0.15$mm,对外圆安装基准面 A、B 的同轴度公差为 $\phi 0.04$mm,圆柱度公差为 0.04mm,表面粗糙度 R_a 为 0.32μm。为保证活塞在液压缸体内移动顺利且不漏油,还特别要求内孔光洁无纵向划痕,不许用研磨剂研磨;两端面对内孔的垂直度公差为 0.03mm,表面粗糙度 R_a 为 2.5μm;安装基准面 $\phi 82$h6 外圆的尺寸精度为

IT6,表面粗糙度 R_a 为 1.25μm；φ90 外圆表面中间段为非加工面；生产类型为成批生产；液压缸体壁薄容易变形，结构简单，加工面较少，加工方法变化不多。

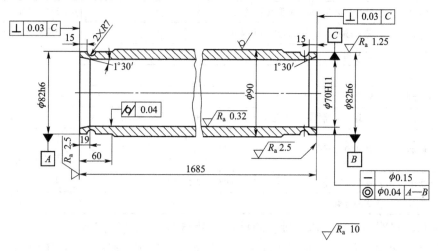

图 11-12　液压缸体的零件图

(2)液压缸体的加工工艺过程

根据对液压缸体的结构特点和技术要求的分析，制订液压缸体的加工工艺过程，见表 11-3。

液压缸体的加工工艺过程　　　　　　　　　　　表 11-3

序号	工序名称	工序内容	定位与夹紧
1	备料	无缝钢管 φ90mm×12mm×1692mm 下料切断	
2	粗车	车一端 φ82h6 外圆至 φ88，车工艺螺纹 M88×1.5（定位用）； 车端面，倒角； 掉头车另一端 φ82h6 外圆至 φ84； 车端面（取总长 1686mm，留加工余量 1mm），倒角	三爪自定心卡盘夹一端，另一端用中心架托（或用大头顶尖顶）
3	深孔镗	半精镗孔至 φ68mm； 精镗孔至 φ69.85mm； 浮动镗孔（精铰）至 φ70H11，表面粗糙度为 R_a 2.5μm	一端用 M88×1.5mm 螺纹固定在夹具中，另一端搭中心架，托 φ84 处
4	滚压孔	用滚压头滚压 φ70H11 孔至表面粗糙度为 R_a 0.32μm	一端用螺纹固定在夹具中，另一端搭中心架，托 φ84 处
5	精车	切去工艺螺纹，车 φ82h6 外圆至尺寸，车 R7 圆槽； 车 1.5° 内锥孔，车端面； 掉头车 φ82h6 外圆至尺寸，车 R7 圆槽； 车 1.5° 内锥孔，车端面，取总长 1685mm	车外圆时一端用软爪夹，另一端用大头顶尖顶； 车内锥孔时一端用软爪夹，另一端用中心架托

①液压缸体的材料。液压缸体的材料一般有铸铁和无缝钢管两种，本例采用无缝钢管。

②液压缸体表面加工方法。φ82h6 外圆加工精度为 IT6，加工方法采用粗车、精车。内孔加工精度较高，粗加工采用半精镗，半精加工采用精镗，精加工采用浮动镗，光整加工采用滚压。

③定位基准。选择安装基准面 φ82h6 外圆作为定位基准加工内孔。

④安装方式。为防止液压缸体壁薄因受夹紧力而变形,在镗内孔时,一端用工艺螺纹旋紧工件,另一端用中心架托住外圆;在最后精车外圆时,一端用软爪夹住,另一端以内孔定位用大头顶尖顶住工件;在镗内锥孔时,用软爪夹住一端,另一端用中心架托住外圆。

第三节　箱体类零件加工

一、箱体类零件加工概述

1. 箱体类零件的功能和结构特点

箱体是机器或部件的基础零件,它将机器或部件中的轴、齿轮、轴承等相关零件连接成一个整体,使它们之间保持正确的相互位置,以传递运动和动力以及改变转速来完成一定的传动关系。因此,箱体的加工质量直接影响机器或部件的工作精度、使用性能和寿命。

常见的箱体零件有机床主轴箱、机床进给箱、减速箱、发动机缸体、机座和泵体等。根据结构形式不同,箱体可分为整体式和分离式两大类。图11-13所示为常用的几种箱体的结构简图。

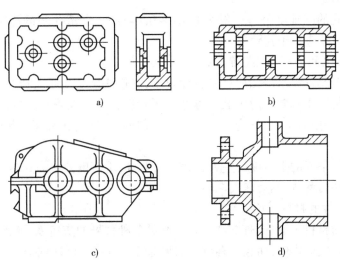

图11-13　常用的几种箱体的结构简图
a)组合机床主轴箱；b)车床进给箱；c)分离式减速箱；d)泵壳

箱体的结构形式虽然多种多样,但仍有一些共同特点,即箱体结构复杂,壁薄且不均匀,内部呈空腔,加工部位多,加工难度大,既有精度要求高的孔系和平面,也有许多精度要求较低的螺纹连接孔。

2. 箱体类零件的主要技术要求

箱体类零件中以车床主轴箱的精度要求最高,以如图11-14所示的车床主轴箱为例来说明其技术要求。

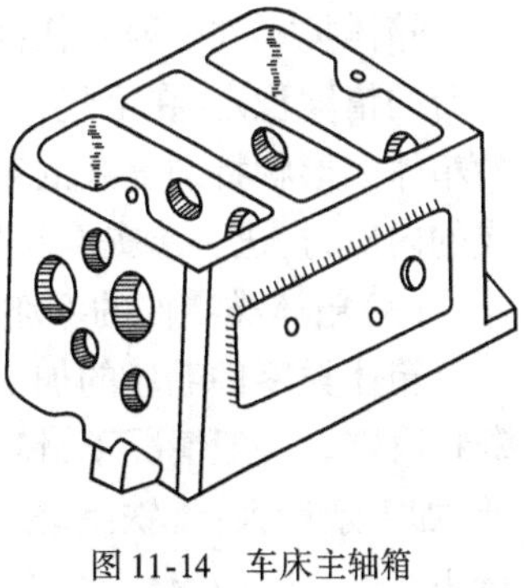

(1)主要平面的形状精度和表面粗糙度

箱体的主要平面是装配基准面,装配基准面的平面度误差将影响主轴箱与床身连接时的接触刚度。若在加工时将其作为定位基准,还会影响孔的加工精度。因此,箱体的主要平面应有较高的平面度和较小的表面粗糙度。此外,箱体的主要平面间

图11-14　车床主轴箱

还应有较高的垂直度要求。

一般箱体主要平面的平面度公差为 0.03~0.1mm，表面粗糙度 R_a 为 2.5~0.63μm，主要平面间的垂直度公差为 0.04~0.1mm。

(2) 孔的尺寸精度、形状精度和表面粗糙度

孔的尺寸精度和形状精度将影轴承与箱体孔的配合精度。孔径过大、配合过松会使轴的回转精度下降，使传动件(齿轮、联轴器等)产生振动和噪声；孔径过小、配合过紧会使轴承因外界变形而不能正常运转，使轴承寿命缩短。孔的表面粗糙度影响箱体的配合性质或接触刚度。

一般机床主轴支承孔的尺寸精度为 IT6，表面粗糙度 R_a 为 0.63~0.32μm，圆柱度公差一般应在孔径尺寸公差范围内。其余孔的尺寸精度为 IT7~IT6，表面粗糙度 R_a 为 2.5~0.63μm。

(3) 孔与孔之间的相互位置精度

同一轴线上各孔应有同轴度要求，各支承孔之间应有孔距尺寸精度和平行度要求。否则不仅装配困难，轴承和轴装配到箱体将产生歪斜，使轴运转情况恶化，加剧轴承磨损，还会影响齿轮的啮合质量。

同一轴线上孔的同轴度公差一般为 0.01~0.04mm。支承孔间的孔距公差为 0.05~0.12mm，平行度公差应小于孔距公差。

(4) 孔与平面之间的相互位置精度

主要孔和主轴箱安装基准面应有平行度要求，它们决定了主轴与床身导轨的相互位置关系。一般都要规定主轴轴线对安装基准面的平行度公差。在垂直面方向上，只允许主轴前端向上偏；在水平面方向上，只允许主轴前端向前偏。另外，孔端面与其轴线应有垂直度要求。

支承孔与主要平面的平行度公差为 0.05~0.1mm，垂直度公差为 0.04~0.1mm。

3. 箱体类零件的材料、热处理及毛坯

(1) 箱体类零件的材料

箱体类零件的材料一般选 HT 200~HT 400 的各种牌号的灰铸铁，最常用的为 HT 200，这是因为灰铸铁不仅成本低，而且具有较好的耐磨性、可铸性、可切削加工性和阻尼特性，适合箱体类零件尺寸较大、形状复杂的结构特点。在单件生产或某些简易机床的箱体加工时，为了缩短生产周期和降低成本，也可采用钢材焊接结构。负荷大的主轴箱可采用铸钢件。在特定条件下，某些箱体也可采用铝镁合金或其他铝合金材料。

(2) 箱体类零件的热处理

箱体类零件一般结构都比较复杂，壁厚不均，铸造时会形成较大的内应力。为保证其加工后的精度稳定，在毛坯铸造后需安排一次人工时效或退火工序，以消除内应力。对精度高的箱体或形状特别复杂的箱体，应在粗加工后再安排一次人工时效处理，以消除粗加工所造成的内应力，进一步提高箱体加工精度的稳定性。

(3) 箱体类零件的毛坯

箱体类零件毛坯的加工余量与生产批量、毛坯尺寸、结构和铸造方法有关，可查阅相关资料决定。一般情况下，铸铁毛坯在单件、小批量生产时，可采用木模手工造型，毛坯精度低、加工余量大；铸铁毛坯在大批量生产时，可采用金属模机器造型，毛坯精度高、加工余量小。

单件、小批量生产时直径大于50mm的孔，或者成批生产时直径大于30mm的孔，一般都应铸出预孔。

4. 箱体类零件的结构工艺性

(1) 箱体类零件基本孔的分类

箱体类零件的基本孔可分为通孔、阶梯孔、交叉孔及盲孔等。

① 通孔。通孔的工艺性好，通孔内又以短圆柱孔（长径比小于1.5）的工艺性为最好。当通孔为深孔（长径比大于5）时，若加工精度要求较高，表面粗糙度较低，则加工就很困难。

② 阶梯孔。阶梯孔的工艺性与孔径差有关，孔径差越小，工艺性越好；孔径差越大，且其中最小的孔径又较小，则加工较困难。

③ 交叉孔。相贯通的交叉孔工艺性较差，如图11-15a）所示。刀具走到贯通部分时，由于刀具径向受力不均，孔的轴线就会偏移。因此，可采取如图11-15b）所示的交叉孔。

④ 盲孔。盲孔的工艺性最差，因为在精铰或镗盲孔时，刀具难以进给，加工情况无法观察，盲孔的内端面加工也特别困难，所以应尽量避免。

(2) 同一轴线孔径大小的分布形式

同一轴线孔径大小有以下三种分布形式：

① 向一个方向递减。向一个方向递减便于镗孔时镗杆从一端伸入，逐个加工或同时加工同一轴线上的几个孔，可保证较高的同轴度和生产率。单件、小批量生产常采用这种分布形式。

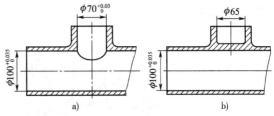

图 11-15 交叉孔的工艺性
a) 交叉孔贯通；b) 交叉孔不贯通

② 孔径大小从两边向中间递减。采用这种分布形式加工时便于组合机床从两边同时加工，镗杆刚度好，适合大批量生产。

③ 中间壁上的孔径大于外壁的孔径。应尽量避免采用这种分布形式加工。

(3) 孔系

一系列有相互位置精度要求的孔称为孔系。箱体上的孔不仅本身的精度要求高，而且孔距精度和相互位置精度要求也很高，这是箱体加工的关键。孔系可分为平行孔系、同轴孔系和交叉孔系，如图11-16所示。

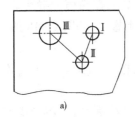 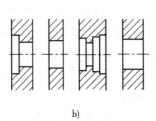 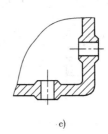

图 11-16 箱体孔系分类
a) 平行孔系；b) 同轴孔系；c) 交叉孔系

箱体外壁上的凸台应尽可能在同一高度上，以便在一次走刀中加工出来。箱体上的连接孔的尺寸规格应尽量一致，以减少刀具的数量和换刀次数。

二、箱体类零件加工工艺分析

箱体类零件的结构复杂,加工表面多,但主要加工表面是平面和孔。通常平面的加工精度相对较易保证,而精度要求较高的支承孔以及孔与孔、孔与平面之间的相互位置精度较难保证,是箱体加工的关键。

在制订箱体类零件加工工艺过程中,应重点考虑如何保证孔的自身精度以及孔与孔、孔与平面之间的相互位置精度,尤其是重要孔与重要的基准平面之间的关系。

1. 主要平面加工

箱体平面加工的主要方法有刨削、铣削和磨削三种。刨削和铣削常用作平面的粗加工和半精加工,磨削常用作平面的精加工。

对于中、小箱体,一般在牛头刨床或普通铣床上进行加工。对于大件箱体,一般在龙门刨床或龙门铣床上进行加工。刨削的生产率较低,中批量以上生产时,多采用铣削;单件、小批量生产时,对于精度高的平面用手工刮研或宽刃精刨;大批量生产时,对于精度高的平面应采用磨削。为了提高生产率,保证平面间的相互位置精度,生产中还经常采用组合铣削和组合磨削,如图 11-17 所示。

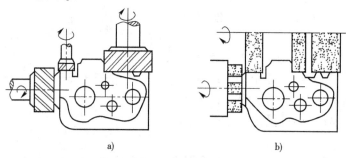

图 11-17　箱体平面的组合铣削和组合磨削
a) 组合铣前；b) 组合磨削

2. 平行孔系加工

所谓平行孔系是指这样一些孔,它们的轴线互相平行且孔距也有精度要求。因此,平行孔系加工的主要技术要求是保证孔的加工精度,保证各平行孔轴线之间以及孔轴线与基准面之间的尺寸精度和相互位置精度。生产中常采用镗模法、找正法和坐标法。

（1）镗模法

镗模法加工孔系是利用镗模板上的孔系保证工件上孔系位置精度的一种方法。镗孔时,工件装夹在镗模上,镗杆支承在镗模的导套里,由导套引导镗杆在工件的正确位置上镗孔,如图 11-18 所示。

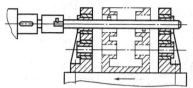

图 11-18　用镗模法加工孔系

镗模法的加工特点如下:

① 孔距精度和相互位置精度主要取决于镗模的制造精度。

② 镗杆与机床主轴采用浮动连接,机床精度对孔系加工精度影响很小。因此,可以在精度较低的机床上加工出精度较高的孔系。

③ 镗杆刚度好,有利于采用多刀同时切削,定位夹紧迅速,节省找正、调整时间,生产率高。

④ 镗模的精度要求高,制造周期长,成本高。

此外，由于镗模本身具有制造误差、导套和镗杆的配合间隙和磨损，因而用镗模法加工孔系的加工精度不会很高。一般孔径尺寸精度为 IT7，表面粗糙度 R_a 为 $1.6 \sim 0.8\mu m$，孔与孔之间的同轴度公差和平行度公差均为 $0.02 \sim 0.05mm$，孔距精度为 $\pm 0.05mm$。

镗模法加工广泛应用于中、小型箱体的成批及大量生产中。

(2) 找正法

找正法是工人在通用机床上，利用辅助工具来找正每一个要加工孔的正确位置。这种方法加工效率低，一般只适用于单件、小批量生产。

找正法包括划线找正法和样板找正法。

①划线找正法。加工前按照零件图的要求在毛坯上划出各孔的加工位置线，加工时按所划的线一一找正，同时结合试切法进行加工。

划线找正法的加工特点是：划线和找正时间较长，生产率低，而且加工出来的孔距精度也较低，一般为 $\pm 0.3mm$，操作难度大，但所用设备简单，常用于单件、小批量生产及孔距精度要求不高的孔系加工。

②样板找正法。加工前用 $10 \sim 20mm$ 厚的钢板按箱体的孔系关系制造出样板。样板上的孔距精度应比箱体上的孔距精度高，一般为 $\pm 0.01mm$，样板上的孔径应比工件的孔径稍大，以便镗杆通过；样板上的孔径尺寸精度要求不高，但形状精度和表面粗糙度要求较高。

使用时，将样板准确地装在被加工的箱体的端面（垂直于各孔的端面）上，在机床主轴上安装一个百分表找正器，按样板上的孔逐个找正机床主轴的位置，换上镗刀即可加工，如图 11-19 所示。

样板找正法的加工特点是加工中找正迅速，不易出错，孔距精度可达 $\pm 0.02mm$，且样板的成本比镗模法低得多（仅为镗模法成本的 1/7 左右），常用于单件、中、小批量生产中加工大型箱体的孔系。

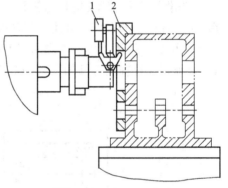

图 11-19 样板找正法
1-百分表找正器；2-样板

(3) 坐标法

坐标法是在加工前先将图样上被加工孔系间的孔距尺寸及其公差换算为以机床主轴中心为原点的两个互相垂直的坐标尺寸，加工时借助机床设备的测量装置，按此坐标尺寸精确地调整机床主轴和工件在水平和垂直方向的相对位置，从而间接保证孔距精度的一种镗孔方法。

坐标法的尺寸换算可利用三角几何关系及工艺尺寸链理论计算。其孔距精度取决于坐标位移精度，归根到底取决于机床坐标测量装置的精度。在现代生产实际中，利用坐标法加工孔系的机床主要是数控镗、铣床或加工中心。因此，坐标法在精密孔系的加工中应用较为广泛。

3. 同轴孔系加工

同轴孔系的加工主要是保证同轴线上各孔的同轴度。生产中常用的加工方法有镗模法、导向法和找正法。

(1) 镗模法

在成批生产中，一般采用镗模法，其同轴度由镗模保证。精度要求较高的单件、小批量生产也可采用镗模法加工，但镗模的制造成本较高。

(2) 导向法

在单件、小批量生产时,箱体孔系一般在通用机床上加工,不使用镗模,镗杆的受力变形会影响孔的同轴度,因此,可采取如下工艺方法:

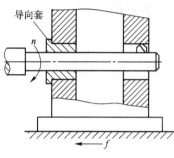

图 11-20 导向法加工同轴孔系

①利用已加工孔作为支承导向。如图 11-20 所示,当箱体前壁上的孔加工完毕后,可在孔内装一导向套,以支承和引导镗杆加工后壁上的孔,保证两孔的同轴度要求。这种工艺方法适用于箱壁相距较近的同轴孔系的加工。

②利用镗床后立柱上的导向套作为支承导向。这种工艺方法镗杆为两端支承,刚性好,但后立柱导套的位置调整麻烦,且需要较长、较粗的镗杆,适用于大型箱体同轴孔系的加工。

(3)找正法(掉头镗加工)

加工时,工件一次装夹镗好一端的孔后,将镗床工作台回转 180°,再对另一端同轴线的孔进行找正加工。为保证同轴度找正,加工时应注意:首先确保镗床工作台精确回转 180°,否则两端所镗的孔轴线不重合;其次掉头后应保证镗杆轴线与已加工孔轴线位置精确重合。

考虑工作台回转以后会带来误差,因此,在实际加工中需用工艺基准面进行校正,如图 11-21 所示。具体方法为镗孔前用装在镗杆上的百分表对箱体上与所镗孔轴线平行的工艺基准面进行校正,使其与镗杆平行;当加工完箱体 A 面上的孔,镗床工作台回转 180°后,再用镗杆上的百分表沿此工艺基准面重新校正,保证镗杆轴线与工艺基准面的平行度,这样就确保了镗床工作台精确回转 180°;然后再以此工艺基准面作为测量基准调整主轴位置,以确保镗杆轴线与已加工孔(箱体 A 面上的孔)轴线位置精确重合,这样即可镗箱体 B 面上的孔。

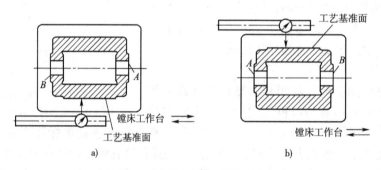

图 11-21 掉头镗加工同轴孔系
a)第一工位;b)第二工位

掉头镗加工同轴孔找正较麻烦,生产率低,但工艺及工艺装备简单,镗杆短且刚性好,故适用于单件、小批量生产箱体壁面上相距较远的同轴孔系。

4. 定位基准的选择

(1)粗基准的选择

一般都采用箱体类零件上面的重要孔作为粗基准,如主轴箱都用主轴孔和距主轴孔较远的一个轴承孔作为粗基准。

虽然箱体类零件都采用重要孔作为粗基准,但生产类型不同,实现以主轴孔为粗基准的工件装夹方式也是不同的。

①中、小批量生产时,毛坯精度较低,一般采用划线装夹,先找正主轴孔的中心,然后以

主轴孔为粗基准找出其他需要加工的平面的位置。加工箱体平面时,按所划的线找正,装夹工件即可。

②大批量生产时,毛坯精度较高,可采用如图 11-22 所示的以主轴孔为粗基准的铣夹具粗铣顶面,先将工件放在支承 1、4、5 上,并使箱体侧面紧靠支架 3,端面紧靠挡销 9,这就完成了预定位;操纵手柄 8 后由压力油推动两短轴伸入箱体的主轴孔中,每个短轴上的活动支柱分别顶住主轴孔内的毛面,工件将被略微抬起,离开支承 1、4、5,使主轴孔轴线与夹具的两短轴轴线重合,此时,主轴孔即为定位粗基准。为限制工件绕两短轴转动,调节两个可调支承,用样板校正箱体另一轴孔的位置,使箱体端面基本水平,再调节辅助支承 2,使其与箱体底面接触,以提高工艺系统的刚度,然后再将由液压控制的两个夹紧块伸入箱体两端孔内压紧工件,即可进行加工。

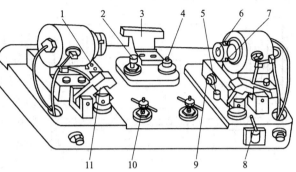

图 11-22 以主轴孔为粗基准的铣夹具
1、4、5-支承;2-辅助支承;3-支架;6-短轴;7-活动支柱;8-手柄;9-挡销;10-可调支承;11-夹紧块

(2) 精基准的选择

选择合适的定位精基准,对保证箱体的加工质量尤为重要。一般情况下,应尽可能选择设计基准作为定位精基准,使基准重合,且该精基准还可以作为箱体其他各表面加工的定位精基准,做到基准统一。实际生产中,根据生产批量的不同,有下列两种方案:

①单件、小批量生产

单件、小批量生产用装配基准作为定位精基准。主轴箱的底面是装配基准,也是主轴孔的设计基准,且与箱体的主要纵向孔系、端面、侧面等有直接的相互位置关系,因此,应以主轴箱的底面作为定位精基准。

此方案的优点是符合基准重合原则,消除了基准不重合误差,有利于各工序的基准统一;简化了夹具设计,定位稳定可靠,安装误差较小;由于箱体口朝上,在加工各孔时更换导向套、安装调整刀具、测量孔径尺寸、观察加工情况均非常方便;有利于清除切屑和加注切削液。

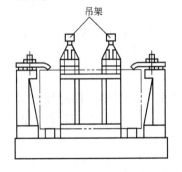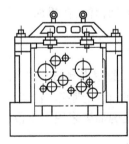

图 11-23 吊架式镗模

这种定位方式的不足之处是刀具系统的刚度较差。加工箱体内壁上的支承孔时,为了保证这些支承孔的相互位置精度,必须在箱体内相应位置设置导向支承模板以支承镗杆,提高镗杆的刚度。由于箱体口朝上,箱底封闭,中间导向支承模板只能用吊架的形式从箱体顶面的开口处伸入箱体内。如图 11-23 所示,每加工一个工件,吊架需装卸一次,使加工的辅助时间增加;且由于吊架刚性差,制造安装精度低,经常装卸容易产生误差,因而影响加工孔的位置精度,所以其只适合单件、小批量生产。

②大批量生产

大批量生产采用一面两孔作为定位精基准,即以主轴箱的顶面及两定位销孔作为定位精基准,如图11-24所示。

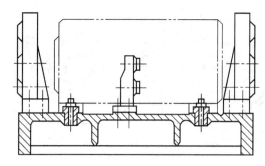

图11-24　以主轴箱的顶面及两定位销孔作为定位精基准

此方案的特点是箱体口朝下,中间导向支承模板可固定在夹具上,固定支架刚性强,对保证各支承孔的加工位置精度有利;夹具结构简单,工件装夹方便,辅助时间少。但由于以箱体顶面作为定位基准,使定位基准与设计基准或装配基准不重合会产生基准不重合误差;由于箱体口朝下,加工过程中不便于直接观察加工情况、调整刀具及测量尺寸;原箱体零件上本不需要两定位销孔,但因工艺定位的需要,在前几道工序中必须增加钻—扩—铰两定位销孔的工序;另外,必须提高作为定位基准的箱体顶面的加工精度,为此,需安排磨顶面的工序,并严格控制顶面的平面度以及顶面与底面、顶面与主轴孔轴心线的尺寸精度与平行度,会增加箱体加工的工作量。不过,此方案生产率高、精度好、加工质量稳定,仍然适用于大批量生产。

5. 拟订加工工艺过程的基本原则

(1) 先面后孔的工艺顺序

箱体类零件的加工顺序为先加工平面,再以加工好的平面定位加工孔,符合一般加工规律。因为箱体孔的精度要求较高,加工难度大,先以孔作为粗基准加工好平面,再以平面作为精基准加工孔,可为孔的加工提供稳定可靠的定位。同时先加工平面,切去铸件表面的不平和夹砂等缺陷,不仅有利于以后的孔加工(如减少钻头引偏)工序,也有利于保护刀具。

(2) 加工阶段粗、精分开

对于刚性差、批量较大、精度要求较高的箱体,通常将主要加工表面划分为粗、精加工两个阶段,即主要平面和各支承孔在粗加工后再进行主要平面和各支承孔的精加工。特别是应将精度和表面质量要求最高的主轴孔的精加工放在最后,这样可以消除由粗加工所造成的内应力、切削力、切削热、夹紧力对加工精度的影响,并且有利于合理地选用设备。

(3) 合理安排热处理工序

箱体毛坯铸造后需进行时效处理,以消除铸造后铸件中的内应力,改善金相组织,改善工件材料的切削加工性,从而保证加工精度的稳定。

对于精密机床或壁薄而结构复杂的主轴箱体,在粗加工后再进行一次人工时效处理,以消除粗加工所造成的残余应力。

(4) 合理选择设备

单件、小批量生产一般选用通用机床、通用夹具进行加工,个别关键工序采用专用夹具(如孔系加工)进行加工。而大批量箱体的加工,则应广泛采用组合机床和专用夹具,如平面的加工采用龙门铣床、组合磨床,各主要孔的加工采用多工位组合机床等。

三、箱体类零件加工实例

1. 车床主轴箱的技术要求与加工特点

车床主轴箱的简图如图11-25所示。

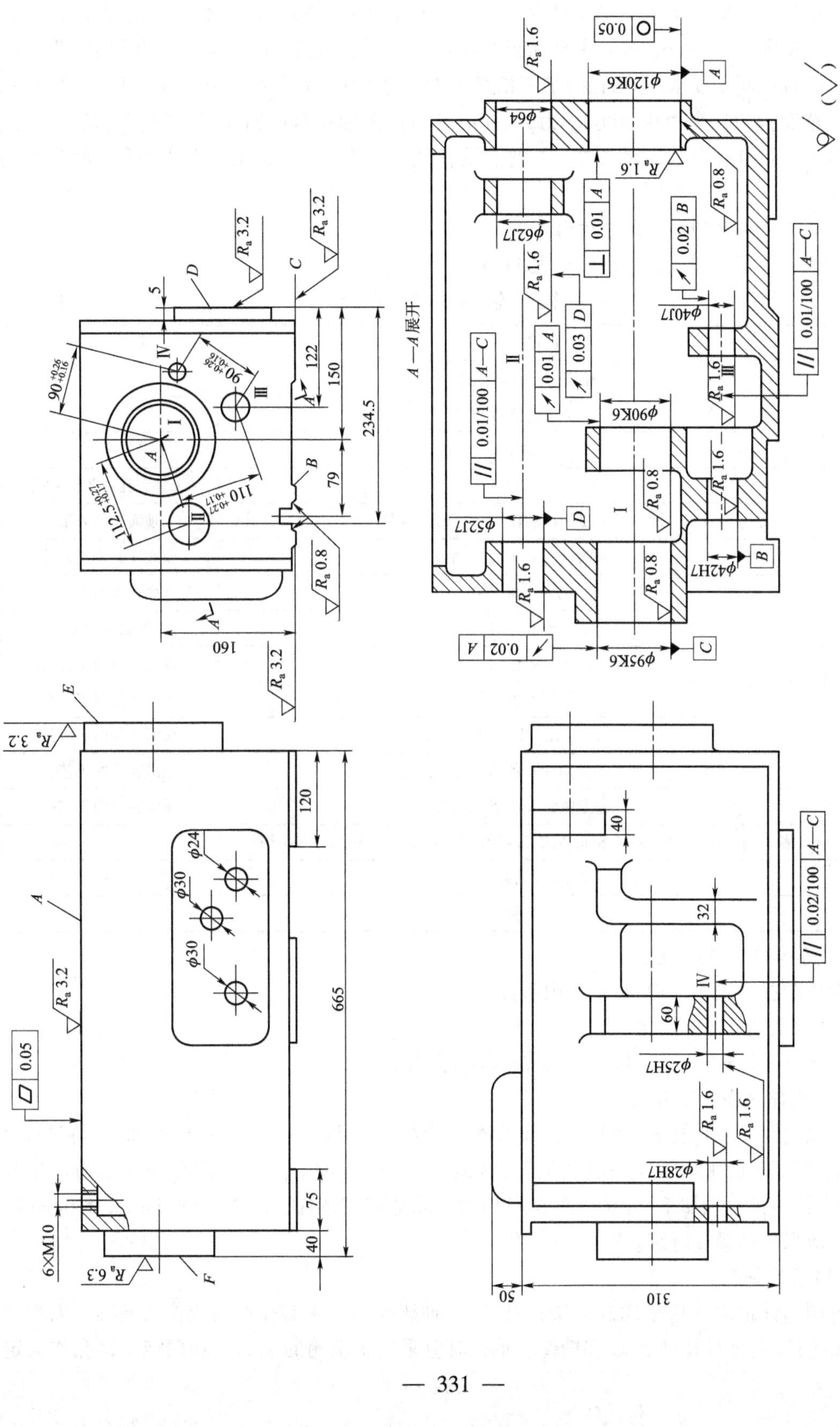

图 11-25 车床主轴箱简图

从图 11-25 可知,箱体顶面 A 的平面度公差为 0.05mm,表面粗糙度 R_a 为 3.2μm,与导轨配合的箱体底面 B 的表面粗糙度 R_a 为 0.8μm,C、D、E 面的表面粗糙度均 R_a 为 3.2μm,F 面的表面粗糙度 R_a 为 6.3μm;Ⅰ轴孔与Ⅱ轴孔、Ⅰ轴孔与Ⅲ轴孔、Ⅰ轴孔与Ⅳ轴孔、Ⅲ轴孔与Ⅳ轴孔有孔间距要求;Ⅰ轴孔的加工精度为 IT6,表面粗糙度 R_a 为 0.8μm,Ⅱ、Ⅲ、Ⅳ轴孔的加工精度为 IT7,表面粗糙度 R_a 为 1.6μm;Ⅱ、Ⅲ、Ⅳ轴孔对Ⅰ轴孔有平行度要求;Ⅰ、Ⅱ、Ⅲ轴线上各孔有径向圆跳动要求;Ⅰ轴前端孔圆度公差为 0.05mm,对端面垂直度公差为 0.01mm。

2. 车床主轴箱的加工工艺过程

车床主轴箱的加工工艺过程见表 11-4。

车床主轴箱的加工工艺过程　　　　表 11-4

工序号	工 序 内 容	定 位 基 准
1	铸造,制造箱体毛坯	—
2	人工时效处理	—
3	油漆	—
4	铣顶面 A	Ⅰ轴铸孔与Ⅱ轴铸孔
5	钻—扩—铰 $2×\phi 8H7$ 工艺孔(定位用)	顶面 A 及外形
6	铣两端面 E、F 及前面 D	顶面 A 及两工艺孔
7	铣导轨面 B、C	顶面 A 及两工艺孔
8	磨顶面 A	导轨面 B、C
9	粗镗各纵向孔	顶面 A 及两工艺孔
10	精镗各纵向孔	顶面 A 及两工艺孔
11	半精镗,精镗主轴孔	顶面 A 及两工艺孔
12	加工各横向孔及各面上的次要孔	顶面 A 及两工艺孔
13	磨导轨面 B、C 及前面 D	顶面 A 及两工艺孔
14	将 $2×\phi 8H7$mm 及 $4×\phi 7.8$mm 均扩钻至 $\phi 8.5$mm,攻 $6×M10$mm 的螺纹孔	—
15	清洗、去毛刺、倒角	—
16	检验	—

(1) 箱体的材料与毛坯

箱体的材料采用 HT200,毛坯用铸件。

(2) 热处理工序

对铸件毛坯进行人工时效处理,以消除内应力。

(3) 箱体表面加工方法

各纵向孔及主轴孔加工精度高,采用铸件预铸孔→粗镗→半精镗→精镗加工;将顶面 A 作为定位精基准,采用铣削→磨削加工;将顶面 A 与 $2×\phi 8H7$mm 工艺孔一起作为定位基准,采用钻→扩→铰加工;将导轨面 B、C 作为装配基准,采用铣削→磨削加工;$6×M10$mm 的螺纹孔应采用丝锥攻螺纹。

(4) 定位基准

铣削箱体顶面 A 应采用专用铣夹具,以Ⅰ轴铸孔与Ⅱ轴铸孔作为定位粗基准。因为是大批量生产,磨削导轨面 B、C 和精镗主轴孔时应采用主轴箱的顶面 A 和两定位销孔作为定位精基准。

(5) 加工阶段粗、精分开

主要平面的粗加工是铣削,精加工是磨削;主要孔的粗加工是粗镗,精加工是精镗;主要平面的粗加工完成后再进行主要平面和各支承孔的精加工;$2\times\phi 8H7mm$ 工艺孔应采用钻→扩→铰加工。

(6) 加工顺序

加工的顺序为先面后孔。粗加工时,先铣削好顶面 A 后,再铣削主要平面;精加工时,先磨削好顶面 A 后,再粗镗→精镗主要孔系及磨削导轨面 B、C。

第十二章　机械加工质量及表面处理

当机械零件加工完成后,通过检验可判定其的加工质量的好坏,当回顾一个或者一批零件的整个加工过程,可以发现有很多因素,比如机床、刀具,采用的工艺过程等对零件的质量好坏是有很大影响的,作为制造业从事者,有必要对零件的加工质量概念、影响因素、改进措施有一个更全面的认识,以便改进加工措施,提高工艺的性价比。

所有加工合格的零件,在进行装配之前,需要对零件进行表面处理,这是十分重要的一个环节,没有经过表面处理的零件,甚至可以认为只能算是一个半成品,通过不同的方法,对零件的表面进行防护,改善,美化等工作,才能使一个合格零件成为机器设备的一部分。

第一节　机械加工精度

产品的质量与零件的加工、装配质量密切相关,而零件的加工质量是保证产品质量的基础,它包括零件的加工精度和表面加工质量两个方面。

一、机械加工精度概述

1. 机械加工精度与加工误差

机械加工精度是指零件在加工后的几何参数的实际值和理论值相符合的程度。符合的程度越好,加工精度也越高。经过加工后零件的实际几何参数与理想零件的几何参数总会有所不同,它们之间的差值称为加工误差。在实际生产中都是用加工误差的大小来反映控制加工精度的。研究加工精度的目的是如何把各种误差控制在允许范围内(即公差范围之内);弄清各种因素对加工精度的影响规律,从而找出降低加工误差,提高加工精度的措施。

(1)零件自身精度

零件是由各种形状的表面组合而成的,多数情况下,这些表面是简单表面,如平面、圆柱面等。零件的自身精度包括尺寸精度和形状位置精度。

(2)经济精度

同一种加工方法在不同的加工条件下所能达到的精度是不同的。要使加工精度得到较大的提高,肯定会增加加工成本,显然是不经济的。所以某种加工方法的经济精度一般指的是一个范围,在这个合理的范围内都可以说是经济的。

(3)原始误差

由于工艺系统存在的各种误差,会在不同的条件下以不同的程度反映为工件的加工误差,一般把工艺系统的各种误差称为原始误差。包括加工前、中、后误差,与机床、夹具、刀具、环境都有关系。为了保证和提高零件的加工精度,必须采取措施消除或减少原始误差对加工精度的影响,将加工误差控制在允许的公差变动范围内。

(4)获得加工尺寸精度的方法

①试切法。试切法是指通过试切—测量—调整—再试切的反复进行,直至达到符合规定的尺寸。这种方法效率低,对操作者的技术水平要求较高,适用于单件、小批量生产。

②定尺寸刀具法。定尺寸刀具法是指用刀具的相应尺寸来保证工件被加工部位尺寸的方法。例如,用麻花钻、铰刀、拉刀、槽铣刀和丝锥等刀具加工,以获得规定的尺寸精度。加工精度与刀具本身制造精度的关系很大。

③调整法。调整法是指按零件图规定的尺寸,预先调整好机床、夹具、刀具与工件的相对位置,经试加工测量合格后,再连续成批加工工件。加工精度在很大程度上取决于调整精度。此方法广泛应用于半自动机床、自动机床和自动生产线,适用于成批及大量生产。

④自动获得法。自动获得法是指用测量装置、进给装置和控制系统构成一个自动加工系统,使加工过程中的测量、补偿调整和切削等一系列工作自动完成。

(5)获得形状精度的方法

①机床运动轨迹法。机床运动轨迹法是利用切削运动中刀尖与工件的相对运动轨迹形成被加工表面形状的方法。例如,利用车床的主轴回转和刀架的进给车削外圆柱表面、内圆柱表面。

②成型法。成型法是利用成型刀具加工工件的方法。例如,成型齿轮铣刀铣削齿轮。

③仿形法。仿形法是刀具按照仿形装置进给对工件进行加工的方法。例如,在仿形车床上利用靠模和仿形刀架加工阶梯轴。

④展成法。展成法是利用刀具和工件做展成运动进行加工的方法。例如滚齿、插齿等。

(6)获得位置精度的方法

获得位置精度的方法如下:

①根据工件加工过的表面进行找正的方法。

②用夹具安装工件,工件的位置精度由夹具来保证。

二、影响加工精度的因素

零件在实际加工过程中,除了受工艺系统中机床、夹具、刀具的制造精度的影响外,还受切削力和切削热的作用而产生加工误差。此外,在加工方法上还有可能有原理误差,所以影响加工精度的因素主要有以下两个方面:

(1)与工艺系统本身初始状态有关的几何误差,即加工原理误差、机床误差、刀具误差和夹具误差。

(2)与加工过程有关的误差,即工艺系统受力变形引起的误差、工艺系统受热变形引起的误差、刀具磨损和测量误差。

下面对影响加工精度的主要因素进行分析。

1. 原理误差对加工精度的影响

加工原理误差是指采用了近似的成型运动或近似的切削刃轮廓进行加工而产生的误差。例如,同一模数的齿轮铣刀一般只有8把,其齿形曲线是按该范围内最小齿数的齿形制造的,所以在加工其他齿数的齿轮时,就存在着不同程度的加工原理误差。又如,在数控机床上用直线插补或圆弧插补方法加工复杂曲面,在普通米制丝杠的车床上加工英制螺纹等,同样产生加工原理误差。

2. 工艺系统几何误差对加工精度的影响

(1)机床误差

机械加工中刀具相对于工件的切削成型运动一般是通过机床完成的,因此工件的加工精度在很大程度上取决于机床的精度。

机床误差包括机床本身各部件的制造误差、安装误差和使用过程中的磨损。机床的切削成型运动主要有两大类，即主轴的回转运功和移动件的直线运动。因此，机床的制造误差对工件加工精度影响较大的主要是主轴的回转运动误差、导轨的直线运动误差以及传动链误差。

①机床主轴回转误差

机床主轴回转误差是指主轴实际回转轴线对其理想回转轴线的漂移。在理想情况下，机床主轴回转时其轴线在空间的位置是固定不变的。但实际上，由于主轴部件中轴承、轴颈、轴承座孔等的制造误差、配合质量和润滑条件，以及回转过程中受力、受热等动态因素的影响，使机床主轴回转轴线的空间位置发生变化。机床主轴回转误差可分解为径向跳动误差、轴向蹿动误差和角度摆动误差三种基本形式。

机床主轴回转精度是机床主要精度指标之一，其在很大程度上决定着工件加工表面的形状精度。尤其是在精加工时，机床主轴回转误差是影响工件圆度误差的主要因素，如坐标镗床、精密车床和精密磨床，都要求机床主轴有较高的回转精度。

提高机床主轴回转精度的措施有提高主轴部件的回转精度、对滚动轴承进行预紧等。

②机床导轨误差

机床导轨是确定机床主要部件的相对位置和运动的基准，是实现工件直线运动的主要部件，其制造和装配精度是影响直线运动精度的主要因素。以水平安装的导轨为例，误差可以分为水平面内的直线度误差和垂直面内的直线度误差两种。

此外，导轨一般由两根组成，两根机床导轨面间的平行度误差使导轨产生扭曲，也会产生误差，为减少导轨误差对加工精度的影响，除提高导轨的制造精度外，还要注意机床的安装和调整，并提高导轨的耐磨性。

③传动链误差

对于某些加工方式，例如车或磨螺纹、滚齿、插齿以及磨齿等，为保证工件的加工精度，除了前面所讲的因素外，还要求刀具和工件之间具有严格的传动比。例如车削螺纹时，要求工件每转一转，刀具走一个导程；在用单头滚刀滚齿时，要求滚刀每转一转，工件转过一个齿等。这些成型运动间的传动比关系是由机床的传动链来保证的，若传动链存在误差，在上述情况下，它是影响加工精度的主要因素。

传动链误差是由于传动链中的传动元件存在制造误差和装配误差引起的。使用过程中零件有磨损，也会引起传动链误差。为减少传动链误差对加工精度的影响，可以采用以下措施：

a. 减少传动链中的元件数目，缩短传动链，以减少误差来源。

b. 提高传动元件，特别是末端传动元件的制造精度和装配精度。

c. 尽量消除传动链齿轮间隙。

d. 采用误差校正机构提高传动精度。

(2) 调整误差

零件加工中的每一个工序，为了获得被加工表面的形状、尺寸和位置精度，需要对机床、夹具和刀具进行这样和那样的调整。而任何调整不会绝对准确，总会带来一定的误差，这种原始误差称为调整误差。调整误差的大小取决于调整方法和调整工人的技术水平。

当用试切法加工时，影响调整误差的主要因素是测量误差和进给系统精度。在低速微量进给中,进给系统常会出现"爬行"现象,其结果使刀具的实际进给量比刻度盘的数值要偏大或偏小些,造成加工误差。

在调整法加工中,当用定程机构调整时,调整精度取决于行程挡块、靠模及凸轮等机构的制造精度及刚度,以及与其配合使用的离合器等的灵敏度。当用样件或样板调整时,调整精度取决于样件或样板的制造、安装和对刀精度。

(3) 刀具误差

机械加工中常用的刀具有:一般刀具、定尺寸刀具和成型刀具。刀具误差是指刀具的制造、磨损和安装误差,刀具误差对加工精度的影响因刀具种类不同而有差异。

为减少刀具的制造误差和磨损对加工精度的影响,除合理规定定尺寸刀具和成型刀具的制造公差外,还应根据工件的材料和加工要求,准确选择刀具材料、切削用量、冷却润滑并准确刃磨,以减少磨损。必要时对刀具的尺寸磨损进行补偿。

(4) 夹具误差

夹具误差包括工件的定位误差和夹紧变形误差、夹具的安装误差、分度误差以及夹具的磨损等。除定位误差中的基准不重合误差外,其他误差均与夹具的制造精度有关。

夹具误差首先影响工件被加工表面的位置精度,其次影响形状精度和尺寸精度。

夹具的磨损主要是定位元件和导向元件的磨损,其中定位元件的磨损会导致孔与基准面间的位置误差增大。

为减少夹具误差对加工精度的影响。夹具的制造误差必须小于工件的公差,对容易磨损的定位元件、导向元件等,除采用耐磨的材料外,应做成可拆卸的,以方便更换。

3. 工艺系统受力变形引起的误差

(1) 基本概念

由机床、夹具、工件、刀具所组成的工艺系统,是一个弹性系统,在加工过程中由于切削力、夹紧力、重力、传动力和惯性力等外力的作用,将引起工艺系统各个环节产生弹性变形,这些变形将造成位移。同时工艺系统中各元件接触处的间隙也会因此而产生位移和接触变形,从而破坏了刀具和工件之间已获得的准确位置,产生加工误差。

在机械加工中,工艺系统在外力作用下产生变形的大小,不仅取决于外力的大小,而且和工艺系统抵抗外力的能力,即工艺系统的刚度有关。总刚度是各分离系统的刚度的叠加,因此,已知工艺系统各个组成部分的刚度,即可求出该系统的总刚度。

(2) 工艺系统受力变形对加工精度的影响体现在:

①切削力作用点的变化导致系统受力变形

切削过程中,工艺系统的刚度会随着切削力作用点位置的变化而变化,工艺系统的受力变形也随之变化,从而引起工件的形状误差。

②切削力大小变化对加工精度的影响

工艺系统刚度越高,误差越小,为了减小误差,可增加工艺系统的刚度或减小径向切削力或可以分几次走刀来逐步消除影响。

③夹紧力对加工精度的影响

对刚性较差的工件,夹紧力会引起显著的加工误差。特别是薄壁套、薄板等工件,易于产生加工误差。

④工艺系统有关零部件的重力对加工精度的影响

工艺系统中有关零部件的自重也会引起变形。例如,龙门铣床、龙门刨床刀架横梁的变形,镗床镗杆伸长而下垂的变形等,都会造成加工误差。

⑤惯性力引起的加工误差

由于旋转零件、夹具或工件等的不平衡而产生的离心力,对加工精度影响很大,该离心力在每一转中不断改变方向,因此造成工艺系统周期变形。为消除惯性力对加工精度的影响,生产中常采用"配重平衡"的方法,必要时,还可降低转速。

(3)减少工艺系统受力变形的措施

减小工艺系统受力变形,不仅可以提高零件的加工精度,而且有利于提高生产率。为了减少工艺系统受力变形对加工精度的影响,根据生产实际,采取以下几种措施:

①提高零部件的刚度

有些工件因其自身刚度较低,特别是加工叉类、细长轴等零件,非常容易变形而引起加工误差。在这种情况下,提高工件的刚度是提高加工精度的关键。其主要措施是缩小切削力作用点到工件支承面之间的距离,以增大工件加工时的刚度。

②合理装夹工件,减少夹紧变形

加工薄壁零件时,由于工件刚度较低,解决夹紧变形是提高其加工精度的关键。夹紧时应选择适当的夹紧方法和夹紧部位,使夹紧力均匀分布,避开敏感方向。

③提高接触刚度

接触刚度是指相互接触的两个表面受外力后抵抗产生接触变形的能力。它一般都低于实体零件的刚度。提高接触刚度常用的方法有:

a. 改善工艺系统主要零件接触表面的配合质量。增大接触面积,提高接触表面的形状精度,降低表面粗糙度,从而有效提高接触刚度。

b. 接触面间预加载荷。对机床部件的各接触表面施加预紧载荷不仅可以消除接触表面间的间隙,增加接触面积,而且还可以使接触表面之间产生预变形,从而大大提高了接触表面的接触刚度,减少受力后的变形。

④减少摩擦,防止微量进给时的"爬行"

随着数控加工、精密和超精密加工工艺的迅猛发展,对微量进给的要求越来越高,为此,现代机床导轨在材料以及结构上都作了重大的改进,如采用塑料滑动导轨。

4. 工艺系统受热变形引起的误差对加工精度的影响

在机械加工过程中,在各种热源的影响下,工艺系统产生复杂的变形,会破坏工件与刀具之间正确的相对位置关系和相对运动关系,造成加工误差。特别是在现代高精密和自动化加工中,工艺系统受热变形问题更为突出。热变形不仅会降低工件的加工精度,而且还影响加工效率的提高。

(1)工艺系统热源

加工过程中,工艺系统的热源主要有内部热源和外部热源两大类。

①内部热源

内部热源来自切削过程,其主要包括切削热和摩擦热。切削热是切削过程中,切削金属的摩擦所产生的,切削热是刀具和工件受热变形的主要热源。摩擦热是机床中的各种运动副在相对运动时因摩擦而产生的热量,摩擦热是机床热变形的主要热源。

②外部热源

外部热源主要来自于外部环境,即环境温度(气温、地温、冷热风)的变化和热辐射(阳光、照明灯、暖气设备等)。它对大型和精密工件的加工影响较显著。

(2)工艺系统受热变形对加工精度的影响

①机床受热变形对加工精度的影响

不同类型的机床因其结构和工作条件的差异而使热源和变形形式各不相同。磨床的热变形对加工精度的影响较大,一般外圆磨床的主要热源是砂轮主轴的摩擦热和液压系统的发热;而车、铣、钻、镗等机床的主要热源则是主轴箱。

②工件受热变形对加工精度的影响

工件的热变形,是由切削热引起的,热变形的情况与加工方法和受热是否均匀有关。对于加工铜、铝等线膨胀系数较大的有色金属时,其热变形尤其明显,必须予以重视。

③刀具受热变形对加工精度的影响

使刀具产生热变形的热源也是切削热。尽管这部分热量少,但因刀具体积小,热容量小,因此刀具热变形对加工精度影响较小,但在刀具没有达到热平衡时,先后加工的一批零件仍存在一定误差。

(3)减少工艺系统受热变形的措施

①要正确选用切削和磨削用量、刀具和砂轮,还要及时地刃磨刀具和修整砂轮。

②凡是可能分离出去的热源,如电动机、齿轮变速箱、液压系统、油池、冷却箱等热源,均应移出;凡是不能分离的热源,如轴承、丝杠螺母副、导轨副,应从机床的结构和润滑等方面改善其摩擦特性,减少发热。

③对于发热量大的热源,可采用有效的冷却措施,如增加散热面积或使用喷雾冷却、强制式风冷、大流量水冷、循环润滑等,加速系统热量的散发,有效地控制系统的热变形。

④采用合理的机床部件结构减少受热变形的影响。

⑤加速达到工艺系统的热平衡状态,对于精密机床、特别是大型机床,达到热平衡的时间较长,为了缩短这个时间,可预先高速空转机床或人为给机床加热,使之达到或接近热平衡状态后再进行加工。精密加工时,应尽量避免中途停车,以免破坏工艺系统的热平衡状态。

⑥控制环境温度,精密加工一般应在恒温厂房进行,恒温室平均温度一般为20℃。

5. 工件残余应力对加工精度的影响

所谓残余应力,是指当外部载荷去掉后,仍存在工件内部的应力,也叫内应力。具有残余应力的零件,其内部组织处于一种不稳定状态,有强烈的倾向要恢复到一个稳定的、没有内应力的状态。在这一过程中,工件的形状逐渐发生变化,从而丧失其原有精度。因此,必须采取措施消除内应力对零件加工精度的影响。

(1)内应力产生的原因

内应力是由金属内部的相邻组织发生了不均匀的体积变化而产生的,体积变化的因素主要来自热加工或冷加工。

①毛坯制造和热处理中产生的内应力

在铸造、锻造、焊接及热处理等毛坯热加工过程中,由于毛坯各部分受热不均匀或冷却速度不等,以及金相组织的转变都会引起金属不均匀的体积变化,从而会在金属内部产生较大的残余应力。具有内应力的毛坯,内应力会暂时处于一种相对平衡状态,变形缓慢,但当失去一层金属后,会就打破这种平衡,内应力重新分布,工件就明显地会出现变形。

②冷校直产生的内应力

一些细长工件,由于刚度低,容易产生弯曲变形,常采用冷校直的办法使其变直。

③切削加工产生的内应力

在切削加工形成的力和热的作用下,会使被加工表面产生塑性变形,也能引起内应力,并在加工后引起工件变形。内部有残余应力的工件在切去表面的一层金属后,残余应力要重新分布,从而会引起工件的变形。为此,在拟定工艺规程时,要将加工划分为粗、精等不同阶段进行,以便粗加工后残余应力重新分布所产生的变形在精加工阶段去除。

(2) 减少和消除内应力的措施

①合理设计零件结构

在零件结构设计时,应尽量减小零件各部分厚度尺寸差,以减小铸件、锻件毛坯在制造过程中产生的内应力。

②采取时效处理

时效处理分为自然时效处理、人工时效处理和振动时效处理。自然时效处理过程对大型精密件需要很长时间,往往影响生产周期。人工时效处理是目前使用最为广泛的一种方法。振动时效处理是一种新方法,可用于铸件、锻件、焊接件以及有色金属件等。它是以激振的形式将机械能加到含有大量内应力的工件内,引起工件金属内部晶格位错蠕变、转变,使金属的结构状态稳定,以此减少和消除工件的内应力。这种方法不需庞大的设备,比较经济、简单、效率高。

③合理安排工艺过程。

三、提高加工精度的工艺措施

1. 减小误差法

采取措施直接消除和减小原始误差,当然可以提高加工精度。采取的措施主要是从改变加工方式和工装结构等方面着手,来消除产生原始误差的根源。

如细长轴的车削,由于工件刚度很差,在加工中工件受到径向切削分力、轴向切削分力的作用会产生弯曲变形;并且在切削热的作用下,由于热伸长也会导致弯曲变形。

实际生产中常采取的措施有:采用跟刀架消除径向切削分力将工件顶弯的变形;采用大走刀反向车削法可基本消除轴向切削分力引起的弯曲变形;同时应用弹簧顶尖(尾座顶尖),则可进一步消除热变形引起的热伸长的危害。此外,增大刀具主偏角可使切削更加平稳。

又如在加工刚性不足的圆环零件或磨削精密薄片零件时,为消除或减少夹紧变形而产生的原始误差,可以采取以下两个措施:

(1) 采用弹性夹紧机构,使工件在自由状态下定位和夹紧。

(2) 采用临时性加强工件刚性的方法。

如磁力吸盘直接夹紧和弹性夹紧两种方式工件变形状态的比较:直接吸牢进行磨削后将工件取下,由于弹性恢复,使已磨平的表面又产生翘曲。改进的方法是在工件和吸盘之间垫入一层薄的橡胶,当吸紧工件时,橡胶被压缩,使工件变形减小,经过多次反正面磨削,便可将工件的变形磨去,从而可以消除由于夹紧而引起的弯曲变形所造成的原始误差。

2. 误差补偿法

误差补偿的方法就是人为地造出一种新的误差去抵消工艺系统中出现的关键性的原始误差。无论用何种方法,都是力求使两者大小相等,方向相反,从而达到减少,甚至完全消除原始误差的目的。

3. 误差分组法

在加工中批量较大时，采用分组调整均分误差的办法。其实质是把上道工序加工的工件尺寸经测量，按误差的大小分为 n 组，每组误差范围缩小为原来的 $1/n$。然后按各组的误差范围分别调整刀具相对于工件的位置，使各组工件的尺寸分散范围中心基本一致，以使整批工件的尺寸分散范围大大缩小。

4. 误差转移法

误差转移法就是把原始误差从敏感方向转移到误差非敏感方向。例如当机床精度达不到要求时，可在工具上或夹具上想办法，创造条件使机床的几何误差转移到不影响加工精度的方面去。如磨削主轴锥孔时，锥孔和轴径的同轴度不是靠机床主轴的回转精度来保证，而是靠夹具来保证。当机床主轴与工件或镗刀杆之间采用浮动连接后，机床主、轴的原始误差就不再影响加工精度。

5. 就地加工法

就地加工法就是将零件半成品装配到机器的确定部件上，然后利用机器本身的相互运动关系对零件上关键的定位表面进行加工，以消除装配时误差累积的影响。例如，牛头刨床总装以后，用自身刀架上的刨刀刨削工作台面，可以保证工作台面与滑枕运动方向的平行度允差。

6. 误差均分法

对配合精度要求很高的轴和孔，常采用研磨方法来达到。研具本身并不要求具有高精度，但它却能在和工件相对运动中对工件进行微量切削，最终达到很高的精度。这种工件和研具表面间的相对摩擦和磨损的过程（互研的过程）就是误差不断减少的过程，即称为误差均分法。

第二节　机械加工表面质量

评价零件是否合格的质量指标除了机械加工精度外，还有机械加工表面质量。机械加工表面质量是指零件经过机械加工后的表面层状态。探讨和研究机械加工表面，掌握机械加工过程中各种工艺因素对表面质量的影响规律，对于保证和提高产品的质量具有十分重要的意义。

一、机械加工表面质量的含义

机械加工表面质量又称为表面完整性，其含义包括两个方面的内容。

1. 表面层的几何形状特征

表面层的几何形状特征主要由以下几部分组成：

(1) 表面粗糙度：指加工表面上校小间距和峰谷所组成的微观几何形状特征，即加工表面的微观几何形状误差，其评定参数主要有轮廓算术平均偏差 R_a 或轮廓微观不平度十点平均高度 R_z。

(2) 表面波度：是介于宏观形状误差与微观表面粗糙度之间的周期性形状误差，它主要是由机械加工过程中低频振动引起的，应作为工艺缺陷设法消除。

(3) 表面加工纹理：指表面切削加工刀纹的形状和方向，取决于表面形成过程中所采用的机加工方法及其切削运动的规律。

(4)伤痕:指在加工表面个别位置上出现的缺陷,如砂眼、气孔、裂痕和划痕等,它们大多随机分布。

2. 表面层的物理力学性能

表面层的物理力学性能主要指表面层的加工冷作硬化、表面层金相组织的变化和表面层的残余应力。

二、表面质量对零件使用性能的影响

1. 表面质量对零件耐磨性的影响

零件的耐磨性是零件的一项重要性能指标,当摩擦副的材料、润滑条件和加工精度确定之后,零件的表面质量对耐磨性将起到关键性的作用。

由于零件表面存在着表面粗糙度,当两个零件的表面开始接触时,接触部分集中在其波峰的顶部,因此实际接触面积远远小于名义接触面积,在外力作用下,波峰接触部分将产生很大的压应力。当两个零件作相对运动时,在接触处的波峰会产生较大的弹性变形、塑性变形及剪切变形,波峰很快被磨平,即使有润滑油存在,也会因为接触点处压应力过大,油膜被破坏而形成干摩擦,导致零件接触表面的磨损加剧。

如果表面粗糙度过小,接触表面间储存润滑油的能力变差,接触表面容易发生分子胶合、咬焊,同样也会造成磨损加剧。

表面层的冷作硬化可使表面层的硬度提高,增强表面层的接触刚度,从而降低接触处的弹性、塑性变形,使耐磨性有所提高。但如果硬化程度过大,表面层金属组织会变脆,出现微观裂纹,甚至会使金属表面组织剥落而加剧零件的磨损。

2. 表面质量对零件疲劳强度的影响

表面粗糙度对承受交变载荷的零件的疲劳强度影响很大。在交变载荷作用下,表面粗糙度波谷处容易引起应力集中,产生疲劳裂纹。并且表面粗糙度越大,表面划痕越深,其抗疲劳破坏能力越差。

表面层残余压应力对零件的疲劳强度影响也很大。当表面层存在残余压应力时,能延缓疲劳裂纹的产生、扩展,提高零件的疲劳强度;当表面层存在残余拉应力时,零件则容易引起晶间破坏,产生表面裂纹,从而降低其疲劳强度。

表面层的加工硬化对零件的疲劳强度也有影响。适度的加工硬化能阻止已有裂纹的扩展和新裂纹的产生,提高零件的疲劳强度;但加工硬化过于严重会使零件表面组织变脆,容易出现裂纹,从而使疲劳强度降低。

3. 表面质量对零件耐蚀性能的影响

表面粗糙度对零件耐腐蚀性能的影响很大。零件表面粗糙度越大,在波谷处越容易积聚腐蚀性介质而使零件发生化学腐蚀和电化学腐蚀。

表面层残余压应力对零件的耐蚀性能也有影响。残余压应力使表面组织致密,腐蚀性介质不易侵入,有助于提高表面的耐蚀能力;残余拉应力的对零件耐蚀性能的影响则相反。

4. 表面质量对零件间配合性质的影响

相配零件间的配合性质是由过盈量或间隙量来决定的。在间隙配合中,如果零件配合表面的粗糙度大,则由于磨损迅速使得配合间隙增大,从而会降低配合质量,影响配合的稳定性;在过盈配合中,如果表面粗糙度大,则装配时表面波峰被挤平,使得实际有效过盈量减少,降低配合件的连接强度,影响配合的可靠性。因此,对有配合要求的表面应规定较小的表面粗糙度值。

在过盈配合中,如果表面硬化严重,将可能造成表面层金属与内部金属脱落的现象,从而破坏配合性质和配合精度。表面层残余应力会引起零件变形,使零件的形状、尺寸发生改变,因此它也将影响配合性质和配合精度。

5. 表面质量对零件其他性能的影响

表面质量对零件的使用性能还有一些其他影响。如对间隙密封的液压缸、滑阀来说,减小表面粗糙度 R_a 可以减少泄漏、提高密封性能;较小的表面粗糙度可使零件具有较高的接触刚度;对于滑动零件,减小表面粗糙度 R_a 能使摩擦系数降低、运动灵活性增高,减少发热和功率损失;表面层的残余应力会使零件在使用过程中继续变形,失去原有的精度,使机器工作性能恶化。

总之,提高加工表面质量,对于保证零件的性能、提高零件的使用寿命是十分重要的。

第三节 影响表面质量的工艺因素

一、影响表面质量的因素及提高质量的工艺措施

1. 影响切削加工表面粗糙度的因素

在切削加工中,影响已加工表面粗糙度的因素主要包括几何因素、物理因素和加工中工艺系统的振动。下面以车削为例来进行说明。

(1) 几何因素

切削加工时表面粗糙度的值主要取决于切削面积的残留高度。由于车刀存在主、副偏角和刀尖圆弧半径,进给时会有一小部分切削层没有切到,形成微观不平度,减小进给量或减小主偏角和副偏角、增大刀尖圆弧半径,都能减小残留面积的高度,从而减小零件的表面粗糙度。

(2) 物理因素

在切削加工过程中,刀具对工件的挤压和摩擦会使金属材料发生塑性变形,引起原有的残留面积扭曲或沟纹加深,增大表面粗糙度。当采用中等或中等偏低的切削速度切削塑性材料时,在前刀面上容易形成硬度很高的积屑瘤,它可以代替刀具进行切削,但状态极不稳定,积屑瘤生成、长大和脱落将严重影响加工表面的表面粗糙度值。另外,在切削过程中由于切屑和前刀面的强烈摩擦作用以及撕裂作用,还可能在加工表面上产生鳞刺,使加工表面的粗糙度增加。

(3) 动态因素——振动的影响

在加工过程中,工艺系统有时会发生振动,即在刀具与工件间出现的除切削运动之外的另一种周期性的相对运动。振动的出现会使加工表面出现波纹,增大加工表面的粗糙度,强烈的振动甚至会使切削无法继续进行。

除上述因素外,造成已加工表面粗糙不平的原因还有被切屑拉毛和划伤等。

2. 降低表面粗糙度的工艺措施

降低表面粗糙度的工艺措施主要有以下几种:

(1) 在精加工时,应选择较小的进给量、较小的主偏角和副偏角、较大的刀尖圆弧半径,以得到较小的表面粗糙度。

(2)加工塑性材料时,采用较高的切削速度可防止积屑瘤的产生,减小表面粗糙度。

(3)根据工件材料和加工要求,合理选择刀具材料,有利于减小表面粗糙度。

(4)适当地增大刀具前角和刃倾角,提高刀具的刃磨质量,降低刀具前、后刀面的表面粗糙度均能降低工件加工表面的粗糙度。

(5)对工件材料进行适当的热处理,以细化晶粒,均匀晶粒组织,可减小表面粗糙度。

(6)选择合适的切削液,减小切削过程中的界面摩擦,降低切削区温度,减小切削变形,抑制鳞刺和积屑瘤的产生,可以大大减小表面粗糙度。

二、影响表面物理力学性能的工艺因素

1. 表面层残余应力

外载荷去除后,仍残存在工件表层与基体材料交界处的相互平衡的应力称为残余应力。产生表面残余应力的原因主要有:

(1)冷态塑性变形引起的残余应力

切削加工时,加工表面在切削力的作用下产生强烈的塑性变形,表层金属的比容增大,体积膨胀,但受到与它相连的里层金属的阻止,在表层会产生残余压应力,在里层会产生残余拉应力。当刀具在被加工表面上切除金属时,由于受后刀面的挤压和摩擦作用,表层金属纤维被严重拉长,仍会受到里层金属的阻止,而在表层产生残余压应力,在里层产生残余拉应力。

(2)热态塑性变形引起的残余应力

切削加工时,大量的切削热会使加工表面产生热膨胀,由于基体金属的温度较低,会对表层金属的膨胀产生阻碍作用,因此表层产生热态压应力。当加工结束后,表层温度下降要进行冷却收缩,但受到基体金属阻止,从而在表层产生残余拉应力,里层产生残余压应力。

(3)金相组织变化引起的残余应力

如果在加工中工件表层温度超过金相组织的转变温度,则工件表层将产生组织转变,表层金属的比容将随之发生变化,而表层金属的这种比容变化必然会受到与之相连的基体金属的阻碍,从而在表层、里层产生互相平衡的残余应力。

2. 表面层加工硬化

(1)加工硬化的产生及衡量指标

机械加工过程中,工件表层金属在切削力的作用下产生强烈的塑性变形,金属的晶格扭曲,晶粒被拉长、纤维化甚至破碎而引起表层金属的强度和硬度增加,塑性降低,这种现象称为加工硬化(或冷作硬化)。另外,加工过程中产生的切削热会使得工件表层金属温度升高,当升高到一定程度时,会使得已强化的金属回复到正常状态,失去其在加工硬化中得到的物理力学性能,这种现象称为软化。因此,金属的加工硬化实际取决于硬化进度和软化速度的比率。

(2)影响加工硬化的因素

①切削用量的影响力

切削用量中进给量和切削速度对加工硬化的影响较大。增大进给量,切削力随之增大,表层金属的塑性变形程度增大,加工硬化程度增大;增大切削速度,刀具对工件的作用时间减少,塑性变形的扩展深度减小,故而硬化层深度减小。另外,增大切削速度会使切削区温度升高,有利于减少加工硬化。

②刀具几何形状的影响

刀刃钝圆半径对加工硬化影响最大。实验证明,已加工表面的显微硬度随着刀刃钝圆半径的加大而增大,这是因为径向切削分力会随着刀刃钝圆半径的增大而增大,使得表层金属的塑性变形程度加剧,导致加工硬化增大。此外,刀具磨损会使得后刀面与工件间的摩擦加剧,表层的塑性变形增加,导致表面冷作硬化加大。

③加工材料性能的影响

工件的硬度越低、塑性越好,加工时塑性变形越大,冷作硬化越严重。

第四节 控制表面质量的工艺途径

随着科学技术的发展,对零件的表面质量的要求已越来越高。为了获得合格零件,保证机器的使用性能,人们一直在研究控制和提高零件表面质量的途径。提高表面质量的工艺途径大致可以分为两类:一类是用低效率、高成本的加工方法,寻求各工艺参数的优化组合,以减小表面粗糙度;另一类是着重改善工件表面的物理力学性能,以提高其表面质量。

一、降低表面粗糙度的加工方法

1. 超精密切削和小粗糙度磨削加工

(1) 超精密切削加工

超精密切削是指表面粗糙度 R_a 为 $0.04\mu m$ 以下的切削加工方法。超精密切削加工最关键的问题在于要在最后一道工序切削 $0.1\mu m$ 的微薄表面层,这就既要求刀具极其锋利,刀具钝圆半径为纳米级尺寸,又要求这样的刀具有足够的耐用度,以维持其锋利。目前只有金刚石刀具才能达到要求。超精密切削时,走刀量要小,切削速度要非常高,才能保证工件表面上的残留面积小,从而获得极小的表面粗糙度。

(2) 小粗糙度磨削加工

为了简化工艺过程,缩短工序周期,有时用小粗糙度磨削替代光整加工。小粗糙度磨削除要求设备精度高外,磨削用量的选择最为重要。在选择磨削用量时,参数之间往往会相互矛盾和排斥。例如,为了减小表面粗糙度,砂轮应修整得细一些,但如此却可能引起磨削烧伤;为了避免烧伤,应将工件转速加快,但这样又会增大表面粗糙度,而且容易引起振动;采用小磨削用量有利于提高工件表面质量,但会降低生产效率而增加生产成本;而且工件材料不同其磨削性能也不一样,一般很难凭手册确定磨削用量,要通过试验不断调整参数,因而表面质量较难准确控制。近年来,国内外对磨削用量最优化作了不少研究,分析了磨削用量与磨削力、磨削热之间的关系,并用图表表示各参数的最佳组合,加上计算机的运用,通过程序进行过程控制,使得小粗糙度磨削逐步达到了应有的效果。

2. 采用超精加工、珩磨和研磨等方法作为最终工序加工

超精加工、珩磨等都是利用磨条以一定压力压在加工表面上,并作相对运动以降低表面粗糙度和提高精度的方法,一般用于表面粗糙度 R_a 为 $0.4\mu m$ 以下的表面加工。该加工工艺由于切削速度低、压强小,所以发热少,不易引起热损伤,并能产生残余压应力,有利于提高零件的使用性能;而且加工工艺依靠自身定位,设备简单,精度要求不高,成本较低,容易实行多工位、多机床操作,生产效率高,因而在大批量生产中应用广泛。

(1) 珩磨

珩磨是利用珩磨工具对工件表面施加一定的压力,同时珩磨工具还要相对工件完成旋转和直线往复运动,以去除工件表面的凸峰的一种加工方法。珩磨后工件圆度和圆柱度一般可控制在 0.003～0.005mm,尺寸精度可达 IT6～IT5,表面粗糙度 R_a 在 0.2～0.025μm 之间。

由于珩磨头和机床主轴是浮动连接,因此机床主轴回转运动误差对工件的加工精度没有影响。因为珩磨头的轴线往复运动是以孔壁作导向的,即是按孔的轴线进行运动的,故在珩磨时不能修正孔的位置偏差,工件孔轴线的位置精度必须由前一道工序来保证。

珩磨时,虽然珩磨头的转速较低,但其往复速度较高,参与磨削的磨粒数量大,因此能很快地去除金属,为了及时排出切屑和冷却工件,必须进行充分冷却润滑。珩磨生产效率高,可用于加工铸铁、淬硬或不淬硬钢,但不宜加工易堵塞油石的韧性金属。

(2) 超精加工

超精加工是用细粒度油石,在较低的压力和良好的冷却润滑条件下,以快而短促的往复运动,对低速旋转的工件进行振动研磨的一种微量磨削加工方法。

超精加工的加工余量一般为 3～10μm,所以它难以修正工件的尺寸误差及形状误差,也不能提高表面间的相互位置精度,但可以降低表面粗糙度值,能得到表面粗糙度 R_a 为 0.1～0.01μm 的表面。目前,超精加工能加工各种不同材料,如钢、铸铁、黄铜、铝、陶瓷、玻璃和花岗岩等,能加工外圆、内孔、平面及特殊轮廓表面,广泛用于对曲轴、凸轮轴、刀具、轧辊、轴承、精密量仪及电子仪器等精密零件的加工。

(3) 研磨

研磨是利用研磨工具和工件的相对运动,在研磨剂的作用下,对工件表面进行光整加工的一种加工方法。研磨可采用专用的设备进行加工,也可采用简单的工具,如研磨心棒、研磨套、研磨平板等对工件表面进行手工研磨。研磨可提高工件的形状精度及尺寸精度,但不能提高表面位置精度,研磨后工件的尺寸精度可达 0.001mm,表面粗糙度 R_a 可达 0.025～0.006μm。

研磨的适用范围广,既可加工金属,又可加工非金属,如光学玻璃、陶瓷、半导体、塑料等。一般说来,刚玉磨料适用于对碳素工具钢、合金工具钢、高速钢及铸铁的研磨,碳化硅磨料和金刚石磨料适用于对硬质合金、硬铬等高硬度材料的研磨。

(4) 抛光

抛光是在布轮、布盘等软性器具上涂上抛光膏,利用抛光器具的高速旋转,依靠抛光膏的机械刮擦和化学作用去除工件表面粗糙度的凸峰,使表面光泽的一种加工方法。抛光一般不去除加工余量,因而不能提高工件的精度,有时可能还会损坏已获得的精度;抛光也不可减小零件的形状和位置误差。工件表面经抛光后,表面层的残余拉应力会有所减少。

二、改善表面物理力学性能的加工方法

如前所述,表面层的物理力学性能对零件的使用性能及寿命影响很大,如果在最终工序中不能保证零件表面获得预期的表面质量要求,则应在工艺过程中增设表面强化工序来保证零件的表面质量。表面强化工艺包括化学处理、电镀和表面机械强化等几种。这里仅讨论机械强化工艺问题。机械强化是指通过对工件表面进行冷挤压加工,使零件表面层金属发生冷态塑性变形,从而提高其表面硬度并在表面层产生残余压应力的无屑光整加工方法。

采用表面强化工艺还可以降低零件的表面粗糙度值。该方法工艺简单、成本低,在生产中应用十分广泛,其中用得最多的是喷丸强化和滚压加工。

1. 喷丸强化

喷丸强化是利用压缩空气或离心力将大量直径为 0.4~4mm 的珠丸高速打击零件表面,使其产生冷硬层和残余压应力,从而显著提高零件的疲劳强度。珠丸可以采用铸铁、砂石以及钢铁制造。所用设备是压缩空气喷丸装置或机械离心式喷丸装置,这些装置使珠丸能以 35~50mm/s 的速度喷出。喷丸强化工艺可用来加工各种形状的零件,加工后零件表面的硬化层深度可达 0.7mm,表面粗糙度值 R_a 可由 3.2μm 减小到 0.4Lμm,使用寿命可提高几倍甚至几十倍。

2. 滚压加工

滚压加工是在常温下通过淬硬的滚压工具(滚轮或滚珠)对工件表面施加压力,使其产生塑性变形,将工件表面上原有的波峰填充到相邻的波谷中,从而以减小了表面粗糙度值,并在其表面产生了冷硬层和残余压应力,使零件的承载能力和疲劳强度得以提高。滚压加工可使表面粗糙度 R_a 值从 1.25~5μm 减小到 0.8~0.63μm,表面层硬度一般可提高 20%~40%,表面层金属的耐疲劳强度可提高 30%~50%。滚压用的滚轮常用碳素工具钢 T12A 或者合金工具钢 CrWMn、Cr12、CrNiMn 等材料制造,淬火硬度在 62~64HRC;或用硬质合金 YG6、YT15 等制成;其型面在装配前需经过粗磨,装上滚压工具后再进行精磨。

3. 金刚石压光

金刚石压光是一种用金刚石挤压加工表面的新工艺,国外已在精密仪器制造业中得到较广泛的应用。压光后的零件表面粗糙度 R_a 可达 0.4~0.02μm,耐磨性比磨削后的提高 1.5~3倍,但比研磨后的低 20%~40%,而生产率却比研磨高得多。金刚石压光用的机床必须是高精度机床,它要求机床刚性好、抗振性好,以免损坏金刚石。此外,它还要求机床主轴精度高,径向跳动和轴向窜动在 0.01μm 以内,主轴转速能在 2500~6000r/min 的范围内无级调速。机床主轴运动与进给运动应分离,以保证压光的表面质量。

4. 液体磨料强化

液体磨料强化是利用液体和磨料的混合物高速喷射到已加工表面,以强化工件表面,提高工件的耐磨性、抗蚀性和疲劳强度的一种工艺方法。液体和磨料在 400~800Pa 压力下,经过喷嘴高速喷出,射向工件表面,借磨粒的冲击作用,碾压加工表面,工件表面产生塑性变形,变形层仅为几十微米。加工后的工件表面具有残余压应力,能提高工件的耐磨性、抗蚀性和疲劳强度。

第五节 机械加工振动对表面质量的影响及其控制

一、机械振动现象及分类

1. 机械振动现象及其对表面质量的影响

在机械加工过程中,工艺系统有时会发生振动(人为地利用振动来进行加工服务的振动车削、振动磨削、振动时效、超声波加工等除外),即在刀具的切削刃与工件上正在切削的表面之间,除了名义上的切削运动之外,还会出现一种周期性的相对运动。这是一种破坏正常切削运动的极其有害的现象,主要表现在以下方面:

(1)振动使工艺系统的各种成型运动受到干扰和破坏,使加工表面出现振纹,增大表面粗糙度值,恶化加工表面质量。

(2)振动还可能引起刀刃崩裂,引起机床、夹具连接部分松动,缩短刀具及机床、夹具的使用寿命。

(3)振动限制了切削用量的进一步提高,降低了切削加工的生产效率,严重时甚至还会使切削加工无法继续进行。

(4)振动所发出的噪声会污染环境,有害工人的身心健康。

研究机械加工过程中振动产生的机理,探讨如何提高工艺系统的抗振性和消除振动的措施,一直是机械加工工艺学的重要课题之一。

2. 机械振动的基本类型

机械加工过程的振动有以下3种基本类型:

(1)强迫振动:指在外界周期性变化的干扰力作用下产生的振动。磨削加工中主要会产生强迫振动。

(2)自激振动:指切削过程本身引起切削力周期性变化而产生的振动。切削加工中主要会产生自激振动。

(3)自由振动:指由于切削力突然变化或其他外界偶然原因引起的振动。自由振动的频率就是系统的固有频率,由于工艺系统的阻尼作用,这类振动会在外界干扰力去除后迅速自行衰减,对加工过程影响较小。

机械加工过程中振动主要是强迫振动和自激振动。据统计,强迫振动约占30%,自激振动约占65%,自由振动所占比重则很小。

二、机械加工中的强迫振动及其控制

1. 机械加工过程中产生强迫振动的原因

机械加工过程中产生的强迫振动,其原因可从机床、刀具和工件三方面进行分析。

(1)机床方面

机床中某些传动零件的制造精度不高,会使机床产生不均匀运动而引起振动。例如齿轮的周节误差和周节累积误差,会使齿轮传动的运动不均匀,从而使整个部件产生振动。主轴与轴承之间的间隙过大、主轴轴颈的椭圆度、轴承制造精度不够,都会引起主轴箱以及整个机床的振动。另外,皮带接头太粗而使皮带传动的转速不均匀,也会产生振动;机床往复机构中的转向和冲击也会引起振动;至于某些零件的缺陷,使机床产生振动则更是明显。

(2)刀具方面

多刃、多齿刀具如铣刀、拉刀和滚刀等,切削时由于刃口高度的误差或因断续切削引起的冲击,容易产生振动。

(3)工件方面

被切削的工件表面上有断续表面或表面余量不均、硬度不一致,都会在加工中产生振动,如车削或磨削有键槽的外圆表面就会产生强迫振动。

工艺系统外部也有许多原因造成切削加工中的振动,例如一台精密磨床和一台重型机床相邻,这台磨床就有可能受重型机床工作的影响而产生振动,影响其加工表面的粗糙度。

2. 强迫振动的特点

强迫振动具有以下几个特点:

(1)强迫振动的稳态过程是谐振,只要干扰力存在,振动就不会被阻尼衰减掉,去除干扰力,振动就停止。

(2)强迫振动的频率等于干扰力的频率。

(3)阻尼越小,振幅越大,谐波响应轨迹的范围越大,因此增加阻尼,便能有效地减小振幅。

(4)在共振区,较小的频率变化会引起较大的振幅和相位角的变化。

3. 消除强迫振动的途径

强迫振动是由于外界干扰力引起的,因此必须对振动系统进行测振试验,找出振源,然后采取适当措施加以控制。消除和抑制强迫振动的措施主要有:

(1)改进机床传动结构,进行消振与隔振

消除强迫振动最有效的办法是找出外界的干扰力(振源)并去除之。如果不能去除,则可以采用隔绝的方法,如采用厚橡胶或木材等将机床与地基隔离,就可以隔绝相邻机床的振动影响。精密机械、仪器采用空气垫等也是很有效的隔振措施。

(2)消除回转零件的不平衡振动

机床和其他机械的振动,大多数是由于回转零件的不平衡所引起的,因此对于高速回转的零件要注意其平衡问题,在可能条件下,最好能做动平衡。

(3)提高传动件的制造精度

传动件的制造精度会影响传动的平衡性,引起振动。在齿轮啮合、滚动轴承以及带传动等传动中,减少振动的途径主要是提高制造精度和装配质量。

(4)提高系统刚度,增加阻尼

提高机床、工件、刀具和夹具的刚度都会增加系统的抗振性。增加阻尼是一种减小振动的有效办法,在结构设计上应该考虑到,但也可以采用附加高阻尼板材的方法以达到减小振动的效果。

(5)合理安排固有频率,避开共振区

根据强迫振动的特性,一方面是改变激振力的频率,使它避开系统的固有频率;另一方面是在结构设计时,使工艺系统各部件的固有频率远离共振区。

三、机械加工中的自激振动及其控制

1. 自激振动产生的机理

机械加工过程中,还常常出现一种与强迫振动完全不同形式的强烈振动,这种振动是当系统受到外界或本身某些偶然的瞬时干扰力作用而触发自由振动后,使得切削力产生周期性变化,又由这个周期性变化的动态力反过来加强和维持振动,并补充了由阻尼作用消耗的能量,造成持续振动,这种类型的振动被称为自激振动,也称震颤。自激振动常常是影响加工表面质量和限制机床生产率提高的主要障碍。

2. 自激振动的特点

自激振动的特点可简要地归纳如下:

(1)自激振动是一种不衰减的振动。振动过程本身能引起某种力周期地变化,振动系统能通过这种力的变化,从不具备交变特性的能源中周期性地获得能量补充,从而维持这个振动。外部的干扰有可能在最初触发振动时起作用,但是它不是产生这种振动的直接原因。

(2)自激振动的频率等于或接近于系统的固有频率,也就是说,由振动系统本身的参数所决定,这是与强迫振动的显著差别。

(3) 自激振动能否产生以及振幅的大小,取决于每一振动周期内系统所获得的能量与所消耗的能量的对比情况。当振幅为某一数值时,如果所获得的能量大于所消耗的能量,则振幅将不断增大;反之则振幅将不断减小,直到到所获得的能量等于所消耗的能量时为止。当振幅在任何数值时获得的能量都小于消耗的能量,则自激振动根本就不可能产生。

(4) 自激振动的形成和持续,是由于过程本身产生的激振和反馈作用,所以若停止切削或磨削过程,即使机床仍继续空运转,自激振动也就停止了,这也是与强迫振动的区别之处,所以可以通过切削或磨削试验来研究工艺系统或机床的自激振动,同时也可以通过改变对切削或磨削过程有影响的工艺参数,如切削或磨削用量,来控制切削或磨削过程,从而限制自激振动的产生。

3. 消除自激振动的途径

由通过试验研究和生产实践产生的关于自激振动的几种学说可知,自激振动与切削过程本身有关,与工艺系统的结构性能也有关,因此控制自激振动的基本途径是减小和抵抗激振力的问题,具体来说可以采取以下一些有效的措施:

(1) 合理选择与切削过程有关的参数

自激振动的形成是与切削过程本身密切相关的,所以可以通过合理地选择切削用量、刀具几何角度和工件材料的可切削性等途径来抑制自激振动。

(2) 提高工艺系统本身的抗振性

提高机床的抗振性。机床的抗振性能往往占主导地位,可以从改善机床的刚性、合理安排各部件的固有频率、增大阻尼以及提高加工和装配的质量等来提高其抗振性。

提高刀具的抗振性。通过刀杆等的惯性矩、弹性模量和阻尼系数,使刀具具有高的弯曲与扭转刚度、高的阻尼系数,例如硬质合金虽有高弹性模量,但阻尼性能较差,因此可以和钢组合使用,以发挥钢和硬质合金两者之优点。

提高工件安装时的刚性。主要是提高工件的弯曲刚度,如细长轴的车削中,可以使用中心架、跟刀架。

第六节　零件的表面处理

表面处理技术是用于改变材料表面特性的一系列技术手段,以达到改善性能,预防腐蚀,表面保护,增加美观的目的。事实上基本所有的机械零件都要经过表面处理后才可使用。

结合现代科技的发展,表面处理已经发展成为一门系统科学,即表面工程,它包括表面改性、薄膜和涂层三大实施技术,以及配套的管理、测试、检验技术。现代的表面工程是一个十分庞大的技术系统,它涵盖范围包括防腐蚀技术、表面摩擦磨损技术、表面特征转换技术、表面美化装饰技术等。

一、表面处理技术的分类和内容

1. 表面处理技术分类

表面技术有着十分广泛的内容,仅从一个角度进行分类难于概括全面,目前也没有统一的分类方法,我们可以从不同角度进行分类。

(1)按具体表面技术方法划分

包括表面热处理、化学热处理、物理气相沉积、化学气相沉积、离子注入、激光和电子束强化、表面喷涂、电泳涂装、堆焊、电镀、电刷镀、化学镀、化学转化膜等。

(2)按表面层的使用目的划分

可分为表面强化、表面改性、表面装饰和表面功能化四大类。表面强化又可以分为热处理强化、机械强化、冶金强化、涂层强化和薄膜强化等,为的是提高材料的表面硬度、强度和耐磨性;表面改性主要包括物理改性、化学改性、三束(激光、电子束和离子束)改性等,着重改善材料的表面形貌以及提高其表面耐腐蚀性能;表面装饰包括各种涂料涂装技术等,着重改善材料的视觉效应并赋予其足够的耐候性;表面功能化则是指使表面层具有上述性能以外的其他物理化学性能,如电学性能、光学性能等。

(3)按表面层材料的种类划分

一般分为金属(合金)表面层、陶瓷表面层、聚合物表面层和复合材料表面层四大类。

(4)从材料科学的角度划分

按沉积物的尺寸进行,表面工程技术可以分为以下4种基本类型。

①原子沉积

以原子、离子、分子和粒子集团等原子尺度的粒子形态在基体上凝聚,然后成核、长大,最终形成薄膜。电镀、化学镀、离子镀、物理化学气相沉积等均属此类。

②颗粒沉积

以宏观尺度的熔化液滴或细小固体颗粒在外力作用下于基体材料表面凝聚、沉积或烧结。热喷涂、搪瓷涂覆等都属此类。

③整体覆盖

涂覆的材料于同一时间施加于基体表面。如包箔、贴片、热浸镀、涂刷、堆焊等。

④表面改性

用离子处理、热处理、机械处理及化学处理等方法处理表面,改变材料表面的组成及性质。如化学转化镀、喷丸强化、激光表面处理、电子束表面处理、离子注入等。

2. 表面处理技术的内容

表面处理技术内容种类繁多,随着科技不断发展,新的技术也不断涌现,下面仅就一些最常见的表面技术做简单介绍。这也是常规机械加工零件表面处理方法。

(1)电镀与电刷镀

利用电解作用,使具有导电性能的工件表面作为阴极与电解质溶液接触,通过外电流的作用,在工件表面沉积与基体牢固结合的镀覆层。这种镀覆层的主要成分是各种金属和合金。单金属镀层有锌、镉、铜、镍、铬、锡、银、金、钴、铁等数十种;合金镀层有锌—铜、镍—铁、锌—镍等一百多种。电镀在工业上应用很广泛,方法有槽镀和电刷镀等。

(2)化学镀

是在无外电流通过的情况下,利用还原剂将电解质溶液中的金属离子化学还原在呈活性催化的工件表面,沉积出与基体牢固结合的镀薄层。工件可以是金属,也可以是非金属。镀覆层主要是金属和合金,最常用的是镍和铜。

(3)涂装

它是用一定的方法将涂料涂覆于工件表面而形成涂膜的全过程。涂料(俗称漆)为有机混合物,一般由成膜物质、颜料、溶剂和助剂组成,可以涂装在各种金属、陶瓷、塑料、木材、水泥等制品上。涂膜具有保护、装饰或特殊性能(如绝缘、防腐标志等),应用十分广泛。

(4)热喷涂

它是将金属、合金、陶瓷材料加热到熔融或部分熔融,以高的动能使其雾化成微粒并喷至工件表面,形成牢固的涂覆层。热喷涂的方法有多种,按热源可分为火焰喷涂、电弧喷涂、等离子喷涂(超音速喷涂)和爆炸喷涂等。经热喷涂的工件具有耐磨、耐热、耐蚀等功能。

(5)热浸镀

它是将工件浸在熔融的液态金属中,使工件表面发生一系列物理和化学反应,取出后表面形成金属镀层。热浸镀的主要目的是提高工件的防护能力,延长使用寿命。

(6)化学转化膜

化学转化膜的实质是金属处在特定条件下人为控制的腐蚀产物,即金属与特定的腐蚀液接触并在一定条件下发生化学反应,形成能保护金属不易受水和其他腐蚀介质影响的膜层。它是由金属基体直接参与成膜反应而生成的,因而膜与基体的结合力比电镀层要好得多。目前工业上常用的有铝和铝合金的阳极氧化、铝和铝合金的化学氧化、钢铁氧化处理、钢铁磷化处理、铜的化学氧化和电化学氧化、锌的铬酸盐钝化等。

另外,化学热处理改性和表面加工技术也是表面技术的一个重要组成部分。例如对金属材料而言,有渗碳、渗氮、抛光、蚀刻等,它们也属于表面处理技术。

二、表面处理技术的作用

1. 金属材料及其制品的防护

金属零件的腐蚀、磨损及疲劳断裂损伤,一般都是从材料表面、亚表面或因表面因素而引起的,它们带来的破坏和经济损失是十分惊人的。例如,仅腐蚀一项,据统计全世界钢产量的1/10由于腐蚀而损耗。加强材料表面防护,提高材料表面性能,控制或防止表面损坏,可延长设备、工件的使用寿命,获得巨大的经济效益。

2. 新领域、新材料、新技术的支撑

表面技术不仅是现代制造技术的重要组成与基础工艺之一,同时又为信息技术、航天技术、生物工程等高新技术的发展提供技术支撑。

3. 节省特殊材料

利用表面工程技术,使材料表面获得它本身没有而又希望具有的特殊性能,而且表层很薄,用材十分少,性能价格比高,节约材料和节省能源,减少环境污染,是实现材料可持续发展的一项重要措施。

4. 材料特殊功能改性

随着表面技术与科学的发展,表面工程的作用有了进一步扩展。通过专门处理,根据需要可赋予材料及其制品具有阻燃、红外吸收及防辐射、吸声防噪、防沾污性等多种特殊功能。

5. 美化装饰

随着人们生活水平的提高及工程美学的发展,表面工程在金属及非金属制品表面装饰作用也更引人注目和得到明显的发展。

6. 修复重要零件

修复处理是指修复磨损或腐蚀损坏的零件,其目的是挽救加工超差的贵重产品,实现再制造工程。

不同的表面处理方法并不仅仅是为了单一的目的,往往可以同时达到两个或者以上的功能目的，比如电镀和涂装，就可以达到金属防护和美观的双重目的。

三、常用表面处理范围

一台机器或设备往往是由几十到几千个零件组成的，复杂的设备甚至有上万个零件组成，按照零件功能的不同，要采用不同的表面处理技术加以处理，使之可以达到正常使用的目的。

机器在装配以前，几乎每一个零件都要进行表面处理。中低碳钢等铁基合金非常容易氧化腐蚀，必须处理；铝及铝合金尽管自身容易产生氧化膜，能阻止进一步的氧化腐蚀，但是由于表面经常要加以改性、改色，所以也要进行表面处理；甚至是不锈钢，如果需要改色，也要进行表面处理。有些非金属材料，比如一些工程塑料，当需要美化外观、导电改性时，也要进行表面处理。

一般情况下，不需要表面处理的材料有以下几部分：在金属材质的零件中，部分铜和铜合金、锌、金、银、铬等重金属由于自身较难氧化可以不加以处理；优质合金钢、工具钢、刀具和模具材料，以及一些特殊性能钢，由于其本身的材料元素构成特性，比较难以氧化，所以不需要处理。还有一些零部件，绝大部分时间处于封闭的空间内，并且有润滑油的包裹，难以形成氧化条件，也可以不处理，比如轴承。此外，大部分的非金属材料除了装饰要求以外是不需要表面处理的。

四、铁碳合金表面处理方式的选择

铁碳合金是机器中最常见的材料，往往占到机器重量的 80%～95% 以上，其中零件数量上又以中低碳钢为主。以下按照零件材料种类和在机器中的功能的不同分别加以叙述。

1. 中低碳钢零件

中低碳钢零件处理的方法主要有电镀、化学镀、化学转化膜处理和涂装。选择方法和它的装配要求，所处的部位和功能有关。

(1) 有装配要求的零件

有装配要求的零件以化学转化膜处理为主，因为它不会改变零件的尺寸，方法有氧化膜处理，磷化膜处理等。

(2) 没有装配要求的零件

理论上讲可以采用任何一种方式，一般以零部件的位置和操作功能来区分。

① 普通结构件

仅仅起到支撑功能的，而且是不运动的零件，又暴露在外的，一般采用涂装方法，比如外壳、防护罩、外部支撑件等。涂装件一般在机器外侧可见部位，也起到装饰美观的效果。普通涂装可以用涂漆、刷漆，成本低廉，操作简单，但是美观度和耐用度一般；中档的涂装一般采用静电喷塑，也叫喷粉，硬度光泽都不错；高档涂装可以采用烤漆，硬度和美观度最高，如一般的中高档机器，汽车外壳等。如果是内部结构件，一般采用镀锌、镀锡加钝化的处理方式，成本低廉，但是外观很一般。

② 操作件和运动零件

操作件，比如手柄、开关、手轮、操作台等，就不能用涂装，因为涂装的材料比金属软，长期用手操作，或者是放置物品，会破坏涂层，这部分的表面处理一般采用电镀和化学镀，镀上耐磨、耐腐蚀的重金属，既美观又有好的手感。比如机器手柄、手轮、金属家具、自行车把手、水龙头等，一般采用镀装饰铬；对耐磨性有要求的操作件或运动零件，可采用镀镍处理，有耐摩擦和耐腐蚀要求的一般采用镀硬铬处理，比如造纸机印刷机的各种辊筒；小的制品尤其对外观有高要求的可以镀铜、镀银、镀金等处理。要注意的是，除镀硬铬以外（镀硬铬一般镀层厚度较厚，镀后还要进行磨削处理），需镀金属层的零件对自身表面粗糙度有很高的要求，一般要经过抛光处理，因为任何一点表面瑕疵都会反映在镀层表面上。

2. 高碳钢和工具钢、模具钢

此类材料本身耐氧化，防腐蚀性能较好，一般不用特别处理，如果是机构中的运动件，要注意涂油脂润滑即可。但是锉刀锯条除外，油脂会影响使用。

3. 铸铁的表面处理

铸铁件除了涂装以外，几乎没有其他方法，而且由于它本身耐氧化耐腐蚀性较好，常作为外壳、箱体、底座、支撑等零件，一般也露在外侧。涂装可以起到美观和防护的效果，但是铸铁件，尤其是砂型铸造的零件，由于表面粗糙度很差，涂装前都有一个表面整平的工艺过程，俗称"批腻子"，这一特点导致铸铁件一般不采用静电喷塑，因为"批腻子"采用的粉剂一般不导电，而静电喷塑要求工件有良好的导电性。

铸铁件的涂装对工人操作技能要求较高。

对于铸铁件上有装配要求的面，一般在图纸上标明，在涂装时用纸张隔离，该面不会被喷涂到，装配后由于结合面已被盖住，尽管没有涂层也不会发生损坏。

五、有色金属、高分子材料表面处理的选择

1. 铝及铝合金的表面处理

铝材较钢铁材料贵，机器设备中的铝及铝合金零件一般是作为功能件存在的，仅作支撑是不需要用铝材的。铝材的特殊性在于密度小，重量轻，导热性较好，还有就是铝材在大气中比较稳定，不容易氧化腐蚀。

铝合金可以制作中高档门窗框架，正是基于铝材重量轻、耐氧化的特点，这类用途的表面处理一般为阳极氧化加后期处理，可形成一层保护膜，使得铝合金色泽均匀而有光泽，不会暗淡变色，还可以人为增加各种颜色。颜色有黑色、蓝色、红色、灰白、绿色、黄色等。常见的零件还有散热罩、灯具壳、传热结构件等，铝材也可以化学氧化，分为碱性和酸性化学氧化，但这种氧化层较为疏松，可作为涂装的预处理。

当铝合金作为可动零件时，尤其是有硬度要求时，可采用硬质阳极氧化，氧化膜厚度可达 $0.2 \sim 0.3$ mm，硬度很高而且耐磨、耐腐蚀。

当铝合金作为工艺品、餐具时，可以用瓷质阳极氧化，可以形成有釉色光泽的硬质表面。

2. 铜及铜合金的表面处理

铜的特性是导电性、导热性好、耐腐蚀性好，日常生活中最常见的是水暖五金器件，还可用于电气元件和传热元件，一般不需要表面处理。如果需要特殊的装饰，室外的灯具等，浮雕类比如古铜色只需要做简单钝化处理即可，还可以人为地"做旧"处理，用于工艺品和装饰材料。如果需要崭新光亮的效果，可以用铬酸盐处理，有抛光的效果。

如果需要加颜色，一般为化学氧化处理，可以形成棕色、紫色、红色、橙黄色。铜的阳极氧化只有黑色，一般作为光学器件。铜质材料民用产品中最常见的是水龙头，是以铜合金为基体镀光亮铬实现的，表面美观耐腐蚀。必须要提出的是，在电镀中，铁基金属镀铬的过程中，首先要镀铜，用铜做中间过渡材质再镀铬才有良好的附着力，铜和铬的结合力很好。

此外,铁基合金和轻金属可以通过镀铜锌合金实现仿金电镀,使得金属外观接近于镀金。

3. 高分子材料的表面处理

通常高分子材料作为机械零件是不需要表面处理的,只有用于家用电器的部分零件,还有儿童玩具时,需要表面处理,可以是涂装和电镀。塑料涂装俗称"喷油",属于烤漆工艺,表面先要预处理,使得光滑的塑料表面可附着油漆,而塑料电镀工艺可使得不导电的材料实现电镀,也是通过预处理实现的,先将塑料的表面处理,化学方法镀一层很薄的镍,再用电镀法镀铬。

六、常用预处理工艺

材料在进行表面处理之前先要进行预处理,分为表面脱脂(除油)工艺和表面酸洗(除锈)工艺,经过去污清洗、脱脂、除锈以后的材料才可以进行表面处理。

(1) 脱脂(除油)

将钢铁件置于 90~100℃的除油槽中进行除油处理,煮 15~30min,以除去工件表面的油脂。除油结束后,应用流动水或溢水洗净除油剂溶液。除油可采用成品的除油剂,也可自行配制,原料为氢氧化钠 50~60g/L,碳酸钠 70~80g/L。

(2) 酸洗(除锈)

酸洗时可采用工业硫酸、盐酸、磷酸等。

① 硫酸(H_2SO_4):属强酸,除锈效果好、挥发性小、酸雾少、溶液使用寿命长,但成本较高,室温下反应速度较慢,且受温度影响较大,较易产生氢脆和过腐蚀现象。

② 盐酸(HCl):属强酸,除锈速度快、可常温下处理,产生氢脆和过腐蚀现象比硫酸轻,成本低,但挥发性大,劳动条件差,消耗量大,需及时更换。

③ 磷酸(H_3PO_4):属中强酸,除锈效果中等,不挥发,除锈后金属表面生成保护性的磷化膜,对金属不产生氢脆和过腐蚀现象。

目前,在金属的酸洗除锈中已很少使用单一组分酸类物质。一般是各种混合使用,可以取长补短。

七、常用电镀工艺

电镀是一种表面加工工艺,它是利用电化学的方法将金属离子还原为金属,并沉积在金属或非金属制品表面上,形成符合要求的平滑致密的金属覆盖层。其实质是给各种制品穿上一层金属"外衣",这层金属"外衣"就叫做电镀层,它的性能在很大程度上取代了原来基体的性质。电镀作为表面处理手段有着悠久的历史,其应用范围遍及工业、农业、军事、航空、化工和轻工业等领域。

概括起来,根据需要进行电镀的目的主要有 3 个:

(1) 提高金属制品的耐腐蚀能力,赋予制品表面装饰性外观。

(2) 赋予制品表面某种特殊功能,例如提高硬度、耐磨性。

(3) 提供新型材料,以满足当前科技与生产发展的需要。

1. 电镀的基本过程

电镀的基本过程(以镀镍为例)是将零件浸在金属盐的(如 $NiSO_4$)溶液中作为阴极,金属板作为阳极,接通电源后,在零件表面就会沉积出金属镀层。图 12-1 为电镀过程的示意。例如在硫酸镍电镀溶液中镀镍时,在阴极上发生镍离子得电子还原为镍金属的反应。另外,镀液中的氢离子也会在阴极表面还原为氢的副反应,析氢副反应可能会引起电镀零件的氢脆,造成电镀效率降低。

为提高镀层质量和美观度,电镀前要将零件做表面抛光处理。

2. 镀锌

锌是一种银白色的金属,其密度为 $7.17g/cm^3$,相对原子质量为 65.38,熔点 420℃。常温下较脆,只有加热到 100~150℃ 时才有一定延展性。

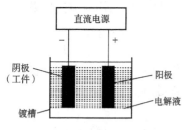

图 12-1 电镀基本过程示意

锌易溶于酸,也能溶于碱,故称为两性金属。锌在干燥的空气中几乎不发生变化,但在潮湿的空气或含有二氧化碳和含氧的水中,表面会生成一层碱式碳酸锌膜,它可延缓锌层的腐蚀速度,而在含二氧化硫和硫化氢的大气以及海洋性大气中耐蚀较差,尤其在高温、高湿、含有机酸的气氛里,锌极易腐蚀。

锌的标准电极电位为 $-0.76V$,对钢铁基体而言,锌镀层属于阳极性镀层,它会自身溶解,起到很好的阳极保护作用,且其防护性能的优劣与镀层厚度密切相关。此外,锌镀层经钝化处理、染色或涂覆护光剂后,能显著提高其防护性和装饰性。在所有的电镀件中,镀锌件要占 1/3~1/2,在工业生产中应用最广。这是因为镀锌成本低、抗蚀性好、美观和耐贮存等优点,所以在轻工、仪表、机电、农机和国防等工业得到广泛应用。

(1) 碱性锌酸盐镀锌

碱性锌酸盐镀锌溶液简单,操作维护方便。锌镀层细密光亮,钝化膜不易变色。镀液对设备腐蚀小,废水处理比较简单,但镀液分散能力和覆盖能力较差,且电流效率较低(70%~85%)。碱性锌酸盐镀锌工艺规范如表 12-1 所示。

碱性锌酸盐镀锌工艺规范(单位:g/L) 表 12-1

溶液组成与工艺参数	第一步	第二步	第三步	第四步
氧化锌(ZnO)	10~15	10~15	10~15	10~15
氢氧化钠(NaOH)	100~150	100~150	100~150	100~150
三乙醇胺[$N(CHC_2H_2OH)_3$]	15~25	25~30	15~30	
DPE-1 添加剂		4~8		
DPE-3 添加剂	4~6		4~6	
BW-901 添加剂			4~6	
温度(℃)	10~40	10~40	10~40	10~40
阴极电流密度(A/dm²)	1~3	1~3	1~3	1~5

(2) 镀锌后的钝化

钝化处理是指通过成膜、沉淀或局部吸附作用,使金属表面的局部活性点失去化学活性而呈现钝态。钝化处理的目的在于降低表面活性点的数目,而不一定生成稳定的完整的膜层。但在许多场合下,钝化处理也往往是成膜过程,可以将钝化处理看作表面化学转化的一个特殊形式。

一般钢铁材料镀锌后需要经过钝化处理,进一步完善镀锌表层,提高它的抗腐蚀性能,还可以指定钝化后颜色,常用为彩黄色和白色,其工艺规范如表 12-2 所示。

锌及其合金钝化处理工艺规范(单位:g/L)　　　表12-2

溶液组成与工艺条件	彩黄色钝化	白色钝化	黑色钝化	绿色钝化
铬酐(CrO_3)		3~5	15~30	30~50
硝酸(HNO_3)		40~70		7~22
硫酸(H_2SO_4)	9~11	20~30	硫酸铜 30~50	9~15
高锰酸钾($KMnO_4$)	5~10			
重铬酸钠($Na_2Cr_2O_7 \cdot 2H_2O$)	200		甲酸钠 20~30	
氯化铬($CrCl_3 \cdot 6H_2O$)		3~5		
氟化钠(NaF)		2~3		
醋酸(CH_3COOH)(mL/L)			70~125	
磷酸(H_3PO_4)(mL/L)				10~15
盐酸(HCl)				5.5~10
pH值	2~3	1~2	2~3	0.5~2
温度(℃)	室温	室温	室温	10~80
时间(s)	16	5~10	60~180	30~180

3. 镀镍

镍是白色微黄的金属,具有铁磁性。镍的原子序数为28,相对原子质量为58.70,密度为$8.90g/cm^3$,熔点为1453℃,电化当量为$1.095g/(A \cdot h)$,标准电位为-0.25V,比铁正,而且钝化后电位更正,相对钢铁为阴极性镀层。

通常,在空气中镍与氧作用,表面能迅速生成一层极薄的钝化膜,在常温下能很好地抵抗大气、碱和一些酸的腐蚀,因而具有较高的化学稳定性。镍与强碱不发生作用,但易溶于稀酸,会受浓盐酸、氨水、氰化物的腐蚀,遇到发烟硝酸则呈钝化状态。

由于镍有这些性质,镍镀层可用作防护装饰镀层,也可用作修复性和功能性镀层。当作为防护装饰镀层,可以保护低碳钢、锌铸件、某些铝合金、铜合金等基体材料不受腐蚀。通过对暗镍抛光或直接镀光亮镍可获得光亮的镍镀层,达到装饰的目的。但是,镍在空气中会氧化变暗,所以往往在镀层上再镀一层薄铬,抗腐蚀性能更好,外观更美。有时,也可在镍层上镀一薄仿金镀层,从而获得金色外观。自行车、汽车、钟表、日用五金、家用电器、仪器仪表、照相机零件(镀黑镍)都可用镍作防护装饰镀层。塑料经处理后也可镀镍,使塑料零件金属化,既轻巧又美观。

镀镍另一令人注目的应用是用于修复。在因磨损、腐蚀而失效的或加工超差的零件上施镀比实际需要尺寸更厚的镍镀层,然后经过机械加工,使其达到规定的尺寸精度,避免报废。

(1)普通镀镍

又称镀暗镍。多用于要求厚镀层的修复性镀镍,也常用作防护装饰镀层,经抛光后,再镀光亮镍、铬或其他镀层。普通镀镍液中的主要成分有硫酸镍(主盐)、作为阳极活化剂的氯化镍(或氯化钠)、导电的硫酸盐和作为缓冲剂的硼酸等。普通镀镍工艺规范如表12-3所示。

普通镀镍的工艺规范(单位:g/L)　　　　　表 12-3

溶液组成与工艺参数	预镀液	普通镍(1)	普通镍(2)	瓦特镍型	滚镀镍
硫酸镍($NiSO_4 \cdot 7H_2O$)	150~200	250~300	180~250	250~350	270
氯化镍($NiCl_2 \cdot 6H_2O$)		30~60		20~60	60
氯化钠(NaCl)	8~10		10~12		5~12
硼酸(H_3BO_3)	30~35	35~40	30~35	20~40	40
硫酸钠(Na_2SO_4)	40~80		20~30		
硫酸镁($MgSO_4 \cdot 7H_2O$)			30~40		50
氟化钠(NaF)					4
十二烷基硫酸钠($C_{12}H_{25}SO_4Na$)	0.05~0.1	0.05~0.1			
pH 值	5~5.5	3~4	5~5.5	3~5	4~4.5
温度(℃)	18~35	45~60	20~35	45~60	45~55
阴极电流密度(A/dm^2)	0.5~1	1~2.5	0.8~1.5	1~2.5	1.0~1.5
阴极移动	用或不用	视需要	用或不用	需要	滚镀

(2) 光亮镀镍

镀光亮镍可以省去抛光工序,即节省劳动又节约电镀材料和抛光材料,还能提高镀层的硬度,有利于自动化生产。但光亮镍镀层中含硫,内应力和脆性较大,耐蚀性不如普通镀镍。光亮镀镍时,在普通的镀镍液中加入适量的光亮剂就可达到目的,光亮剂能使镀液具有良好的平整能力,能获得光泽的镜面镀层。

(3) 镀黑镍

黑镍层具有很好的消光性能,常用于光学仪器和设备零部件上的镀覆,以及一些铭牌、办公用品、照相机零件、武器以及太阳能集热板上。镀层往往很薄(约 $2\mu m$),故它的抗蚀性与耐磨性均差,常镀在暗镍或光亮镍层表面,而且镀完黑镍后还需浸油、上蜡或涂透明保护漆。

电镀黑镍的溶液有硫酸盐和氯化物两类,主要成分是镍盐、锌盐和硫氰酸盐,故严格来说,镀层可以看作镍锌合金。镀黑镍的工艺规范如表 12-4 所示。

镀黑镍的工艺规范(单位:g/L)　　　　　表 12-4

溶液组成与工艺参数	第一步	第二步	第三步	第四步
硫酸镍($NiSO_4 \cdot 7H_2O$)	70~100	115~125	100~120	
氯化镍($NiCl_2 \cdot 6H_2O$)				75
硫酸锌($ZnSO_4 \cdot 7H_2O$)	40~50	20~25	22~25	
氯化锌($ZnCl_2$)				30
氯化铵(NH_4Cl)				30
硼酸(H_3BO_3)		25~35	20~30	
硫酸镍铵[$NiSO_4(NH_4)_2SO_4 \cdot 6H_2O$]	40~60			
硫氰酸钾(KCNS)			30~35	
硫氰酸钠(NaCNS)				15
硫氰酸铵(NH_4CNS)	25~35	20~25		
硫酸钠($Na_2SO_4 \cdot 10H_2O$)		30~35		
pH 值	4.5~5.5	5.0~5.8	5.8~6.2	5.0
温度(℃)	30~60	室温	18~30	室温
电流密度(A/dm^2)	0.1~0.4	0.1~0.3	0.1~0.15	0.15

4. 镀铬

铬是一种银白色的金属,其原子序数为24,相对原子质量为52.01,密度为7.19g/cm³,熔点为1830℃,电化当量为0.324g/(A·h),标准电位为-0.74V。

镀铬按其用途可分为防护装饰性镀铬和耐磨镀铬两大类。铬在空气中表面很容易发生钝化,生成一层很薄的致密氧化膜,在大气中不生锈不变色,表现出很好的化学稳定性,故尽管铬的标准电位比铁低,相对钢铁实际上它为阴极性镀层。铬通常在碱液、硝酸、硫酸、硫化物以及许多有机酸中均不发生作用,甚至加热到500℃时,铬仍很稳定,唯有盐酸和热硫酸才能侵蚀铬。铬的这一优良耐蚀性还由于它的浸润性很差,表现出憎水、憎油的特性,不易被污染。因此,铬常作为防护装饰性镀层体系中的表面镀层。

装饰性镀铬通常镀在光亮镍、铜锡合金等中间镀层上,厚度仅0.05~0.5μm,装饰性镀铬在轻工、仪表、机电等均有广泛的应用。

铬镀层还具有很高的硬度(约1000HV)和低摩擦系数,故常用在有耐磨、润滑等特殊要求的场合。根据所用的功能不同,又分为镀硬铬与松孔镀铬。硬铬常用于轴承类、汽缸、活塞、模具等要求具有很高耐磨性的零部件上,对于加工过度或磨损失效的零件,也常用镀硬铬来修复。松孔镀铬由于在镀层中存在点状或沟状的松孔,从而具有被润滑油浸润的功能,常用于活塞环、汽缸、转子发动机的内腔等摩擦件上。

另外,在可见光范围内铬的反射能力约为65%,介于银与镍之间,但由于镀铬层在大气中不生锈、不变色,所以它的反射能力能长时保持不变,其银白色非常悦目,能长期保持光泽。为了防反射,则可以镀黑铬来满足。

(1) 防护装饰性镀铬

镀装饰铬是提高金属制品在大气中抗腐蚀性能,并改善其外表,保持光泽、美观,也用于非金属材料,如塑料制品等。各种镀铬溶液的组成与工艺条件如表12-5所示。

各种镀铬溶液的组成与工艺条件(单位:g/L)　　表12-5

溶液成分与工艺条件	普通镀铬溶液			铬酸—氟化物—硫酸镀铬溶液			四铬酸盐镀铬溶液	快速镀铬
	低浓度	中等浓超	高浓度	复合镀铬	自动调节镀铬	滚镀铬		
铬酐(CrO_3)	150~180	250~280	300~350	250	250~300	300~350	350~400	180~250
硫酸(H_2SO_4)	1.5~1.8	2.5~2.8	3.0~3.5	1.5		0.3~0.6		1.8~2.5
氟硅酸(H_2SiF_6)				5		3~4		
氟硅酸钾(K_2SiF_6)					20			
硫酸锶($SrSO_4$)					6~8			
氢氧化钠(NaOH)							50	
氧化铬(Cr_2O_3)							6	
硼酸(H_3BO_3)							8~10	
氧化镁(MgO)								4~5
温度(℃)	55~60	48~53	48~55	45~55	50~60	35	20~45	55~60
电流密度(A/dm²)	30~50	15~30	15~35	25~40	25~40		20~90	30~45
镀液用途	装饰铬、耐磨铬	装饰铬、耐磨铬	装饰铬	装饰铬、耐磨铬	装饰铬、耐磨铬	小零件镀铬	装饰铬	

(2) 镀硬铬

硬铬与装饰铬的镀层本质上是没有什么区别的,其硬度并不比装饰铬镀层高,只是镀硬铬一般都较厚,可以从几个微米到几十微米,有时用于修复的耐磨铬甚至可达毫米量级,从而能发挥铬层硬度高、耐磨性好的特点。镀硬铬的溶液及工艺条件如表12-6所示。

镀硬铬的工艺规范(单位:g/L)　　　　　　　　　表12-6

溶液组成与工艺参数	第一步	第二步	第三步	第四步	第五步	第六步
铬酐(CrO_3)	250	250	150~180	230~270	250~300	180~250
硫酸(H_2SO_4)	2.5	1.25	1.5~1.8	2.3~2.7		1.8~2.5
氟硅酸(H_2SiF_6)		4~6				
氟硅酸钾(K_2SiF_6)				20		
硫酸锶($SrSO_4$)				6~8		
硼酸(H_3BO_3)					8~10	
氧化镁(MgO)					4~5	
温度(℃)	55~60	50~60	55~60	55~60	55~62	55~60
电流密度(A/dm²)	50	50~80	30~45	50~60	40~80	40~80

由于基体与硬铬镀层的膨胀系数不同,镀层的内应力大,而且镀层较厚,电镀时间长,硬度又高,因此比较大的零件在镀硬铬前必须进行预热,以免镀层脱落现象发生。

(3) 镀松孔铬镀

松孔铬主要应用在摩擦状态下工作的工件。它的工艺与镀硬铬的基本相同,不同的是镀铬后,经除氢、精磨后,再进行阳极处理,使微裂纹进一步加深加宽,即在镀层上形成深而宽的网状沟纹,以便在工作时保存足够的润滑油,降低摩擦系数,改善摩擦条件,提高其耐磨性能,延长工件的使用寿命。镀松孔铬工艺规范如表12-7所示。

镀松孔铬工艺规范(单位:g/L)　　　　　　　　　表12-7

溶液组成与工艺参数	第一步	第二步	第三步	第四步
铬酐(CrO_3)	150	250	200~250	250
硫酸(H_2SO_4)	1.5~1.7	2.3~2.5	1.8~2.3	2.5
温度(℃)	57	50~52	58~65	50~60
电流密度(A/dm²)	45~35	45~55	40~60	100~150

松孔处理(阳极腐蚀)在镀铬槽或电解槽中进行:温度55~60℃,电流密度30~40A/dm²,时间5~6min。

(4) 镀黑铬

黑铬镀层不仅可起美化工件外观之作用,而且还有耐磨、耐蚀和耐高温等特点。常作为仪器仪表、光学和轻工产品的消光和装饰性镀层,近年来黑铬层还用于太阳能集热板。镀层的黑色是铬和Cr_2O_3的水合物组成,呈树枝状结构。镀黑铬的工艺规范如表12-8所示。

5. 塑料电镀

塑料件当需要呈现金属质感时,可采用电镀。在塑料件的外表镀上一层金属,即能达到金属的外观,又节省了金属材料,一般用于玩具和装饰品。ABS塑料电镀工艺如表12-9所示。

电镀黑铬工艺规范（单位：g/L） 表12-8

溶液组成与工艺参数	第一步	第二步	第三步	第四步	第五步
铬酐(CrO_3)	250~300	200~300	200	250~300	300~350
醋酸(CH_3COOH)			6.5		
氯化镍($NiCl_2 \cdot 6H_2O$)			20~80		
偏钒酸铵(NH_4VO_3)			5		
醋酸钡[$Ba(CH_3COO)_2$]	7.5				
氟硅酸(H_2SiF_6)		0.15~0.25			0.1

ABS塑料电镀工艺流程 表12-9

序号	工序名称	工艺条件 温度(℃)	工艺条件 时间(min)	说 明
1	烘烤去应力	65~75	2~12h	在烘箱内缓慢升温至烘烤温度,保温毕缓冷至室温
2	脱脂除油	50~55	10~30	氢氧化钠,磷酸钠,碳酸钠,十二烷基硫酸钠
3	清洗	50~60	1	流动水
4	清洗	室温	1	流动水
5	粗化	60~70	10	铬酐,硫酸
6	清洗	50~60	1~2	流动水
7	滑洗	室温	1~2	流动水
8	预浸	室温	1~3	氯化亚锡,浓盐酸
9	活化	20~40	3~5	结晶氯化亚锡,氯化钯,盐酸,去离子水
10	清洗	室温	1~2	流动水
11	解胶	30~40	3	盐酸
12	清洗	清洗	1	流动水
13	化学镀镍	40~45	3~5	硫酸镍,氯化铵,柠檬酸钠,次亚磷酸钠,pH(用氨水调节)为8.5~9.5
14	清洗	室温		水
15	光亮镀铜	15~25	30	任选一种酸性光亮镀铜工艺
16	清洗	室温	1	流动水
17	光亮镀镍	40~50	30	任何一种光亮镀镍工艺
18	清洗	室温	0.5~1	水
19	镀铬			标准镀铬溶液及装饰铬工艺
20	滑洗	18~60	0.5~1	水

6. 化学镀工艺

化学镀是指在没有外电流的作用下,利用化学方法使溶液中的金属离子还原为金属并沉积在基体表面,形成镀层的一种表面工程方法。化学镀溶液的成分包括金属盐、还原剂、络合剂、缓冲剂、pH调节剂、稳定剂、加速剂、润湿剂和光亮剂等。

化学镀与电镀相比具有如下优点:不受零件形状限制,镀层厚度均匀;镀层晶粒细密,孔隙率低、耐蚀性强;不需要外加电源,设备简单、操作简便、生产清洁;能在非金属陶瓷、玻璃、塑料和半导体上施镀。但化学镀使用温度较高,镀液内氧化剂与还原剂共存,溶液稳定性差,且镀液的维护、调整和再生均比较麻烦,故成本较高。

(1) 化学镀银

化学镀银是工业上最早应用的一种化学镀,曾广泛用于制作保温瓶胆和镜子。银镀层反射率高,导电导热性能优良,焊接性好。但化学镀银溶液稳定性差,一般只能使用一次,而且沉积的银层极薄,目前保温瓶胆和镜子镀反射膜已被真空镀铝替代。化学镀银目前主要用于电子、光学和国防工业以及装饰品上。

由于化学镀液的稳定性差,因此一般将主盐溶液(硝酸银 $AgNO_3$)和还原剂溶液分别配制,施镀前再将其混合。主盐溶液一般是采用银氨络合物溶液,还原剂溶液采用酒石酸钾钠、葡萄糖、甲醛、肼、二甲氨基硼烷等。

(2) 化学镀金

化学镀金因其工艺简单,近年来发展较快。化学镀金层厚度一般不超过 $1\mu m$,镀金层化学稳定性高,不易氧化,导电性、耐磨性、焊接性能好,是理想的电接触材料。主要用于电子元器件,有时也用于光学仪器及装饰品上。化学镀金工艺分置换法和还原法两种。

① 置换法化学镀金

化学置换反应能否进行,取决于溶液(主盐为 $[KAu(CN)_2]$)中金属离子的沉积电位是否比被镀金属的低。化学置换法镀金得到的镀层极薄,一般当基体上被镀金属完全覆盖后,反应就停止进行了。

② 还原法化学镀金

还原法化学镀金溶液由主盐、络合剂、还原剂和稳定剂等组成。

八、常用化学转化膜工艺

化学、电化学转化膜技术就是通过化学或电化学手段,使金属与某种特定的化学处理液相接触,从而在金属表面形成一层附着力好、能保护基体金属免受水和其他腐蚀介质的影响,或能提高有机涂膜的附着性和耐老化性,或者能赋予表面其他性能的化合物膜层的技术。它包括氧化膜或发蓝技术、阳极氧化膜技术、磷酸盐膜技术、铬酸盐膜技术、草酸盐膜技术等。由于化学、电化学转化膜是金属基体直接参与成膜反应而成的,因而膜与基体的结合力比电镀层和化学镀层均强。

化学、电化学转化膜几乎在所有的金属表面都能生成,目前工业应用较多的是钢铁、铝、锌、铜、镁、钛及其合金的转化膜,以起到防锈、耐磨、绝缘、润滑或作为涂装底层之作用。

1. 化学氧化处理

氧化处理是在可控条件下人为生成特定氧化膜的表面转化过程。它分化学氧化和电化学氧化两种方法,常用于钢铁和铝、铜、镁等有色金属的处理。钢铁表面经化学氧化处理后可得到均匀的黑色或蓝黑色外观,故又称发蓝(发黑)。这也是中低碳钢最常用的表面处理方式,占到设备零件数量的70%以上。由于化学氧化技术不用电源,设备简单,工艺稳定,操作方便,而且成本低、效率高、收效快,故其应用越来越广。

钢铁零件的表面在大气环境生成的氧化膜一般为 Fe_2O_3 和少量的 FeO,即锈层。通过氧化处理可形成以磁性氧化物 Fe_3O_4 为主要成分的氧化膜,厚度在 $0.6 \sim 1.5\mu m$,再经皂化、填充或封闭处理,可提高抗蚀性和润滑性。

按化学处理液的酸碱性,钢铁化学氧化处理分为碱性和酸性两类;按所获得的膜层颜色,则分为发蓝和发黑两种工艺。

(1)钢铁碱性化学氧化(发蓝)

碱性氧化法又称发蓝,通常在强碱溶液里添加氧化剂,且在较高溶液温度条件下进行,其工艺规范如表12-10所示。

钢铁件化学氧化(发蓝)工艺(单位:g/L)　　　　表12-10

溶液组成与工艺条件	一 步 法		两 步 法			
	第一步	第二步	首槽	末槽	首槽	末槽
氢氧化钠(NaOH)	550~650	600~700	500~600	700~800	550~650	700~000
亚硝酸钠($NaNO_2$)	150~200	200~250	100~150	150~200		
重铬酸钾($K_2Cr_2O_7$)		25~32				
硝酸钠($NaNO_3$)					100~150	150~200
温度(℃)	135~145	130~135	130~140	145~152	130~135	140~150
时间(min)	15~60	15	10~20	45~60	15~20	30~60

发蓝工艺氧化层较厚,具有较好的防锈防蚀,表面强化的效果,常用于钢铁件的表面,尤其是武器的表面处理。

(2)钢铁酸性化学氧化(常温发黑)

与碱性高温氧化相比,酸性氧化能在常温下操作,具有节电、节能、高效、操作简便、成本较低、环境污染小等优点,是新出现的工艺法,但槽液寿命短、不太稳定,膜层附着力较差。钢铁常温发黑的工艺规范如表12-11所示。

钢铁常温发黑工艺规范(单位:g/L)　　　　表12-11

溶液组成与工艺条件	第一步	第二步	第三步	溶液组成与工艺条件	第一步	第二步	第三步
硫酸铜($CuSO_4 \cdot 5H_2O$)	2	4	2~2.5	DPE-Ⅱ添加剂/(mL/L)		1~2	
二氧化硒(SeO_2)	4	4	2.5~3.0	对苯二酚 $C_6H_6O_2$			1~1.2
磷酸二氢钾(KH_2PO_4)	3			硼酸(H_3BO_3)		4	
磷酸二氢锌[$Zn(H_2PO_4)_2$]		2		硝酸(HNO_3)/(mL/L)			0.5~2
氯化镍($NiCl_2 \cdot 6H_2O$)	2			氯化钠(NaCl)			0.8~1
柠檬酸钾($K_3C_6H_5O_7 \cdot 2H_2O$)	2			pH值	2~2.5	2.5~3.5	1~2
酒石酸钾钠($KNaC_4H_4O_6$)	2			温度(℃)	常温	常温	常温
硫酸镍($NiSO_4 \cdot 7H_2O$)			1	时间(min)	3~5	2~4	8~10

发蓝与发黑的工艺过程是:先需要将钢铁零件进行检查,表面不能有残留油漆、镀层、油污和其他杂物,然后进行脱脂、酸洗和清洗。然后才可以进行化学氧化处理,处理好以后,必须要进一步进行皂化和油封,才可以完成整个发黑工艺。

(3)发蓝发黑后续处理

完成氧化后要立刻进行清洗,在热的流动水中清洗,已清除表面残留化学试剂。

①皂化

对钢铁件进行皂化处理主要是使氧化膜层孔隙内的铁转化为硬脂酸铁,使其钝化以增强防腐蚀性能。具体方法是:3%~5%的肥皂水加热至80~90℃,将经化学氧化、清洗干净的钢铁工件浸入其中煮3~5min;或用0.2%铬酸与0.1%磷酸的混合液加热至60~70℃,将经化学氧化、清洗干净的钢铁工件浸入其中煮0.5~1min后,用70~100℃的热水进行清洗,然后晾干或热风吹干。

②油封

将机油加热至105℃左右,将皂化后干燥的钢铁件浸入其中煮 3~5min。以封闭表面的小孔,进一步提高零件的抗蚀能力。

2. 电化学阳极氧化处理

阳极氧化是铝及其合金最常用的表面处理方法。阳极氧化是将铝及其合金等金属置于适当的电解液中,并作为阳极,在外加电流的作用下,使其表面生成厚为 $10~200\mu m$ 的氧化膜。由阳极氧化法获得的膜层比化学氧化膜硬、耐蚀性、耐热性、绝缘性及吸附能力更好,因而应用范围很广。

铝及其合金阳极氧化工艺方法很多,其阳极氧化处理液有硫酸型、铬酸型、草酸型及混合酸型等。铝及其合金阳极氧化膜的组成以氧化物为主,还存在一定量的水合物及阴离子。阳极氧化膜通常由内层无定形的 Al_2O_3 致密膜和外层的 $\gamma\text{-}Al_2O_3$ 孔隙膜所构成。由于铝及其合金阳极氧化膜是一种具有蜂窝状结构的多孔膜,比表面积非常高,其表面具有极高的化学活性。为了提高阳极氧化膜的耐蚀性和耐磨性,在阳极氧化后常对膜层作封闭和填充处理。常用的有水合封闭、重铬酸盐封闭、水解金属盐封闭、双重封闭、低温封闭和有机物封闭法等。

(1) 铝及其合金阳极氧化和着色

铝是最容易着色的金属之一,铝及其合金的着色处理是阳极氧化和着色过程在同一溶液里完成,选择合适的酸和合金成分,可在铝及其合金表面直接形成彩色的氧化膜。为了使色彩更丰富,铝及其合金的着色和染色更多是用电解着色和染料浸渍法。铝及其合金的氧化着色处理工艺规范如表 12-12 所示。

铝及其合金氧化着色处理工艺规范(单位:g/L)　　　表 12-12

溶液组成与工艺条件	铝							铝合金		
	黑色			蓝色	红色	灰色		白褐色	花色	黄色
	第一步	第二步	第三步			第一步	第二步			
钼酸铵[$(NH_4)_2MoO_4$]	15									
氯化铵(NH_4Cl)	30									
硝酸钾(KNO_3)	8										25
高锰酸钾($KMnO_4$)		5~10								
硝酸铜[$Cu(NO_3)_2\cdot 3H_2O$]		20~25								
铬酐(CrO_3)			10							
碳酸钾(K_2CO_3)			25			25				
硫酸铜($CuSO_4\cdot 5H_2O$)			25							
铬酸钠(Na_2CrO_4)			25							
氯化铁($FeCl_3$)				5						
铁氰化钾[$K_3Fe(CN)_6$]				5						
亚硒酸(H_2SeO_3)					10~30					
碳酸钠(Na_2CO_3)					10~30	25		0.6~2.6	46	
铬酸钾(K_2CrO_4)							10			
氟化锌(ZnF_2)					6					

续上表

溶液组成与工艺条件	铝							铝合金		
	黑色			蓝色	红色	灰色		白褐色	花色	黄色
	第一步	第二步	第三步			第一步	第二步			
钼酸钠(Na_2MoO_4)							4			
重铬酸钠($Na_2CrO_7 \cdot 2H_2O$)								0.1~1		
硫酸镍($NiSO_4 \cdot 7H_2O$)										10
氟硅酸钠($NaSiF_6$)										5
硼酸(H_3BO_5)	8									1mL
硝酸(HNO_3)		2~4								
温度(℃)	82	80~90	70~80	66	50~60	80~100	60~70	80~100	90~95	60~70
时间(min)	5~15	20~30	20~30	10~30	30~50	10~20	10~20	20~25		

(2) 铝及其合金硬质阳极氧化

硬质阳极氧化系一种厚膜阳极氧化,氧化膜最大厚度可达250~300,且膜层硬度很高,在纯铝上可达11000MPa以上。由于膜层存在大量孔隙,可吸附各种润滑剂,有利于进一步提高减摩性能。此外,硬质阳极氧化膜还具有较高的绝热和电绝缘以及耐蚀性能。

铝及其合金硬质阳极氧化工艺的主要特点是低温、高电流密度和强烈搅拌,其工艺规范如表12-13所示。

铝及其合金硬质阳极氧化工艺规范(单位:g/L)　　表12-13

溶液组成与工艺条件	第一步	第二步	第三步	第四步	第五步
硫酸(H_2SO_4)	120~300	200	5~12		
苹果酸($C_4H_6O_5$)			30~50		
磺基水杨酸($C_7H_6O_6 \cdot 2H_2O$)			90~150		
草酸($C_2H_2O_4 \cdot 2H_2O$)		20		40~50	
丙二酸($C_3H_4O_4$)				30~40	
硫酸锰($MnSO_4 \cdot 5H_2O$)				3~4	
丙三醇($C_3H_8O_3$)		50			
蒽($C_{14}H_{10}$)					10~15
乳酸($C_3H_6O_3$)					25~35
柠檬酸($C_6H_8O_7$)					35~45
温度(℃)	5~15	10~15	变形铝15~20,铸铝15~30	1.5	5~35
电流密度(A/dm^2)	1.5~3	-2.3	变形铝5~6,铸铝5~10	1.5~3	1.5~2.5
电压(V)	0~120	0~27		0~100	0~120
氧化时间(min)	120	30	变形铝30~100 铸铝30~100		80
阴极材料	铅板				
电源	直流				
搅拌条件	压缩空气强烈搅拌				

3. 磷化处理

磷化处理是以磷酸或其盐为主的稀溶液通过化学反应在金属表面形成不溶性磷酸盐膜

的过程。磷化膜在结构上存在两种类型。当所用处理液为碱性金属的磷酸盐时得到的为非晶型转化膜,膜厚仅为 $1\mu m$,孔隙率可高达表面积的 2%,具有憎水性质,通常作为油漆的底层;当金属在含有游离磷酸、重金属磷酸二氢盐以及加速剂共同存在的溶液中进行处理时得到的主要为晶型伪转化型磷酸膜。在目前磷化方法中,大多数是指这种晶型的伪转化磷酸膜。它的颜色为浅灰到深灰色。颜色的不同反应了组织结构的差异。

磷化膜的多孔性及良好的吸附能力常被用于涂装场合,一般作为涂装的前道工序。

磷化膜表面也可以经填充、浸油进一步提高其耐蚀能力。另外,磷化膜具有较高的电绝缘性能,故在硅钢片上也得到广泛应用。

磷化处理使用的设备简单,有操作简单、成本低、生产效率高等特点,特别是能够在管道、钢瓶的内表面及形状复杂的钢铁零件表面上获得保护膜。

钢铁的中温磷化

中温磷化在 $50\sim70^\circ C$ 下进行,处理时间 $10\sim15min$。溶液稳定,成膜速度快。可用于防锈、减磨等零件,主要用作涂装底层。其工艺规范如表 12-14 所示。

中温磷化工艺规范(单位:g/L)　　　　　　　　　　表 12-14

溶液组成与工艺条件	第一步	第二步	第三步	第四步
磷酸二氢锰铁盐 $[x\text{Fe}(H_2PO_4)_2\cdot y\text{Mn}(H_2PO_4)_2]$	30~35	30~40		40
硝酸锌 $[Zn(NO_3)_2\cdot 6H_2O]$	80~100	70~100	80~100	120
硝酸锰 $[Mn(NO_3)_2\cdot 6H_2O]$		25~40		
磷酸二氢锌 $[Zn(H_2PO_4)_2\cdot 2H_2O]$			25~40	
六次甲基四胺 $[(CH_2)_6N_4]$				1~2
游离酸度(点)	5~7	5~8	4~7	3~7
总酸度(点)	50~80	60~100	50~80	90~120
温度(℃)	50~70	60~70	60~70	55~65
时间(min)	10~15	7~15	7~15	20

九、常用涂装工艺

涂装工艺就是将涂料是涂于工件表面而形成具有保护、装饰或特殊性能(如绝缘、防腐、标志等)涂膜的一类液体或固体材料的总称。早期涂料大多以植物油为主要原料,故有"油漆"之称。随着石油化工和有机合成工业的发展,合成树脂逐步取代了植物油,它早已超出油漆的范畴,为更确切起见,故统称为"涂料"。

涂料一般由成膜物质、颜料、溶剂和助剂四部分组成。根据其组成不同,涂料的品种超过数千种,可按其基料中成膜物质进行分类,按溶剂类型和含量分类,或按干燥方法、涂膜外观、涂装方法和使用场所分类;也可按底材或按用途进行分类。

涂装工艺技术就是利用涂料的各自特性,按照一定方法涂覆于基材表面,以生成坚韧耐磨,附着力强,具有防锈、防腐、耐酸碱、耐潮湿、抗高温等功能之涂层,从而对基材起到保护、装饰、标志和其他特殊的作用。但是,为了获得优质涂层,除了选择合适的涂料外,涂装前表面预处理是十分重要的,即要消除基料表面的各种污垢,包括铁锈、尘土、油脂、氧化皮和焊渣等,随后对清洗过的金属工件进行各种化学转化处理,如磷化、钝化等,以提高涂层的附着力和耐蚀性。而对塑料和木材表面则需要进行相应的特殊预处理,以保证涂膜在其表面有足够的附着力。

涂装方法多种多样,有一般涂装法(如刷涂、浸涂、淋涂、压缩空气喷涂和高压无空气喷涂法)、静电涂装法、电泳涂装法、粉末涂装和卷材辊涂法等涂装工艺。选用应根据被涂物材质、表面状态、用途,所选用涂料品种、性能及其施工要求和固化条件、费用和涂装设备等定夺。此外,被涂物大小、形状及所需时间也决定了涂装方法的选用。

涂装前,零部件都需进行表面前期处理,和电镀、化学氧化一样,需要脱脂(去油),酸洗(去锈),清洗等过程;继而还要进行磷化处理、清洗,才能够涂装,涂装后一般要进行高温烘烤处理,使得涂层固化,自带有固化剂的油漆可以自然晾干,仅适合于小型一般质量零件的涂覆,另外大型零部件、室内装修、木材等无法进入烘烤室或者不耐高温的物体只能用自然固化的方法。

1. 一般涂装法

(1) 刷涂

手工涂装方法中最简单的是刷涂。除了分散性不好的挥发性涂料外,几乎所有的涂料都可以使用此方法,而且用于刷涂复杂形状的单件物品或为基材打底时比喷涂更有效。但该工艺方法生产效率低、劳动强度大、装饰性能差。

(2) 滚涂

滚涂用的工具为滚筒,用它对面积较大的零部件壁面、船舶或船舷等可提高手工涂装的生产效率,广泛用于建筑、船舶等领域。

(3) 刮涂

刮涂也是一种常见的手工涂装方法,使用工具为金属或非金属刮刀,适用于人造革、纸板等平面底材,用于各种厚膜涂料、打底涂料和腻子的涂刮。

(4) 擦涂

擦涂法是用柔软的棉花裹以纱布蘸漆进行手工擦涂,用于涂饰木器家具,涂料有硝基纤维素清漆、虫胶清漆等。用废丝头、细麻丝等浸漆也可擦涂金属或木材表面。擦涂法用于装饰要求不高的船舶、油罐、管道和管架表面。

(5) 浸涂

浸涂法是将被涂物浸入涂料槽后捞起,流掉多余涂料即完成涂装。它适用于小型的五金零件、钢管、管架、薄片,以及结构比较复杂的器材或电气绝缘材料等。浸涂方法很多,有手工浸涂、转动浸涂等直接浸渍法;有用输送器连续涂装的水平浸涂、垂直浸涂和滑动式浸涂法;有回转浸涂、离心浸涂和真空浸涂等较先进方法。

浸涂法无需特别技术,涂料少,不沾手,设备简单,生产效率高,关键在于涂料的选择以及黏度的调节。

(6) 淋涂

工件在输送带上移动,送入涂料的喷淋区,涂料经过喷头喷淋到工件上,然后送入烘干设备烘干。该法涂层均匀,节约涂料。喷淋法要求涂层在较长时间内与空气接触不易氧化结皮干燥,故需添加一定量的湿润剂、抗氧化剂和消泡剂等。

淋涂法适用于各种平板、金属家具、仪表零件、大批量小零件的涂装。

(7) 压缩空气喷涂

利用压缩空气作为动力,涂料从枪口喷出、雾化,并在气流带动下,涂覆于工件表面。该方法使用方便,生产效率高,适用于快干的挥发性硝基漆及过氯乙烯漆等,但涂料喷失较多,利用率较低。喷涂装置包括喷枪(图12-2)、压缩空气供给和净化系统、输漆装置和胶管等,并需各有排风及清除漆雾的装置。一般喷枪与被涂物表面距离为200~300mm,压缩空气压力应在0.3~0.6MPa之间。

(8)高压无空气喷涂

高压无气喷涂系无气雾化,它利用压缩空气(0.4~0.6MPa)驱动高压泵使涂料增压(8~40MPa),并从极精细的喷孔(ϕ0.225~ϕ0.900mm)中喷出,随着冲击空气和高压的急速下降,涂料内溶剂急剧挥发,体积骤然膨胀而分散旁化,然后高速地喷洒到工件表面,可喷较稠的涂料,而且涂料能透入表面上的缝隙或凹孔,附着力良好。

2. 静电喷涂

静电涂装法是以接地的工件为阳极,涂料雾化器或电栅作为阴极,接上负高电压(图12-3),在两极间形成高压静电场,在阴极产生电晕放电,使喷出的漆滴带电,并进一步雾化。带电漆滴受静电场的作用,沿电力线方向均匀沉积在工件表面,形成均匀的漆膜。

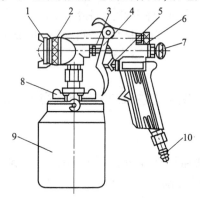

图12-2 喷枪示意图

1-空气喷嘴;2-旋钮螺母;3-顶针;4-扳机;5-空气阀杆;
6-控制阀;7-螺栓;8-压紧螺钉;9-漆罐;10-空气接头

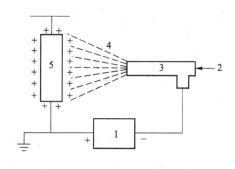

图12-3 静电喷涂示意图

1-高压发生器;2-涂料输入管;3-喷枪;4-涂料雾化微粒;
5-工件

静电喷涂的特点是漆膜均匀,装饰性好,易于实现半自动化或自动化,生产率高,与空气喷涂相比,生产率可提高1~3倍,最适于大批量生产。此外,静电喷涂的油漆利用率可达80%~90%,减少了漆雾飞散和污染,改善了环境卫生和劳动条件。但对形状复杂的工件,凹孔处不易喷到,凸尖处漆膜不均匀,往往需手工补涂。静电喷涂通常用于最外层的面漆及罩光漆,以提高涂膜的光亮度及装饰性,广泛应用于电视机、电冰箱、洗衣机等家电行业,汽车等交通运输业及金属零件、家具、建材等行业。

静电喷涂工艺流程由三部分组成,即表面前处理、喷涂以及烘烤。静电喷涂所采用的电压宜取60~100kV。当电压选定后,喷涂大面积工件时,极距可选为280~350mm,喷涂小零件时则为250~300mm。静电涂装设备类型较多,可根据操作方式、喷枪的雾化方式和喷涂室的形状进行分类,大致可分为手提式和室式(固定式)静电涂装设备,而其中电喷枪和高压静电发生器是静电涂装的关键设备。由于使用高压,故对安全管理要求较高,并注意防火、防爆、防毒、防尘和通风问题。

3. 电泳涂装

电泳涂装法是同电镀相类似的一种涂装法。它是将被涂工件在水溶性涂料中作为阳极(或阴极),另对应一阴极(或阳极),在两极间通直流电(图12-4),借助电流产生的物理化学作用,使涂料涂覆在工件上的一种涂装方法。电泳涂装工艺流程同样包括工件表面预处理、电泳涂装和后处理三部分。除油、除锈、水洗、中和、磷化、环节之一。电泳涂装工件的表面要求无油、无锈、无酸碱、无电解质离子及不溶于水的有机溶剂等。电泳涂装是一个复杂的电化学反应,它包括电泳、电解、电沉积和电渗4个同时进行的过程。

电泳涂装与传统的喷涂或浸涂工艺相比具有以下特点:

(1)易实现自动化操作。

(2)生产效率高,应用范围广。

(3)以水为溶剂,安全污染少,杜绝了烟火危险。

(4)漆膜质量好,厚度均匀,边缘覆盖好,里外可涂漆,无流挂,很少需要打磨。

(5)涂料利用率可高达95%,因而成本低。

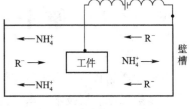

图12-4 电泳涂装原理示意图
R-带负电荷的高分子胶体粒子(包括树脂、颜料等);NH_4^+-胺盐粒子

但是,电泳涂装也存在设备复杂,投资费用大,耗电量多;对电泳漆的稳定性要求高,槽液管理技术要求严;只适用导电体的涂装,且不能用同法进行再涂装。尽管如此,在实际应用中,电泳涂装仍在建材、轻工、家用电器、人造首饰、灯饰等方面有着广泛的应用。

4. 粉末涂装

粉末涂装技术是现代涂料涂装中重要方法之一。粉末涂料是完全不挥发的无溶剂涂料,品种有聚乙烯、聚氯乙烯、尼龙、氟树脂、氯化聚醚、环氧、聚酯、丙烯酸酯等。粉末涂装的特点是无溶剂,有利于环境保护,无烟火危险;一次涂装即达较厚涂层,这是其他涂装法所不能比拟的;不易出现气孔等缺陷,涂膜性能好;该涂装采用加热,故涂层与金属间附着力大为改善;涂装周期短,生产效率高,与传统涂装法相比,工效提高3~5倍,适用于大规模自动化涂装;过量涂料可回收利用,节约能源和资源,成本也较低。但涂层外观和流平性不如喷涂法,涂薄层和换色均困难,而且被涂物多系金属材料。

近年来,已获工业应用的粉末涂料的涂装方法有熔射法、流化床法、静电粉末喷涂法、静电流化床法、静电粉末振荡涂装法等。随着粉末涂料品种和涂装工艺的不断发展,粉末涂装的应用范围日趋广泛,在化学、电子、兵器、航天、航空、汽车、机械、农机、造船、轻工、纺织、石油、建材等众多领域中得到应用。

第十三章　机械装配工艺

机械产品是由许多零件和部件组成的,所有加工完毕的合格零件,经过表面处理后可以开始装配工作。按技术要求,将若干零件结合成部件或将若干个零件和部件结合成机器的过程称为装配。前者称为部件装配,后者称为总装配。

机器的质量,常以机器的工作性能、使用效果、可靠性和使用寿命等综合指标来评定。这些指标,除和产品结构设计的正确性有关外,还取决于零件的制造质量和机器的装配工艺和装配精度。机器的质量最终是通过装配工艺来保证的。如果装配工艺不当,即使零件的制造质量再好,也不一定能够保证装配出合格的产品;反之,当零件质量不太好的情况下,只要在装配中采取合适的工艺措施,也能使产品达到规定的质量要求。

另外,在机器装配中,还可发现机器在结构设计上和零件加工质量上的问题,并加以改进。因此,装配是机器生产过程的最终环节,对保证机械产品的质量起着十分重要的作用。

第一节　机械装配工艺概述

一、装配工作的基本内容

1. 清洗

清洗工作对保证和提高机器装配质量、延长产品使用寿命有着重要意义。任何微小的脏物、杂质都会影响到产品的装配质量,特别是对于机器的关键部分。如轴承、密封件、精密偶件、润滑系统以及有特殊清洗要求的零件,稍有杂物就会影响到产品的质量。所以装配前必须对零件进行清洗。

零件一般用煤油、汽油、碱液及各种化学清洗液进行清洗,清洗方法有擦洗、浸洗、喷洗和超声波清洗等。清洗时应根据,工件的清洗要求、工件的材料、生产批量的大小及油污、杂质的性质和黏附情况正确选择清洗液、清洗方法和清洗时的温度、压力、时间等参数。

2. 连接

将两个或两个以上的零件结合在一起的工作称为连接。按照零件或部件连接方式的不同,连接可分为固定连接和活动连接两类。零件之间没有相互运动的连接为固定连接;零件之间在工作情况下,可按规定的要求作相对运动的连接为活动连接。通常在机器装配中采用的固定形式有过盈连接和螺纹连接。过盈连接多用于轴(销)与孔之间的固定,螺纹连接在机械结构的固定中应用较广泛。

3. 矫正、调整与配作

在产品的装配过程中,尤其是在单件小批生产的情况下,完全靠零件的互换性去保证装配精度是不经济的,往往需要进行一些矫正、调整或配作工作。

矫正就是布装配过程中各零件相互位置的找正、找平及相应的调整工作。如卧式车床总装时床身导轨安装水平及前后导轨在垂直平面内的平行度（扭曲）的矫正、床主轴与尾座套筒中心等高的矫正、水压机立柱垂直度的矫正等。矫正时常用的工具有平尺、角尺、水平仪、光学准直仪以及相应的检验棒、过桥等。

调整就是调节相关零件的相位置,除配合矫正所作的调整之外。各运动副间间隙的调整是调整的主要工作。

配作是指配钻、配铰、配刮、配磨等在装配过程中所附加的一些钳工和机加工工作。常用于配偶件之间的装配,以确保其相互位正确、确定。如连接两零件的销钉孔,就必须待两零件的相互位置正确、固定后再一起钻铰销钉孔,然后打入定位销钉。

配作是在矫正、调整的基础上进行的,只有经过认真的矫正调整后才能进行配作。矫正、调整、配作虽然有利于保证装配精度,但却会影响生产率,不利于流水装配作业。

4. 平衡

对于转速高、运转平稳,性要求高的机器,为了防止在使用过程中因旋转件质量不平衡产生的离心惯性力而引起振动,影响机器的工作精度,装配时必须对有关旋转零件进行平衡,必要时还要对整机进行平衡。

5. 验收试验

产品装配好后,应根据其质量验收标准进行全面的验收试验,检验其精度是否达到设计的要求,性能是否满足产品的使用要求,各项验收指标合格后才可涂装、包装出厂。各类机械产品不同,其验收技术标准也不同,验收试验的方法也就不同。

二、装配工作的组织形式

由于生产类型和产品复杂程度不同,装配的组织形式也不同。

1. 单件生产的装配

单个地制造不同结构的产品,并很少重复,甚至完全不重复,这种生产方式称为单件生产。单件生产的装配工作多在固定的地点,由一个工人或一组工人,从开始到结束进行全部的装配工作。如夹具、模具的装配就属于此类。这种组织形式的装配周期长,占地面积大,需要大量的工具和设备,并要求工人具有全面的技能。

2. 成批生产的装配

在一定的时期内连续制造相同的产品,这种生产方式称为成批生产。成批生产的装配工作通常分为部件装配和总装配,每个部件由一个或一组工人来完成,然后将各部件集中进行总装配。

装配过程中产品不移动。这种将产品或部件的全都装配工作安排在固定地点进行的装配,称为固定式装配。

3. 大量生产的装配

产品制造数量很大,每个工作地点经常重复地完成某一工序,并具有严格的节奏,这种生产方式称为大量生产,大量生产的装配采用流水装配,使某一工序只由一个或一组工人来完成。产品在装配过程中,有顺序地由一个或一组工人转移给另一个或另一组工人。装配时产品的移动有连续移动装配和断续移动装配两种。连续移动装配是工人边装配边随着装配线走动,一个工位的装配工作完成后立即返回原地;断续移动装配是装配线每隔一定时间往前移动一步,将装配对象带到下一工位。采用流水装配,只有当从事装配工作的全体工人都按顺序完成了所担负的装配工序以后,才能装配出产品。

在大量生产中,由于广泛采用互换性原则,并使装配工作工序化,因此装配质量好,效率高,生产成本低,并且对工人的技术要求较低,大量生产的装配是一种先进的装配组织形式。如汽车、拖拉机的装配一般属于此类。

三、装配工艺的过程

产品的装配工艺包括以下 4 个过程。

1. 准备工作

准备工作包括资料的阅读和装配工具与设备的准备等。充分的准备可以避免装配时出错,缩短装配时间,有利于提高装配的质量和效率。准备工作应当在正式装配之前完成。

准备工作包括下列几个步骤:

(1) 熟悉产品装配图、工艺文件和技术要求,了解产品的结构、零件的作用以及相互连接关系。

(2) 确定正确的装配方法和顺序。

(3) 准备装配所需要的工具与设备。

(4) 检查装配用的资料与零件是否齐全。

(5) 整理装配的工作场地,对装配的零件、工具进行清洗,归类并放置好装配用的零部件,调整好装配平台基准。

(6) 采取安全措施。

2. 装配工作

在装配准备工作完成之后,才能开始进行正式装配。结构复杂的产品,其装配工作一般分为部件装配和总装配。

3. 调整、精度检验和试车

调整的目的是使机构或机器工作协调,如轴承间隙、镶条位置、蜗轮轴向位置的调整等;精度检验包括几何精度和工作精度检验等,以保证满足设计要求或产品说明书的要求;试车是试验机构或机器运转的灵活性、振动、工作温升、噪声、转速、功率等性能是否符合要求。

4. 包装、装箱

装配好的机器,各项验收指标合格后,为了使其防锈和便于运输,还要做好防锈、包装、装箱工作。

第二节 机械装配方法

一、装配精度

装配精度是装配工艺的质量指标,是根据机器的工作性能确定的。装配精度是制定装配工艺规程的主要依据,也是选择合理的装配方法和确定零件加工精度的依据。机械产品的装配精度是指产品装配后实际几何参数、工作性能与理想几何参数、工作性能的符合程度。机械产品的装配精度一般包括尺寸精度、相互位置精度、相对运动精度以及接触精度。

1. 尺寸精度

尺寸精度是指相关零部件间的距离精度和配合精度。距离精度是指零部件间的轴向间隙、轴向距离和轴线距离等,如卧式车床前后两顶尖对床身导轨的等高度。配合精度是指配合面间应达到的间隙或过盈要求,如导轨间隙、齿侧间隙、轴和孔的配合间隙或过盈等。

2. 相互位置精度

相互位置精度是指相关零、部件间的平行度、垂直度、同轴度及各种跳动等。图 13-1 所示为单缸发动机,装配时应保证活塞外圆的中心线与缸体孔的中心线的垂直度、活塞外圆中心线与其销孔中心线的垂直度、连杆小头孔中心线与其大头孔中心线的平行度、曲轴的连杆轴颈中心线与其主轴轴颈中心线的平行度、缸体孔中心线与其曲轴孔中心线的垂直度。

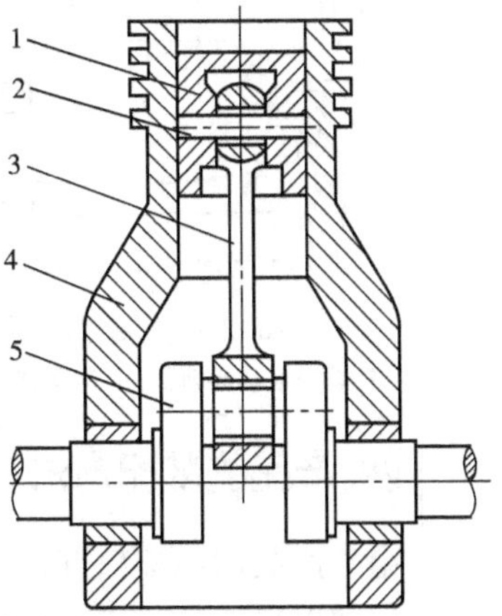

3. 相对运动精度

相对运动精度是指产品中有相对运动的零、部件在运动方向和相对速度上的精度。运动方向精度主要是指相对运动部件之间的平行度、垂直度等,如牛头刨床滑枕往复直线运动对工作台面的平行度。运动速度精度是指内传动链中,始末两端传动元件间相对运动关系与理论值的符合程度,如滚齿机滚刀与工作台的传动精度。

4. 接触精度

接触精度是指两配合表面、接触表面和连接表面间达到规定接触面积和接触点的分布情况与规定值的符合程度。它主要影响接触刚度和配合质量的稳定性,同时对相互位置和

图 13-1 单缸发动机
1-活塞;2-活塞销;3-连杆;4-缸体;5-曲轴

相对运动精度也会产生一定的影响,如齿轮啮合、锥体配合以及导轨之间均有接触精度要求。

二、装配精度与零件精度的关系

机器和部件是由零件装配而成的。显然,零件的精度特别是一些关键件的加工精度对装配精度有很大的影响。装配精度与相关零部件制造误差的累积有关。如图 13-2 所示,卧式普通车床的尾座移动对溜板移动的平行度,主要取决于床身上溜板移动导轨与尾座移动导轨间的平行度及导轨面间的接触精度,接触精度主要是由基准件床身上导轨面间的位置精度来保证的。床身上相应精度的技术要求,是根据有关总装配精度检验项目的技术要求来确定的。技术要求合理地规定有关零件的制造精度,使其累积误差不超出装配精度所规定的范围,从而简化装配工作。

三、装配精度与装配方法间的关系

在单件小批量生产及装配精度要求较高时,以控制零件的加工精度来保证装配精度,会给零件的加工带来困难,增加成本。这时可按经济加工精度确定零件的精度,在装配时采用一定的工艺措施来保证装配精度。如图 13-3 所示,主轴锥孔轴心线与尾座套筒锥孔轴心线的等高度要求比较高,如果仅靠提高主轴箱尺寸 A_1、尾座尺寸 A_3 及底板尺寸 A_2 的精度来保证是不经济的,也很难加工。此时可在装配中通过检测,然后对某个零部件进行适当的修配来保证装配精度。

因此,机械的装配精度不但取决于零件的精度,而且取决于装配方法。零件精度是保证装配精度的基础,但装配精度并不完全取决于零件的加工精度。一个产品的质量取决于产品结构设计的准确性、组成零件的加工质量和装配质量三方面。精度合格的零件,若装配方

法不当,也可能装配不出合格的产品;反之,当零件制造精度不高时,若采用恰当的装配方法(如选配、修配、调整等),也可装配装配精度要求较高的产品。因此,产品的质量最终要通过装配工艺来保证。

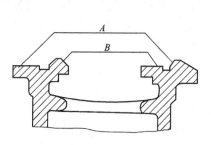

图 13-2　床身导轨简图
A-溜板移动导轨面;B-尾座移动导轨面

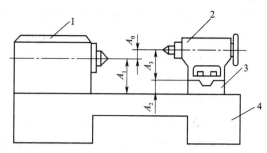

图 13-3　车床主轴和尾座顶尖的等高度
1-主轴箱;2-尾座主轴;3-尾座底板;4-床身

四、产品的装配方法

由于产品的装配精度最终要靠装配工艺来保证,因此装配工艺的核心问题就是用什么方法能够以最快的速度、最小的装配工作量和较低的成本来达到较高的装配精度要求。在生产实践中,人们根据不同的产品结构、不同的生产类型和不同的装配要求创造了许多巧妙的装配方法,归纳起来有 4 种:互换法、选配法、修配法和调整法。

1. 互换法

零件按一定公差加工后,装配时不需作任何的挑选、调整或修配就能达到装配精度要求的装配方法称为互换法。在使用过程中,某零件磨损或损坏,再买一个新的同类零件更换上去即可正常使用。这种方法的实质就是直接靠零件的制造质量来保证装配精度。按其互换程度不同,互换法又分为完全互换法和不完全互换法。

(1) 完全互换法

若一批零件或部件在装配时不需分组、挑选、调整和修配,装配后即能满足预定的要求,这些零件或部件属于完全互换。其优点是装配操作简单、容易,对工人水平要求不高,装配生产率高;装配时间定额稳定,易于组织装配流水线和自动线;方便企业间的协作和用户维修。缺点是当装配精度要求较高时,零件或部件的制造精度要求高,加工困难甚至不可能实现,成本增加。

(2) 不完全互换法

绝大部分零件不需挑选或修配,装配后即能达到装配精度要求的装配方法称为不完全互换法。在正常条件下,零件的加工尺寸成为极限尺寸的可能性较小。而在装配时,各零部件的误差同时为最大、最小的可能性更小。采用不完全互换法有利于零件的经济加工,使绝大多数产品能保证装配精度。

一般情况下,使用要求与制造水平、经济效益不产生矛盾时,可采用完全互换法;反之采用不完全互换法。不完全互换法通常用于部件或机构的制造厂内部的装配,而广外协作往往要求完全互换。

2. 选配法

选配法是将零件的制造公差适当放宽到经济可行的程度,然后选取其中尺寸相当的零件进行装配,以保证达到规定的配合要求的工艺装配方法。选配法可分为直接选配法和分组选配法两种。

(1) 直接选配法

直接选配法是由装配工人凭经验直接从一批零件中选择"合格"的零件进行装配,然后检测是否达到装配精度要求,若不能满足装配精度的要求再更换另一个零件。这种方法比较简单,其装配质量由工人的技术水平来确定,因此装配效率不高,不利于实现流水作业和自动装配。

(2) 分组选配法

在零件加工完成后,通过测量将零件按实际尺寸的大小分为若干组,按对应组进行装配,这样既可保证装配精度,又能解决加工困难的问题。此时,仅组内零件具有互换性,组与组之间不能互换。配合精度决定于分组数,增加分组数可以提高装配精度。

分组选配法将零件制造公差放大,降低了加工成本,但由于需要测量、分组,增加了装配时间和量具的损耗,并造成半成品和零件的堆积。因此它只适用于成批或大量生产、装配精度较高、配合组成件数很少、又不便于采用调整装置的情况。

3. 修配法

修配法是将影响装配精度的各个零件按经济加工精度制造。装配时,各零件产生较大的累积误差,通过去除指定零件上预先的修配量来达到装配精度的方法。

装配时进行修配的零件叫修配件。选择修配件时应注意修配件装卸方便,装配面积小,结构简单,易于修配;修配件只与一项装配精度有关,而与其他装配精度无关;修配件不能选择进行表面处理的零件。

实际生产中,常见的修配方法有以下三种。

(1) 单件修配法

单件修配法是选定某一固定的零件做修配件,对其预留修配余量,装配时根据累积误差的大小,用去除金属层的方法改变其尺寸,以满足装配精度的要求。在图 13-3 中车床尾座与主轴箱装配中,以尾座底板为修配件,来保证尾座中心线与主轴中心线的等高性,这种修配方法在生产中应用最广。

(2) 合并加工修配法

合并加工修配法是将两个或更多的零件合并在一起再进行加工修配,以减小累积误差,减少修配量,但合并加工后的零件不再具有互换性,必须做好标记以免弄错。

合并加工修配法由于零件合并后再加工和装配,给组织装配生产带来很多不便,多用于单件小批量生产中。

(3) 自身加工修配法

在机床制造中,有些装配精度要求较高,若单纯依靠限制各零件的加工误差来保证,对各零件的加工精度要求很高,甚至无法加工,而且不易选择适当的修配件。此时,常在修配件的一端装上刀具去加工另一端,直接保证装配精度要求,如刨床的工作台。

4. 调整法

调整法与修配法的实质相似,同样是各零件按经济精度确定公差,由此造成的累积误差过大,通过调整调整件的位置或更换调整件的方法来消除,从而保证装配精度。前者为可动调整法,后者为固定调整法。在机器设计时,其结构上增加了调整机构或调整件,造成产品结构不够紧凑。

(1) 可动调整法

可动调整法通过改变调整件的位置来达到装配精度要求。在结构设计时应留有可调节的余地和机构。调节过程不需拆卸零件,只需移动、转动或同时移动转动调整件,比较方便。

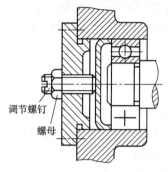

如图13-4所示,利用螺钉来调整轴承外环相对于内环的轴向位置,以取得适合的间隙。

可动调整法还可以调整由于磨损、热变形、弹性变形等所引起的误差,在实际生产中应用广泛。

(2)固定调整法

固定调整法是在尺寸链中选定一个或加入一个结构简单的零件作为调整件,通常使用的调整件有垫圈、垫片、轴套等。调整件按一定尺寸间隔制成零件组,装配时,根据实测确定未装该零件时的"空位"大小,对应选用某一尺寸级别的零件装入,从而保证所需要的装配精度。

图13-4 轴承间隙的调整

五、装配方法的选择

一种产品究竟采用何种装配方法来保证装配精度,通常在设计阶段就应确定。只有事先决定采用哪种装配方法,才能预留调节基、修配量,事先设计调整机构,正确标注各零件的尺寸和偏差。选择装配方法要考虑多种因素,主要是装配精度、结构特点、生产类型、生产条件及生产组织形式等,要根据具体情况综合分析确定。一般来说,选择装配方法时应遵循以下原则:

(1)在大批大量生产中,只要组成零件的加工经济可行,应优先选用完全互换法。

(2)在成批大量生产中,装配精度要求较高且组成零件数较多,应选用不完全互换法。

(3)在大批大量生产中,装配精度要求较高而组成零件数较少,应选用分组装配法。

(4)在成批大量生产中,装配精度要求较高且组成零件数较多,若采用互换法使各零件加工困难或不经济时,应选用调整法。

(5)在单件小批生产中,装配精度要求较高且零件数较多,若采用互换法使零件加工困难时,应选择修配法。

第三节 装配工艺规程的制定

装配工艺规程是指规定产品或部件装配工艺过程和装配方法的工艺文件。它是指导装配生产的主要技术文件和处理装配工作所发生的各种问题的依据,对产品的装配质量、生产效率、经济成本和劳动强度等都有重要的影响。

一、制定装配工艺规程的基本要求

合理而优化的装配工艺规程应有利于保证装配质量,提高装配生产率,缩短装配周期,降低装配劳动强度,缩小装配占地面积和降低装配成本。

1. 保证产品装配质量

在保证机械加工和装配的全过程达到最佳效果下,选择合理而可靠的装配方法。

2. 提高生产率

提高装配机械化和自动化程度,合理安排装配顺序和装配工序,尽量减少手工劳动量,缩短装配周期。

　　3. 减少装配成本

　　减少装配生产面积,减少工人的数量;降低对工人技术等级的要求;减少装配投资等。

二、制定装配工艺规程所需的原始资料

　　在制定装配工艺规程前,应有以下原始资料:

　　1. 产品的装配图及验收技术标准

　　产品的装配图应包括总装图和部件装配图。在图样上能清楚地表示出所有零件相互连接情况及其连接尺寸、零件的编号、装配时应保证的尺寸、配合件配合性质及精度、装配技术要求、零件明细表。有时为了满足机械加工和装配精度的要求,还需要某些零件图。

　　产品的验收技术标准应包括检验的内容和方法。

　　2. 产品的生产纲领

　　产品的生产纲领不同,生产类型也不同。装配的生产类型也可分为大批大量生产、成批生产及单件小批生产三种。生产类型的不同,则装配的组织形式、装配方法、工艺过程的划分、使用工艺装备的情况及手工劳动的比例、对工人技术水平的要求等均有所不同。

　　3. 现有的生产条件

　　在制定装配工艺规程时,若是在现有条件下,应充分利用现有的生产资料,了解工厂现有装配工艺设备和装备、工人技术水平、装配车间面积、机械加工条件、劳动定额标准等情况,使制定的装配工艺规程更能符合本厂的生产实际;若是新建工厂,应适当选用先进的装备和工艺方法。

三、装配工艺规程制定的步骤

　　1. 熟悉、分析产品的装配图样和验收条件

　　熟悉、分析产品的装配图样和验收条件的具体内容如下:

　　(1) 研究产品装配图,审查图样的完整性和正确性。

　　(2) 明确产品或部件的具体结构、组成。

　　(3) 对产品进行结构工艺性分析,明确各零部件间的装配关系。

　　(4) 研究产品的装配技术要求和验收技术要求,以便制定相应的措施予以保证。

　　(5) 对产品的装配精度要求进行必要的精度校核。

　　在产品的分析过程中,如发现存在问题,要及时与设计人员研究、协商予以解决。

　　2. 确定装配的组织形式

　　装配的组织形式主要取决于产品的结构特点、生产纲领和现有生产技术条件及设备状况。装配的组织形式确定后,也就确定了相应的装配方式。

　　3. 划分装配单元,选择装配基准件,确定装配顺序

　　(1) 划分装配单元

　　装配单元是装配中可以独立装配的部件。将产品划分为装配单元是制定装配工艺规程中最重要的一个步骤,只有将产品合理地分解为可以进行独立装配的单元后,才能合理安排装配顺序和划分装配工序,组织装配生产。

　　部件是一个统称,部件的划分是多层次的,直接进入产品总装配的部件称为组件;直接

进入组件装配的部件称为第一级分组件;直接进入第一级分组件装配的部件称为第二级分组件,以次类推。

(2) 选择装配基准件

无论哪一级装配单元,都要选定一个装配基准件。在各级装配中最先进入装配的零件称为装配基准件,它可以是一个零件,也可以是比它低一级的装配单元。

选择基准件时,应考虑基准件的补充加工量要尽量小,尽可能减少后续加工工序,同时应有利于装配过程中的检验、工序间的传递运输、转位和翻身等作业。

(3) 确定装配顺序

合理的装配顺序在很大程度上取决于装配产品的结构,零件在整个产品中所起的作用,零件间的相互关系和零件的数量。确定装配顺序时应遵循以下原则:

① 预处理工序先行。如零件的去毛刺、清洗、防锈、涂装、干燥等应先安排。

② 先基准后其他。为了使产品在装配过程中重心稳定,应先进行基准件的装配。

③ 先里后外、先下后上。避免前面工序妨碍后续工序的操作。

④ 先精密后一般、先难后易、先复杂后简单。刚开始装配时,基础件上的空间较大,有利于精密件、难装件的安装、调整和检测,能够更好地保证装配精度。

⑤ 前后工序互不影响。应将易破坏装配质量的工序(如需要敲击、加压、加热等的装配)安排在前面,以免操作时破坏前工序的装配质量。

⑥ 同方位工序、类似工序集中安排。对处于同一方位的装配工序也应尽量集中安排,以防止基准件多次转位和翻转。对使用相同工装、设备和具有共同特殊环境的工序应集中安排,以减少装配工装、设备的重复使用及产品的来回搬运。

⑦ 电线、油(气)管路同步安装。在装配机械零件的同时应把需装入内部的各种油(气)管、电线等也装进去,防止反复拆装零部件。

⑧ 危险品最后,减少安全隐患。为了安全起见,对易燃、易爆、易碎或有毒物质的安装应尽量放在最后。

为了清晰表示装配单元的划分及其装配顺序,常绘制装配单元系统图。绘制时,先画一条横线,在横线的左端面代表基准件的长方格,在横线的右端画出代表产品的长方格。然后按装配顺序从左向右将代表装配单元的长方格从水平线引出,零件画在上面,合件、组件等画在下面。用同样的方法将合件、组件等的装配系统图展开画出。长方格内要注明零件或合件、组件的名称、编号和件数。图 13-5 所示为锥齿轮轴组件装配图,其装配顺序可按图 13-6 所示顺序进行,如图 13-7 所示为其装配单元系统图。

装配工艺系统图是装配工艺规程制定中的主要文件之一,也是划分装配工序的依据。

4. 装配工序的划分

部件或整台机器的装配工作通常分成装配工序和装配工步顺序进行。部件装配和总装配都是由若干个装配工序组成的,工序划分通常和工序设计同时进行。工序划分的主要工作如下:

(1) 确定工序集中与分散的程度,这是工序划分的主要工作。

(2) 划分装配工序,确定工序内容。

(3) 选择各工序所需的设备和工具,如需专用夹具与设备,则应拟定设计任务书。

(4) 制定各工序的装配操作规范,如过盈配合的压入力、紧固件的力矩等。

(5) 确定工序时间定额,平衡各工序节拍。

（6）制定各工序装配质量要求与检测方法。

5. 选择装配方法

根据装配方法的选择原则,按照生产纲领、装配精度要求以及装配的复杂程度选择适用的装配方法。

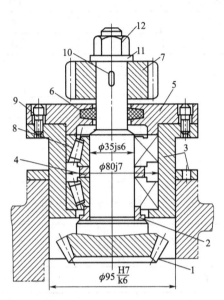 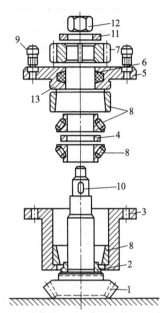

图 13-5　锥齿轮轴组件装配图　　　　图 13-6　锥齿轮轴组件的装配顺序

1-锥齿轮轴;2-衬垫;3-轴承套;4-隔圈;5-轴承盖;　　　　　（图注同图 13-5）
6-毛毡圈;7-圆柱齿轮;8-轴承;9-螺钉;10-键;11-
垫圈;12-螺母;13-调整面

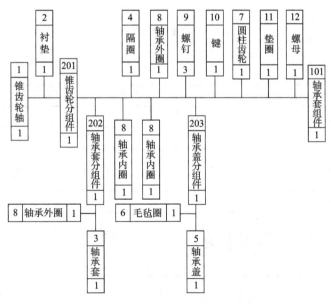

图 13-7　锥齿轮轴组件装配单元系统图

6. 填写装配工艺文件

单件小批量生产仅要求绘制装配系统图。装配时,按产品装配图和装配系统图工作。

成批生产时,通常只需填写装配工艺过程卡,对复杂产品还需填写装配工序卡。大批大量生产时,不仅要填写装配工艺过程卡,而且还要填写装配工序卡,以便指导工人进行装配。

装配工艺过程卡和装配工序卡的格式见表13-1和表13-2。

装配工艺过程卡片格式 表13-1

装配工艺过程卡片	产品名称		零部件名称		共( )页
	产品型号		零部件图号		第( )页
工序号	工序名称	工序内容	装配部门	设备及工艺装备	辅助材料	工时定额
	设计	审核	标准化	批准	(厂名)	

装配工序卡片格式 表13-2

装配工序卡片	产品名称		零部件名称		共( )页
	产品型号		零部件图号		第( )页
工序号		工序名称	车间	工段	设备	工序工时
(工序图)						
工步号	工步内容		工艺装备	辅助材料	工时定额	
	设计	审核	标准化	批准	(厂名)	

第十四章　特种加工与机械制造技术展望

第一节　特种加工概述

一、特种加工的内涵、范围与地位

特种加工方法,又称非传统加工方法,是指不用常规的机械加工的方法,或者是传统加工方法的工艺之上,实现了原有工艺无法达到的切削用量、加工质量、加工效率等结果的加工方法。往往是利用光、电、化学、生物等原理去除或添加材料,以达到零件设计要求的加工方法的总称。由于这些加工方法的加工机理以溶解、强化、气化、剥离为主,且多数为非接触加工,因此对于高硬度、高韧性材料和复杂形面、低刚度零件是无法替代的加工方法,也是对传统机械加工方法的有力补充和延伸,并已成为机械制造领域中不可缺少的技术内容。

1. 特种加工的特点

(1)工具材料的硬度可以大大低于工件材料的硬度。

(2)可直接利用物理、化学能、声能或光能等能量对材料进行加工。

(3)加工过程中的机械力不明显,工件很少产生机械变形和热变形,有助于提高工件的加工精度和表面质量。

(4)各种加工方法可以有选择地复合成新的工艺方法,使生产效率成倍增长,加工精度也相应提高。

2. 特种加工适用场合

(1)解决各种难切削材料的加工问题,如耐热钢、不锈钢、钛合金、淬火钢、硬质合金、陶瓷、宝石和金刚石等材料,以及锗和硅等各种高强度、高硬度、高韧性、高脆性及高纯度的金属和非金属的加工。

(2)解决各种复杂零件表面的加工问题,如各种热锻模、冲裁模和冷拔模的模腔和型孔,整体涡轮和喷气涡轮机叶片,炮管内膛线以及喷油嘴和喷丝头的微小异形孔的加工问题。

(3)解决各种精密、有特殊要求零件的加工问题,如航空航天、国防工业中表面质量和精度要求都很高的陀螺仪、伺服阀以及低刚度的细长轴、薄壁筒和弹性元件等的加工。

3. 特种加工技术的发展趋势

(1)向微精、高效加工方面继续发展。

(2)向自动化、柔性化和智能化方向发展。

(3)向新的多能量复合加工和综合加工技术发展。

(4)向绿色加工技术方向发展。

随着科学技术的进步和工业生产的发展,特种加工技术的内涵日益丰富,所涉及的范围日益扩大。特种加工技术在难加工材料加工、模具制造、复杂型面加工、零件的精细加工、微型电子机械系统制造及低刚度零件加工等加工领域中已成为重要的加工方法,形成了较完整的制造技术体系。

总之,特种加工技术作为跨世纪的先进制造技术,在21世纪人类社会进步及我国现代化建设中发挥着重大作用。

二、特种加工的分类

特种加工的分类还没有明确的规定,一般按能量来源和作用形式及加工原理可分为表14-1所示的形式。

常用特种加工方法分类表　　表14-1

特种加工方法		能量形式	作用原理	英文缩写
电火花加工	电火花成型加工	电能、热能	熔化、气化	EDM
	电火花线切削加工	电能、热能	熔化、气化	WEDM
电化学加工	电解加工	电化学能	金属离子阳极溶解	ECM(ELM)
	电解磨削	电化学能、机械能	阳极溶解、磨削	EGM(ECG)
	电解研磨	电化学能、机械能	阳极溶解、研磨	ECH
	电铸	电化学能	金属离子阴极沉积	EFM
	镀涂	电化学能	金属离子阴极沉积	EPM
激光加工	激光切割、打孔	光能、热能	熔化、气化	LBM
	激光打标	光能、热能	熔化、气化	LBM
	激光处理、表面改性	光能、热能	熔化、相变	LBT
电子束加工	切割、打孔、焊接	电能、热能	熔化、气化	EBM
离子束加工	蚀刻、镀覆、注入	电能、动能	原子撞击	IBM
等离子弧加工	切割(喷镀)	电能、热能	熔化、气化	PAM
超声加工	切割、打孔、雕刻	声能、机械能	磨料高频撞击	USM
化学加工	化学铣削	化学能	腐蚀	CHM
	化学抛光	化学能	腐蚀	CHP
	光刻	光能、化学能	光化学腐蚀	PCM

电火花加工与电化学加工在当前已经是非常普及的加工方法,设备、加工成本等已经趋于低廉,在广大中小型企业已普遍使用,所以列入了机械加工的普通机床章节介绍,本章仅介绍不常见的,或尚在发展期的加工方法。

特种加工在发展过程中也形成了某些介于常规机械加工和特种加工工艺之间的过渡性工艺。例如,在切削过程中引入超声振动或低频振动切削,在切削过程中通以低电压大电流的导电切削、加热切削以及低温切削等。这些加工方法是在切削加工的基础上发展起来的,其目的是改善切削的条件,基本上还属于切削加工。

在特种加工范围内还有一些属于减小表面粗糙度值或改善表面性能的工艺,前者如电解抛光、化学抛光、离子束抛光等,后者如电火花表面强化、镀覆、刻字,激光表面处理、改性,电子束曝光,离子束注入掺杂等。

此外,还有一些不属于尺寸加工的特种加工,如液中放电成型加工、电磁成型加工、爆炸成型加工及放电烧结等。

第二节 特种加工介绍

一、超声波加工

超声波加工是利用超声频作小幅振动的工具,并通过它与工件之间游离于液体中的磨料对被加工表面的捶击作用,冲击和抛磨工件的被加工部位,使其局部材料被蚀除而成粉末的加工方法。超声波加工机床结构简单,操作维修方便,加工工具可用较软的材料(如45号钢、20号钢、黄铜等)制造。

1. 加工原理

超声波发生器将工频交流电能转变为有一定输出功率的超声频电振荡,通过换能器将超声频电振荡转变为超声波机械振动。超声波加工机和加工原理示意图如图14-1所示。

2. 加工特点

超声波加工特别适合于硬、脆的非金属材料(如玻璃、陶瓷、石英、玛瑙、宝石、玉石及金刚石等)工件的切割、打孔和型面加工,常用于穿孔、切割、焊接和抛光。

3. 超声波加工的应用

超声波加工的生产率虽然比电火花、电解加工等低,但其加工精度和表面粗糙度都比它们好,而且能加工半导体、非导体的脆硬材料如玻璃、石英、宝石、锗、硅甚至金刚石等。即使是电火花加工后的一些淬火钢、硬质合金冲模、拉丝模、塑料模具,最后还常用超声抛光进行光整加工。超声波加工普通加工还可以进行复合加工,有超生电解复合加工,超生电火花复合加工,超生抛光,电解超声复合抛光加工和超声清洗。

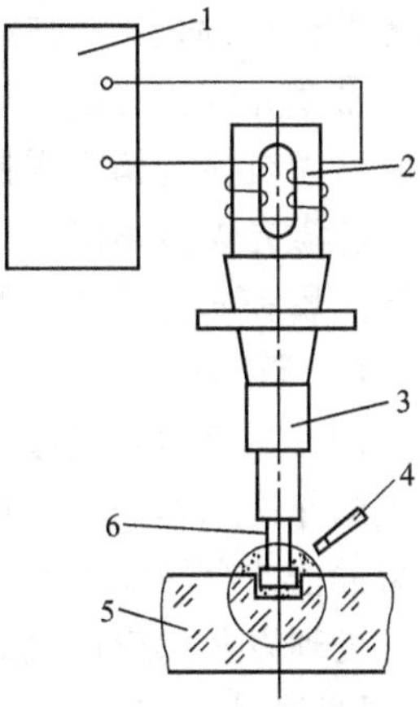

图14-1 超声波加工机与超声加工原理示意图
1-超声波发生器;2-换能器;3-振幅扩大棒;4-工作液;5-工件;6-工具

二、激光加工

激光是处于激发态的离子、原子、分子受激辐射而发出的强光。激光的基本特征是强度高,单色性好,相干性好和方向性好。

1. 原理

通过光学系统可以使激光聚焦成一个极小的光斑(从而获得极高的能量密度和极高的温度),当它照射在被加工表面时,光能被加工表面吸收并转化成热能,使工件材料在千分之几秒甚至更短的时间内被熔化和汽化,从而达到去除材料的目的。激光加工机和激光加工原理如图14-2所示。

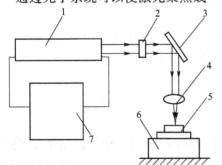

图14-2 YF960型激光加工机与激光加工原理示意图
1-激光器;2-光阀;3-反射镜;4-聚焦镜;5-工件;6-工作台;7-电源

2. 激光加工的应用

(1)激光打孔

激光打孔已广泛应用于金刚石拉丝模、钟表宝石轴承、陶瓷、玻璃等非金属材料,以及硬质合金、不锈钢等金属材料的小孔加工。适合自动化连续加工。

(2) 激光切割

激光切割的原理与激光打孔基本相同。不同的是,工件与激光束要相对移动。激光切割不仅具有切缝窄、速度快、热影响区小、省材料、成本低等优点,而且可以在任何方向上切割,包括内尖角。目前激光已成功用于切割钢板、不锈钢、钛、镍等金属材料,以及布匹、木材、纸张、塑料等非金属材料。

(3) 激光焊接

激光焊接与激光打孔的原理稍有不同,焊接时不需要那么高的能量密度使工件材料气化蚀除,而只要将工件的加工区烧熔,使其粘合在一起。因此,激光焊接所需要的能量密度较低,通常可通过减小激光输出功率来实现。

激光焊接有下列优点:

① 激光照射时间短,焊接过程迅速,这不仅有利于提高生产率,而且被焊材料不易氧化,热影响区小,适合于对热敏感性很强的材料焊接。

② 激光焊接既没有焊渣,也不需去除工件的氧化膜,甚至可以透过玻璃进行焊接,特别适宜微型机械和精密焊接。

③ 激光焊接不仅可用于同种材料的焊接,而且还可用于两种不同材料的焊接,甚至还可用于金属和非金属之间的焊接。

(4) 激光热处理

用大功率激光进行金属表面热处理是近几年发展起来的一项崭新工艺。激光金属硬化处理的作用原理是:照射到金属表面上的激光能使构成金属表面的原子迅速蒸发,由此产生的微冲击波会导致大量晶格缺陷的形成,从而实现表面的硬化。激光处理法比高温炉处理、化学处理以及感应加热处理等有很多独特的优点,如快速,不需淬火介质,硬化均匀,变形小,硬度高达60HRC以上,硬化深度可精确控制等。

3. 激光加工的特点

激光加工的优点是不需要制作专用加工工具,属于非接触加工,加工中的热变形、热影响区都很小,适应性广,通用性强,几乎可以对所有材料进行加工,非常有利于自动生产,特别适合进行微细加工。激光加工的缺点是设备价格高,一次性投资大。

4. 影响激光加工的主要因素

(1) 激光加工机的机械系统和光学系统的精度与激光加工精度有密切关系。

(2) 激光加工与激光束的能量输出有关,激光的输出功率与照射时间的乘积等于激光束的能量。

(3) 焦距、发散角和焦点位置与打孔的大小、深度和形状精度等有密切关系。

(4) 激光加工与照射次数、光斑内的能量分布及工件材料有关。

三、电子束、离子束加工

1. 加工原理

电子束加工是在真空条件下,利用电流加热阴极发射电子束,带负电荷的电子束高速飞向阳极,途中经加速极加速,并通过电磁透镜聚集,使能量高度集中,从而使材料被冲击部分的温度,在瞬间升高到摄氏几千度,热量还来不及向周围扩散,就已把局部材料瞬时熔化甚至汽化去除。

电子束加工时,控制电子束能量密度的大小和能量注入的时间就可以实现不同的加工目的。例如,使材料局部加热,可进行电子束热处理;使材料局部熔化,可进行电子束焊接;提高电子束能量密度,使材料熔化和汽化,可进行打孔、切割等加工;利用较低能量密度的电子束轰击高分子材料时产生化学变化的原理,可进行电子束光刻加工等。

2. 加工的特点

(1) 电子束能量密度高,聚集点范围小,适合加工精微深孔和窄缝等,加工速度快,效率高。如在厚度为 0.3mm 的宝石轴承上钻直径为 $25\mu m$ 的孔。

(2) 电子束加工的工件变形小。电子束加工是一种热加工,主要靠瞬时蒸发去除多余金属,工件很少产生应力和变形,而且不存在工具损耗等,适合于加工脆性、韧性导体、半导体、非导体以及热敏性材料。

(3) 电子束加工控制容易。在电子束加工过程中,可以通过电场或磁场对电子束的强度、位置、聚焦等直接进行控制,整个加工系统易实现自动化。

(4) 电子束加工在真空室中进行,故无杂质渗入,表面高温时也不易氧化,特别适于加工易氧化的金属材料及纯度要求极高的半导体材料。

常用的电子束加工机如图 14-3 所示。

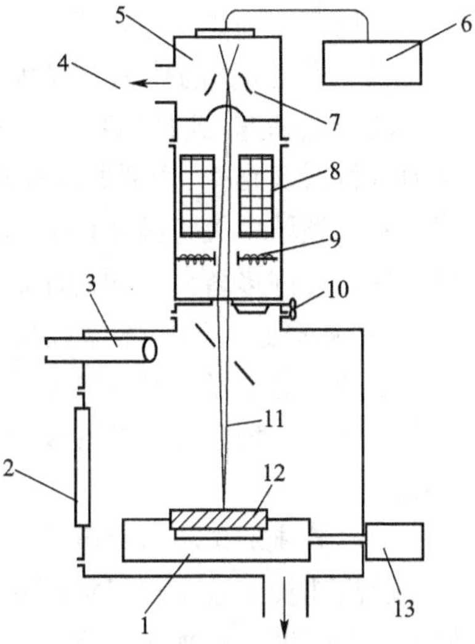

3. 离子束加工的特别点

离子束加工的原理和电子束基本相同,也是在真空条件下,将离子源产生的离子束经过加速聚焦,使之打到工件表面上。不同的是离子带正电荷,其质量比电子质量大数千甚至数万倍,如氩离子的质量是电子质量的 7.2 万倍。所以一旦离子加速到较高速度时,离子束比电子束具有更大的撞击动能,它是靠微观的机械撞击能量,而不是靠动能转化为热能来进行加工的。

图 14-3 电子束加工机与加工原理示意图
1-工作台;2-工件更换盖及观察窗;3-观察筒;4-排气口;5-电离室;6-驱动电动机;7-电子枪;8-束流聚焦控制;9-束流位置控制;10-束流强度控制;11-电子束;12-工件;13-伺服机构

离子束加工除具有电子束加工的特点外,由于离子束流密度及离子能量可以精确控制,所以离子刻蚀可以达到纳米($0.001\mu m$)级的加工精度。离子束加工是所有特种加工中最精密、最微细的加工方法,是当代纳米加工技术的基础。

离子束加工技术正在不断发展,其应用范围正在日益扩大,目前用于改变零件尺寸和表面物理力学性能的离子束加工有离子刻蚀加工、离子镀膜加工和离子注入加工等。

四、超高速加工技术

随着数控机床、加工中心和柔性制造系统在机械制造中的应用,使零件生产过程的连续性大大加快,机械加工的辅助工时在总的单件工时中所占的比例已经较小,切削工时占去了总工时的主要部分,成为主要矛盾。近来发展的超高速加工技术可以大幅度减少切削工时,提高切削速度和进给速度等,在提高生产率方面出现一次新的飞跃和突破。

1. 超高速加工技术的内涵

超高速技术是指采用超硬材料刀具和磨具,利用能可靠地实现高速运动的高精度、高自动化和高柔性的制造设备,以提高切削速度来达到提高材料切除率、加工精度和加工质量的先进加工技术。其显著标志是使被加工塑性金属材料在切除过程中的剪切滑移速度达到或超过某一值,开始趋向最佳切除条件,使得切除被加工材料所消耗的能量、切削力、工件表面温度、刀具磨损、加工表面质量等明显优于传统切削速度下的指标,而加工效率则大大高于传统切削速度下的加工效率。

2. 超高速加工的机理

在常规切削速度范围内,切削温度随切削速度的增大而升高。但是,当切削速度增大到某一数值之后,切削速度再增加,切削温度反而降低。临界速度值与工件材料的种类有关,对每种工件材料,存在一个速度范围,但由于初期切削温度太高,任何刀具都无法承受,如能直接突破临界速,则有可能用现有刀具进行超高速切削,大幅度减少切削工时,并成功地提高机床的生产率。

3. 超高速加工技术的现状

(1) 超高速切削技术的现状

随着超高速切削机制、大功率超高速主轴单元、高加速度直线进给电机、超硬耐磨长寿命刀具材料及结构、切削处理和冷却系统、安全装置以及高性能 CNC 控制系统和测试技术等一系列领域中关键技术的解决,高速、超高速加工的实际应用和实验研究取得了显著成果。在国外许多著名公司的超高速加工中心已处于商品化阶段。

(2) 超高速磨削技术的现状

随着人造金刚石和立方氮化硼超硬磨料砂轮的推广应用,以及高速磨削机制研究的进一步深入,高速磨削得以再度兴起,并实现了砂轮线速度高于普通磨削 5～6 倍的超高速磨削。

4. 超高速加工技术的特点

超高速加工技术对机械制造业实现高效、优质、低成本生产具有广泛的适用性。超高速加工可大幅度提高加工效率、缩短加工时间、降低加工成本,并使零件的表面质量和加工精度达到更高的水平。

(1) 超高速切削加工的优越性

① 加工效率高

超高速切削加工比常规切削加工的切削速度高 5～10 倍,进给速度随切削速度的提高也可相应提高 5～10 倍,这样,单位时间的材料切除率可提高 3～6 倍,因而零件加工时间通常可缩减到原来的 1/5,从而提高了加工效率和设备利用率,缩短了生产周期。

② 切削力小

与常规切削加工相比,超高速切削加工的切削力至少可降低 30%,这对于加工刚性较差的零件(如细长轴、薄壁件)来说,可减少加工变形,提高零件加工精度。同时,采用超高速切削,单位功率材料切除率可提高 40% 以上,有利于延长刀具使用寿命,通常刀具寿命可提高约 70%。

③ 热变形小

超高速切削加工过程极为迅速,95% 以上的切削热来不及传给工件,而被切屑迅速带走,零件不会由于温升导致弯翘或膨胀变形。因而,超高速切削特别适合于容易发生加工热变形的零件。

④ 加工精度高,加工质量好

由于超高速切削加工的切削力和切削热影响小,使刀具和工件的变形小,可以保持尺寸的精确性;另外,由于切屑被飞快地切离工件,切削力和切削热影响小,从而使工件表面的残余应力小,达到较好的表面质量。

⑤加工过程稳定

超高速旋转刀具切削加工时的激振频率高,已远远超出系统的固有频率范围,不会造成工艺系统振动,使加工过程平稳,有利于提高加工精度和表面质量。

⑥减少后续加工工序

超高速切削加工获得的工件表面质量几乎可与磨削相比,因而可以直接作为最后一道精加工工序,实现高精度、低粗糙度加工。

(2)超高速磨削加工的特点

超高速磨削的试验研究表明,当采用磨削速度1000m/s(超过被加工材料的塑性变形应力波速度)的超高速磨削会获得非凡的效益。尽管受到现有设备的限制,迄今实验室最高磨削速度为400m/s,更多的则是250m/s以下的超高速磨削研究和实用技术开发。

①可以大幅度提高磨削效率

试验表明,在磨削力不变的情况下,200m/s超高速磨削的金属切除率比80m/s磨削提高150%,而340m/s时比180m/s时提高200%。尤其是采用更高速快进给的高效深磨(HEDG)技术,金属切除率极高,工件可由毛坯一次最终加工成型,磨削时间仅为粗加工(车、铣)时间的5%~20%。

②磨削力小,零件加工精度高

当磨削效率相同时,200m/s时的磨削力仅为80m/s时的50%。

③可以获得低粗糙度表面

在其他条件相同时,当磨削速度由20m/s提高至1000m/s时,表面粗糙度R_a值将降低至原来的1/4。另外,在超高速条件下,获得的表面粗糙度数值受切刃密度、进给速度及磨削次数的影响较小。

④可大幅度延长砂轮的寿命,有助于实现磨削加工的自动化

在磨削力不变的情况下,以200m/s磨削时砂轮的寿命比以80m/s磨削时提高1倍,而在磨削效率不变的条件下,砂轮寿命可以提高7.8倍。砂轮使用寿命与磨削速度成对数关系增长。

⑤可以改善加工表面完整性

超高速磨削可以越过容易产生磨削烧伤的区域,在大磨削用量的情况下,磨削时反而不产生磨削烧伤。

超高速加工技术需要机床、刀具、控制系统的支持,国外发达国家已经初步实现机床的主轴系统、进给系统、伺服系统商品化,同时新的适合于超高速切削的刀具也有了同步的发展。

五、高压水射流加工

高压水射流切割法是一种新型的切割方法,可以切割用其他切割方法无法加工的材料,应用范围涵盖各种金属及非金属材料。在切割过程中不会使被切割材料产生热影响区,切口边缘的材质不发生变化,这种切割方法的精度较高,适用于加工尺寸精度要求高的零部件。高压水射流切割设备大都采用计算机或机器人数控装置,不但能对各种板材进行切割,还能切割三维曲形零部件。高压水射流切割因其独特的优点而在切割领域占有重要地位,

在矿业、土木工程、建筑业及航空航天业中的应用日益广泛,应用前景良好。

1. 高压水射流切割的原理

高压水射流切割的原理是将水增至超高压后,经节流小孔射出,使水压势能转变为水射流的动能,借助高速高密集度水射流的冲击作用来进行切割。加磨料型高压水射流切割是在水射流中混入磨料颗粒,经混合管形成磨料水射流后再进行切割。在磨料水射流中,水射流作为载体使磨料颗粒加速,由于磨料质量大、硬度高,故磨料水射流的动能更大,切割效率更高。

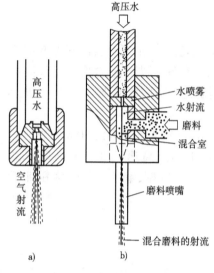

图 14-4 高压水射流切割法的两种类型
a) 纯水型；b) 加磨料型

2. 高压水射流切割的分类

高压水射流切割法按所用的工作介质分为纯水高压水射流(纯水型)切割和加磨料高压水射流(加磨料型)切割两种基本类型,如图 14-4 所示。目前正在研究一种空泡(流体中因压力局部降低,液体内形成气相的现象)型水射流,主要是利用空泡对工件的侵蚀作用来提高纯水型高压水射流切割的切割能力。

(1) 纯水型

纯水型高压水射流切割法由于仅利用从喷嘴喷出的高速高压水射流进行切割,其切割能力相对加磨料型较低,但设备简单,消耗物品少,操作成本低。

(2) 加磨料型

加磨料型高压水射流切割法因在水中混有磨料,这大大增强了水射流的冲击作用,故其切割能力比纯水型切割法大为提高,但设备较复杂,操作成本高。

加磨料型按混入磨料的方式及水压又分为高压加磨料型水射流切割和低压加磨料型水射流切割两种。后者是近年才开发的一种新技术,因具有很多优点,所以是很有发展前途的一种切割方法。

3. 高压水射流切割的特点

高压水射流切割具有以下特点:

(1) 无切割方向的限制,可作全方位的切割,包括各种形状、角度或斜度,能完成各种异形加工。

(2) 不会产生热变形,不需要二次加工,可节省时间及制造成本。

(3) 加工切割速度快,效率高,加工成本低。

(4) 可以轻松地切割不锈钢板或坚硬的大理石、花岗岩等,对于那些用其他方法难以切割的材料,如芳纶、钛合金等各种复合材料更是非常理想或唯一的加工手段。

(5) 切割时不会产生裂痕,它可以切割间隙很窄的材料。

4. 高压水射流切割的应用

纯水型切割因仅利用高速水射流的动能,故其切割加工能力较差,只能适用于切割质地较软的材料,如橡胶、布匹、纸及玻璃纤维增强合成材料等。另外,也可用于木板、皮革、泡沫塑料、玻璃、毛织品、地毯、碳纤维织物及其他层压材料的切割加工。

加磨料型切割因在水中加入了特殊的磨料,水射流的冲击作用远大于纯水型切割,故其加工能力大大提高,尤其适用于切割硬质材料。加磨料型水射流不但能切割各种金属材料,特别是对热敏感性强的金属(如钛合金)、硬质合金以及表面堆焊有硬化层的零件、外包或内衬异种金属或非金属材料的钢制容器或管子等工件的切割特别有效,而且可以切割陶瓷、钢筋混凝土、花岗岩以及各种复合材料等。

六、其他特种加工简介

1. 化学加工

化学加工是指利用酸、碱、盐等化学溶液对金属产生化学反应,使金属腐蚀溶解,改变工件尺寸和形状的一种加工方法。化学加工的方法已发展出很多种,用于成型加工的主要方法有化学蚀刻和光化学腐蚀加工。用于表面加工的方法有化学抛光和化学镀膜等,在零件表面处理章节已经讲述。

2. 等离子体加工

等离子体加工又称等离子弧加工,是指利用电弧放电使气体电离成过热的等离子体流束,靠局部熔化及气化来去除材料的。切割嘴在放出电弧使前方的金属板融化,并喷出高速气体吹掉金属液,实现金属板切割,但切口平整度不够光滑,应用厚度也较小,一般 5~10mm。

等离子体加工已广泛应用于切割各种金属,特别是不锈钢、铜、铝的成型切割。在当前钣金工厂里,手持等离子切割机,数控等离子落料机是非常普遍的设备。常规剪板机只能够切割直线形状的断口,对于曲线形状的钢板落料使用数控等离子切割机是非常适合的。等离子体表面加工技术也有了很大发展,如使钢板表面氮化等。

3. 挤压珩磨

挤压珩磨也称磨料流动加工。它是 20 世纪 70 年代发展起来的表面加工技术。其原理是利用一种含磨料的半流动状态的黏性磨料介质,在一定压力下强迫其在被加工表面上流过,由磨料颗粒的刮削作用去除工件表面的微观不平材料。

挤压珩磨可用于边缘光整、倒圆角、去毛刺、抛光和少量的表面材料去除,特别适用于难以加工的内部通道的抛光和去毛刺。目前已用于各类模具、叶轮、齿轮等零件的抛光和去毛刺。

第三节 机械制造技术的发展与展望

世界科学技术的迅速发展,特别是计算机技术、微电子技术、控制论及系统工程与制造技术的结合,促进了现代制造技术的发展,形成了新的制造学科,即制造系统工程学。

总结 20 世纪机械制造学科取得的成就,展望其面向 21 世纪的发展趋势,机械制造技术的新发展主要表现在以下 4 个方面:

(1)与微电子、信息处理技术融合的柔性制造自动化技术。
(2)与微型机械、微小尺度关联的精密加工和超精密加工技术。
(3)以现代管理理论为基础的先进生产模式和方法。
(4)以绿色制造为目标的可持续发展方向。

一、机械制造系统自动化的发展

1. 机械制造系统自动化

机械制造系统自动化技术自 20 世纪 20 年代出现以来,经历了三个主要发展阶段,即刚性自动化、柔性自动化及综合自动化三种方式。综合自动化常常与计算机辅助制造、计算机集成制造等概念相联系,它是制造技术、控制技术、现代管理技术和信息技术的综合,旨在全面提高制造企业的劳动生产率和对市场的响应速度。

2. 柔性制造系统的出现

柔性制造系统一般由多台数控机床和加工中心组成,并有自动上、下料装置、仓库和输送系统,在计算机的集中控制下,实现加工自动化。它具有高度柔性,是一种计算机直接控制的自动化可变加工系统。随着计算机技术和单元控制技术的发展及网络技术的应用,柔性制造系统会具有更好的扩展性、更强的柔性。

3. 柔性制造系统的进化

(1)柔性制造单元(FMC)

FMC 由一台计算机控制的数控机床或加工中心、环形托盘输送装置或工业机器人所组成,采用切削监视系统实现自动加工,在不停机的情况下转换工件进行连续生产。它最早成型的组成柔性制造系统的基本单元。

(2)柔性制造系统(FMS)

它是由两台或两台以上的数控机床或加工中心或柔性制造单元所组成,配有自动上下料装置、自动输送装置和自动化仓库,并能实现监视功能、计算机综合控制、数据管理、生产计划和调度管理功能。

(3)柔性制造生产线(FML)

它是针对某种类型(族)零件,带有专业化生产或成组化生产特点的生产线。FML 是由多台数控机床或加工中心组成的,其中有些机床具有一定的专用性。全线机床按工件的工艺过程布局,同时是可变的加工生产线,具有柔性制造系统的功能。

(4)柔性制造工厂(FMF)

柔性制造工厂是由各种类型的数控机床或加工中心、柔性制造单元、柔性制造系统、柔性制造生产线等组成的,完成工厂中全部机械加工工艺过程,包括装配、涂装、试验、包装等,具有更高的柔性。FMF 依靠中央主计算机和多台子计算机来实现全厂的全盘自动化,是目前柔性制造系统的最高形式,又称为自动化工厂。

4. 计算机集成制造系统的出现

计算机集成制造系统(CIMS)是在自动化技术、信息技术和制造技术的基础上,通过计算机及相关软件,将制造工厂全部生产活动所需的各种分散的自动化系统有机地集成起来,是具有总体高效益、高柔性的智能制造系统。CIMS 适合于动态的、多品种中小批量的产品生产。

CIMS 在功能上包含了一个工厂从市场预测、产品设计、工艺设计、制造、管理至售后服务的全部功能;在各个环节的自动化方面不是简单的叠加,而是在计算机网络和分部式数据库支持下的信息集成、功能集成、人员集成、物质集成。

该系统包括计算机辅助设计(CAD)、计算机辅助工程分析(CAE)、计算机辅助工艺规程(CAPP)、计算机辅助制造(CAM)等工作,并实现了 CAD/CAPP/CAM 之间的集成。

5. 精密加工和超精密加工的实现

精密加工是指在一定的发展时期,加工精度与表面质量达到较高程度的加工工艺。超精密加工是指在一定的发展时期,加工精度与表面质量达到最高程度的加工工艺。显然,在不同的发展时期,精密加工与超精密加工有不同的标准,它们的划分是相对的,也会随着科技的发展而不断更新。

精密加工和超精密加工属于机械制造中的尖端技术,是发展其他高新技术的基础和关键。超精密加工多用来制造精密元件、计量标准元件、集成电路、高密度硬磁盘等,它是衡量一个国家制造工业水平的重要标准之一。

二、机械制造技术的展望

1. 环境保护问题的重视

随着科学技术的进步和生产力水平的提高,人类影响自然的能力大为增强。人类在改造自然和改善现存人群生活水平的同时,往往忽略了人类和自然的和谐发展,出现了人口暴增、资源短缺、环境破坏这三大主要问题引发的生态危机。

各国政府和有关专家指出,必须实施可持续发展,人类社会今天的发展在满足自身需要的同时,还要顾及子孙后代的生存拓展,力争以最少的资源消耗、最低限度的环境污染,产生最大的社会效益和经济效益。当前,社会发展与自然环境的关系已成为全人类共同关注的全球性重大问题,必须引起足够的重视。

2. 可持续发展制造概念的提出

1992 年联合国环境与发展大会拟定了关于可持续发展的纲领,确定了得到所有国家承认的、用来缓解生态与经济、平衡大自然需求和经济增长的举措。人类在谋求自身经济发展的同时,不应破坏自身生存的环境;发展是一个多目标函数,除了经济增长外,还需要考虑整个社会的协调,要考虑人们生活质量的提高;必须注意任何工业革命、工艺改革、制造技术都应在倍加爱护资源环境具有非常安全可靠的基础上进行,保护资源是关系 21 世纪人类生死存亡的重大问题。

按照世界资源所下的定义:可持续发展就是建立极少产生废料和污染物的工艺和技术系统。实施可持续发展应贯穿企业活动的整个生命周期。为此,企业应改变以自然资源和劳动力投入的经济增长方式,逐渐转变为技术型发展模式;要在提高企业的创新能力、采用环境无害化技术、改善管理、提高资源利用效率、降低物耗、能耗上下工夫。

实施可持续发展战略,应进行高技术开发、利用自然资源,努力降低自然资源消耗,在创造当代人发展和消费的时候,努力做到可持续发展,其结果自然影响到产品结构的调整和市场需求,新一轮的绿色经济必将兴起。

可持续发展制造是一个非常宽广的范畴,有许多理论、模式、评价标准、涉及的范围等问题正在研究或有待研究中;但机械制造领域中提出的绿色制造、绿色设计、绿色加工、绿色工艺、产品的全生命和多生命周期等理论以及技术的研究与应用已广泛深入地展开。

可持续发展已成为国际共识。目前世界上已有许多国家建立了产品绿色标志制造。今后,如产品没有绿色标志,将有可能被拒于国际贸易之外。绿色标志是进入国际市场的通行证。经济专家分析认为,目前绿色产品的比例为 5% ~ 10%。10 年后,有可能全部工业产品纳入绿色设计,成为世界市场的主导产品。

3. ISO 14000 系列环境管理国际标准的推进

ISO 14000 系列环境管理国际标准是国际标准化组织(ISO)提出的针对各国生产制造行业的可持续发展的环境标准。

机械制造业纳入可持续发展轨道,就必须遵守 ISO 14000 系列标准。宣传和执行 ISO 14000 系列标准,能最大限度地节约资源,改善环境质量,保证经济的持续发展。我国是一个发展中国家,ISO 14000 系列标准在我国具有巨大的应用市场。和许多发展中国家一样,我国的 ISO 14000 系列标准的执行和发达国家相比还有一些调整和必要的过程,在组织实施企业生产乃至企业的社会行为时,要用可持续发展思想规范企业的行为,一个可持续发展的企业,才是明天的优胜者。

我国非常重视 ISO 14000 系列标准的宣传和实施工作。为此专门成立了环境管理体系审核机构,以保证从事 ISO 14000 审核机构的科学性、公正性和权威性以及从根本上保证审核人员的素质。

可持续发展不仅涉及国家的未来、民族的未来、子孙后代的未来,而且涉及全人类的未来。因此,每一位公民都应该引起足够的重视。爱护环境、保护环境、改善环境、培养环境意识和生态意识,牢固可持续发展思想,是教育界义不容辞的神圣职责。

参 考 文 献

[1] 孙美霞,辛会珍.机械制造基础[M].长沙:国防科技大学出版社,2011.
[2] 朱秀琳.机械制造基础[M].2版.北京:机械工业出版社,2012.
[3] 马苏常,刘学斌.机械制造技术[M].北京:北京航空航天大学出版社,2010.
[4] 任家隆.机械制造技术[M].北京:机械工业出版社,2012.
[5] 张玉玺.机械制造技术[M].北京:清华大学出版社,2010.
[6] 颜兵兵.机械制造基础[M].北京:机械工业出版社,2012.
[7] 廖东全.机械制造基础[M].北京:机械工业出版社,2011.
[8] 杜素梅.机械制造基础[M].北京:国防工业出版社,2012.
[9] 骆莉,陈仪先,王晓琴.工程材料及机械制造基础[M].武汉:华中科技大学出版社,2012.
[10] 李红.机械制造基础.北京:北京邮电大学出版社,2012.
[11] 张本生.机械基础[M].北京:机械工业出版社,2011.
[12] 葛汉林.机械制造[M].北京:中国轻工出版社,2012.
[13] 刘光明.表面处理技术概论[M].北京:化学工业出版社,2011.
[14] 黄红军,谭胜,胡建伟,等.金属表面处理与防护技术[M].北京:冶金工业出版社,2011.
[15] 蔡珣.表面工程技术工艺方法400种[M].北京:机械工业出版社,2006.
[16] 韩霞,杨恩源.快速成型技术与应用[M].北京:机械工业出版社,2012.
[17] 黄宗南,洪跃.先进制造技术[M].上海:上海交通大学出版社,2010.